ATLAS DE L'ÉCOLOGIE

Dans Le Livre de Poche :

Atlas de la philosophie

Atlas de la biologie

Atlas de l'astronomie

Atlas de la psychologie

Atlas des mathématiques

Atlas de la physique

ENCYCLOPÉDIES D'AUJOURD'HUI

Dieter Heinrich *et* Manfred Hergt

ATLAS DE L'ÉCOLOGIE

Conception graphique de Rudolf et Rosemarie Fahnert
Traduction de Josselin Mercier

Nouvelle édition
mise à jour par Georges Carric

La Pochothèque
LE LIVRE DE POCHE

Conseiller scientifique :
Bernard Godelle
Agrégé de l'Université
Maître-assistant à l'École
Nationale Supérieure
d'Horticulture de Versailles

Titre original : dtv-Atlas zur Ökologie.

L'écologie, selon une belle définition de Friedel, c'est « l'économie domestique de la maison Terre ». Elle fit ses premiers pas en 1886, comme secteur spécialisé de la biologie, lorsque le biologiste Ernest Haeckel (1834-1919) lui assigna pour tâche d'être « la science des relations entre les êtres vivants et le monde qui les entoure ». Depuis lors, elle s'est développée comme une discipline autonome située entre la biologie, la géographie et la sociologie et reliant entre eux ces divers domaines. Ses recherches ont porté sur les échanges réciproques des végétaux, des animaux et des hommes avec leur environnement.

Cet *Atlas de l'écologie* est donc avant tout un *ouvrage scientifique*, écrit par des écologues et non pas des écologistes, qui sont, eux, des militants de la cause écologiste.

Cet *Atlas de l'écologie* est également un *ouvrage collectif, pluridisciplinaire*, réunissant des spécialistes venus d'horizons divers. On y trouvera des connaissances fondamentales issues de la physique, de la chimie et de la biologie. Ces concepts seront ensuite associés pour parvenir à des niveaux d'intégration de plus en plus généraux : on verra comment, par exemple, la compréhension des réactions chimiques des gaz de l'atmosphère peut mener à l'explication de la destruction de la couche d'ozone, et comprendre, dans un autre chapitre, les conséquences biologiques de l'exposition aux rayons ultraviolets qui en résultent.

L'écologie est aussi une science des systèmes complexes : l'exactitude mathématique en est exclue, les conjectures y sont plus fréquentes que les vérités – souvent relatives, les conclusions se bornant souvent à proposer les meilleures approximations possibles. Cet *Atlas* donne donc une image à nos connaissances scientifiques actuelles.

Dans ses grandes lignes, l'exposé procède de la façon suivante :

- pour les fondements, il va :
  - du point de vue d'ensemble aux considérations locales particulières,
  - des lois physico-chimiques à leur importance dans les processus biologiques ;
- pour les études de cas :
  - des éléments des processus écologiques à l'analyse ponctuelle,
  - des perspectives particulières à chaque zone écologique aux problèmes globaux ;
- pour ce qui est des activités humaines et de leurs suites :
  - des problèmes écologiques élémentaires aux formulations de solutions qui ne se présentent pas comme des solutions toutes faites.

Un certain nombre de problèmes ont été traités séparément, comme des problèmes régionaux ou globaux, en raison de leur complexité et de leur importance.

Le principe de l'unité texte-image comportant une planche d'illustrations et, en regard, un texte d'explications détaillées, principe conçu par DTV pour tous ses atlas, fait, une fois encore, la preuve de son efficacité pédagogique.

Le champ de l'écologie étant planétaire, ses applications intéressent un très large public. De nos jours, l'ampleur des problèmes écologiques ne cesse de croître ; la dégradation de l'environnement intervient à l'échelle des continents (pluies acides) ou fait parfois l'objet d'une mondialisation (percement de la couche d'ozone). Tout le monde est donc concerné par les problèmes écologiques : chaque citoyen ne peut que se sentir partie prenante dans le débat sur l'environnement et impliqué dans les solutions mises en œuvre. Dans le débat, l'*Atlas de l'écologie* apportera à chacun une information compréhensible, précise et large, abondamment illustrée, actualisée et diversifiée. Les schémas synthétiques, les paragraphes introductifs des chapitres, les nombreuses définitions fondamentales permettront au lecteur de se familiariser avec des notions complexes. Le sommaire détaillé et l'index placé en fin de volume faciliteront la consultation. Les étudiants en science et les élèves de classes préparatoire trouveront dans cet *Atlas* un résumé concis et dense des connaissances qu'ils doivent posséder en écologie.

Abréviations et symboles

Abréviations et symboles

ΔH	énergie d'activation
ø	diamètre
biol.	biologique
chim.	chimique
partic.	particulier, particulièrement
p. ex.	par exemple
phys.	physique
Sch.	schéma
Tab.	tableau
%	pour cent
‰	pour mille
ppm	partie pour million
ppb	partie pour billion

Symboles chimiques

ADN	acide désoxyribonucléique
ARN	acide ribonucléique
Al	aluminium
Al^{3+}	ion aluminium
Al_2O_3	alumine
As	arsenic
ATP	adénosine triphosphate
C	carbone
^{14}C	isotope radioactif du carbone
$C_6H_{12}O_6$	glucose
Ca	calcium
Ca^{2+}	ion calcium
$Ca F_2$	fluorure de calcium
$Ca CO_3$	carbonate de calcium
CaO	chaux
$Ca SO_4$	sulfate de calcium, gypse
CCl_2F_2	dichlorodifluorométhane (F. 12)
CCl_3F	trichlorofluorométhane (F. 11)
CCl_4	tétrachlorure de carbone, tétrachlorométhane
Cd	cadmium
CFC	chlorofluorohydrocarbures
CH_4	méthane
CCL	hydrocarbures chlorés
Cl	chlore
Cl^-	ion chlorure
Co	cobalt
CO	monoxyde de carbone
CO_2	dioxyde de carbone
CO_3^{2-}	ion carbonate
Cr	chrome
Cs	césium
CTP	cytosine triphosphate
Cu	cuivre
DDT	dichlorodiphényltrichloréthane
FAD	flavine-adénine-dinucléotide (accepteur d'électrons)
Fe	fer
Fe^{2+}	ion ferreux
Fe^{3+}	ion ferrique
Fe O	oxyde de fer II
Fe_2O_3	oxyde de fer III
$Fe_3(PO_4)_2$	phosphate de fer II
GTP	guanosine triphosphate
H, H_2	hydrogène
H^+	ion hydrogène, proton
HCl	acide chlorhydrique
H_2CO_3	acide carbonique
HCO_3^-	ion hydrogénocarbonate
HF	acide fluorhydrique
HNO_2	acide nitreux
HNO_3	acide nitrique
H_2O	eau
H_3O^+	hydronium
H_2S	hydrogène sulfuré
H_2SO_3	acide sulfureux
H_2SO_4	acide sulfurique
HC	hydrocarbures
He	hélium
Hg	mercure
I	iode
K	potassium
Li	lithium
Mg	magnésium
Mg^{2+}	ion magnésium
$MgCO_3$	carbonate de magnésium
$MgSO_4$	sulfate de magnésium
Mn	manganèse
Mo	molybdène
NAD^+	nicotinamide adénine dinucléotide (accepteur d'électrons)
$NADH+H^+$	nicotinamide adénine dinucléotide hydrogène (donneur d'électrons)

N, N_2	azote
NH_3	ammoniac
NH_4^+	ammonium
NO_2^-	nitrite
NO_3^-	nitrate
NOx	oxydes d'azote
N_2O	protoxyde d'azote (gaz hilarant)
NO	monoxyde d'azote
NO_2	dioxyde d'azote
Na	sodium
Na^+	ion sodium
NaCl	chlorure de sodium, sel
Na_2CO_3	carbonate de sodium
Ni	nickel
O, O_2	oxygène
O_3	ozone
OH^-	ion hydroxyle
P	phosphore
Pa	palladium
Pb	plomb
PCB	biphényle polychloré
PO_4^{3-}	phosphate
Pu	plutonium
PVC	polychlorure de vinyle
Rn	radon
S	soufre
SCN^-	ion thiocyanate
SO_2	dioxyde de soufre
S^{2-}	ion sulfure
SO_4^{2-}	ion sulfate
Si	silicium
SiO_2	dioxyde de silicium
Sr	strontium
Th	thorium
Ti	titane
U	uranium
UTP	uridine triphosphate
V	vanadium
Xe	xénon
Zn	zinc

Unités

Unités de base (système SI)

m	mètre
kg	kilogramme
s	seconde
A	ampère
K	Kelvin
mol	mole

Autres unités

a	are
a	année
°C	degré Celsius
cd	candéla
dB	décibel
g	gramme
h	heure
ha	hectare
Hz	hertz
j	jour
J	joule
km	kilomètre
l	litre
lx	lux
ly	langley
min	minute
N	newton
Pa	pascal
V	volt
W	watt

Multiples et sous-multiples

Exa	E	10^{18}
Peta	P	10^{15}
Tera	T	10^{12}
Giga	G	10^{9}
Méga	M	10^{6}
Kilo	k	10^{3}
Déci	d	10^{-1}
Centi	c	10^{-2}
Milli	m	10^{-3}
Micro	µ	10^{-6}
Nano	n	10^{-9}
Pico	p	10^{-12}
Femto	f	10^{-15}
Atto	a	10^{-18}

Conversions des autres unités

1 ångström (Å) = 10^{-10} m
1 atmosphère
(atm) = 1,013 10^{5} Pa
1 accélération de la pesanteur (g) = 9,81 N
1 millibar (mbar) = 100 Pa
1 torr (Torr) = 133,3 Pa
1 erg (erg) = 10^{-7} J
1 calorie (cal) = 4,1868 J
1 m/sec = 1 m s^{-1}

grandeur	symbole	unité
humidité abs. de l'air		g m^{-3}
Travail	*W*	J = kg m^2s^{-2}
Puissance d'éclairage	*E*	lx
Accélération		m s^{-2}
Densité		kg m^{-3}
Coeff. de diffusion	*D*	m^2s^{-1}
Pression	*p*	Pa = Nm^{-2}= kg m^{-1} s^{-2}
Energie	*W*	J=kg m^2s^{-2}
Surface	*A*	m^2, a, ha, km^2
fréquence	*f,v*	Hz=s^{-1}
vitesse	m s^{-1}	
force	N = $kgms^{-2}$	
volume sonore	*Ln*	phon
puissance	*P*	W = j s^{-1}= kg m^2 s^{-3}
luminosité	*I*	cd
masse	*m*	g, kg
énergie de combustion molaire		J mol^{-1}

grandeur	symbole	unité
tension de surface		J m^{-2}
pression osmotique		Pa
Constante de Planck	*h*	Js=kgm^2s^{-1}
humidité relative de l'air		%
puissance du son	*p*	dB
capacité calorifique spéc.	*c*	JK^{-1} kg^{-1}
quantité de substance	*v*	mol
rayonnement	*Ly*	4,1868 J/cm^2 (1cal/cm^2) 1 Ly/min= W/m^2
résistance du courant	*R*	N m^2
température	*T, t*	K, °C
constante des gaz parfaits	*R*	$JK^{-1}mol^{-1}$= kgm^2s^{-2} $K^{-1}mol^{-1}$
volume	*V*	m^3, l
quantité d'énergie		J
longueur d'onde		m
temps	t	s, min, h, d, a

Grandeurs et unités de la radioactivité

grandeur	unité SI	définition	anc. unité	conversions
Activité	Becquerel (Bq) 1 Bq =1 s^{-1}	nombre de modif. du noyau/temps	Curie Ci	1Ci = 3,7.10^{10} Bq
dose d'énergie	Gray (Gy) 1 Gy = 1 J/kg	énergie globale de rayonnement absorbée par unité de masse	Rad rd	1rd = 10^{-2} Gy
dose équival.	Sievert (Sv) 1Sv = 1J/kg	dose d'énergie multipliée par le facteur sans dimension de chaque type de rayon	Rem rem	1 rem = 10^{-2}Sv
quantité d'ionisation	Coulomb par kg (C/kg)	charge électr. d'un signe produite dans un volume d'air par unité de volume par une unité de masse	Röntgen R	1R = 2,58$10^{-4}$C/kg
capacité de dose énergét.	Gray par seconde ou heure (Gy/s ou Gy/h)	dose énerg./ temps 1 rd/h = 10^{-2} Gy/h	rd/s ou rd/h	1 rd/s= 10^{-2} Gy/s
capacité de dose équival.	Sievert/ sec. ou heure (Sv/s ou Sv/h)	dose équiv./ temps	rem/s ou rem/h	1 rem/s = 10^{-2} Sv/s 1 rem/h = 10^{-2} Sv/h
capacité de dose d'ionisation	ampère par kg (A/kg)	dose d'ions/ temps	R/s ou R/h	1 R/s = 2,58 10^{-4} A/kg 1 R/h = 7,17 10^{-8} A/kg

1500 av. J.-C. **éruption volcanique** *Santorin.*
79 av. J.-C. **éruption volcanique** *Vésuve.*
1788-1985 **émissions de mercure** à *l'usine chimique de Marktredwitz.* Coût pour l'assainissement : 210-300 millions de FF ; amendes : 35 000-350 000 FF.
1883 (27/08) **éruption volcanique** *Krakatau* ; 36 000 personnes périrent noyées.
1902 (8/02) **éruption volcanique** *Martinique* ; 26 000 morts à St-Pierre.
1906 (18/04) **tremblement de terre** à *San Francisco* ; plusieurs milliers de morts.
1908 (28/12) **tremblement de terre** *Messine* env. 100 000 morts.
1915 (13/01) **tremblement de terre** *Rome/Abruzzes ;* 29 500 morts.
1928 (20/05) **un nuage de gaz toxique de phosgène** s'échappe de l'usine chimique de *Stolzenberg* ; 150 personnes sont empoisonnées, 10 meurent.
1931 (01/04) **tremblement de terre** à *Managua,* destruction de la ville, 2 000 morts.
(12/11) **pollution atmosphérique** dans la vallée de *Maas* (Belgique), plusieurs victimes par inhalation de dérivés de soufre.
1935 (26/07) **crue** du *Yang-tseu-kiang* ; 200 000 morts.
1937 (31/01) **inondation** *Kentucky,* 700 morts, 500 M de $ de dégâts.
1938-68 **rejets de mercure** dans la baie de *Minamata* (Japon), 1 953 premiers cas d'empoisonnement, 300 morts jusqu'en 1970.
1939 **première utilisation du DDT**.
1944 **première utilisation du PCB** ; 1966 sa présence dans notre environnement est décelée, 1969 on en retrouve des traces dans le corps de 12 000 animaux marins échoués.
1944 le **2,4,5-T (agent orange)** est inventé, toujours pollué par deux substances hautement toxiques (dibenzodioxine polychlorée et dibenzofurane).
1947 (16/04) **explosion de nitrate**, *Texas City* ; la cargaison de nitrate d'un cargo explose, 550 morts, 300 blessés, 35 M de $ de dégâts.
1951 **pollution par de la poussière d'uranium** *Ohio,* l'usine de Fernald rejette 200 t de poussière radioactive d'uranium dans l'atmosphère. Le ministère de l'Énergie est au courant de cette pollution.
1953 (01/02) **raz de marée** *Hollande* ; 1 487 morts, 1 million de personnes évacuées.
1957 (oct.) **accident dans un réacteur nucléaire** *Windscale* qui produisait du Pu et du ^{210}Po pour des armes nucléaires ; 35 morts, pendant trente ans cet accident fut tenu secret.
1958 **accident avec des matériaux radioactifs** *Oural* ; contamination de l'environnement dans un rayon de 100 km.
1962 (17/02) **raz de marée** *Hambourg* ; 312 morts, 2,5 milliards de dégâts.
1965-71 **utilisation du défoliant agent orange,** *Guerre du Vietnam* ; 170 kg de dioxine provoquent la mort d'environ 1000 personnes, de 13 000 têtes de bétail, temps de régénération pour la nature : env. 100 ans.
1966 (17/01) **pollution radioactive** *Palomares*, un bombardier B-52 s'abîme en mer chargé d'armes nucléaires.
(20/02) **marée noire** en *Mer du Nord* 16 800 t de brut s'écoulent du *Anne Mildred Brovig.*
(02/10) **tornades** *Pakistan oriental, Karabique ;* 3 000 morts.
(04/11) **inondation** *Italie, Autriche* ; 150 morts.
1967 (18/03) **catastrophe pétrolière**, *îles Scilly* 120 000 t de brut s'écoulent du *Torrey Canyon.*
(25/26.11) **inondation** Lisbonne ; 316 morts.
1968 **le trou dans la couche d'ozone** est visible pour la première fois.
1977 sa présence est prouvée.
(11/01) **vague de froid** aux *USA* ; -35 °C, 76 morts.
(01/09) **tremblement de terre** en *Iran* ; 10 000 morts.
1969 (20/08) **cyclone Camille** *USA*, 196 morts.
(22/10) **inondation** *Tunisie* ; 40 morts.
(27/10) **tremblement de terre** *Banja Luka* ; la ville est détruite.
1970 (28/03) **tremblement de terre** *Turquie* 2 000 morts.
(25/05) **inondation** à *Banat* (Roumanie) ; 200 morts.
(11/09) **tornade** *Adria* ; 41 morts.
(13/11) **raz de marée** *Pakistan* ; 300 000 morts (causées par le raz de marée, le typhus, le choléra.)
1971 (juillet) **pollution planifiée** de *la Mer du Nord* ; le *Stella Maris* doit couler sa cargaison d'hydrocarbures chlorés ; sous la pression de manifestations, le cargo regagne Rotterdam.
1973 (23/01) **éruption volcanique** *Heimay,* Islande ; la population est évacuée.
sécheresse au *Sahel* ; des milliers de morts.
1975 **trou dans la couche d'ozone** : les gaz propulseurs sont mis en cause.
1976 (03/01) **raz de marée** *Mer du Nord*, 40 morts, dégâts matériels importants.
(06/05) **tremblement de terre** *Frioul* Italie ; 2000 morts.
(10/07) **pollution à la dioxine** *Seveso* 2,5 kg de dioxine s'échappent ; 750 évacués, 35 000 bêtes meurent, cas de maladies graves (p. ex. chloracné).
1978 (17/03) **marée noire** *au large de Brest l'Amoco Cadiz* perd 230 000 t de brut 10 000 oiseaux marins meurent ainsi que des millions de coquillages et de crustacés, les dégâts : 3,5 mrd de FF.
1979 (28/03) **catastrophe nucléaire** *Harrisburg* (USA) surchauffe du réacteur, 4 millions de litres d'eau de refroidissement contaminés s'écoulent, du Cs radioactif contamine les bâtiments, décontamination possible dans plusieurs décennies. coût : 1 milliard de $ pour 150 t.
(06/06) **marée noire** *golfe du Mexique* 17 000 t de brut s'échappent d'une plate-forme de

forage, ce n'est qu'en mars 1980 que la fuite est colmatée.

(19/07) à l'heure actuelle la plus importante **catastrophe maritime entre 2 pétroliers**, collision entre le *Atlantik Empress* et le *Aegen Capitaine* : 276 000 t de brut polluent la mer.

(24/08) **pollution au thallium** *Lengerich* des émanations toxiques polluent les environs de la cimenterie de Dyckerrhoff, défoliation.

(06/09) **mise en décharge de produits toxiques** *Hambourg* pollution des terrains de la firme Stolzenberg : combinaison de phosphore due à un mélange de lacrymogène et de gaz de combat, mort d'un enfant.

1980 (18/19.05) **éruption volcanique** *St Helens* (*USA*) 1km³ de cendre, de magma, et de poussière 22 morts, 500 millions $ de dégâts.

1981 (12/08) **inondation** *Yang-tseu-kiang* ; 23 millions de sans-abris, 8 000 morts.

(21/11) **catastrophe pétrolière** *Klaipeda* (*Memel*), *URSS* le pétrolier *Asami* perd 16 493 litres de pétrole, 60 000 oiseaux marins meurent.

1983 **catastrophe pétrolière** *côtes sud-africaines* ; 90 000 t se répandent dans la mer, 100 000 t coulent avec l'épave.

1984 (11-16/11) **pollution marine** *Seafield* (GB), dégazage d'eau radioactive, Greenpeace est condamné à une amende de 50 000£, la société à une amende de 10 000£, la population d'une colonie d'oiseaux passe de 12 500 à 1 500.

(2/12) **émission de gaz toxiques** *Bhopal* (Inde), du méthylisocyanate s'échappe d'une usine de pesticides (Union Carbide), 3400 morts, 30-40 000 blessés graves, 600 000 font des demandes de dédommagement, 3500 FF pour un mort, 600 FF par famille touchée.

1984/85 **sécheresse** *Ethiopie*, plus d'un million de morts.

1986 (26/4) **catastrophe nucléaire** *Tchernobyl* ; 35 morts directs, 135 000 personnes sont évacuées, destruction de toutes les plantes et de tous les animaux dans les environs proches.

(31/10) **pollution du Rhin** *Bâle* ; 400 litres de produit phytosanitaire atrazine sont déversés par la *Ciba-Geigy* dans le Rhin.

(1/11) **pollution du Rhin** *Bâle* après un incendie dans les usines *Sandoz*, l'eau utilisée pour éteindre le feu entraîne avec elle des fongicides mercurés dans le Rhin, des poissons meurent sur plusieurs kilomètres.

1987 **glissement de terrain** *Bormio* (*Italie*) ; 50 morts.

1988 (27/5) **pollution marine** *Manche* ; un cargo transportant des produits chimiques, le *Anna Broere*, sombre, 248 hl d'explosifs, de produits cancérigènes s'écoulent dans la mer.

(juin) **marée rouge** *Mer du Nord* ; la population des "algues tueuses" s'accroît en raison de la fumure excessive, des pluies acides et peut-être du réchauffement causé par l'effet de serre, des poissons meurent.

(juillet) **sécheresse** *USA* dans le Middle-West

(juillet) **mort de phoques** *Mer du Nord*.

1989 (28/1) **pollution marine et des côtes** *Antarctique* ; le *Bahia Paraiso* perd 680 t d'hydrocarbures ce qui provoque la **plus importante pollution de l'Antarctique**.

(24/3) **catastrophe pétrolière** *Alaska* ; l'*Exxon Valdez* perd, après s'être échoué sur un récif, 40 000 t de brut (le capitaine était sous l'emprise de l'alcool…), pollution de 6 200 km² de côtes. **La catastrophe la plus dévastatrice pour l'environnement en Alaska**.

(10/9) le **cyclone "Hugo"** dévaste des régions d'*Amérique centrale* et des *USA*.

(19/12) **catastrophe pétrolière** au nord des *îles Canaries* ; le pétrolier *Khark 5* explose, 60 000 t de brut léger s'écoulent, une nappe de 260 km² menace les côtes du Maroc.

catastrophe pétrolière au large de *Madère*, l'*Aragon* perd 25 000 t à la suite d'une avarie.

1990 (25/26.1) l'**ouragan** "Daria" touche principalement le *sud de l'Angleterre* ; 80 morts.

(3/5.2) l'**ouragan** "Ida" s'abat sur la *France*, la *République Fédérale d'Allemagne*, les dégâts s'élèvent à plusieurs milliards.

(14/15.2) l'**ouragan** "Polly" frappe le sud de l'*Allemagne*, la *France*, l'*Autriche* et la *Suisse* ; des pluies torrentielles, des glissements de terrain, des avalanches, 12 morts, des naufrages.

(25/26.2) l'**ouragan** "Vivian" touche l'*Europe centrale* et l'*Europe de l'Ouest* ; des ruptures de digues, des raz de marée, 67 morts.

(28.2/1.3) **ouragan** "Wiebke" ; les dégâts s'élèvent à env. 6 milliards de FF, 15 morts.

Assèchement de la mer d'Aral en *Asie centrale* en 1990, la superficie de cette mer de 68 000 km² avant 1960 n'est plus que de 35 000 km². Son niveau a baissé de 19 m et son volume d'eau s'est réduit de 450 km³. Cet assèchement a des effets sur la climatologie de la région, la santé de ses habitants et entraîne la disparition de certaines activités économiques liées à la mer.

1991 (30.4) **typhon** avec des raz de marée au *Bangladesh* ; 200 000 morts, 10 millions de sans-abris.

(printemps) découverte de scories contenant de la **dioxine** à *Marsberg (RFA)* ; fermeture de nombreux terrains de sport et de jeux.

(juin) vague de chaleur au *Pakistan* et en *Inde* ; 600 morts.

(juin) **éruptions volcaniques** du *Pinatubo/Philippines* ; 318 morts.

(octobre) **tremblement de terre** en *Inde* ; 1 600 morts, 18 000 maisons détruites.

(4.11) **typhon** "Thelma", *Philippines*, 5 000 morts.

Très forte pollution atmosphérique due aux 500 incendies des puits de pétrole après la guerre du Golfe en Irak.

1992 (13.3) **tremblement de terre** en *Erzikan/Turquie*, 800 morts.

1992 (décembre) **catastrophe pétrolière**, le pétrolier *Aegean Sea* chavire devant la côte au *nord de l'Espagne.*

1993 (5.1) **catastrophe pétrolière**, le pétrolier *Brae* chavire avec 85 000 t de brut au large des *îles Shetland*, des tempêtes évitent la pollution des côtes. (fin janvier) **catastrophe pétrolière**, le pétrolier *Meask Navigator* entre en collision dans le chenal de Malaka et dérive avec 254 000 t de brut à son bord.

(2.2) **éruption volcanique** le *Mayon/Philippines*, plus de 50 morts.

(5.8) *Shenzen (Chine)* : **explosion** puis incendie dans une usine de produits chimiques : 12 morts.

1994 (février) *Nord de l'Oural (République des Khomis)* : **rupture d'un oléoduc** ; 300 000 t de pétrole déversées dans les rivières et la toundra. (31.3) *Seki (Panama)* : **collision d'un pétrolier**, 16 000 t déversées dans le *golfe d'Oman.*

1995 (17.1) **tremblement de terre** à *Kobe au Japon* d'une intensité de XI et d'une magnitude de 7.2 sur l'échelle ouverte de Richter. Environ 6 000 morts, 415 000 blessés, 100 000 maisons détruites et 185 000 partiellement détruites. Plus de 350 incendies ont dévasté environ 100 ha de zones habitées. Plusieurs effondrements de ponts, chemins de fer et métro sévèrement endommagés. 95 à 140 milliards de dollars de dégâts.

(27.4) *Oukhta (République des Khomis)* : **incendie sur un gazoduc** après une fuite. Les dégâts ont été évalués à 150 millions de roubles.

1996 (15.2) le *Sea Empress (Liberia)* s'échoue au large de *Milford Haven (Pays de Galles)* : 40 000 t de pétrole déversées.

1997 (depuis octobre) *Indonésie* : des **incendies** sur les îles de *Java, Sumatra* et *Bornéo*, dont les ravages s'étendraient sur 600 à 800 000 ha, alimentent un brouillard de pollution qui atteint la Malaisie et menace la Thaïlande et les Philippines. Aux effets dévastateurs de ces feux s'ajoutent ceux d'El Niño, phénomène climatique régional responsable d'une sécheresse persistante dans le Pacifique Sud voisin et la diminution des ressources alimentaires.

(26.9 au 14.10) huit **tremblements de terre** en *Italie*, en *Ombrie* et dans la région des *Marches*, d'une intensité variant de V à IX sur l'échelle de Mercalli et d'une magnitude de 4.1 à 5.8 sur l'échelle ouverte de Richter. 11 morts, plus de 100 blessés, plus de 200 000 personnes affectées d'une manière ou d'une autre par la catastrophe, 88 000 habitations endommagées. 1 200 sites historiques, artistiques ou culturels ont été partiellement ou complètement détruits, dont la basilique de Saint-François d'Assise. Les dégâts sont évalués à 500 millions de dollars.

1994. On évalue dans le monde à 4 000 000 le nombre d'enfants morts à cause de problèmes respiratoires dus à la pollution atmosphérique ; c'est aussi le nombre d'enfants et de nourrissons morts de diarrhées dues à la pollution de l'eau potable.

1995 (23-03). L'O.M.S évalue à près de 8 000 000 par an les malades atteints de **tuberculose**, dont 3 000 000 en meurent, les 95 % vivant dans le Tiers Monde.

(13-06). Interdiction faite à la compagnie hollandaise Shell de couler la plate-forme pétrolière « Brent Spar » dans l'Atlantique.

(17-08). Explosion atomique souterraine en Chine.

(6-08). 1re des 6 explosions atomiques faites par la France dans l'**atoll de Mururoa**.

1996. Catastrophe pétrolière sur les côtes du Pays de Galles 70 000 t de brut libérées par le « Sea Empress ». Gros dommages aux oiseaux de mer : plus de 500 000 oiseaux menacés en période de reproduction.

Le ministre allemand de l'Agriculture évalue à 20 % le nombre d'arbres atteints par la pollution.

1997. Naufrage du pétrolier russe « Nachodka » qui occasionne la formation d'une nappe de 1,8 km de long sur 300 m de large devant le port de *Fukui* (ouest du Japon).

(09). Incendies spectaculaires et dévastateurs en *Indonésie* et en *Malaisie*. Gaz toxiques mortels pour les forêts et les humains.

1998. Avec une augmentation de 0,7 °C, c'est l'année la plus chaude depuis 1861.

1999. Grave accident dans la centrale atomique de Tokaimura au Japon : 16 kg d'uranium mal manipulés vont entraîner une chaîne mortelle de réactions.

2001 (octobre). NASA et NOAA constatent que le trou d'ozone a augmenté de 26 000 000 de km^2 sur l'Antarctique.

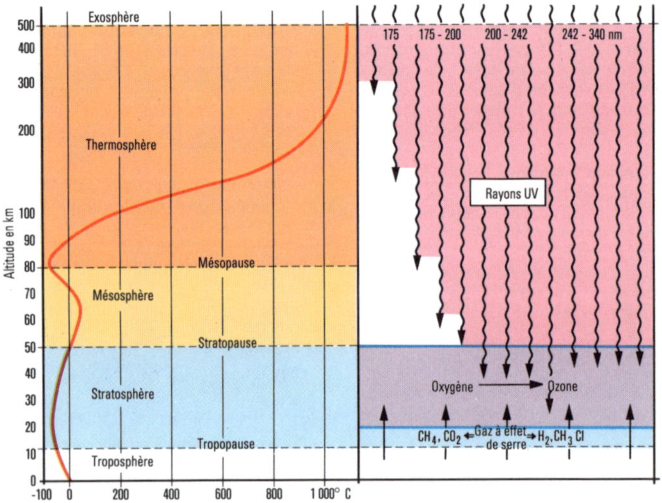

A Constitution de l'atmosphère d'après la répartition thermique

B Spectre et rayons UV

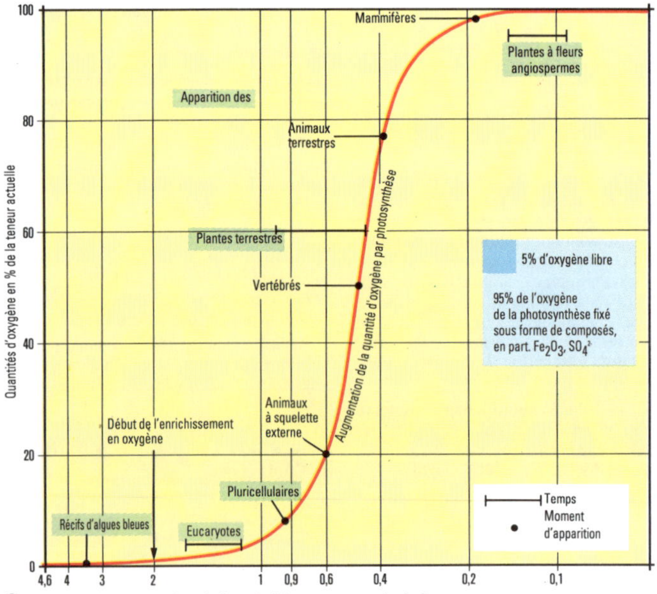

C Concentration en oxygène de l'atmosphère terrestre et évolution

Origine et évolution de l'oxygène de l'atmosphère

L'**atmosphère**, couche d'air qui enveloppe la Terre, se compose d'un mélange gazeux constitué, dans les 20 premiers km, de

78,08 % vol. d'azote
20,95 % vol. d'oxygène
0,93 % vol. d'argon ;

le reste se compose principalement de

355 ppm de dioxyde de carbone
18 ppm de Néon,
5 ppm d'Hélium et de
15-20 ppb d'ozone (multiplié par x dans les agglomérations).

L'**azote** provient du rejet de gaz de la croûte terrestre au cours des temps géologiques et de processus chimiques. Il s'est concentré dans l'atmosphère en raison de sa faible réactivité chimique, et parce que sous forme moléculaire (N_2) il est difficilement utilisable par les êtres vivants.

L'**oxygène** est apparu dans l'atmosphère primitive, où un millième de sa quantité actuelle avait été libérée par photodissociation de H_2O et CO_2:

$$2\,CO_2 + \text{rayons UV} \quad 2\,CO + O_2$$
$$2\,H_2O + \text{rayons UV} \quad 2\,H_2 + O_2$$

Pour certains auteurs, H_2O et CO_2 constituaient avec CH_4 et NH_3 les éléments principaux de l'*atmosphère primitive*. Les premiers organismes vivants (*Procaryotes*) se développèrent sans doute il y a 3,5 milliards d'années ; ils se procuraient l'énergie nécessaire à leur métabolisme par *fermentation*, et l'oxygène devait être un poison pour leur métabolisme.

Le premier oxygène produit biologiquement l'aurait été par des algues ou des Procaryotes photosynthétiques (p. ex. "algues" bleues = Cyanobactéries), et se serait concentré à 1 % dans l'atmosphère primitive il y a 2 milliards d'années (photosynthèse, p. 41-43).

L'oxygène était indispensable à la vie des premiers eucaryotes (Tab. C) dont les gènes sont protégés des effets néfastes de l'oxygène par une enveloppe autour du noyau, et qui possèdent des voies métaboliques permettant de tirer parti de l'existence de l'oxygène (respiration, p. 45).

L'oxygène existant aujourd'hui est un produit secondaire libéré par les organismes lors de la photosynthèse ; formule chimique simplifiée (photosynthèse, p. 41-43) :

$$6\,CO_2 + 6\,H_2O \overset{h\nu}{\quad} C_6H_{12}O_6 + 6\,O_2$$

Le **dioxyde de carbone** ne constitue avec 340 ppm qu'une petite fraction de l'atmosphère ; il se forme par *dissimilation* (p. 45) :

$$C_6H_{12}O_6 + 6\,O_2 \quad 6\,CO_2 + 6\,H_2O + \text{énergie}$$

On trouve 20 fois plus de CO_2 fixé sous forme de carbonate de calcium dans les roches calcaires que dans l'atmosphère sous forme de gaz, et des quantités encore plus grandes se trouvent dans les ions carbonate ou hydrogénocarbonate (HCO_3^-, CO_3^{2-}) dissous dans les océans. Le CO_2 de l'air est soumis, tout comme la vapeur d'eau, aux réactions d'équilibre entre l'atmosphère et les réserves du sol (cycle du carbone, p. 63 ; cycle de l'eau, p. 20).

L'**ozone** est la forme triatomique de l'oxygène et se forme dans la stratosphère (Tab. B) en deux processus :

1) par photodissociation :
$$O_2 + \text{rayons UV} \quad O\cdot + O\cdot$$
2) par réaction chimique :
$$O_2 + O\cdot + M \rightarrow O_3 + M$$
(M : partenaire d'impulsion)

L'enveloppe gazeuse est retenue dans le champ gravitationnel de la Terre, sa densité diminue rapidement en altitude et elle est stratifiée verticalement (Tab. A).

Répartition des températures et stratification

La **troposphère** est la partie de l'atmosphère située entre la surface du sol et une altitude de 10 km en moyenne. Elle contient presque toute la vapeur d'eau de l'atmosphère. C'est là que se déroulent les phénomènes météorologiques et le mouvement des masses d'air. L'air de la troposphère est réchauffé par la ré-émission de l'énergie solaire emmagasinée par le sol. La température diminue en moyenne de 6,5° C par km de bas en haut et tombe sous les -50° C à la limite supérieure de la troposphère, appelée *tropopause*.

On distingue dans la troposphère une *couche du sol* jusqu'à 2 m de hauteur, où un microclimat se développe sous l'influence de la végétation. Puis suit la *couche de base*, jusqu'à 1000 - 2500 m, où se produisent les mouvements verticaux des masses d'air. Dans certaines conditions météorologiques (brouillard persistant des matinées fraîches), le gradient de température est inversé jusqu'à la limite de la couche de base. Suit une couche d'air à courants majoritairement horizontaux, responsables du temps.

La **stratosphère** est la couche située entre 10 et 50 km d'altitude. A cause de la température constante de -90° C jusqu'à une altitude de 30 km au-dessus des pôles (couche isotherme), elle n'est pas le siège de mouvements verticaux.

Dans la stratosphère se trouve la *couche d'ozone,* qui absorbe les rayons UV (longueurs d'onde de 200 à 340 nm) dangereux pour les organismes ; elle se réchauffe ainsi jusqu'à 0° C.

La **mésosphère** s'étend de 50 à 80 km d'altitude. La température s'y élève jusqu'à + 50° C ("effet de plaque électrique" de la couche supérieure de la stratosphère).

Les températures diminuent ensuite jusqu'au point le plus bas de -80° C, marquant ainsi une *délimitation (mésopause) des couches* de l'atmosphère.

Dans la **thermosphère** (= *ionosphère*), qui atteint une altitude de 500 km, les températures s'élèvent jusqu'à 1 200° C, mais ne peuvent être comparées aux conditions terrestres en raison de la raréfaction de l'air. Les phénomènes électriques y dominent et les couches y sont très conductrices (ionisation) en raison du rayonnement solaire.

L'ionisation absorbe le rayonnement UV < 175 nm, qui est *mortel.*

A partir de 500 km commence la couche extrême de l'atmosphère (**exosphère** ou *magnétosphère*) dominée par les phénomènes électromagnétiques.

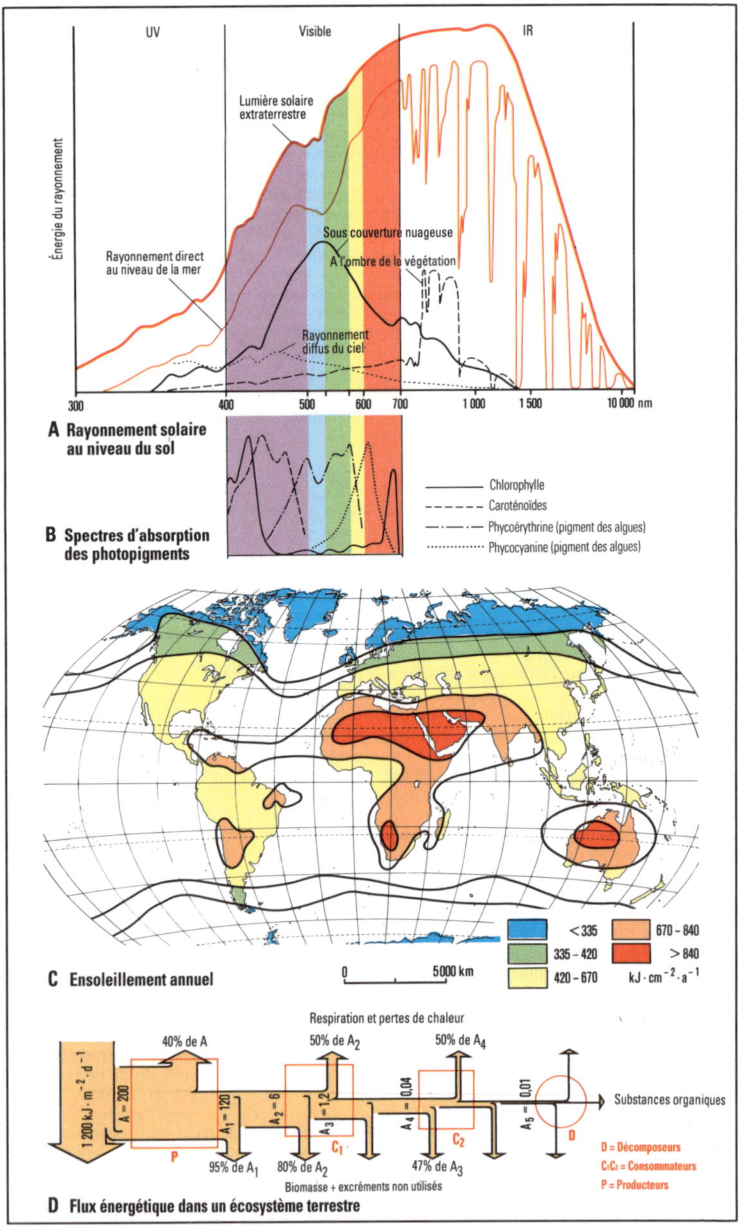

Apport énergétique et utilisation de l'énergie

Le **rayonnement solaire** est la source d'énergie de tous les processus de vie sur Terre. La quantité totale de rayons touchant la surface du globe (**rayonnement global**) se compose du *rayonnement direct et du rayonnement diffus du ciel.*

A la limite de l'atmosphère, l'intensité du rayonnement, **la constante solaire**, est de :

8,123 J cm^{-2} min^{-1} (= 1,35 kW m^{-2}).

Dans les moyennes latitudes : 5,44 J cm^{-2} min^{-1} au niveau de la mer.

L'énergie réverbérée vers l'espace s'appelle **albédo**.

Une augmentation de l'albédo, p. ex. après un changement climatique, entraînerait un refroidissement de la Terre ; une diminution, provoquée p. ex. par une augmentation de la concentration de CO_2, entraînerait un réchauffement de la Terre (problème du CO_2 cf p. 165).

La concentration de poussière dans l'atmosphère suite à l'éruption du volcan El Chichon (Mexique) en 1982 a entraîné une augmentation de 1°C dans les latitudes géographiques concernées.

La quantité de rayons atteignant la Terre varie selon la latitude géographique du lieu et la répartition globale des nuages.

Ainsi les régions pauvres en forêts des régions subtropicales sèches près des tropiques bénéficient d'un rayonnement privilégié avec 70% de rayonnement par rapport à une moyenne générale de 49% (Sch. C).

En plus de la quantité d'énergie, la composition des rayons (tab. A) est d'une importance capitale pour la vie sur Terre. 10% des rayons sont des rayons ultraviolets (UV) à ondes courtes. Ils pénètrent les plantes et ne sont réfléchis qu'à environ 3%. Certaines fleurs réfléchissent particulièrement les UV pour attirer les insectes (qui "voient" les UV).

Les UV peuvent être à l'origine de coups de soleil et de cancers de la peau.

45% de l'énergie de rayonnement atteint la Terre sous forme de lumière visible avec une longueur d'onde de 400 à 700 nm (Tab. A).

Le **rayonnement exploitable par photosynthèse** se situe entre 380 nm et 740 nm, les photosystèmes (cf photosynthèse p. 41/43) ne peuvent utiliser que les photons de cette nature.

Le rayonnement est absorbé par les pigments de la plante dans un domaine d'absorption spécifique (Tab. B) et sert de source d'énergie à la photosynthèse.

La végétation absorbe surtout les lumières bleue et rouge, ainsi que les rayonnements thermiques à longues ondes de l'infrarouge ("fraîcheur sous la tonnelle"). L'absorption dans la zone verte de la lumière visible (plantes "vertes") est moins forte. L'énergie non absorbée est réfléchie ou transmise. En plus des pigments verts (chlorophylle p. 41), d'autres *pigments complémentaires* comme le carotène couvrent d'autres zones de rayonnement et apportent l'énergie aux chlorophylles.

La phycocyanine et la phycoérythrine des algues absorbent dans d'autres domaines que les plantes terrestres (Tab. B).

Les plantes terrestres absorbent environ 50 % des rayonnements utilisables par photosynthèse, le phytoplancton seulement entre 0,01 et 3 %. Le **rendement de la photosynthèse,** c.-à.-d. le rapport entre *l'énergie reçue* et *l'énergie des substances organiques* constituées par photosynthèse, n'atteint que 1 à 5% chez les plantes les plus développées. Le rendement de la photosynthèse par rapport à l'énergie absorbée passe en moyenne à 5-10%, pour certaines feuilles, il s'élève parfois à 24%.

La lumière visible, et surtout la durée de rayonnement, influencent l'activité quotidienne des plantes (ouverture-fermeture des fleurs), des animaux (quête de nourriture) et des hommes (dépressions saisonnières).

45% du rayonnement se situe dans la zone invisible de l'infrarouge (Tab. A) et réchauffe la surface terrestre.

L'énergie absorbée par la Terre sous forme d'ondes courtes est restituée à l'atmosphère sous forme de rayons thermiques infrarouges à ondes longues, directement ou indirectement par le biais de l'évaporation de l'eau. La majeure partie de l'énergie réfléchie par la Terre est absorbée par l'atmosphère, p. ex. par la vapeur, les nuages, le dioxyde de carbone, la poussière et l'ozone et est renvoyée vers la Terre où elle entraîne un nouveau réchauffement.

Si la quantité dans l'atmosphère d'absorbeurs d'infrarouges, comme le CO_2, augmente, la température sur Terre s'élèvera sans doute (problème du CO_2, p. 165).

Les flux énergétiques

L'énergie absorbée par les plantes lors de la photosynthèse est fixée sous forme organique (**producteurs P**, Tab. D) et est désignée dans un écosystème comme **production brute.** L'énergie (A_1,A_2,...) est transmise par diverses **étapes trophiques** (étapes de nutrition), avec perte de chaleur. Elle passe des plantes (producteurs) aux **décomposeurs (D)** ou **désagrégateurs** (réducteurs) qui vivent de substances animales ou végétales mortes, par différentes étapes de **consommation** (p. 61). Contrairement à la matière dans le métabolisme (p. 62 à 65), l'énergie circule toujours dans le sens Soleil, plantes, animaux jusqu'aux décomposeurs (bactéries, champignons et animaux saprophages), qui transforment les substances organiques riches en énergie en produits de décomposition inorganiques, pauvres en énergie.

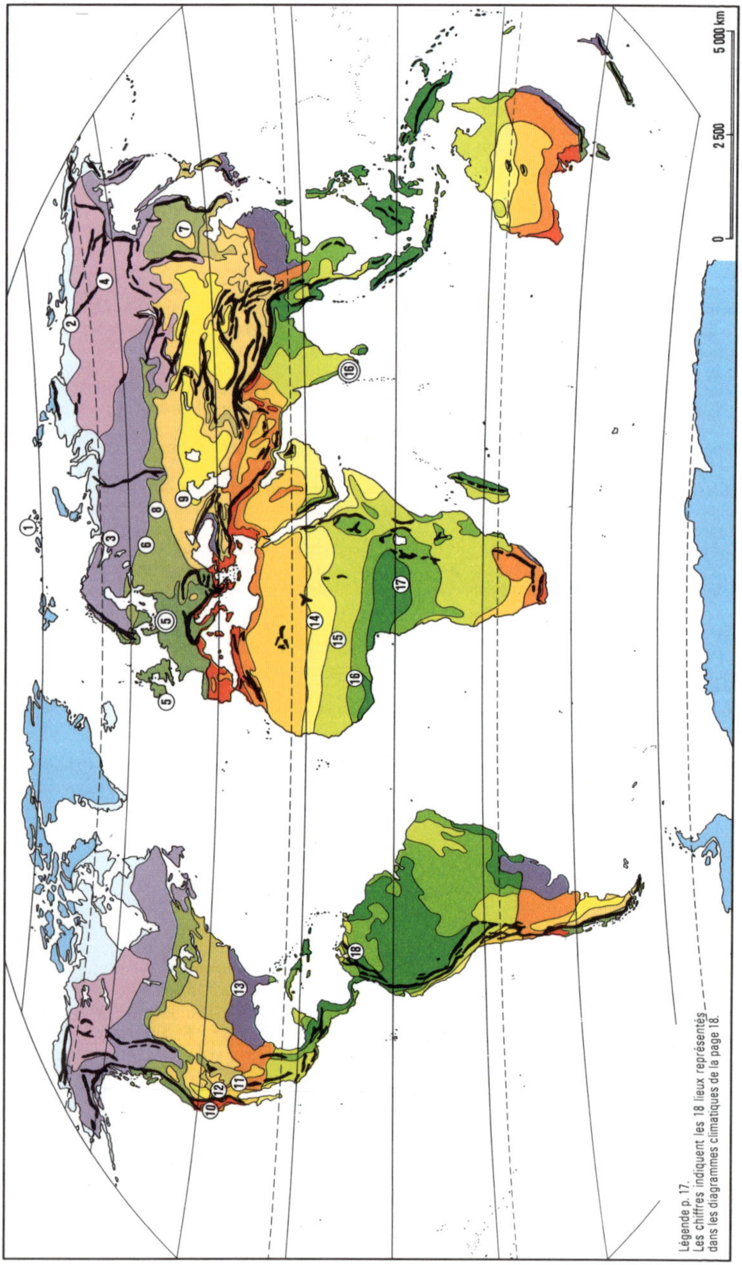

Légende p. 17.
Les chiffres indiquent les 18 lieux représentés dans les diagrammes climatiques de la page 18.

On entend par **climat** l'ensemble des phénomènes météorologiques dans l'atmosphère sur une période très étendue. Le climat est important pour l'écologie, car il détermine les grandes lignes de la répartition de la *végétation*, des *sols* et également en partie des *animaux*.

Le **macroclimat** englobe en les décrivant et en les délimitant les zones climatiques qui sont pour l'écologie le fondement de la répartition des zonobiomes.

Le **mésoclimat** englobe les conditions climatiques homogènes et leurs variations dans une zone macroclimatique (on peut par exemple étudier dans ce cadre les variations climatiques dues à l'expansion de l'agriculture).

Répartition des zones climatiques de la Terre

D'après la classification de Troll et Pfaffen (simplifiée)

zone polaire et subpolaire

- zone polaire (mois le plus chaud < 6 °C)
- climat subpolaire, climat de toundra (mois le plus chaud de 6 à 10 °C, mois le plus froid < -8 °C)

climat froid tempéré

- climat boréal (hiver neigeux, amplitude des températures atteignant 40 °C)
- climat boréal continental (hiver sec, amplitude > 40 °C)
- climat tempéré frais, océanique et némoral (hiver frais, amplitude < 25 °C)
- climat forestier subcontinental (hiver froid, amplitude comprise entre 20 et 40°C)
- climat forestier à été chaud (mois le plus froid de -8 à 0 °C, mois le plus chaud de 20 à 26 °C)
- climat de steppe sec et humide (> 5 mois humides / < 6 mois humides)
- climats semi-désertique et désertique

climat chaud tempéré (subtropical)

- climat méditerranéen (hiver humide - été sec, 5 mois humides)
- climat de steppe (< 5 mois humides)
- climats semi-désertique et désertique (< 2 mois humides)
- zone à été tropical et hiver marqué

climat subtropical

- climats semi-désertique et désertique (< 2 mois humides)
- savane plus ou moins sèche (2 à 7 mois d'humidité)
- savane humide (7 à 9 mois 1/2 d'humidité)
- forêt ombrophile
- climat de montagne

Le **microclimat** est déterminé par les données locales : il peut s'agir par exemple du climat sous la cime d'un arbre où à l'abri d'un bâtiment ; la somme de tous les microclimats des bâtiments, des axes de circulation, etc., détermine le mésoclimat d'une ville (voir climat de la ville p. 152).

Pour délimiter les grandes zones climatiques on se sert fréquemment de la répartition de la végétation naturelle : les cartes climatiques sont souvent des cartes de la végétation dont les frontières sont le fruit d'observations plus que de relevés météorologiques.

Une répartition en zones climatiques à partir des différents types de végétation est possible **à petite échelle** à partir des *associations de plantes* (phytocénoses), des combinaisons d'espèces toujours présentes. Elle se fait **à grande échelle** à partir des *formations végétales*, des unités de végétation qui se différencient par leur croissance et leur mode de vie (physionomie).

La répartition des écosystèmes sur Terre est principalement déterminée par les climats dominants tels qu'ils se présentent dans l'atmosphère. Pour définir un macroclimat en écologie on fait appel à des relevés thermiques et hydrographiques qui sont souvent mis en relation avec des indices (p. ex. indice d'aridité), car pour les plantes l'important n'est pas seulement l'intensité des précipitations mais également le taux d'évaporation, qui est déterminé par la température et qui régit la disponibilité en eau.

Ce ne sont pas uniquement les éléments climatiques et leurs combinaisons qui déterminent la répartition des êtres vivants et des formes de vie, mais aussi leur répartition typique au cours d'une année.

De cette répartition typique résultent des zones climatiques présentant une régularité quasi constante des phénomènes climatiques dans l'année (entre les tropiques) ou des climats changeants avec par exemple des pluies d'été et d'hiver et des variations de température.

Dans les cartes climatiques on tient compte d'autres paramètres : l'altitude, l'éloignement de la mer.

TROLL et PFAFFEN ont établi dans leur carte climatique une très large concordance entre macroclimats et zones de végétations. Les zones sont déterminées par les caractéristiques climatiques spécifiques des saisons sous différents climats.

Une classification plus fine a été établie à partir des relevés de température entre les tropiques, et dans d'autres régions par des indices ombrother-

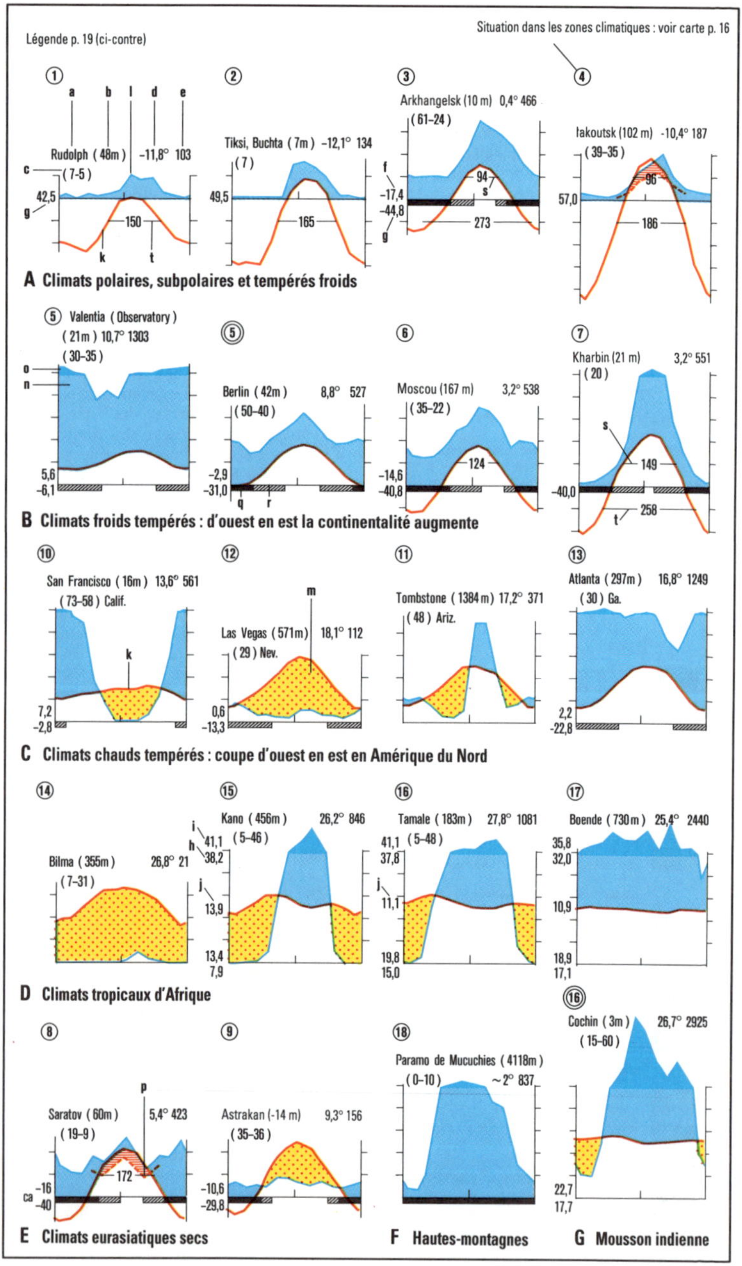

Légende p. 19 (ci-contre)
Situation dans les zones climatiques : voir carte p. 16
Rudolph (48m) -11,8° 103
(7-5)
Tiksi, Buchta (7m) -12,1° 134
(7)
Arkhangelsk (10 m) 0,4° 466
(61-24)
Iakoutsk (102 m) -10,4° 187
(39-35)
A Climats polaires, subpolaires et tempérés froids
Valentia (Observatory)
(21m) 10,7° 1303
(30-35)
Berlin (42m) 8,8° 527
(50-40)
Moscou (167 m) 3,2° 538
(35-22)
Kharbin (21 m) 3,2° 551
(20)
B Climats froids tempérés : d'ouest en est la continentalité augmente
San Francisco (16m) 13,6° 561
(73-58) Calif.
Las Vegas (571m) 18,1° 112
(29) Nev.
Tombstone (1384 m) 17,2° 371
(48) Ariz.
Atlanta (297m) 16,8° 1249
(30) Ga.
C Climats chauds tempérés : coupe d'ouest en est en Amérique du Nord
Bilma (355m) 26,8° 21
(7-31)
Kano (456m) 26,2° 846
(5-46)
Tamale (183m) 27,8° 1081
(5-48)
Boende (730m) 25,4° 2440
D Climats tropicaux d'Afrique
Saratov (60m) 5,4° 423
(19-9)
Astrakan (-14 m) 9,3° 156
(35-36)
Paramo de Mucuchies (4118m)
(0-10) ~2° 837
Cochin (3m) 26,7° 2925
(15-60)
E Climats eurasiatiques secs
F Hautes-montagnes
G Mousson indienne

miques (LAUER 1952) résultant de la combinaison des températures et des précipitations. Entre les tropiques (faibles variations des indices hydriques), il existe seulement des saisons thermiques. Les **diagrammes climatiques** déterminent la situation des zonobiomes et de ce fait la répartition de la végétation. Ils montrent les conditions climatiques d'un lieu géographique avec ses avantages et ses inconvénients pour la végétation, la faune et les hommes.

L'ensemble des diagrammes climatiques écologiques mis au point par H. WALTER (avec H. LIETH) ont été réunis dans un atlas des diagrammes climatiques (1960-67) qui regroupe les relevés d'environ 8000 stations. 20 diagrammes ont été sélectionnés de sorte que chaque zone macroclimatique est représentée par au moins une station.

On passe progressivement des climats **polaires** aux climats **boréals** en se dirigeant vers le sud.

Puis **Yakoutsk** marque un changement, à cause de sa *situation continentale* avec de faibles précipitations, des températures hivernales très basses et des variations de température très importantes.

Les diagrammes correspondent du nord au sud aux zones de végétation de la steppe, aux prairies sud-polaires et à la taïga toujours verte.

Les diagrammes des **climats tempérés** sont en Eurasie choisis pour souligner l'importance grandissante du climat *continental* et la diminution de l'influence *océanique* de l'Irlande jusqu'à la Russie. Des précipitations importantes et des variations de température modérées avec de faibles risques de gel sont propices à la croissance de plantes sempervirentes au cœur des forêt de feuillus. Elles sont remplacées à l'est, en raison du froid grandissant, par des conifères résistants au froid. La différence entre l'Ouest et l'Est peut être également mise en évidence par les effets au Nord du 40e parallèle des vents d'ouest dominants, qu'on trouve également en Amérique du Nord dans la zone de **climat chaud tempéré** : au climat méditerranéen marqué de la Californie avec des arbres au feuillage persistant succèdent ainsi le semi-désert de plantes grasses et la steppe aride protégés des pluies par les hauts sommets côtiers tout proches. En revanche, le climat du sud-ouest des États-Unis toujours humide est propice à la croissance d'une verdoyante forêt de feuillus et de conifères.

En Afrique le classement en zones climatiques tient compte de la position zénithale du soleil. En partant du diagramme du climat désertique de **Bilma** et en descendant vers le sud, se succèdent des zones avec des périodes de pluies croissantes et des variations climatiques modérées, avec une température **tropicale** constante de 26°C. A la savane sèche puis humide succède la forêt tropicale humide. Des tropiques jusqu'à l'équateur la densité de végétation et la biomasse par unité de surface s'accroissent de manière continue. **Saratov** et **Astrakan** se situent dans la zone **continentale aux précipitations faibles en hiver**, donc une faible disponibilité en eau.

Le diagramme de Paramo montre l'influence de **l'altitude** sur la hauteur des précipitations et les températures (gelées éternelles) qui sont à l'origine de l'étagement vertical des formations de végétation (p. 94-97, cf 110).

La localité voisine de Mucuchie située à 3000 m d'altitude a une température moyenne de 11°C avec 4 mois de gel et seulement 577 mm de précipitation.

Le **diagramme des moussons** montre les conditions extrêmes sur la côte S.-O. de l'Inde. Malgré des précipitations supérieures à celles rencontrées dans des climats tropicaux, il pousse dans cette région, à cause des périodes de sécheresse extrême, une végétation particulière, qui en période de sécheresse perd ses feuilles par sécheresse physiologique, comme les feuillus en hiver dans les zones de climats tempérés.

Légende des diagrammes climatiques (p.18)

- a station
- b altitude au dessus du niveau de la mer
- c nombre d'années d'observation (le premier chiffre : températures, le deuxième : précipitations)
- d température moyenne annuelle
- e précipitations moyennes annuelles
- f moyenne des minima quotidiens durant le mois le plus froid
- g température la plus basse mesurée
- h moyenne des maxima quotidiens pendant le mois le plus chaud
- i température la plus haute relevée
- j amplitude moyenne journalière
- k courbe des températures moyennes mensuelles (graduation : 10 °C)
- l courbe des précipitations moyennes mensuelles (échelle : 20 mm = 10° C)
- m période relativement sèche
- n période relativement humide
- o les précipitations moyennes mensuelles dépassent 100 mm (échelle réduite au 10e)
- p courbe des précipitations (échelle 30 mm = 10° C). Surface pointillée : saison sèche
- q mois avec un minimum quotidien moyen < 0 °C
- r mois avec un minimum absolu < 0 °C
- s nombre de jours avec une température moyenne > 10 °C
- t nombre de jours avec une température moyenne < -10 °C

s et t ne sont indiqués que pour les climats froids
h, i et j que pour les stations tropicales
espace vide : les dates manquent

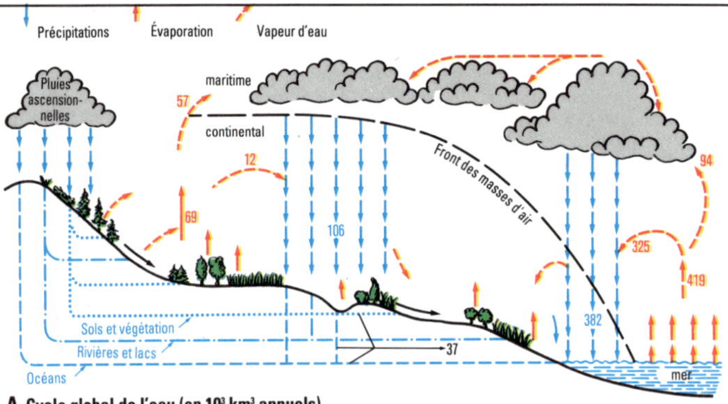

A Cycle global de l'eau (en 10^3 km³ annuels)

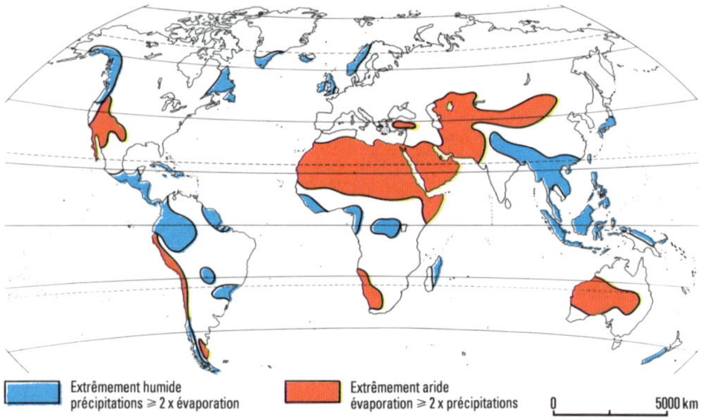

B Régions extrêmement arides et humides de la terre

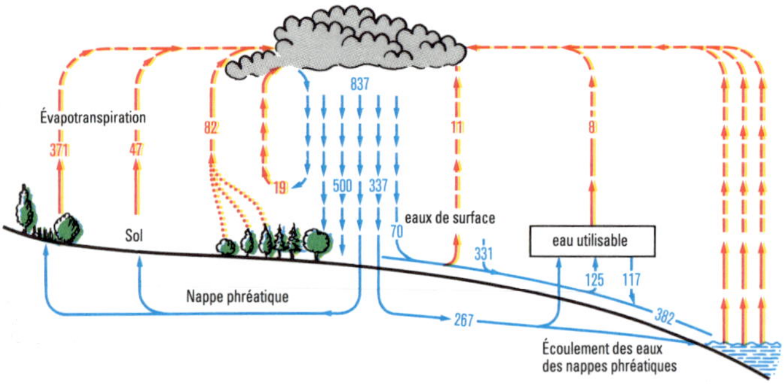

C Budget en eau des régions d'Europe de l'Ouest (en mm par m²/an)

Répartition globale et régionale de l'eau

L'**hydrosphère** comprend l'ensemble de l'eau sous forme liquide, solide, gazeuse présente sur Terre. La surface de la Terre est recouverte à 71% d'eau.

Appartiennent à l'hydrosphère les espaces vitaux de la mer (*l'écosystème marin* p. 124-133) et les eaux continentales (les *écosystèmes limniques*, p. 116-123), avec des zones intermédiaires. Elle comprend également les eaux et les rivières souterraines, la glace et l'eau de l'atmosphère.

Les réserves en eau de la Terre (DYCK / PESCHKE 1983)

Partie de l'hydrosphère	quantité exprimée en 1000 km³	% des réserves en eau totales	% des réserves en eau douce
mers	1 338 000	96,5	-
eaux souterraines	23 400	1,7	-
dont eau douce	10 530	0,76	30,1
humidité du sol	16,5	0,001	0,05
glace, neige	24 364,1	1,766	69,56
lacs			
eau douce	91	0,007	0,26
eau salée	85,4	0,006	-
marais	11,5	0,0008	0,03
fleuves	2,1	0,0002	0,06
êtres vivants	1,1	0,0001	0,0003
atmosphère	12,9	0,001	0,04

Les variations du rayonnement solaire, les échanges thermiques entre l'eau et ce qui l'environne (capacité calorifique, chaleur latente) et la rotation de la Terre sont les forces motrices du cycle de l'eau (Sch. A).

Il est provoqué par l'évaporation sous l'effet de la chaleur, par la condensation de la vapeur d'eau et les précipitations. Viennent s'ajouter sur Terre les cours d'eau surperficiels et souterrains (l'écoulement), les étendues de neige, les lacs (les réserves) et "l'utilisation" par les plantes et les minéraux.

Seul 0,77% du volume total d'eau douce prend part au cycle de l'eau, la plus grande partie des eaux terrestres et océaniques ne s'évapore pas.

Presque 70% des réserves en eau douce restent sous forme de glaciers, de glaces et de neiges ; cette masse en cas de dégel ferait s'élever la surface de l'eau des mers (océans) de 66 m.

Le cycle de l'eau régule le régime énergétique de la Terre ; les énergies calorifiques sont transportées par des molécules d'eau des zones fortement irradiées vers des régions géographiques plus septentrionales. Avec l'eau, des substances sont transportées sous forme dissoute ou en infimes particules solides (des êtres vivants le sont également par les courants marins et les cours d'eau).

Le cycle général de l'eau se répartit au-dessus des continents en des sub-divisions plus ou moins importantes.

Il existe **trois principaux cycles de l'eau :**

mer-atmosphère-mer
mer-atmosphère-terre-mer
terre-atmosphère-terre

Lorsque la vapeur d'eau condensée en gouttelettes ou en cristaux a atteint une certaine masse, ces particules retombent sur Terre en brouillard, ou bien les nuages se résolvent sous forme de précipitations.

L'eau des précipitations peut s'accumuler à la surface (neige, glace, étangs) ou bien s'écouler ou s'infiltrer. Les ruisseaux, les rivières, les fleuves qui reçoivent ces eaux d'écoulement sont appelés *cours d'eau de drainage*.

Un écoulement superficiel sur un terrain imperméable peut être doublé par un cours d'eau de drainage souterrain (*écoulement intermédiaire*).

L'eau qui pénètre en profondeur des terrains perméables enrichit les *nappes d'eau souterraines*, qui s'écoulent en partie dans les fleuves et les lacs.

Pour le **bilan hydrique local**, c'est-à-dire pour le gain ou la perte d'eau dans une région déterminée, la couche végétale joue un rôle important (Sch. C).

Une partie des eaux de précipitation est retenue brièvement par la végétation en surface (*interception*), de là comme du sol, elle peut s'évaporer.

L'évapotranspiration englobe le dégagement total de vapeur au-dessus d'une surface avec une végétation homogène, c'est-à-dire l'évaporation à partir du sol et des plantes en ajoutant l'eau perdue par les végétaux, surtout au niveau des feuilles (*transpiration*).

Seules 11% des **précipitations** sur la terre ferme proviennent de l'évaporation terrestre, la majeure partie des précipitations qui s'abattent sur les continents provient de l'évaporation de l'eau des océans.

La *répartition des précipitations* sur Terre est déterminante pour la formation des zones de végétation.

Elle dépend des conditions thermiques, de l'altitude et de la situation continentale, de l'emplacement des côtes et des vents dominants.

L'importance des précipitations et de l'évaporation sont des données capitales pour la *typologie climatique* d'une région.

Le climat est **aride** si les précipitations sont moins importantes que l'évaporation ; en revanche, si le taux d'évaporation est inférieur au taux de précipitations, le climat est **humide** (Sch. B).

Les êtres vivants, et particulièrement les plantes, sont adaptés, grâce à leur structure tissulaire spécifique, aux différentes quantités d'eau mises à leur disposition (tissus rétenteurs d'eau en zones arides : plantes "succulentes"). La disponibilité en eau pour les êtres vivants dépend également de la qualité du sol (perméabilité, imperméabilité).

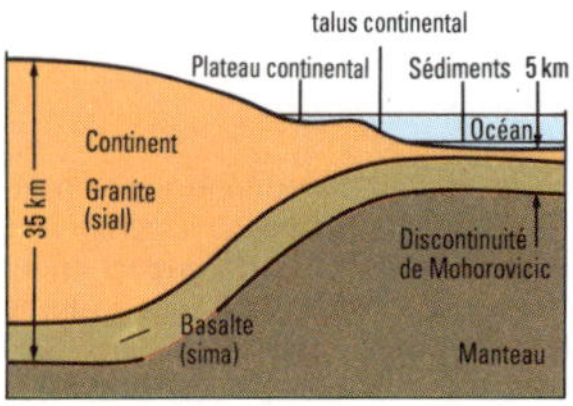

A Croûte terrestre continentale et océanique

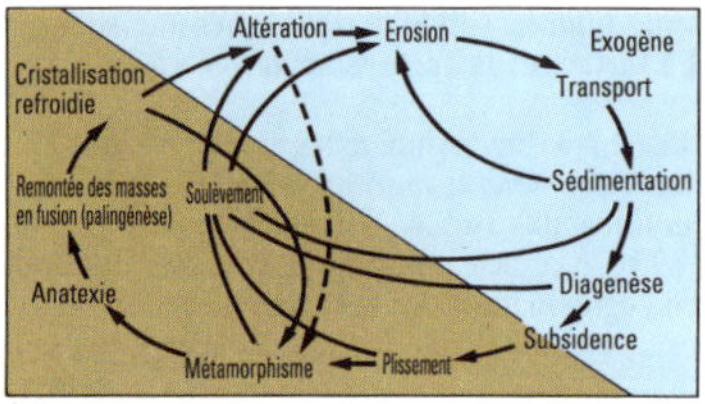

B Cycle géologique

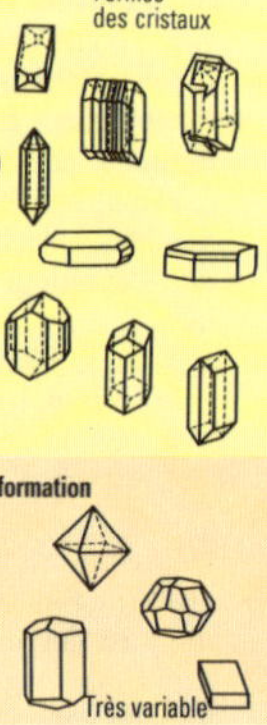

Minéraux dans les roches		Composés chimiques	% en masse de la croûte terrestre
Minéral			
Feldspath	potassique (orthoclase)	K Al Si_3O_8	58
	sodique (plagioclase)	Na Al Si_3O_8	
	calcique (plagioclase)	Ca $Al_2Si_2O_8$	
Quartz		SiO_2	12,5
Mica	Muscovite (blanc)	$KAl_2(Si_3Al)O_{10}(OH)$	3,5
	Biotite (noir)	$K(Fe, Mg)_3(Si_3Al)O_{10}(OH)_2$	
Pyroxène	Augite	$(Ca, Mg, Fe, Al, Ti)_2(Si, Al)_2O_6$	16,5
Amphibole	Hornblende	$Ca_2(Mg, Fe, Al)_5(Si, Al)_8O_{22}(OH)_2$	
		$(Mg, Fe)_2SiO_4$	
Minéraux secondaires par altération et néoformation			
Minéraux d'argile kaolinite		$Al_2O_3(SiO_2)_2 \cdot 2H_2O$	1
Oxyde de Si, Al, Fe, Mn Oxyde et hydroxyde	p. ex. Magnétite	Fe_3O_4	3,5
	Hématite	Fe_2O_3	
Carbonate	p. ex. Calcite	$CaCO_3$	1,5

C Minéraux dans les roches de la croûte terrestre

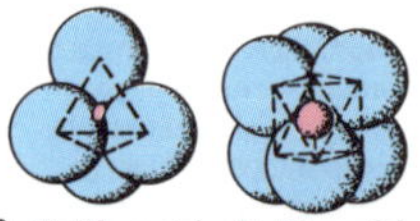

D Modèle spatial du tétraèdre de SiO_4 **Modèle spatial de l'octaèdre Al $(O,OH)_6$-**

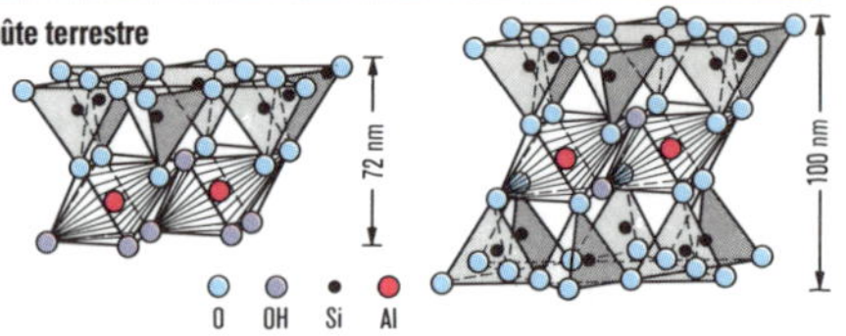

E Minéraux à 2 couches **Minéraux à 3 couches**

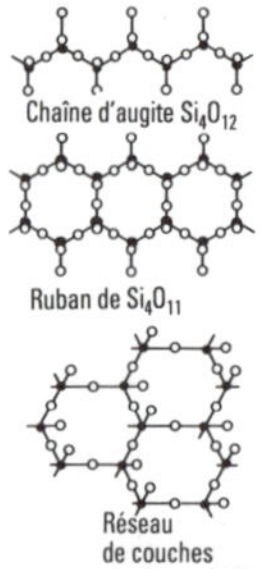

F Structures des silicates

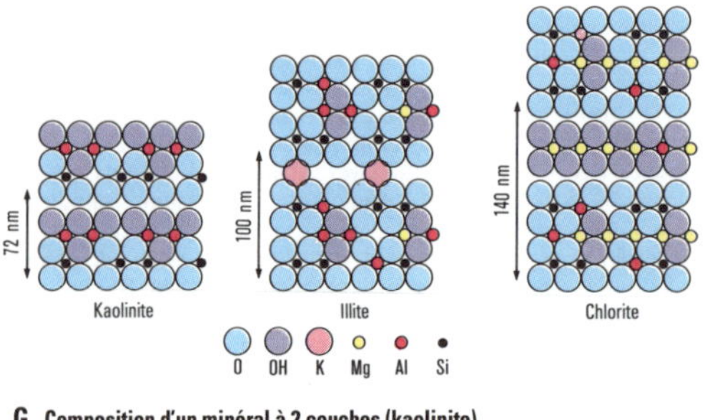

G Composition d'un minéral à 2 couches (kaolinite) et d'un minéral à 3 couches (illite, chlorite)

La croûte terrestre, partie la plus externe de la sphère terrestre, est constituée de *plaques continentales* d'une épaisseur de 30 km et de *plaques océaniques* plus fines (5-10 km) qui reposent sur le manteau supérieur (Sch. A). On appelle **lithosphère** l'ensemble formé par la croûte et une partie du manteau. Jusqu'à 5 m on trouve des organismes vivants dans la couche supérieure du sol (**pédosphère**). Avec la multiplicité de ses composants chimiques, la croûte terrestre (roche mère) forme un énorme réservoir pour les organismes vivants et fournit le substrat minéral qui est à l'origine de la constitution des sols.

Parmi ces éléments, O, Si, Al, et Fe sont le plus fortement représentés et sont presque toujours présents sous forme d'oxydes : SiO_2 56,6%, Al_2O_3 15,3%, Fe_2O_3 et FeO 6,8% (Sch. C).

Les formations rocheuses qui composent la lithosphère sont soumises, depuis le début de l'histoire de la Terre, à des processus circulatoires qui les transforment par des forces *exogènes* (extérieures) et *endogènes* (intérieures) - (Sch. B).

Les forces exogènes agissent par **altération** de la roche mère, déposent des matériaux altérés dans des couches inférieures ou transportent ces matériaux dans d'autres lieux de dépôt (**sédimentation**).

Le sédiment peut ensuite se solidifier sous l'effet de la pression (**diagenèse**). 8% des sédiments de la lithosphère recouvrent 75% de la surface de la Terre. Une couche sédimentaire peut être entraînée par des mouvements tectoniques en profondeur, elle sera alors métamorphisée sous l'effet de la chaleur et de la pression :

Les plaques de la croûte terrestre peuvent par des mouvements se séparer ou se heurter (**tectonique des plaques**).

Ces mouvements à grande échelle soumettent les roches qu'ils plissent et qu'ils enfouissent à des pressions et des températures élevées (*métamorphisme*), qui peuvent mener jusqu'à la fusion des roches (*anatexie*) qui refroidissent ensuite (*cristallisation*) - (Sch. B).

Les roches formées à partir du magma en fusion (roches *magmatiques*) peuvent refroidir dans les profondeurs de la croûte terrestre et sont alors constituées de **minéraux cristallisés** (le granite), ou arrivent en surface, refroidissent vite et sont formées surtout de minéraux amorphes où les molécules sont disposées sans ordre (verres), comme le basalte.

Des roches magmatiques, tout comme les roches sédimentaires, peuvent subir de fortes pressions et températures, et alors se forment des roches *métamorphiques* nommées *gneiss* (20% dans la croûte terrestre).

Les **minéraux** sont des composés naturels de la chimie minérale, constituants de l'écorce terrestre. La régularité de la distribution des atomes ou des molécules détermine la densité, la température de fusion, et la dureté du minéral.

Le silicate est la structure de base de la plupart des minéraux. La silice forme avec 4 atomes d'O un tétraèdre SiO_4, d'autres atomes d'O peuvent prendre part à la constitution d'autres tétraèdres (Sch. D).

Dans le quartz chaque atome de O est lié à 2 atomes Si (SiO_2). En relation avec O ou des groupes OH, le silicium constitue d'autres structures : des *chaînes*, des *bandes*, des *réseaux*, qui déterminent la *fissibilité* du minéral (Sch. F).

Les ions Al^{3+}, Fe^{3+}, Fe^{2+}, Mg^{2+}, peuvent s'entourer de 6 atomes de O ou d'ions OH^-, alors se forment des octaèdres (Sch. D).

Les tétraèdres (Si, Al) O_4 et les octaèdres (Al,Mg,Fe) $(O,OH)_6$ se lient, par l'intermédiaire des O communs, en couches (Sch. E).

Lors de l'altération et du métamorphisme se forment des **argiles, minéraux à deux couches** composés d'une couche tétraédrique et d'une couche octaédrique (*kaolinite, serpentine*) ou à **trois couches** composés de 2 couches tétraédriques et d'une couche octaédrique (*illite, chlorite, smectite, montmorillonite*) - (Sch. G).

Au cours de **l'altération**, des processus physiques, chimiques et biologiques sont à l'œuvre.

L'altération physique provoque un effritement de la roche dû à la température, au gel, à la transformation de certains sels en petites particules, sans transformation chimique des minéraux. L'accroissement de la surface et ainsi des zones d'attaque pour l'altération chimique est considérable.

Si un cube avec des arêtes de 1 cm s'effrite en des cubes égaux avec des arêtes de 0,1 mm, alors la surface est multipliée par 10 (= 6 dm^2).

L'éclatement sous l'effet de la température se produit par exemple dans les déserts avec des différences de températures quotidiennes de 30 à 50°C. La différence de dilatation entre les différents composants entraîne des éclatements.

En cas de gel, le volume de l'eau s'accroît de 10%. L'eau qui s'est infiltrée dans les fissures ou les cavités d'une roche la fait éclater sous l'effet du gel (Sch. A p. 46). La pression peut atteindre 2200 bars.

L'éclatement sous l'effet du gel est courant en Antarctique et dans les régions montagneuses où les températures quotidiennes tournent autour de 0°C.

Dans les régions sèches, les particules détachées ne sont pas lavées par les eaux, mais s'amoncellent sous l'effet de l'évaporation à la surface des pierres. Certains sels se transforment en perdant à l'air une partie de leur eau de cristallisation et deviennent superficiellement pulvérulents, ce qui accroît leur volume. La pression exercée peut atteindre 100 bars.

Les racines des plantes peuvent accroître les fissures d'une roche (10-15 bars).

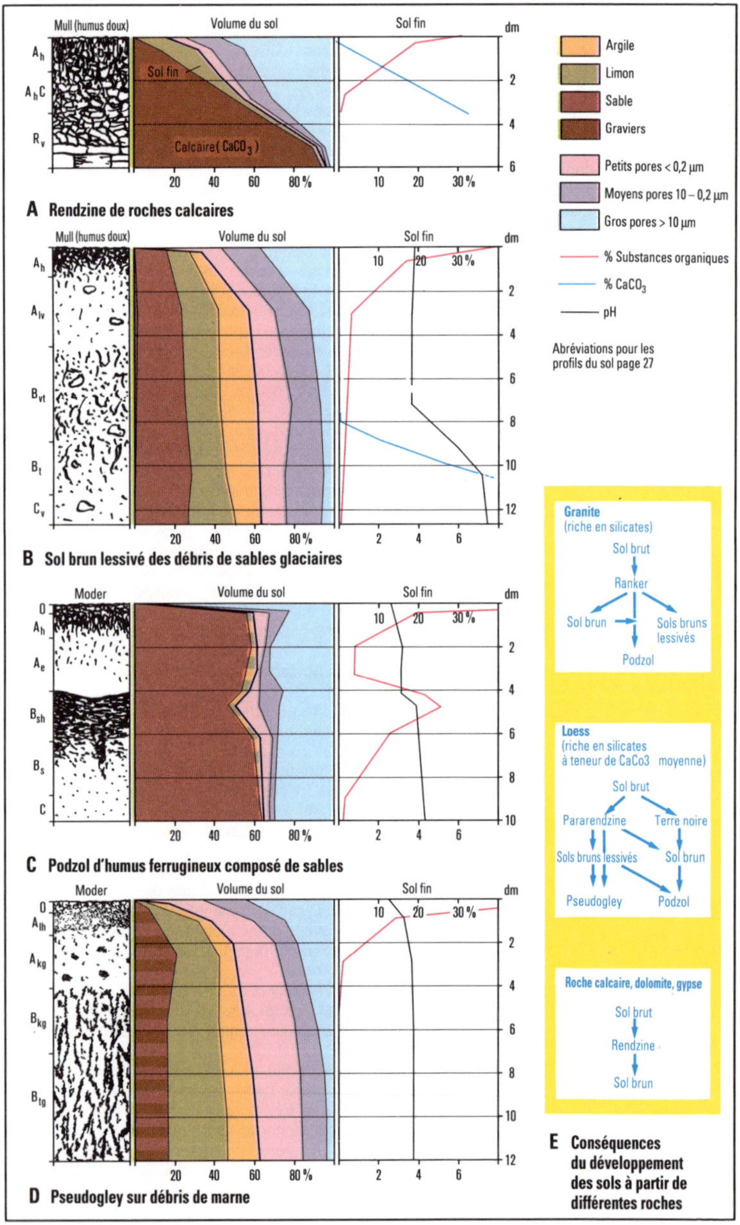

Profils des sols d'Europe centrale

La **classification des sols** est un problème ancien qui a reçu plusieurs solutions successives, indices de l'évolution des concepts de la science pédologique. Les premières classifications, particulièrement influencées par l'Ecole russe, mettaient principalement l'accent sur le *facteur climatique*. On garde de ces premières classifications l'essentiel de la nomenclature, faite de termes descriptifs russes transcrits tels quels. L'évolution ultérieure s'est faite en considérant à la fois les caractéristiques intrinsèques des sols, qui permettent de comprendre les mécanismes d'évolution des sols (*pédogenèse*) et l'interaction entre sol (*unité morphologique, physico-chimique*) et végétation ou micro-organismes. Les classifications modernes des sols sont donc **génétiques** et réalisent en même temps une véritable **synthèse écologique**.

Au niveau international, aucune classification systématique des sols n'a, jusqu'à aujourd'hui, été reconnue. Trois grandes tendances s'opposent : l'Ecole russe considère d'abord l'effet du climat, puis de l'hydrologie et utilise les processus évolutifs pour définir les unités inférieures ; la classification américaine et FAO part d'une description statistique des caractères des sols et réalise le lien avec l'écologie seulement dans un second temps ; les classifications d'Europe occidentale, allemande (Kubiéna 1953, Mückenhausen 1965), anglaise (Avery 1963) et française (CPCS 1967) considèrent d'emblée et simultanément milieu, processus et caractères. Les sols les plus typiques ont heureusement, en général, le même nom dans toutes les classifications.

La formation des sols commence par la constitution de **sol squelettiques**, sols pauvres où la roche mère (intacte ou fissurée) est recouverte d'une mince couche de dégradation et de matière organique.

On trouve ce type de sol en moyenne montagne, mais plus généralement en haute montagne et en Antarctique.

Sur une roche siliceuse sans calcaire se forme, par effritement continu des pentes abruptes, un type de sol nouveau à humus de type mor, les **rankers** (ranker d'érosion).

Les **rendzines** sont des sols développés sur les roches calcaires ou dolomitiques (Sch. A).

La forte activité des animaux du sous-sol favorise l'aération du sol dans l'horizon A. La culture est possible si la couche de rendzine est importante.

L'altération des silicates dans l'horizon B des sols bruns sous l'effet du dioxyde de fer provoque un brunissement, qui est accéléré quand le pH est supérieur à 7.

Aux **sols bruns** basiques sur les moraines s'opposent les **sols bruns lessivés** plus pauvres en substances nutritives des terrains de moyenne montagne. Sur des roches mères essentiellement siliceuses, ils peuvent être remplacés par des podzols. Les podzols se trouvent souvent dans des zones forestières. La culture est possible avec une utilisation d'engrais.

Les **sols bruns** (Sch. B) sont le type de sol le plus répandu dans les zones à climat tempéré humide, sur des marnes meubles, de la glaise sans calcaire, sur des sables glaiseux, des pararendzines.

Dans l'horizon A, qui est dans l'ensemble un horizon lessivé (ou éluvial), dominé par les migrations descendantes, on distingue plusieurs niveaux : A0 uniquement organique, A1 avec mélange de la matière organique et minérale, A2 uniquement minéral. L'horizon B est un horizon d'accumulation, enrichi par les éléments venus de A. C'est un horizon illuvial, situé en règle générale en dessous de A. Cependant, si les migrations ascendantes sont dominantes, l'horizon B est situé au-dessus de l'horizon A.

Le **podzol** (en russe *cendreux*) se forme dans les climats humides et froids sur des roches pauvres en calcaire et en magnésium, généralement sur du sable, du granite, notamment dans les zones forestières boréales.

La forte perméabilité du sol draine le fer, l'aluminium et des substances organiques vers des couches inférieures.

L'humus brut se décompose lentement. Lui succède l'horizon lessivé couleur cendre (A = horizon *éluvial*). L'horizon B (horizon *illuvial*) **des sols zonaux** riches en humus peut, en cas de sécheresse ou sous l'effet de la précipitation du dioxyde de fer, se solidifier en **alios**.

Le rendement agricole peut être élevé si on pratique l'irrigation et si on utilise des engrais.

Si l'eau de précipitation s'accumule sur un sous-sol imperméable, alors se forme le **pseudogley**, un sol hydromorphe. Contr. au sol des nappes souterraines, le sol hydromorphe peut passer d'un état humide à un état sec. Le manque d'oxygène passager entraîne la dissolution de **Fe** et de **Mn** dans les horizons. La surface des agrégats est blanchie, le sous-sol s'enrichit en dioxyde de fer.

Des zones de prairies et de forêts se développent sur ce type de sol, l'exploitation agricole est rendue difficile par les inondations du printemps.

Les sols inondables, recouverts longuement d'eau, forment des **stagnogleys**. La surface est blanchie. L'anoxie ralentit la vie microbienne, de sorte que la couche supérieure de 10-30 cm est constituée d'humus brut pauvre en substances nutritives.

Ce type de sol pauvre en oxygène, acide ne se prête pas à l'exploitation.

Les **sol à nappes d'eau souterraine.**

Si l'eau pénètre de 0,5 à 1 m dans le sol, alors se forme un type de sol à nappe d'eau souterraine (**gley**) avec les horizons Ah-Go-Gr. L'horizon Ah (humeux) n'est pas influencé par l'eau de la nappe. L'horizon Gr est d'un gris-vert allant au bleu-noir. C'est un horizon réduit, l'eau dissout Fe et Mn sous l'effet du manque d'oxygène. Ces éléments remontent par capillarité à la surface et s'oxydent. Cela provoque la coloration rouille de l'horizon Go.

Les sols de prairies sont moins modifiés par les inondations passagères que par les dépôts amenés par les rivières et les fleuves.

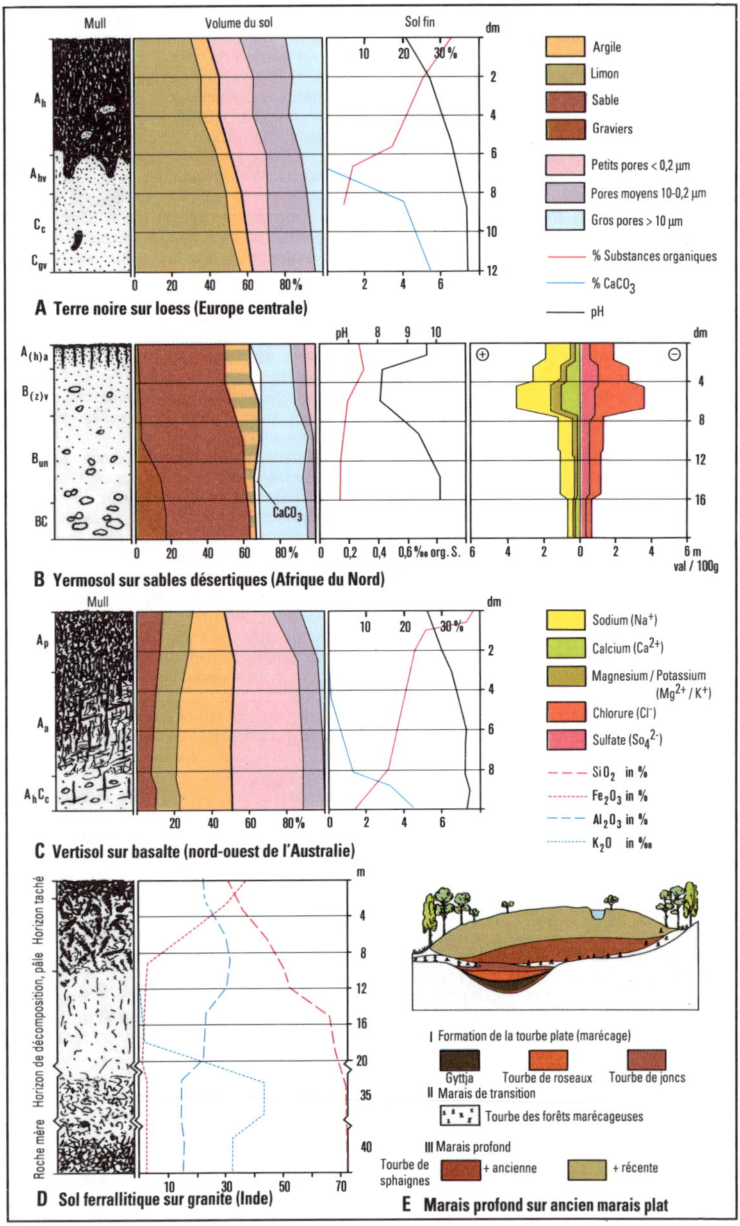

Profils des sols des climats plus chauds

Les **sols** conquis sur la mer, se forment par le dépôt de substances organiques ou minérales (sable). La présence de sel est au début assez importante, mais diminue ensuite si elles ne sont pas recouvertes par les marées.

Dans le climat continental avec des précipitations réduites (300-600 mm/an) le lessivage des substances solubles est faible. La pédogenèse est dominée par les mécanismes biologiques, avec incorporation profonde de matière organique stabilisée par un processus de maturation climatique prolongée.

Le **tchernoziom** (*terre noire* en russe) est le sol typique des steppes. Le *mull* ou humus doux est un humus à complexe saturé, à forte activité biologique. Il est localisé dans l'horizon A (horizon humifère).

Les animaux qui creusent des terriers (hamsters...) mélangent et rendent cette terre basique meuble. Avec une capacité de rétention d'eau de 200 mm de précipitation, c'est le sol qui se prête le mieux à l'exploitation agricole.

Dans les zones de passage vers les zones arides, l'importance de la zone humifère diminue, les précipitations (350-250 mm/an) réduisant la production végétale. La couche végétale n'est plus assez dense, ce qui entraîne une érosion du sol. Ce type de sol tire son nom (**kastanoziom** = sol châtain) de sa coloration.

Si ce sol reste fertile, il est nécessaire de l'irriguer (p. 141).

Les **xérosols** sont pauvres en humus, qu'il s'agisse des sols gris-brun ou des sols semi-désertiques (restant 6 mois sans eau). Des sels provenant des eaux de pluie s'accumulent dans le sous-sol.

Ils permettent l'élevage, une exploitation agricole nécessite une irrigation.

Les **vertisols** (Sch. C) riches en argile se forment sur des roches calcaires dans des climats chauds et humides avec 3-4 mois secs et des précipitations abondantes (300–1300 mm/an). Le craquèlement de la terre en période de sécheresse, puis son gonflement en période de pluies provoquent un brassage du sol (péloturbation). La teneur en humus reste, malgré une coloration gris foncé, supérieure à 3%.

Les **sols ferrallitiques, fersiallitiques, ferrugineux,** dont la formation est très ancienne, sont des sols où l'altération, sous les climats tropicaux et subtropicaux, peut être particulièrement profonde et intensive. La pédogenèse est dominée par les processus liés aux oxydes de fer et d'aluminium. Dans les sols ferrallitiques, les minéraux primaires (sauf le quartz) sont complètement altérés. Après érosion de l'horizon A, l'horizon B très riche en oxydes de fer peut se durcir sous l'effet d'un fort dessèchement, la formation d'une croûte (cuirasse) est alors irréversible.

L'exploitation agraire est limitée dans le temps.

Les **sols tourbeux.** La tourbe est un humus formé en conditions anaérobies (à l'abri de l'air) dans un milieu humide et gorgé d'eau. Son épaisseur peut atteindre plusieurs mètres, et la tourbe est composée à plus de 30% par de la matière organique à décomposition très lente.

Les tourbes topogènes sont souvent des tourbes de décomposition dans lesquelles les roseaux, le typha, les carex sont les végétaux qui permettent la formation de la tourbe (Sch. E). Selon les végétaux qui se décomposent, on distingue différentes sortes de tourbe (tourbe de carex, tourbe de roseaux). Lorsque la tourbe atteint la surface de l'eau elle se recouvre d'aulnes et de saules (**tourbe intermédiaire**). Dans des lieux pauvres en substances nutritives, des essences moins exigeantes peuvent dominer (bouleau, pin). Dans les régions de climat atlantique (précipitations > 800mm/an), les tourbières sont envahies par des sphaignes (genre *Sphagnum*) qui retiennent l'eau et acidifient le sol ; elles forment des tapis qui tendent à étouffer et à repousser le reste de la végétation. Ces mousses continuent à pousser alors que la base meurt, ainsi se constituent des couches de tourbe à sphaignes de plusieurs mètres, formant des tourbières bombées. La *tourbe blanche*, généralement plus jeune, est moins humide que la *tourbe noire*, de sorte que les restes de plantes sont reconnaissables. A cause de la forte accumulation d'eau, le sol se réchauffe plus lentement au printemps.

Légende des profils de sol (p. 24-26)

Les lettres majuscules désignent les horizons, les minuscules les processus pédogénétiques.

O	horizon organique
A	horizon minéral superficiel
B	horizon minéral plus profond ; altération, argilisation ou accumulation
C/R	roche friable, roche solide
a	anmoor avec des substances humiques d'animaux aquatiques et de microorganismes anaérobies
c	*calcique* (>15 % calcaire)
e	*éluvial* acide, pauvre en éléments nutritifs
g	*marbré* de taches rouille, surface pâle
h	*enrichi en substances humiques*
k	*concrétion :* liaison minérale solidifiée (p. ex. oxydes de fer)
i	*lessivé* (illuvial), lessivage des argiles
o	*oxydé*
p	*mélangé* par le travail du sol
r	*réduit*, principalement anaérobie
s	*enrichi en oxydes* de fer ferrique et d'aluminium (sesquioxydes)
t	*enrichi en argiles*
u	*ferrallitisé*, altération > 30 cm (B typique des sols ferrallitiques)
v	*altéré* de couleur brune dans l'horizon B
z	*enrichi en sels*, pH > 8,5

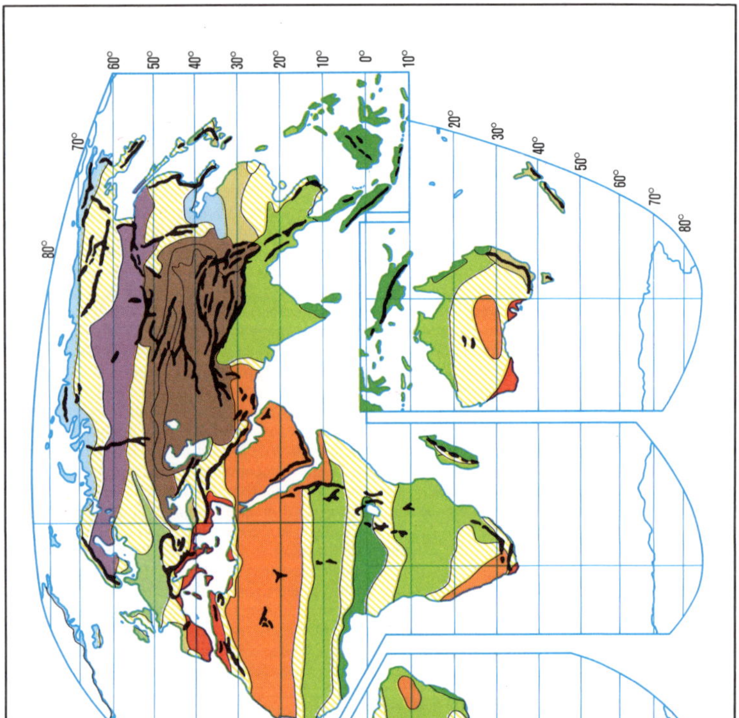

Classification écologique des continents

La **biosphère** (présence de vie organique), couche d'environ 20 km d'épaisseur, ne forme qu'une mince ceinture autour de la Terre. A la surface terrestre, la profondeur de pénétration des organismes vivants dans la pédosphère dépend de la profondeur d'érosion des roches, inégale selon les climats.

La présence d'organismes vivants dans la *pédosphère* s'étend jusqu'à une profondeur de 5 m, sauf exceptions : présence de vers de terre à 8 m dans l'Oural, galeries de termites à 25-50 m dans la forêt vierge tropicale de Madagascar et présence de bactéries vivant en anaérobie jusqu'à 4000 m de profondeur dans des gisements pétrolifères.

A cause des difficultés posées par le transport de l'eau, les plantes atteignent rarement plus de 50 m de haut ; les séquoias géants d'Amérique du Nord ou des eucalyptus peuvent atteindre 120 m. Dans l'atmosphère et l'hydrosphère, teneur en oxygène et température sont les facteurs qui limitent le plus la prolifération des organismes vivants.

En dessous d'une température constante de 0°C les espèces se raréfient soudainement, les animaux à température constante étant les seuls capables de s'adapter à des conditions de vie difficiles. Des oiseaux volent jusqu'à 2000 m d'altitude, des insectes ont été trouvés jusqu'à 4000 m au-dessus du sol.

Si on limite la biosphère uniquement à la zone où la matière organique est présente, elle s'étend jusqu'à une altitude de 10 km dans l'atmosphère à cause de la présence passive de grains de pollen et de spores. Dans les fosses océaniques on a prouvé l'existence de bactéries vivant en anaérobie jusqu'à 10000 m de profondeur.

La **biosphère** peut être subdivisée écologiquement en **subbiosphères** ou **mégabiomes** (SCHUBERT), si on ne tient pas particulièrement compte de l'atmosphère comme espace habité temporairement. Les **subbiosphères** sont :

La **géobiosphère** : espace habité de la lithosphère et de la pédosphère (sols, etc.) (mégabiome semiterrestre et terrestre) ;

L'**hydrobiosphère** : espace habité de l'hydrosphère (mers, lacs d'eau douce, fleuves) (mégabiome marin et limnique = eau douce) ;

L'**anthropobiosphère** : espaces à dominante humaine (terres arables, villes) (mégabiome artificiel).

Les subbiosphères sont constituées de **biomes** et de **macroécosystèmes** que l'on définit à l'aide de traits communs caractéristiques. Les biomes terrestres sont soumis aux facteurs abiotiques que sont la température, les précipitations, la condensation et peuvent souvent être délimités par les types de végétation ; les eaux sont délimitées par la teneur en substances diverses (sels, O_2).

H. WALTER a représenté la corrélation température et précipitations par saison dans des diagrammes climatiques-écologiques (p. 18).

Compte tenu de leur répartition dans l'espace, il a conclu en réalisant une classification de la biosphère en 9 **zonobiomes** qui recouvrent en partie des formations végétales, mais ont trait surtout au règne animal (p. 28-30. Tab. A).

zonobiomes : climat	**pédologie**	**végétation**
équatorial : climat soumis aux influences journalières, généralement toujours humide	argiles brunes équatoriales, sols ferrallitiques - latéritiques	forêt tropicale sempervirente, pratiquement pas de variations saisonnières
tropical : précipitations estivales et sécheresse fraîche (aride-humide)	argiles rouges, sols ferrallitiques des savanes	forêt tropicale caducifoliée ou savane
subtropical : climat désertique humide, précipitations rares	sieroziom (sol désertique rouge, sols salins)	végétation subtropicale désertique. Les roches marquent la configuration du terrain
méditerranéen : précipitations hivernales et aridité estivale	terre méditerranéenne brune, souvent terra rossa fossile	bosquets à feuillage dur (sclérophylles), sensibles à un gel prolongé
chaud tempéré : maximum des précipitations estival ou maritime doux	sol forestier rouge ou jaune, légèrement podzolique	forêt sempervirente un peu sensible au gel
climat némoral : typiquement doux, froid hivernal de courte durée	sol forestier brun ou gris (souvent lessivé)	forêt némorale, feuilles caduques en hiver, sensible au gel
continental : aride modéré, hiver froid	tchernoziom, kastanoziom, sieroziom	steppe à désert (seul l'été y est chaud), végétation résistant au gel
boréal : froid modéré, été frais (hiver long)	podzol ou sol lessivé à humus brut	forêt boréale de conifères (taïga), très résistante au gel
polaire : arctique et antarctique, été très court	sol riche en humus de la toundra avec apparition de solifluxion	végétation rase de la toundra, souvent sur des sols à permafrost

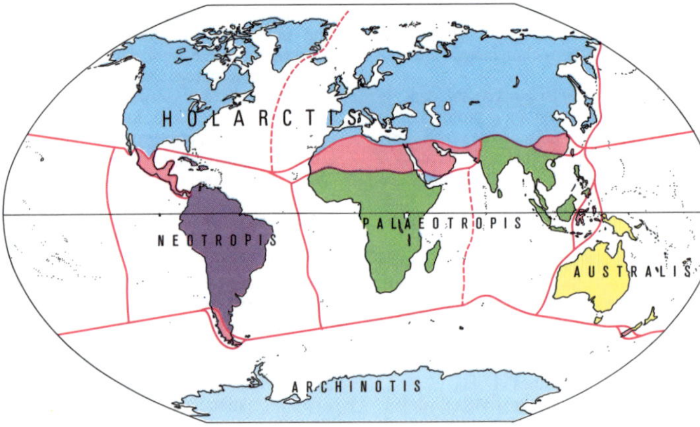

Zones de transition des règnes d'espèces animales voisines

A Les règnes animaux

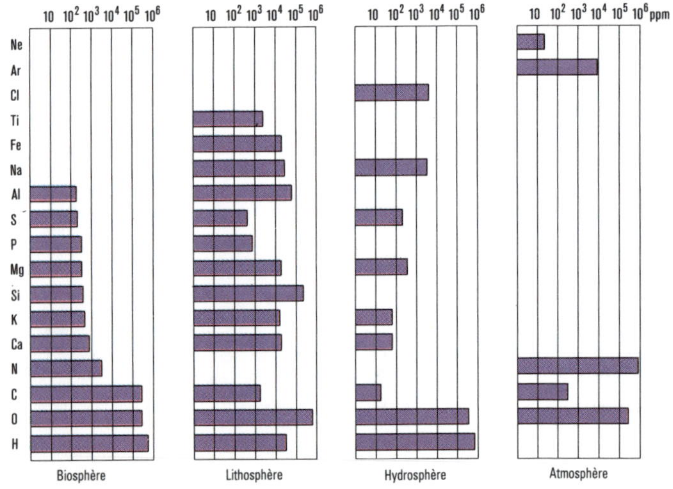

B Répartition des éléments chimiques sur terre

Certains organismes vivants peuvent être attribués écologiquement de manière définitive à des biomes (endémiques), mais en règle générale les espèces passent les frontières et se mélangent.

Les zones de transition et d'échange entre 2, voire 3 zonobiomes, sont les **zonoécotones**.

Les montagnes avec leurs reliefs (**orobiomes**) et les espaces vitaux du sol (**pédobiomes**) ne peuvent être intégrés dans les zonobiomes et zonoécotones. Les pédobiomes se distinguent des sols soumis aux influences des climats dans une zone par certaines particularités de leur sous-sol (p. ex. marais, roches). Ils n'existent que sur de petites surfaces, comme p. ex. la mangrove le long de la bande littorale.

Des critères génétiques et de parenté permettent aux biogéographes de subdiviser la Terre; il en résulte aussi la classification du règne animal avec des espaces transitoires à faune mixte, comparable aux zono-écotones (Tab. A).

Les organismes vivants s'enrichissent en certains éléments à partir de l'atmosphère, la lithosphère, l'hydrosphère (Tab. B). En tant que biosphère ils forment dans leur composition élémentaire un système indépendant, dont l'exploitation par l'homme peut conduire à des modifications structurales.

98% du poids de la biosphère peut être ramené à la formule chimique de base "CH_2O", le glucose ($C_6H_{12}O_6$) et la cellulose en sont p. ex. des polymères.

L'énergie de rayonnement extraite par photosynthèse est stockée dans les combinaisons chimiques *des hydrates de carbone*, en part. chez les plantes, et aussi en *protéines* et en *lipides* chez les animaux.

La biomasse de la Terre (en excluant les bactéries) se répartit à 99% en plantes autotrophes, à 0,9% en plantes hétérotrophes et 0,1% en animaux.

La répartition spatiale de la biomasse de la Terre dépend de la **production primaire brute**. Elle englobe la totalité de l'énergie de rayonnement stockée par les producteurs à partir de la *photosynthèse* et de la *chimiosynthèse*, y compris les molécules consommées par la respiration.

La **production primaire nette (ppn)** est la biomasse qui reste à la disposition d'un écosystème après soustraction des molécules consommées par respiration (produit du taux d'assimilation net par l'indice foliaire et la durée de la période de végétation) :

	production primaire nette (matière sèche)				**biomasse** (matière sèche)		
type de biome	surface (10^6 km^2)	litière (g m^{-2} a^{-1})	moyenne (10^9 t a^{-1})	total (10^9 t a^{-1})	litière (g m^{-2} a^{-1})	moyenne (10^9 t a^{-1})	total (10^9 t a^{-1})
forêt tropicale humide	17,0	1000 - 3500	2200	37,4	6 - 80	45	765
forêt tropicale humide saison.	7,5	1000 - 2500	1600	12,0	6 - 60	35	260
f. tempérée							
sempervirente	5,0	600 - 2500	1300	6,5	6 - 200	35	175
caducifoliée	7,0	600 - 2500	1200	8,4	6 - 60	30	210
taïga	12,0	400 - 2000	800	9,6	6 - 40	20	240
forêt et bush	8,5	250 - 1200	700	6,0	2 - 20	6	50
savane	15,0	200 - 2000	900	13,5	0,2 - 15	4	60
steppe	9,0	200 - 1500	600	5,4	0,2 - 5	1,6	14
toundra et biomes alpins	8,0	10 - 40	140	1,1	0,1 - 3	0,6	5
déserts et semi-déserts	18,0	10 - 250	90	1,6	0,1 - 4	0,7	13
déserts extrêmes (roches, sables, glaces)	24,0	0 - 10	3	0,07	0 - 0,2	0,02	0,5
terres cultivées	14,0	100 - 4000	650	9,1	0,4 - 12	1	14
marais	2,0	800 - 6000	3000	6,0	3 - 50	15	30
fleuves et lacs	2,0	100 - 1500	400	0,8	0 - 0,1	0,02	0,05
continents	149	-	782	117,5	-	12,2	1837
océan ouvert	332,0	2 - 400	125	41,5	0 - 0,005	0,003	1,0
littoral	0,4	400 - 1000	500	0,2	0,005 - 0,1	0,02	0,008
plateau continental	26,6	200 - 600	360	9,6	0,001 - 0,04	0,001	0,27
alguiers et récifs	0,6	500 - 4000	2500	1,6	0,04 - 4	2	1,2
estuaires	1,4	200 - 4000	1500	2,1	0,01 - 4	1	1,4
mers	361	-	155	55,0	-	0,01	3,9
mers et continents	510	-	336	172,5	-	3,6	1841

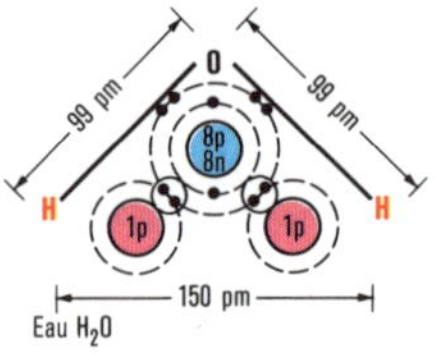

A Structure de la molécule

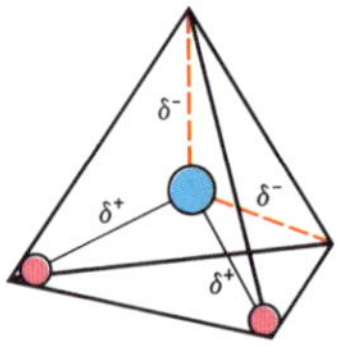

B Formation du dipôle

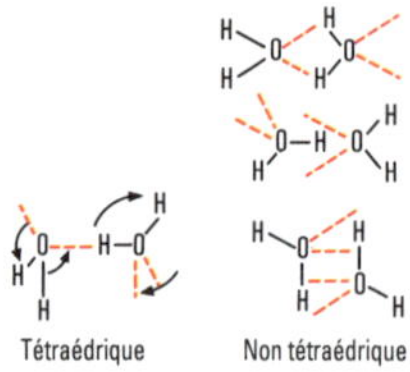

C Les liaisons hydrogène

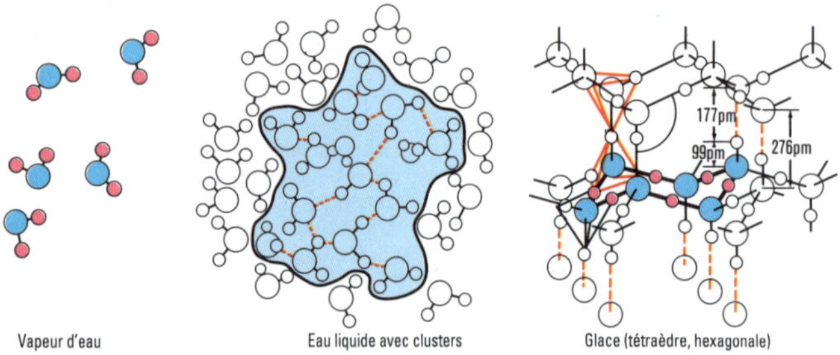

D Agrégats de l'eau

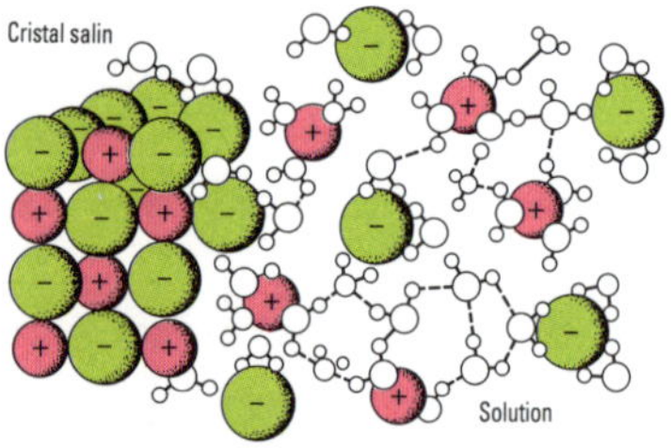

E Solutions : cristaux d'ions

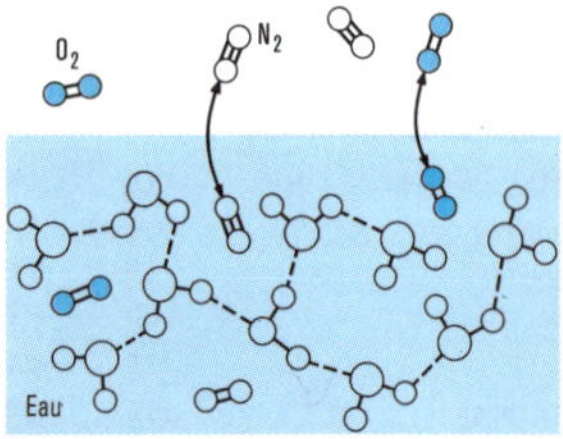

Gaz

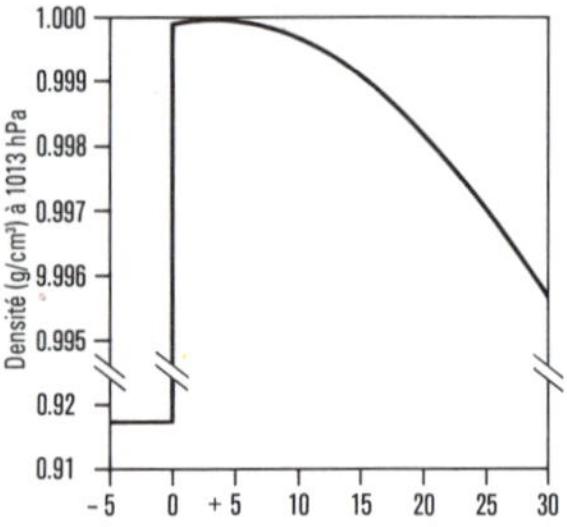

F Anomalie de densité

Solubilité au contact de	0 ° C	10 ° C	20 ° C
(air)			
(78,0 Vol.-%) N_2	22,4	17,45	14,2
(20,1 Vol.-%) O_2	14,5	11,1	8,9
(0,03 Vol.-%) CO_2	1,0	0,7	0,51
Azote (N_2)	28,8	22,6	18,6
Oxygène (O_2)	69,5	53,7	43,3
Dioxyde de carbone (CO_2)	3350	2320	1690
Ammoniac (NH_3)	1000	690	540
Dioxyde de soufre (H_2S)	7100	5300	4000
Chlore (Cl_2)	14600	9700	7000
Ozone (O_3)	1360	1100	7700

G Solubilité des gaz dans l'H_2O

Propriétés de la molécule d'eau

L'**eau** présente sur Terre est issue des rejets gazeux du magma et est libérée biochimiquement par minéralisation des substances organiques lors de la photosynthèse et des processus redox d'ordre biochimique.

L'eau se compose de molécules combinant par covalence 2 atomes d'hydrogène et 1 atome d'oxygène, avec un angle de 104°27' (Tab. A, B).

La charge plus élevée du noyau d'oxygène (+8) comparée à celle du noyau d'hydrogène (+1) attire les électrons (négatifs) vers le noyau d'O plutôt que vers celui d'H (modèle atomique) : les centres de gravité et de charge ne concordent pas et la molécule devient un **dipôle** permanent, qui peut entrer en interaction avec des porteurs de charges négatives ou positives.

Les pôles des molécules d'eau permettent de créer des combinaisons (**liaisons hydrogène**), dont la séparation (*enthalpie dissociative*) consomme une énergie d'environ 20-42 kcal/mol.

Les molécules d'eau peuvent former des **clusters** (eau liquide) lorsqu'elles ne sont pas structurées, dans la glace elles forment des unités de base cristallines tétraédriques ou circulaires (Sch. D). Entre 0° et 4°C les clusters se composent d'environ 90 molécules, à 70°C d'environ 25 molécules, qui sont sans cesse en train de s'associer et de se dissocier.

Les clusters relèvent le point de fusion de l'eau de -100°C en théorie à 0°C et le point d'ébullition de -70°C à +100°C, ce qui permet à l'eau de rester à l'état liquide à la surface terrestre, au lieu d'être à l'état gazeux.

L'**eau liquide** est utilisée par les organismes vivants pour transporter la *chaleur* et les *substances* dans les vaisseaux des plantes et les vaisseaux sanguins; elle constitue *l'espace vital marin*.

Tout comme la concentration de CO_2 est un facteur limitant la production dans les eaux, l'eau détermine la productivité terrestre (p. 101, 141).

Son caractère dipolaire fait de l'eau un bon solvant pour de nombreuses substances. Le degré de solubilité dépend du degré de dissociation de l'eau :

$2\,H_2O \rightleftharpoons H_3O^+ + OH^-$ (Ampholite)

La concentration d'ions hydronium (H_3O^+) ou d'ions hydroxydes (OH^-) détermine si la solution est acide ou alcaline. Si l'H_2O dégage des protons suivant la réaction :

$H_2O + NH_3 \quad NH_4^+ + OH^-$

elle réagit **chimiquement** en tant qu'acide (donneur de protons), si elle fixe des protons, p. ex. :

$H_2O + HCl \quad H_3O^+ + Cl^-$

elle réagit en base (accepteur de protons) ; lorsqu'une molécule réagit en base et en acide, elle est **amphotère**. Les *oxydes non métalliques* forment des acides avec l'eau, p. ex. :

$SO_2 + H_2O \quad 2\,H^+ + SO_3^{2-}$

(problème du SO_2, p. 169)

certains *oxydes métalliques*, p. ex. :

$CaO + H_2O \quad Ca^{2+} + 2\,OH^-$.

Des sels métalliques sont dissous par dissociation (sch. E), et dissociés en sels basiques ou acides faibles par **hydrolyse**, par ex. :

$Na_2CO_3 + H_2O \quad 2\,Na^+ + HCO_3^- + OH^-$.

L'eau peut être stockée dans des grilles cristallines (**formation d'hydrates**).

L'eau dissout bien des substances polaires (corps **hydrophiles**), p. ex. des sels, action souvent accompagnée de **formation d'ions**, elle dissout moins bien ou pas du tout les substances non-polaires ou les corps gras (composés **hydrophobes**).

La **solubilité des gaz**, qui ne réagissent pas chimiquement avec l'eau, dépend des températures et des pressions (Tab. G), la teneur en oxygène d'un lac augmente p. ex. de haut en bas.

Pour les eaux stagnantes les **anomalies de densité** sont importantes (Tab. F). L'eau a sa plus forte densité à 4°C, à des températures plus basses sa densité diminue. Une eau entre 0°C et 4°C a sa couche plus froide en surface, où se forme, lors d'un refroidissement supplémentaire, la glace qui en raison de sa grille cristalline très étendue (Sch. D) a une densité plus faible et flotte.

La formation de glace de haut en bas permet aux poissons de survivre dans les eaux non glacées des lacs suffisamment profonds (p. 116-119).

La densité est aussi influencée par la teneur en sel et la pression. Ainsi une eau saline plus dense offre de meilleures conditions de flottaison au plancton que l'eau pauvre en ions des lacs oligotrophes.

L'eau a **une capacité calorifique spécifique :** 4,187 kJ $K^{-1}\,kg^{-1}$; c.-à-d. qu'il faut, à une pression normale, 4,187 kJ pour augmenter de 1K (=1°C) la température d'1 kg d'eau. La chaleur latente de fusion est de 333,7 kJ/kg de glace; la chaleur latente d'évaporation de 2255 kJ/kg d'eau, libérée lors de la liquéfaction de la vapeur d'eau sous forme d'énergie de condensation. Cette forte capacité permet à l'eau de stocker beaucoup de chaleur et de constituer par rapport au milieu terrestre un espace vital thermiquement relativement stable.

L'eau présente une grande **viscosité** et une grande **tension superficielle** qui dépendent de la température et de la pression. La viscosité ("ténacité") empêche les mouvements dans l'eau et permet au plancton de flotter. La tension de surface provient des forces de cohésion entre les molécules d'eau au contact de l'air (neuston, p.118/119).

Une propriété importante de l'eau pour la biocénose des eaux est sa **transparence** (p. 116, Tab. A).

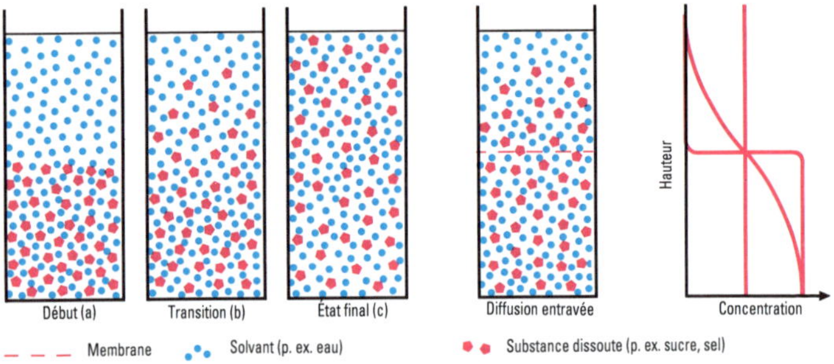

A Diffusion

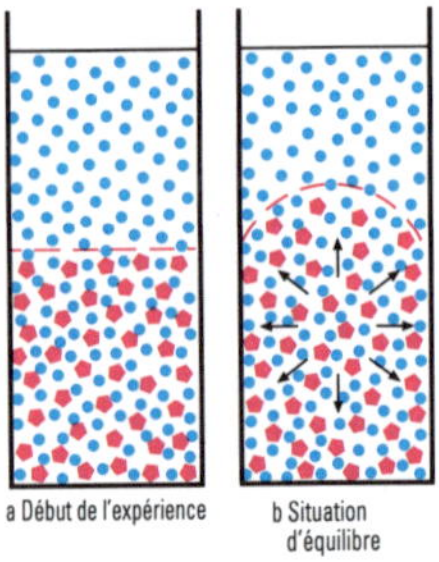

a Solvant pur sur membrane semiperméable + solution
b Solvant dans la solution, la pression a agi sur la membrane semiperméable

B Osmose

% humidité relative ≙ %	π en 10^5 Pa
100	0
99,5	6,7
99	13,5
98	27,2
97	41,0
95	69,1
90	141
80	301
70	481
50	933

C Correspondance entre la concentration relative de vapeur d'eau dans l'air et le π d'une solution

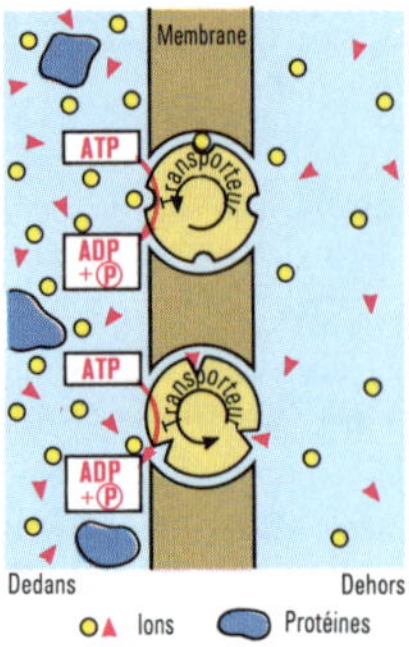

D Transport actif

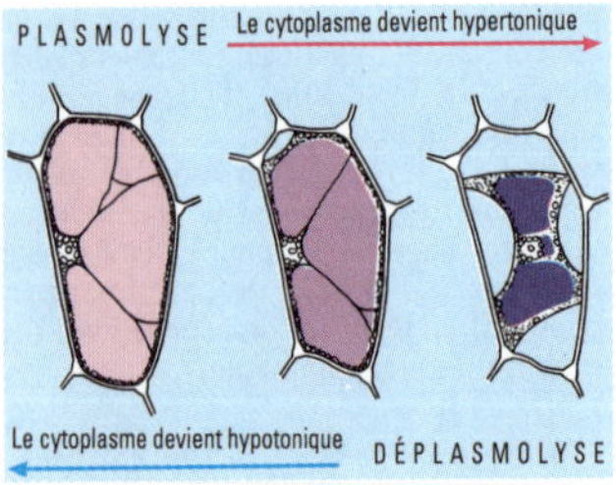

E Plasmolyse et déplasmolyse

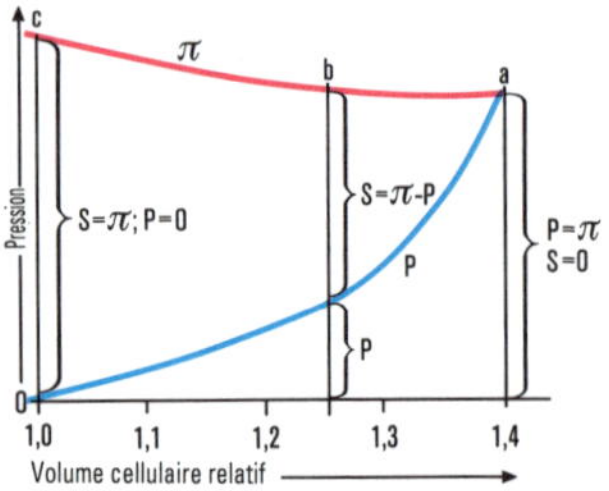

a Situation en saturation d'eau
b Cellule prête à absorber l'eau
c Cellule dilatée (plasmolyse max.)
P = Pression des parois, de turgescence
S = Potentiel hydrique
π = Pression osmotique potentielle

F Diagramme des situations osmotiques

Diffusion, osmose, transport actif

L'**eau** est indispensable au métabolisme des organismes vivants. C'est une substance idéale de dissolution des substances organiques et minérales. Les sels se *dissocient* lors de la dissolution en ions, le plus souvent les acides ne le font qu'en partie. Les substances qui se dissolvent facilement dans l'eau, comme les sels, les sucres, les acides aminés, les protéines, sont appelées **hydrophiles**, les substances difficilement solubles, p. ex. les corps gras, sont **hydrophobes**.

Les molécules solubles se comportent dans l'eau comme les molécules de gaz mélangées à d'autres gaz. Les particules sont sans cesse en mouvement (**mouvement brownien**). Il est dû à l'apport de chaleur et augmente avec la température.

Si les concentrations des molécules sont inégales dans un espace donné, cette différence s'annule avec le temps : les molécules se dirigent du point de concentration la plus haute vers le point de concentration la plus basse.

Cet équilibre physique de la concentration est appelé **diffusion** et ne nécessite aucun apport d'énergie. Il dépend de la taille des molécules, des différences de concentration, de la surface que les molécules peuvent emprunter pour migrer, de la distance à parcourir et du temps (Tab. A). De courtes distances peuvent être franchies très rapidement par diffusion, de plus grandes distances plus lentement.

C'est pour cette raison que les animaux de petite taille (distance de diffusion inf. à 1mm) n'ont pas besoin d'un système vasculaire pour transporter des gaz ou des substances nutritives.

A l'aide de membranes cellulaires ou d'enveloppes corporelles de structures ou de matières très différentes, les organismes vivants s'isolent de l'environnement et préservent un *milieu interne immuable*.

La membrane cellulaire est **semi-perméable,** c.-à-d. qu'elle ne laisse passer que certaines molécules (p. ex. l'eau) et d'autres non (p. ex. les sels, les glucides).

Si l'on sépare deux espaces de concentration différente par une *membrane semi-perméable,* la répartition par diffusion de la substance dissoute n'est pas possible, elle ne peut être obtenue que par pénétration de l'eau (**osmose**).

Par le mouvement brownien plus de molécules d'eau quittent l'espace à forte concentration de substance dissoute (*solution hypertonique*) que celui à faible concentration (*solution hypotonique*) (Sch. B).

La pression dans l'espace hypertonique s'élève, comme on peut le mesurer, p. ex., à la différence de niveau dans une colonne d'eau (*pression hydrostatique*). La pression qu'il faut opposer aux molécules d'eau qui pénétrent jusqu'à ce qu'il y en ait autant qui sortent est la **pression osmotique potentielle**. On l'indique en Pascals (autrefois en atmosphères ou en bars).

L'osmose ou la diffusion sont des processus de transports membranaires passifs, qui ne demandent aucune énergie à l'organisme. La cellule vivante doit être capable de réguler le volume cellulaire, son pH et la composition en ions, afin d'assurer les bases d'une activité enzymatique. Elle doit donc concentrer certaines molécules du milieu et être capable d'expulser des poisons (p. ex. transport d'ions H_+ dans le suc gastrique, récupération de sels et de glucides dans les reins).

Le transport s'effectue à l'aide de molécules enzymatiques protéiques (**transporteurs, perméases**), situées dans la membrane (Sch. D).

Celles-ci reconnaissent la molécule à transporter grâce à un système de type *clé-serrure*, notamment à l'aide de leur répartition de charge électrique. La vitesse de transport dépend du nombre de transporteurs dans la membrane et des places disponibles pour le transport.

Une différence de concentrations de part et d'autre de la membrane entraîne spontanément le passage vers le compartiment le moins concentré (**transport passif**). Un travail doit être fourni par la cellule pour empêcher cette chute de concentration. Ce transport nécessite de l'énergie (**transport actif**, sch. D), sous forme d'**ATP**, la molécule renfermant l'énergie chimique utilisable par le métabolisme.

Les **plantes** possèdent autour de leur membrane cellulaire des parois extensibles *(pression des parois)* qui contrebalancent la pression de la vacuole et du cytoplasme gorgés d'eau *(pression de turgescence)* et empêchent la cellule d'exploser (Tab. F, A).

Les plantes aromatiques préservent leur résistance par turgescence et se ramollissent lorsqu'elle diminue. Quand la plante se fane, la concentration des sucs cellulaires ou pression osmotique potentielle (π) augmente et la pression de membrane (P) diminue et tend vers 0. La cellule peut se gorger de plus d'eau, sa capacité d'absorption augmente.

$S = \pi - P$ (Tab. F, b et c).

On peut aussi soustraire de l'eau à la cellule, dans les situations b et c, p. ex., lorsque le milieu externe est hypertonique (**plasmolyse**, Tab. E). Le volume de la vacuole et du cytoplasme de la cellule diminue. Si la membrane ne subit aucun dommage, le processus est réversible, en plaçant la cellule dans un milieu hypotonique (**déplasmolyse**). Les quantités d'eau disponibles dans les systèmes osmotiques (p. ex. cytoplasme, vacuole, liquide corporel) peuvent être comparées avec la **concentration de vapeur d'eau dans l'air.**

H. WALTER a appelé cet état de l'eau **hydratation**. Elle est la plus élevée dans un air saturé en vapeur d'eau ou dans l'eau pure.

Plante	Teneur en eau
Feuille de laitue	95
Tomate (mûre)	94
Racine de radis noir	94
Pastèque } chair	92
Pomme } chair	84
Pomme de terre	78
Bois frais	50
Graines de haricots	11
Cacahuète	5
Algue aérienne en latence	5

A Teneur en eau en % de poids frais

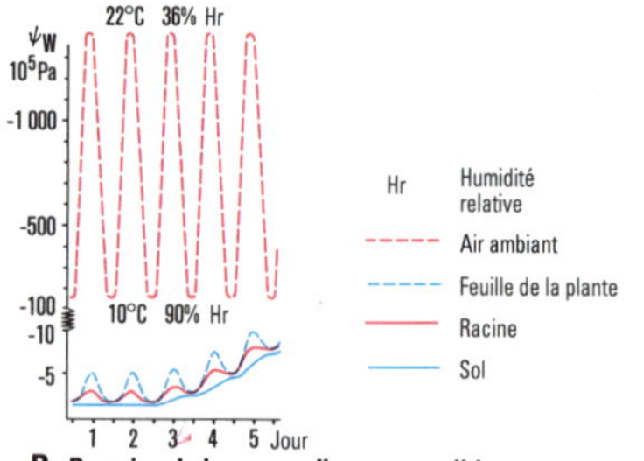

B Pression de la vapeur d'eau en conditions météorologiques constantes

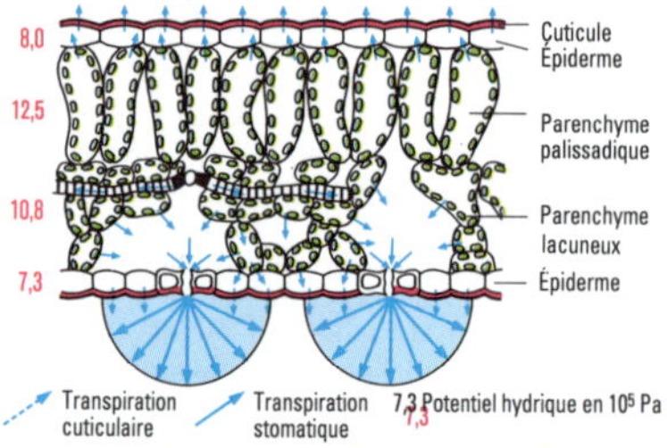

D Voies de transport de l'eau dans la feuille

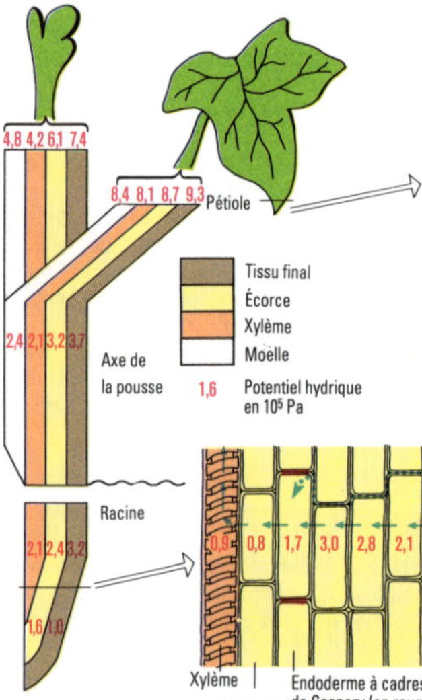

C Potentiel hydrique du lierre

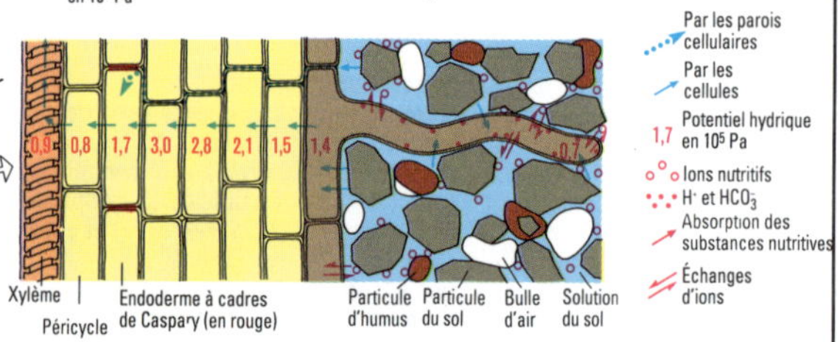

E Absorption des ions et de l'eau par la racine

Élément nutritif	Forme absorbée	Utilisation
C, O, H	Dioxyde de carbone CO_2 ou eau H_2O	dans toutes les molécules carbonées constitution d'acides aminés, protéines acides nucléiques (ADN /ARN)
N	Nitrate NO_3^- ou Ammonium NH_4^+	
S	Sulfate SO_4^{2-}	dans les acides aminés cystine, cystéine et méthionine, co-enzyme A
P	Phosphate $H_2PO_4^-$	Nucléotides (ADN /ARN) Phospholipides
K	Potassium K^+	Cofacteurs des réactions enzymatiques des mouvements
Ca	Calcium Ca^{2+}	sous forme de sels stockés
Mg	Magnésium Mg^{2+}	Chlorophylle

Oligoéléments	Forme absorbée	Utilisation
Fe	ions Fe^{2+} ions Fe^{3+}	dans les cytochromes, l'hémoglobine, la ferrédoxine
Mn	Manganèse Mn^{2+}	participent aux réactions enzymatiques ou à la constitution des enzymes
B	Borate BO_2^-	
Zn	Zinc Zn^{2+}	
Cu	Cuivre (II) Cu^{2+}	
Mo	Molybdate MoO_4^{2-}	
Cl	Chlorure Cl^-	
Na	Sodium Na^+	

F Éléments nutritifs de la plante

Comme l'atmosphère n'est en général pas saturée en vapeur d'eau, un corps humide rejette de l'eau dans l'air (**évaporation**).

La teneur en eau des plantes varie de 50 à 90% (Sch. A).

Les *thallophytes* (algues, champignons), végétaux inférieurs sans feuilles, tiges ni racines, et les *procaryotes* n'ont pas la possibilité de réguler leur teneur en eau. Ils sont **poïkilohydres**, leur teneur en eau varie, et dépend de leur environnement. Ils doivent pouvoir survivre à des périodes de déshydratation (**latence**).

Les plantes **homohydres**, plantes dont la teneur en eau est constante, ont un pouvoir de régulation, leur vie ne dépend pas de la teneur en eau de leur environnement. Les plantes vasculaires sont homohydriques grâce a leurs réserves en eau. Pour se protéger d'une trop grande perte en eau par évaporation (**transpiration**), elles fabriquent des parois cellulaires recouvertes de cire. Même pour les plantes vivant en milieu humide, la fine cuticule (pellicule riche en cutine qui recouvre la tige et les feuilles des plantes) réduit considérablement la transpiration.

Contrairement à la **transpiration cuticulaire**, la dépense en eau peut être régulée grâce à des ouvertures (*stomates*) naturelles sur l'épiderme de la tige ou de la feuille qui assurent des échanges avec le milieu extérieur (**transpiration stomatique**) - (Sch. B,D).

Avec les stomates ouverts la plante perd beaucoup plus d'eau mais peut absorber le CO_2 nécessaire à la photosynthèse.

L'absorption de l'eau passe par les racines, par des vaisseaux ligneux formés par des cellules mortes, le xylème, dans lequel des colonnes d'eau continues se déplacent jusqu'aux organes élevés de la plante (Sch. C - E).

La capacité d'absorption de l'eau dépend de la *surface des racines*, de la *différence de pression* de la vapeur d'eau entre l'air et les cellules, des résistances opposées au transport de l'eau (membranc cellulaire, diamètre des vaisseaux conducteurs, de la racine).

Pour un plant de seigle, la surface des racines s'élève à 400 m^2 dans un volume de sol de 56 dm^3 (= 80 fois plus que la partie visible).

La **pression osmotique potentielle** (π) de la plupart des sols est sup. à 5.10^5 Pa (les steppes salines sup. à 30.10^5, les déserts sup. à $1\,000.10^5$ Pa). Le π des cellules des racines dépend du lieu de plantation et de la nature de la plante (haricots 2-3,5.10^5 Pa, pélargonium env. 5.10^5 Pa). Les plantes *en manque d'eau* peuvent augmenter la **pression racinaire** jusqu'à 10.10^5 Pa au maximum, les plantes de culture 10-15.10^5 Pa, les arbres des bois jusqu'à env. 30.10^5 Pa, les halophytes 20.10^5 Pa, les plantes de désert plus de 100.10^5 Pa.

La différence de pression partielle, plus exactement les plus grandes variations de pression se produisent au niveau des surfaces frontières plante/air (Sch. D).

Grâce à la différence de pression partielle, l'eau est véhiculée dans la plante et rejetée dans l'atmosphère sans dépense d'énergie. L'énergie nécessaire pour le passage de l'eau de l'état liquide à l'état gazeux est apportée par le soleil ou la chaleur de l'air ambiant.

Sur les zones frontières et dans les parties consommatrices d'eau se produit une "*aspiration*", provoquée par la *cohésion* des molécules d'eau, qui s'étend jusqu'aux racines (Sch. B,C).

Le mouvement de l'eau commence le matin dans la cime de l'arbre, et descend dans le tronc. Les troncs d'arbre sont, par forte transpiration, plus minces l'après-midi. Le soir, la perte est compensée.

A la transpiration passive peut suppléer une exsudation active (**guttation**) sous forme de gouttes d'eau, assurée par les stomates. Ce phénomène a son importance, car lorsque l'air extérieur est saturé en vapeur d'eau, l'apport en nutrition minérale reste assuré.

Parmi les 10 éléments nutritifs majeurs, ou **macroéléments nutritifs**, le **C**, **O** et **H** sont assimilés sous forme de $\mathbf{CO_2}$ et $\mathbf{H_2O}$, les autres éléments le sont sous forme d'**ions**. Le **Fe** est consommé en petites quantités, ainsi que les éléments du groupe des **microéléments nutritifs**, qui sont néanmoins indispensables à la vie de la plante (Sch. F).

Si un des ions manque, des symptômes de carence apparaissent, car parmi les corps indispensables, c'est celui dont la concentration est la plus faible qui détermine le degré de développement (**loi du minimum**).

Seulement 0,2% des réserves en éléments nutritifs se trouve sous forme liquide dans le sol, 2% sont absorbés en surface, et env. 98% sont contenus dans des minéraux ou dans des substances organiques de l'humus.

Les ions nutritifs absorbés en surface peuvent être restitués par les racines de la plante sous forme d'ions H^+ ou d'ions HCO_3^- (Sch. E).L'assimilation des sels minéraux se fait en deux phases. La phase passive n'exige aucune énergie de la cellule ; il s'agit d'un mouvement ionique dans "l'espace libre", partie capillaire de la membrane cellulaire, puis de l'absorption des ions dans la couche extérieure du cytoplasme, elle répond au principe de l'absorption par échange : des ions de charge égale sont échangés lorsqu'un ion en provenance du sol prend la place, dans le cytoplasme, d'un ion moins absorbable. La phase active, le transport ionique actif, consomme de l'énergie et permet à la cellule le maintien d'une concentration ionique optimale.

Le **transport symplasmatique** traverse le cytoplasme jusque dans les voies xylémiques. Les sels minéraux diffusent dans la plante en suivant le courant de la transpiration.

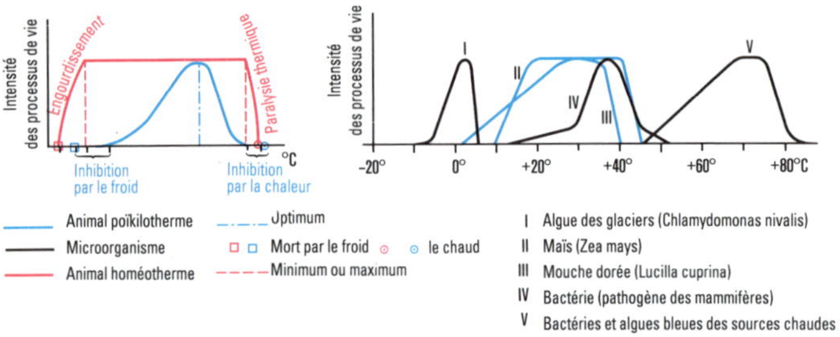

A Relation entre la température corporelle et l'intensité des processus vitaux

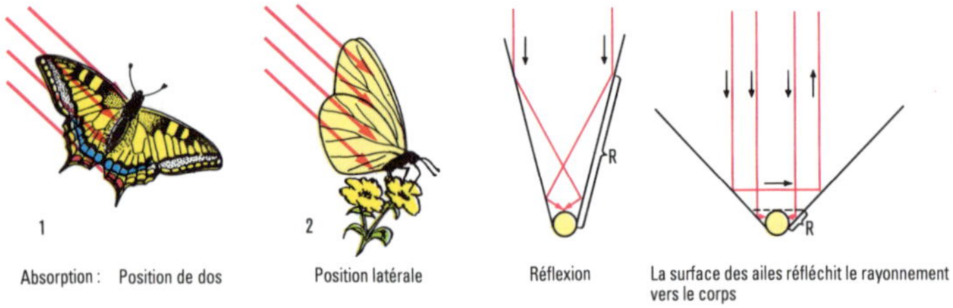

B Les ailes des collecteurs solaires

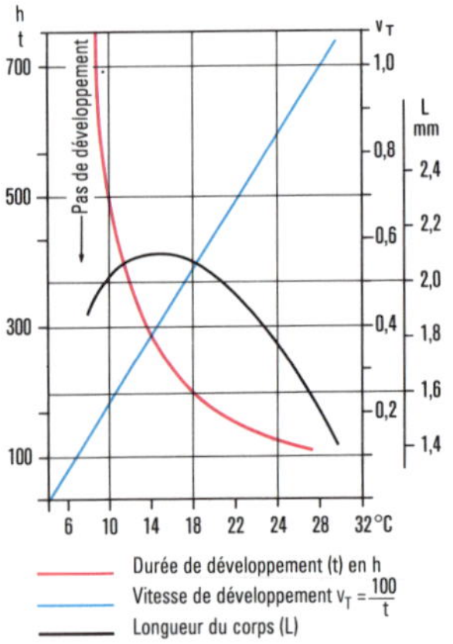

C Influence des températures sur le développement : puceron noir du haricot (Aphis fabae)

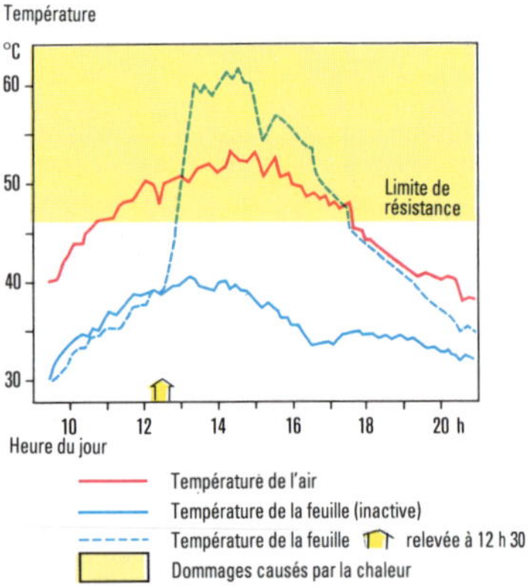

D Refroidissement par transpiration : coloquinte irriguée (Citrullus colocynthis, potiron africain)

Influence des températures sur le métabolisme et le budget calorifique

Le **métabolisme** des êtres vivants se déroule lorsque la température se situe entre -10°C et +50°C. Aux faibles températures, l'activité des enzymes est ralentie et les membranes "figent" ; aux températures trop élevées, les enzymes sont dénaturées, les structures moléculaires et les membranes cellulaires sont endommagées ou détruites. Des périodes de **latence** ou de **dormance** permettent aux êtres vivants de passer au travers de périodes, de saisons défavorables.

Seuls les organismes réellement thermophiles, qui possèdent des enzymes et une structure cellulaire spéciales ont leur optimun de température qui se situe entre 45°C et 95°C (p. ex. les micro-organismes des sources chaudes - Sch. A).

D'après la loi de HOFFSCHEN, la vitesse de réaction est multipliée par 2 ou 3 lorsque la température s'élève de 10°C (**règle de température, vitesse de réaction, TVR,** Tab. C).

La croissance, le développement, l'activité de la plupart des organismes dépendent plus ou moins de la température environnante. Ils sont **poïkilothermes** (à température changeante). Entre les seuils extrêmes se situe une zone de tolérance. Si elle est très étroite, l'organisme est un *sténobiote*, sinon l'organisme est dit *eurybiote*.

Seuls les oiseaux et les mammifères présentent une température constante, non influencée par celle du milieu ambiant, grâce au mécanisme physiologique de thermorégulation.

Ils sont **homéothermes** (Tab. A). Selon les espèces la température se situe chez les mammifères entre 35°C (koalas) et 39,5 °C (lapins), chez les oiseaux entre 37°C (autruches) et 42°C (roitelets).

Les **animaux poïkilothermes** adaptent leur comportement pour obtenir une température corporelle optimale (env. 27°C). Lézards et insectes se réchauffent par des bains de soleil.

Les papillons aux ailes sombres absorbent les rayonnements du soleil qui sont conduits jusqu'au corps. Des ailes claires réfléchissent le rayonnement du soleil sur le corps sombre ou sur la base sombre des ailes (Sch. B).

Par des battements d'ailes, de nombreux insectes atteignent la température de "fonctionnement" avant l'envol (30 à 40°C).

Les termites favorisent leur régulation thermique en construisant leur termitière de sorte que la partie en surface ait une orientation N./S.

Dans les régions situées au nord, dans les régions montagneuses, les œufs des ovipares éclosent à l'intérieur du corps maternel (ovoviviparité).

Si la température extérieure descend en dessous de 0°C, les animaux poïkilothermes sont engourdis par le froid, si elle continue à descendre, ils **meurent de froid** (Tab. A). Certains peuvent cependant geler puis dégeler sans dommages.

Les animaux **homéothermes** ont une température optimale pour leur métabolisme, ils sont protégés des trop grandes déperditions de chaleur aux basses températures par leur plumage ou leur pelage qui les isolent : par des plumes tectrices, des jarres au-dessus, du duvet, des poils laineux au-dessous.

Si la déperdition de chaleur du corps par de basses températures est trop élevée, les animaux à sang chaud entament une période de repos. Pendant la période de repos hivernal, les blaireaux, les écureuils, les ours p. ex. abaissent la température de leur corps de quelques degrés. Des animaux à sang chaud plus petits, plus primitifs tombent en **hibernation**.

Toutes les fonctions vitales sont ralenties ; les animaux vivent de leurs réserves de graisse.

Si la température descend à *une température minimale*, alors des régulateurs thermiques rentrent en jeu.

La **résistance à la température** est la capacité d'un organisme à résister à de hautes et à de basses températures sans dommages irréversibles. La tolérance thermique du cytoplasme dépend des espèces et des races, elle dépend du milieu (écotypique).

Les plantes à bourgeons, immobiles par nature, sont plus exposées aux variations de rayonnement et aux écarts de température que les animaux.

La croissance est possible entre 5°C et 40°C (**période de végétation**).

Les plantes aquatiques et de nombreuses thallophytes sont sténobiotes.

Des plantes de régions chaudes peuvent placer leurs feuilles parallèlement au rayonnement, la transpiration stomatique peut alors être pleinement efficace (Sch. D).

La **résistance au froid** des plantes est variable, le cytoplasme peut être endommagé ou détruit par le froid.

Les plantes des zones tempérées peuvent résister à des températures allant jusqu'à -30°C (p. 127). Celles des régions plus froides jusqu'à -70°C.

La faculté de survivre au gel des zones extracellulaires dans les tissus doit être acquise au printemps.

Le point de congélation est abaissé par l'enrichissement en substances liquides ou en molécules solubles (sucres, acides aminés, protéines, sels, acides organiques).

Ainsi l'eau des "parties libres" gèle lorsque la température descend juste en dessous de zéro. Par perte d'eau du cytoplasme et augmentation de sa concentration le point de congélation est abaissé : selon la concentration ce point se situe entre -1 et -6°C.

Les insectes utilisent également ce dispositif, le glycérol et d'autres alcools agissent comme des "antigels".

On a trouvé, par -35°C dans les cellules de scarabées volants arctiques un taux de 22% de glycérol dans leurs cellules ; en été ce taux n'est que de 1% (avec ce taux l'insecte ne survivrait pas à une température de -6,6°C).

Des protéines antigel permettent aux poissons des mers polaires d'abaisser le point de gel de leur sérum sanguin.

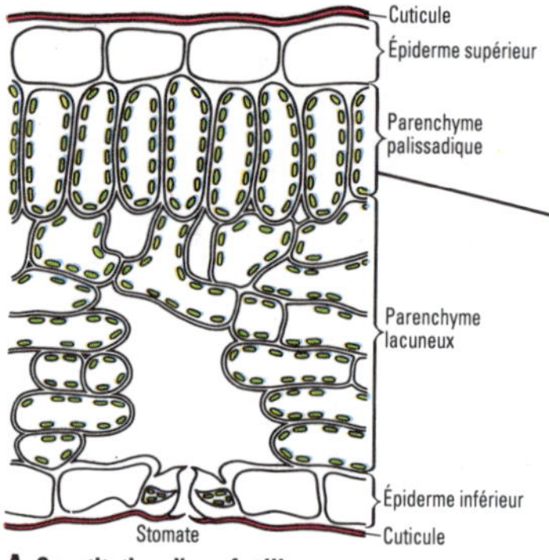

A Constitution d'une feuille

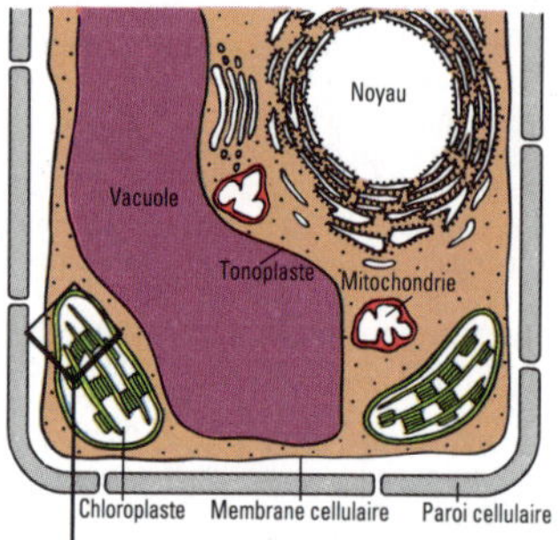

B Structure fine des cellules de la plante

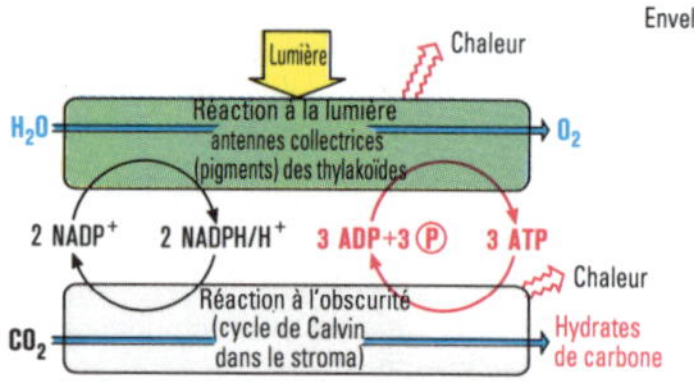

C Schéma de la photosynthèse

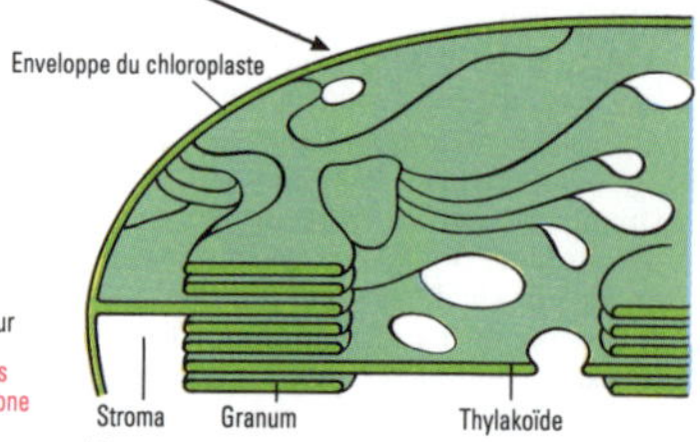

D Coupe d'un chloroplaste

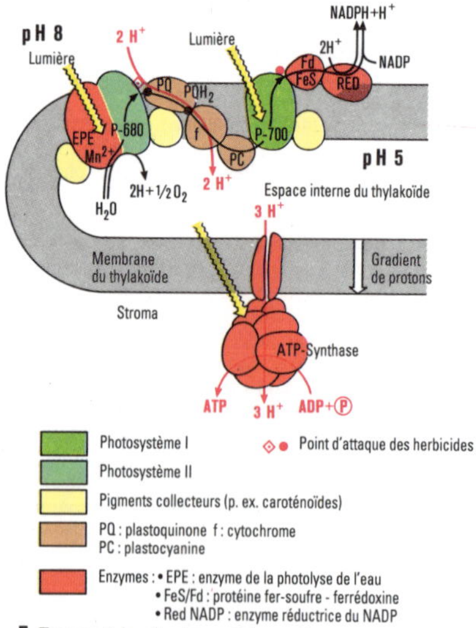

E Transport des électrons et des protons dans les thylakoïdes

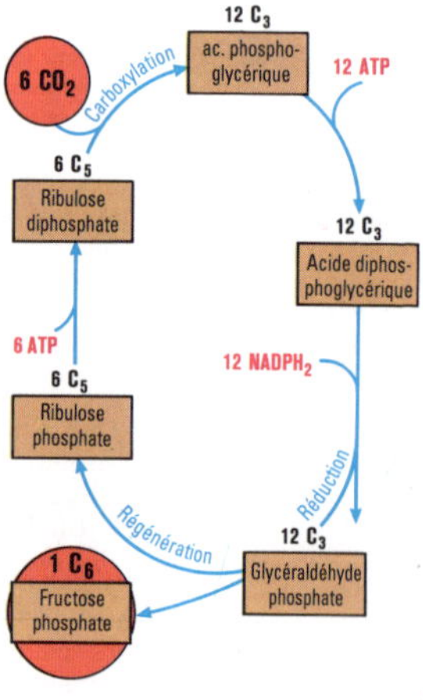

F Cycle de Calvin, Benson et Bassham

L'organisme est un système ouvert, il reçoit du dehors de l'énergie chimique et il la transforme en une autre forme d'énergie, chimique, électrique ou mécanique. Au flux d'énergie à travers l'organisme correspond un flux de matière. On nomme ce flux de matière **métabolisme** (transformation).

La matière prise dans l'environnement est assimilée par le corps, des composés pauvres en énergie sont transformés en substances à grand pouvoir énergétique (**assimilation, anabolisme**).

Par des processus de dégradation des composés organiques (**dissimilation, catabolisme**), des dégagements d'énergie sous forme de chaleur ou des réactions chimiques sont provoqués pour le maintien des fonctions vitales (p. ex. *respiration*).

L'échange constant de matière avec l'environnement s'effectue par la surface du corps ou par des organes spécifiques.

Dans l'organisme, des **enzymes** et des *coenzymes* agissent sur la matière et déterminent ainsi le processus de réaction.

Ils ne transforment que certains substrats (spécificité du substrat) et "déterminent" les transformations à apporter aux substrats (spécificité de réaction).

L'action des enzymes ne rompt pas l'équilibre entre la matière non transformée et transformée.

A côté de l'inévitable perte sous forme de chaleur, une "énergie libre" se dégage lors de certaines réactions (réactions **exergoniques**) : des corps à potentiel énergétique élevé tombent à un potentiel énergétique faible et dégagent une "énergie libre". La réaction peut alors s'effectuer spontanément en présence des enzymes spécifiques. Si un apport en énergie est nécessaire à la transformation (réaction **endergonique**), la réaction ne pourra se faire ni spontanément, ni par catalyse enzymatique. Les processus endergoniques doivent être couplés avec des réactions fortement exergoniques dont ils utilisent l'énergie. Cela se produit généralement avec le transfert d'un ou deux résidus d'acide phosphorique de **l'ATP (GTP, UTP ou CTP)** vers un corps chimique moins riche en énergie, qui reçoit ainsi une liaison riche en énergie. Lors de la séparation des résidus d'acide phosphorique une énergie suffisante est libérée pour compenser le déficit en énergie de la réaction endergonique.

La **photosynthèse** peut être subdivisée en deux ensembles de réactions qui dépendent l'un de l'autre : la **phase claire** et la **phase sombre** (Sch. C).

Dans le réseau de vésicules (**thylacoïdes**) au sein du chloroplaste (Sch. B,D) la lumière est captée par des **antennes collectrices** (jusqu'à 300 molécules de chlorophylle par piège accumulateur de lumière (Sch. E)). La lumière provoque une "excitation" des pigments, qui est transmise de proche en proche jusqu'aux photosystèmes. Au niveau des **photosystèmes**, l'énergie permet une **séparation de charge** : des électrons e^- sont séparés d'une molécule et transmis à une autre (**acte photochimique** = oxydoréduction).

Dans le photosystème II, le taux d'absorption maximum est à 680 nm, la lumière active un puissant réactif chimique qui est capable de soustraire les e^- à l'eau (photolyse de l'eau), ce qui s'accompagne de formation d'O_2 (résidu de production).

$2\,H_2O \quad 4H^+ + O_2 + 4\,e^-$.

L'absorption maximum du photosystème I correspond à des longueurs d'onde de 700 nm ; il possède à l'obscurité un potentiel redox de +0,5 V. Stimulé par la lumière, ce potentiel redox passe à -0,6 V. Cela suffit pour transférer les e^- dans un système d'oxydoréduction, constitué d'une protéine contenant du fer (la ferrédoxine).

A part ces deux étapes où les e^- "gagnent" de l'énergie (qui provient de l'énergie lumineuse), les e^- sont transférés le long d'une chaîne linéaire de réactions spontanées d'oxydoréduction et finissent par réduire le $NADP^+$ **(phosphorylation acyclique)**. Des observations *in vitro* ont montré que les e^- peuvent réduire le cytochrome b_6, puis à nouveau le photosystème I. S'établit alors un cycle d'e^- (**phosphorylation cyclique**) (Sch. E).

Ces réactions dégagent de l'énergie, qui est récupérée grâce au **couplage chimioosmotique**. Elles permettent un transport de protons à travers les membranes des thylacoïdes, créant ainsi un gradient de protons (les protons sont accumulés à l'intérieur des thylacoïdes) (MITCHELL 1961). La protonation de molécules situées sur la face interne du thylacoïde est donc facilitée, comme la déprotonation de molécules situées sur sa face externe. Un complexe enzymatique transmembranaire (ATPase) en tire parti, et synthétise de l'ATP en faisant sortir les protons des thylacoïdes.

Les réactions lumineuses activent l'ATP-synthétase.

Les **réactions sombres (cycle de Calvin)** utilisent le $NADPH_2$ et l'ATP synthétisés lors des réactions photochimiques (Sch. C), elles peuvent se dérouler sans apport de lumière tant que ces deux produits sont à sa disposition. Elles se déroulent dans le stroma du chloroplaste. Une enzyme, la **ribu**lose 1-5 **bis** phosphate **C**arboxylase **O**xygénase (RubisCO) fixe le CO_2 sur le ribulose 1-5 bisphosphate (Rubp). Cette fixation engendre 2 molécules d'acide phosphoglycérique (molécule avec 3 atomes de carbone - végétaux dits "en C_3") ; ainsi le CO_2 gazeux est fixé et réduit en intermédiaires glucidiques. Pour la transformation en fructose-bis phosphate ou en glucose-bis phosphate (sucres à 6 atomes de carbone), l'ATP fournit l'énergie nécessaire, et le $NADPH/H^+$ le pouvoir réducteur. L'ADP+Pi et le $NADP^+$ produits doivent être régénérés par réaction à la lumière en ATP et $NADPH/H^+$ (**cycle de Calvin** p. 42). Formule de la photosynthèse :

$6\,CO_2 + 18\,ATP + 12\,NADPH_2 + 10\,H_2O$
(lumière,enzymes,chlorophylle)
$C_6H_{12}O_6 + 18\,ADP + 18\,(Pi) + 12\,NADP^+ + 6\,O_2$.

La photosynthèse n'est pas seulement perturbée par la pollution de l'environnement, mais également par les insecticides (p. 197).

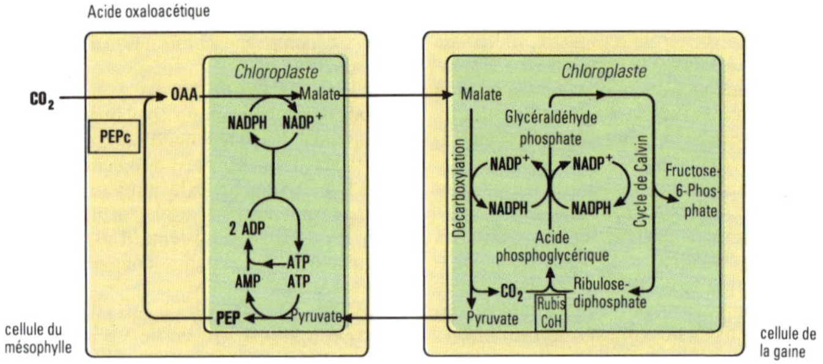

A Séparation spatiale de la fixation de CO_2 et de la phase lumineuse chez les plantes en C_4

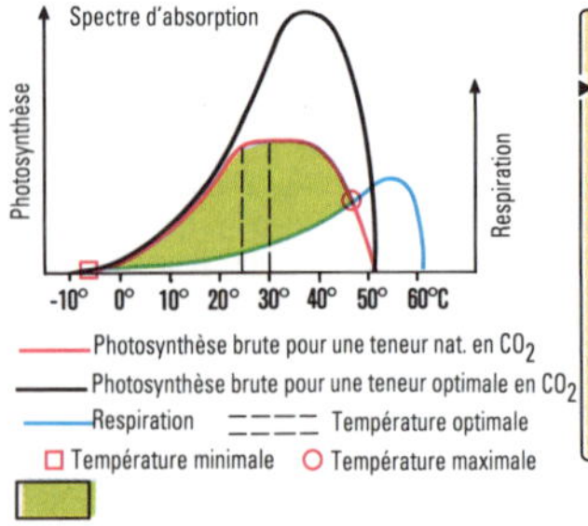

B Influence de la température sur la photosynthèse et la respiration

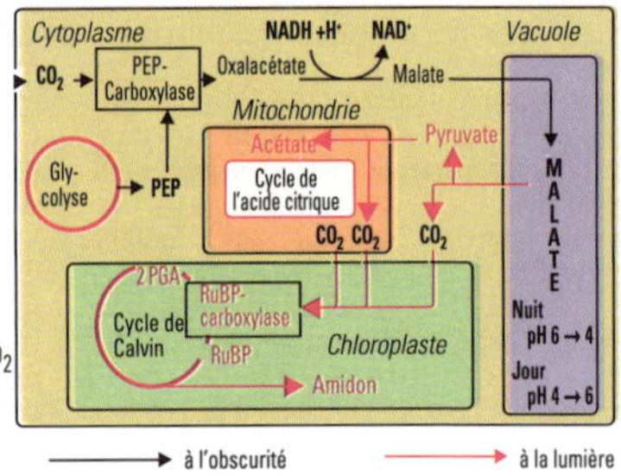

C Séparation temporelle des phases de la photosynthèse chez une plante CAM

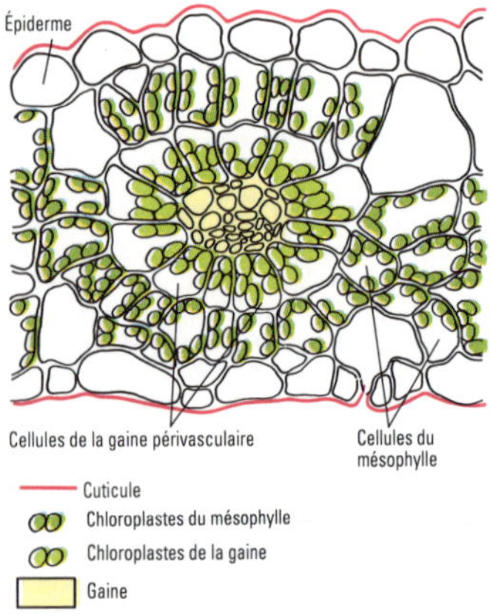

D Coupe d'une feuille de plante en C_4

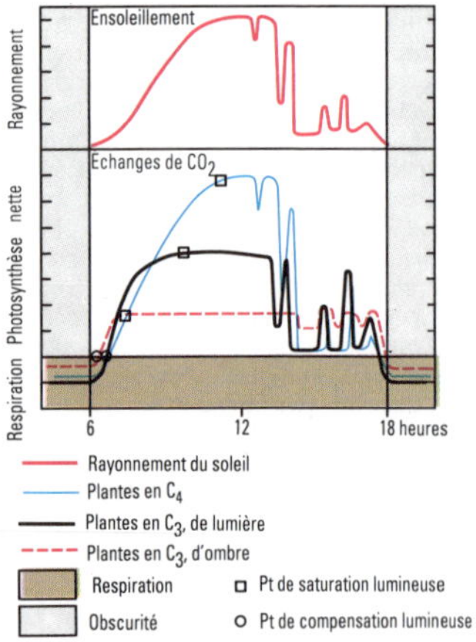

E La consommation de CO_2 dépend du rayonnement

Types de photosynthèse et facteurs de l'environnement

L'émission photosynthétique d'O_2 ainsi que l'absorption de CO_2 à la lumière expriment **la photosynthèse nette (PN)** qui est plus faible que la photosynthèse totale ou **photosynthèse brute (PB)** qui comprend la respiration dépendant de la lumière. On différencie deux formes de respiration : la respiration à la lumière ou **photorespiration** et la respiration manifestée à l'obscurité. Cette dernière, plus ou moins indépendante de la lumière, a lieu dans les mitochondries et correspond à la respiration des organismes hétérotrophes (p. 45). La respiration manifestée à l'obscurité maintient, à la lumière ou à l'obscurité, le pouvoir métabolique de la plante. La photorespiration est mise en évidence par l'exposition des chloroplastes à la lumière en présence de péroxysomes.

La photorespiration est due en partie à l'existence d'une fonction oxydase de la RubisCO, l'O_2 et le CO_2 entrant en compétition pour se fixer sur le Rudp (p. 41). La photorespiration peut être interprétée comme un mécanisme de dissipation de l'énergie, qui s'accumule sous forme de pouvoir réducteur quand un déficit hydrique provoque la fermeture des stomates (donc un déficit en CO_2) sous un fort ensoleillement.

On distingue trois grands types de photosynthèse : **C_3, C_4** et **CAM**. Chez les végétaux de **type** C_3 (type classique) le premier composé formé est l'*acide phosphoglycérique* (**3** atomes de carbone p. 41). Chez les plantes de **type C_4** (le maïs, le millet, la canne à sucre, les herbes de la savane), le premier composé formé par la fixation du CO_2 est l'acide oxaloacétique (OAA), une molécule à **4** atomes de carbone. CAM est l'abréviation anglaise de **M**étabolisme **A**cide des **C**rassulacées (une famille de plantes succulentes).

Les variantes *C_4* et *CAM* correspondent à une *séparation dans l'espace ou dans le temps* de la fixation de CO_2 d'une part et des réactions lumineuses d'autre part : la photorespiration, qui peut éliminer jusqu'à 40 à 50 % des produits de la photosynthèse pour les plantes du type C_3, n'apparaît jamais chez les plantes du type C_4.

La photosynthèse en C_4 se déroule dans deux tissus séparés (séparation des phases **dans l'espace**), la **gaine** qui entoure les vaisseaux conducteurs de sève et **les cellules du mésophylle** (Sch. D). L'ensemble forme une structure dite en "couronne". Les chloroplastes des cellules du mésophylle possèdent des lamelles thylacoïdiennes regroupées par endroits en grana. Ils fixent le CO_2 *sous forme dissoute* (ion HCO_3^-) au phosphoénolpyruvate (PEP) grâce à l'enzyme PEP-carboxylase : cela permet de fixer le CO_2 même à une concentration d'environ 10µl/l, alors que la RubisCO des plantes de type C_3 ne peut fixer le CO_2 qu'à un taux de 30-50µl/l. L'OAA produit (4 atomes de C) est immédiatement réduit en *malate* (MAL) ou aminé en *aspartate* (ASP) et transporté dans les chloroplastes des cellules de la gaine. Il y est décomposé en *acide pyruvique* (qui repasse dans les cellules du mésophylle) et en CO_2, présent donc en forte concentration.

Le CO_2 libéré est fixé par la RubisCO et donc introduit dans le cycle de Calvin (Sch. A). La fonction oxydase de l'enzyme est inhibée par la forte concentration en CO_2. Le pouvoir de fixation des plantes de type C_4 est supérieur à celui des plantes du type C_3 (Sch. E).

Certaines plantes grasses (notamment les *Crassulacées*) présentent la variante **CAM**. Les plantes-CAM peuvent fixer le CO_2 en ouvrant leurs stomates la nuit (séparation des phases **dans le temps**), évitant ainsi de fortes pertes d'eau en les ouvrant le jour. Comme pour les plantes du type C_4, la fixation du CO_2 au PEP aboutit à la formation de malate ou d'autres acides organiques qui s'accumulent pendant la nuit dans les vacuoles des cellules. Le jour, le malate est mobilisé et fournit le CO_2 nécessaire à la synthèse des glucides dans les chloroplastes. (Sch. C).

D'autres **facteurs de l'environnement** que la lumière ou la température agissent sur la photosynthèse : ce sont la disponibilité en eau, en substances minérales, la concentration en CO_2. L'intensité et la qualité de la lumière dépendent du milieu d'élection de la plante. Les plantes se répartissent en plantes de lumière et plantes d'ombre.

L'intensité de la photosynthèse croît avec l'intensité de la lumière jusqu'à un point limite (**photosythèse maximale**) au-delà duquel la saturation lumineuse est atteinte. Ce point limite est plus élevé pour les plante du type C_4, les plantes de type C_3 atteignent leur point de photosynthèse maximale avec moins de lumière (Tab. E).

Une intensité lumineuse particulièrement forte inhibe les réactions claires de la photosynthèse (**photoinhibition**).

Le point d'intensité lumineuse où la respiration et la photosynthèse sont en équilibre est différent pour les plantes du C_3 et les plantes C_4 (**point de compensation lumineuse**) - (Tab. E).

L'activité de la photosynthèse par quantum de lumière absorbée (**spectre d'activité**) dépend de la longueur d'onde de la lumière.

Dans les meilleures conditions expérimentales en laboratoire le rendement maximal de la photosynthèse est de 10 % env. Dans la nature le rendement est considérablement moins élevé (5 à 6% pour les plantes en C_4, 4 à 5 % pour les plantes en C_3).

La température optimale pour la photosynthèse se situe entre 15 et 40°C, des processus partiels nécessitent d'autres températures optimales (formation d'oxygène et phosphorylation 35°C, cycle de Calvin 50°C, fixation nocturne du CO_2 des plantes CAM 13°C). Si la température augmente, le pouvoir de fixation du CO_2 sur le Rudp décroît au profit du pouvoir de fixation de l'O_2.

En ce qui concerne les plantes en C_3, la concentration de CO_2 dans les feuilles diminue dans la journée, ce qui peut limiter la photosynthèse. Elle augmente la nuit. En serre on utilise un apport de CO_2 pour augmenter la photosynthèse et le rendement (**engrais CO_2**). C'est la lumière qui limite la productivité des plantes en C_4.

	Espèce	A/C	P/A	R/A
poikilothermes	Radiolaire	19	57	43
	Cousin	85	67	33
	Cloporte	25	16	84
	Phalène	32	60	40
	Escargot	45	14	86
	Truite	69	29	71
	Carpe	84	42	58
homéo-thermes	Ortolan	90	1	99
	Éléphant	33	1,5	98,5
	Souris	91	2	98

MR = nourriture provenant du système
C = partie consommée F = Fèces U = Excréments
A = assimilé
R = respiré
P = Production : P_g = Croissance, P_r = Reproduction
E = éliminé (mue)

A 1 Efficiences écologiques de différentes espèces animales

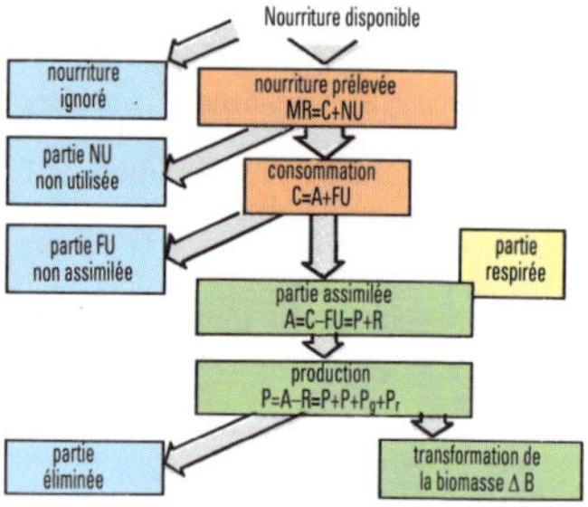

A 2 Écologie de la production. Flux de substances et d'énergie à travers l'organisme ou la population

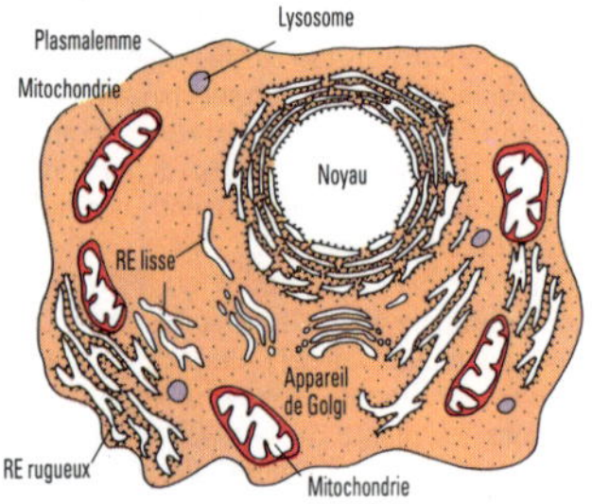

B Structure fine d'une cellule animale

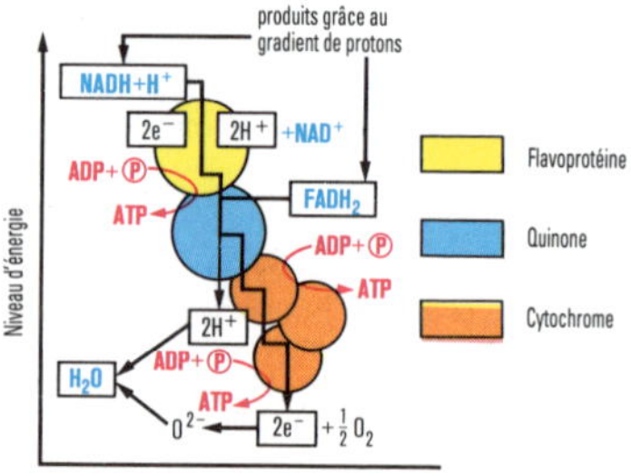

C Chaîne respiratoire dans les mitochondries

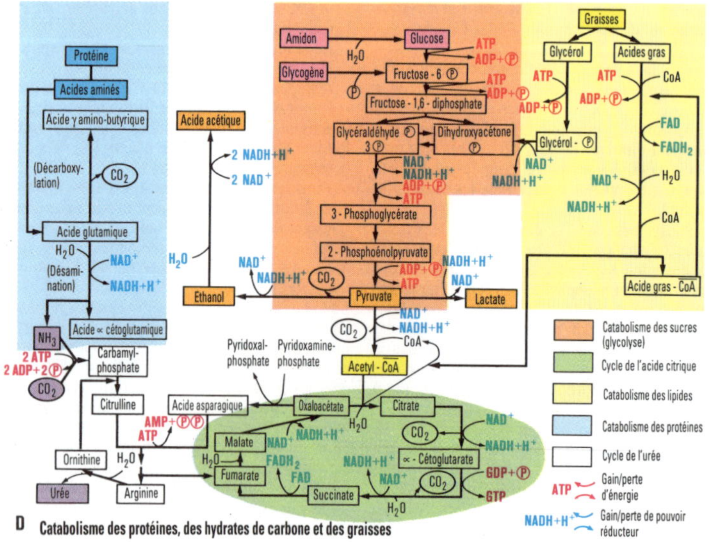

D Catabolisme des protéines, des hydrates de carbone et des graisses

Suivant qu'ils sont capables ou non d'incorporer un élément donné lorsqu'il est à l'état minéral le plus oxydé possible, on distingue les organismes **auto**- ou **hétérotrophes** vis-à-vis de cet élément. Ainsi les hétérotrophes pour le carbone (certains champignons, bactéries et animaux) doivent, pour vivre, assimiler des organismes riches en énergie comme ressource en glucides : ils dépendent ainsi des organismes autotrophes. Selon le mode d'alimentation on définit :

les herbivores (p. ex. de nombreux insectes, rongeurs, animaux à sabots) ;

les carnivores qui se nourrissent d'animaux vivants (p. ex. les scorpions, les araignées, les oiseaux de proie, les félins) ;

les omnivores comme p. ex. l'homme, le cochon.

Les animaux "spécialisés" pour un type d'aliment ont des enzymes adaptés à cet aliment de prédilection (p. ex. le ver à soie pour les feuilles de mûrier). Les organismes *saprophages* se nourrissent de matières putréfiées (tubifex en eau douce, ver de terre dans le sol).

La nourriture est décomposée ou transformée par des enzymes, de sorte qu'elle pénètre dans le corps (**résorption**) afin d'être absorbée à l'intérieur des cellules (**assimilation**).

Le processus de la digestion s'effectue à l'extérieur du corps chez les bactéries, à l'intérieur du corps chez les eucaryotes.

Les araignées et quelques insectes, p. ex. les carabidés, les larves de dytiques) injectent à leurs proies des enzymes, qui liquéfient les tissus de leurs victimes, qu'ils absorbent ensuite par succion (*digestion extra-intestinale*).

Lorsque des organes libèrent des substances qui remplissent une fonction, vers l'extérieur ou à l'intérieur du corps, on parle de **sécrétion**, p. ex. le foie (bile), le pancréas (suc pancréatique). En revanche, les substances qui ne sont plus utilisables par le corps sont rejetées (**excrétion**).

Les substances qui ne peuvent être ni oxydées ni rejetées s'accumulent dans le corps (DDT, PCB, plomb, mercure).

Les animaux à sang chaud assimilent 80-90% de l'énergie absorbée, les herbivores poïkilothermes seulement 20-40% (Sch. A). De nombreux herbivores ont besoin pour une utilisation optimale de l'alimentation, particulièrement pour la digestion de la cellulose, de *symbiontes* (bactéries, protozoaires), qui produisent des enzymes qui digèrent la cellulose. 90-99% de l'énergie assimilée sont utilisés au cours du *métabolisme fonctionnel*, 1-10% utilisés pour la constitution de substances répondant aux besoins du corps.

Le maintien d'une température corporelle constante nécessite beaucoup d'énergie (Sch. A).

L'alimentation fournit à l'organisme des *éléments énergétiques* (p. ex. des hydrates de carbone, des graisses) et des *éléments de fonctionnement*, qui sont plus ou moins énergétiques, mais qui sont néanmoins importants (vitamines, substances minérales et eau). Les protéines doivent être ajoutées aux deux groupes d'éléments car elles apportent d'une part de l'énergie, d'autre part, elles permettent de constituer des molécules comportant des atomes N et S.

Les vitamines, les minéraux et certains acides aminés doivent être présents dans la nourriture, car ils ne peuvent être produits par l'organisme ; ils sont dits *essentiels*.

Au cours des processus de transformation de la digestion des hétérotrophes, des composés organiques riches en énergie sont dégradés en composés organiques plus pauvres en énergie (**catabolisme = dissimilation**).

Cette différence d'énergie couvre les besoins énergétiques des hétérotrophes.

Il en va de même pour les plantes lorsque la photosynthèse ne peut s'opérer et que des substances stockées sont dégradées.

Au cours de la respiration cellulaire, des molécules organiques sont décomposées avec consommation d'oxygène (**dissimilation aérobie**). L'énergie libérée est stockée sous forme de composés riches en énergie (p. ex. ATP). L'oxydation totale des hydrates de carbone en H_2O et CO_2 comporte 4 phases :

la glycolyse, la décarboxylation oxydative du pyruvate, le cycle de l'acide citrique et la chaîne respiratoire (Sch. C, D).

Au cours de la **glycolyse** le sucre phosphorylé (fructose 1,6-diphosphate) est séparé en molécules à 3 C (le glycéraldéhyde 3-P et la dihydroxyacétone phosphate). Le glycéraldéhyde 3-P est transformé en *pyruvate*, les réactions exergoniques de cette transformation sont utilisées pour la formation d'ATP et la réduction du NAD^+ en NADH, H^+. La glycolyse ne consomme pas d'oxygène (*anaérobie*).

Le pyruvate peut être transformé dans les mitochondries en *éthanol* (**fermentation alcoolique**), en *lactate* (**fermentation lactique**) ou en *acétyle-CoA* (molécule d'entrée dans le cycle de l'acide citrique). Seule la régénération du NAD^+ (par oxydation du NADH, H^+) lors de la réduction du pyruvate en lactate ou en éthanol permet le déroulement de la glycolyse en conditions anaérobies.

Le cycle de l'acide citrique est la phase terminale du catabolisme de toutes les molécules alimentaires destinées à l'oxydation. Elles y pénètrent sous forme d'acétyl-CoA et d'acide alpha-cétoglutarique. Lors du passage d'un acétyle-CoA, 2 CO_2 quittent le cycle, l'hydrogène libéré permet de réduire du NAD^+ et du FAD, et de synthétiser du GTP à partir de GDP.

Le cycle de l'acide citrique ne consomme pas d'oxygène, mais il dépend néanmoins du NAD^+ et du FAD mis à sa disposition par "la chaîne respiratoire".

Au cours de la **chaîne respiratoire,** des électrons sont transférés à partir du NADH, H^+ ou du $FADH_2$, par l'intermédiaire de transporteurs d'électrons (différents *cytochromes*), sur l'O_2. Un transfert de protons vers l'espace intermembranaire, et leur retour vers le stroma de la mitochondrie par des ATP synthétases permet le **couplage** des oxydations avec une synthèse d'ATP (comme dans les chloroplastes).

L'oxydation totale d'une molécule de glucose en CO_2 et H_2O donne naissance à 36 ATP.

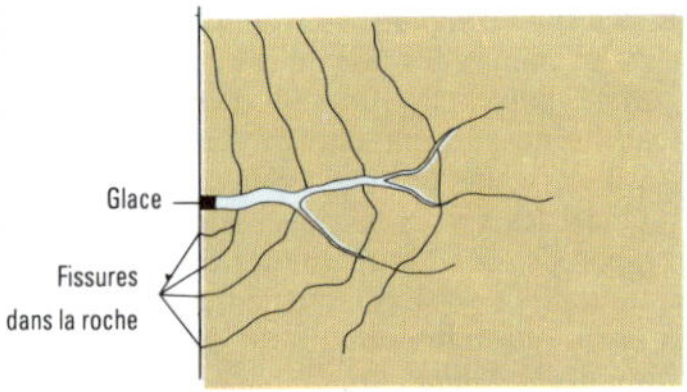

A Rupture des roches sous l'effet de la glace

Fraction	Symbole	Taille des particules en mm
Argile	T	< 0,002
Limon	U	0,002 - 0,063 (0,002 - 0,02)
Sable	S	0,063 - 2,0
(fin)		(0,02 - 0,2)
(grossier)		(0,2 - 2,0)
Gravier et Roches	G X	> 2,0

B Classification granulométrique

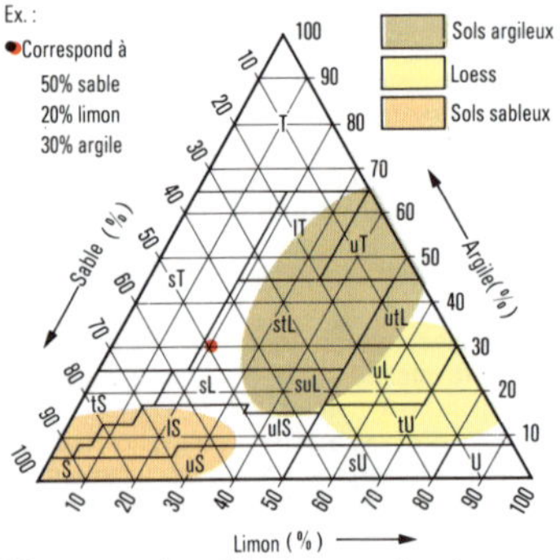

C Diagramme triangulaire des types de sols

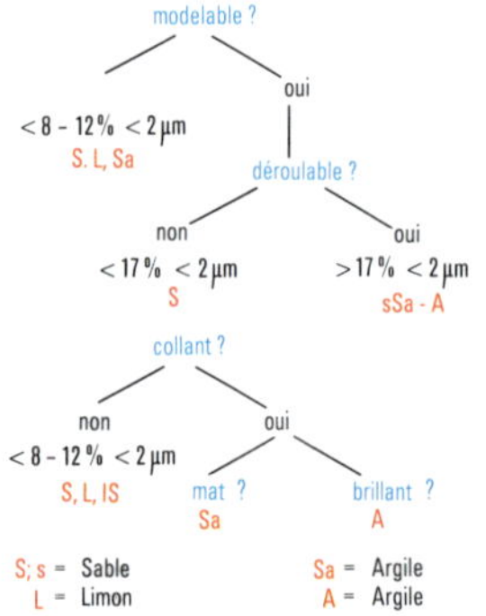

D Comment estimer la composition granulométrique d'un sol au toucher

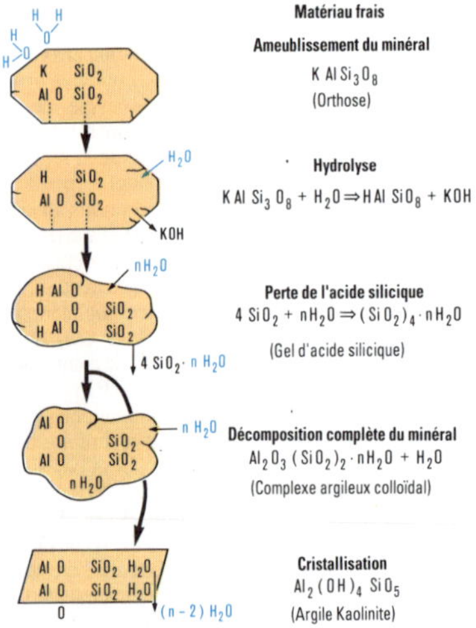

E Transformation par altération de l'orthose en kaolinite

F Feuille de hêtre : décomposition en litière et formation de Mull

Si l'**érosion physique** réduit considérablement la taille des grains, l'**érosion chimique** dissout entièrement les minéraux et en modifie la composition chimique.

La dissolution d'un minéral débute lorsque les cations et les anions s'entourent de molécules d'eau qui forment une enveloppe d'eau (*hydratation*).

Elle est à l'origine du gonflement des sols fins issus de l'érosion (p. ex. l'argile) ou de la dissolution des minéraux (Tab. E).

Des ions difficilement solubles sont remplacés par d'autres plus faciles à dissoudre.

D'abord la roche s'appauvrit en Na, Ca, et Mg, puis en K, finalement en Si et Mn. Parmi les anions, le chlorure (Cl^-) est plus facile à dissoudre que le sulfate (SO_4^{2-}).

Comme les H^+ ont tendance à remplacer les ions métalliques, les solutions acides sont plus efficaces pour l'érosion. Le CO_2 de l'air, des racines ou des organismes du sol se dissout sans cesse dans l'eau et forme de l'*acide carbonique*.

$CO_2 + H_2O \quad H_2CO_3 \quad H^+ + HCO_3^-$.

Ainsi p. ex. la dolomite, difficile à dissoudre, réagit au contact de l'acide carbonique pour former des hydrogénocarbonates faciles à dissoudre :

$CaMg(CO_3)_2 + 2\ H_2CO_3 \quad Ca\ (HCO_3)_2 + Mg\ (HCO_3)_2$.

Les ions H^+ remplacent des ions métalliques et le Si dans les silicates ou le C dans les carbonates.

Si l'on remplace p. ex. les ions potassium du feldspath ($KAlSi_3O_8$) par des ions H^+, le K^+ libéré peut réagir avec des ions de OH^- en donnant de la potasse (KOH), rester à disposition des racines des plantes sous forme de K^+, ou sous forme dissoute (KOH et K^+) dans l'eau du sol (Tab. E).

La surface du minéral est moins stable qu'auparavant ; elle se décompose en stockant de l'eau supplémentaire combinée à l'acide silicique et à des oxyde d'Al, qui sont en majeure partie solubles sous forme de gelées (*colloïdes du sol*). Ces colloïdes peuvent cristalliser en fixant de l'eau et former des argiles secondaires (p. ex. le kaolin).

Les minéraux ferrugineux (II) forment après altération des silicates un hydroxyde de fer rouge-brun ($Fe(OH)_3$) qui détermine la couleur brune des sols.

Des températures élevées et une grande humidité, p. ex. dans les régions tropicales humides, permettent le lessivage du Si : les oxydes ou hydroxydes de Fe et d'Al se concentrent alors à côté du kaolin.

La **texture des sols** est déterminée par le diamètre de ses particules (Tab. B). On distingue l'*argile* avec des particules < 2 µm, le *limon* avec des particules comprises entre 2 et 63 µm, le *sable* (63 µm-2 mm), les pierres plus grosses et les gravillons (arrondis). Les sols fins se composent de grains dont le diamètre est < 2 mm, les sols squelettiques > 2 mm.

On peut reconnaître la nature d'un sol à l'œil nu et à l'aide d'un test au toucher (Sch. D). Un échantillon de sol détrempé est malaxé entre les doigts jusqu'à ce que toute brillance disparaisse, quand l'eau en excès est éliminée.

L'**argile** est lourde, collante, on peut la modeler.

Le **limon** est semblable à de la farine, du velours, il n'est pas lourd, mais colle cependant aux doigts.

Le **sable** ne colle pas et est visiblement composé de grains.

Comme un sol est très rarement constitué d'un seul de ces éléments, leur composante principale est accompagnée de l'adjectif dérivé de sa composante complémentaire principale, p. ex. argile glaiseuse.

Lors d'une analyse exacte des diamètres des particules en laboratoire (tamis ou sédimentation), on utilise pour déterminer la nature des sols le *diagramme triangulaire* (Sch. C).

Le **loess**, sédiment datant de l'ère glaciaire provenant des sols vierges et gelés entourant les glaciers et déposé par le vent le long des forêts des montagnes, se compose de 70 à 80% d'argile et forme une surface caractéristique dans le diagramme triangulaire.

L'**humus** est la matière organique formée des débris végétaux et animaux (*litière*) ou d'autres substances organiques (*acide humique*) rassemblées à la surface du sol ou dans le sol.

Les organismes vivants, la flore du sol et sa faune (*édafaune*) n'en font pas partie.

La décomposition des matières organiques commence lorsque des parties de plantes (feuilles, épines, branches, racines), des animaux du sol ou des micro-organismes meurent. Des enzymes tissulaires décomposent alors les substances en leurs composantes, qui sont réduites et mangées par les animaux du sol (*macro* et *mesofaune*, p. 53).

L'accessibilité de la matière s'agrandit alors considérablement et les micro-organismes (*microfaune*) disposent d'un plus grand champ d'action.

La matière organique est réduite dans sa majeure partie en acide carbonique (CO_2), en eau, en ammoniaque (NH_3), en phosphate (PO_4^{3-}), K^+, Ca^{2+}, etc. (**minéralisation**) et par ailleurs se forment par association des produits de nouvelles substances organiques propres au sol, les acides humiques (**humification**).

L'humus contient des *acides fulviques, humiques* et les *humines* non solubles. Les acides fulviques, combinaisons multiples de diverses liaisons avec des masses moléculaires jusqu'à 9000, se dissolvent par extraction alcalo-humique. Ils peuvent dissoudre des oxydes de Fe et complexer des ions métalliques (p. 48). Les acides humiques sont précipités par des acides forts. Les grandes molécules (PM jusqu'à 100 000) sont difficilement solubles dans l'eau (*colloïdes*) et contiennent un taux moins élevé de groupes carboxyles (-COOH) et de groupes phénol que les acides fulviques.

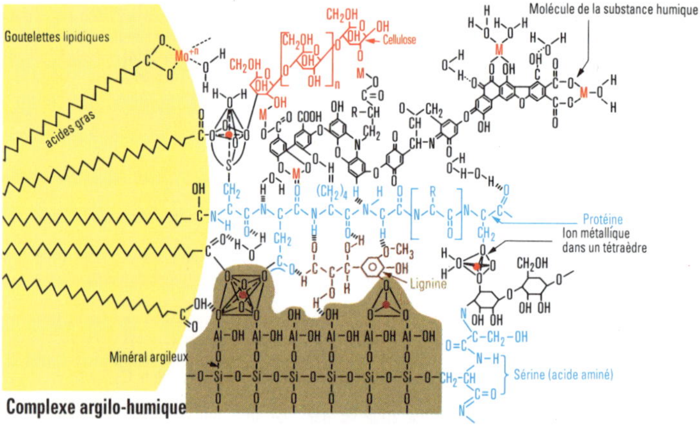

A Complexe argilo-humique

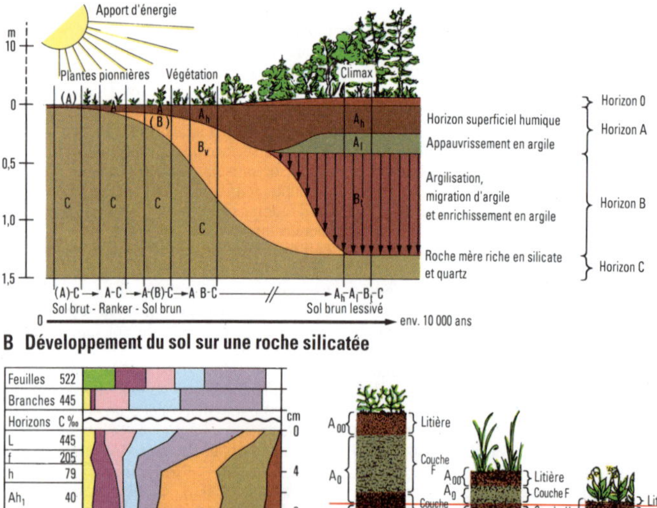

B Développement du sol sur une roche silicatée

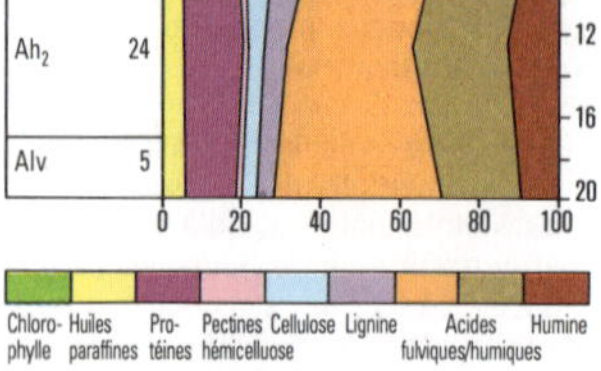

C Substances du Mull sous le hêtre et le chêne dans un sol brun lessivé

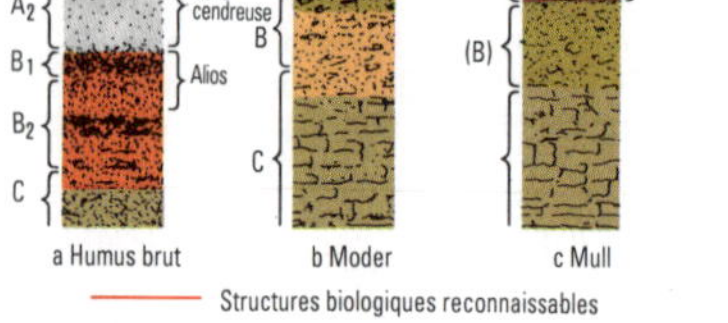

D Types d'humus terrestres

La litière est mélangée à d'autres particules du sol (p. ex. argiles), en particulier par les vers de terre. Des composés organiques de couleur sombre, de haut poids moléculaire et difficilement dégradables (**les substances humiques**) se concentrent et donnent aux couches superficielles du sol leur couleur brune à noire. Elles se composent de 5 à 6 cycles de carbone aromatique reliés par divers ponts entre eux (-O-, -NH-, -N-, -CH_2-, -S-) et portent divers *groupements fonctionnels:* groupement carboxyle (-COOH), hydroxyle (-OH) et carbonyle (-CHO). Le groupement carboxyle cède, comme l'acide carbonique, des ions H^+ à l'eau et rend l'humus acide.

Beaucoup de molécules organiques géantes, surtout par les groupements carboxyles et amines, se fixent à la surface des minéraux argileux : ainsi se forment des **complexes argilo-humiques** (Sch. A).

La **pédogenèse** est la description de la formation des sols et des principaux mécanismes mis en jeu.

"Un sol est un corps naturel formé à partir d'une roche superficielle qui, sous l'influence d'un certain climat, d'une certaine végétation productrice de litière et d'une certaine population d'organismes, subit certains processus (érosion et minéralisation, décomposition et humification, stratification et diverses recompositions superficielles) qui le transforment." (SCHEFFER/SCHACHTSCHABEL, 1984).

Le développement du sol débute à la surface de la roche et se propage avec le temps, formant des couches plus ou moins semblables (**horizons**) (Tab.B).

A partir du haut se forment des *horizons de dépôts* d'origine organique, à partir du bas des horizons minéraux d'origine inorganique. Une coupe verticale donne alors le **profil du sol**.

L'interaction des facteurs géographiques (chaleur, eau, air, et substances nutritives) formant un sol et leur durée d'action déterminent le **type de sol** (sols d'aspect semblable, aux modalités de développement identiques).

Il existe différentes **sortes d'humus**. Leur nature et leur quantité dépendent de la production annuelle de litière et de sa décomposition, ainsi que des conditions de vie des organismes du sol.

Dans les steppes (climat chaud et sec), le déficit en eau freine la production de litière, dans les zones froides, ce sont les températures trop basses, et dans les zones tropicales humides l'humus est si vite décomposé qu'il ne peut pratiquement pas s'accumuler.

Les sols forestiers d'Europe centrale possèdent 3 couches d'humus (Tab. D) :

1. l- ou *litière* : feuilles majoritairement non décomposées, épines, graines, branches.
2. f- ou *horizon particulaire peu actif* : feuilles et épines semi-décomposées, excréments de petits animaux ; 10 à 70% d'humus fin.
3. h- ou *horizon humifère grumeleux actif* : majoritairement de l'humus fin, des restes de litière reconnaissables à leur structure tissulaire (<30%.) Cet horizon s'émiette sous l'action des animaux du sol (cf. agrégats, p. 46 Sch. F).

On distingue plusieurs **types d'humus** suivant : 1) la saturation en eau, 2) l'activité des organismes impliqués dans l'évolution de l'humus.

1) en milieu aéré, on distingue (activité croissante des organismes) :

a- **l'humus brut** ou **mor** ; les limites entre l-, f-, et h- sont nettes. La végétation (landes, forêts d'épineux) offre une litière difficilement décomposable et peu nutritive. Un climat frais et humide freine fortement la décomposition et les animaux pouvant mélanger l'ensemble manquent. Rapport carbone : azote (C/N) >30, pH 3 à 4.

b- **l'humus intermédiaire** ou **moder** ; on trouve encore tous ces horizons de dépôts, mais les limites sont floues. La litière pauvre en herbes des forêts de sapins et de feuillus, sur des sols relativement nourrissants, est un peu mieux décomposée sous un climat frais et humide. Le mélange par des animaux du sol s'accentue. Les couches meubles d'humus ont une odeur typique de "moisi". C/N + ou - 20, pH sur silicates = 3 à 4, sur calcaire >7

c- **l'humus doux** ou **mull** ; il n'a pratiquement pas de couche de litière, l'horizon A est gris-brun-noir, fortement développé. La végétation de la steppe ou de la forêt de feuillus riche en herbes fournissent une litière facile à minéraliser et nourrissante. Des animaux du sol mangeurs de terre et fouisseurs mélangent les couches ("odeur de terre fraîche"). C/N 10 à 15, pH peu acide jusqu'à alcalin.

2) En milieu humide plus ou moins aéré, on retrouve les mêmes types de sols un peu modifiés (**hydromull, hydromoder, hydromor**). Dans un sol temporairement saturé d'eau (nappe fluctuante), le manque d'oxygène créé par la saturation en eau freine la décomposition. Les matériaux organiques se concentrent, menant à la formation d'**anmoor**, avec un taux d'humus de 10 à 30%. Ils contiennent les substances humiques d'animaux aquatiques et certains champignons vivant en anaérobie.

3) En milieu saturé en permanence (nappe superficielle), se forme la **tourbe**. Ces "sols" correspondent à une activité animale très réduite et ont une teneur en substances organiques > 30%. La composition différente de la végétation naturelle de chaque marais (cf. p. 87) donne des tourbes de compositions différentes.

Sous l'eau et de ce fait sans contact avec l'air, se forment des boues. La *boue brune* (Dy) est presque dénuée de restes organ. et se forme dans des eaux brunes pauvres en éléments nutritifs et chargées d'acides humiques. La *boue grise* est plus riche en organismes et se forme dans des eaux eutrophes riches en oxygène. La *boue sapropélique* se rassemble au fond des eaux eutrophes, pauvres en O_2. Des décomposeurs anaérobies provoquent, par formation de H_2S ou CH_4, une odeur de pourriture.

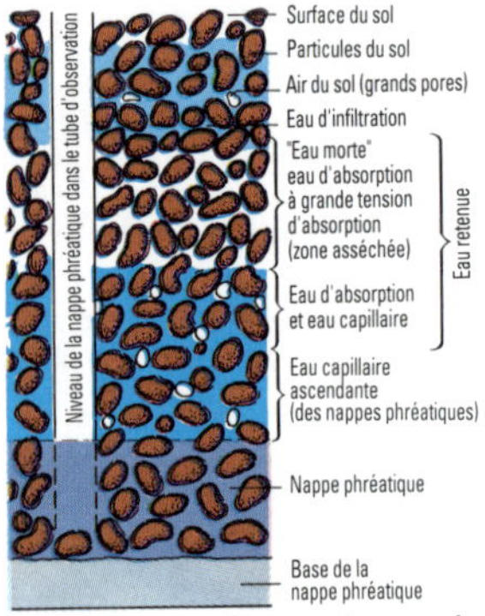

A Eau dans un sol venant de recevoir des précipitations

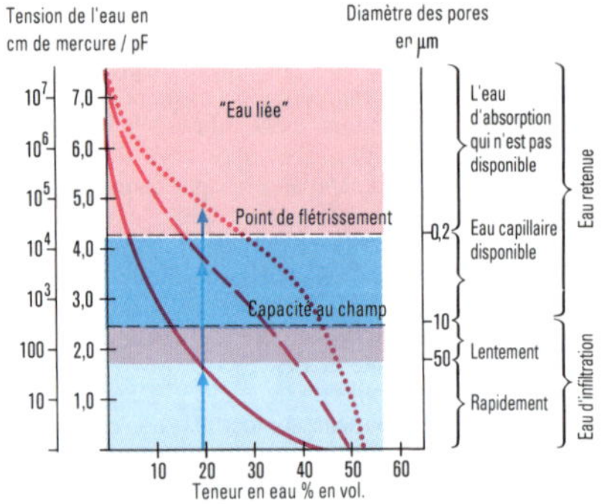

B Teneur en eau liée à la tension dans un sol sableux ——— marneux — — argileux ……

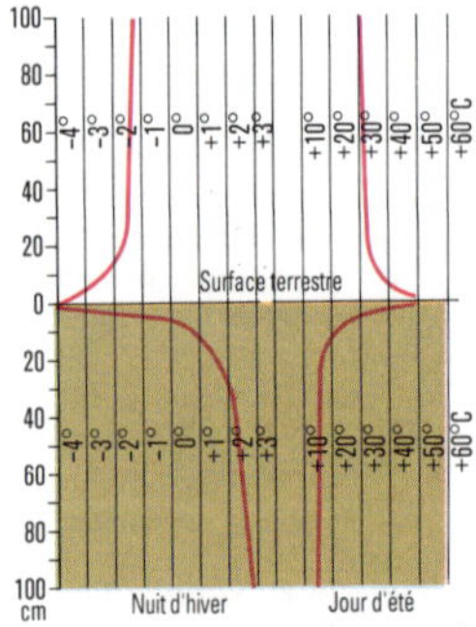

C Température de l'air et du sol

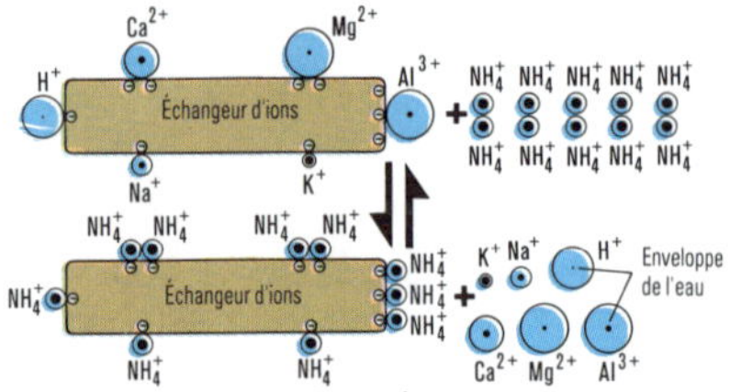

D Schéma d'échange des cations

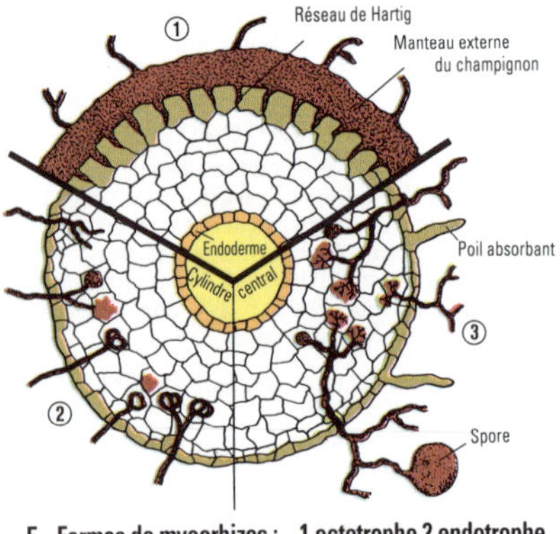

E Formes de mycorhizes : 1 ectotrophe 2 endotrophe 3 vésiculo-arbusculaire

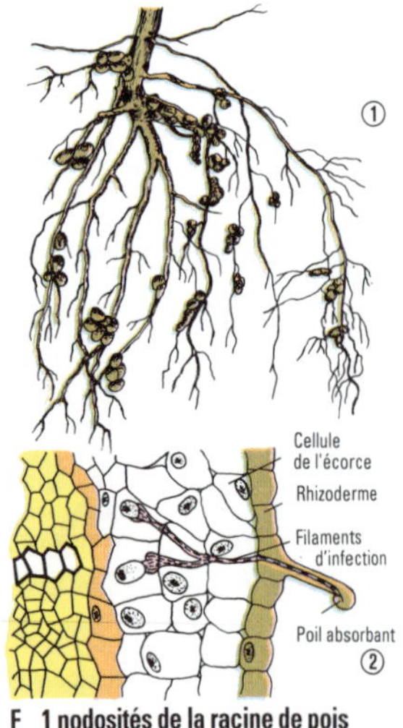

F 1 nodosités de la racine de pois 2 infection par des bactéries (Rhizobium)

Les **propriétés abiotiques** (*budget en eau, en chaleur, capacité d'échanger des ions*) et **biotiques** (*mycorhizes, fixation de l'azote dans les nodosités*) du sol déterminent pour beaucoup la composition de la faune et de la flore.

L'**eau** : l'eau des précipitations pénètre le sol et *s'infiltre* par les pores pour rejoindre les eaux souterraines, ou bien elle est évacuée comme *eau de surface* et peut emporter le sol si celui-ci est dépourvu d'une couverture végétale (érosion du sol).

Une partie de l'eau du sol est retenue contre la gravitation par les particules du sol (*eau fixée*).

Autour des particules du sol se forment des enveloppes d'eau (*hydratation*), par fixation des dipôles de l'eau aux surfaces diversement chargées des particules du sol (*eau d'adsorption*).

Plus la distance est grande, plus les forces d'attraction entre eau et particules du sol diminuent.

Les forces d'attraction intermoléculaires des molécules d'eau (*cohésion*) retiennent l'eau dans les pores du sol et dans les angles des pores ou aident à la montée de l'eau souterraine (*eau capillaire*) (Sch. A).

Les **types de sol** se comportent différemment selon le diamètre de leurs particules. Avec une teneur en eau de 20% un *sol sableux* est mouillé, un *sol marneux* est humide et un *sol argileux* est sec au toucher.

Une augmentation de la surface des particules du sol (p. ex. argile) permet de fixer plus d'eau par adsorption, la **rétention de l'eau** augmente. Pour mesurer la capacité de rétention d'eau on utilise la **valeur pF** (log cm colonne d'eau).

Un sol constitué naturellement d'une valeur pF entre 1,8 et 2,5 atteint, après arrosage suffisant, le niveau d'eau qu'il peut stocker contre la gravitation (**capacité au champ**).

Dans les climats humides, les racines des plantes peuvent développer une dépression ("aspiration") jusqu'à env.16. 10^5 Pa = pF 4,2. De ce fait les plantes ne peuvent absorber que l'eau d'un pF < 4,2 (*point de flétrissement permanent*) :

elles ne peuvent utiliser que l'eau capillaire et brièvement l'eau d'infiltration (**eau à disposition des plantes**) et non l'eau ayant une tension plus élevée (*eau liée*).

La **chaleur** : la surface du sol se réchauffe le jour sous le rayonnement du soleil et réémet les ondes longues de chaleur la nuit (Tab.C). Les couches d'air proches du sol se réchauffent, une autre partie de la chaleur est conduite dans le sol ou se perd sous forme de chaleur de condensation pour les sols humides.

Les sols mouillés nécessitent 3 à 4 fois plus de chaleur pour atteindre les mêmes températures que les sols secs.

Les ions : les minéraux argileux et les substances organ. portent en majeure partie une charge négative en surface et peuvent stocker des quantités équivalentes d'ions, en part. de cations, extraits de l'eau ou bien les échanger avec d'autres ions (Sch. D). Les ions sont un certain temps à l'abri du lessivage et servent de réserve de substances nutritives aux racines des plantes.

La somme des cations ou anions échangeables est mesurée en mmol/100gr de sol (**capacité ionique d'échange**). Les cations se lient (avec une intensité décroissante) :

$Al^{3+} > Ca^{2+} > Mg^{2+} > NH_4^+ > Na^+$,

les anions :

$PO_4^{3-} > SO_4^{2-} > NO_3^- > Cl^-$.

Les **mycorhizes** : beaucoup de racines d'arbres, d'arbustes et d'orchidées vivent en formant une symbiose avec certains champignons (p. ex. le cèpe), appelée **mycorhize**.

L'ensemble des filaments (mycélium) enveloppe la racine et freine son développement (Sch. E).

Dans le cas d'une *ectomycorhize,* les filaments du champignon (*hyphes*) traversent l'épiderme pour pénétrer les cellules de l'écorce de la racine. Les champignons des *mycorhizes endotrophes* constituent un réseau léger d'hyphes, qui pénètrent dans les cellules de l'écorce. Dans la cas d'une *mycorhize VA* (*vésiculo-arbusculaire*), les hyphes pénètrent les cellules de l'écorce sous forme d'ampoules ou d'arbustes. Contrairement aux autres formes, elle n'empêche pas la formation de radicelles. *Avantages pour la plante* :

le mycélium augmente la surface absorbante, les substances minérales nutritives (N, P et K) sont mieux assimilées et la plante est à l'abri des champignons porteurs de germes.

Le mycélium soustrait des composés énergétiques à l'écorce de la racine (hydrates de carbone). Les racines présentant des mycorhizes ont une intensité respiratoire 2 à 4 fois supérieure à celle des racines dépourvues de mycorhizes.

Si l'on empêche le développement des mycorhizes, les plantes subissent de graves dommages.

La **formation de nodosités** : l'azote (N_2) de l'atmosphère (78% vol. de l'air) devrait suffire aux plantes. Mais comme elles ne peuvent fixer l'azote que sous forme d'ions ammonium ou nitrate, la teneur en N du sol est déterminante. Rares sont les bactéries vivant à l'air libre (azotobacter, spirille) qui peuvent fixer l'azote de l'atmosphère.

Les **bactéries symbiotiques** (*rhizobium des légumineuses*) sont plus efficaces. Les bactéries pénètrent par les fines radicelles dans la plante d'accueil, se multiplient dans les cellules de l'écorce et activent la division cellulaire (*formation de nodosités*). Elles fournissent des composés organiques d'azote (**fixation de l'azote** 200 à 400 kg N/ha/a) et sont finalement détruites et assimilées par la plante.

Quelques *actinomycètes* (bactéries) vivent en symbiose avec l'aulne, l'arbousier et les saules et peuvent fixer jusqu'à 60 kg N/ha/a.

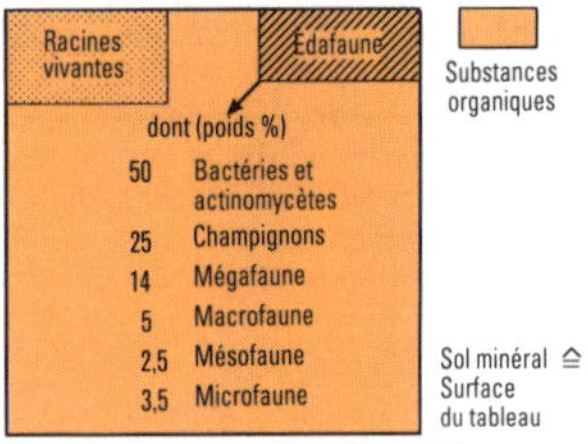

A Edafaune de la forêt feuillue mixte (surface ≙ poids)

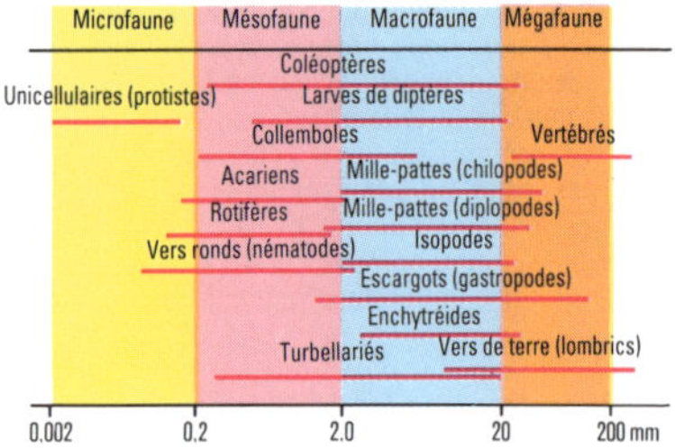

B Classement par taille de la faune du sol

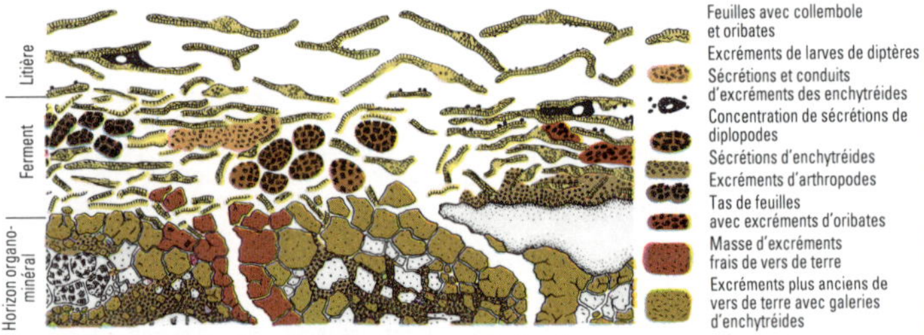

C Visualisation de l'action des organismes dans une coupe de sol

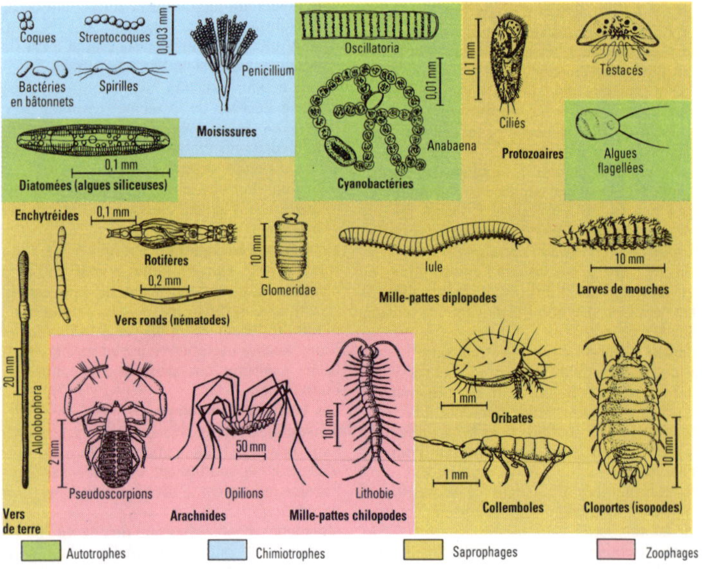

D Principaux organismes du sol

Les horizons disposés verticalement sont les *lieux de vie de la flore et de la faune* des sols (**édafaune**). La répartition en populations s'effectue dans un espace restreint (**dispersion en micro-habitats**). Elle dépend de facteurs abiot., de la répartition des éléments et des comportements particuliers aux espèces.

La teneur en substances organ. des sol agraires atteint entre 3 et 10% de la masse totale, dont au max. 10% d'édafaune, soit >1% du poids du sol (Tab. A). Elles se concentrent dans la couche supérieure (5 à 10 cm), le dépôt d'humus de l'horizon A.

Aucun sol ne contient à la fois **tous** les organismes du sol. Les champignons abondent dans les sols acides, où les vers de terre sont rares ; c'est l'inverse dans les terrains calcaires. Dans un espace des plus restreints abondent déchets organiques, racines fines et micro-organismes. L'espace autour des racines (*rhizosphère*) offre un milieu de vie particulier. La teneur en micro-organismes y est différente et plus dense. Ils y vivent des sécrétions des racines et des tissus morts.

Les organismes du sol (Tab. D) peuvent être classés selon certains principes. Selon leur **façon de se mouvoir**, on distingue :

les **organismes fixés au sol** (bactéries et champignons) qui poussent sur des particules du sol ou dans des espaces creux ;

les **organismes nageurs** qui se faufilent dans l'eau à l'aide de flagelles ou de cils (flagellés, ciliés, radiolaires) ;

les **organismes rampants** qui se faufilent dans les espaces creux (vers de terre, millepattes, cloportes, acariens, collemboles et larves d'insectes) ;

les **organismes fouisseurs** qui mélangent le sol en creusant, fouissant et mangeant. Ils allègent le sol et améliorent son aération (bousier, taupe-grillon, larves de diptère, taupe et campagnol).

On classe la faune du sol d'après sa taille en **micro-, méso-, macro-, et mégafaune** (Tab. B).

La *microflore* comprend les bactéries, les champignons microscopiques et les algues.

Les organismes du sol ont une forme adaptée à celle des substrats du sol : *cylindrique, vermiformes* (collemboles), *sphérique* (acariens) (Tab. D).

Les appendices et les pattes sont courts, voire atrophiés. Certains peuvent se rouler en boule (cloportes, diptères).

L'importance de l'édafaune pour les plantes réside dans la décomposition des substances organiques en substances *nutritives à disposition des plantes* et dans la production de CO_2.

Les micro-organismes sont plus efficaces pour absorber les éléments nutritifs et fixent une partie de ces éléments dans leur propre substance corporelle, pouvant ainsi priver les plantes de ces éléments.

Beaucoup d'arbres forestiers vivent en symbiose avec certains champignons (**mycorhize**, p. 50).

La sécheresse estivale, ainsi que des températures en dessous de 0°C freinent l'activité de l'édafaune.

Une humidité suffisante et une élévation des températures de 10°C augmentent le métabolisme de 2 à 3 fois. La plus grande période d'activité s'étend du printemps au début de l'été et parfois à l'automne avec la création d'une nouvelle litière.

Les forêts de hêtres peuvent décomposer jusqu'à 3,5 t de substances organ. ha / a.

Les températures et l'humidité restent constantes toute l'année seulement quelques centimètres sous la *couche de litière*. Les couches inférieures deviennent plus denses, la décomposition commence (Sch. C).

Les **décomposeurs primaires** *(larves d'insectes, diplopodes, cloportes, vers de terre et escargots)* réduisent et mangent des résidus de plantes.

L'augmentation de la surface est importante pour les enzymes, libérés par les micro-organismes. Des substances facilement décomposables (glucides, lipides, protéines) sont rapidement décomposées (*bactéries, actinomycètes et moisissures*).

Les champignons décomposent activement les protéines et fournissent du NH_4^+ qui est utilisé par les plantes (**ammonification**).

Ce sont les bactéries qui jouent ce rôle dans les sols fertiles.

Les bactéries, les champignons et les cyanobactéries participent aussi à la formation de **NO_2^- et NO_3^-**, la **nitrification** (p. 65).

Des organismes "spécialistes de la nutrition" - bactéries, actinomycètes - attaquent les substances plus résistantes (p. ex. *la cellulose*). La *lignine,* encore plus difficile à décomposer, est décomposée par des champignons (*basidiomycètes et ascomycètes*). Les *tanins* libérés (composés de phénol), et l'importante acidité provoquée par les acides humiques difficiles à décomposer, freinent l'activité des enzymes des micro-organismes.

L'*horizon H* est celui des plus grandes modifications chimiques.

Les excréments des larves et des vers (fientes) se mélangent en plus grande quantité avec les résidus des végétaux encore reconnaissables (Tab. C).

L'ensemble des filaments des champignons (*mycélium*), fortement développé, est visible à l'œil nu.

Les vers de terre mélangent les particules d'humus aux minéraux d'argile et accélèrent l'**humification** (p. 49).

Les dépôts d'excréments et de mucus des vers de terre stabilisent la surface du sol et des parois des tubes (*constructions vivantes*). Ils agissent contre la micro-érosion. Des racines de plantes poussent le plus souvent le long des parois des tubes.

Dans l'horizon H la diffusion d'O_2 est rendue plus difficile par la densité croissante. Les vers de terre remontent à la surface par manque d'O_2 (ils meurent sous l'effet des rayons UV).

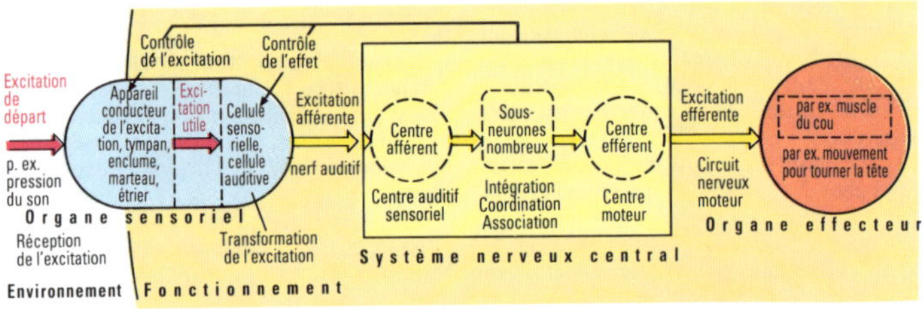

A Excitation et réaction dans le corps animal (ex. de l'ouïe)

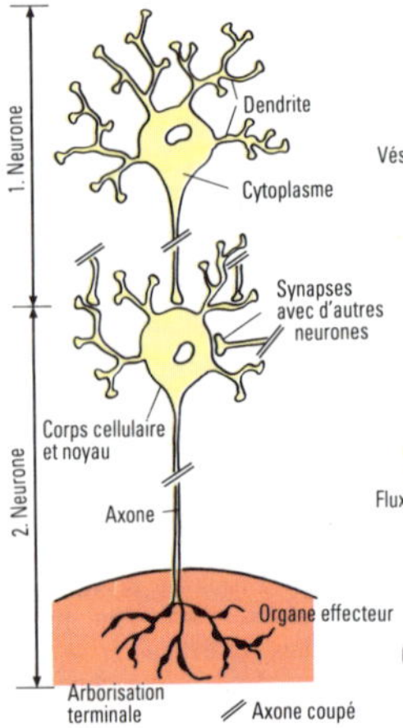

B Connexion des cellules nerveuses

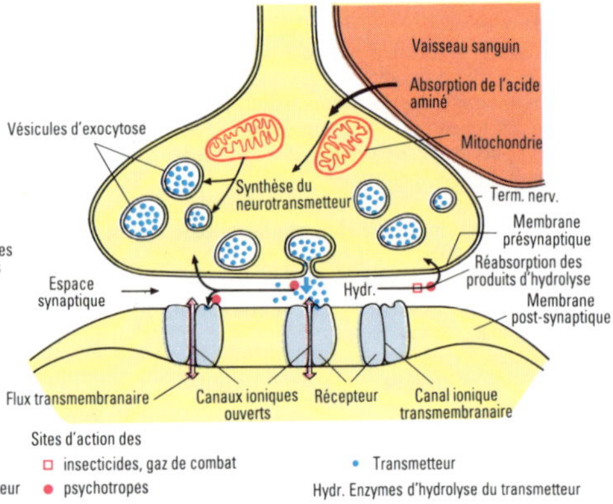

C Neurotransmission synaptique

D Rameau de mimosa

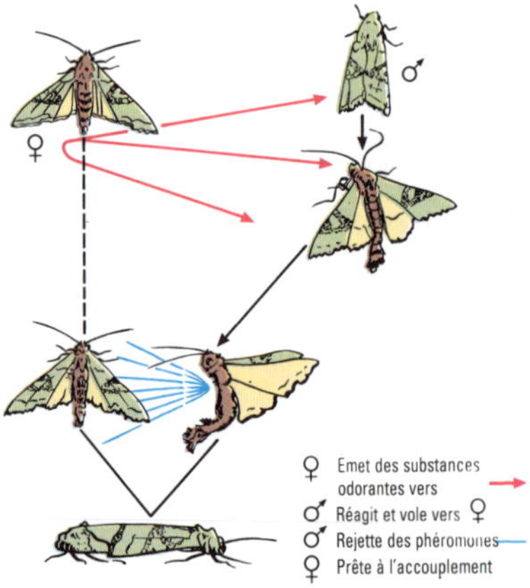

E Recherche de partenaires par phéromones

Un organisme est contraint de s'orienter dans l'espace et le temps, afin d'optimiser ses rapports avec son environnement. L'*excitabilité* des cellules vivantes – un phénomène de base chez les êtres vivants – a permis aux animaux et aux plantes de développer des méthodes pour enregistrer des informations (stimuli) sur l'environnement, pour les interpréter et y réagir. En parallèle avec le métabolisme ou flux de matières, on parle de **flux ou d'échange d'informations.**

Un **stimulus** est une variation d'énergie de l'environnement à laquelle peuvent réagir les êtres vivants.

Chez l'animal, la plupart des organes sensoriels se sont développés à la surface du corps et se sont affinés avec le développement des espèces (*spécialisation*). Le stimulus est capté par les **cellules sensorielles (récepteurs)** de l'organe sensoriel, sensibles à certains types d'excitations (p. ex. therm., hygrom., chim., élect., mécan. ou gravitationnelles) (Tab. A).

La prédominance de certains organes sensoriels correspond au caractère spécifique de l'environnement, p. ex. les animaux nocturnes entendent et sentent mieux, les animaux vivant sur la terre ont un toucher plus fin, les animaux vivant dans les arbres ont une perception exacte de l'espace.

Chaque groupe d'animaux perçoit de manière *sélective* les stimuli de son environnement grâce à ses organes sensoriels (*environnement informatif*).

Ainsi un organe sensoriel ne peut être utilisé qu'en accord avec les stimuli perçus.

La lumière, le son et la gravitation diffusent en plus ou moins droite ligne de leur source et servent de source de stimuli fiable pour le *téléguidage*.

Des stimuli se répandant lentement et irrégulièrement comme la chaleur, les odeurs sont utilisables à courte distance (*orientation proche*), tout en permettant une orientation graduelle.

Pour les migrations, les animaux ont développé des systèmes d'orientation spéciaux.

Les oiseaux migrateurs (p. ex. le rouge-gorge, les pigeons) s'orientent grâce au champ magnétique de la Terre, à des marques de terrain ou aux enregistrements des odeurs des paysages.

Beaucoup d'insectes migrateurs utilisent, en plus de la lumière polarisée, le champ magnétique de la Terre.

Ce comportement serait impossible sans l'existence de systèmes de compensation complexes dans le cerveau (*orientation à la boussole*).

Les **phéromones** sont des hormones de signalisation qui s'échangent entre individus. Elles servent à :

(1) trouver les gamètes des plantes inférieures et les œufs des poissons (*gamones*),

(2) *attirer sexuellement* (Sch. E), *signaler un rassemblement* ou *avertir*.

Deux systèmes de transmission des informations existent chez les animaux :
le **système hormonal** et le **système nerveux.**

Les hormones suivent les vaisseaux sanguins jusqu'aux *molécules réceptrices situées dans les organes* : les *impulsions nerveuses* (potentiel d'action) agissent plus vite et sont mieux ciblées, elles atteignent les organes en passant par les voies nerveuses (souvent des nerfs).

Les animaux plus développés ont concentré leur système nerveux dans la tête (**cérébralisation**), à côté des organes sensoriels rassemblés autour de la bouche (**céphalisation**). Le système nerveux central (cerveau et moelle épinière) sert à l'intégration, l'association et la coordination des stimuli nerveux (*excitation afférente*) et envoie par les voies nerveuses (*excitation efférente*) des impulsions nerveuses aux organes (système nerveux périphérique) (Tab. A).

En règle générale, les cellules nerveuses n'ont pas de liaisons électr. directes entre elles, mais un minuscule interstice (*synapse*) doit être franchi à l'aide de substances chimiques (*les neuro-médiateurs NM, souvent des acides aminés ou des amines).*

Les NM s'accrochent aux protéines (*récepteurs*) de la membrane de la cellule suivante (*membrane postsynaptique*) et modifient sa perméabilité aux ions en ouvrant des canaux ioniques. Des impulsions nerveuses naissent alors dans la cellule suivante. Les NM sont résorbés par la membrane présynaptique ou décomposés par des enzymes.

Les insecticides, les gaz de combat et les psychotropes agissent sur la transmission synaptique :

ils inhibent p. ex. l'enzyme qui décompose le NM (les gaz de combat, les insecticides, p. ex. les organophosphorés inhibent l'acétylcholine-estérase). L'acétylcholine se concentre (*empoisonnement à l'acétylcholine*) et excite sans répit les cellules nerveuses et les organes.

Les **taxies** sont des mouvements qui permettent aux organismes libres de s'orienter :

hydrotaxie des amphibies ; thermotaxie des parasites des animaux à sang chaud (punaises, poux, moustiques).

Les **tropismes** sont les mouvements par lesquels un organisme fixe s'oriente par rapport à une source stimulante au moment de sa croissance. Un éclairage unilatéral pousse les plantes à s'incliner vers la source de lumière favorable à leur croissance (*phototropisme positif*).

Les racines principales, les rhizoïdes des algues et des fougères poussent dans le sens de la gravitation (*géotropisme positif*).

Les **mouvements nastiques** des plantes ne sont pas liés à la croissance. Ils sont dus au gonflement préférentiel de certaines cellules. Ils permettent l'ouverture et la fermeture des stomates (cf. photosynthèse), l'orientation des feuilles par rapport à la lumière. L'ouverture et la fermeture des fleurs est un phénomène plus complexe lié à la croissance cellulaire.

Le mouvement de la sensitive est dû, au niveau cellulaire, à des variations de charges ioniques de la membrane cellulaire, qui modifient sa perméabilité à l'eau (Sch. D).

	①	②	③	④	⑤
Zone tropicale : Seychelles	6	12	5	**61**	16
Zone désertique : Cyrénaïque	14	19	8	9	**50**
Zone méditerranéenne : Italie	6	29	11	12	**42**
Zone tempérée : Bassin Parisien	6,5	**51,5**	25	8	9
Zone arctique : Spitzberg	22	**60**	15	1	2
Zone d'altitude nivale : Alpes	24,5	**68**	4	-	3,5

Pourcentage des types

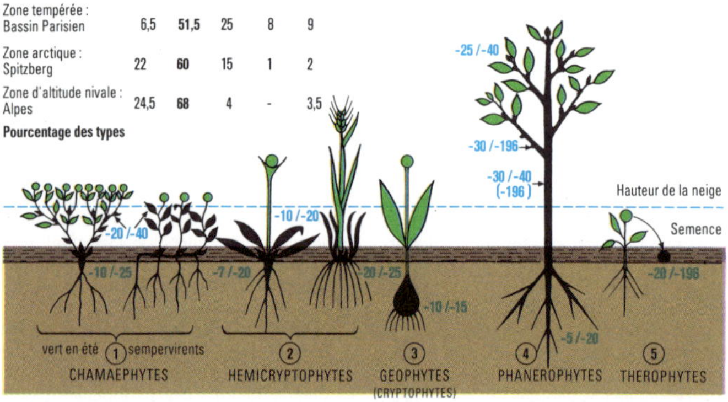

A Formes de vie dans les régions à hivers froids (d'après Raunkiaer)

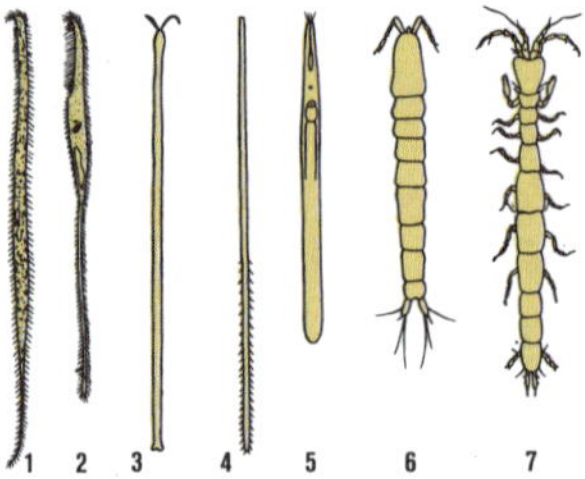

1 et 2. Ciliés, 3. Archiannélide, 4. Annélide
5. Ver plat 6. Copépode 7. Isopode

B Formes de vie interstitielle dans le sable marin

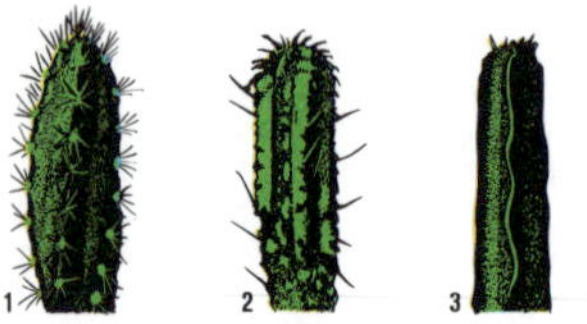

Cactées (Nouveau Monde) | Euphorbes (Ancien Monde) | Stapelia

C Succulence des troncs dans les climats arides (convergence)

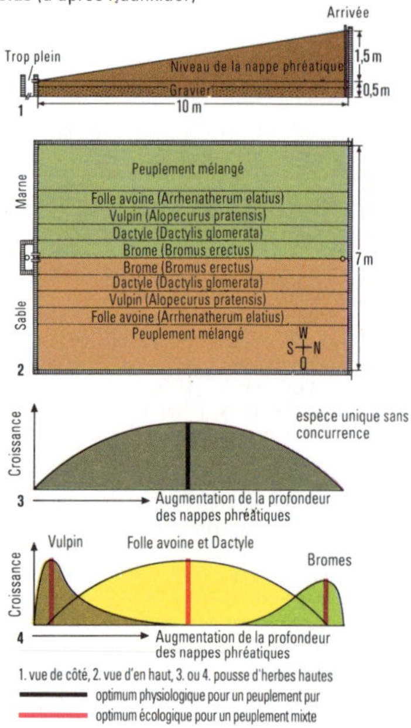

1. vue de côté, 2. vue d'en haut, 3. ou 4. pousse d'herbes hautes
optimum physiologique pour un peuplement pur
optimum écologique pour un peuplement mixte

D Expérience de Hohenheim sur les nappes phréatiques

Tous les organismes vivants possèdent un ancêtre commun. Leur arbre généalogique (**phylogénie**) peut être retracé à partir des ressemblances et des différences dans leur développement, ou d'autres caractères. Il est difficile de voir les effets de l'**évolution** sur les caractères spécifiques des espèces, car ils varient peu à l'échelle humaine. Ces caractères correspondent à des unités d'information héréditaires, les *gènes*.

Tous les individus d'une espèce possèdent à peu près les mêmes gènes, et se ressemblent donc physiquement (*notion morphologique d'espèce*). Cependant, il existe des variations entraînant des différences parfois sensibles d'un individu à l'autre (**polymorphisme**) : mais l'important est que ces différences n'empêchent pas les individus de se reproduire entre eux (*notion génétique d'espèce*).

C'est le polymorphisme génétique qui permet à la sélection naturelle d'agir (cf. génétique des populations). Les animaux et les végétaux vivent en contact avec les facteurs abiot. et biot. de leur environnement. Suivant les gènes qu'ils portent, ils ont un succès reproducteur (nombre moyen de descendants pendant toute leur vie) plus ou moins important : les plus aptes se reproduisent plus, et leurs gènes envahissent la population (**sélection**).

La sélection des gènes de génération en génération tend à optimiser le nombre de descendants que les individus produisent dans leur environnement habituel (**adaptation**).

La variabilité génétique (qui rend possible la sélection) est produite par les mutations (p. ex. les rayonnements ionisants), et par les recombinaisons entre les génomes des parents (lorsqu'il y a reproduction sexuée). Mais l'environnement (notamment biotique) varie constamment, et les espèces qui ne réussissent pas à s'adapter assez rapidement disparaissent.

Une modification du patrimoine génétique (génome) peut donner naissance à un variant occupant une place différente dans le système écologique (*race écologique, écotype*).

Le terme de **niche écologique** désigne moins un espace, dans lequel vit une espèce (*habitat = "adresse"*) que la relation fonctionnelle (alimentation, concurrents, ennemis et autres facteurs de l'environnement) qui lie un organisme à son écosystème (*champ d'action = "métier"*).

Si les nouvelles races ne sont pas capables de se reproduire avec les anciennes (*isolement génétique*) une nouvelle espèce naît (**spéciation**).

Une espèce animale ou végétale peut plus ou moins bien exploiter, surmonter ou supporter les facteurs de l'environnement grâce à son pool génétique (*potentiel écologique*). De ce fait, on parle pour les organismes vivants :

de *valence écologique*, qui représente l'étendue des variations des facteurs de l'environnement auxquelles une espèce peut survivre à long terme.

Si des espèces supportent de grandes variations de facteurs écologiques, on les appelle **euryécologiques**, ceux ayant une tolérance moindre des variations, **sténoécologiques.**

Si on se limite à un domaine, p. ex. la température, l'humidité ou la teneur en sel, les espèces peuvent être soit *eurythermes-sténothermes, euryhydres-sténohydres, euryhalines-sténohalines*.

Si l'environnement présente en divers endroits des facteurs sélectifs semblables, des formes de vie morphologico-fonctionnelles semblables se développent (**convergence**) ;

p. ex. des animaux de familles très différentes habitent les interstices des sables marins (crabes, ciliés, vers plats, etc.) (Sch. B). Seuls des animaux vermiformes peuvent vivre avec succès dans des **interstices sableux.**

Certaines **xérophytes** limitent leur déperdition en eau et stockent celle-ci dans leurs tissus (*plantes succulentes*).

Ainsi des formes de vie tout à fait semblables et indépendantes se sont développées dans des familles différentes (Sch. C).

Dans les zones à hiver froid, les plantes ont développé des formes de survie hivernales (RAUNKIAER, 1910) (Sch. A). On distingue :

les *phanérophytes* : arbres et arbustes dont les bourgeons dépassent de la couche neigeuse ;
les *chamaephytes* : petits arbustes à feuilles sempervirentes et dont les bourgeons passent l'hiver sous la couche de neige ;
les *hémicryptophytes* : plantes dont les bourgeons dépassent à peine du sol ;
les *cryptophytes* : leurs parties aériennes disparaissent mais leurs bourgeons survivent à même le sol ;
les *thérophytes* : plantes annuelles qui survivent à la mauvaise saison sous forme de graines.

De nombreuses populations animales possèdent des variations morphologiques semblables, qui témoignent de leur dépendance des conditions climatiques (**loi des écogradients**).

Plus le climat est froid, plus la taille des animaux à sang chaud augmente (*loi de Bergmann*), les appendices (extrémités, oreilles, queue) sont plus courts (*loi d'Allen*). Les sous-espèces des régions chaudes et humides sont plus fortement pigmentées que celles des régions froides et sèches (*loi de Gloger*).

La concurrence entre les espèces entraîne la répartition dans l'espace disponible. De ce fait deux espèces se partageant le même espace se distinguent écologiquement.

La répartition des plantes est le résultat d'une telle concurrence.

Les individus se multiplient exponentiellement tant qu'ils ne sont pas soumis à la concurrence des autres (loi de Malthus) (Tab. D).

Les facteurs de l'environnement du *lieu d'implantation* du végétal sont importants pour son développement et agissent plus fortement dans des lieux d'implantation extrêmes, mais pourtant :

les influences de la concurrence avec d'autres plantes freinent aussi la prolifération d'une espèce végétale (**compétition**).

Son *optimum physiologique* correspond rarement à son *optimum écologique*.

		µSv / a
1.	**Exposition au rayonnement naturel par**	env. 1 100, dont
1. 1.	rayonnement cosmique au niveau de la mer	env. 300
1. 2.	rayonnement terrestre extérieur	env. 500
	à l'extérieur	env. 430
	dans les maisons	env. 570
1. 3.	substances radioactives incorporées	env. 300
2.	**Exposition au rayonnement artificiel par**	env. 600, dont
2. 1.	installations nucléaires techniques	10
2. 2.	utilisation de substances radioactives et rayonnement ionisant dans la recherche et la technique	20
	sources de rayonnement techniques	10
	produits industriels	10
	perturbation	10
2. 3.	personnes exposées dans leur métier (apport à l'exposition moyenne de l'homme)	env. 500
2. 4.	utilisation de rayons ionisants et de substances radioactives en médecine	env. 500
	diagnostic radiographique	env. 500
	radiothérapie	10
	médecine nucléaire	env. 20
2. 5.	accidents causés par les rayons et les évènements particuliers	0
2. 6.	Fall-out des essais nucléaires	10
	sans protection à l'extérieur	10
	par substances radioactives incorporées	10

A Exposition de l'homme au rayonnement à risque génétique en Europe de l'Ouest (1977)

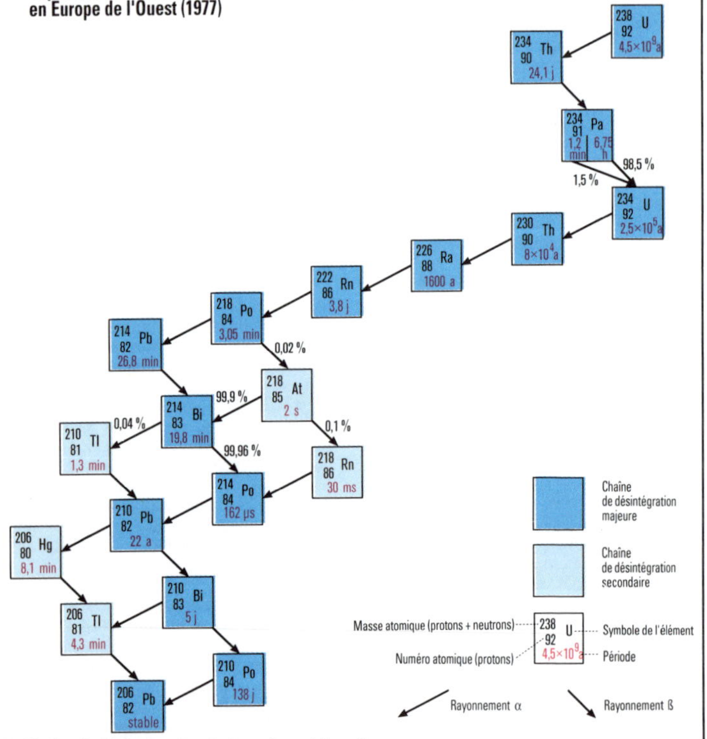

B Chaîne de désintégration de l'uranium et du radium

Exposition aux rayons, désintégration nucléaire

L'homme et son environnement sont sans cesse exposés aux rayonnements de l'espace et de la croûte terrestre.

Le **rayonnement primaire**, après pénétration de l'atmosphère, devient le **rayonnement secondaire** (p. 14, Tab. A).

Le rayonnement terrestre est le fruit de la décomposition radioactive naturelle des noyaux atomiques.

A ces *radiations naturelles* s'ajoutent, depuis la découverte de la radioactivité, des *rayonnements techniques*, issus des substances radioactives et des rayons X utilisés par la recherche, la médecine et l'industrie nucléaire civile ou militaire.

Suivant l'origine des rayons, on distingue l'*exposition naturelle* ou *artificielle aux rayons* et en général l'exposition *génétique significative* d'un organisme (Tab. A).

Les **radionucléides** sont des noyaux qui envoient spontanément des ondes électro-magnétiques ou des particules.

Les **radio-isotopes** sont les isotopes d'un noyau atomique qui pour une quantité identique de protons et d'électrons ne se distinguent que par leur quantité de neutrons ; leur masse atomique est donc différente, p. ex. les radio-isotopes $^{234}_{92}U$ $^{238}_{92}U$ (Sch. B).

La rapidité de dégradation d'un radionucléide est caractérisée par :

sa période (temps de demi-vie) : temps nécessaire à un nucléide pour désintégrer la moitié de ses noyaux.

On distingue en plus des trois nucléides-pères présents dans la nature ^{235}U, ^{238}U, et ^{232}Th, trois séries de dégradation qui en émanent (Sch. B).

Lors des processus de désintégration, quatre types de rayons sont produits :

Les **rayons alpha** : rayonnement de particules (rayonnement corpusculaire) de *noyaux d'hélium* à charge positive de l'isotope $^{4}_{2}He$. Ils se forment dans les trois catégories de séries de désintégration naturelle.

Les particules alpha sont énergétiques avec une valeur de 1-10 MeV, mais ont une capacité de pénétration restreinte à cause de leur caractère particulaire et sont déjà absorbés par une feuille de papier.

Les **rayons bêta** : sont aussi une forme de *rayonnement dû à des particules* (énergie 0,001-1 MeV). La dégradation bêta des atomes libère des électrons positifs (*rayonnement* β^+) ou négatifs (*rayonnement* β^-).

Un proton du noyau se décompose en un neutron (n), un positon (β^+) et un *neutrino* (ν), p. ex. :

$^{30}_{15}P \quad ^{30}_{14}Si + \beta^+ + (\nu)$

Des neutrons nucléaires peuvent se décomposer en protons, électrons (β^-) et antineutrinos ($\bar{\nu}$) :

$^{234}_{91}Pa \quad ^{234}_{92}U + \beta^- + (\bar{\nu})$.

Les particules nucléaires neutrinos et antineutrinos ne portent pas de charge électrique et sont biologiquement inactifs.

Les particules alpha et bêta ne peuvent être actives dans un corps qu'après absorption d'une quantité suffisante de nucléides correspondants à cause de leur champ d'action réduit.

Le **rayonnement des neutrons** est un *rayonnement de particules* à teneur énergétique très variable. Il n'existe pas dans la radioactivité naturelle, parce que les neutrons se fixent rapidement à un noyau atomique : après collision avec un noyau, ils s'y intègrent avant de provoquer sa fission. Les neutrons libres ne sont pas stables et ont une période de 1s à plusieurs minutes. On les distingue selon leur énergie : *neutrons lents (10 eV), neutrons moyens (10-10^5 eV) et neutrons rapides (>0,1 MeV).* Les neutrons rapides se forment lors de la fission nucléaire.

D'après leur origine on distingue :

Les *neutrons tardifs*, qui ne se forment pas tout de suite après la fission nucléaire, mais sont émis plus tardivement suite à la transformation radioactive des produits de fission;

Les *neutrons précoces*, qui se forment dans l'espace de 10^{-14} s lors de la fission et qui sont refroidis dans la plupart des réacteurs nucléaires par des atomes modérateurs pour transformer l'énergie cinétique en énergie therm., et qui sont maintenus par une réaction en chaîne comme *neutrons therm.*

L'^{238}U est décomposé par des neutrons rapides, l'^{235}U par des neutrons therm. et le ^{239}Pu par les deux types.

Les neutrons du cœur du réacteur peuvent produire les combustibles nucléaires : plutonium (^{239}Pu) à partir de l'^{238}U et ^{233}U à partir du thorium (^{232}Th).

Le champ d'action du rayonnement des neutrons dépend de leur énergie et est le plus étendu chez les neutrons rapides :

ils peuvent traverser le blindage d'un char (bombe à neutrons) et anéantir toute vie.

Les rayons gamma et les rayons X sont des rayonnements d'*ondes électromagnétiques* biologiquement actifs.

Le **rayonnement gamma** accompagne souvent les processus de désintégration et se forme lorsqu'un noyau atomique excité restitue l'énergie stockée et revient à son état d'origine (énergie 0,0001-10 MeV).

Les rayons gamma ont une forte capacité de pénétration, ainsi qu'un grand champ d'action et peuvent être arrêtés (comme les rayons X) par des plaques de plomb.

Les **rayons X** sont moins énergétiques que les rayons gamma.

Lorsqu'un noyau atomique capture des électrons (la plupart du temps des électrons internes), le surplus d'énergie est émis sous forme de rayons X, libérant en même temps des protons, par ex. :

$^{49}_{23}V \quad ^{48}_{22}Ti + p +$ rayons X.

Dimension	SCHMITHÜSEN 1949	MEYNEN / SCHMITHÜSEN 1963, KLINK 1966	NEEF 1963	HERZ 1974	WALTER 1984
Topologique	Dalle	Unités de base naturelles	Écotope	Physiotope	Biogéocénose
Chorologique	Ensemble de dalles Unités principales naturelles	Unités naturelles élémentaires Sous unité Unités principales	Ens. d'écotopes Microchore Mésochore	Microchore Mésochore étage inférieur Mésochore étage supérieur	Complexe
Régionale	Unités naturelles importantes	Groupe d'unités naturelles principales régions naturelles grandes régions naturelles	Macrochore Mégachore Région	Macrochore	Biome
Planétaire	Zone géograph.	Zone	Biorégion	Mégachore, ceinture	Zonobiome

A Tableau comparatif des classifications des ensembles naturels

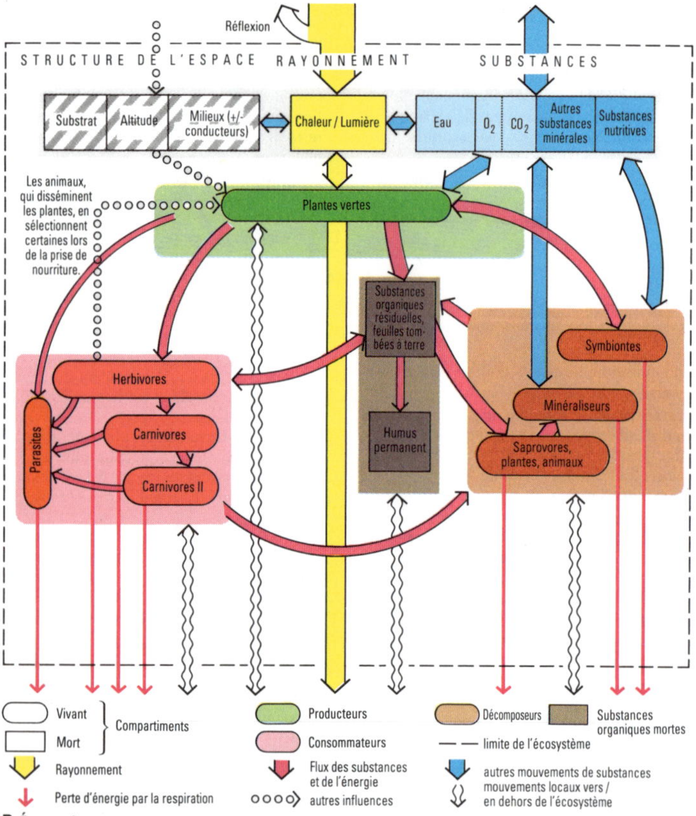

B Écosystème

L'**écosystème** (biogéocénose) est une unité importante de l'écologie des communautés (Tab. A).

"On entend par écosystème, l'ensemble des structures relationnelles qui lient les êtres vivants entre eux et à leur environnement inorganique" (d'après ELLENBERG 1973).

Plusieurs écosystèmes forment un **complexe d'écosystèmes** (complexes de biogéocénoses), qui se caractérisent par une origine commune ou des processus dynamiques communs (p. ex. suite d'écosystèmes d'un versant).

Des **biomes** recouvrent plusieurs complexes d'écosystèmes. Ce sont des espaces de vie (espaces géographiques) d'un paysage homogène. Ils constituent des sous-parties des **zonobiomes**, qui sont déterminées par les zones climatiques (p. 31). Ces derniers sont rassemblés dans la **biosphère** en **géobiosphères**.

L'**hydro-biosphère** n'est pas organisée de la même façon.

En 1866, E. HAECKEL introduisit le terme d'*écologie* (du grec *oikos* "maison, habitat" et *logos* "économie") et décrivit l'écologie comme :

"La science qui traite des relations entre les organismes et leur environnement et plus généralement de toutes les conditions de vie".

Il s'agissait tout d'abord de l'*auto-écologie*. En 1877, K. MOEBIUS jeta les bases de la *synécologie* en étudiant des bancs d'huîtres qu'il décrivit comme **biocénose**. Plus tard apparut le terme de **biotope** pour définir le milieu de vie de la biocénose.

En 1918, A. THIENEMANN étudia les corrélations entre une communauté d'êtres vivants et son milieu.

Si la biologie utilise les termes de *biocénose* et de *biotope* pour définir des unités fonctionnelles, on utilise des termes empruntés à la géographie (*écotope, physiotope)* pour définir leurs équivalents géographiques (Tab. A).

Le biologiste R. WOLTERECK parla en 1927 de systèmes écologiques, A. G. TANSLEY (1935) "*d'écosystèmes*". Les concepts de phytosociologie (J. BRAUN-BLANQUET, 1928) et d'écologie du paysage (C. TROLL, 1939) sont formulés ensuite (p. 69). En 1964, SUKATSHEV introduisit pour définir des écosystèmes terrestres le terme de **biogéocénose**. Les secteurs de recherche suivants se développent alors :

l'**auto-écologie** : relations d'un organisme particulier avec des facteurs de l'environnement particuliers (*écophysiologie)*,

la **démo-écologie** *(écologie de la population)* : relations d'une population et de son environnement,

la **synécologie** : relations d'une communauté d'espèces avec son environnement.

Le **modèle écosystémique** souligne principalement les *relations trophiques* (alimentation, cycles géochimiques), l'influence des *facteurs abiot.* (climat, substances nutritives) et des *facteurs biot.* (espèces, populations, biocénoses). La dépendance totale envers l'énergie solaire apparaît clairement, ainsi que la répartition en **compartiments** délimitables. Ceux-ci sont homogènes et remplissent une fonction déterminée dans l'écosystème, et se caractérisent par l'importance du flux énergétique qui les traverse.

La *productivité* de l'ensemble de l'écosystème peut être déterminée en tant qu'apport de biomasse (g, kg, t) par unité de surface (m^2 ou ha) par unité de temps (jour, année).

Les plantes en tant que **producteurs** puisent dans le sol, par l'intermédiaire de leurs racines, de l'eau et des substances nutritives. Elles produisent du glucose grâce à l'énergie lumineuse du soleil et en fixant le CO_2 atmosphérique (*photosynthèse*). A partir du glucose, tous les autres composés organiques peuvent être produits. Les plantes utilisent ces composés pour le maintien du métabolisme (métabolisme de fonctionnement) et pour la constitution de substances servant à leurs besoins propres (**phytomasse**). Il y a perte d'énergie par dégagement de chaleur. Seule une partie infime du rayonnnement lumineux est transformée en énergie chim. (environ 1%).

Seuls les producteurs peuvent synthétiser des substances organiques à partir de substances inorganiques (**autotrophes**).

Les **consommateurs** sont en général des animaux. Ils dépendent d'autres êtres vivants car ils ont besoin pour se nourrir de substances organiques énergétiques (**hétérotrophes**) pour synthétiser des substances qui répondent à leurs besoins (**zoomasse**). Une partie de l'énergie est perdue lors de la respiration.

Les *consommateurs primaires* sont des **phytophages (herbivores)**, p. ex. les insectes phytophages.

Ils peuvent servir de nourriture aux *consommateurs secondaires* (**carnivores**), p. ex. les lézards. Ceux-ci à leur tour peuvent servir de nourriture aux *consommateurs de troisième ordre*, p. ex. le busard (on parle de **chaîne alimentaire, de réseaux alimentaires,** si pour une espèce il y a plusieurs consommateurs).

Les **décomposeurs** hétérotrophes (principalement des bactéries et des champignons) décomposent des substances organiques en substances inorganiques (**minéralisation**).

Leur action dans l'écosystème est facilitée par de nombreux petits invertébrés (isopodes, acariens et larves d'insectes).

Les animaux **saprophages** se nourrissent de substances organiques mortes ; les **coprophages** se nourrissent des excréments des animaux, les bactéries et les champignons qui se développent sur ces déjections représentent une part importante de leur alimentation. Les animaux **nécrophages** sont des charognards.

L'action des décomposeurs ferme le cycle en formant CO_2, NH_3, H_2S, CH_4, H_2 et des ions PO_4^{3-}, Cl^-, Na^+, K^+, Ca^{2+}, etc.

Les producteurs et les décomposeurs forment un *cycle réduit*. Dans le *cycle long*, des consommateurs viennent s'intercaler entre eux.

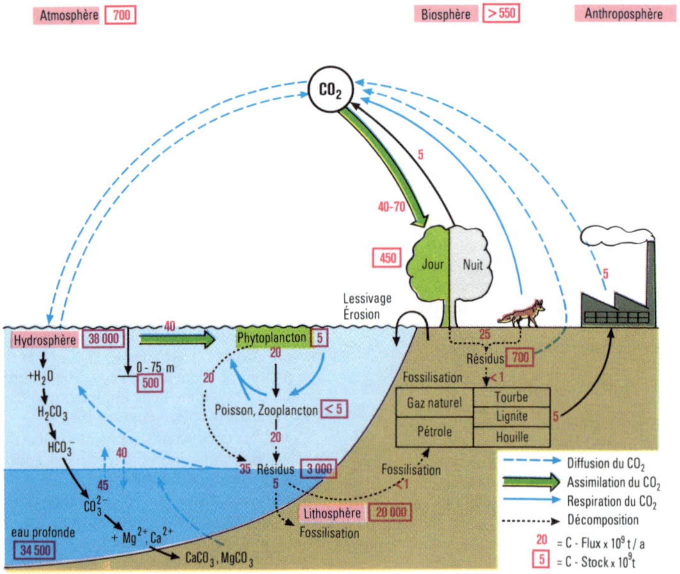

A Cycle du carbone

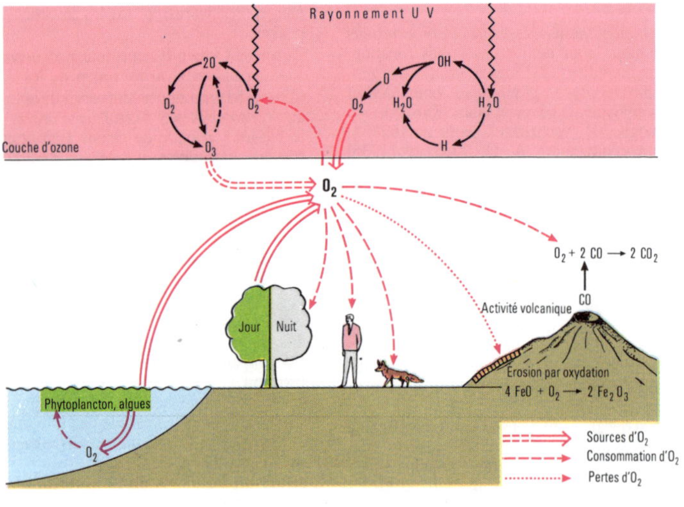

B Cycle de l'oxygène

Cycles du carbone et de l'oxygène

Parmi la centaine d'éléments chimiques, environ 40 sont indispensables à la vie. Contrairement au transfert *linéaire* d'énergie (p. 15, 61),

le transport des minéraux s'effectue *en cycles*, par l'intermédiaire desquels les être vivants sont en relation avec leur environnement.

Le transport de substances est rarement équilibré dans un écosystème. Les manques sont compensés par la relation avec d'autres écosystèmes, ainsi :

le bilan négatif en calcium des écosystèmes terrestres est compensé par les écosystèmes marins.

Les éléments **H, O, C** et **N** sont quantitativement dominants dans la biosphère. Le **Ca, K, Si, Mg, P, S** et **Al** sont encore présents en quantités importantes, mais le **Cl, Fe, I, F, B, Zn** et **Mo** sont également essentiels.

Le **Mg** et le **Fe,** p. ex., sont liés, en tant qu'atomes centraux, dans la *chlorophylle* ou dans les *molécules d'hémoglobine*.

La quantité d'ions à la disposition des plantes limite la productivité biol. des écosystèmes.

Les cycles des substances sont définis comme étant des **cycles biogéochimiques** car les éléments traversent sous forme de molécules inorganiques la roche, le sol, l'eau et l'air et sous forme de molécules organiques les êtres vivants. On différencie les *cycles gazeux* et les *cycles sédimentaires*.

Le cycle pour un élément est plus rapidement fermé, s'il est transporté en phase gazeuse.

Au cours du cycle sédimentaire (cycles minéraux), le flux minéral provenant de l'érosion et du lessivage des zones terrestres est interrompu par la sédimentation marine, de sorte que l'élément n'est plus, durant des périodes géologiques, à la disposition des êtres vivants.

En agriculture, ces éléments doivent être remplacés par des engrais.

Le **C, O** et **H** représentent 97% de la masse des cellules et participent à des cycles comprenant des phases gazeuses. Pour les écosystèmes, l'*atmosphère* est la plus grande réserve de ces éléments. Il est à noter que les transferts d'H sont pratiquement tous dus au cycle de l'eau (p. 21).

L'atmosphère est le plus grand réservoir d'azote ; du fait de sa très faible réactivité il ne peut être utilisé que par de rares organismes qui parviennent à le fixer ou par des moyens techniques.

Le cycle du carbone

Le cycle du carbone est principalement un **cycle du CO_2**. Il est d'une part directement lié au cycle de l'oxygène, et d'autre part aux transferts d'énergie qui se déroulent par l'intermédiaire de molécules organiques (graisses et hydrates de carbone).

Les plus importantes voies de circulation sont déterminées par l'**assimilation du CO_2** par les autotrophes lors de la photosynthèse et par la **respiration** de molécules d'hydrates de carbone pour la production d'énergie, au cours desquelles du CO_2 est rejeté dans l'environnement (p. 40, 45).

Les *réservoirs de C* sont constitués par les carbonates (principalement $CaCO_3$, $MgCO_3$, Na_2CO_3) de l'hydrosphère, de la biosphère (les coquillages, les os) et de la lithosphère (le calcaire $CaCO_3$), des déchets organiques et des combustibles fossiles (pétrole, gaz naturel, houille, lignite, tourbe).

L'homme intervient dans le cycle du carbone en se servant de ces éléments comme combustible. Les pertes en C engendrées par l'érosion, le lessivage des sols sont compensées par la libération de CO_2 par les écosystèmes aquatiques et le transport par l'atmosphère. Les échanges sur Terre sont équilibrés, en conditions normales, bien que, à l'abri de l'air, du carbone quitte le cycle (*fossilisation*).

Le cycle de l'oxygène

L'oxygène joue un rôle déterminant dans les processus d'*oxydation* et de *réduction* de tous les cycles. Son transport est directement couplé aux cycles du CO_2 et de l'H_2O.

L'O_2 est libéré sous forme moléculaire dans l'atmosphère principalement par la **photosynthèse** (*photolyse* de l'eau).

C'est la première source d'oxygène sur Terre. L'oxygène est, en tant que puissant oxydant, un poison pour la cellule, contre lequel des moyens de défense ont été développés (la peau, fixation par des molécules comme l'hémoglobine). L'oxygène produit photochimiquement a été rendu inoffensif par l'altération oxydative, de sorte que des êtres vivants purent ensuite se développer en conditions aérobies (p. 13).

Le transport de l'oxygène dans les écosystèmes s'effectue principalement sous forme liée, CO_2, H_2O et hydrates de carbone. L'oxygène moléculaire est consommé par l'oxydation de molécules organiques surtout lors de la **respiration, pour produire de l'énergie** (**ATP**) dans les mitochondries.

Actuellement la proportion d'O_2 dans l'air, environ 21 % vol., s'est stabilisée, en grande partie, grâce aux processus d'échanges gazeux marins.

Les déséquilibres touchent principalement les écosystèmes aquatiques. Ils sont occasionnés par la consommation d'oxygène dans les eaux usées organiques. Les combustions n'ont, entre 1910 et 1970, entraîné qu'une perte de 0,005 % vol.. (L. MACHTA/E. Hugues).

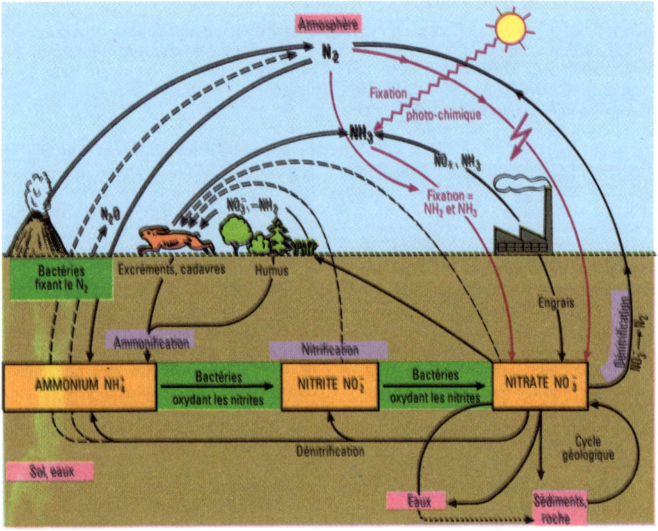

- - - - - -> Importance moindre

A Cycle de l'azote

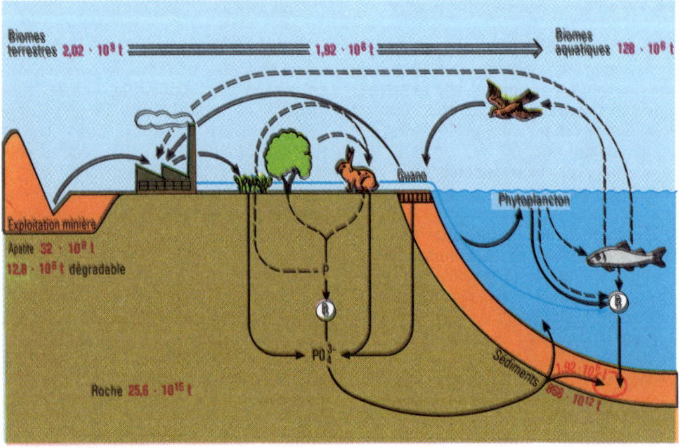

——> Phosphate inorganique
- - - -> Phosphore organique
——> Écoulement
(B) Bactéries
Plantes cultivées

B Cycle du phosphore

Cycles de l'azote et du phosphore

Le cycle de l'azote

L'**azote (N)** est un composant des *acides aminés* et *des protéines*, des *acides ribonucléiques* (ARN), de l'*acide désoxyribonucléique* (ADN), support chimique des gènes, et de nombreuses *molécules organiques* et *minérales*. Les êtres vivants ne peuvent, en règle générale, absorber l'azote que sous forme de composés, généralement l'ion *nitrate* (NO_3^-). L'azote participant au cycle provient de l'azote de l'air, il en est de même pour les nitrates présents actuellement dans la lithosphère. Il pénètre dans les écosystèmes en empruntant deux chemins :

1) la **transformation photochimique** de l'azote de l'air en $\mathbf{NH_3}$ et $\mathbf{NO_x}$ par des rayonnements d'altitude riches en énergie qui produisent en moyenne 35 mg / m²/a (Hutchinson,1944).

2) la **fixation de l'azote** par des *cyanobactéries* et des *bactéries* qui produisent 140 mg / m²/a.

Les deux processus enrichissent le cycle de l'azote de 6,5% annuellement, c'est pour cette raison que le recyclage de composés d'azote provenant de déchets dans le cycle est écologiquement important. La fixation de l'azote par des micro-organismes est maîtrisée de nombreuses manières. Dans les mers, ce sont généralement des *Bactéries* autonomes (*Azobacter*, *Clostridium, Desulfovibrio)* et des *Cyanobactéries (Nostocaceae, Anabaena, Trichodesium)*. Dans le milieu terrestre, principalement des bactéries symbiotiques, p. ex. les *bactéries des nodosités*, symbiontes de plantes pionnières comme les *Papilionacées* et les *aulnes*, qui peuvent coloniser des sols pauvres en azote (p. 50).

Fixation de l'azote de l'air

$N_2 \quad 2N \qquad \Delta H = +670kJ$

$2N + 3H_2 \quad 2NH_3 \qquad \Delta H = -54kJ.$

Comme l'azote limite la croissance et qu'il est puisé dans les sols par les cultures, le manque doit être compensé par un apport d'*engrais azoté*. En fixant par des moyens techniques l'azote pour la production d'engrais artificiels et en développant des processus de combustion,

l'homme introduit dans les écosystèmes des nitrates et des oxydes d'azote qui peuvent engendrer des déséquilibres.

La réutilisation de l'azote déjà introduit dans le système est entrepris par des *micro-organismes*, qui ne peuvent utiliser la lumière comme source d'énergie. Ils puisent l'énergie nécessaire à leur métabolisme dans les liaisons énergétiques chimiques des molécules organ. (*organotrophes)* et inorgan. (*lithotrophes*) (**chimiosynthèse**).

Dans un milieu riche en oxygène, des molécules organ. comme les acides aminés, l'ammoniaque (NH_3) et le nitrite (NO_2^-) sont oxydées.

ammonification, p. ex. *Pseudomonas* :

$2CH_2NH_2COOH + 3O_2 \quad 4CO_2 + 2H_2O + 2NH_3$
glycine $\Delta H = -737kJ/mol$

nitrification, p. ex. *Nitrosomas* :

$2NH_3 + 3O_2 \quad 2H^+ + 2NO_2^- + H_2O$
$\Delta H = -552kJ/mol.$

p. ex. *Nitrobacter* :
$2NO_2^- + O_2 \quad 2NO_3^- \qquad \Delta H = -146kJ/mol.$

En conditions anaérobies, p. ex. en eaux stagnantes ou eutrophes, les bactéries utilisent les ions NO_3^- comme source d'oxygène ou bien comme accepteurs de H^+. La réduction du nitrate mène à la formation de nitrites puis d'ions ammonium NH_4^+ (*nitratammonification*), de NO_2 et d'azote moléculaire (*dénitrification*). Sous la forme de NO_2 et N_2, l'azote est perdu pour les êtres vivants.

nitratammonification, p. ex. *Pseudomonas* :

$2C_6H_{12}O_6 + 6NO_3^- \quad 12CO_2 + 6OH^- + 6NH_3$
(gain énergétique : pas de données).

dénitrification, p. ex. *Nitrococcus denitrificans* :

$C_6H_{12}O_6 + 6NO_3^- \quad 6CO_2 + 3H_2O + OH^- + 3N_2O$
$\Delta H = -2282$ kJ/mol glucose.

$5C_6H_{12}O_6 + 24NO_3^- \quad 30CO_2 + 18H_2O + 24OH^- + 3N_2 \qquad \Delta H = -2387$ kJ/mol glucose.

p. ex. *Thiobacillus denitrificans* :

$S + 6NO_3^- + 2C \quad SO_4^{2-} + 2CO_2 + 3N_2$
$\Delta H = -553$ kJ/ mol soufre.

Cycle du phosphore

Le phosphore est l'élément *qui limite le plus la croissance* dans l'écosystème. Sa forme minérale est l'ion phosphate (PO_4^{3-}). Les phosphates se séparent de la roche-mère et sont ensuite à la disposition des plantes, ou bien sont produit par les travaux miniers. De nombreux phosphates sont difficilement solubles et sont soustraits du cycle par la sédimentation. Contrairement au cycle de l'azote, il n'y a pas ici de phase gazeuse.

Le **cycle endogène du P** dans les êtres vivants peut être très rapide.

Le *phytoplancton* absorbe le phosphate en 5 min. La restitution s'opère en moyenne dans les 3 jours pour le zooplancton ou dans l'eau libre, de sorte que le phosphate rejeté quodidiennement est égal au phosphate contenu dans les organismes (L. R. Pomeroy).

Une partie du phosphate reste dans les plantes durant 15-20 jours, ce qui s'explique par des cycles internes (C. R. Ball/F. F. Hooper).

Dans les organismes, la moitié du **P** est présent sous forme de phosphate, le reste sous forme de molécules inorganiques ou organiques.

Le **phosphate** joue un rôle particulier dans le *métabolisme énergétique* des êtres vivants, au cours duquel par le transfert d'un ion phosphate sur une *molécule d'ADP* se forme une *molécule d'ATP* riche en énergie et facilement transportable (p. 41).

De grandes quantités de phosphore sont contenues dans l'organisme principalement comme constituant des *acides nucléiques ARN* et *ADN* et dans les *membranes* comme constituants des *phospholipides*.

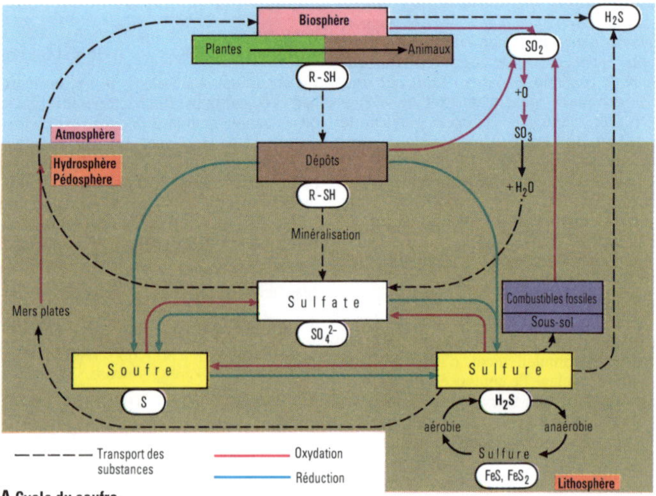

A Cycle du soufre

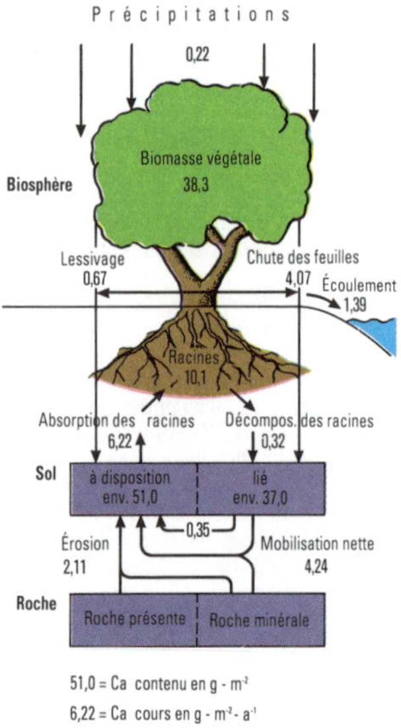

B Cycle du calcium (écosystème forestier)

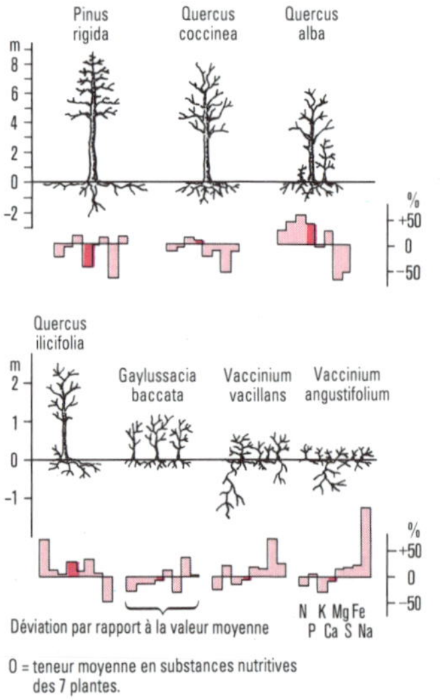

C Concentration des substances nutritives d'un écosystème forestier en Amérique du Nord

Cycle du soufre et du calcium

Le **cycle du soufre** (Sch. A) concerne une quantité de matière moins importante que les cycle de P et de N, car l'élément soufre, qui n'apparaît que dans les acides aminés *méthionine* et *cystéine,* n'est présent qu'en petites quantités dans les organismes.

Le soufre et les liaisons sulfures sont importants pour le métabolisme fonctionnel de nombreux champignons et bactéries.

Bien que certains organismes puissent introduire cet élément par oxydation dans leur métabolisme à partir de soufre élémentaire, la principale source de soufre est constituée par les *sulfates* (SO_4^{2-}) minéralisés, comme p. ex. le *gypse* ($CaSO_4$) et le *sulfate de magnésium* ($MgSO_4$). Les sulfates sont directement absorbés par les plantes par l'intermédiaire des racines, réduits au cours de la transformation du soufre et

intégrés dans les *acides aminés contenant du S*, où ils sont présents sous forme de groupe sulfhydryle (**R-SH**).

La restitution de l'élément s'opère d'une part par l'intermédiaire de la chaîne alimentaire aux consommateurs, d'autre part par les déchets aux décomposeurs. La plus grande partie du soufre est recyclée par des bactéries et des champignons (*Aspergillus, Neurospora)* en sulfate accessible aux végétaux verts ; il reste donc dans le cycle.

En milieu anaérobie, les composés organiques soufrés sont réduits par des bactéries de la famille des *Escherichia* et *Proteus* en sulfures ou en hydrogène sulfuré H_2S.

Les hétérotrophes, les bactéries anaérobies réductrices de sulfate comme les *desulfovibrio* utilisent le SO_4^{2-} comme capteur de protons, comme le font les bactéries dénitrifiantes avec le nitrate et le nitrite.

La réduction du sulfate, qui en règle générale aboutit au soufre, peut même, par l'intervention d'*aerobacter*, se terminer en sulfure (S^{2-}).

Des eaux contenant des sulfures sont des milieux hostiles pour les organismes supérieurs ; elles sont en revanche dans des conditions aérobies des espaces de vie pour des **sulfobactéries** incolores.

En eau profonde, l'H_2S est oxydé en soufre élémentaire, p. ex. par *Beggiatoa*, *Thiobacillus* l'oxyde en SO_4^{2-}, oxydation au cours de laquelle l'H_2S est transformé en sulfate absorbable par les plantes (**sulfurication**). Ces bactéries *chimioautotrophes* puisent de l'énergie dans l'oxydation du soufre et du sulfure inorganiques, et l'utilisent pour la réduction du CO_2 en substances organiques.

Les *bactéries vertes ou pourpres* utilisent, dans des eaux peu profondes, l'énergie de la lumière et l'H_2S comme capteur d'oxygène, pour réduire le CO_2. Ce faisant les *bactéries vertes* oxydent le sulfure en S élémentaire, les *bactéries pourpres* l'oxydent en sulfate.

En milieu anaérobie, le fer se combine avec le H_2S en *sulfure de fer*, insoluble en milieu neutre et alcalin (il quitte alors le cycle biologique).

Au cours de l'évolution de la vie, la précipitation de formations rubanées de fer et de métaux élémentaires comme Cu, Cd, Zn et le Co ont soustrait le H_2S nocif aux espaces où se développait la vie.

Les sulfures métalliques sont aujourd'hui à la disposition de l'homme sous forme de minerais.

La formation de sulfure de fer a un autre avantage pour l'écologie, car elle libère des phosphates de fer $Fe_3(PO_4)_2$ qui activent la croissance.

Le cycle du calcium

Le passage du Ca dans les écosystèmes est un exemple parfait pour illustrer un cycle sédimentaire sans phase gazeuse (Sch. B).

Le Ca est souvent lié au phosphate et est un atome de structure des os, des dents et des liaisons organiques et chimiques. Sous forme d'ions, le Ca^{2+} est nécessaire au cours du métabolisme fonctionnel, pour l'excitation des cellules nerveuses et musculaires. Grâce au Ca^{2+}, l'équilibre osmotique des cellules des plantes et des animaux est conservé. De nombreuses espèces animales utilisent le calcaire ($CaCO_3$) pour leur squelette ou leur protection (corail, escargots, entre autres).

Les sols sont la source la plus importante de Ca de l'écosystème ; le Ca présent sous forme ionisée y est introduit par l'altération de roches (p. ex. calcaire $CaCO_3$, gypse $CaSO_4$, dolomite $CaMg(CO_3)_2$). Le Ca est à la disposition des plantes dans le sol dans des complexes argilo-humiques, les ions libres étant facilement lessivés.

Le calcium dans l'écosystème forestier

BORMANN et LIKENS ont établi que dans une forêt mélangée composée de chênes et de pins en Amérique du Nord, 690 kg de Ca/ha sont à la disposition des plantes dans le sol et la litière, dont environ 7% sont annuellement inclus dans le cycle biologique. Les écosystèmes terrestres ne perdent que de petites quantités de Ca par lessivage (2%/a). Les pertes peuvent être compensées par l'érosion des roches.

Dans les forêts, les arbres à racines profondes, comme p. ex. le troëne, remontent le Ca provenant de l'altération des couches profondes vers les couches superficielles du sol.

En l'absence de ces arbres, p. ex. dans des monocultures d'épicéas à racines superficielles ou dans des surfaces de culture, des déficits de Ca apparaissent qui doivent être compensés par un apport d'engrais artificiel.

Dans des cultures mélangées, les plantes absorbent les sels nutritifs de manière variable.

Les plantes à racines superficielles, comme le *Quercus coccinea*, peuvent, à l'aide de leur réseau racinaire étendu, extraire de plus grandes quantités de substances nutritives des couches humiques que les arbres à racines profondes.

Les plantes à racines profondes, comme le *Pinus rigida,* atteignent avec leurs racines des eaux souterraines et contribuent à l'enrichissement de l'écosystème en Ca. Elles présentent en revanche une teneur en ions moins équilibrée que les arbres à racines superficielles (Sch. C).

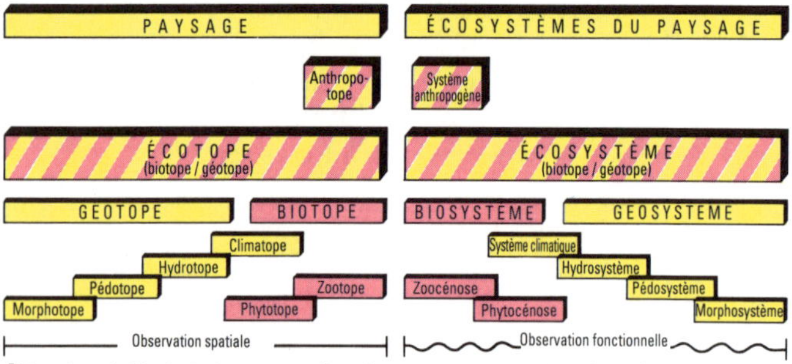

A Domaines de l'écologie des paysages (jaune) et de l'écologie biologique (rouge)

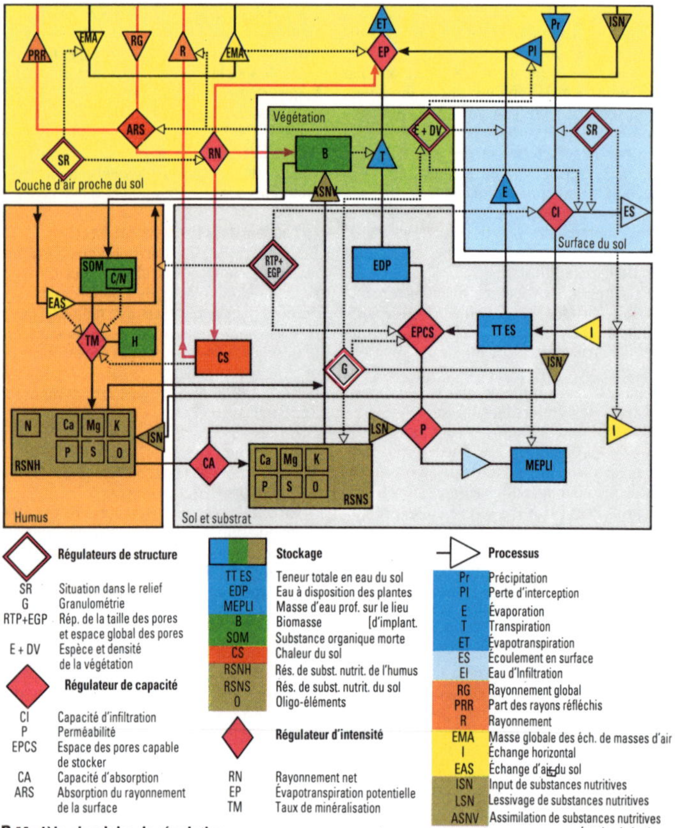

B Modèle circulaire de régulation

Modèles de géo-écosystème

L'**écologie des paysages (écologie géographique)** fait partie de la géographie. Elle analyse d'un point de vue scientifique l'organisation des paysages et son incidence dans l'espace.

La plus petite unité systématique est l'**écosystème géographique** (Tab. A). L'écosystème géographique est l'équivalent spatial de l'écosystème que considère l'écologie biologique. Mais l'écologie (biologique) considère les rapports entre les organismes vivants et leur environnement, et leurs conséquences sur les êtres vivants, tandis que l'écologie géographique analyse les relations entre les éléments de l'écosystème (p. ex. le microclimat, le relief, le sol, la végétation et la faune). L'accent est mis sur les échanges substances-énergie dans cet espace et sur leurs modifications. Cette analyse tient aussi compte des incidences de l'homme ou de la société sur l'espace naturel (*interaction technogène*).

L'écosystème (géogr. ou biol.) peut faire l'objet d'une analyse *structurale* ou *fonctionnelle*. L'*analyse structurale* s'intéresse aux rapports physiques existant dans un espace.

Les **topes** sont les *plus petites unités spatiales homogènes* ; ils sont les espaces équivalents des *systèmes*.

Les *systèmes* peuvent être arbitrairement délimités comme des *unités fonctionnelles* (Tab. A).

Le **morphosystème** est l'unité fonctionnelle du **morphotope**, fruit des processus formant la surface terrestre ;
le **pédosystème** est l'unité fonctionnelle du **pédotope**, fruit des propriétés chimiques et physiques du sous-sol et qui est à l'origine des formes typ. du sol (sous-sol proche de la surface [substrat] + nature du sol) ;
l'**hydrosystème** est l'unité fonctionnelle de l'**hydrotope**, résultante de processus aquatiques ;
le **système climatique** est l'unité fonctionnelle du **topos climat**, déterminé par les "inputs" et "outputs" et la couverture du sol.

L'écologie biologique étudie d'une part les associations végétales (*phytocénoses*) comme unités de vie, déterminées plus particulièrement par un tissu de facteurs abiot. du géosystème, et d'autre part les associations animales (*zoocénoses*), plus particulièrement dépendantes de la chaîne alimentaire.

On les décrit comme des **phyto- ou zootopes** et on les rassemble sous l'appellation de **biotopes**.

Au sein des **écosystèmes,** les facteurs abiot. et biot. agissent ensemble dans un système ouvert, marqué par un flux de substances et d'énergie. Il se forme un tissu dynamique de dépendances et d'effets, qui tend à s'équilibrer, malgré des variations de populations et d'autres facteurs perturbateurs :

équilibre biocénique = *équilibre continu* = *steady state*.

L'**écotope** est une partie de la géobiosphère, dont le contenu et la structure sont homogènes et qui se délimite donc par rapport à d'autres entités (unité spatiale naturelle de base, p. 61).

Neef, Haase et Klug, entre autres, ont mené des recherches sur l'écosystème afin d'en calculer le plus possible de relations énergétiques et matérielles. Les premiers modèles établis sont des diagrammes comportant des éléments systématiques et les distinctions qualitatives de leurs relations. Les modèles plus récents

suivent des *schémas* issu de la cybernétique. Ils essayent d'utiliser des volumes caractéristiques et mesurables de l'écosystème en vue d'une synthèse des relations plus complexes.

Ces modèles sont construits à partir de la coupe verticale des couches de la station :

couche d'air, couche végétale, sol, roche-mère, eaux souterraines (Tab. B).

Les écosystèmes géographiques ou leurs **éléments** sont reliés par divers processus.

Les **relations input-output (entrées-sorties)** représentent les transferts de substance et/ou d'énergie d'un élément à l'autre dans chaque écosystème.

Les éléments qui retiennent à court ou long terme l'énergie ou la masse sont appelés des **accumulateurs.**

Les **régulateurs** sont les éléments qui régissent la répartition (*régulateurs décisifs*) ou la quantité (*régulateurs d'intensité*) dans le flux de matière ou d'énergie.

Des relations amplifiées entre éléments (*relations positives, cumulatives*) entraînent des **rétroactions positives**. Si leur réaction est de longue durée, elles mettent en danger l'équilibre, car elles s'amplifient mutuellement. On ne les rencontre que très brièvement et rarement à l'état naturel.

Des relations affaiblissantes (*relations négatives, compensatrices*) entre éléments assurent finalement l'équilibre (**rétroactions négatives**).

Le grand nombre de facteurs et de valeurs individuelles pose un problème à l'**analyse écologique géogr. pratique**. On réduit la multitude des éléments des systèmes et on

privilégie l'analyse des sous-sols et des sols (nature des sols), le budget en eau du sol, le micro-climat, la situation et les structures du relief en raison de leur importance capitale pour le système écologique géographique.

Le **lieu** étudié représente une surface d'env. 100 m^2. Il est choisi de manière à représenter toutes les relations importantes pour l'écosystème géogr. Les instruments de mesure sont disposés en forte densité, afin de permettre des conclusions couvrant toute la surface (**analyse complexe de l'écosystème**, p. 222).

La recherche en écologie géog. aspire à analyser suffisamment de petites surfaces représentatives des paysages, pour permettre à un jugement planificateur et géographique de mener à une évaluation de l'espace et à la reconnaissance des charges qui pèsent sur lui.

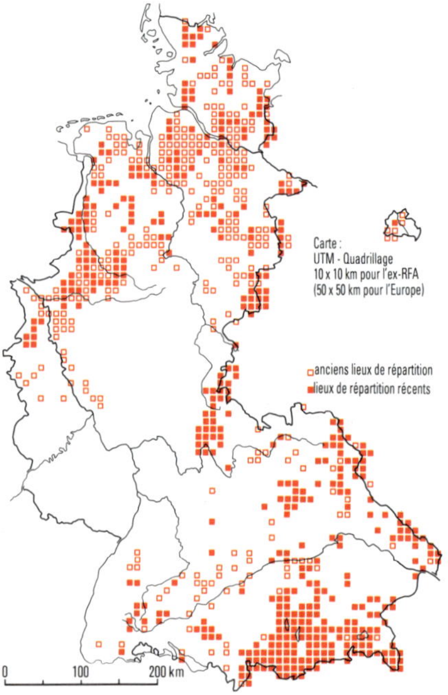

A Vipera berus (couleuvre) - Répartition en ex-RFA

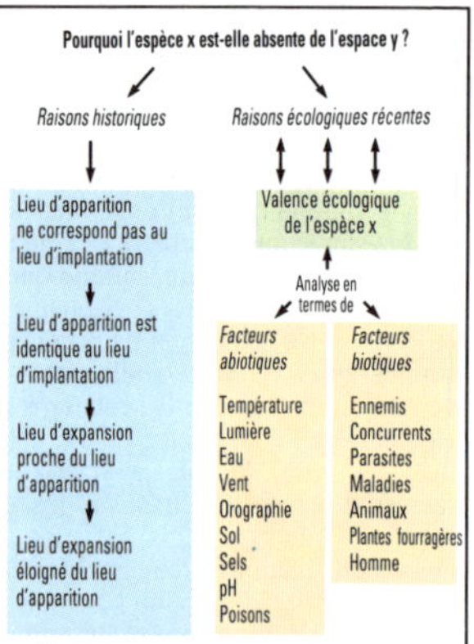

B Les causes biogéographiques

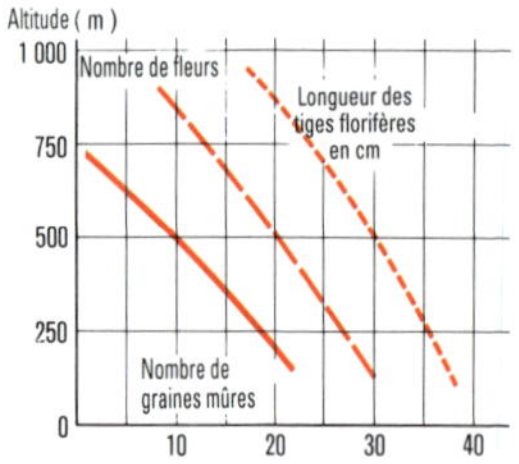

C Effets de l'altitude sur le jonc (Juncus squarrosus)

D Répartition du houx (Ilex aquifolium)

Carte quadrillée et répartition des espèces

La **biogéographie** analyse les raisons de la limitation de la présence d'une espèce à un lieu donné. Il existe à cela

1. des **raisons historiques,**
2. des **raisons écologiques actuelles**, qui tiennent compte de la capacité de survie de l'espèce (valence écol., variabilité génét., mobilité) (Tab. B).

Comme unité de base et objet unitaire de la recherche, on utilise le **système des aires de distribution**,

"partie adaptative de la biosphère soumise aux valences écologiques, à la variabilité génétique, à la phylogénie des populations, et aux effets variables dans l'espace et le temps des facteurs abiot. et biot. Cette partie possède à la fois des fonctions écol. et phylogéniques. Son étendue peut être identifiée avec un territoire de distribution tridimensionnel de taille et de structure variable." (MÜLLER, 1976).

L'élément biologique majeur de ce système est soit une *race*, soit une *espèce* soit une *population* (p. 75). A la différence des territoires réels de distribution (habitat, espace, migration),

il représente l'espace dans lequel une espèce est capable de se reproduire durablement sans apports d'éléments extérieurs (espace de reproduction).

La *limite des aires de distribution* peut dans la pratique être fixée arbitrairement, sous forme d'une ligne, marquant p. ex. la chute de la densité de la population à 1/20 de son maximum. Cela permet de comptabiliser les individus.

Il existe des espèces ou familles animales et végétales présentes partout sur Terre. Ce sont des **ubiquistes** ou **cosmopolites**. On distingue ceux répartis depuis leur origine à la surface du globe et ceux que l'homme a contribué à répandre. Ces derniers se distinguent par leur bonne valence écologique, leur bonne mobilité ou leurs liens étroits avec l'homme (animaux domestiques, parasites, espèces facilement transportables).

Familles végétales cosmopolites : herbes, composées, papilionacées, scrofulariacées, lamiacées, orchidées, liliacées, gentianacées.

Familles animales cosmopolites : canidés, muridés, rapaces.

Maxima et **minima climatiques** délimitent les aires de répartition.

Le *houx* pousse dans des climats à hiver doux et humide (atlantique) et se plaît dans la pénombre ; il garde ses feuilles en hiver.

Sa limite de distribution coïncide à peu près avec la ligne "345 jours par an à plus de 0°C". Mais il n'est pas possible de donner une raison directe sur la base d'un *seul* facteur climatique (Sch. D).

Le *jonc* pousse en Grande-Bretagne jusqu'à près de 1000 m d'altitude.

Sa floraison se termine au mois de juin à 230 m d'altitude, elle commence fin juillet à 660 m et fin août entre 830 et 1000 m (Tab. C).

Un insecte *(Coleophora caespititiella)*, dont les larves se nourrissent des graines de jonc, accroche ses œufs aux fleurs entre juin et juillet.

De ce fait, on n'en trouve pas au-delà de 600 m.

Des **variations climatiques extrêmes** nécessitent des stratégies d'adaptation complexes.

Une plante du désert, où les pluies sont irrégulières, à durée de vie annuelle, doit produire ses graines en une seule période de pluie.

Si toutes les graines venaient à germer à la première pluie sans que les précipitations soient suffisantes pour la production de graines, toutes les plantes mourraient de soif sans descendance. En fait, seule une partie des graines germe la première année, l'autre partie l'année suivante ou celle d'après.

Les **facteurs de localisation** ne suffisent pas à eux seuls à expliquer la distribution. Des plantes peuvent pousser dans des parcs et jardins, et disparaîtraient sans intervention humaine.

La *compétition entre les espèces (interspécifique)* (**aptitude à la compétition**) est plus forte dans les espaces riches en espèces (forêt tropicale humide, savane, récifs coralliens, côtes rocheuses) que dans les espaces pauvres en espèces (toundra, haute mer, paysages agraires). Elle y joue son plus grand rôle pour les plantes et les animaux marins sédentaires ou à mobilité réduite, pour les araignées tisseuses, les insectes créant des colonies, les parasites et les vertébrés ayant un comportement territorial.

Au sein même d'une espèce (*intraspécifique*) la **compétition** est à l'origine d'une meilleure répartition dans l'espace (lieu d'habitat et de ponte) et d'une meilleure utilisation des sources d'alimentation.

Pour certaines espèces l'espace vital actuel est aussi *leur centre d'origine*, pour d'autres, il sert de retraite (**refuge** : leur aire était auparavant beaucoup plus étendue).

Les variations climatiques modifient les aires de répartition d'espèces, de familles qui se subdivisent parfois en aires partielles isolées.

Il existe des aires bipolaires regroupant deux aires partielles aux hautes latitudes des hémisphères nord et sud.

La *variation dans l'espace des structures génétiques* (p. 77) est d'une grande importance pour la subdivision des aires et la **formation d'espèces nouvelles** (p. 57). Les plantes plus particulièrement sont parfois l'objet

d'une variation du nombre de base des chromosomes (multiplication : **polyploïdie**) qui peut mener à l'apparition de races ou espèces nouvelles.

Le *recensement chronologique dans l'espace* des différents groupes d'animaux et de végétaux permet à l'aide de **cartes quadrillées** (Sch. A) de signaler les charges imputées à l'écosystème (*indicateurs de qualité de l'espace)*.

Dominance
Couverture de la surface du sol

1 1/20
2 1/20 - 1/4
3 1/4 - 1/2
4 1/2 - 3/4
5 3/4 - 4/4

Abondance
Nombre d'individus/ unité de surface

1 très rares
2 rares
3 peu nombreux
4 nombreux
5 très nombreux

Abondance-Dominance des espèces
Abondance et dominance combinées

r rares avec une valeur couvrante très faible
+ rares avec degré de couverture très faible
1 relativement fréquents, couvrant 5% de la surface d'accueil
2 très nombreuses, couvrant 5-25 % de la surface d'accueil
3 couvrant 25-50 % de la surface d'accueil
4 couvrant 50-75 % de la surface d'accueil
5 couvrant 75-100 % de la surface d'accueil

Sociabilité
Comportement d'espèces particulières

1 isolé
2 en groupe ou buissons
3 groupé (taches, coussins)
4 en petites colonies ou grandes taches
5 en grands groupes

Classes de constance

I	rarement présent	1 - 20 %
II	peu	21 - 40 %
III	souvent	41 - 60 %
IV	la plupart du temps	61 - 80 %
V	toujours	81 - 100 %

A Indices de la phytosociologie

Unité	Suffixe	Exemple
Classe	- etea	Querco Fagetea (Forêts tempérées de feuillus)
Famille	- etalia	Fagetalia sylvaticae (Forêts mélangées)
Alliance	- ion	Fagion sylvaticae (hêtraie)
Association	- etum	Melico-Fagetum (hêtraie à mélique)
Sous-association		Melico-Fagetum allietosum (hêtraie à mélique et alliaire)

B Unité de la phytosociologie

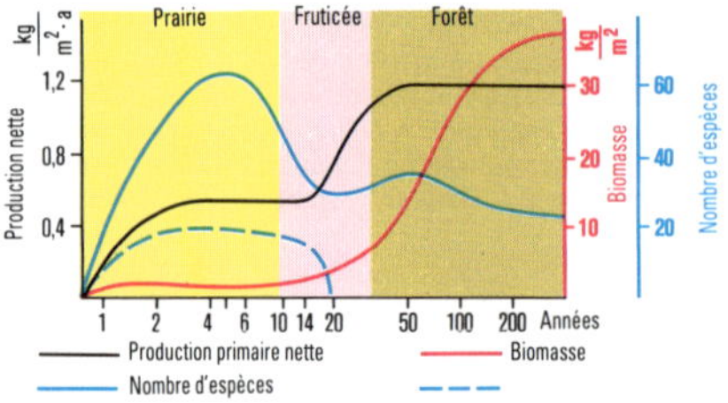

C Successions végétales : forêt de chênes et pins (Brookhaven, New York)

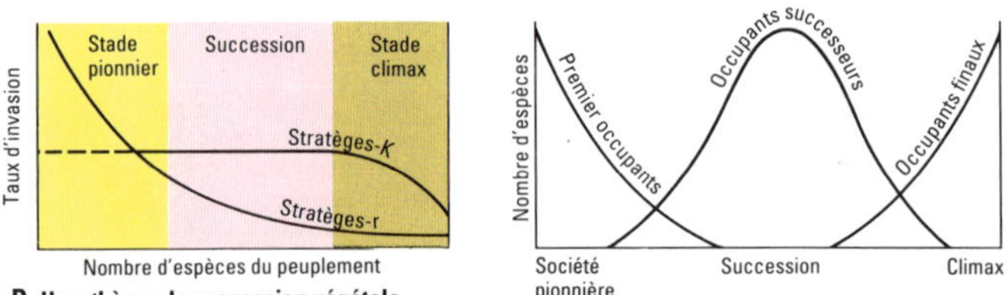

D Hypothèses de succession végétale

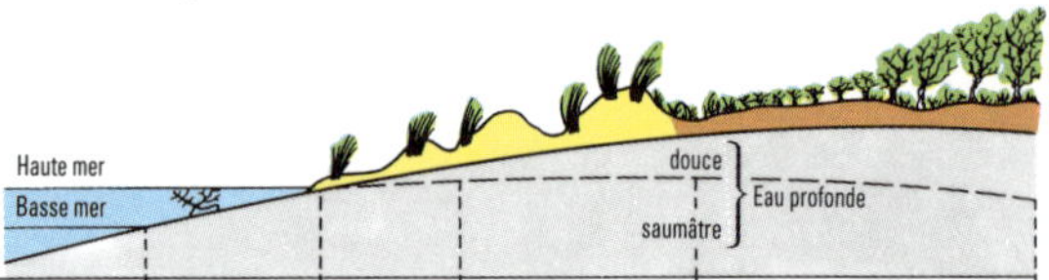

Paysage	Plage	Dunes primaires	Dunes secondaires	Dunes tertiaires
Dénomination selon couleur du sol		Dunes blanches		Dunes grises et brunes moins de lessivage, formation d'humus
Végétation		Société de chiendent dunaire	Société d'avoine des plages	Buissons, bosquets, lande d'empetraecea

E Paysage de dunes après succession primaire

La **végétation** est un élément caractéristique du paysage facile à étudier. Elle a donc été l'objet d'études bien avant les autres éléments de l'écosystème. Les études de HUMBOLDT (1807) et GRIESBACH (1838) sur la géographie des plantes étaient focalisées sur l'aspect *physionomique,* en analysant la croissance de certaines espèces ou familles végétales. Diverses écoles régionales ou méthodologiques de botanique (scandinaves, baltes, russes, américaines) virent le jour.

Le Suisse Braun-Blanquet fonda en 1928 la **phytosociologie**. Il considérait un ensemble de plantes comme un "organisme". Les travaux phytosociologiques comprennent selon Braun-Blanquet 3 phases :

1) Lors de la *phase analytique*, on détermine les espèces végétales sur une surface (l'*aire minimale*) (prairies de 20 à 100 m^2, ensembles forestiers de 100 à 500 m^2), présentant une végétation homogène en des lieux d'implantation semblables. On tient compte de la distribution quantitative des plantes, de leur comportement lors de la croissance et de leur vitalité (Tab. A).

L'*abondance*, quantité d'individus par unité de surface, est estimée et traduite sur une échelle de 1 à 5.

La *dominance*, correspond au recouvrement d'une unité de surface par des espèces végétales ; estimée et échelonnée de 1 à 5.

L'*abondance-dominance* d'une espèce combine abondance et dominance.

Le regroupement plus ou moins important des plantes est désigné par le terme de *sociabilité*.

2) Lors de la *phase de travail synthétique,* on compare les résultats de différentes surfaces d'analyse. Les différentes espèces végétales sont représentées plus ou moins fortement dans les différentes associations végétales. Pour les distinguer on les classe en *classes de constance* de I à V (Tab. A). Plus encore on peut distinguer, lors de la comparaison des communautés végétales, des *espèces caractéristiques* ou des *espèces différentielles.*

Les espèces caractéristiques n'apparaissent pas toujours de manière dominante dans les associations ou les ordres supérieurs.

Les espèces différentielles n'ont qu'une valeur indicative, inférieure à celles des caractéristiques. Elles peuvent être caractéristiques d'autres associations.

3) Lors de la *phase de travail syntaxonomique* on classe les unités de base de la phytosociologie, les **associations**, selon une hiérarchie formelle (*famille, ordre, classe ;* Tab. B*)*.

Les associations donnent des indications générales sur le milieu de vie, mais l'espèce végétale prise individuellement apporte beaucoup moins d'informations.

La faune et la végétation sont soumises à un perpétuel changement, résultant des variations des facteurs du milieu, de la multiplicité des espèces, et de l'apparition constante de nouvelles espèces.

Une biocénose, lors de modifications de l'écosystème, est constamment réorganisée (**successions**).

Lorsque de nouvelles surfaces sont colonisées, la végétation plus part., modifie les facteurs de l'environnement (p. ex. la température, l'humidité de l'air, la matière organique du sol), en se développant tout d'abord en associations d'herbes (pelouses, prairies), puis de buissons (fruticées), enfin de forêts.

L'un des éléments typiques de la succession est l'augmentation du nombre des espèces et de la biomasse (Tab. C).

Il en résulte aussi une *modification de l'association* d'espèces sans que le lieu d'implantation soit modifié notablement.

1. **Hypothèse** : parmi les espèces immigrantes se trouvent des *opportunistes (stratèges-r)* et des *espèces d'équilibre (stratèges-K,* p. 75).

Les opportunistes (p. ex. des plantes annuelles, des pucerons) prolifèrent rapidement (forte capacité de reproduction, cycle de développement court, forte tendances à quitter le biotope).

Les stratèges-K (p. ex. arbres, grands animaux) vivent longtemps, s'adaptent bien à leur espace vital.

Entre les différents types existent des intermédiaires. Les deux types peuvent coexister sur une surface à une certaine distance, mais en l'absence de perturbations.

Les stratèges-K éliminent finalement les stratèges-r grâce à leur aptitude à la compétition (Tab. D).

2. L'**hypothèse tristratégique** (GRIME, 1979) :

Les premiers occupants consomment la plupart des réserves pour leur reproduction et leur dissémination, les occupants suivants (concurrents) utilisent la plupart des réserves pour répondre à la concurrence, les derniers occupants tolèrent le stress et utilisent les réserves pour faire face à la concurrence *et* résister au stress.

Cela expliquerait les changements continuels des populations très denses de plantes et la difficulté de prédire les associations d'espèces.

La succession est une conséquence inévitable de la coexistence d'espèces à stratégies différentes. La colonisation d'une surface par la végétation et les successions peuvent être observées sur la lave refroidie, les sols bruts des montagnes, les dunes ou lors de la formation de dépôts alluvionnaires (**successions primaires**, Tab. E).

Le stade final de la succession est une association finale, relativement stable (**climax**).

Si le climat est déterminé par de fortes interventions naturelles (chablis, surfaces brûlées) ou anthropogènes, on parle de **successions secondaires**.

Des interventions successives et régulières de l'homme font apparaître des associations de plantes éloignées ou étrangères à la nature (**associations de substitution**).

	1933	1934	1935
Nombre de mouches étudiées	10 000	14 765	6 960
Trident (thorax)	2 096	1 096	1 001
Brosses anormales	372	127	19
Couleur des yeux anormale	24	2	5
Couleur du corps anormale	4	7	1
Ailes anormales	23	23	2
Tumeurs	0	5	0
Anomalies totales	2 519	1 260	1 028
en %	25,52	8,5	14,8
sans trident	423	164	27
en %	4,2	1,1	0,4

A Variation de la fréquence génétique d'une population de Drosophila melanogaster

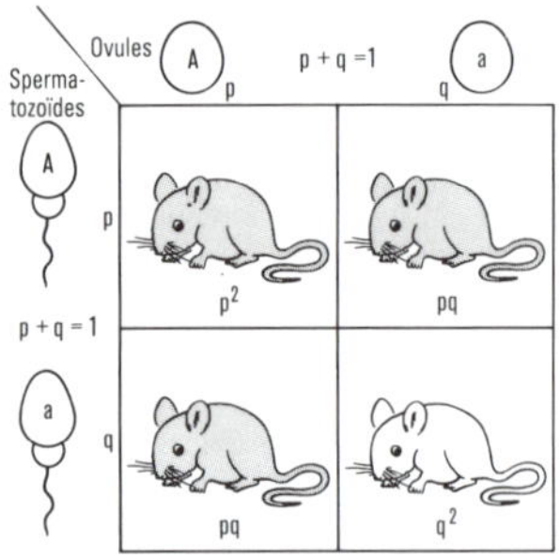

B Dihybridisme et loi de Hardy-Weinberg

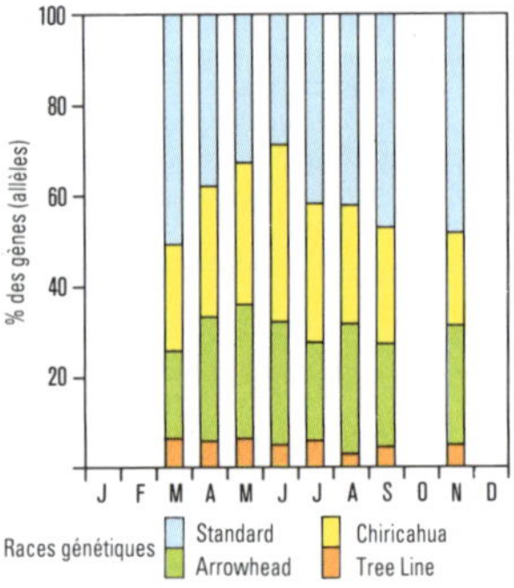

C Variation des fréquences alléliques sur l'année (Drosophila pseudoobscura)

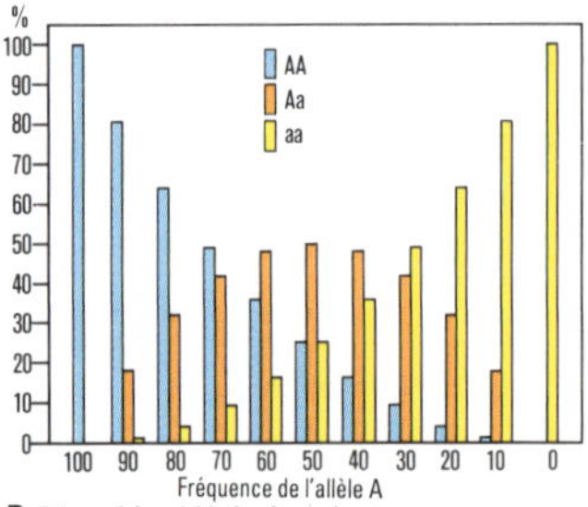

D Répartition idéale des génotypes d'après la loi de Hardy-Weinberg

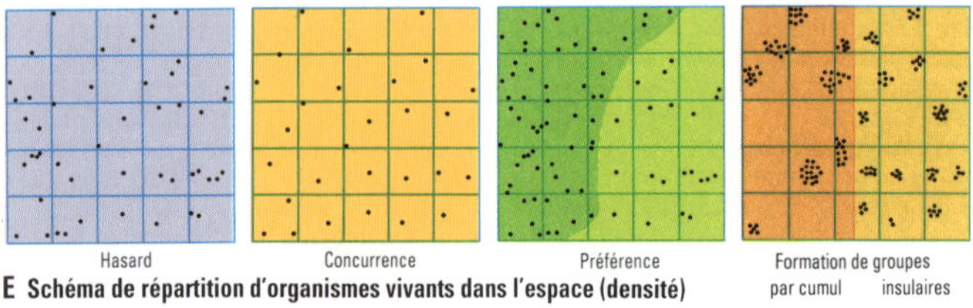

E Schéma de répartition d'organismes vivants dans l'espace (densité)

F Répartition par concurrence des racines (buisson de créosote, semi-désert Arizona)

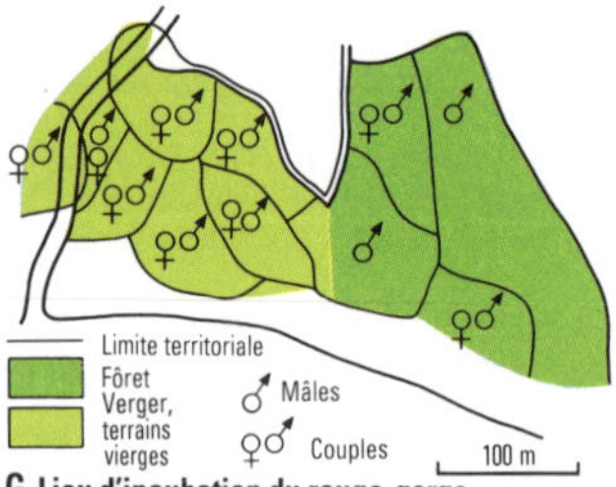

G Lieu d'incubation du rouge-gorge (Sud de l'Angleterre)

Génétique des populations, densité de répartition dans l'espace

L'**écologie des populations** (*écologie démographique)* analyse les facteurs qui influencent les rapports entre organismes vivants d'un même espace délimité.

L'ensemble des individus formant une communauté de reproduction est appelé espèce. L'ensemble des individus d'une même **espèce** vivant dans une même région est appelé **population** : les échanges entre populations d'une même espèce correspondent à des migrations.

Les individus d'une même espèce échangent constamment des gènes (*flux génétique),* mais chaque individu ne dispose que d'une partie du patrimoine génétique de la population (*pool génétique).*

Génétique des populations

La **génétique des populations** analyse les modifications génétiques s'opérant dans une population sous l'influence des facteurs évolutifs. La variable de base de la génétique des populations est la *fréquence génique.* On appelle **locus** une unité d'information génétique codant une fonction biologique, généralement identifiée à une place précise sur le chromosome. On appelle **gène** en génétique des populations une unité d'information transmise de génération en génération. Un **allèle** est une classe d'équivalence de gènes du point de vue de l'action sur le phénotype : deux gènes allèles ne peuvent éventuellement être distingués qu'au niveau de l'ADN. La fréquence d'un allèle dans une population est le nombre de copies de cet allèle rapporté au nombre total de copies de tous les allèles à ce locus dans la population : elle varie entre 0 et 1. La somme des fréquences de tous les allèles possibles à un locus vaut 1.

La **loi de Hardy-Weinberg** exprime la stabilité des fréquences alléliques quand il n'y a ni *dérive* (fluctuations aléatoires d'effectifs, car une population n'est jamais de taille infinie), ni *mutations* (transformation spontanée d'un gène en un autre qui n'est pas allèle), ni *sélection* (avantage, en terme de nombre de descendants, des individus portant un certain allèle), ni *migrations* (échange de gènes avec une autre population).

Dans les espèces **diploïdes**, chaque individu porte deux gènes pour chaque locus. Dans ces espèces, suivant le **régime de reproduction**, c.-à-d. la façon dont se font les accouplements (complètement au hasard - *panmixie* -, avec les individus proches spatialement - *structuration spatiale* -, avec les individus génétiquement proches - *homogamie* - ou éloignés - *hétérogamie* -, avec soi-même - *autofécondation*), les individus portant à un locus deux allèles différents (*hétérozygotes*) sont plus ou moins nombreux, mais cela n'a pas d'influence sur les fréquences alléliques.

La génétique des populations permet de quantifier les effets des facteurs évolutifs (la loi de Hardy-Weinberg n'étant alors pas vérifiée), et donc de décrire le pool génique d'une espèce comme conséquence de l'évolution.

Démographie et stratégies démographiques :

La démographie s'intéresse aux variations des effectifs d'individus d'une population. Le nombre de descendants d'un individu est le résultat du nombre de descendants qu'il peut produire à chaque âge (fécondité) et des probabilités qu'il a de survivre à chaque âge (survie). Suivant les conditions du milieu, les organismes vivants ont des stratégies démographiques différentes, c.-à-d. des combinaisons différentes des paramètres de survie et de fécondité.

Les **stratèges-r** (r = taux d'accroissement intrinsèque, *équation de Lotka-Volterra,* p. 77) ou **opportunistes** ont une forte fécondité et une faible survie. Ils peuvent coloniser rapidement des espaces vitaux présentant des conditions variables et de courte durée, p. ex. des flaques, et sont présents dans les déserts, les régions semi-désertiques et la zone climatique boréale ou arctique. Ils ont une descendance nombreuse et un renouvellement rapide des générations, pour les petits organismes (pucerons, puces d'eau), le plus souvent par *parthénogenèse.* Rarement la population atteint la capacité maximale de l'espace colonisé.

Les stratèges-r ont une faculté d'adaptation minimale aux modifications de l'environnement et s'exposent donc à un taux de mortalité souvent catastrophique.

Ils se développent rapidement, ont une capacité de reproduction précoce, en r.g. unique *(semelparité).* Leur espérance de vie est courte, souvent de moins d'un an. Ils sont de petite taille.

Les **stratèges-K** (**K** = capacité maximale d'un espace donné), p. ex. les arbres, investissent surtout dans la survie. Ils préfèrent les espaces vitaux stables, qui offrent des conditions constantes et dont les modifications sont prévisibles. Ils colonisent l'espace durablement et atteignent souvent sa capacité de charge maximale. La répartition des espèces et la densité sont régulées par la compétition et les comportements territoriaux (Sch. E-G).

La surpopulation peut être réduite par émigration, des pertes soudaines par une augmentation du taux de reproduction. Les stratèges-K ont peu de descendants et atteignent, grâce à une durée de vie supérieure à un an, un poids plus élevé et une taille qui peut parfois être considérable (arbres, éléphants). Le mode de reproduction *bisexuel* prédomine. Il est retardé par des stades d'enfance et d'adolescence non-productifs, mais la reproduction peut avoir lieu plusieurs fois en une génération (*itéroparité*).

Les réserves en biomasse augmentent la capacité de résistance, en partic. celle des grands organismes. La survie de l'espèce nécessite un taux de reproduction inférieur à celui des petites espèces (aigle : 1 à 2 petits par an, moineau : 10 petits ou plus).

Il existe un **continuum** entre les stratégies r et K.

La **dynamique des populations** ("*mouvement" des populations*) étudie les variations d'effectifs des

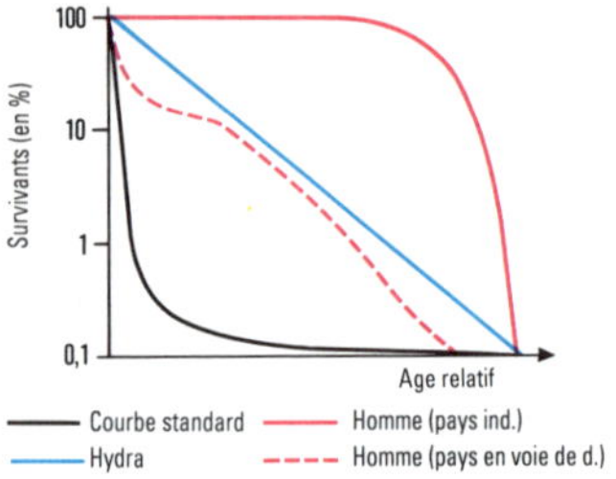

A Courbes de survie

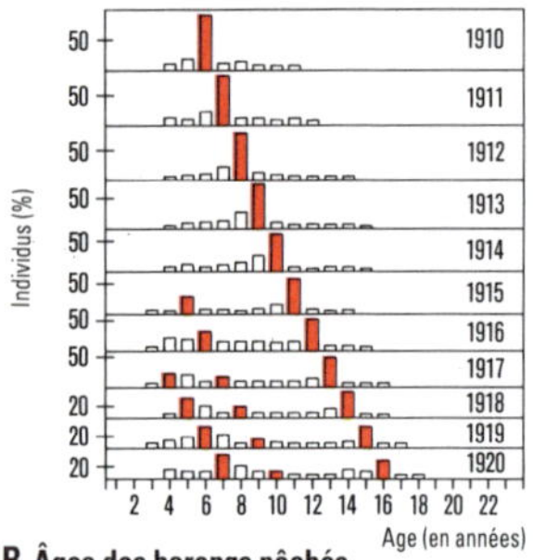

B Âges des harengs pêchés

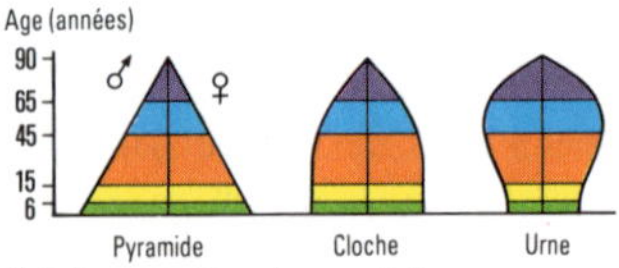

C Polygones d'âge des populations

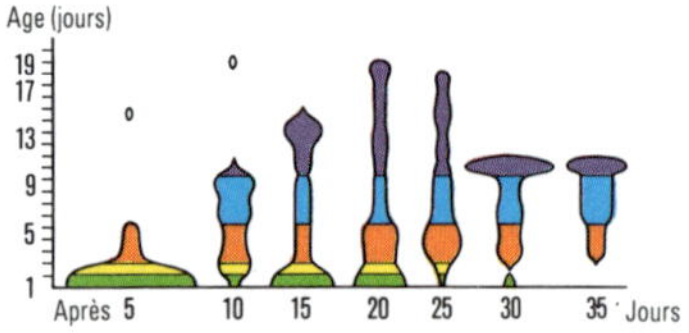

D Développement des polygones d'âge d'un élevage de Drosophila melanogaster

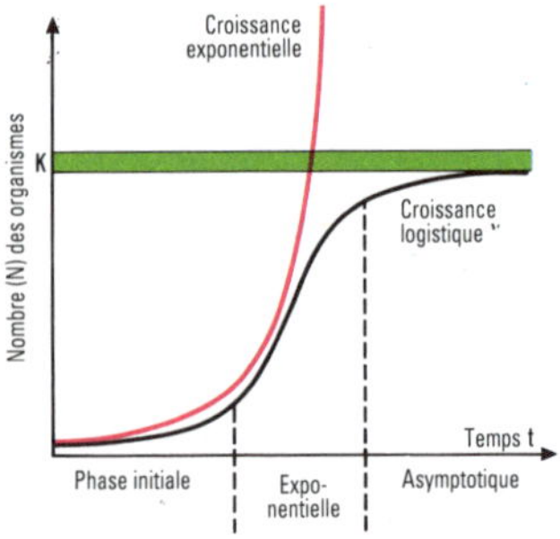

E Courbes de croissance

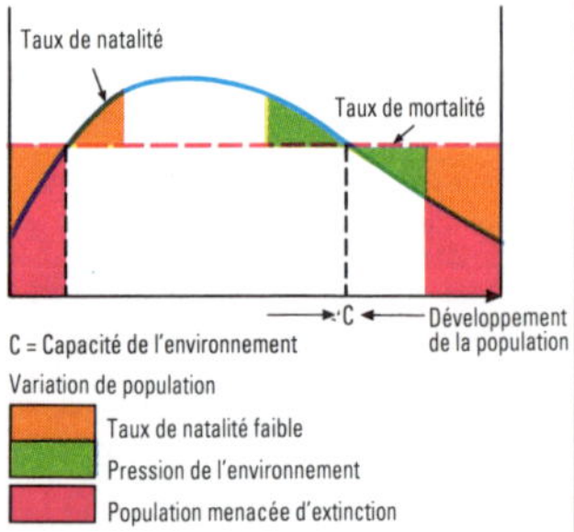

F Taux de natalité dépendant de la densité (effet Allee)

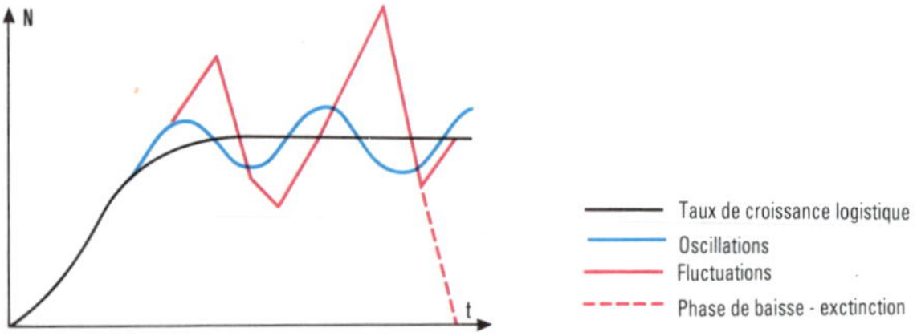

G Modifications d'une courbe de croissance d'une population

populations et leur composition, en fonction des naissances et des décès (*dynamique naturelle des populations*) et des migrations (*dynamique des populations dans l'espace*).

La **natalité potentielle** (idéale) indique la descendance maximale possible d'un individu d'une espèce (p. 75).

La **natalité écologique** réelle, atteinte dans des conditions de vie réelles, est toujours inférieure à la natalité idéale.

La **natalité générale** comptabilise l'augmentation réelle du nombre d'individus d'une population sur un temps donné ; la **natalité spécifique** comptabilise la descendance d'un individu.

La mortalité potentielle (idéale) indique combien d'organismes d'une espèce (représentant une population idéale) meurent par unité de temps.

Elle est toujours inférieure à la **mortalité réelle**, car les conditions naturelles de vie permettent rarement d'atteindre la limite d'âge physiologique.

La **mortalité générale** comptabilise toutes les pertes en individus d'une population. Comme un organisme peut se reproduire plusieurs fois, mais ne meurt qu'une fois, on ne distingue pas mortalité générale et spécifique.

La mortalité est en rapport étroit avec l'âge.

Les **courbes de mortalité** (*courbes de survie*) suivent un tracé caractéristique pour chaque espèce (Sch. A).

Les tranches d'âge d'une population peuvent être représentées par des **pyramides des âges** :

pyramide = population en augmentation ;
cloche = population stagnante ;
as de pique = population en diminution.

Dans des conditions de vie favorables, il survit en moyenne plus d'individus jeunes. Cette classe d'âge s'observe sur les schémas et peut être suivie pendant toute sa durée de vie (Tab. B).

La **fertilité** d'une femelle peut être caractérisée par l'ensemble de sa descendance. Elle peut être distincte de la fécondité moyenne de la population.

Les naissances et les décès sont rapportés à l'ensemble de la population ou à des parties de celle-ci, p. ex. une classe d'âge sur un temps donné :

taux de natalité/mortalité ou
nombre de naissances/décès
(indiqué en % ou ‰).

La différence entre natalité générale et mortalité donne le **taux d'accroissement général.** Le **taux d'accroissement spécifique** résulte de la différence entre natalité spécifique et mortalité générale.

Comme les parents survivent souvent plus d'une génération à leur progéniture et qu'ils ont en moyenne plus de deux descendants

une population sans influences de l'environnement s'accroît de façon **exponentielle** (loi de Malthus) - (Tab. E).

La **capacité de l'environnement K**, limitée, entrave l'accroissement (**accroissement logistique**) par :

des *interrelations intraspécifiques* = compétition au sein d'une même espèce pour la nourriture et lors de l'accouplement ;
des *interrelations interspécifiques* = compétition pour la nourriture, parasites, ennemis.

La **valeur K** indique sur la courbe logistique le point d'équilibre entre le *potentiel de reproduction* d'une population et le *potentiel biotique* de l'environnement (Sch. E). Lors de la *phase initiale* le taux d'accroissement est limité par la faible densité de population. Il croît avec l'augmentation du nombre d'individus de façon *exponentielle*. Une plus grande densité et une exploitation plus intense de l'environnement augmentent les taux de mortalité jusqu'à atteindre un équilibre entre mortalité et natalité (*phase asymptotique*).

En règle générale, la courbe de croissance ne s'approche pas de manière asymptotique de la valeur-K, mais dépasse la capacité maximale (**surpopulation**). La population ne peut pas réagir immédiatement.

Elle répond alors p. ex. à un manque de nourriture par un report de la reproduction ; l'effectif de la population tombe sous la valeur K.

En une année, la taille de la population peut osciller régulièrement et faiblement (**oscillation**), mais elle peut aussi être soumise à de fortes variations irrégulières (**fluctuations**, Tab. G). Les fluctuations peuvent, pour des raisons diverses, mener à des effondrements réguliers des populations (*stratèges-r*, p. 75) et à des **cycles périodiques de populations**.

Les souris, les lemmings, le lièvre des neiges et le lynx ont des cycles sur 4 ans.

Pour les espèces dont l'accroissement ne dépend pas de la densité, les variations sont le fruit de l'influence de l'environnement. D'autres espèces possèdent des mécanismes d'accroissement dépendants de la densité.

Le taux d'accroissement des vertébrés vivant en société diminue lorsque la densité de population est trop élevée ou trop basse, et une densité moyenne leur permet d'atteindre une productivité optimale.

La population supporte sans conséquences une altération de la valeur K.

Les courbes d'accroissement sont calculées mathématiquement grâce aux **équations de Lotka-Volterra :**

$dN/dT = rN$
(courbe exponentielle)

$dN/dT = r\ N/K\ (K-N)$ (courbe logistique)

N = nombre d'individus, r = taux d'accroissement exponentiel, K = capacité d'accueil de l'espace.

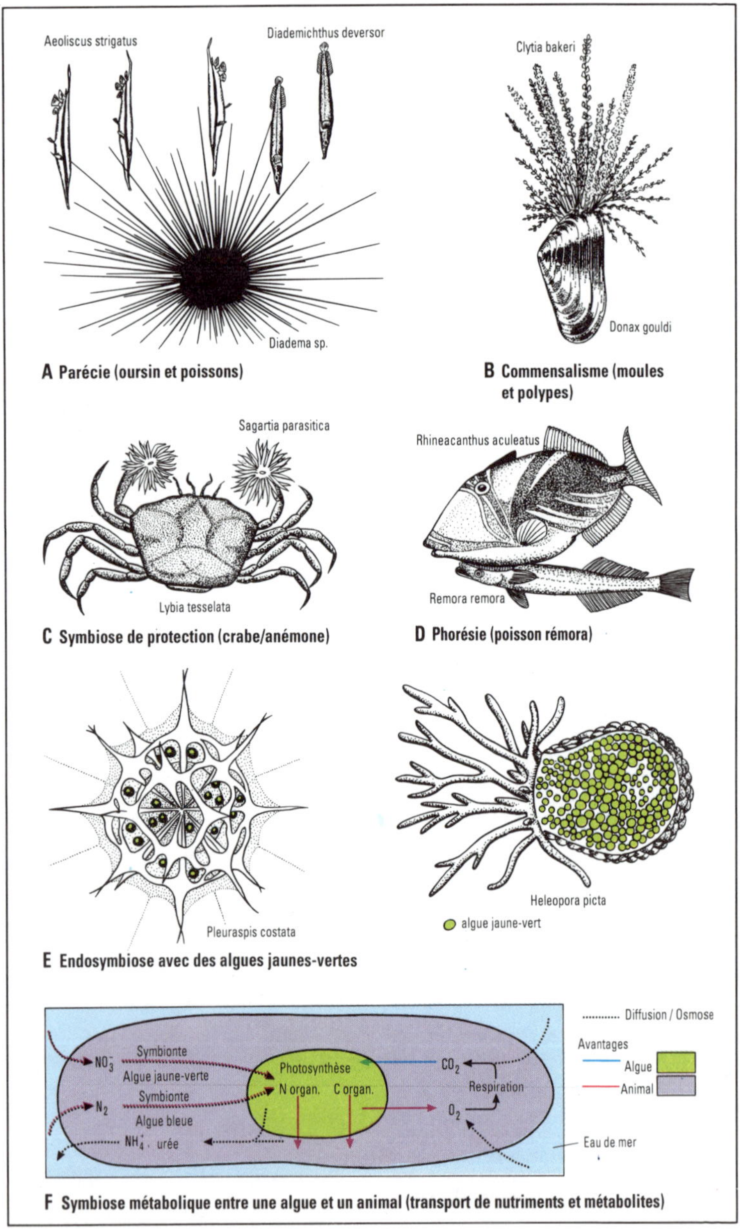

Les relations de symbiose entre les êtres vivants

Les relations intraspécifiques

Elles lient entre eux des organismes vivants *d'une même espèce*. Il en résulte souvent des communautés, présentant des avantages réciproques (**alliance**) :

communautés migratoires (oiseaux migrateurs) ; *associations de sommeil ou d'hibernation* (chauve-souris) ; *communautés de chasse ou de nourriture* (lions) ; *communautés de reproduction ou d'incubation* (oiseaux marins).

La taille des communautés offre une protection face aux ennemis, évite de trop fortes pertes de chaleur ou bien augmente le succès à la chasse ou lors de la reproduction.

L'interaction entre individus d'une même espèce est parfois négative (compétition intraspécifique).

Les relations interspécifiques

lient entre eux les organismes d'espèces *différentes*. Elles vont de la symbiose à la prédation.

Les symbioses avantagent les deux partenaires.

La relation la plus superficielle présentant un avantage pour chacun des deux partenaires est **l'alliance**.

Le garde-bœuf libère de grands mammifères de leurs parasites et y gagne nourriture et protection.

Le **mutualisme** permet de décrire des relations vitales entre espèces qui leur facilitent la vie, pouvant devenir si étroites qu'elles sont indispensables à la survie de l'un des deux partenaires, p. ex. la *pollinisation* et *la dissémination des graines* par des animaux (*zoochorie*). Les animaux se nourrissent dans les deux cas et assurent la reproduction des plantes.

Lors d'une **symbiose au sens plus étroit**, les deux partenaires sont dépendants l'un de l'autre. Exemples de *symbioses végétales* :

les mycorhizes, les lichens, les nodosités (p. 51).

Lors d'une **ectosymbiose** *entre animaux*, le partenaire reste extérieur à l'autre :

symbioses de nettoyage (bonne santé de l'un et nutrition de l'autre partenaire) ;

symbioses de protection protection d'un crabe, prolifération des anémones (Sch. C) ;

des *symbioses nutritives* (*trophobioses*) sont fréquentes dans les écosystèmes marins (Sch. E, F).

Les fourmis protègent, soignent et transportent les pucerons, qui réagissent à leurs stimulations en rejetant le surplus de miellat riche en sucre (*symphilie* : symbiose entre partenaires, dont l'un offre la protection et l'autre la nourriture).

Il existe des *symbioses de pollinisation* entre insectes, oiseaux et plantes à fleurs.

Lors d'une **endosymbiose,** l'un des partenaires vit dans l'autre :

les *symbioses nutritives* : les ruminants, fournissent de la nourriture aux bactéries et aux ciliés cellulosophages de leur estomac, et mangent eux-mêmes des microbes morts.

Les *symbioses métaboliques* : coraux (p.128 s), les radiolaires (Sch. E,F).

La **probiose** avantage une espèce, sans nuire à l'autre : des animaux recherchent le voisinage d'autres espèces pour se protéger de leurs ennemis (**paréchie** = *cohabitation*).

Les canards Eider, qui couvent isolément, nichent dans les colonies de sternes ; des oiseaux plus petits s'installent près ou dans les aires des rapaces ; des poissons et des crabes cherchent refuge près des méduses et des étoiles de mer (Sch. A).

Des espèces sédentaires peuvent coloniser la surface d'autres espèces (**épochie** = *colonisation*) :

Des épiphytes végétales non-parasites (algues, lichens, mousses en climat froid et humide ; plantes, telles les broméliacées sous les tropiques) atteignent ainsi les cimes des arbres, plus lumineuses, des animaux des écosystèmes marins (balanes) utilisent une base vivante (escargots, baleines) comme habitat.

Souvent des animaux utilisent les lieux d'incubation et d'habitation d'autres animaux, sans nuire à ceux-ci (**synéchie** = *location*) :

Les canards des îles de Frise nichent dans les terriers habités des lapins de garenne ; des "locataires" (*inquilines*) habitent les couloirs de nutrition des vers des basses-eaux de la mer du Nord ; des hôtes de passage (*nidicoles*), en part. des insectes, se nourrissent des déchets et des matériaux des nids d'oiseau.

L'installation à des fins de protection peut aussi se faire dans les espaces creux d'un autre organisme vivant (**endochie**), sans leur nuire :

Des crabes (*Pinnixa spec.*) et des poissons (*Fierasfer acus*) vivent dans l'intestin des holothuries ("concombre de mer"), les canaux des éponges servent de lieux de retraite aux crabes et aux polychètes. Pour certaines espèces sédentaires, des partenaires étrangers à leur espèce sont essentiels à leur répartition en servant de moyen de transport (**phorésie**). Le partenaire peut être trouvé par hasard ou faire l'objet d'une recherche active.

Les moustiques anophèles transmettent le paludisme, les escargots sont leur vie durant porteurs de balanoglosses, des graines de plantes sont disséminées par des insectes et des oiseaux, des poissons ventouses adhèrent à des poissons plus rapides (Sch. D).

La **parabiose** : certains animaux sont plus dépendants d'autres espèces, p. ex. lorsqu'ils forment une *association* **commensale** .

Les animaux commensaux, p. ex. les hyènes, les vautours, suivent les prédateurs carnivores et profitent des restes de leurs repas. Les chasseurs peuvent en souffrir à de rares occasions, si les commensaux apparaissent en masse et deviennent ainsi des concurrents (Sch. B).

La **métabiose** : l'existence d'une espèce dépend entièrement de l'activité vitale d'une autre espèce ; les deux espèces ne se nuisent pas.

Les piverts sont tributaires des excavations habitables des autres à cause de leurs becs insuffisamment durs pour creuser eux-mêmes.

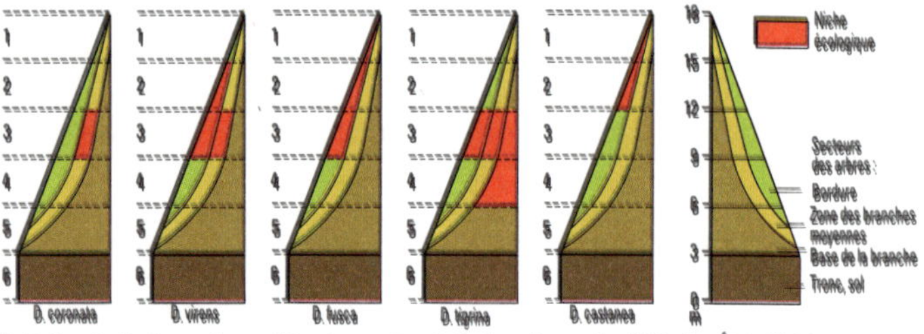

A Niches écologiques des pouillets (genre Dendroica) sur les sapins (N.O. des États-Unis)

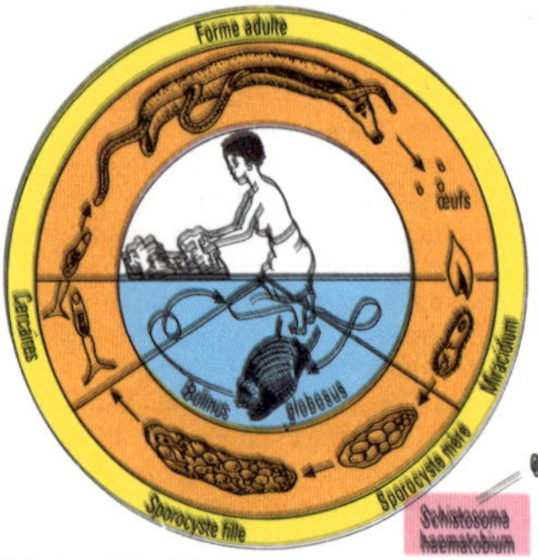

B Pathogénie : bilharziose

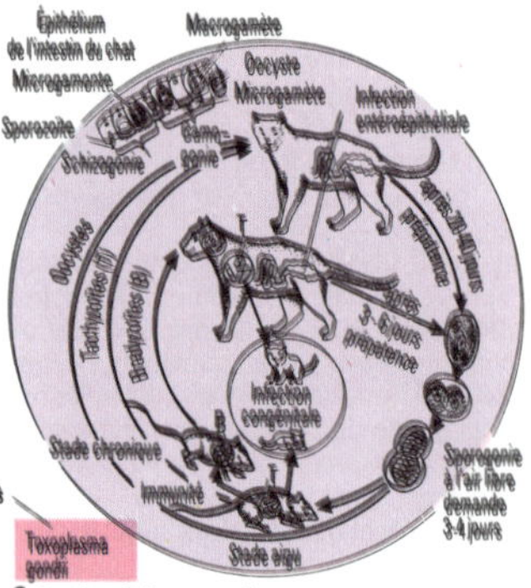

C Pathogénie : toxoplasmose

D Hémiparasite (gui)

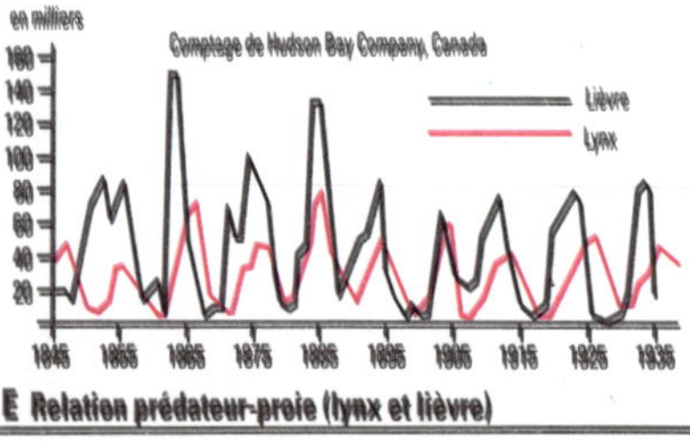

E Relation prédateur-proie (lynx et lièvre)

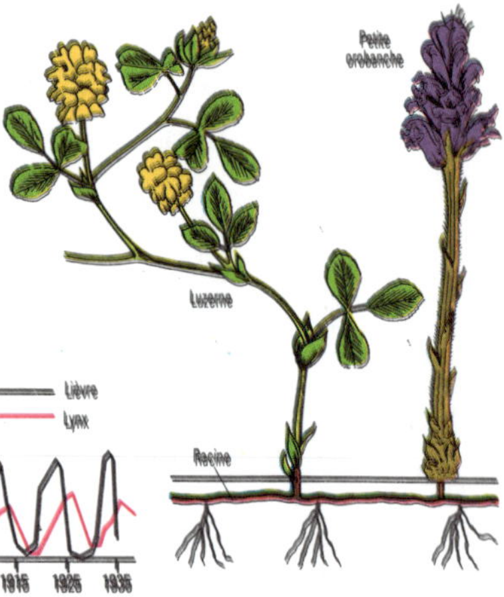

F Holoparasite (orobranche)

Antibiose

Contrairement à la pro-, para-, et métabiose (p. 79), dans l'**antibiose,** un des deux êtres vivants qui vivent ensemble, est affaibli ou endommagé :

indirectement par **interférence** ou **concurrence** ; *directement* par des **parasites, des pathogènes** ou des **prédateurs.**

Interférence

Lors de l'accroissement de la densité d'une même espèce, les individus sont limités dans leur désir d'expansion. La limitation s'exprime

chez les animaux par un *comportement agressif* qui engendre un *stress social* ;

chez les végétaux par une lutte pour leur espace vital avec des substances inhibitrices (*allélopathie*, p. 74, Sch. E), sécrétées principalement par les racines.

Compétition

La compétition est une concurrence pour des ressources limitées ; chez les plantes, elle se traduit par une lutte pour la lumière, l'eau et les sels nutritifs, chez les animaux par une lutte pour la nourriture, pour les lieux d'habitation et de nidification, pour la conquête d'un partenaire.

La **compétition intraspécifique** dépend de la densité (p. 77).

La **compétition interspécifique** oblige les différentes espèces à occuper, dans l'écosystème, un site, la *niche écologique*, qui leur assurera une réserve en substances nutritives (Tab. A, et p. 57).

Parasitisme

Les parasites vivent sur ou dans un hôte, ils dépendent pour satisfaire leurs besoins (nourriture, reproduction) de leur hôte qu'ils recherchent **temporairement**, généralement pour répondre à des besoins alimentaires (*moustiques*) et qu'ils endommagent **périodiquement** dans les meilleures phases de développement ou de manière permanente.

Les **parasites facultatifs** qu'on trouve dans la pourriture (*bactéries, champignons*) ne dépendent pas d'un hôte, mais peuvent l'attaquer et même causer sa mort.

Les **parasites obligatoires** ont besoin d'un hôte. La dépendance peut aller jusqu'à la *spécificité des hôtes*.

On classe les plantes parasites en **holoparasites** *(parasites complets)*, qui dépendent entièrement de leur hôte, et **hémiparasites** qui ne prélèvent chez leurs hôtes qu'une partie de leurs substances nutritives (Sch. D,F).

Les **ectoparasites** colonisent la surface de l'hôte, les **endoparasites** vivent en son sein. Selon l'espèce hôte, on distingue les **parasites humains, les zooparasites** et les **phytoparasites**.

Les **hyperparasites** attaquent d'autres parasites. Lorsque l'attaque parasitaire est clairement liée à des aspects de maladies, on parle de **pathogénie**. Elle est souvent liée à des *cycles de développement* et à un *changement de génération* qui incluent différents hôtes (Sch. B,C).

Les **parasitoïdes** (parasites prédateurs) tuent lentement leurs hôtes après les avoir attaqués (p. ex. les ichneumons). Ils constituent la transition vers les relations prédateur-proie.

Les prédateurs

Les **relations prédateur-proie** sont des relations purement alimentaires, au cours desquelles les **prédateurs** tuent les **proies**. Les prédateurs réagissent à la diminution de la population des proies soit par la diminution de leur propre population, la quote-part d'attaque est conservée (*réponse numérique)* ou par le maintien de la densité de la population par la diminution de la quote-part d'attaque (*réponse fonctionnelle*).

Les réactions engendrent des **variations de populations** (Tab. E).

Les *herbivores* et le *parasitisme brut,* entre autres celui du coucou, font partie des relations prédateur-proie.

La défense contre les parasites et les prédateurs

La forme de défense la plus simple contre les parasites est la résistance, qui empêche l'infection (extension de l'agent pathogène).

La défense peut également s'opérer par **phagocytose** : des *cellules "mangeuses"* englobent et digèrent l'agent pathogène.

Le parasite peut également être rendu inoffensif par **isolement**.

La plupart des parasites qui atteignent le corps au cours de la digestion sont tués par les **acides gastriques**.

Le **système immunitaire** est spécifiquement réfractaire aux différents agents pathogènes. Ou bien des *cellules lymphatiques* spécifiques sont *activées* par l'agent pathogène ou le poison, ou bien les *cellules plasmatiques* développent des *anticorps*, ou bien des glycoprotéines sont formées après le contact avec le corps étranger (*antigène*). Les antigènes et les corps étrangers peuvent précipiter dans le sang ou être phagocytés.

L'adaptation à la défense

Protection des proies potentielles :

des **enveloppes dures** et des **coquilles** sont des formes de défense passive pour les plantes et les animaux.

Le **poison** est utilisé de manière passive ou active. Les proies essaient d'échapper à leur prédateur aussi bien par la **fuite**, **la menace** et la **diversion** que par l'**enroulement** ou par le **réflexe de faire le mort**.

Les **attitudes de défense** (forme, couleur, comportement) servent à tromper le prédateur. Les animaux peuvent se rendre invisibles (**camouflage**) par **coloration, changement de couleur** et **dissolution de surfaces** (p. ex. le zèbre). Par l'imitation des couleurs ou des formes d'autres objets (pierres, partie de plante, animaux), un camouflage efficace est obtenu (**mimétisme**).

Les attitudes **menaçantes, effrayantes** et **d'alerte** sont des signaux servant à décourager les prédateurs, p. ex. *les taches en forme d'œil des papillons* ou les *rayures des guêpes*.

Certains animaux imitent les motifs corporels d'autres congénères, p. ex. le motif corporel de la guêpe est imité des *mouches* et des *araignées*.

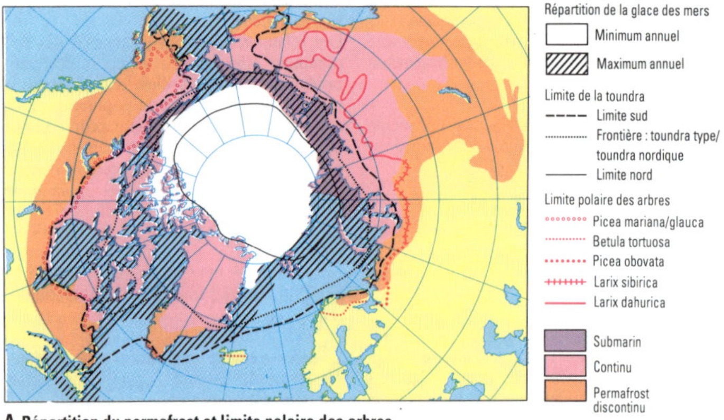

A Répartition du permafrost et limite polaire des arbres

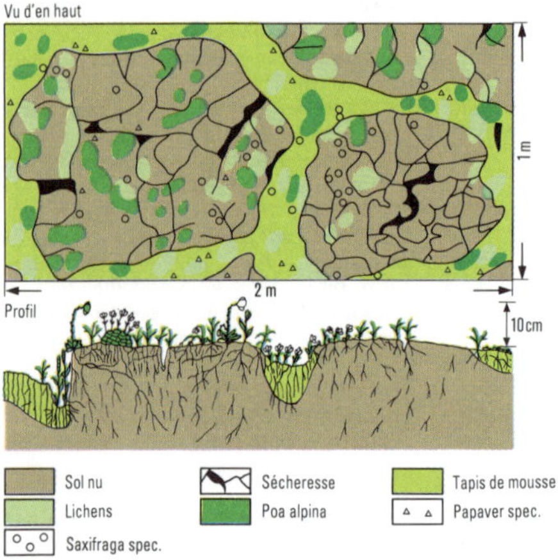

B Toundra tachetée

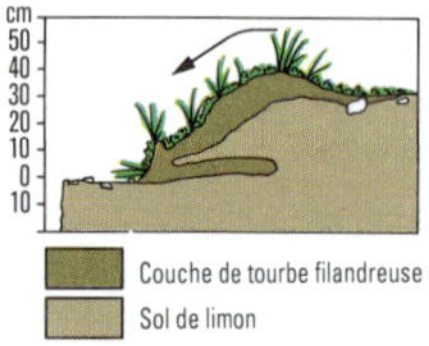

C Solifluxion

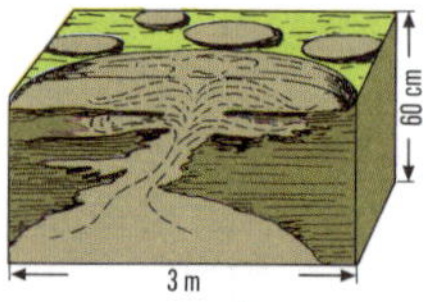

D Toundra tachetée

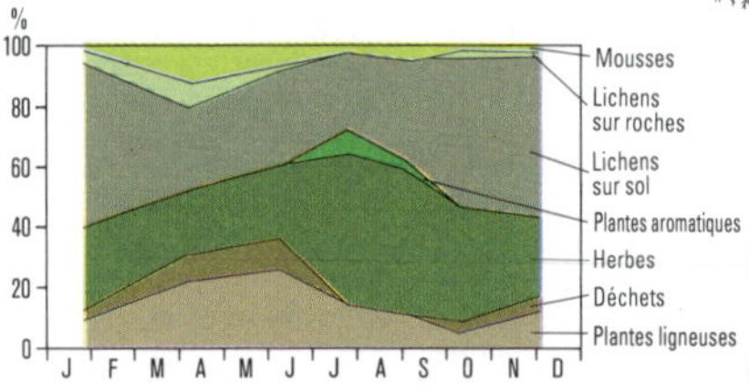

E Contenu de l'estomac des rennes

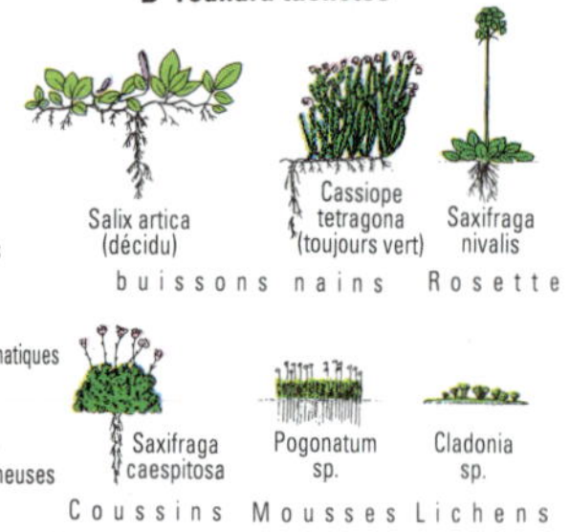

F Pousse des plantes de la toundra

La **toundra** (du finlandais *tunturi* =hauteurs sans arbres) forme une zone circumpolaire qui se situe entre la zone boréale au sud et les déserts de glace au nord (Sch. A). Elle est absente dans l'hémisphère Sud. On distingue 4 zones (*subzones)* :

la **toundra forestière**, l'écotone entre la forêt boréale d'épineux et la toundra,
la **toundra méridionale** (toundra de buissons),
la **toundra typique** (toundra médiane) et
la **toundra septentrionale** (toundra arctique).

La période de végétation a lieu tout au plus de juin à septembre. La température quotidienne moyenne se situe de 55 à 118 jours au-dessus de 0°C. La *toundra forestière* ne se développe que si la température est pendant plus de 30 jours au-dessus de +10°C.

Si la période de végétation est < 3 mois, alors les aiguilles n'arrivent pas à maturité (**frontière forestière**).

La cuticule reste trop mince ; au printemps, sous l'effet du rayonnement intensif du soleil, la quantité d'eau qui s'évapore de la plante est supérieure à celle que la plante peut puiser dans le sol gelé (dommage causé : *sécheresse du gel*).

La *neige* reste pendant 200 à 280 jours ; la **couche neigeuse** est dans la région océan. d'environ 50 cm, dans la région continentale de 10-30 cm. Le vent balaie les hauteurs et amoncèle la neige dans les creux.

Les *tempêtes de cristaux de neige* endommagent les parties des plantes au-dessus de la couche de neige et provoquent, en dessous de la couche neigeuse, une ramification dense.

Ainsi la hauteur de la neige détermine souvent la *hauteur de la végétation*

Dans la **toundra méridionale,** la *couche de végétation* est compacte et pauvre en essences. Les *bouleaux* et les *saules nains* sont très répandus. Sur des sols mouillés poussent des *carex* et des mousses.

Dans la **toundra typique,** la couche de végétation s'aère en formant une mosaïque, les surfaces de terre libres alternent avec la *toundra de saules-mousses-carex*, la *toundra de dryas-carex-mousses* et la *toundra de lichens-mousses*.

Dans la **toundra septentrionale,** les surfaces nues occupent plus de 50% de la surface du sol. L'effet du gel domine (*désagrégation par le gel*). Le sous-sol gelé en permanence, ne dégèle en été sous la végétation humide que sur une profondeur de quelques dm, dans les surfaces nues de sol de sable et de gravier sur une surface de 0,8-1,5m (**sols gelés en permanence**)(Sch. A).

Les basses températures du sol freinent la croissance des racines. Le gel permanent forme une barrière pour les racines ; il ne permet pas à l'eau de s'infiltrer de sorte que les sols sont innondés. Sous l'effet du gel, le sol mêlé de pierres se voûte (accroissement du volume, env. 1/9). Si le sol dégèle en surface, alors la terre fine s'affaisse, la sous-couche de sol gelé repousse des pierres de quelques millimètres vers le haut, plus précisément sur le côté (**cryoturbation**).

Les nombreuses variations du gel structurent le sol. Il se forme des *anneaux, réseaux de pierres* (*polygones* 0,5-2,5 m de circon.), qui contiennent en leur centre de la terre fine. Sur des versants ils se transforment sous l'effet du glissement du sol (**solifluxion**) en *bandes pierreuses*. Le glissement du sol se produit déjà si les surfaces ont une inclinaison < 2°, sur lesquelles le sol de surface mouillé et la couverture végétale glissent sur le sous-sol gelé (Sch. C).

Sous l'effet du gel, à partir de la fin du mois d'août, la surface de terre fine mouillée gèle en premier. La terre fine non encore gelée, qui se situe entre la surface gelée et le sous-sol gelé en permanence, est repoussée en surface à travers la couche de végétation (**toundra tachetée**, Sch. B, D).

Le climat extrême conditionne la **croissance des plantes** de la toundra. Les *chamae-* et *hémicryptophytes* dominent le paysage. Elles croissent très lentement (*croissance difficile*), parsemées, généralement sous forme de rosettes à tiges sans feuilles, ni fleurs ou sous forme de coussins (Sch. F).

Les semences ne germent pas chaque année, le bourgeonnement se produit souvent l'année précédente et les bourgeons passent l'hiver. Les feuilles ont un épiderme épais et sont souvent charnues, implantées en forme d'aiguilles ou à plat sur les tiges (*caractères xéromorphes*).

Les longues journées d'été sont un avantage pour la **photosynthèse**. Les températures plus élevées se situent à la surface du sol au niveau des plantes, de sorte que le *microclimat* peut être très différent du climat général (à l'ouest du Groenland : température de l'air 18°C, température des plantes 29-33°C). Seules les plantes avec un optimum de photosynthèse bas (environ de 15°C) poussent.

Le *taux de photosynthèse* est déjà positif à 0°C, pendant les longues journées d'été (24 heures) 100mg de CO_2/dm^2 peuvent être assimilés.

Les **animaux à sang chaud** peuvent réduire la circulation du sang dans les parties de leur corps moins protégées et ainsi abaisser la *température du corps* (en °C) :

	corps	museau	pattes	air
renne	38	20	9	-31
		pattes	doigt de p.	
mouette	38	7	0-5	-16

Peu d'espèces passent l'hiver dans la toundra (*bœuf musqué, renard bleu)*. Les *rennes* parcourent de longues distances pour trouver de la nourriture.

Leur lieu de pâture d'hiver peut se réduire à de faibles surfaces (production 350kg/ha/a) (Sch. E). Les jeunes rennes nés pendant la migration vers le nord peuvent consommer les plantes fraîches, riches en protéines.

Les **herbivores poïkilothermes** manquent.

Les **carnivores poïkilothermes** sont de petite taille (*moustiques, araignées)* et se développent sur plusieurs années.

Les **invertébrés du sol** se concentrent dans les premiers cm du sol, dans la tourbe, sous la mousse ou sous des croûtes de lichen sur la roche nue.

Le faible flux énergétique, le taux d'humidité élevé, la faible teneur en O_2 et la forte acidité provoquent des carences extrêmes en **N** et **P.**

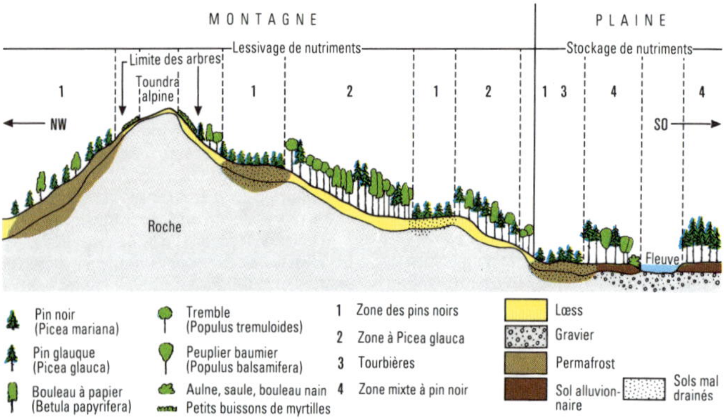

A Types d'écosystèmes du profil de Fairbanks (Alaska)

Phytomasse en t. ha^{-1} (TG)	Bois	feuilles	en surface	en profondeur	en tout	Accroissement	dont accroissement du bois par an
Taïga nord (64° 30' N)	50	8	87	29	116	3,75	1,35
Taïga centrale (62° N)	102	8	135	31	166	7,5	3,4
Taïga sud (58° N)	292	12	307*	85	392	15,5	11,75

*dont. 0,7 Lichens, 1,0 Mousses

Zoomasse en kg·ha^{-1}	dans les couronnes	sous-terrain	Xylophage
Taïga sud	15	240	20

B Production des forêts de pins de la taïga

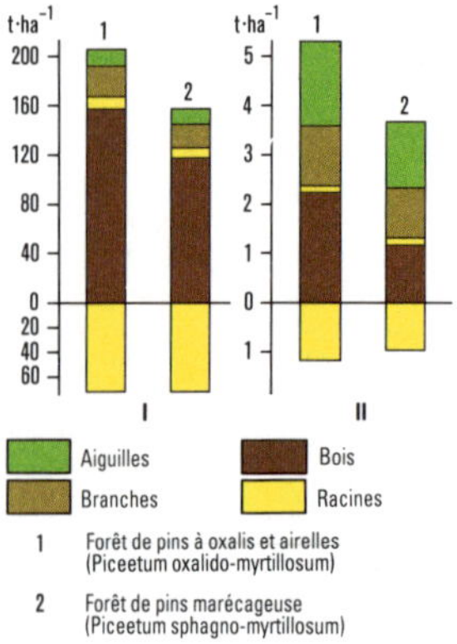

C Répartition de la phytomasse (I) et production primaire annuelle (II) des forêts de pins (plateau du Valdaï)

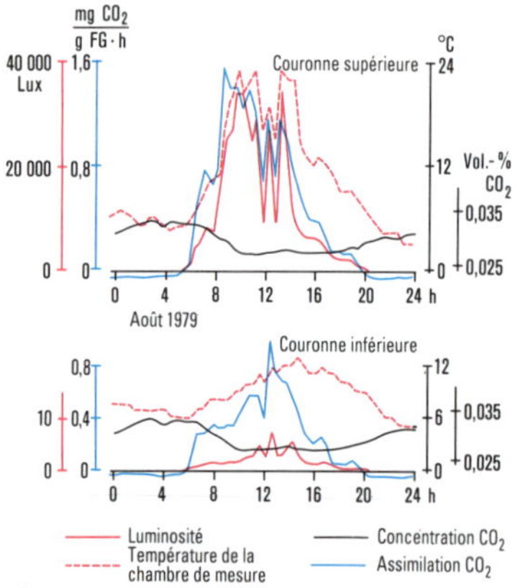

D Assimilation quotidienne du CO_2 par les aiguilles d'un pin exposées au soleil ou à l'ombre (plateau du Valdaï, ex-URSS)

La **zone de la forêt boréale de conifères** entoure l'Arctique ; elle n'a guère d'équivalent dans l'hémisphère Sud. La saison froide (température moyenne quotidienne < 0 °C) dure plus de 6 mois. Les étés courts (inférieurs à 120 jours) ont une température quotidienne moyenne > 10 °C. Le sol ne dégèle que sur une profondeur de 10-50 cm et reste gelé en permanence sous cette couche *(gel permanent)*.
Il s'agit d'un climat de type humide : l'évapotranspiration potentielle (ETP) est inférieure aux précipitations à cause des basses températures et de l'étalement des (faibles) précipitations sur toute l'année. Il n'y a que dans les régions continentales, en été, que l'ETP est supérieure aux précipitations.
Facteurs climatiques : *fortes variations de la longueur du jour, faible angle du rayonnement* du soleil, créant de longues périodes de pénombre et de *grandes variations d'exposition* (l'implantation sur le versant sud est particulièrement favorisée). Les versants nord portent des sols humides, froids, avec des forêts peu productives (Sch. A).

Le type de sol le plus répandu est le *sol podzolique* avec une fine couche d'humus brut. Lorsqu'il est gorgé d'eau, il se transforme en *gley* ou en *tourbe* et forme des *tourbières*.

Pour les producteurs, les sols gorgés d'eau sont aussi défavorables que les années de sécheresse. Si cet état du sol persiste, la production de la couche forestière recule (Sch. B).

En Eurasie, la forêt boréale de conifères se répartit, avec une productivité décroissante, en zone méridionale, médiane et septentrionale.
La **forêt mixte de conifères et de feuillus** de la *taïga méridionale* se compose d'une couche forestière haute d'environ 25 m d'*épicéas* et de *trembles* et d'une couche haute d'env. 16 m de *tilleuls d'hiver*, d'*érables*, d'*ormes*. En dessous pousse une couche de buissons qui recouvre 30-80 % de la surface *(noisetiers, chèvrefeuilles rouges)* et une couche herbacée.
Dans la *taïga médiane*, la couche forestière est composée d'épicéas (hauteur env. 20 m), l'importance de la couche de buissons et d'herbes dépend des réserves en substances nutritives et de l'humidité.
Sur les sols pauvres, le pin remplace l'épicéa.
Les *buissons nains* (p. ex. *airelles*) passent l'hiver sous la couche neigeuse dans la *taïga septentrionale*.
Au nord, la phytomasse par ha diminue. Le lichen qui recouvre les branches (taïga septentrionale 0,8 t/ha) empêche progressivement la photosynthèse (Tab. B).

La **taïga sibérienne** regroupe taïga sombre et taïga claire.
La **taïga sombre** est une formation forestière particulièrement ombragée composée d'*épicéas de Sibérie*, de *pins de Sibérie*, de *sapins de Sibérie*, de *mélèzes de Sibérie* ; elle s'étend dans la partie moins continentale de l'Europe de l'Est et se transforme progressivement en tourbière en Sibérie de l'Ouest.
Dans la **taïga claire**, une formation forestière clairsemée de la Sibérie centrale et orientale, le *mélèze dahurien* et l'*épicéa de Sibérie* dominent.
Les graines parviennent à maturité seulement lorsque le climat le permet, env. tous les 5 ans.

Au cours de la photosynthèse quotidienne de l'épicéa, les aiguilles à l'ombre parviennent à assimiler moitié moins de CO_2 que les aiguilles exposées au soleil, qui reçoivent pourtant 7 fois plus de lumière (Sch. D).

Des recherches dans la **taïga d'Alaska** ont montré que les prairies traversées par des fleuves étaient des lieux d'implantation favorables dont les sols contiennent suffisamment de substances nutritives (Sch. A).

Sur les versants nord, lieux d'implantation défavorables, les *épicéas noirs* à croissance lente peuvent encore pousser.

Dans la *taïga septentrionale*, seuls 30 à 40 jours avec des températures de 12-20 °C permettent une photosynthèse intensive, contre 70 à 80 dans la *taïga médiane*. La production est également influencée par des vagues de froid causées par les masses d'air polaires et les températures basses du sol.

Il semble que l'activité microbienne soit plutôt limitée par le manque d'énergie que par le manque d'humidité et les températures basses.

L'azote est un élément nutritif peu disponible dans ces formations. Les *cyanobactéries* fixent plus d'N que les bactéries. De ce fait, le cycle de l'azote dans la litière d'épicéas noirs est le plus lent de la taïga d'Alaska.

De nombreuses associations végétales ne sont pas au *stade climacique* car des feux d'origine naturelle font repartir la succession de son point de départ. Une succession met plus de 500 ans à atteindre le climax.

Les épicéas résistent aux feux de litière mais non aux feux de cimes.

De nombreux *consommateurs* hibernent et la plupart des oiseaux sont des migrateurs. Les herbivores actifs en hiver (élan, lièvre des neiges) broutent des espèces de plantes à croissance rapide, au goût particulier (elles ne stockent que peu de substances chimiques défensives). Dans la succession, elles sont remplacées finalement par des sempervirentes à croissance lente et sans goût.
Campagnols et musaraignes poursuivent leur activité sous la couche de neige.

Pratiquement 90 % des animaux (*zoomasse* : 150-300 kg/ha) vivent dans la litière ; 60 % des animaux de la zoomasse de surface sont phytophages (chenilles, pucerons) et 30 % zoophages (araignées, coccinelles entre autres), 10 % saprophages.

Les vertébrés représentent seulement 1-3 % de la zoomasse totale.
La *litière* annuelle de 5-6 t/ha est décomposée lentement à cause des basses températures et des dépôts de résines.

Parmi les décomposeurs, les vers de terre sont peu présents car la litière d'aiguilles est acide, difficilement décomposable.

La faune enchytréique, les champignons, les acariens sont dominants.

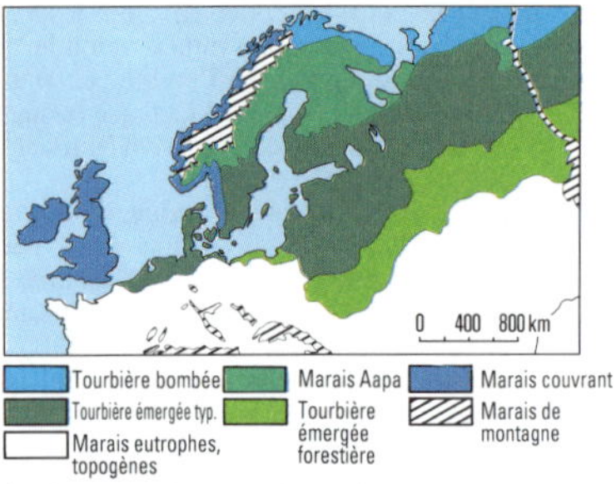

A Répartition des types de marais

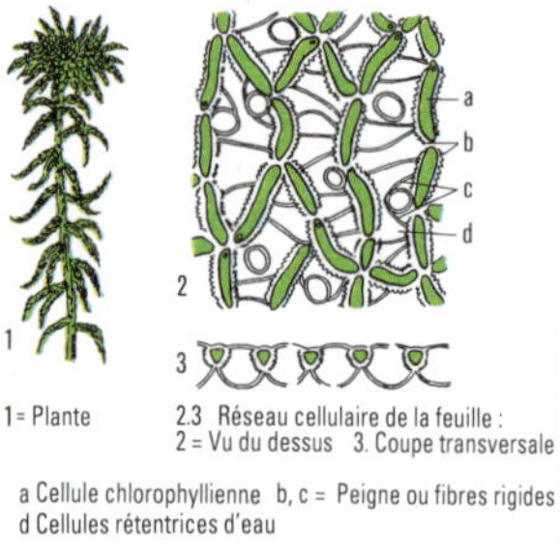

B Anatomie de la sphaigne

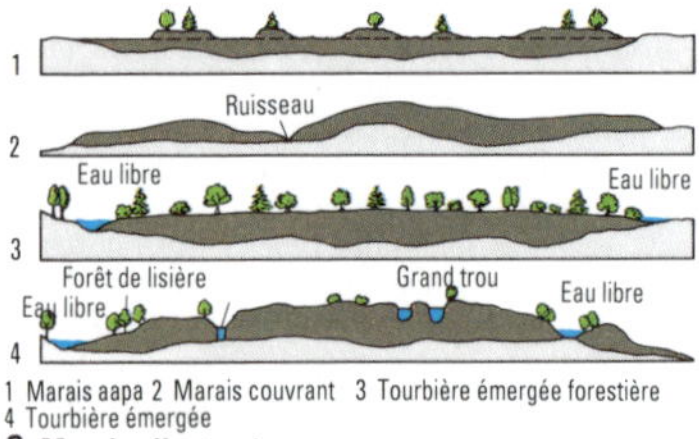

C Marais oligotrophes

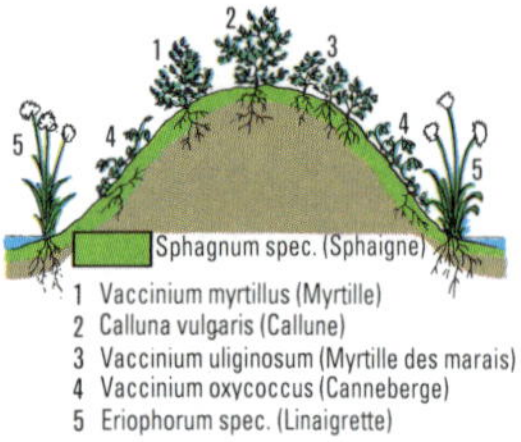

D Plantes des buttes de marais hauts (Nord-Ouest de l'Allemagne)

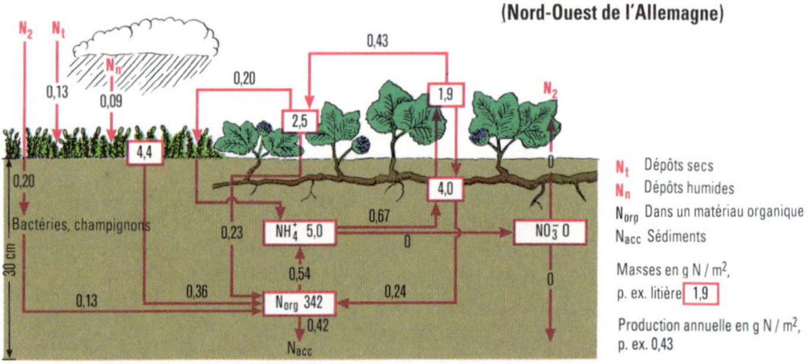

E Teneur en azote des marais ombrotrophes (Stordalen, Suède)

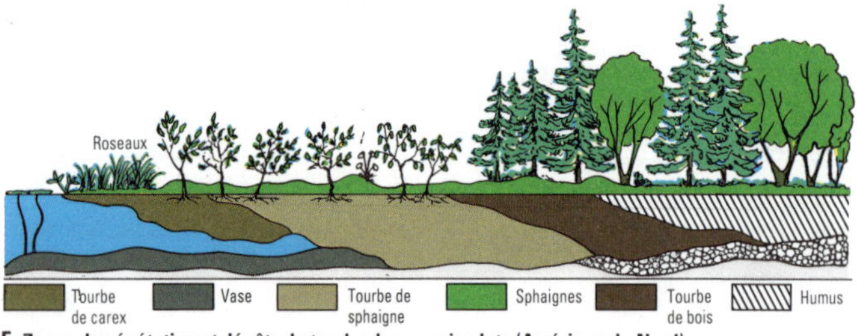

F Zones de végétation et dépôts de tourbe des marais plats (Amérique du Nord)

Les **marécages** se rencontrent partout sur la Terre, partout où l'humidité et les précipitations sont suffisamment élevées ou bien où la situation hydrologique provoque la formation de **tourbe**.

Les marécages se rencontrent le plus fréquemment dans les zones tempérées à froides, peut-être comme restes de la glaciation. Dans les zones tropicales ou subtropicales, ils se situent généralement en montagne ou dans les deltas.

Les marécages se forment lorsque les matériaux organiques ne sont que partiellement décomposés. Sous l'eau, dans un milieu pauvre en oxygène et acide, ils se décomposent lentement et s'enrichissent en tourbe. On distingue différents processus de formation de tourbe :

par les plantes nageant librement à la surface ou s'enracinant en eaux profondes (*subhydrique*) ;
par les roseaux et les typhas, en surface ou juste en dessous (*telmarique*) ;
par des carex, des herbes, s'enracinant au-dessus de la surface de l'eau ou saisonnièrement immergés (*semi-terrestre*).

On détermine le **stade d'humification** (**stade de décomposition**) d'après la couleur de la tourbe et le fait qu'on puisse ou non reconnaître encore les structures végétales.

La tourbe contient au plus 20 % de matériaux inorganiques, imputrescibles.

Les **marais topogènes** sont définis par le relief et ne subissent pratiquement pas l'influence du climat. Ils proviennent des écosystèmes aquatiques qui se dessèchent (**marais de dessèchement, bas** ou **peu profonds**), des écosystèmes terrestres, lorsque les eaux souterraines montent (**marécages, marais bas**) ou d'inondations persistantes. Ils tirent leurs substances nutritives du sous-sol minéral (*minérotrophe*), et sont de ce fait riches en minéraux (Sch. F).

Les **marais ombrogènes** se forment indépendamment du relief, particulièrement dans les régions à climat océanique froid et tempéré. Ils ne sont approvisionnés que par les eaux de pluie (*ombrotrophes*), ils sont extrêmement pauvres en substances nutritives et peuvent recouvrir le sol sous forme de **marais de revêtement** ou **marais hauts**.

Dans la toundra se forment des tourbières bombées (3-6 m de haut et env. 100 m de circ.), qui contiennent un noyau gelé en permanence (**marais à tourbières bombées**).

Plus au sud, p. ex. en Finlande, sur des déclivités planes se forment des **marais en ligne** (**marais Aapa**), en lignes parallèles à la pente.

Sur des couches imperméables du sol, l'eau en excès s'écoule dans ces marais. Ce sont des marais ombrotrophes, et minérotrophes aux endroits les plus profonds.

Dans les climats continentaux les tourbes de marais poussent plus lentement ; des arbres peuvent croître (**marais hauts forestiers,** Sch. A et C).

La **tourbe blanche** (**sphaignes**) avec ses caractéristiques particulières est indispensable à la formation de marais hauts.

Les *sphaignes* peuvent échanger des cations, en très faible concentration dans l'eau de pluie, contre des ions H^+. Cela acidifie l'eau environnante et inhibe les micro-organismes décomposeurs.

La structure spongieuse de la plante retient l'eau (Sch. B). Elle repousse sur les parties hautes de sa "tige" et la partie basse dépérit par manque d'air et de lumière.

Dans le Nord-Ouest, des variétés de sphaignes ont une croissance de 3,5-12 cm/an, de sorte que les plantes à fleur envahies doivent croître en même temps que les sphaignes (p. ex. grâce à des stolons).

Le marais, à cause de la pression croissante et de la transformation en tourbe, ne croît que de 0,5-1 mm/a.

La masse de tourbe gorgée d'eau se bombe avec le temps et autour d'elle se forment des zones d'eau peu profonde (**lagg,** Sch. C).

Il n'existe presque pas d'échanges entre les eaux retenues dans le marais haut et l'eau du sol à travers les couches de tourbes compressées et peu perméables. Les apports en minéraux sont presque exclusivement dus aux eaux de pluie, pauvres en substances nutritives (pH < 5,5).

A la surface du marais poussent différentes petites associations de plantes sur des bosses plus sèches en forme de coussins (**bulte**) : *marais tourbeux* avec des *buissons nains* et entre eux dans des creux remplis d'eau (**schlenkes**) généralement des *marais tourbeux* avec des *linaigrettes* (Sch. D).

Le **manque d'O_2** et de **substances nutritives** est particulièrement problématique pour les plantes des marais. Seuls les 10 cm supérieurs sont aérés et contiennent des organismes aérobies. Si la concentration d'O_2 dans les tissus de la plante tombe en dessous de 1 %, le métabolisme aérobie ne peut plus s'effectuer, des produits du métabolisme anaérobie apparaissent (p. ex. l'éthanol).

Seules les racines munies de canaux d'aération (*aérenchyme*) pénètrent les couches les plus profondes.

Dans certaines plantes ligneuses, des parties du xylème sont emplies d'air, p. ex. les anciennes trachéides du pin. L'O_2 oxyde les ions réduits et hautement toxiques (**Fe, Mn et S**). Ils sont transportés, rejetés ou stockés dans les parois cellulaires.

Les plantes à *feuilles sempervirentes*, qui résistent pendant plusieurs périodes de végétation, sont avantagées dans les marais pauvres en substances nutritives. La rareté extrême de N entraîne malgré la richesse en eau la formation de feuilles xéromorphes (**peinomorphose**).

Dans le *marais stordalique* (Suède), la réserve en azote a été bien étudiée (Sch. 5).

Dans les parties à croissance active des plantes, il y a enrichissement en K, N et P. Plus de 95 % du **N** et du **P** contenus dans la tourbe ne sont pas utilisables par les plantes. Les racines des plantes sont en concurrence avec les micro-organismes pour la fixation du N et du P. Pour couvrir les besoins en **Na, Ca, S** et **Mg,** les *apports atmosphériques* sont suffisants.

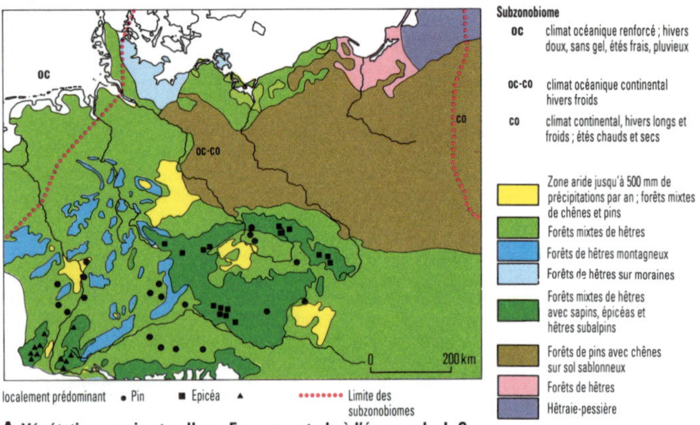

A Végétation quasi naturelle en Europe centrale à l'époque de J.-C.

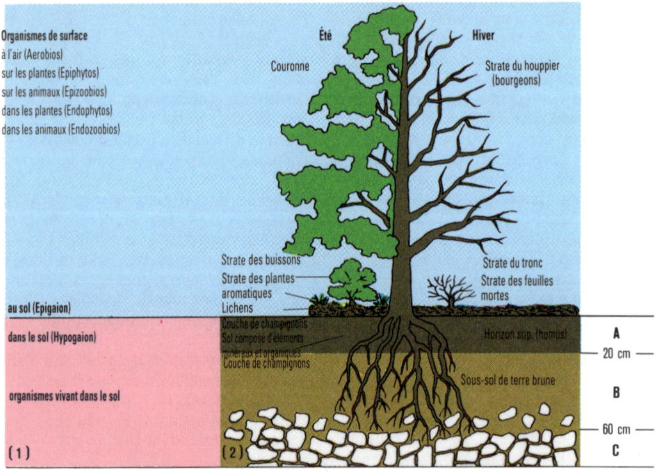

B Espaces vitaux des animaux (1) et structure des strates en été ou en hiver (2)

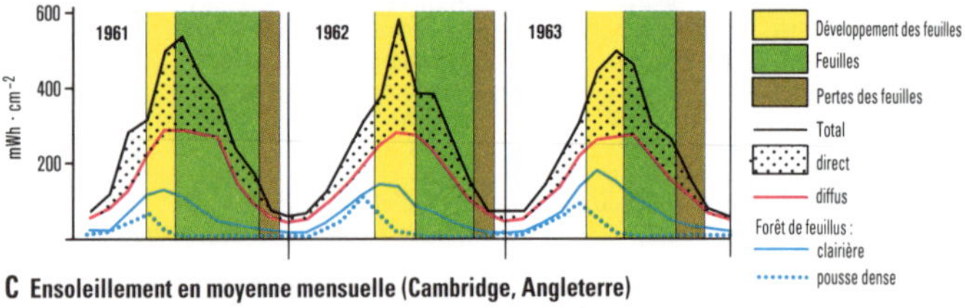

C Ensoleillement en moyenne mensuelle (Cambridge, Angleterre)

Le **zonobiome tempéré** occupe les régions orientales de l'Amérique du Nord et de l'Asie, et s'étend du centre de l'Europe jusqu'à l'Europe de l'Est (p. 30). Dans l'hémisphère Sud la zone tempérée se limite à de petites régions d'Amérique du Sud et de la Nouvelle-Zélande.

La *période de végétation* dure 4-6 mois avec un été doux, elle est limitée par des gelées. Les précipitations s'étendent sur toute l'année, il n'y a pas de période de sécheresse. L'humidité de l'air décroît lorsque la continentalité augmente, et les variations annuelles de température ainsi que la durée du gel sont plus importantes (p. 18).

Les *subzonobiomes* sont définis selon le caractère **océanique** ou **continental** du climat (Sch. A).

Les formations végétales naturelles sont la **forêt caducifoliée** et la **forêt mixte.**

Typiques du centre de l'Europe : les *hêtraies-chênaies, les hêtraies* sur sol acide, les *chênaies mixtes*, sur des sols sableux plus pauvres les *pinèdes*, en montagne des *forêts mixtes riches en arbustes* ou des *forêts mixtes de sapins et d'épicéas* (sapinières et pessières – Sch. A).

Les sols bruns, bruns lessivés ou les sols podzoliques sont fréquents (p. 24).

Les plantes de la *forêt mixte d'Amérique du Nord* riche en espèces (env. 800 variétés d'arbres contre 50 en Europe centrale) sont des espèces parentes des essences européennes.

Au sud des grands lacs, sur des sols sédimentaires (ère glaciaire) dominent *Tsuga, tilleuls, bouleaux,* et des *Liriodendron tulipifera (tulipiers)* ; sur le plateau appalachien *forêts mésophiles mixtes* avec *tilleuls, marronniers* et différentes espèces de *chênes.* L'*association chênes-hickory* est la plus répandue. Les pins (*Pinus rigida*) dominent sur sols pauvres.

Les *forêts caducifoliées* de l'hémisphère Sud (*forêts de Nothofagus)* s'opposent diamétralement à celles de l'hémisphère Nord, écologiquement et dans leur composition floristique et faunistique : faune et flore évoluent séparément depuis le miocène.

Les **forêts caducifoliées** sont stratifiées (*cimes, troncs, arbustes, herbes*) et leur aspect varie au gré des saisons (Sch. B).

Les plantes à floraison printanière (*géophytes, éphémérophytes*) dépendent de la lumière qui atteint le sol en l'absence du feuillage des arbres. Grâce à leurs organes de stockage (rhizome, oignon, tubercule), elles peuvent rapidement bourgeonner, fleurir et fructifier, de la fin avril jusqu'à mai, dans la litière déjà fortement réchauffée (25 °C-35 °C) (**aspect printanier**). Elles constituent l'alimentation des animaux qui se développent à cette saison.

Avec le développement du feuillage, les *conditions de température* et de *lumière* changent (Sch. C).

La **strate d'arbrisseaux** et **d'herbes** pousse dans le **microclimat** formé par la strate d'arbres (température équilibrée, quantité de lumière réduite, humidité de l'air relativement élevée).

La compétition entre les différentes variétés d'arbres dépend de la *quantité minimale de lumière* dont les jeunes pousses ont besoin.

Leur régénération se produit lors des *années de semence*. La rapidité de croissance des pousses dépend des essences. Pour la croissance, le minimum de lumière est rarement inférieur à 1 % de la lumière totale du jour. Le besoin en lumière est plus important lorsque l'acidité du sol augmente et que la teneur en substances nutritives diminue.

De ce fait, les *taches lumineuses* qui se déplacent sur le sol forestier ont une importance toute particulière.

La période de transition (*printemps/automne*) est plus longue en climat océanique (Europe de l'Ouest) qu'en climat continental (Europe de l'Est). La chute du feuillage est due à la diminution de la durée du jour. Par des températures autour de 0 °C débute l'adaptation au froid.

La concentration en sucres dans le cytoplasme augmente. La perméabilité de la membrane cellulaire s'accroît, la vacuole est divisée en plusieurs petites vacuoles.

La résistance au gel diminue rapidement au printemps par des températures > 0 °C, ce qui explique que des gelées tardives puissent causer d'importants dégâts.

En automne, la vie à la surface du sol se limite aux couches proches du sol. De nombreux animaux hibernent dans le sol. Le froid et le manque de nourriture en hiver obligent les animaux poïkilothermes et certains mammifères à **hiberner**.

La faune du sol reste active même sous la couche neigeuse si les températures ne sont pas trop basses.

La forêt fournit aux animaux beaucoup d'*habitats* et de *nourriture* (feuilles des cimes, litière, bois mort).

Les **phytophages** (se nourrissant de matières végétales) représentent un faible flux d'énergie dans la forêt de charmes. La réduction de la production primaire nette (PPN), de leur fait, est estimée à plus de 4 %. En tant que "décomposeurs primaires", ils stimulent l'activité des organismes du sol par leurs déjections et leurs cadavres.

Les **arthropodes**, *mangeurs de feuilles* et de *racines* ou *suceurs de sève*, ont une place importante dans l'écosystème.

Les **saprophages** représentent le groupe d'animaux le plus important pour l'écosystème. Ils décomposent plus de 96 % de la PPN.

La litière de feuilles est surtout décomposée par les *bactéries* et les *champignons* (*saprophytes* 80 %), beaucoup moins par les animaux (*saprophages* 20 %).

Les **zoophages** sont des arthropodes (carabidés, araignées, mouches), des oiseaux et des rongeurs. Les grands zoophages (ours, loups, lynx) ont disparu, de sorte que les grands herbivores n'ont plus de prédateurs naturels et que la densité de leur population est régulée par la chasse. Lièvres et lapins ont encore des prédateurs naturels (renard, oiseaux de proie).

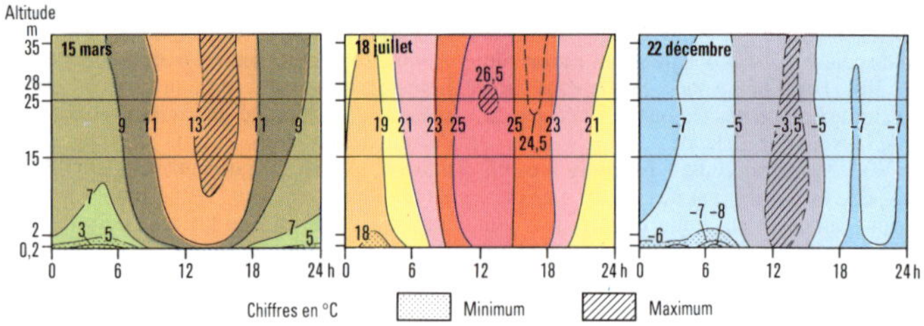

A Température quotidienne de l'air d'une forêt de hêtres (beau temps, 1972)

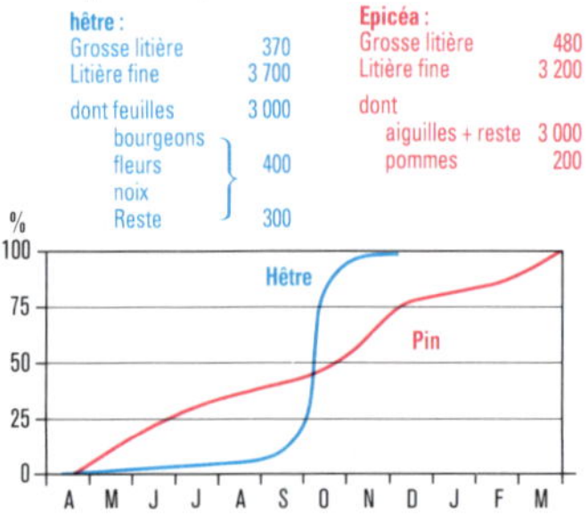

B Production et somme annuelle de la litière fine du hêtre et de l'épicéa

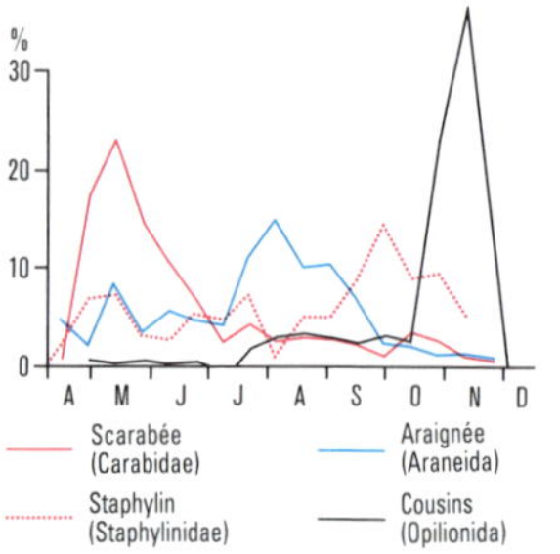

C Activité des zoophages les plus importants du sol des forêts de hêtres

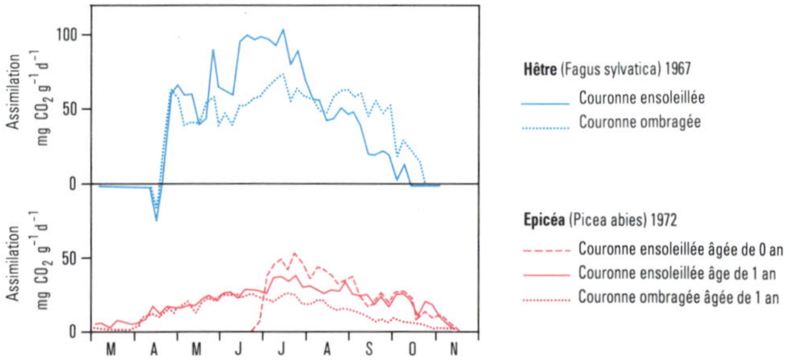

D Bilan quotidien (moyenne sur 5 jours) des échanges de CO_2

	Hêtre : Soleil	Ombre	Pin :	Soleil	Ombre
Gain annuel des feuilles en CO_2 (g CO_2 . g^{-1} TG . a^{-1})	9,8	9,2	0 an	4,5	2,8
			1 an	5,2	3,2
			2 ans	3,2	2,0
			3 ans	2,8	2,7
Jours positifs en CO_2 (d • a^{-1})	176			260	
Pousse de feuilles de l'année (kg TG • m^{-2} • a^{-1})	0,3041			0,289	
Feuilles plus anciennes kg TG • m^{-2} • a^{-1})	0			1,786	
Gain annuel en C (kg C • m^{-2} • a^{-1})	0,788			1,384	

E Assimilation de CO_2 et bilan en carbone du hêtre et de l'épicéa (TG = Poids à sec)

Dans le cadre du **Programme international biologique** (PIB), un projet de recherche a été mené de 1966 à1986 sur le Solling, une région d'Allemagne.

On y a étudié des **hêtraies** (2500 m² chacune) d'un âge de 60, 80 et 130 ans. Des **forêts d'épicéas** de 40, 85 et 115 ans ont servi de point de comparaison.

La végétation forestière crée un **microclimat** spécifique. Les précipitations se répartissent autrement dans les forêts de feuillus (ruissellement le long des troncs) que dans les forêts d'épineux. Même si les mouvements des masses d'air y sont moins forts, de petites masses d'air s'y échangent même par vent nul sous l'effet du réchauffement et réduisent les différences de température. Cela ne réchauffe la feuille du hêtre que de 2 à 3 °C au-dessus de la température de l'air ambiant.

On trouve les *températures maximales* après la pousse des feuilles dans la couronne de l'arbre (Tab. A).

La nuit, l'air froid descend vers le sol (*température minimale)*.

Si une couverture neigeuse uniforme se constitue l'hiver, la température dans le sol descend rarement, même en cas de grand gel, en dessous de 0 °C : les micro-organismes restent actifs.

Même pour le hêtre, l'hiver n'est pas une période de repos complet.

Dès le mois de novembre, à des températures au-dessus de 0 °C, les micorhizes provoquent une pousse renforcée des racines (p. 51).

Cependant le hêtre ne bourgeonne qu'au printemps lorsque la *température du sol* où se trouvent les racines atteint 7 °C et plus.

La *photosynthèse* du **hêtre** est réduite par une baisse de luminosité (ciel couvert, crépuscule, ombre). En moyenne sur l'année, les températures et l'humidité de l'air sont des facteurs moins restrictifs, ce qui fait que les *feuilles ensoleillées* travaillent à 57 %, les *feuilles ombragées* à 45 % de leur capacité maximum. Deux mois après le bourgeonnement, les feuilles ensoleillées atteignent leur rendement maximal. Elles perdent leur couleur dès le mois d'août. Les feuilles ombragées, par contre, atteignent leur rendement maximal peu avant la chute des feuilles.

C'est pour cette raison que les *rendements de la photosynthèse* des deux types de feuilles sont quasi identiques sur la somme globale de l'année.

Comparé à l'**épicéa sempervirent,** le hêtre a une *assimilation de* CO_2 annuelle plus faible (Tab. E).

L'épicéa atteint des taux élevés de photosynthèse pour les *aiguilles annuelles*, mais leur rendement n'atteint pas celui des feuilles de hêtre.

En juin il forme de nouvelles aiguilles, alors que le hêtre forme ses feuilles en avril/mai.

La forte augmentation du poids sec des aiguilles de l'épicéa entraîne une baisse du taux d'assimilation par unité de masse des aiguilles de l'année à la fin de l'été. Plus les aiguilles vieillissent, plus le rendement d'assimilation baisse.

L'avantage de l'épicéa réside dans une *période végétative plus longue* et *une durée de vie plus élevée des feuilles.*

Si la fixation de CO_2 est stoppée pendant les nuits de gel, les aiguilles peuvent cependant déjà débuter la photosynthèse au moindre réchauffement printanier. Le hêtre consomme une grande quantité d'hydrates de carbone pour constituer ses feuilles.

La **biomasse terrestre** (feuilles exclues) est de 310 t/ha pour les hêtraies de 130 ans. Avec les feuilles (3 t/ha) la *production par unité de surface* se situe à 10 t/ha/a. Les forêts d'épicéas n'atteignent cette valeur que lorsqu'elles sont jeunes.

La PPN de la végétation au sol (herbes, fougères, mousses) est plus élevée avec 20 à 30 kg/ha/a dans les forêts d'épicéas que dans celles de hêtres.

La biomasse la plus élevée de *radicelles* et *radicules* (> 2 mm diam.) du hêtre se trouve dans l'humus et dans la couche minérale supérieure du sol (production de biomasse 1 500 kg/ha/a).

La **chute des feuilles** débute en septembre dans la couronne exposée au soleil et se termine la plupart du temps début novembre. L'épicéa perd des épines de mars à mai, ainsi que d'octobre à novembre. Sa masse de litière globale sur l'année est inférieure de 10 % à celle du hêtre (Tab. B).

Dans la hêtraie du Solling vivent 1 500 à 1 800 espèces animales, la plupart dans les couches de décomposition du sol.

Les vertébrés ont une moindre influence sur la répartition des espèces et la structure des peuplements.

La chaîne alimentaire commence avec les feuilles, les racines et les fleurs ou graines de hêtre. Parmi les **phytophages** on peut citer les *mangeurs de feuilles* (charançons, chenilles), les *mineurs de feuilles* (larves de taupin du hêtre), les *producteurs de galle* (mouches à galle), les *buveurs de sève,* les *mangeurs de racines, fleurs et graines* .

La deuxième chaîne alimentaire mène aux **saprophages**, qui se nourrissent de matières organiques en décomposition (*litière de feuilles / de bois)*. Comme les substances organiques en décomposition sont rapidement traversées par des *champignons et bactéries*, les saprophages mangent aussi des quantités plus importantes de matières organiques vivantes. Les capacités nutritives des décomposeurs primaires sont assez étendues (cf. p. 53). On rencontre très peu de *vers de terre* sur les sols pauvres en calcaire du Solling.

Les relations trophiques sont complexes, puisque les cycles et les espaces vitaux des partenaires doivent se correspondre.

Beaucoup de **zoophages** ont des *modes d'activité* (Tab. C) différents, liés aux cycles vitaux et aux saisons.

Les **précipitations acides** (env. 100 fois l'acidité naturelle) épuisent les *réserves élémentaires* en **Mg** et **Ca** du Solling. Pour le **K, Mg** et **Ca,** la fixation annuelle des éléments dans la biomasse est couverte par les apports extérieurs. L'augmentation en **S, Na** et **Cl** dépasse plusieurs fois les besoins de la biomasse. Les réserves nutritives échangeables du sol ne sont pas plus importantes que celles fixées dans la biomasse.

Productivité en t . ha^{-1}	Europe de l'Est – Steppe herbacée	Europe de l'Est – Steppe sèche	Asie centrale – Steppe semi-désertique
Phytomasse	23,7	22,8	9,8
vert	3,7 (16 %)	2,0 (9 %)	1,4 (14 %)
racines et rhizomes	20,0 (84 %)	20,0 (91 %)	8,4 (86 %)
Product. ann. = déchets	10,4	8,7	4,2
en % de phytomasse	44 %	40 %	43 %
vert	3,7 (36 %)	2,0 (23 %)	1,4 (33 %)
sous-terrain	6,7 (64 %)	6,7 (77 %)	2,8 (67 %)

Amérique du Nord

g · m^{-2}	Désert 230		Plaines Steppe d'herbes rases 300		Prairies Steppe mixte 380		Prairies Steppe d'herbes hautes 940	
	Vierge	Pâturé	Vierge	Pâturé	Vierge	Pâturé	Vierge	Pâturé
Plantes	81	50	69	43	154	95	256	221
mortes à la surface	1	1	26	18	80	59	204	44
Litière	69	52	98	89	448	239	111	206
souterraine vivante et morte	197	185	1600	1800	1213	2086	893	781

Pâturé Vierge 300 mm précipitations annuelles

A Productivité des associations des steppes

B Pousse et développement des racines de Haloxylon persicum

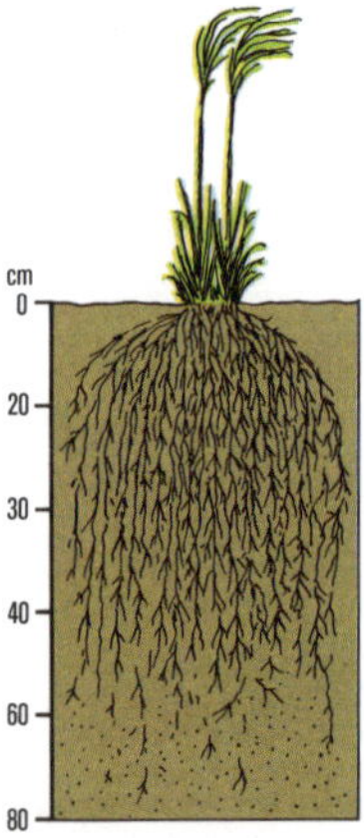

C Système des racines du Stipa spec.

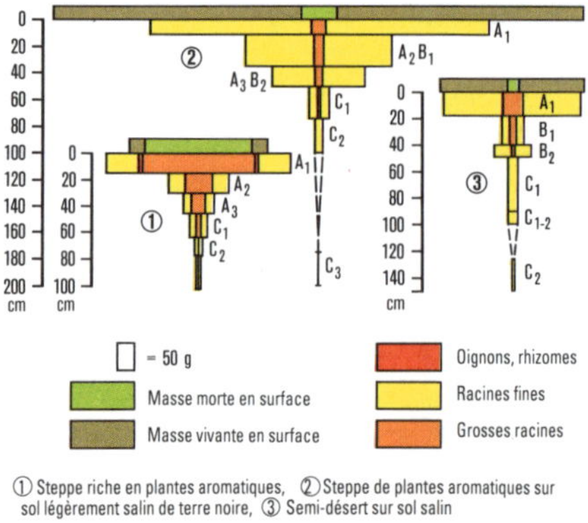

D Répartition des masses végétales en g / poids à sec

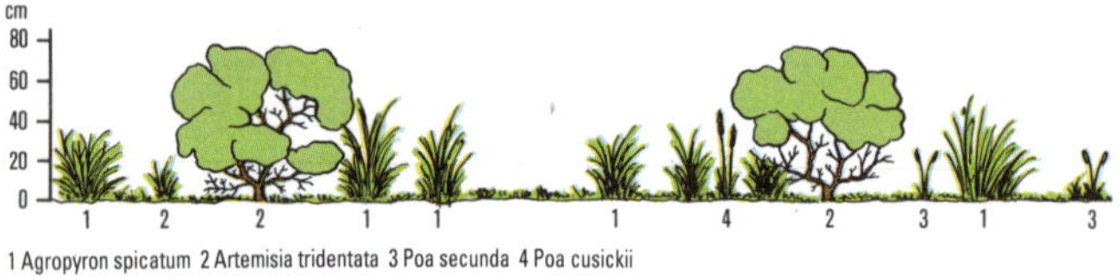

E Semi-désert du Sagebush (Amérique du Nord)

Comparées aux zones tempérées de climat océanique, les régions à climat continental connaissent des étés plus chauds, des hivers plus froids et des précipitations annuelles plus faibles (cf. p. 18, 5 à 10). La forêt naturelle de feuillus devient une **steppe forestière**, sorte de mosaïque de forêt et de steppe.

L'*évaporation potentielle* est supérieure aux précipitations annuelles (500 à 600 mm). *La disponibilité en eau* devient un facteur restrictif pour la pousse des arbres.

La **steppe** se définit comme une étendue couverte d'herbes et dépourvue d'arbres située dans les régions semi-arides des zones tempérées. Elle occupe de grandes surfaces à l'intérieur des continents :

steppes de la mer Noire et *steppes du Kazakhstan* (Asie), *prairie* et *grandes plaines* (Amérique du N.), et *pampa* (Amérique du S.).

Lorsque les saisons sèches sont plus longues, les steppes deviennent des zones semi-désertiques ou des déserts. L'eau des faibles précipitations du printemps ou de la fonte des neiges peut être stockée dans le sol (pas de lessivage).

Les **terres noires** riches en humus sont typiques de la zone continentale (p. 26). Pendant les mois secs d'été et d'automne, l'eau capillaire remonte en surface, *réduit la teneur en calcaire* et *l'acidité* du sol.

Les sols des régions semi-désertiques deviennent salins.

En *Eurasie*, les **steppes** se transforment en **prairies riches en espèces herbacées** sur les sols bien détrempés au printemps par la fonte des neiges.

De nombreux **hémicryptophytes** succèdent aux **géophytes bulbeux** (*tulipe, ornithogale et crocus*).

Plus au sud on trouve des **steppes d'herbes hautes** plus pauvres en espèces. Les feuilles virent au brun dès le mois de juillet à cause de la sécheresse. Les organes végétaux vivant à la surface meurent, des *bourgeons de renouvellement* hibernent près de la surface du sol.

Vers le sud, la sécheresse augmente, entraînant une allocation plus importante à la phytomasse souterraine (racines ; Sch. C).

La production annuelle est 9 fois plus élevée les années humides que les années sèches. Comme la phytomasse souterraine ne se modifie que très peu,

la **production annuelle nette** correspond à la production de litière (Tab. A).

L'équilibre naturel a été modifié par l'homme dès la préhistoire.

Des troupeaux (*antilopes saïgas, moutons sauvages, tarpans* = chevaux sauvages), et *ânes sauvages* ont été exterminés.

Les rongeurs ayant pour la plupart une activité nocturne (*taupe-rat [bathyergidé], marmotte*) vivent dans des terriers et assurent leurs besoins en eau à l'aide de plantes fraîches, ou vivent pendant la période de sécheresse de l'*eau du métabolisme* (p. 100).

Ils servent de nourriture aux carnivores (*loup, aigle, autour*).

Si les précipitations annuelles sont < 300 mm, la steppe devient **semi-désertique**. Pour une couverture du sol de 20 à 45 %, la végétation pauvre en espèces produit peu d'humus. Il en résulte des **sols châtain**.

Dans les déserts particulièrement arides d'Asie centrale où les précipitations annuelles s'élèvent à 80/100 mm avec une évaporation annuelle > 1 500 mm, se constituent des **sols squelettiques** d'une teneur en humus < 1 %, qui deviennent salins. Des plantes qui peuvent utiliser les poches d'eau sous les dunes s'y installent par endroits (p. ex. *l'acacia des sables = Ammodendron*).

L'*haloxyle* photosynthétise à l'aide de pousses dépourvues de feuilles, qui meurent à la fin de la période végétative (Sch. B).

La prairie et les Grandes Plaines d'Amérique du Nord forment 3 ceintures méridionales :

Les **steppes d'herbes hautes** à l'est, les **steppes mixtes** et les **steppes d'herbes rases** à l'ouest. A l'est la végétation naturelle forme des îlots forestiers (*Quercus, Hickory = Carya*) et des steppes d'herbes hautes riches en herbes du type *Andropogon, Panicum ou sorghastrum* (hautes de 1,5 à 2,4 m). On trouve souvent des *stipes* ou des herbes rases (*herbe de bison = Buchloe dactyloides* et *Bouteloua*) dans les steppes intermédiaires dont la hauteur de pousse est moyenne (0,6 à 1,2 m). Les herbes se font plus rares dans les steppes d'herbes rases (jusqu'à 60 cm), les *communautés d'herbes de bison et de Bouteloua* dominent.

D'importants **herbivores** (*bisons*) étaient répandus dans les steppes et les régions forestières. Tout comme en Eurasie, beaucoup de rongeurs peuplent la prairie, p. ex. :

Les *chiens de prairie*, qui servent de nourriture aux *serpents à sonnettes, hiboux, autours, renards et coyotes*.

Dans le Grand Bassin et le Plateau du Colorado, entre les chaînes montagneuses des Montagnes Rocheuses, la steppe devient le **semi-désert de sagebrush** (Sch. E). Des *buissons nains d'artemisia (sagebrush)* forment avec des buissons et des herbes 70 % de la végétation, soit 90 % de la biomasse. La phytomasse globale est de 2-12 t/ha.

Le *sagebrush* présente des adaptations remarquables :

des feuilles enrichies en terpènes et coumarines le protègent des animaux ; des substances allélo-chimiques réduisent la respiration des racines et la germination des concurrents ; de grandes feuilles sont actives du printemps à l'été en période de sécheresse et de petites feuilles pérennes bourgeonnent à la fin du printemps.

La **pampa** d'Amérique du Sud diffère nettement d'un point de vue climatique des steppes de l'hémisphère Nord. A l'est tombent ≈ 900 mm de précipitations/a, à l'ouest et au sud ≈ 450 mm.

Les herbes typiques de la pampa riche en espèces sont : *brizes, brome, Panicum, Papsalum et Lolium*. Les sols ressemblent beaucoup aux sols de terre noire. Les niches écologiques correspondantes sont occupées par :

des *cerfs de la pampa*, des *rongeurs* comme les *viscaches*, "*lapins de la pampa*" ; *loup de la pampa, serpent à sonnettes* et le *nandou*, oiseau incapable de voler.

Des analyses de pollens démontrent que les parties humides de la pampa étaient couvertes de *forêts de Nothofagus* il y a 2 300 ans, ce qui laisse suposer que le déboisement est d'origine anthropogène.

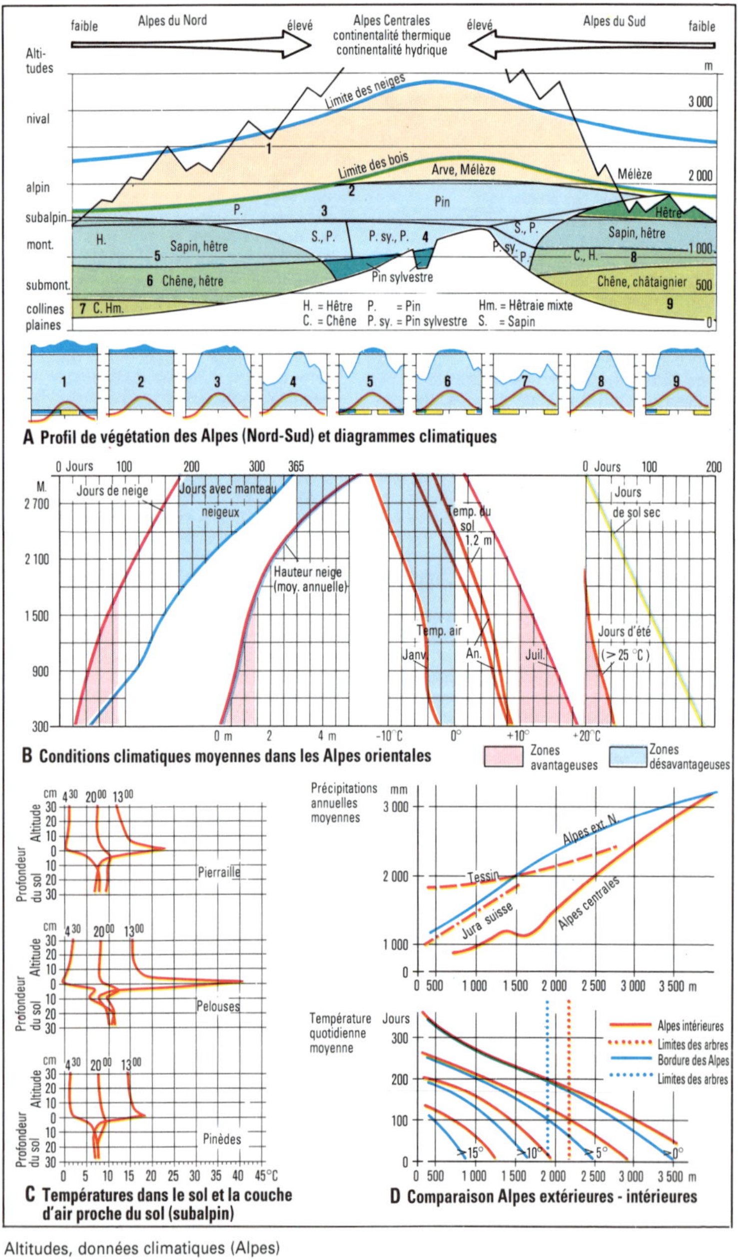

A Profil de végétation des Alpes (Nord-Sud) et diagrammes climatiques

B Conditions climatiques moyennes dans les Alpes orientales

C Températures dans le sol et la couche d'air proche du sol (subalpin)

D Comparaison Alpes extérieures - intérieures

Altitudes, données climatiques (Alpes)

La **haute montagne** est le résultat de poussées orogéniques récentes (tertiaire). Ses roches ont été mises au jour par une érosion intensive, et où :

> "les reliefs abrupts créent des variations verticales des données écologiques souvent discontinues, marquées par des limites altitudinales."
> (d'après Rathjens, 1982)

Les espaces vitaux des hautes montagnes se distinguent de ce fait nettement des plaines environnantes, car avec l'altitude les **conditions climatiques** deviennent plus extrêmes.

La densité de l'atmosphère et le trouble de l'air diminuent avec l'altitude (pression de l'air à 6 000 m d'altitude = env. la moitié de celle à l'altitude zéro ; beaucoup moins de vapeur d'eau et d'aérosols en altitude). La teneur en rayons se modifie donc en faveur du rayonnement solaire direct à forte teneur en UV, mais le rayonnement diffus diminue.

Cela entraîne un *réchauffement du sol* et une *évaporation* intenses (Tab. C), renforçant les contrastes entre adret et ubac (**exposition**).

Cependant la température de l'air diminue avec l'altitude (Tab. B) en raison du rayonnement d'ondes longues plus élevé et des **gradients géothermiques adiabatiques**.

La chute de température moyenne de 0,5 °C/100 m d'altitude varie selon les saisons et la zone climatique.

Les sommets isolés ont un gradient géothermique plus grand et sont plus froids à une altitude identique que des massifs montagneux fermés ou des hauts plateaux (**effet de masse**).

Les hautes montagnes sont les plus grands obstacles à la *circulation atmosphérique*. A grande échelle il en résulte des

côtés fortement *exposés aux vents* (avec des précipitations plus fortes par effet de barrage) et des côtés *abrités du vent* (avec des précipitations plus faibles).

Le relief de haute montagne est à l'origine de la formation de nombreux courants atmosphériques. Dans la journée, l'air se dirige de la face externe des montagnes vers les vallées et remonte les vallées entre les pentes.

Le *vent de vallée* se met à souffler en fin de matinée et cède la place au *vent de montagne* pendant la nuit, qui atteint sa force maximale vers le matin.

De plus, se forment localement des *vents glaciaires* ou *vents des neiges (vents rabattants)*, suite au refroidissement des masses d'air au-dessus des glaciers. Des *poches d'air froid* peuvent se constituer dans les vallées et les bassins, caractérisés par des inversions de temp. et des couches atmosphériques stables.

Dans les régions de haute montagne non tropicales la quantité des précipitations baisse avec l'altitude (Tab. D).

Les grands massifs montagneux des Alpes ont un type de climat humide et frais (plus océanique) dans leurs zones de bordure et plus sec, avec des étés plus chauds (plus continental), dans leur zone centrale (Sch. A).

Les précipitations y sont plus violentes que dans les plaines et peuvent provoquer des crues, des glissements de terrain et des avalanches de boue ou de pierres.

Une partie des précipitations se fait sous forme de neige et se fixe, donnant des *névés* et des *glaciers* qui glissent lentement vers la vallée. Une couverture de neige poudreuse de 10 à 12 cm d'épaisseur ou 3 cm de neige mouillée correspond à 1 cm de précipitations sous forme de pluie.

L'*érosion physique* à la suite de trop grands écarts de température ou à une alternance de gel et de dégel est plus importante que l'*érosion chimique*, qui par manque de chaleur ne peut se faire que très lentement.

Il en résulte des **couches d'érosion grossières,** riches en roches et graviers.

La **couche de neige**, qui augmente avec l'altitude (Tab. B), devient un facteur particulièrement déterminant pour la végétation au-dessus de la limite de la forêt. Le vent et l'ensoleillement entraînent selon les reliefs des *périodes d'enneigement* très différentes.

La couche neigeuse protège la végétation des grands gels (temp. mesurée pour une épaisseur de neige de 60 cm en décembre : - 25 °C à la surface de la couche neigeuse, 0 à -1 °C à la surface du sol).

Le rayonnement global traverse en partie la couche de neige.

Dans une couche de neige ancienne, la quantité de rayonnement diminue de moitié à 2 cm de profondeur, passe à 1/4 à 8 cm et à 1/10 à 18 cm.

L'**écoulement des sols (solifluxion)** est plus fréquent en haute montagne. Les couches mouillées du sol glissent sur un sous-sol souvent gelé et provoquent des *guirlandes* ou *bosses de pelouses*.

Plus on s'élève en montagne, moins les **profils des sols** que l'on rencontre sont développés. Les horizons ne sont épais que de quelques cm, avant de passer à des sols alpins primaires. Au niveau alpin se développent

sur des roches acides des podzols, sur des silicates des pelouses de terre brune, sur des roches calcaires des rendzines, dans les bassins saturés d'humidité des pseudogleys alpins.

Il n'existe pas de plus grande différence *microclimatique* que celle entre le climat persistant d'une forêt et celui d'une végétation ouverte. Une **couverture naturelle du sol** modifie considérablement les rapports de températures à la surface du sol (Tab. C).

L'horaire de prise de mesure de 4 h 30, peu de temps avant le lever du soleil, correspond au temps de la plus forte diffusion de rayons (temp. la plus basse à la surface du sol).

A 13 h, temps de la plus forte irradiation, la surface des pelouses se réchauffe jusqu'à > 40 °C, alors que la temp. de l'air à 10 cm du sol reste inférieure.

Le passage d'une irradiation prédominante à une diffusion prédominante se fait aux alentours de 20 h.

A une profondeur de sol de 30 cm on ne constate pratiquement plus de différence de temp. On y oppose

le fonctionnement plus équilibré des temp. au sein des forêts d'épicéas (Sch. C).

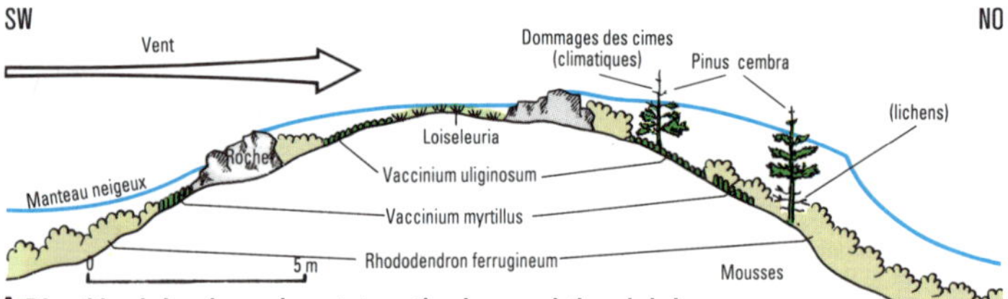

A Répartition de la neige par le vent et zonation des associations de buissons nains sur le coteau proche de la limite des arbres (Engadine supérieure)

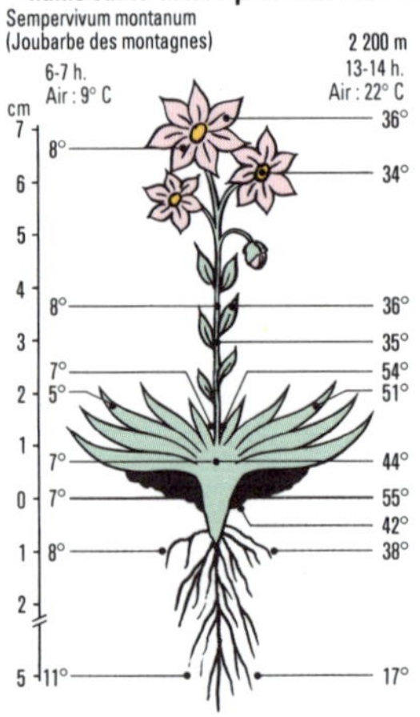

B Température au matin et à la mi-journée d'une joubarbe des montagnes (Sempervivum montanum) (jour d'août ensoleillé)

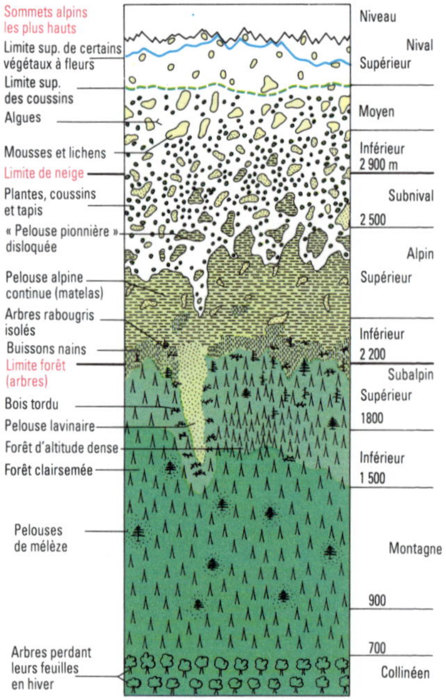

C Étagement altitudinal

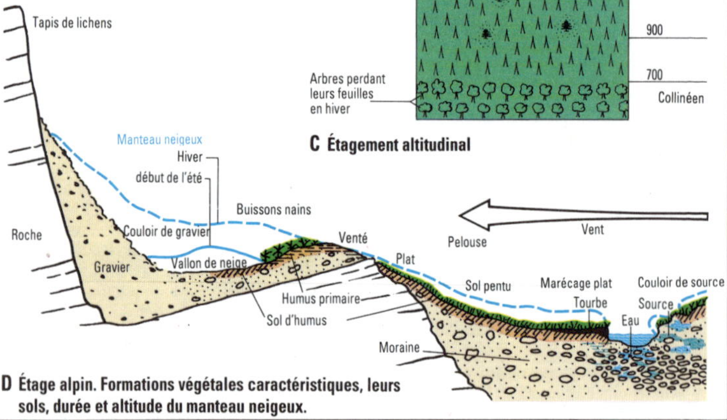

D Étage alpin. Formations végétales caractéristiques, leurs sols, durée et altitude du manteau neigeux.

A cause des conditions extrêmes de l'environnement des hautes montagnes, plus l'altitude est élevée moins les espèces végétales sont nombreuses. La grande quantité de *rayons UV* provoque généralement :

un raccourcissement des pousses, un feuillage plus dense, une abondance de tissus d'assimilation moins riches en chlorophylle, des fleurs aux couleurs plus vives.

Pour se protéger du rayonnement, les plantes ont une couche externe des feuilles (*cuticule, épiderme*) qui absorbe mieux les rayons UV.

Les fortes variations de température limitent les lieux d'implantation (Sch. B).

L'augmentation de l'altitude réduit la **période de végétation** (temp. journalière moyenne supérieure à 5 °C) ou la **période de croissance** d'env. 6 à 7 jours par tranche de 100 m (Alpes suisses : alt. 1 000 m : 125-210 jours, alt. 2 000 m : 25-120 jours). Il en résulte un **étagement altitudinal de la végétation** (Sch. C ; p. 94, Sch. A).

Quelques plantes à fleurs atteignent l'**étage nival haut** :

Ranunculus glacialis (renoncule des glaciers), *Saxifraga oppositifolia* (saxifrage rouge), *Saxifraga aspera* (saxifrage à feuilles rugueuses), *Androsace alpina, Gentiana bavarica* (gentiane bavaroise).

A cet étage il tombe plus de neige qu'il ne peut en fondre. Comme la saison clémente et la période de végétation sont particulièrement limitées, on rencontre ici plus particulièrement, comme à l'étage alpin, une **pousse en forme** de *tapis* ou de *coussin*. Cela atténue les variations extrêmes de température et d'humidité.

La **limite climatique de la neige** sépare les **étages nival** et **subnival** ; elle varie très fortement

(sous les climats à fortes précipitations et nuages nombreux pour une temp. annuelle moyenne de 4° à 5° C et sous les climats secs à fort rayonnement entre -8° et -10 °C).

L'**étage alpin** se caractérise par des *communautés d'herbes de prairie, Curvuletum, Seslerieto-semperviretum, Firmetum,* parfois des *Rhododendron hirsutum,* des *tapis de Loiseleuria procumbens,* etc., qui peuvent se retrouver à côté de *buissons de pins nains,* des *forêts de mélèzes, d'épicéas* dans **l'étage subalpin.**

La **limite des arbres et des forêts** sépare l'étage alpin de l'étage de haute montagne. Les limites exactes sont difficiles à définir. Selon la définition

un "*arbre*" a un tronc d'au moins 2 m de haut (Holtheimer, 1967), on parle de forêt lorsque pour un enracinement régulier des espaces intermédiaires, les couronnes occupent 30 à 40 % de la surface (Ellenberg/Müller-Dombois,1967).

Les ensembles clos d'arbres cessent à la limite des forêts, on trouve des arbres isolés (*pousse infirme*) jusqu'à la limite de pousse des arbres. La *limite climatique des forêts* ne peut être rencontrée de manière nette que dans des paysages laissés à l'état naturel, permettant ainsi à la limite de pousse des arbres et à la limite des forêts de correspondre.

Les *forêts d'épicéas, de pins nains et de pins des montagnes* s'étendent jusqu'à la **limite alpine des forêts.**

Des observations effectuées dans les Alpes centrales, où l'arve (pin cembrot, *Pinus cembra*) marque la limite de pousse des arbres, démontrent que ce ne sont pas des facteurs uniques qui déterminent cette limite.

Après la période de végétation, les plantes deviennent *résistantes au gel* :

1) elles accumulent du sucre dans leurs cellules, en part. des substances protectrices, diminuent leur teneur en eau, et survivent ainsi à des gelées de faible importance sans former de cristaux de glace.

2) les biomembranes et les enzymes sont modifiées, de manière à supporter une perte d'eau lors de la formation de glace.

Cet endurcissement progressif permet aux plantes de résister à de grands gels. Le dégel affaiblit cette capacité de résistance. C'est pour cette raison que les gelées tardives d'avril/mai sont extrêmement dangereuses.

Des parties de plantes qui dépassent du manteau neigeux sont soumises de septembre à avril, tant que le sol est gelé, au *stress de sécheresse.*

Les racines ne peuvent pas puiser d'eau. Malgré la fermeture des stomates, qui restreint la transpiration, la transpiration cuticulaire ne peut être stoppée.

83 % des journées entre septembre et mai connaissent des temp. de plus de 0 °C.

Des pousses qui n'ont pas atteint la maturité, dont la cuticule est trop fine, se dessèchent.

En Europe centrale on distingue 4 étages altitudinaux d'après les formations d'arbres qu'on y rencontre :

1) A l'**étage de plaine** on rencontre des chênes dans des régions à températures moyennes relativement élevées, mais aux précipitations basses, et des épicéas dans des climats plus continentaux, sur des sols sableux ou des tourbières marécageuses.

Dans les régions vallonnées plus retirées, à l'**étage collinéen**, se trouvent de nombreuses *forêts mixtes de chênes et de hêtres.*

2) L'**étage submontagneux** commence au nord de l'Europe centrale à 250 m d'alt. et dans le sud à 550 m et est plus part. peuplé de hêtres.

3) Lorsque la temp. moyenne est inférieure de 3°C à la température de la vallée, on parle d'**étage de montagne**. Il débute au nord de l'Europe centrale à env. 500 m et dans le sud à env. 900 m. On y rencontre en plus du hêtre de plus en plus de conifères.

4) L'**étage subalpin** constitue le dernier étage forestier des montagnes d'Europe centrale et des Alpes. Les conifères y prédominent *(épicéas, sapins, pins des montagnes).*

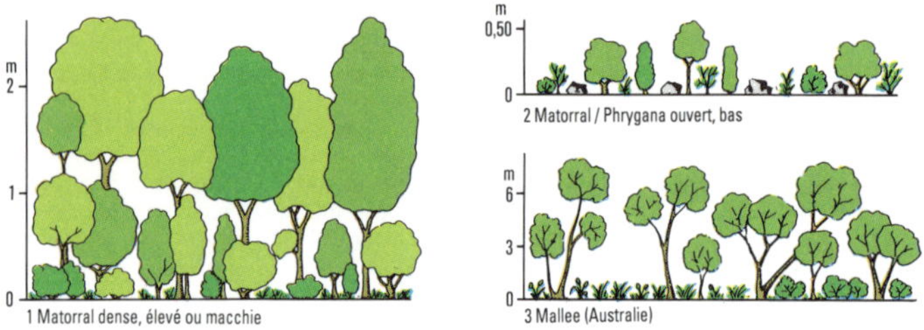

A Espèces et profil des formation sclérophylles méditerranéennes

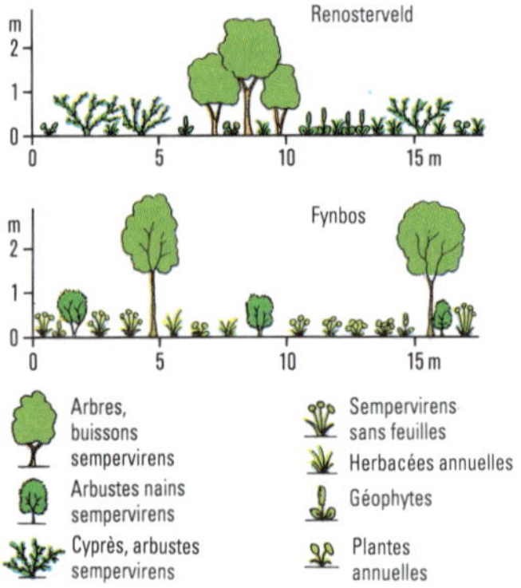

B Formations sclérophylles d'Afrique du Sud

Végétation	Forêt sempervirente	Buissons sempervirens		Buissons nains
Formation	Forêt de chêne sempervirente	Chaparral	Garrigue	Phrygana
Localisation	France	Californie	France	Grèce
Age en années	150	17-18	17	?
Hauteur (m)	11	~1,5		<1
Indice foliaire $m^2 \cdot m^{-2}$	4,5	2,5	-	1,7
Biomasse $kg \cdot m^{-2}$				
Rameaux	26,9	2,04	2,35	1,1
Bois	26,2	1,67	1,95	0,89
Feuilles	0,7	0,37	0,4	0,21
Racines	~ 5,0	~ 1,22	-	1,62
Litière	1,14	1,36	-	-
Biomasse totale	33,04	4,62	-	-
Rapport racine/rameaux	0,19	0,6	-	1,5
Production en $kg \cdot m^{-2} \cdot a^{-1}$				
Biomasse à la surface du sol	0,26	0,13	0,11	0,20
Litière	0,39	0,28	0,23	0,21
Rameaux (net)	0,65	0,41	0,34	0,41
Décomposition en litière $kg \cdot m^{-2} \cdot a^{-1}$	0,3	0,26	-	-

C Productivité des formations méditerranéennes sclérophylles

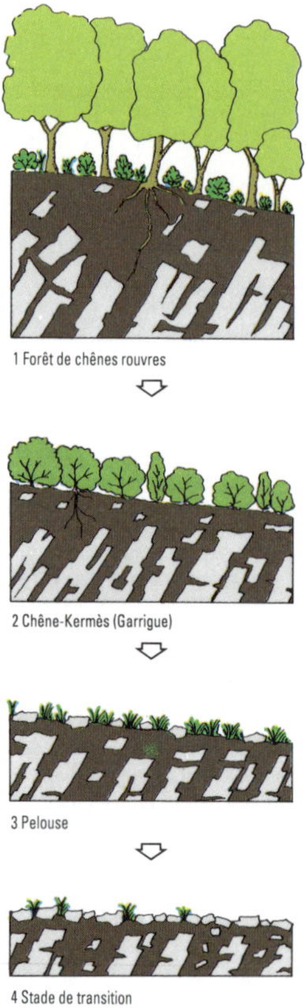

D Schéma de dégradation d'une forêt de rouvres sur roche calcaire (Sud de la France)

Formations méditerrannéennes sclérophylles

Le **zonobiome méditerranéen** constitue la zone de transition entre la zone tempérée et la zone tropicale, ou entre les espaces humides et les espaces arides. Les 5 régions (par ordre de grandeur : *espace méditerranéen, Australie du Sud et du Sud-Ouest, Californie, Chili, Afrique du Sud)* se situent entre les 30ᵉ et 40ᵉ parallèles. Seul l'espace méditerranéen s'étend jusqu'à 44°N (p. 16). Les principales caractéristiques de ces climats sont :

les étés chauds avec une sécheresse bien marquée et les hivers doux avec des précipitations régulières, de rares gelées (p. 18).

Seules les régions méditerranéennes d'Afrique du Sud et d'Australie connaissent des pluies imprévisibles plus importantes.

Des plantes et des animaux des zones tempérées et tropicales coexistent ici avec des espèces qui se sont développées sous le climat méditerranéen depuis l'époque glaciaire. La végétation actuelle est le fruit des interventions humaines depuis plus de 5 000 ans. Les caractéristiques en sont

des *formations d'arbres et d'arbustes sempervirents*, aux feuilles raides et épaisses (*sclérophylles*) (**végétation à feuillage dur,** Sch. A).

Des plantes herbacées à durée de vie annuelle ou pluriannuelle peuvent croître dans la sous-strate. La végétation à feuillage dur passe l'été pratiquement sans perdre de feuilles. Selon les régions elle porte des noms différents :

en France et en Israël **maquis**, en Californie **chaparral**, en Espagne et au Chili **matorral,** en Afrique du Sud **renosterveld**, en Australie **mallee**.

Dans les endroits plus humides peuvent s'implanter des *forêts sempervirentes*. Dans les régions méditerranéennes sèches et chaudes, la végétation est moins haute, plus ouverte et plus dispersée avec une plus forte teneur en buissons perdant leurs feuilles en période de sécheresse. Ces types de végétation sèches sont appelés :

garrigue en France, **phrygana** en Grèce, **batha** en Israël, **jaral** au Chili, **sagebrush** en Californie.

Specht distingue 3 principaux types de sols dans le zonobiome méditerranéen :

1) les sols assez riches où poussent des arbres ou des buissons sempervirents, sclérophylles, avec une strate inférieure peuplée au fil des saisons d'herbes et de plantes aromatiques à durée de vie annuelle ou pluriannuelle ;

2) des sols moins riches (*oligotrophes)*, avec une strate supérieure peuplée comme 1), et une sous-strate proche de la lande peuplée de plantes phanérophytes, chamaephytes et hémicryptophytes ;

3) des sols riches en Ca avec un pH élevé, dont la strate supérieure est identique à 2), et une sous-strate d'herbes et de plantes aromatiques saisonnières allant jusqu'aux plantes chamaephytes, hémicryptophytes et succulentes.

La photosynthèse est limitée par le manque d'eau et de substances nutritives en été et à l'automne. La part de production, utilisée pour former racines ou branches plutôt que des feuilles, dépend de l'environnement.

Les formations sylvestres ont la plus forte production et la plus grande quantité de litière par unité de surface grâce à leur indice foliaire élevé et à un rapport racine/parties aériennes bas.

Les feuilles qui tombent en période de sécheresse sont de structure moins complexe ; elles présentent pendant leur courte période d'activité une photosynthèse plus élevée que les feuilles dures des buissons.

La **zone méditerranéenne du pourtour méditerranéen** est découpée en une mosaïque de nombreux paysages par des montagnes jeunes. La sécheresse estivale et les basses températures hivernales conditionnent les associations d'espèces végétales. Si le climat n'est pas trop sec, la forêt en est le climax théorique. Sous l'influence de l'homme (exploitation extensive des prés ou taille des feuillages pour en faire du fourrage), c'est le matorral ou le maquis dense, planté de plantes buissonneuses, stade de dégradation des espèces de chênes sclérophylles, qui prédomine.

Les espèces d'arbres disparaissent après plusieurs années de coupes, à la suite d'incendies ou d'une exploitation intensive comme les pâturages. Des associations plus ou moins ouvertes à buissons peu élevés s'installent (Sch. D).

Sous les climats méditerranéens tempérés, des plantes perdant leurs feuilles s'associent au maquis, p. ex. le *Quercus pyrenaica* et le *Quercus rotundifolia* en Espagne (*pseudo-maquis)*.

Les **formations de mallee australiennes** se composent de *buissons d'eucalyptus* en surface et d'herbes de garrigue ou d'herbes et de plantes aromatiques en sous-bois. La ressemblance avec les paysages de landes des sols pauvres en substances nutritives des zones tempérées est forte. Dans les régions plus humides, la végétation se densifie et constitue de vraies *forêts d'Eucalyptus*. Contrairement à toutes les autres formations méditerranéennes, où les plantes bourgeonnent au printemps,

la formation du type mallee connaît sa croissance maximale au début de la période sèche.

La végétation du **zonobiome méditerranéen d'Afrique du Sud** constitue un règne floral propre, riche en espèces particulières (*Capensis)*.

Des formations de garrigue (*fynbos)* s'étendent sur des sols oligotrophes (56 % de la surface), des formations de *renosterveld* sur des sols un peu plus fertiles (36 % de la surface, Sch. B).

Le **chaparral** de Californie est la seule végétation naturelle du zonobiome méditerranéen. Elle est constituée de nombreuses espèces et ne s'est pas appauvrie à la période glaciaire, puisque les espèces ont pu "s'échapper" vers le sud.

Tout comme le chaparral, le **matorral du Chili** est constitué d'un mélange d'espèces tropicales et tempérées.

Dans ces deux régions, le brouillard côtier est un facteur climatique supplémentaire.

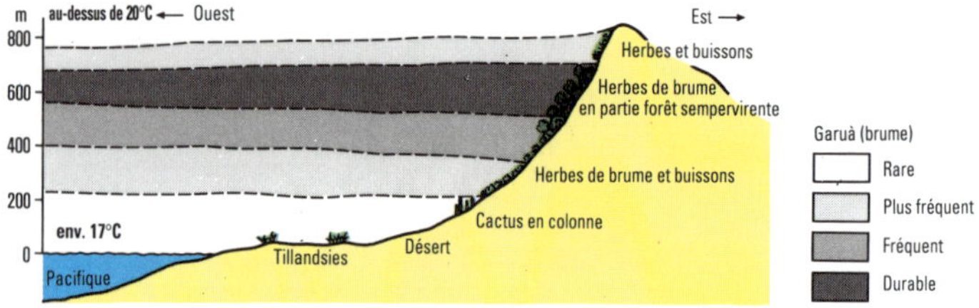

A Désert brumeux : Loma (côte désertique péruvienne)

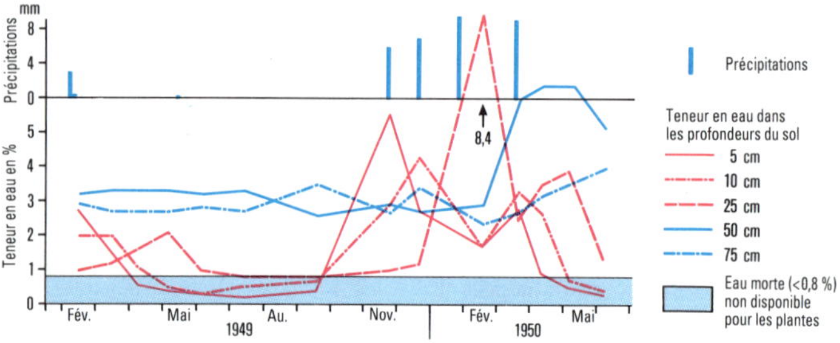

B Désert chaud : teneur en eau du sol sablonneux (désert à l'est du Caire)

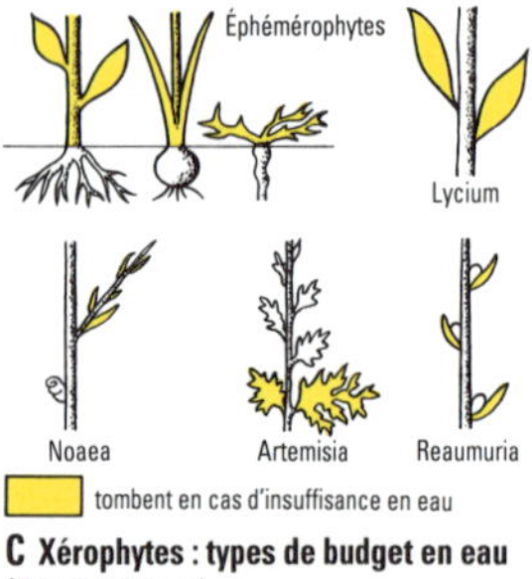

C Xérophytes : types de budget en eau (Proche-Orient)

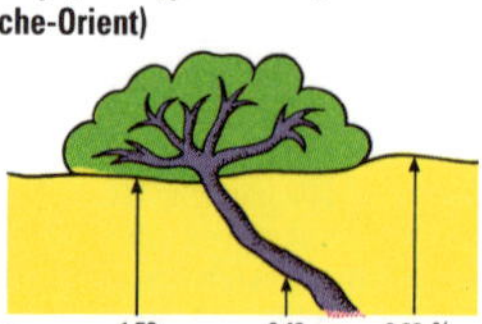

Carbone	1,50	0,40	0,38	%
Azote	0,14	0,06	0,04	%
Phosphore	4,4	4,4	0,8	mg / 100 g Sol
Potassium	121	55	5,6	mg / 100 g Sol
Fixation d'azote	100	72	7,5	%

E Données du sol d'Anabasis aretioides (Chenopodiaceae, Sahara central)

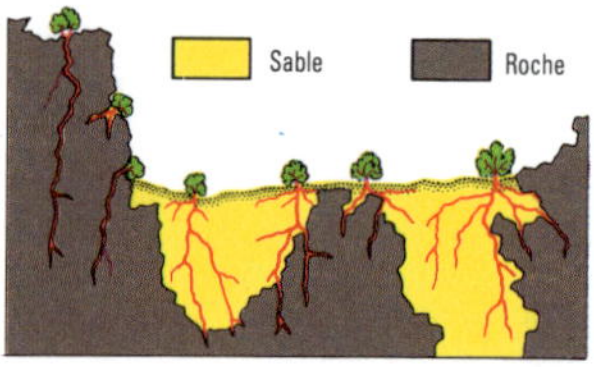

D Profil des racines du sol (Sahara sud-algérien)

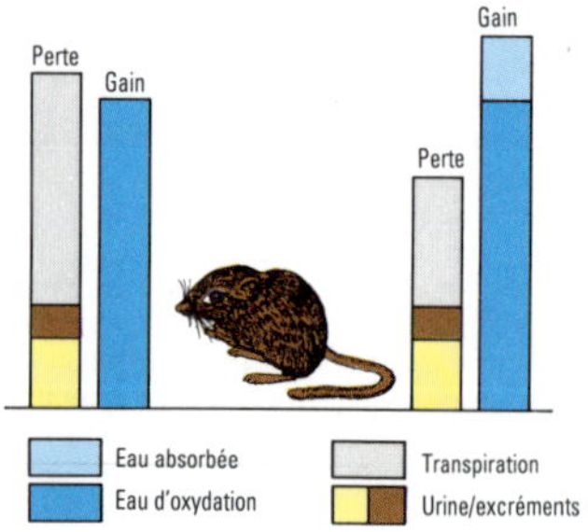

F Budget en eau de la gerboise naine (désert de l'Arizona) à 25°C et pour une humidité de l'air relative de 0% (gauche) ou 50% (droite).

Désert chaud, désert de brume

Les masses d'air chaud qui s'élèvent dans les **zones de convergences tropicales internes** (CTI) redescendent en zone subtropicale entre les 15e et 40e parallèles et forment des régions à haute pression constante.

L'air qui descend se réchauffe de 10 °C par 1 000 m ; l'humidité relative de l'air diminue alors considérablement. Les nuages se dissipent, des **régions sèches** et **chaudes** se forment

Les précipitations ne pénètrent que *périodiquement* ces régions.

Les valeurs moyennes des diagrammes climatiques (< 200 mm/a) semblent indiquer une régularité. Mais de très fortes précipitations peuvent s'abattre sur ces régions et éroder le sol (*oueds, rivières*).

Les **déserts de brouillard** sont de fines bandes des côtes ouest (p. ex. Atacama au Chili, Namibie), très rarement arrosées, les nuages restant accrochés aux montagnes situées avant le désert dans le trajet des masses d'eau. Ne soufflent que des *vents secs*.

Les masses d'air humide perdent leur eau au-dessus des *courants froids marins* au large de la côte (courant Humboldt/Amérique du Sud, courant du Bengale/Afrique du Sud), ou se concentrent sous forme de **brouillard**. Les périodes sans pluie peuvent être très longues, p. ex. :

en Antofagastie (Chili), il n'y a eu que trois années de pluie pendant une période de 20 ans.

Dans les régions sèches 90 % des rayonnements du soleil atteignent le sol (dans les régions humides uniquement 40 %). S'il y a moins de 2 mois humides, la végétation est éparse, irrégulièrement répartie.

Le quotient précipitation/évaporation est inférieur à 0,2.

Le **vent** en tant que facteur climatique gagne en importance ; il balaie des particules de poussière et les dépose sous forme de loess dans des régions voisines. Le sable se déplace en différentes *formes de dunes*.

Les **sols** sont des **sols bruts** (*lithosols, Siérosèmes* ou *yermosols*, p. 26, Sch. B). La roche mère détermine pour une grande part les particularités du sol.

La matière organique ne peut s'accumuler que sous des plantes âgées de plusieurs années.

A cause de la forte évaporation les horizons supérieurs du sol *s'enrichissent* en *sels* (NaCl, $MgCl_2$, $CaSO_4$). De plus, des précipitations salines s'abattent sur ces régions. Cela entraîne sur des sols argileux la formation de **cuvettes salines** (*dayas, schotts, sebkhas*).

Les **animaux des déserts** n'ont pas développé de mécanismes particuliers pour surmonter la sécheresse. Les adaptations, déjà connues dans d'autres zones climatiques, sont affinées ou étendues. Les variations du taux d'humidité de l'air ou des températures (> 80 % ou 50 °C) sont importantes.

Seuls les **végétaux poïkilohydres** (algues, lichens, champignons, tillandsies) peuvent absorber l'humidité (pluie, rosée ou vapeur d'eau par une humidité de l'air > 70 %) par des organes de surface ou ralentir leurs fonctions vitales par grande sécheresse (*anabiose*).

Les **plantes homohydres** doivent assurer leurs besoins en eau, de ce fait le *système racinaire* est fortement développé et les organes aériens sont réduits.

De nombreuses **spermatophytes** d'un an germent, fleurissent et forment de nouvelles graines pendant une période humide (*éphémérophytes*, Sch. C). La **production de graines** est très importante, les graines conservent très longtemps leur capacité de germination, seule une partie germe la première année. Les germinations ont du mal à survivre.

Dans le désert de Sonora, sur une surface de 557 m², seules 4 des 923 germinations initiales ont vécu plus de 5 ans.

L'accroissement végétatif par des stolons est chose courante.

De nombreuses **plantes pérennes** sont **géophytes** ou **hémicryptophytes**, possèdent des organes résistants (*tubercules, rhizomes*) qui survivent aux années de sécheresse en phase de repos.

Par temps de pluie, de petites racines poussent rapidement.

La transpiration est réduite par un *épaississement de la cuticule, la fermeture des stomates* et la *réduction des surfaces actives au cours de la photosynthèse* (**xérophytes**, Sch. C).

Pour éviter d'être surchauffée, la surface des feuilles peut être disposée parallèlement aux rayons du soleil.

De nombreuses plantes développent un duvet protecteur, qui réfléchit le rayonnement du soleil. Elles ont un optimum de température pour la photosynthèse élevé (plantes C_4, p. 43) et souvent une forte tolérance à l'accumulation d'ions inorganiques dans les cellules (glandes salines).

Les plantes à **feuilles** ou à **troncs succulents** stockent l'eau pendant les périodes de pluie et la consomment en petite quantité pendant les périodes de sécheresse.

Pour beaucoup de plantes succulentes, la *photosynthèse CAM* (p. 43) permet des économies substantielles d'eau : la fixation du CO_2 s'effectue la nuit et non le jour, les stomates peuvent être fermés aux heures d'évaporation intense.

Les plantes pérennes dépendent de l'eau du sous-sol, de ce fait elles n'apparaissent qu'à certains endroits dans le paysage :

végétation provoquée dans des rigoles d'érosion, fissures de roche et sur des dunes (Sch. D).

Une partie des précipitations s'accumule sous les dunes, car l'eau s'infiltre instantanément.

Seuls 2-10 % de la biomasse des feuilles et des pousses est consommée par les **herbivores**. La plus grande partie reste sous forme de biomasse morte.

72 % des **mammifères du désert** passent la journée dans des excavations du sol et ne sont actifs, pendant la période sèche, que le matin ou durant la nuit. Ils peuvent rester longtemps sans boire, rejettent une urine très concentrée et des excréments secs.

Ils peuvent utiliser l'*eau du métabolisme* (p. 45) tirée de leur nourriture.

Certains animaux surmontent le stress de la chaleur par une variation de la température de leur corps (chameau, 35-41 °C).

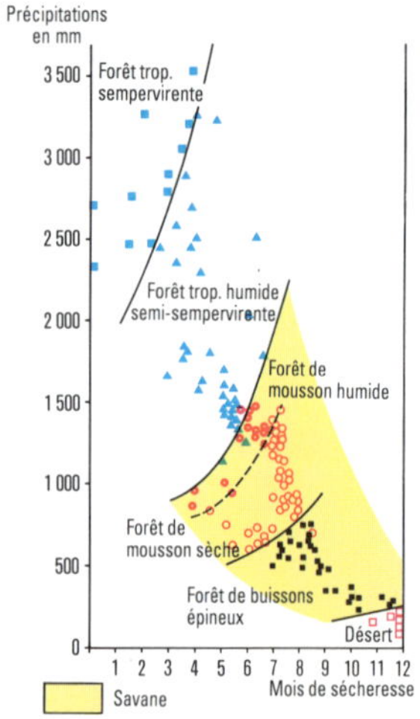

A Précipitations et végétation en Inde

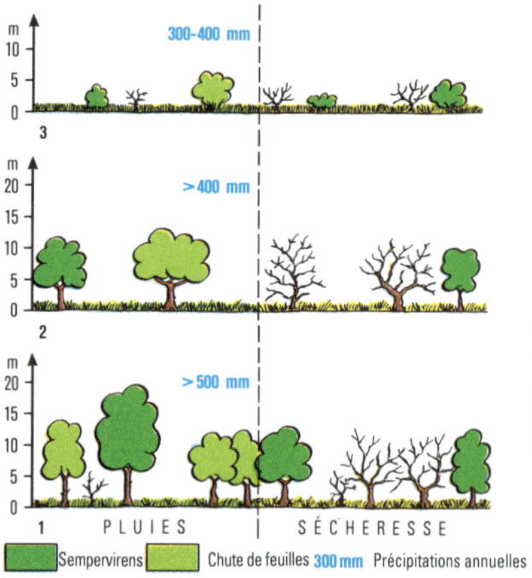

B 1 Savane boisée 2 Savane d'arbres 3 Savane de buissons

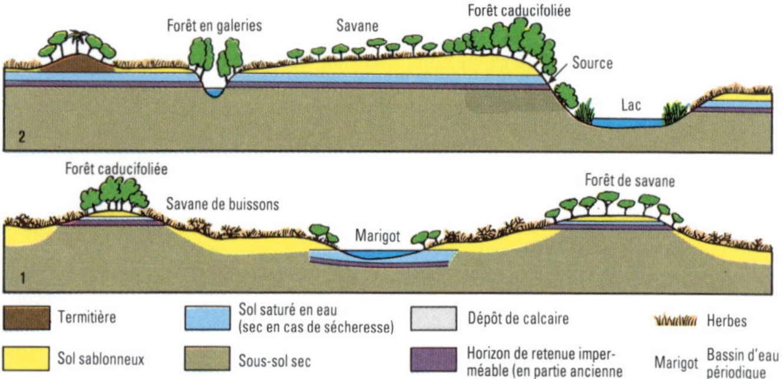

C 1, 2 Profil du sol de la savane africaine du sud-est

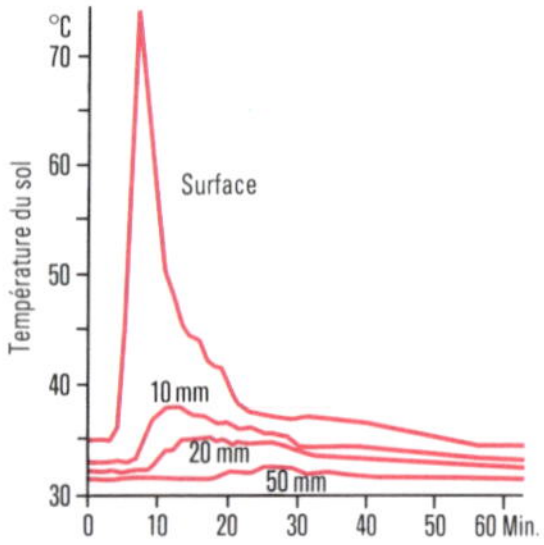

D Température du sol pendant un incendie (Campo cerrado)

E Savane d'arbres (dernières précipitations annuelles > 400 mm) : concurrence des racines pour l'eau du sol

Formations de la savane

La **savane tropicale** représente la transition entre la forêt sempervirente humide et la région sèche tropicale et subtropicale (Sch. A) en Afrique, en Amérique centrale et du Sud, en Inde, en Asie du Sud-Est et en Australie.

Le **biome de la savane** est constitué d'une formation végétale fermée d'herbes dures et hautes.

La **savane boisée** comporte de nombreux arbres (forêt sèche à feuilles caduques), elle est une forme de transition avec la forêt claire.

La **savane arborée** est parsemée d'arbres et de buissons isolés, elle peut devenir

La **savane buissonnante** lorsque les buissons l'emportent (Sch. B).

La **savane herbeuse** est une formation herbeuse sans végétaux ligneux, ou dans laquelle ils ne dépassent pas la strate herbacée.

La forme de la savane peut être le fait de processus naturels ou bien de l'activité de l'homme (*anthropogène*).

Si les arbres sont groupés en bosquets, sur des endroits humides le long de fleuves (Sch. C), on parle de **savane parc.**

Facteurs naturels particuliers : contrastes entre saisons sèches et saisons pluvieuses, concurrence entre ligneux et herbes pour l'eau du sol, effets du feu et des herbivores, manque de certaines substances nutritives particulières.

Dans les savanes où s'abattent des précipitations annuelles de 1 000-1 400 mm en fortes averses durant les 5-7 mois humides (**saison des pluies**), ces eaux ruissellent sur le sol plus qu'elles ne le pénètrent : elles érodent le sol. La saison sans pluie, généralement plus fraîche (**saison sèche**), entraîne le dessèchement des sésquioxydes (Al_2O_3, Fe_2O_3) dans le sol et les pétrifie irréversiblement sous forme de *croûte latéritique* (p. 26).

Les couches latéritiques peuvent être imperméables et changer le budget en eau du sol (Sch. C), de sorte que des associations de plantes atypiques de la zone de végétation peuvent se former.

Dans les **Llanos** du Venezuela et de Colombie, on s'attendrait, avec des précipitations annuelles de 1 300-1 500 mm et une température annuelle moyenne de 27-28 °C, à trouver une forêt tropicale à feuilles caduques.

La présence d'une savane arborée s'explique par une sédimentation de *couches d'oxyde de Fe*, lorsque ces régions étaient recouvertes par la mer au tertiaire, qui se sont solidifiées à 30-80 cm sous la surface en une croûte de latérite imperméable (*arecife*) qui est une barrière pour les racines.

Les racines des arbres ne peuvent accéder au sol humide que par des fissures dans la croûte, de sorte que les arbres généralement sempervirents ont de nouvelles feuilles en période de sécheresse.

La frontière entre la savane et la forêt ombrophile tropicale (2-3 mois de saison sèche) est formée par les **forêts tropophiles** (composées d'espèces caducifoliées) avec des périodes de sécheresse > 4 mois,

p. ex. **forêt de mopane** et **forêt de miombo** en Afrique, la **forêt de quebracho** en Amérique du Sud.

Les sols sont très humides en saison des pluies, mais sont très aérés et conservent une certaine réserve en eau pour les périodes de sécheresse.

La *chute des feuilles* est facultative, plus les réserves en eau sont importantes plus son déroulement est tardif.

Par la chute des feuilles en période de sécheresse, la transpiration est fortement réduite. Malgré cela les plantes nues ont besoin de réserves d'eau dans le sol.

Les ligneux sempervirents ont des feuilles dures (*sclérophylles*) et peuvent limiter fortement la transpiration. D'autres ligneux se sont adaptés.

Les baobabs, qui stockent dans leur tronc jusqu'à 120 000 litres d'eau, peuvent se passer de l'eau du sol après avoir perdu leurs feuilles.

Pendant la période la plus chaude, juste avant la fin de la période de sécheresse, lorsque l'humidité de l'air augmente, débute la *période de floraison.*

Les arbres sont en **compétition** avec les herbes pour l'eau du sol. Dans une strate de végétation fermée, les jeunes pousses ont du mal à s'implanter. Les herbes consomment l'eau à la surface du sol,

de sorte que les arbres ne peuvent utiliser que l'eau du sous-sol (Sch. E).

Les *termitières* et les *fourmilières* abandonnées sont des lieux d'implantation privilégiés (Sch. C).

La croissance rapide des **herbes** (généralement des plantes C_4) pendant la période de pluie est caractéristique, car les substances nutritives libérées, qui s'étaient accumulées pendant la période sèche, peuvent être utilisées.

Les herbes (p. ex. *Stipagrostis, Aristida, Eragrostis*) ne peuvent pas limiter suffisamment leur très forte transpiration durant la période de sécheresse, elles jaunissent ("brûlent") et dépérissent. Des gaines de feuilles sèches entourent la tige et évitent son *dessèchement.*

En comparaison avec d'autres biomes, le **feu** est le facteur naturel le plus répandu. L'homme l'utilise depuis des milliers d'années pour défricher des surfaces.

Au cours des feux, la température en surface atteint 80 °C, elle diminue rapidement dans les strates inférieures (Sch. D).

Les substances nutritives sont plus rapidement apportées aux sols sous forme de cendres. Certes le feu diminue le nombre des espèces, mais les herbes peuvent repousser après le feu. La densité et la variété des ligneux sont considérablement réduites. Seuls certaines essences de bois résistantes au feu survivent.

Les *Acacias* peuvent p. ex., après avoir perdu leurs pousses, repousser de leur base.

Le feu provoque chez plusieurs plantes la fin de la période de *repos pour les semences.*

	Efficience digestion	Efficience production	Efficience écologique
Herbivores	A / C	P / A	P / C
Sauterelles	32	21	7
Chenilles	43	15	6
Antilope	84	1	1
Impala	59	4	2
Éléphant	30	2	0,5
Carnivores			
Araignées	95	53	50
Amphibiens	83	21	18
Détritivores			
Ver de terre	9	4	0,6

A Production énergétique d'une population animale (Afrique)

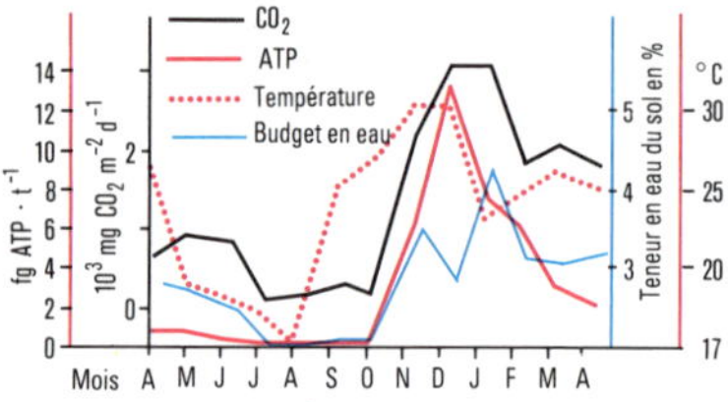

B Activité du sol : rejet de CO2 - Teneur en ATP (Savane du Burkea-Afrique)

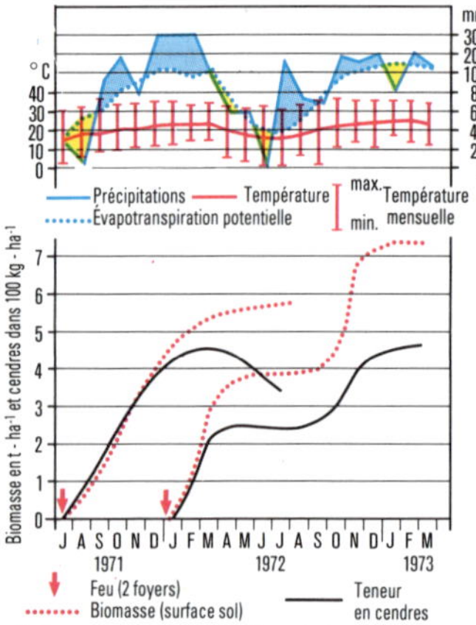

C Campo cerrado dans l'État fédéral de Saõ Paulo (Brésil)

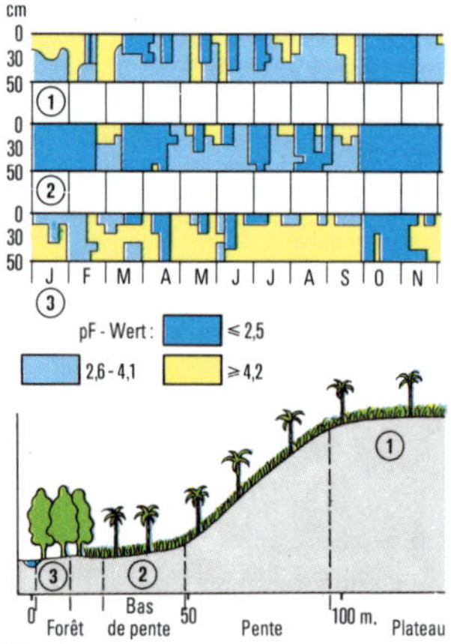

D Teneur en eau du sol à divers niveaux de la même savane (Lamto, Côte-d'Ivoire)

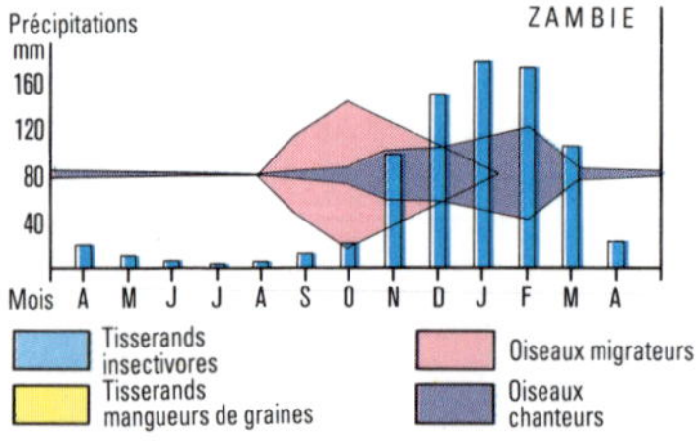

E Phase d'incubation des oiseaux de la savane africaine

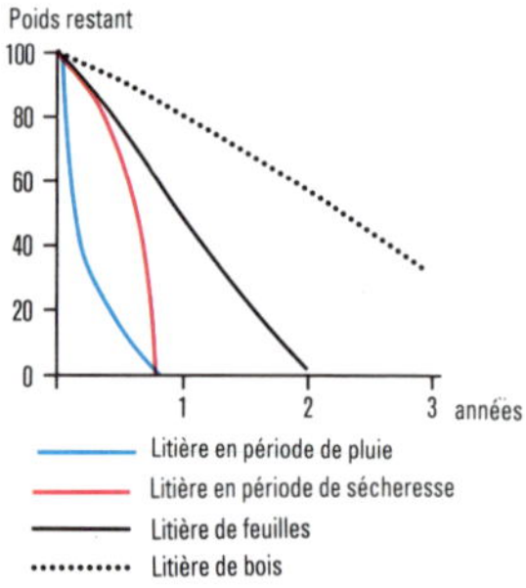

F Formation de la litière et décomposition

Consommateurs et destructeurs de la savane

La **variété des espèces** est plus réduite dans la savane que dans la forêt ombrophile tropicale.

La **production primaire nette** est avec 21,5-35,8 t/ha/a relativement élevée.

Si on rapporte la production primaire annuelle à la biomasse moyenne, on obtient, pour la forêt ombrophile de la Côte-d'Ivoire, un quotient de 0,03.

Dans la savane arborée qui s'y rattache au nord, le quotient va de 0,43 à 0,55 (Sahel-Sénégal).

Les fortes variations annuelles des conditions de vie (Sch. B, C) entraînent des variations rapides des espèces dominantes. La plupart des plantes sont éphémères.

La majeure partie de la **biomasse** est dans le sol, p. ex., dans les herbages au nord du Sénégal on trouve 1,2 t/ha à la surface et 1,48 t/ha dans le sol.

Dans la forêt boisée de Lamto (Côte-d'Ivoire), la part de la biomasse herbeuse endogée est 3-5 fois supérieure à la biomasse au-dessus de la surface du sol. Il en va de même pour les buissons et les arbres de la *savane sèche.*

La grande variété des **ongulés** est particulière à la savane africaine. Dans la savane d'Amérique du Sud, les grands mammifères herbivores manquent, dans la savane australienne, les variétés de kangourous occupent la place écologique des ongulés. En Asie, à cause d'une trop grande densité de population, les troupeaux sauvages ont été exterminés.

Les **consommateurs** (principalement des ongulés et des insectes, particulièrement les termites et les sauterelles) peuvent consommer 30-40 % de la phytomasse totale.

La couche de végétation n'est détruite par les grands herbivores qu'aux endroits où différentes populations se concentrent, p. ex. des éléphants, des buffles, des arnis, autour des points d'eau.

Certains grands animaux sauvages peuvent rester de longues périodes sans boire (antilopes d'elen ou oryx, 6-9 mois).

On a observé que les éléphants pouvaient causer des dommages irréversibles à quatre arbres par jour en dévorant feuilles et écorce.

Le feu progresse plus vite dans une forêt clairsemée.

Il y a **coévolution** entre les **herbivores** et les **plantes** de la savane. Seules les plantes possédant des défenses *physiques* ou *chimiques* survivent à la consommation des herbivores : elles sont peu digestes (parois de cellulose).

Les mammifères herbivores ont développé en réponse des estomacs de ruminants contenant divers symbiotes qui décomposent la cellulose.

Les graines d'acacias ne sont pas digérées et elles trouvent dans les bouses un milieu favorable à leur germination.

Dans la savane du Kenya, l'ajuga (*Ajuga remota*) sécrète pour se défendre des insectes une substance chimique, la *phytoecdystéroïde* (qui imite chimiquement l'hormone de la mue des insectes *ecdysones*), qui provoque des malformations mortelles lors de la métamorphose.

Parmi les **arthropodes,** les sauterelles des champs (*Acrididae*) ainsi que les chenilles forment à la saison des pluies le groupe principal de consommateurs primaires. Leur consommation peut être supérieure à celle des mammifères herbivores.

Pour échapper aux conditions très difficiles de la saison sèche, les insectes ont développé une stratégie de fuite, à moins qu'ils ne passent cette saison **engourdis** dans le sol.

La **période pendant laquelle les oiseaux couvent** est tributaire de la disponibilité en eau et en nourriture.

Les oiseaux insectivores ont du s'acclimater à la saison des pluies (Sch. E).

Chez les oiseaux mangeurs de graines qui nidifient dans les herbes et dans les arbres, la période de couvaison est moins tributaire des saisons.

La **production de la litière** est particulièrement importante durant la période de sécheresse (Sch. F).

Dans les forêts ombrophiles plus humides de Shaba (au Zaïre), elle est de 9,1 t/ha/a, dans les forêts plus sèches de 4,3 t/ha/a.

Litière de la **forêt de Miombo** (Afrique : en t/ha/a)

Herbes sèches	3,2
Feuilles	2,9
Fruits	0,5
Bois	4,5

L'activité des **décomposeurs** est très réduite pendant la saison sèche (Sch. B).

Pendant la *saison des pluies* la litière herbeuse riche en substances nutritives est presque entièrement décomposée par l'action combinée des champignons et des bactéries (Sch. F).

Les **décomposeurs du bois** les plus importants sont les *termites,* qui lors de la saison sèche décomposent le bois en élevant des champignons dans leur termitière.

Le Sch. D montre comment les versants et la végétation peuvent changer l'humidité du sol de la savane.

La **minéralisation de l'azote** est souvent plus faible que dans la steppe tempérée, il en va de même pour la libération de l'azote des minéraux, de sorte que l'azote devient un facteur limitatif dans les sols de la savane tropicale. Dans la *savane sud-africaine* et le *campos cerrados sud-américain,* le manque de **N** et de **P** sont apparemment la cause de la faible fertilité du sol et donc de la formation de la savane.

Les anciens noyaux de terre ferme sont soumis depuis des temps géologiques aux facteurs naturels, de sorte que les réserves de substances nutritives, que la roche altérée ne peut remplacer, s'amenuisent (p. ex. *manque* de P dans le Kalahari).

Certaines études mettent en évidence une saturation en Al dans le sol, qui peut entraîner un *empoisonnement par l'aluminium* surtout chez les arbres (les sables du Kalahari et les surfaces d'herbes rases en Afrique de l'Est sur sols volcaniques).

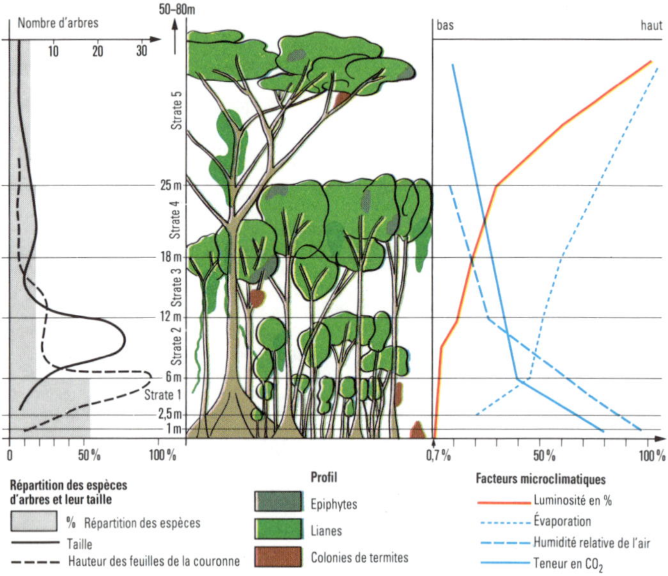

A Profil de la forêt tropicale humide sempervirente (sans la végétation <2,5 m)

Phytomasse en t ha^{-1}	
Masse globale des feuilles	18
Branches	202
Troncs	468
Lianes	46
Epiphytes	0,1
Parasites	0,1
Phytomasse globale en surface	734
Masse globale des racines	255
Biomasse végétale globale	989
Zoomasse en kg ha^{-1}	
Herbivores	30
Carnivores	15
Faune du sol	165
Zoomasse globale	210 (= 0,21 t ha^{-1})

B Biomasse (poids frais) de la forêt amazonienne

C Changement de feuilles d'un kapok (Ceiba pentandra)

Les fortes précipitations (> 2 000 mm/a) et la température quotidienne moyenne constante au cours de l'année (autour de 26 °C), avec des variations de température entre 5 et 10 °C (climat diurne), ne déterminent pas à elles seules la présence de la **forêt ombrophile sempervirente**, ou **zonobiome équatorial**. Les différents *microclimats locaux* (courte saison sèche, déclivité du sol, structure et composition du sol, région inondable) font naître un grand nombre de forêts ombrophiles différentes.

La multiplicité des *formes de vie* et le nombre important d'espèces sont impressionnants. D'après le phénotype, on distingue un nombre limité de **synusies** (ensemble d'espèces ayant une forme de vie commune), qui sont liées à des strates déterminées :

1. arbres géants,
2. arbres du niveau inférieur,
3. strate des arbrisseaux,
4. lianes ou plantes grimpantes lignifiées,
5. strate herbeuse,
6. épiphytes,
7. parasites,
8. saprophytes.

La **stratification** (répartition en strates) est phénoménologique, c'est-à-dire statique et ne donne aucun renseignement sur la dynamique de la forêt ombrophile. L'arbre, au cours de sa croissance, est exposé aux facteurs abiotiques et biotiques particuliers des différentes strates.

Jusqu'à 1 m de la surface du sol, la teneur en CO_2 est la plus élevée, l'humidité relative toujours de 90 %, la température est d'env. 6 °C plus basse dans la forêt qu'à l'extérieur, l'inversion nocturne de la température est la plus forte, presque pas de lumière (< 1 %) ; la compétition inter- et intraspécifique est à son maximum.

Les différents microclimats conditionnent la variété des **niches écologiques**, elles sont également déterminées par l'épaisseur du feuillage et par la qualité et le nombre des lieux où se trouvent la nourriture de chacun des niveaux.

De nombreuses espèces de plantes et d'animaux ont transféré leur espace de vie dans les strates de végétation les plus hautes :

lianes, épiphytes, termitières dans les arbres, fourmis, guêpes et abeilles ; scarabées, grenouilles, reptiles, paresseux, singes et écureuils sauteurs.

Les animaux se chargent généralement de la *pollinisation* (insectes, oiseaux et chauves-souris) et de la *dispersion des fruits* souvent pulpeux (p. 108, Sch. B). La pollinisation par le vent est très rare.

Les grands mammifères sont absents comme dans la savane ouverte. Des espèces végétales et animales anciennes ont pu survivre dans la forêt ombrophile (p. ex. fougères arborescentes, péripates, tatous, fourmiliers).

On peut établir un classement relatif de la **diversité spécifique** à partir du nombre d'essences d'arbres (diamètre à hauteur de poitrine des troncs - DHP -> 10 cm) par unité de surface :

plus de 100 essences d'arbres par ha, env. 5 dans les zones tempérées.

Causes de la diversité spécifique :

1. Importance des niches écologiques concentrées, dans lesquelles les espèces sont soumises à une forte *compétition*,
2. Stabilité climatique, sans nécessité d'acclimatation aux variations saisonnières, ce qui permet une rapide *spécialisation* (le mutualisme, le mimétisme sont courants).

Si la confrontation avec des facteurs physiques de l'environnement et le stockage de substances nutritives dominent dans les zones tempérées,

la *compétition pour les espaces vitaux* domine dans les zones tropicales.

Les densités de population souvent faibles, la répartition en taches isolées (mosaïque) favorisent la **dérive génétique**.

Parmi les **producteurs**, à cause de l'adaptation à l'espace vital, des formes de vie particulières se sont développées.

Les arbres sont souvent recouverts d'une fine écorce blanchâtre.

Les sols humides, rendus compacts par les précipitations, engendrent des problèmes d'approvisionnement en CO_2 pour les racines. Des racines échasses accroissent l'assise de l'arbre et ne pénètrent le sol que de 10-30 cm (Sch. C).

Le sous-sol plus ou moins stérile n'est presque pas pénétré par les racines.

La floraison et la fructification se répartissent sur toute l'année. Certaines plantes ne fleurissent que très rarement (*des espèces de Shoréas* tous les 6 ans, *des espèces de Strobilanthus* tous les 13 ans, *des espèces de bambous* tous les 30 ans).

Les feuilles et les bourgeons poussent sans enveloppe protectrice dans l'espace d'une journée (**feuillaison**).

Les jeunes pousses de couleur blanchâtre, ou teintées de rouge par des *anthocyanes*, sans tissus de soutien, pendent tout d'abord mollement vers le sol, puis verdissent et se raffermissent.

La disposition des fleurs et des fruits sur des troncs lignifiés (**cauliflorie**) peut être observée chez env. 1 000 espèces (p. ex. le cacaoyer).

Env. 80 % des feuilles sempervirentes sont renouvelées tous les ans. Le changement de feuilles s'opère selon un *rythme endogène* de manière variée.

Une couronne d'arbre peut avoir une partie avec des feuilles et une autre partie sans (Sch. C).

Les saisons plus sèches synchronisent la chute des feuilles.

De nombreuses feuilles ont une *pointe d'égouttement*, qui doit permettre à l'eau de s'écouler rapidement. Plus le climat est humide plus les feuilles sont grandes ; c'est également vrai pour le microclimat et la formation du feuillage des strates verticales.

Les arbres avec une couronne exposée au soleil ont une perte d'eau par les feuilles plus importante ; cela expliquerait la *structure cuirassée des feuilles*.

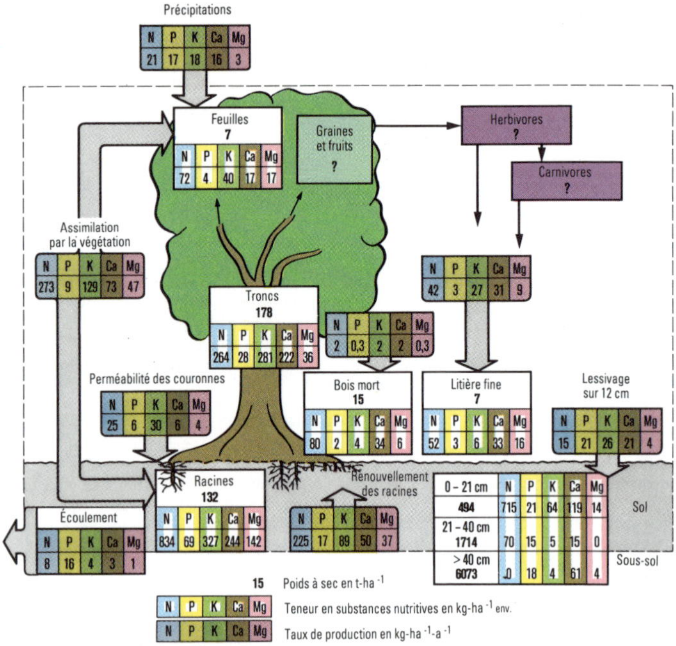

A Forêt humide oligotrophe (San Carlos, Rio Negro, Venezuela)

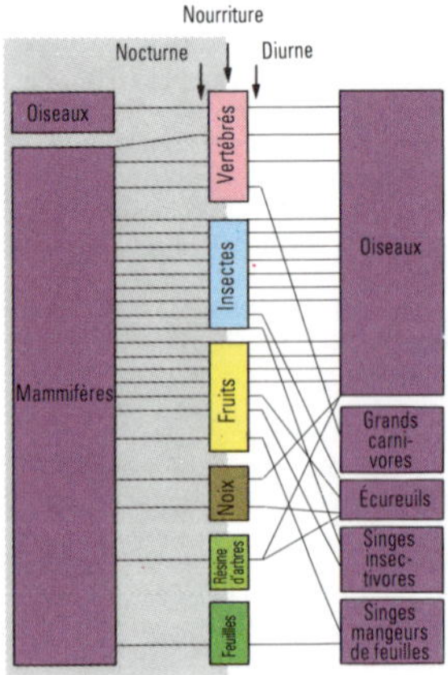

B Sources d'approvisionnement des mammifères et oiseaux d'un même biotope (Gabon, Afrique)

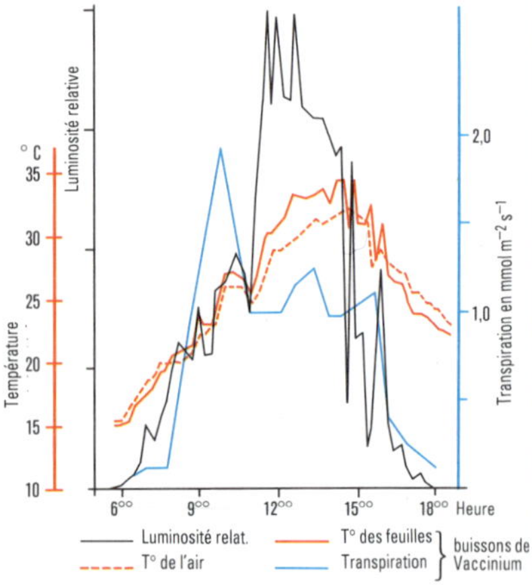

C Variations quotidiennes du microclimat, forêt humide de basse montagne (Wau, 1100 m, Nouvelle-Guinée)

Écosystème de la forêt humide sempervirente

La *concentration du cytoplasme* des feuilles exposées au soleil (8-15 bars), relativement faible, est inférieure à celle des plantes lignifiées des zones tempérées. Dans les forêts essartées, la concentration peut dépasser 20 bars (10-25 bars dans la savane).

La température de la feuille en plein soleil peut très rapidement passer de 28 °C à 48 °C : la transpiration augmente alors de 3-5 fois. C'est pourquoi l'activité photosynthétique la plus forte se situe entre 6 et 9 heures du matin, car les stomates sont largement ouverts.

Lorsque le soleil est à son zénith, les feuilles se placent parallèlement au rayonnement et ferment leurs stomates (Sch. C).

Les **lianes** (90 % des espèces sont concentrées sous les tropiques), **hémi-épiphytes, macro-épiphytes** (fougères et plantes à fleurs) et **épiphylles** ont transféré leurs organes photosynthétiques et reproducteurs dans les étages supérieurs ; elles n'ont pas de tronc, dont la formation aurait mobilisé beaucoup d'énergie.

Les **lianes** sont enracinées dans le sol et utilisent d'autres végétaux lignifiés comme support : elles s'accrochent en *vrille,* en *tresse* ; ou se maintiennent par des crochets, des épines ou des piquants (*cirres*) ; ou s'accrochent avec leurs racines à l'écorce du tronc.

Les **hémi-épiphytes** germent sur les arbres et développent des racines aériennes jusqu'à ce qu'elles atteignent le sol. L'approvisionnement en eau et en substances nutritives est alors possible à partir du sol (certaines espèces de ficus, p. ex. le figuier des banyans).

Les **épiphytes** n'ont aucun contact avec le sol, elles ont développé différents moyens pour s'approvisionner ou stocker l'eau : des *racines aériennes,* des *feuilles citernes,* des *écailles d'aspiration.* Certaines épiphytes constituent leur propre sol humique avec la fiente de petits animaux, des coquilles d'escargot, etc. (manque d'azote, rapport C/N 50 :1). De nombreuses épiphytes présentent un *rythme acide diurne* (p. 43).

Les **épiphylles,** généralement des lichens, des algues, des mousses poussent à la surface des grandes feuilles. Des bactéries, des levures et des champignons peuvent leur être associés.

Dans la **forêt ombrophile de plaine** du Costa Rica, les arbres de la famille des *cecropia* forment avec les fourmis de la famille des *azteca* une symbiose.

Les fourmis se nourrissent du glycogène (amidon animal) qui se forme à la base de la tige des feuilles, elles construisent leur fourmilière dans les surgeons creux des arbres. En contrepartie elles débarrassent les arbres des épiphytes et des épiphylles.

Des expériences ont prouvé que les fourmis éliminaient les mousses.

La forte *production de feuillage* de la forêt ombrophile donne l'impression que la **production de bois** est aussi importante que celle des forêts des zones tempérées.

En fait, qu'il s'agisse de forêts ou de plantations, la production de bois/a est sensiblement la même que celle des zones tempérées.

La *part* la plus importante des *substances nutritives* à la disposition des plantes dans le zonobiome équatorial et liée à la biomasse vivante des plantes et limite de ce fait le cycle entre le sol et la plante (Sch. A).

La capacité de transformation des *décomposeurs* dépasse la production annuelle de litière. La couche de litière est de ce fait très mince et les populations qui se nourrissent de la litière très limitées. Des éléments peuvent au cours d'une année "circuler" plusieurs fois.

La chute des feuilles qui s'étale sur toute l'année forme une source de substances nutritives toujours renouvelée pour les racines des arbres.

Les racines de surface puisent avec l'aide de **mycorhizes**, lors d'un cycle court, les substances nutritives de la litière (p. 51). Les racines plus profondes ne tirent que des traces d'éléments du sous-sol.

Les mycorhizes augmentent la surface des *radicelles*, elles favorisent l'absorption des substances nutritives par les radicelles et peuvent ainsi créer un pont entre les racines et la litière. De ce fait la perte de substances de l'écosystème par lessivage peut être limitée (Sch. A).

Les **fourmilières** de **fourmis coupeuses de feuilles** en Amérique (Atta) et les **termitières** en Afrique, remplissent la fonction de réserve de substances nutritives pour les racines des plantes.

La végétation sempervirente des forêts ombrophiles ne peut pas, ou à la limite dans une très faible mesure, être mise en corrélation avec la composition chimique du sol. Les *précipitations* et la *poussière* représentent l'apport le plus important d'éléments dans l'écosystème (Sch. A). Ainsi une partie des substances nutritives est soustraite des pluies et des poussières, par le toit formé par la couronne des arbres.

Interception : 15-25 % des précipitations.

Une autre partie, lessivée des organes des plantes (**leaching**), apparaît dans l'eau d'égouttement (elle contient 5-10 fois plus de substances minérales que l'eau de pluie).

L'apport en éléments par les précipitations et les dépôts est déterminant pour les arbres de plus de 100 ans.

Au cours du **cycle de l'azote,** les éléments **P** et **K** sont concentrés dans la biomasse vivante (Sch. A).

Comme d'autres éléments sont présents en quantité variable dans le substrat et participent au cycle, on en déduit que le phosphate et le potassium n'agissent que de manière limitée dans le flot de substances.

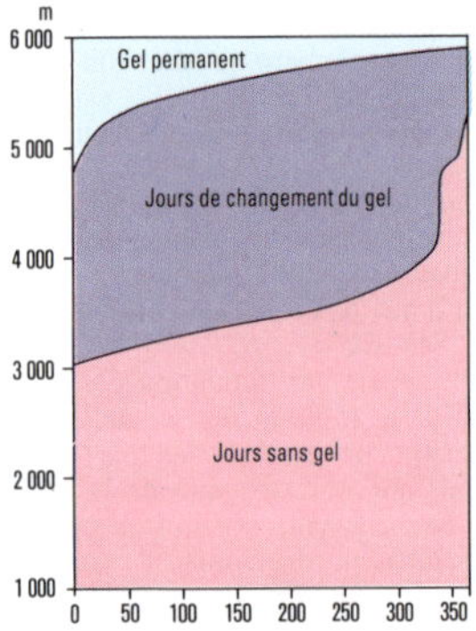

A Répartition verticale des températures (Andes du sud du Pérou)

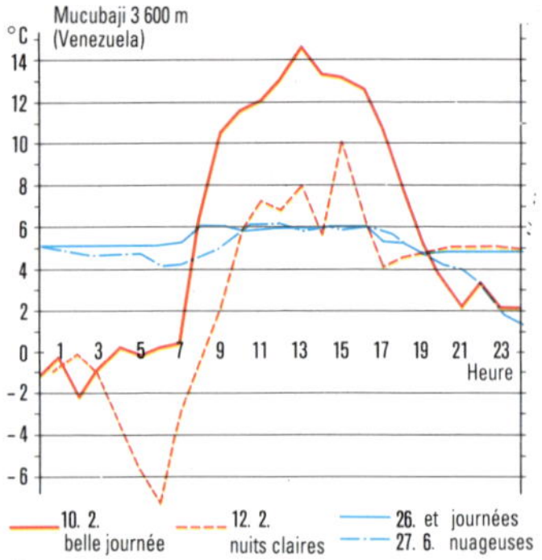

B Températures journalières

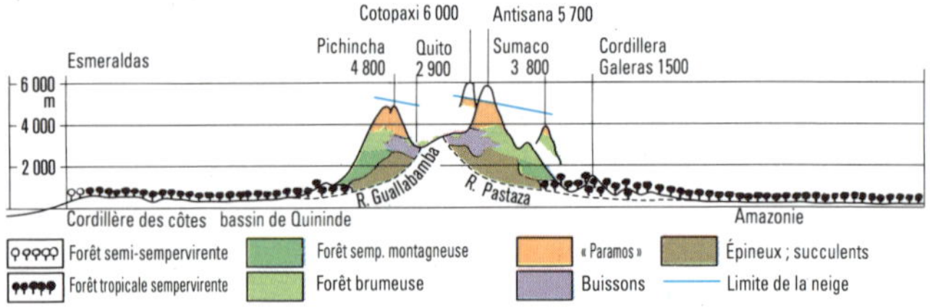

C Profil andin sur l'Équateur

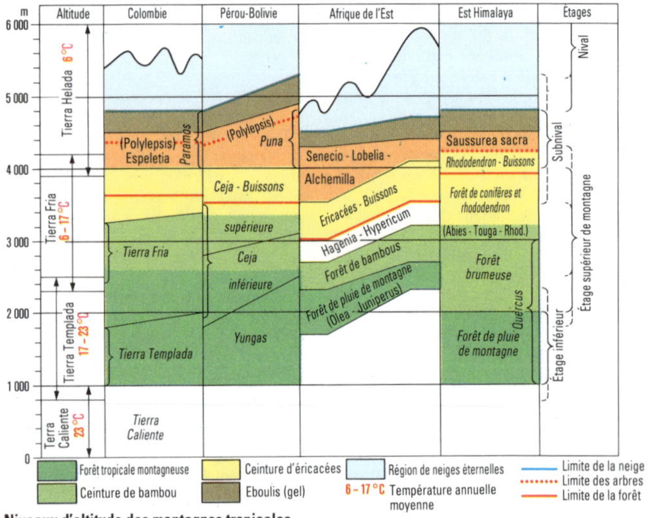

D Niveaux d'altitude des montagnes tropicales

Climat et niveaux d'altitude

Tout comme dans les plaines des régions tropicales humides, les **hautes montagnes tropicales** connaissent des variations de température plus fortes dans la journée que dans l'année (**climat journalier**). Seuls vents et précipitations permettent éventuellement de reconnaître un rythme saisonnier. Il s'ensuit que les limites altitudinales varient très peu au cours de l'année.

La *limite absolue de gel*, jusqu'à laquelle le gel peut apparaître occasionellement comme valeur extrême des températures journalières, se situe dans les régions tropicales intérieures à ~ 3 000 m d'altitude. Au-dessus, le gel nocturne du sol est très fréquent en raison de la très forte diffusion. De ce fait, les **jours de changement de gel**, où la température dépasse les 0 °C, jouent un rôle décisif.

Dans les *Andes* (sud du Pérou et Bolivie), on compte en règle générale 330 à 350 jours de changement de gel à 4 000-5 000 m d'altitude.

Les **jours de gel**, les températures ne dépassent pas 0 °C (Tab. A et B).

Si dans les hautes montagnes des régions non-tropicales la quantité de précipitations est en général liée à une élévation de l'altitude (*type d'advection non tropicale)*, dans les hautes montagnes tropicales on peut observer deux maxima dans la répartition verticale des précipitations (*type de convection tropicale*).

Le premier maximum, le plus important, se situe à proximité de la base des nuages (1 000 à 1 400 m ; *1er niveau de condensation*).

Les précipitations sont pour la plupart provoquées par le grand échauffement de la surface du sol et la calorimétrie (**convection**).

Le deuxième maximum, plus faible, se situe à 3 000-3 500 m d'altitude (*2e niveau de condensation*) et est alimenté par un deuxième étage de nuages plus élevés.

Dans les tropiques, toujours humides, la forêt reste *sempervirente* à toutes les altitudes. L'**étage d'altitude** se reconnaît plutôt aux variations du patrimoine végétal riche en espèces diverses et à la *diminution de la taille des plantes*.

Lorsque l'altitude augmente, de nombreuses plantes tropicales réagissent à la baisse des températures minimales du jour (diminution des temp./100 m : 0,4 à 0,5 °C en période sèche ; 0,5 à 0,6 °C en période de pluie).

Ainsi certaines espèces "prennent froid" (p. ex. le *kapokier, Ceiba pentandra* à +15 °C ; d'autres à + 4 °C), la synthèse des protéines est perturbée, les plantes meurent lentement.

Dans les régions tropicales humides d'*Amérique du Sud,* la forêt vierge tropicale sempervirente des plaines devient déjà, dans la *terra templada,* la **forêt montagneuse** (*Yungas*), qui a été largement défrichée au profit des cultures (culture en terrasse).

A partir d'env. 2 500 m débute la **forêt de brouillard**, qui atteint une altitude de 3 000 m (*Ceja* – Sch. C, D).

En plus des précipitations déjà élevées (env. 2 000 m/a) la végétation fixe des quantités importantes d'eau des gouttelettes de brouillard.

Les forêts sempervirentes, hautes de 5 à 15 m et aux couronnes en forme de parapluies sphériques, se composent souvent de fourrés de *lauriers arborescents, fougères arborescentes, palmiers, conifères (Podocarpus, Libocedrus, Juniperus),* en *Ethiopie,* aussi de *bruyères arborescentes (Erica arborea),* dans l'*Himalaya, de rhododendrons arborescents, bambous,* hautes herbes et buissons à grand feuillage. La quantité importante d'**épiphytes** est caractéristique (*lichens, mousses et hépatiques, fougères arborescentes, orchidées, broméliacées*). Ils retiennent autant d'eau que l'ensemble des arbres.

La **limite de la forêt** sous les tropiques n'est pas marquée par des avant-postes arborescents. Les arbres de la forêt se transforment sans discontinuité en buissons.

On considère qu'une *température constante du sol* de moins de 7 °C limite l'activité des racines des arbres et la germination de leurs graines.

La neige tombe rarement et ne tient pas longtemps. Au-dessus de la ceinture de buissons, on rencontre une zone sans arbres où poussent des *plantes touffues ou en forme de cierges laineux*, c'est l'**étage alpin** des hautes montagnes tropicales :

une formation végétale à végétation ouverte, qui se caractérise par des changements de gel à toute saison accompagnés de brouillards fréquents (en Amérique latine *paramo* – Tab. D).

Les précipitations varient entre 750 et 2 500 mm/a et peuvent varier considérablement à petite échelle. Pendant les mois à variations journalières extrêmes, les plantes du paramo fleurissent et fructifient.

Les conditions climatiques semblables dans les différentes hautes montagnes tropicales des continents ont mené à l'apparition de *formes de croissance et de vie similaires* parmi les plantes (**convergence**) :

des plantes-cierges laineuses à rosette, dont les immenses fleurs en forme de cierges dépassent de la touffe des feuilles, et des plantes à touffes laineuses formant des troncs.

La chevelure filandreuse, la formation d'un tronc et de rosettes protègent la plante du gel, du rayonnement et de l'évaporation.

La "**steppe d'herbes en altitude**", la *puña,* se rencontre surtout dans les *Andes* entre 3 300 et 4 700 m d'altitude :

une formation végétale sèche à semi-sèche accompagnée de facteurs climatiques extrêmes.

Vers les tropiques, la température témoigne sensiblement d'un cycle annuel. Cependant les variations de températures journalières demeurent plus fortes. La végétation, le plus souvent des *herbes Tussoc (Calamagrostis, Festuca, Stipa),* forme des buissons ; les surfaces libres du sol sont soumises à l'érosion éolienne. La puña est subdivisée par rapport à l'humidité disponible (mois humides) en :

puña d'herbes	7-10
puña sèche	5-7
puña à plantes succulentes épineuses	2-4
puña désertique et puña saline	0-2

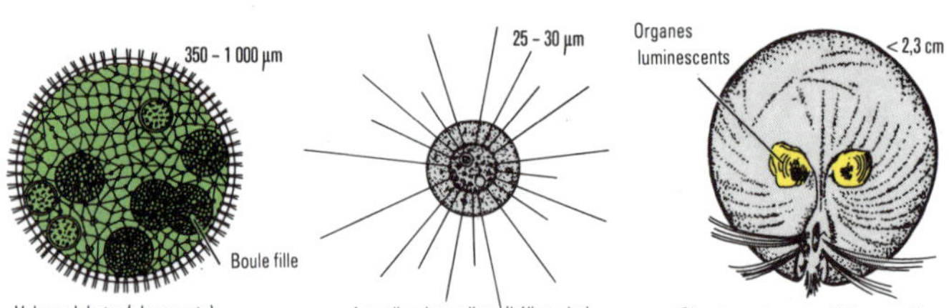

Volvox globator (algue verte) — Astrodisculus radians (héliozoaire) — Gigantocypris aggassizii (crustacé)

A Forme d'adaptation sphérique

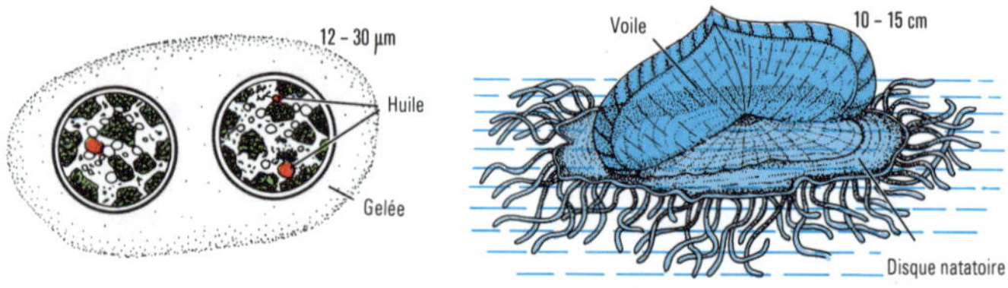

Chlorobotrys polychloris (algue vert-jaune) — Velella velella (méduse)

B Accumulation d'huile et de gelée pour améliorer la flottabilité

Bacteriastrum hyalinum (diatomées) — Calocalanus pavo (copépode)

C Appendices de flottaison et organes natatoires

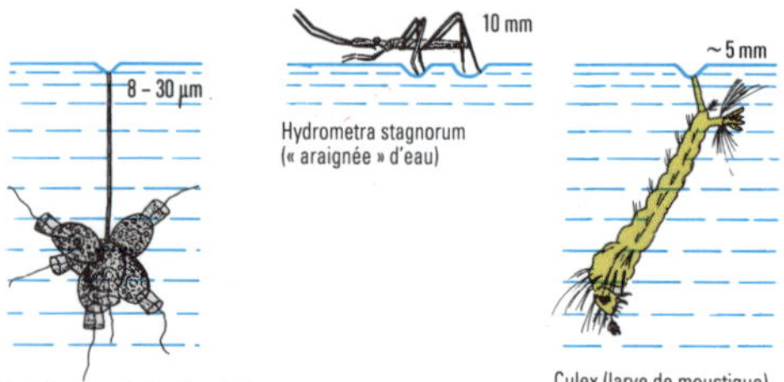

Hydrometra stagnorum
(« araignée » d'eau)

Codosiga botrytis (zooflagellés)

Culex (larve de moustique)

Larve de libellule

D Êtres vivant à l'interface eau-air

E Propulsion arrière

Nager et flotter

L'**eau** constitue pour les organismes **un espace de vie**, occupé de différentes manières : en suspension libre, en nageant, à la surface, au fond. La vie continue dans l'eau nécessite ou permet des formes de vie et des adaptations particulières.

Ainsi les organismes sphériques n'existent que dans l'eau : c'est un milieu peu orienté pour les organismes qui y nagent ou y sont en suspension (Sch. A).

Des animaux en suspension, qui utilisent des stimuli particuliers, possèdent une *polarisation des organes*. Les stimuli (gravité, contact avec le sol, l'air, la lumière) déclenchent souvent des mouvements ou des orientations (taxies) particuliers.

Un corps est **en suspension** dans l'eau lorsque sa densité est égale à celle de l'eau ; si elle est plus faible, il flotte ; si elle est plus élevée, il coule.

Comme la densité du cytoplasme (1,04 g/ml) est plus élevée que celle de l'eau douce (1,0 g/ml) et que celle de l'eau de mer (1,03 g/ml), l'**état de suspension** nécessite des *adaptations particulières*.

Une possibilité est la *réduction de la densité* de l'organisme *(Do)* par stockage de substances dont la densité est inférieure à celle de l'eau *(De)*, comme les huiles ou les gaz (Sch. B).

Une forte teneur en eau abaisse déjà *D*o, p. ex. par une forte teneur en gélatine :

les méduses ont une teneur en eau de 98 à 99 % de leur poids total.

Bien sûr, une densité moindre peut être obtenue par réduction des composantes lourdes :

les algues diatomées du plancton ont des squelettes plus fins par rapport à celles vivant sur le sol.

D'après Ostwald, la vitesse à laquelle un corps coule *C* est proportionnelle à la surcharge pondérale (*D*o-*D*e) et inversement proportionnelle à la résistance de la forme *(F)* et à la viscosité *(V)*, c.-à-d. :

$$C \propto \frac{D_0 - D_e}{F \times V}$$

La *viscosité* de l'eau (frottement interne) est indiquée à chaque fois ; elle dépend de la température et est deux fois plus élevée en hiver qu'en été.

La *résistance des formes* des organismes dépend de leur silhouette ; elle est augmentée par des structures dérivées de la forme sphérique, p. ex. la constitution de chaînes ou d'appendices de suspension (Sch. C), ainsi que par une plus grande surface spécifique (rapport de la surface au volume).

La taille (réduite) et la position dans l'eau ont aussi leur importance :

des bactéries d'un diamètre de 0,001 mm s'enfoncent à peine ; des diatomées longitudinales situées parallèlement à la surface de l'eau s'enfoncent plus lentement qu'en position verticale.

Des *turbulences* réduisent la vitesse à laquelle un corps s'enfonce. Les diatomées du plancton remontent souvent en masse à la surface des eaux lorsqu'il y a du vent ; par vent nul elles s'enfoncent dans les zones d'ombre des fonds.

La **nage** en surface est une forme particulière de suspension. Les organismes nagent sur l'eau lorsque leur poussée verticale est supérieure à la vitesse à laquelle ils coulent. Des équipements particuliers, tels que des espaces creux remplis de gaz, permettent à l'organisme de nager dans la zone entre l'air et l'eau ou de maintenir certaines parties dans ou au-dessus de l'eau (Sch. B ; p. 114, Sch. A-D).

La "voile de gaz" permet p. ex. au tronc de hydropolype *Velella* d'offrir une prise au vent, le disque nageur et ses chambres à air lui permettant de se maintenir à la surface.

Pour vivre à la surface de l'eau, riche en oxygène, certains organismes se servent de la *tension superficielle* de l'eau. Soit ils adhèrent par en-dessous à la "peau de l'eau", soit ils se déplacent sur sa surface (Sch. D).

Des algues à grande surface peuvent flotter sur la pellicule de surface, les œufs de muges et d'anchois y adhèrent.

L'eau oppose une *résistance* aux organismes qui s'y déplacent par cohésion de ses molécules. Afin de réduire la résistance de frottement, les habitants des milieux aquatiques libres présentent des surfaces particulièrement lisses. La gélatine à la surface de la peau des poissons réduit les effets freinants du tourbillonnement de l'eau traversée par un mouvement rapide.

Comme la forme la plus avantageuse dans l'eau est celle d'une torpille, des structures qui lui ressemblent se sont développées dans la plupart des familles (Sch. E).

Une forme particulière d'adaptation aux *forces des courants* est la réduction de la surface des feuilles des parties submergées des plantes, qui opposent ainsi moins de résistance à l'eau (p. 114, Sch. A).

Certains animaux disposent d'*organes de propulsion* adaptés à la vie aquatique :

nageoires et rames chez les poissons, oiseaux, mammifères et crabes, entre autres (Sch. B), propulsion chez les pieuvres, méduses et larves de libellules (Sch. E).

Les organes de propulsion agissent par des mouvements oscillatoires horizontaux ou verticaux ; dans certains cas ils sont le seul moyen de déplacement (iguanes).

Les organismes vivant au *fond des eaux* sont souvent très plats, afin d'éviter d'être emportés par les courants ou pour se camoufler sur le fond.

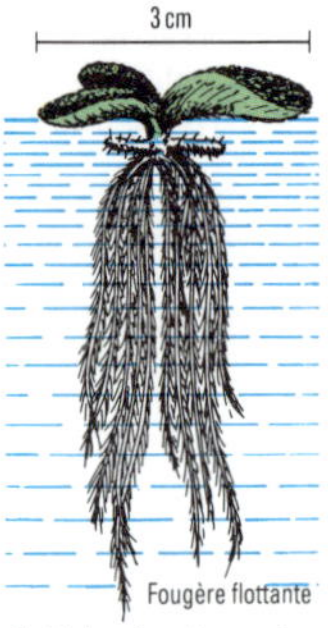

A Réduction des racines

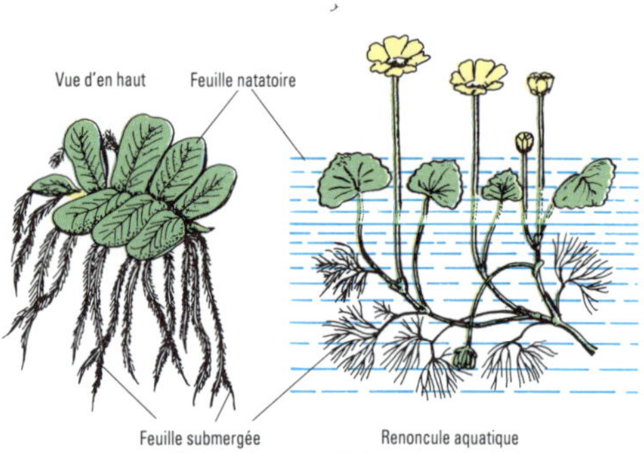

B Accroissement de la surface des feuilles submergées

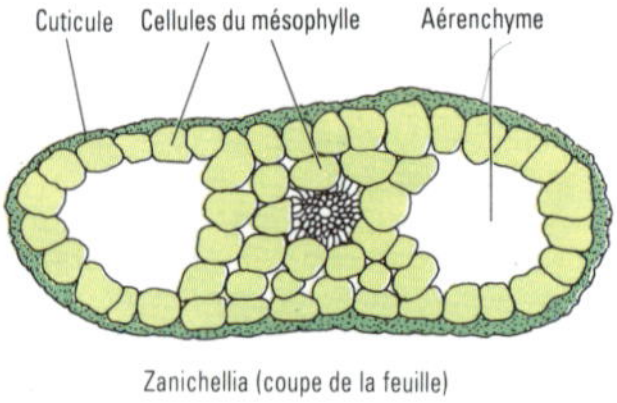

Zanichellia (coupe de la feuille)

C Réduction des tissus de la feuille

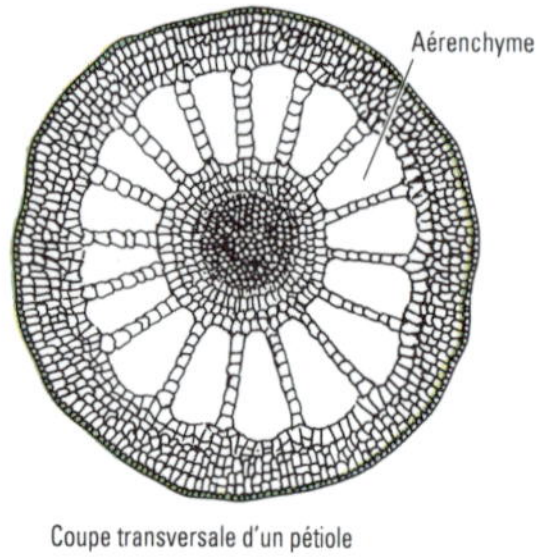

Coupe transversale d'un pétiole

D Aérenchyme (réserve d'air)

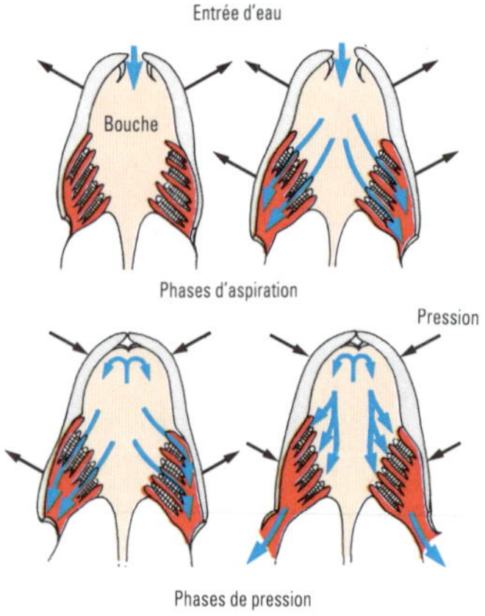

E Ventilation des branchies des poissons

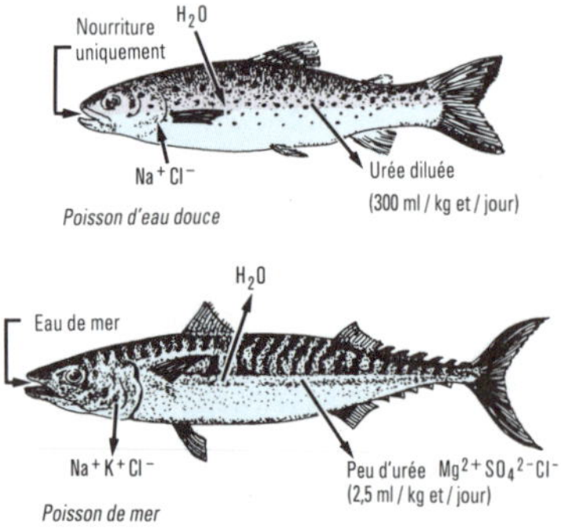

F Budget en eau et en sel chez les poissons

Adaptation à la vie aquatique

L'**eau en tant que milieu de vie** nécessite des adaptations particulières de la part des organismes, mais leur offre aussi un approvisionnement constant en eau et en ions.
Les **hydrophytes** ont des systèmes racinaires réduits ou de petites racines en raison de la disponibilité constante d'eau, comme p. ex. pour la fougère aquatique *Salvinia natans*.

Ses deux feuilles de nage, équipées d'un tissu stockant de l'air (*aérenchyme*), assurent son maintien à la surface de l'eau. La troisième feuille, submergée, fortement divisée et velue, assure la fonction des racines (absentes chez cette plante – Sch. A).

Les parties submergées des plantes ont une structure moins différenciée. Souvent il leur manque le parenchyme palissadique, la photosynthèse est effectuée par des parenchymes moins développés.

Les parois de l'épiderme et la cuticule sont très fines et la surface des feuilles submergées est augmentée par division (Sch. B, C).

Des tissus de fixation ne sont développés en r.g. que par les plantes d'eaux courantes. Comme aucune régulation des pertes en eau n'est nécessaire, les feuilles submergées n'ont pas de stomates. L'**aérenchyme** ne sert pas uniquement à nager ou à fixer la plante, il facilite aussi les échanges gazeux entre les parties submergées de la plante et les feuilles natatoires et sert de réserve gazeuse (Sch. C, D).

L'approvisionnement des tissus en **oxygène**, essentiel à la vie, est un problème, car la solubilité de ce gaz est faible et dépend de la température (p. 32).

L'eau douce contient à volume comparable seulement 0,5 à 1 % de la quantité en oxygène de l'air, l'eau de mer encore 1/5 de moins.

Les plantes peuvent cependant s'approvisionner en oxygène de l'air par l'aérenchyme en tant qu'organe respiratoire qui, partant des ostioles des feuilles, s'étend jusqu'aux tiges (Sch. D).
Les coléoptères nageurs et les larves de moustiques se chargent d'air à la surface de l'eau, comme les vertébrés à respiration pulmonaire (baleines et phoques).
L'organe de respiration effectif des animaux aquatiques des différents embranchements sont les **branchies** (vers, mollusques, poissons), qui ne peuvent soustraire l'O_2 que des eaux courantes. Les poissons créent eux-mêmes les courants selon le principe du soufflet.

L'eau inspirée est rejetée, bouche fermée vers l'extérieur, en expirant par les branchies, qui extraient l'O_2 de l'eau (Sch. E).

L'approvisionnement des plantes aquatiques en CO_2 pour l'assimilation pose moins de problèmes, car la teneur en CO_2 de l'eau et de l'air par unité de volume sont semblables.

Les différences de **teneur en ions** de l'eau douce et de l'eau salée nécessitent une adaptation osmotique particulière pour réguler le budget en eau.
Les organismes ne peuvent supporter que des *pH* entre 3 et 9, car les protéines peuvent être détruites hors de cette fourchette (dénaturation).

Les eaux naturelles ont en r.g. des pH de 7 à 8,5 et ne nécessitent pas d'adaptation spécifique.

Les organismes cependant préfèrent certains pH et sont de ce fait représentés différemment dans les zones d'eaux naturelles. Ils peuvent servir de *bio-indicateurs*.

La plupart des organismes d'eau douce préfèrent des pH de 4,5-9 (p. ex. les vers, les crabes, les organismes d'eau douce).

Les organismes comme le crabe à patte natatoire *Cyclops languidus* vivent dans des eaux exclusivement acides ; dans les eaux des tourbières marécageuses extrêmement acides (pH 3,8) vivent certains organismes, p. ex. le radiolaire *Elosa worallii*.
Tant que la vie était liée à l'eau de mer et que la concentration du liquide corporel correspondait à celle de l'eau de mer (3,5 % de teneur en sel – **isotonique**), il n'y avait pas de problèmes osmotiques. Pour passer à terre ou dans des *eaux douces* ont dû se développer des systèmes permettant de compenser la perte continuelle en eau à terre ou l'apport incessant en eau douce. Les organismes qui ne peuvent survivre que dans des secteurs à concentration saline étroits sont

sténohalins, p. ex. les invertébrés marins et les poissons primitifs isotoniques avec l'*eau de mer*.

Les poissons cartilagineux stockent de l'urée dans leur sang, afin de compenser la différence de pression osmotique entre leur liquide corporel et l'eau de mer. La concentration sanguine des poissons osseux est inférieure à celle de l'eau de mer, ils

sont **hypo-osmotiques** par rapport à l'eau de mer, ils perdent de l'eau.

Pour compenser cette perte ils boivent de l'eau de mer et rejettent le surplus en sels par transport actif dans leurs branchies et leurs reins (Sch. F).

Les poissons osseux **hyperosmotiques** d'eau douce absorbent passivement de l'eau.

Ils transportent activement les sels par leurs branchies dans le sang et rejettent une urine diluée, afin de compenser l'excédent d'eau et les pertes ou dilutions de sels.
Les anguilles, les saumons et les crabes chinois peuvent vivre dans des eaux à teneur en sel différente, ils sont

euryhalins. Ils peuvent absorber du sel par leurs branchies ou en rejeter, afin de compenser des déficits ou des excédents en sels, p. ex. dans la zone de marée des côtes.

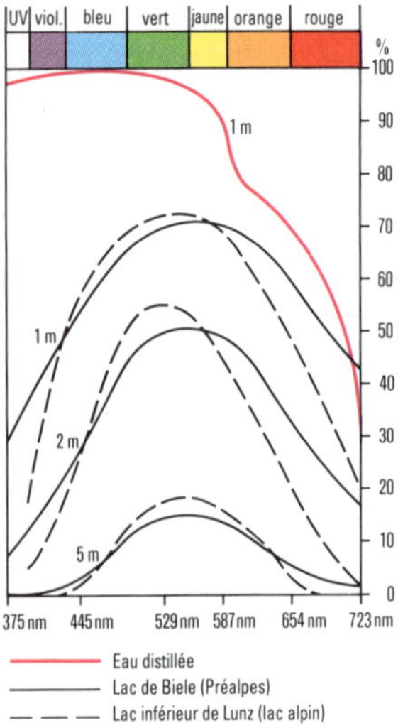

A Luminosité des eaux calmes en rapport avec la profondeur et la longueur d'onde

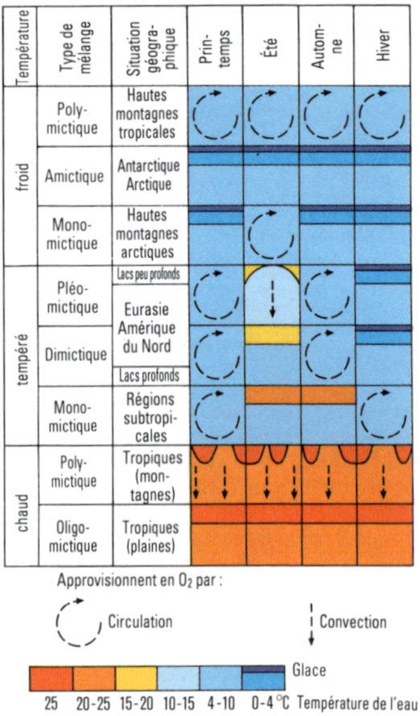

B Zonation de la température dans les lacs

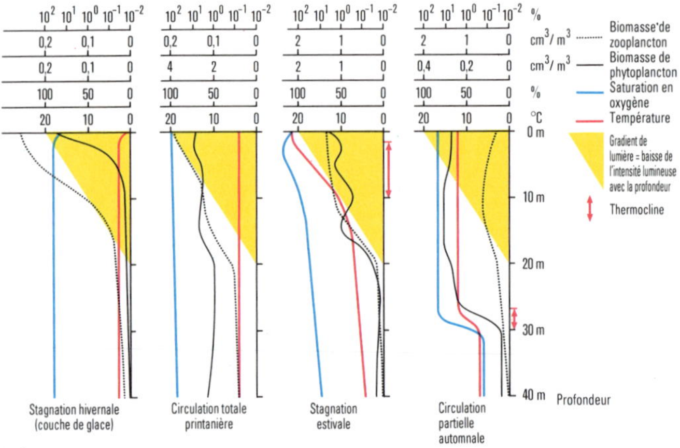

C Évolution d'un lac dimictique au cours d'une année

Les eaux stagnantes et courantes constituent les **écosystèmes limniques** (espaces de vie en eau douce).

On classe les **eaux stagnantes** selon leur taille et leur profondeur :

Les *mares*, plates, constituées d'eau douce rassemblée temporairement, avec des niveaux d'eau variant considérablement ;

les *étangs*, lacs d'eau plate de profondeur réduite, dans lesquels la majeure partie des plantes nageuses touchent le fond avec leurs racines ;

les *lacs* profonds, dans lesquels peuvent se développer des strates de températures.

Les *étangs* artificiels constituent des formes particulières. Les *eaux intérieures souterraines* (eau souterraine, lacs souterrains) et les *lacs ou sources d'eau douce chaude*, pauvres en sels, connaissent des conditions biotiques extrêmes.

Les conditions de vie dans les eaux stagnantes sont surtout conditionnées par l'**éclairage**. La lumière du soleil *réfléchie* augmente avec l'angle de rayonnement E

(E = 60°, réflexion = 6 % ; E = 80°, réflexion = 34 % ; en Europe centrale : été 12 h min. 2,5 %, hiver 12 h min.14 %).

La plus grande partie des rayons pénètre dans l'eau (*transmission*). Des pertes (*extinction*) par diffusion et absorption par les substances contenues dans l'eau réduisent l'intensité lumineuse, qui diminue exponentiellement avec la profondeur (*loi de Beer-Lambert*).

Dans l'eau distillée, seulement 50 % de la lumière atteint un mètre de profondeur.

C'est le bleu qui traverse le mieux l'eau, le rouge le moins.

Les substances en suspension ou diluées (plancton, acides humiques) modifient les spectres d'absorption des eaux en leurs donnant des *profils lumineux individuels* (Tab. A).

La longueur d'onde des photons augmente à mesure qu'ils perdent de la chaleur.

Dans le lac souterrain de Lunz, en Allemagne, l'absorption sélective par des substances dissoutes ne permet qu'à 50 % de la lumière bleue-verte d'atteindre 2 m de profondeur (contre 100 m dans de l'eau distillée).

En plus de la topographie et de la lumière, la nature des lacs est aussi déterminée par la **température, leur teneur en substances nutritives** (p. 112-113) et **en oxygène** (Tab. B, C). L'énergie de rayonnement se transforme en partie en énergie thermique ; les eaux se réchauffent par la surface.

Une absence de circulation entraîne un étagement des températures, qui diffère globalement et selon les saisons.

Des convections éoliennes et thermiques assurent un mélange des eaux froides et chaudes, et le transfert de l'oxygène en profondeur. On distingue globalement plusieurs **types de circulation** (Tab. B) :

La **polymixie**, circulation atmosphérique constante en toute saison (vent) dans les hautes montagnes, par convection dans les collines tropicales ;

La *monomixie*, circulation pendant une saison ;

La *dimixie*, circulation pendant deux saisons, stagnation sinon.

Les lacs des plaines tropicales ont un comportement *oligomictique*. L'eau en surface fortement réchauffée et légère isole l'eau des profondeurs plus froide, rarement des circulations irrégulières arrivent à briser cette stagnation permanente.

Les eaux arctiques et antarctiques sont couvertes de glace permanente, empêchant un apport en oxygène (*amixie*).

Les eaux plates des latitudes moyennes connaissent un mélange de l'eau par convection et par le vent (*pléiomixie*).

Les solutions salines sont spécifiquement plus denses que l'eau pure, elles s'enfoncent vers les profondeurs et handicapent le brassage total du corps aqueux, qui ne se produit qu'en surface (*méromixie*).

Le déroulement dimictique de l'année est courant dans les latitudes tempérées :

Au printemps l'eau proche de la surface se réchauffe. Des tempêtes printanières assurent un brassage complet de l'eau de surface plus légère avec les eaux plus lourdes des profondeurs et approvisionnent le corps aqueux en oxygène (*circulation printanière*, Tab. C).

A l'approche de l'été la quantité d'eau chaude augmente en surface, la circulation ne s'effectue plus qu'à ce niveau et la température se stabilise.

La couche superficielle chaude (**épilimnion**) est séparée de l'eau profonde uniformément froide (**hypolimnion**) par une couche de passage à baisse rapide des températures (**métalimnion** – Tab. C).

Entre l'eau de surface et l'eau profonde ne s'effectue quasiment aucun échange d'oxygène (*stagnation estivale*).

A l'automne, l'eau se rafraîchit. La couche de plus en plus fine où baisse la température s'enfonce.

Comme au printemps, aidé par les tempêtes automnales, le brassage de l'étang s'intensifie en circulation complète (*circulation automnale*).

Le corps aqueux est à env. 4 °C et brassé d'oxygène.

En hiver l'eau se refroidit et sa densité diminue.

L'anomalie de densité de l'eau entraîne une répartition des températures instable inversée avec une eau de surface plus froide sur une eau de profondeur à 4 °C (p. 32 s).

La glace couvre la surface du lac, parce que la densité de la glace à 0 °C n'atteint que neuf dixième de la densité de l'eau. La glace stabilise l'étagement des températures (*stagnation hivernale*).

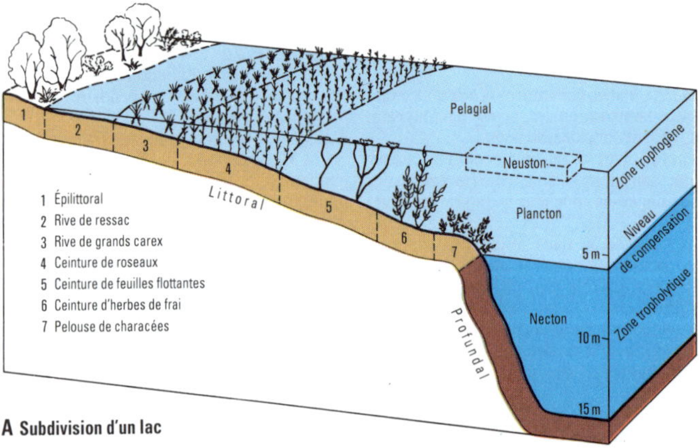

A Subdivision d'un lac

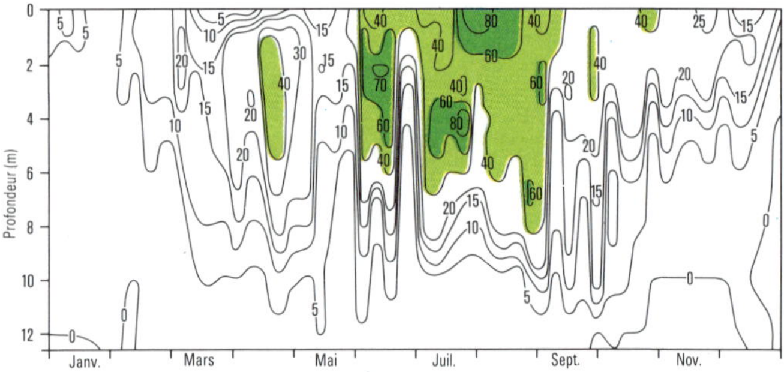

B Production de phytoplancton en mg C m^{-3} j^{-1} (Lawrence Lake, Michigan)

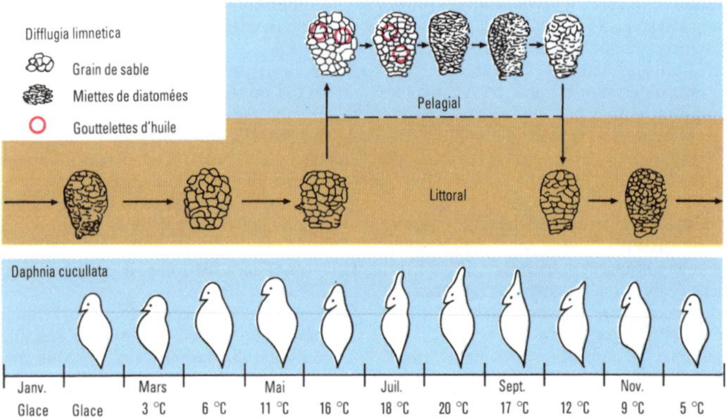

C Modification des formes et des lieux de séjour des organismes planctoniques

Selon leur localisation on distingue dans les écosystèmes limniques des eaux stagnantes les espaces vitaux suivants :

les zones d'eau libre (**pélagique**) ;

les zones de terre (**benthique**).

Dans les deux zones, la subdivision en profondeur est liée à la quantité de lumière que les plantes autotrophes et les bactéries peuvent encore utiliser pour la photosynthèse.

La zone **trophogène** comprend l'espace suffisamment éclairé (*euphotique*) de l'eau de surface avec un bilan de photosynthèse positif (production de substances nutritives organ.). Celle-ci est séparée par le **niveau de compensation**, atteint par à peu près 1 % de la lumière de surface, de la **zone tropholytique** dénuée de lumière (*aphotique*), avec un bilan de photosynthèse négatif (manque de substances nutritives – Sch. A).

Dans la zone crépusculaire (*zone dysphotique*) des lacs profonds et clairs, on peut mesurer une lumière à ondes courtes à des profondeurs plus élevées, mais cela ne permet aucune production primaire.

Le niveau de compensation divise la zone terrestre (*benthique*) en :

zone des rivages (**littoral**) et

zone des profondeurs (**profundal,** Sch. A).

La zone de rivage supérieure (*épilittoral*), hors de portée des éclaboussures d'eau, offre aux hydrophytes adaptés à des lieux d'implantation humides des conditions de vie favorables. La zone est peuplée plus part. de forêts marécageuses clairsemées d'aulnes glutineux (*Aulnus glutinosa*), de bouleaux (*Betula pubescens*), de saules (*Salix sp.*) et d'un sous-bois très développé composé de mousses, fougères, herbes et plantes aimant l'azote, p. ex. les orties. Le sol est enrichi en détritivores (*cloportes, vers de terre, escargots*). Des insectes herbivores et des zoophages, en part. araignées et moustiques, constituent une base nutritive optimale pour les nombreuses espèces d'oiseaux nichant dans les buissons ou à même le sol.

Succédant à l'épilittoral on trouve l'espace de vie exposé à des éclaboussures d'eau ou à des variations incessantes du niveau d'eau, à des conditions abiot. sans cesse changeantes (rivage de ressac, *supralittoral*), de sorte qu'il est difficile à une faune macrophyte de s'y développer. Cet espace est peuplé d'organismes aimant l'oxygène, possédant des organes de fixation, comme les vers et les algues bleues encroûtantes (*cyanobactéries*). Des saules peuvent s'avancer jusque dans cette zone d'abord immédiat des lacs. Ils y développent des *racines adventives*, qui assument les fonctions des racines du sol, qui meurent en cas de crue prolongée.

Entre les hautes et les basses eaux, une *zone de grands roseaux* mène au *sublittoral* (appelé aussi *infralittoral* en eau douce), zone des rivages sans cesse submergée, dont les subdivisions suivantes sont déterminées par les communautés de plantes qui se sont adaptées aux différentes conditions de luminosité, de pression et de sous-sol (Sch. A).

Les plantes à fleur n'atteignent, en raison de la sensibilité à la pression de leurs cellules, qu'une profondeur max. de 10 m ; plus bas, la répartition des mousses et algues jusqu'à 30 m de profondeur est déterminée par la lumière :

des pigments rouges et bruns servent de molécules acceptrices pour la lumière verte qui pénètre les profondeurs. Le sublittoral est part. riche en espèces, de par la couverture (*périphyton*) qui s'y établit sur le sous-sol org. et anorg.

Le **profundal** est peuplé de consommateurs, en part. de mangeurs de sédiments, qui vivent de la biomasse rapportée du littoral et du pélagial ainsi que des fleuves.

Les organismes vivants du **pélagial** possèdent la faculté physique de se maintenir en suspension (**plancton**) ou de nager activement (**necton,** p. 113), même à contre-courant.

On distingue d'après leur position systématique

le plancton végétal (*phytoplancton* ; en part. algues vertes, diatomées) ;

le plancton animal (*zooplancton* ; en part. radiolaires, crabes phyllopodes et copépodes) ;

le plancton bactérien (*bactérioplancton* ; cocci, batonnets, vibrions, cyanobactéries).

On classe le plancton d'après sa taille :

ultraplancton (en part. les bactéries)	< 10 µm
nanoplancton (en part. algues)	10 - 50 µm
microplancton (algues/animaux)	50 - 500 µm
macroplancton (algues/animaux)	500 - 2 000 µm
mégaplancton (animaux)	> 2 000 µm

Dans le domaine limnique il n'existe qu'une faible superposition dans la répartition verticale du plancton. Pendant les périodes de stagnation estivale et hivernale le phytoplancton, et de ce fait le zooplancton, augmentent dans la zone trophogène.

Pendant la période de circulation, le plancton se répartit lors du brassage global du lac au printemps et à l'automne sur la zone éclairée de l'ensemble du corps liquide (Sch. B).

De nombreux zooplanctons peuvent subir des variations cycliques de leur forme (**cyclomorphose**) pour s'adapter à la température, aux turbulences, à la nourriture, à la prédation et à la lumière, ou optimiser ainsi leur qualités hydrodynamiques et de suspension (Sch. C). D'autres, à différencier du plancton en suspension permanente (*holoplancton*), passent une partie de leur vie en suspension dans le plancton grâce à des stocks de gaz ou de graisse, et le reste au fond de l'eau en stockant des particules de sable dans leur enveloppe corporelle (*méroplancton,* Sch. C) ;

Le **necton** comprend en part. des poissons mangeurs de plancton.

Il existe une communauté de vie de nageurs (**pleuston**) à la surface de l'eau, avec des plantes aquatiques nageuses (lentilles d'eau, jacinthes d'eau, fougères aquatiques) et des animaux nageurs.

Le **neuston** adhère à la pellicule de surface de l'eau entre air et eau et vit soit à la surface (*épineuston*), soit sous la surface (*hyponeuston*) (p. 112, Sch. D).

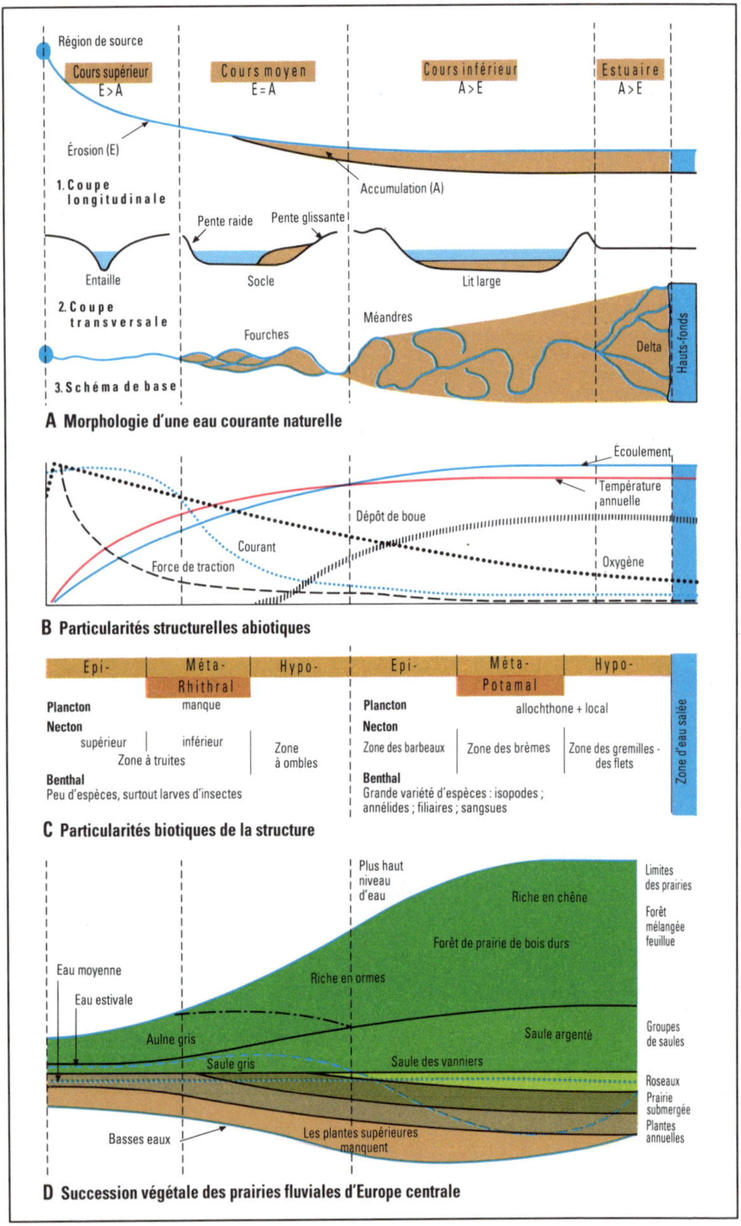

Zonation transversale des eaux courantes

Les eaux stagnantes forment malgré leurs affluents et confluents un écosystème relativement fermé. Les **eaux courantes** sont des *écosystèmes ouverts* en relation étroite avec les écosystèmes terrestres et dont les formes se modifient sans cesse, en relation avec la plasticité des cours d'eau.

Les rivières peuvent être classées selon la largeur de leur plan d'eau, leur quantité d'eau, la vitesse d'écoulement et les courants.

On distingue d'après la **largeur du plan d'eau** :

Les *ruisseaux de sources* (jusqu'à 1 m de largeur, zone d'influence inférieure à 2 km²), auxquels on associe aussi les *canaux de drainage intérieurs* (écoulements des installations de drainage, des stations d'épuration, de l'industrie et des ménages) situés dans les plaines.

Dans le sens du courant on parle ensuite de *grands ruisseaux* (1 à 3 m, 2 à 50 km²) ; *petites rivières* (3 à 10 m, 50 à 300 km²) ; *grandes rivières et fleuves* (plus de 10 m, en montagne 50 à 500 km², en plaine 300 à 500 km²).

La caractéristique des eaux courantes est le **courant** et les *zones longitudinales* qui en résultent (Sch. A-D).

Pour des vitesses d'écoulement de 1 à 3 m/s, l'eau se fraie un chemin dans le sol rocheux jusqu'à atteindre la base d'érosion absolue, la mer.

La rivière est orientée en longueur (Sch. A,3). Sa quantité d'eau est irrégulière (eau de fonte des neiges, pluies de crue).

Les températures sont basses et n'atteignent que 1 à 5 °C dans les ruisseaux de montagne. Au domaine de l'érosion profonde pure (*cours d'eau supérieurs*, 5 à 10 °C) succède le *cours d'eau moyen* (10 à 15 °C) avec une déclivité réduite et des courants moins rapides.

La rivière érode dans la zone centrale du courant et de ses remous externes (érosion en profondeur et latérale) ; dans les zones d'eau calme des remous internes s'accumulent des matériaux légers par réduction de la puissance porteuse du courant (accumulation).

Une quantité identique d'érosion et d'accumulation est caractéristique du cours central d'une rivière.

Lorsque la rivière charrie beaucoup de matériaux (p. ex. les rivières des Alpes), son cours se modifie dans les larges lits de pierres et il se forme des embranchement (fourches), en part. pendant les crues printanières.

Le *cours inférieur* d'une rivière est un lieu de dépôts.

Par érosion latérale la rivière crée des méandres, qui peuvent former des zones d'eaux calmes (bras mort) d'une grande importance écologique (Sch. A).

De la **source** jaillissent les eaux souterraines. L'eau s'écoule des sources de torrents sans former de bassins ; de telles sources ne constituent pas un lieu de vie. Les sources formant des mares alimentent par le fond une eau stagnante, qu'un ruisseau de source évacue par débordement. Des sources d'infiltration ou de marais se constituent sur des surfaces plus étendues (marécage de sources). L'eau ne quitte la surface détrempée des marais qu'après une période prolongée de stagnation.

Les sources associées à des bassins constituent des espaces de vie aquatiques et amphibies importants, p. ex. en tant que lieux d'incubation du necton et des amphibiens. L'eau de source pauvre en substances nutritives et en oxygène s'enrichit rapidement en oxygène à très basse température. Cependant la productivité reste faible, étant donné que les organismes privilégient d'autres biotopes.

Les *sources minérales et thermales* sont des sources dont la teneur en sels nutritifs ou les températures sont élevées. Les sources thermales peuvent aussi être peuplées à de hautes températures.

Limite de température : bactéries > 90 °C, plantes à fleurs 40 °C, poissons 37,5 °C.

Les conditions abiotiques du **cours supérieur** d'une rivière sont déterminées par l'eau courante, qui s'écoule rapidement, dans un lit de largeur variable tapissé d'un substrat de roches, galets, graviers ou sable et délavant les abords (zones d'eaux calmes). A basse température la production primaire reste faible.

La structuration spatiale, et la productivité des eaux courantes qui en découle, débute quand les vitesses d'écoulement du courant deviennent inférieures à 1,7 m/s.

A 2 m de profondeur prédomine un lit d'eau servant de lieu de vie à des petits biotopes, dépendant de leur positionnement par rapport au courant et à la luminosité.

A plus de 2 m de profondeur, l'eau courante gagne en importance comme lieu de vie.

Les bancs de sable constituent de petits biotopes des **cours moyens et inférieurs** (psammal), de même que les dépôts de vase et de limon.

La zone de vase située entre les plus hauts et les plus bas niveaux d'eau est le lieu où les plantes aquatiques luttent lors de périodes prolongées de basses eaux (pelouse d'algues) et où les plantes supérieures (cresson des fontaines, véronique aquatique) tentent de résister à l'assèchement du cours.

Les lieux de vie des cours supérieurs et moyens (**rhithral**) sont délimités biozoniquement par des zones poissonneuses des rivières du bas pays (**potamal**) (Sch. C). La limite correspond à peu près à la limite des températures journalières de l'eau à 20 °C.

Dans l'eau calme du potamal on assiste, à cause du remaniement de l'élément liquide plus réduit, à la formation de couches saisonnières ou à des cycles journaliers des températures, comparables à ceux des étangs.

Le **littoral** comprend les biotopes situés sous l'eau centrale. Au-dessus se situent les **prairies des rivières** s'étendant jusqu'à la limite des hautes eaux. Leur succèdent les prairies extérieures sans dépôts fluviaux récents à affluence directe des eaux profondes.

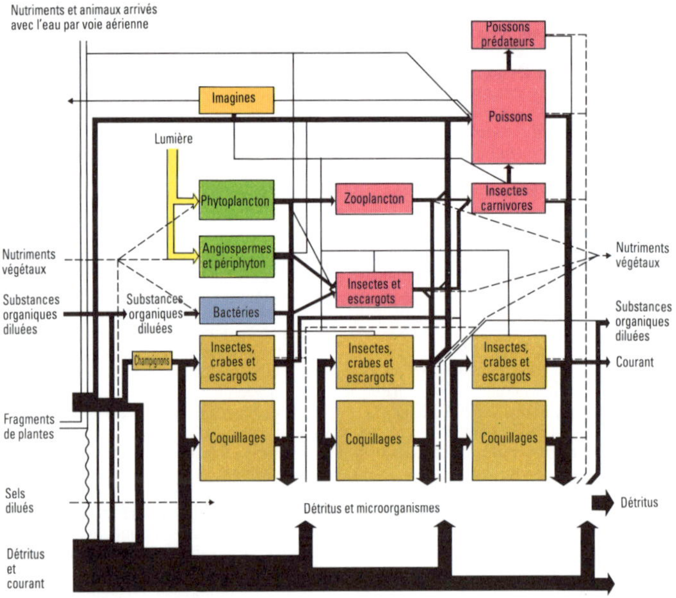

A Cycle des nutriments du rhithron

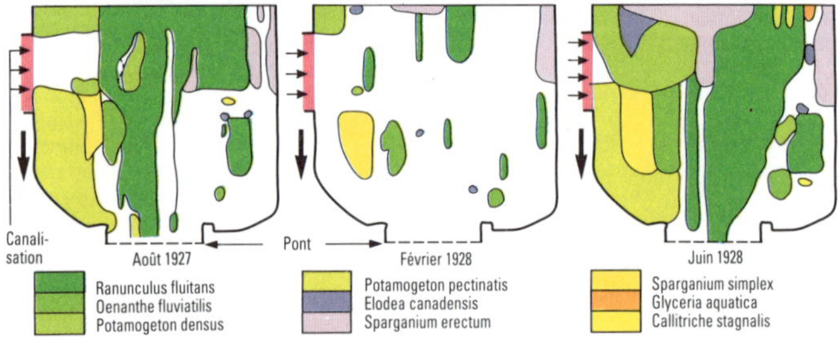

B Macrophytes du Lark (Suffolk, Grande-Bretagne ; vue d'en haut)

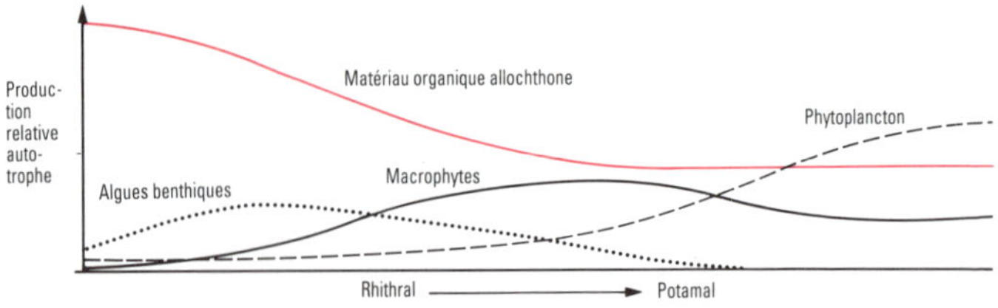

C Production des eaux courantes naturelles

Toute eau courante possède ses propres caractéristiques. Il est difficile d'établir une classification à valeur générale sur des bases biol. en raison des variations constantes dues aux courants : seule est possible une classification à grande échelle, p. ex. pour l'Europe la classification en zones poissonneuses de Illies (p. 120, Sch. C).

Une limite linéaire n'est pas envisageable en raison de la mobilité des animaux, car ceux-ci migrent à la moindre variation du milieu. Des espèces pionnières occupent ensemble les espaces de transition.

La classification en zones poissonneuses de l'Europe peut être transposée à d'autres domaines géographiques en comparant les formes de vie.

Les eaux courantes sont écologiquement liées très étroitement par leur budget énergétique aux écosystèmes terrestres. Dans les cours d'eau supérieurs et moyens des eaux courantes naturelles, des branches recourbées arrêtent la lumière et empêchent ainsi la production primaire fluviale. Jusqu'à 99 % (en moyenne à 40-75 %) de la nourriture des consommateurs peut provenir de feuilles mortes, de branches, de fruits et de substances organ. dissoutes d'origine étrangère.

La production propre réduite rend cet espace part. sensible à un apport de substances étrangères.

Au contraire des lacs, où assimilation et dissimilation sont séparées dans le temps, les eaux courantes se caractérisent par de courts cycles nutritifs fermés, répétitifs, benthiques (au fond de l'eau), ou bien se déroulant sous l'eau, en mouvement, suivant le sens du courant et faisant intervenir des organismes et des chaînes alimentaires les plus divers (Sch. A).

Les régions de sources *(crénal)* et leurs communautés de vie autonomes *(crénon)* sont suivies en contrebas des deux biocénoses *rhithrale* et *potamale* et des biotopes *rhithron* et *potamon* (p. 120, Sch. C)

Toutes les biocénoses des rivières se caractérisent par leurs nombreux petits biotopes dans les zones des rivages, leurs préférences spatiales et leur dynamisme saisonnier (Sch. B).

Le **crénon** est déterminé par la teneur en calcaire de l'eau. Dans les sources d'eau douce pauvres en calcaire, on trouve comme producteurs des *mousses communes des sources* et la *cardamine amère*, et comme consommateur détrivore l'*escargot des sources*. Les sources calcaires voient se développer la *cochléaire* et des tapis de mousses hépatiques ; les *vers alpins* sont typiquement présents et on trouve parfois des espèces des eaux profondes apportées par les eaux comme les *crustacés et les coléoptères des grottes*.

La productivité du crénon est généralement faible, à cause des basses températures et de la faible luminosité.

Les micro-organismes et les poissons en sont absents. Les consommateurs vivent de matériaux allochtones, sinon de bactéries, champignons et algues.

Le cours supérieur des rivières qui succède à la région des sources est le lieu de vie optimal pour les algues et macrophytes benthiques (Sch. C).

La production primaire diminue avec la réduction de la déclivité et l'augmentation de la température de l'eau.

Les tapis d'algues rouges sur substrat rocheux (pauvre en calcaire : *Hildenbrandia* rouge, *Lemnanea* brune ; riche en calcaire : *Vaucheria* verte, *Cladophora*) sont typiques du **rhithron**. Dans l'*épirhithral et le métarhithral* pauvres en calcaire prédominent souvent la *myriophylle*, dans ceux riches en calcaire la *renoncule aquatique*.

La végétation aquatique trouve des possibilités de vie favorables en part. dans les eaux plates et s'étend sous forme de tapis (Sch. B).

A une température privilégiée de 10,4 °C, la *truite de rivière*, en Amérique du Nord, la *truite arc-en-ciel*, rencontrent des conditions de vie optimales dans les eaux saturées en oxygène. Elle prédomine dans l'épirhithral et est associée à d'autres poissons sténothermes froids.

Dans *l'hyporhithral* (3 à 15 °C) prédominent dans de nombreuses eaux d'Europe centrale les *ombles*, en raison de leur température de prédilection plus élevée et de leur préférence pour des eaux plus étendues. La vitesse encore considérable du courant nécessite une adaptation spécifique des invertébrés.

(fortes griffes : *coléoptères, éphémères* ; ventouses : *moustiques* ; sécrétions collantes : *sumilidiae* ; forme adaptée au courant : *escargot* ; fort aplatissement du corps : *larves de mouches).*

Des espèces autochtones de plancton manquent ou dérivent des zones d'eaux calmes.

Vers le bas pays les conditions de vie s'améliorent pour le **potamon**, en part. pour les macrophytes (pauvre en calcaire : *élodée aquatique* ; riche en calcaire : *Sparganium*).

Leur part de productivité diminue en faveur du phytoplancton à partir d'une profondeur de 2 m et lors d'un apport plus massif de substances en suspension.

Dans le benthal, les consommateurs vivent des détritus coulant vers le fond.

Dans les plaines proches des montagnes (*épipotamal*) prédomine le *chabot*. Dans les eaux douces du bas pays (*métapotamal*) où les dépôts prédominent (avec abondance de la microfaune de sols meubles) vivent des espèces de poissons plus lentes.

Sous l'influence de l'eau salée, l'*hypopotamal* recèle surtout des *Acerina cernua* limniques et des *flets*.

Les eaux courantes sont accompagnées selon les conditions édaphiques de *biocénoses littorales et prairiales*, qui constituent souvent des refuges pour les spécialistes liés à l'eau des régions souvent dégarnies des paysages (p.120, Sch. D).

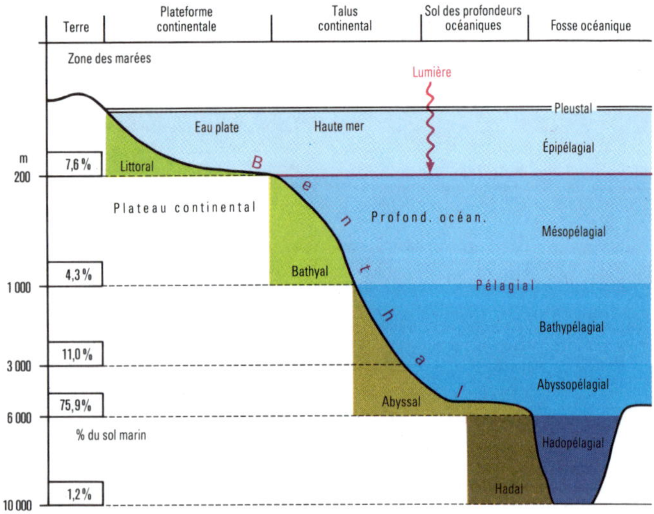

A Régions topographiques et écologiques marines

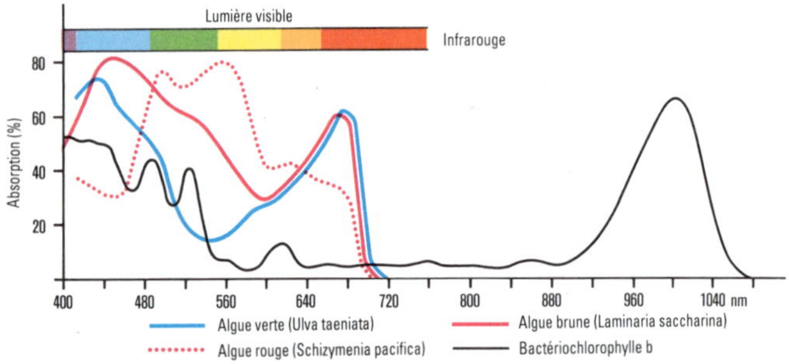

B Absorption de la lumière par les pigments des algues et des bactéries

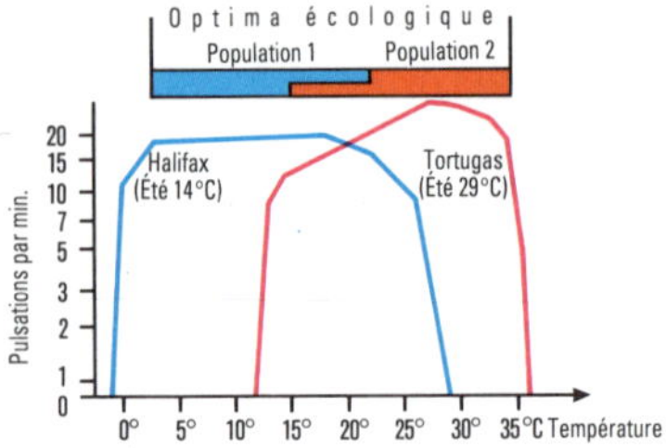

C Activité natatoire de la méduse Aurelia aurita dans des populations séparées

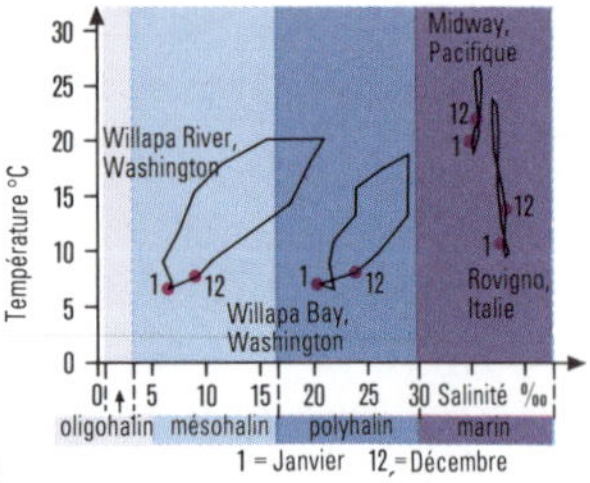

D Variations annuelles des températures et de salinité (estuaires et mers)

Extension, classification (Sch. A)

Les **océans** forment avec 70,8 % de la superficie terrestre et 1,4 milliard de km^3 d'eau le plus grand écosystème de la Terre.

La subdivision horizontale des mers en *bassins océaniques, mers intercontinentales méditerranéennes* et *bordières* délimite des espaces d'importance écologique diverse.

La subdivision topographique verticale distingue la **bordure continentale** avec les *zones de marées*, le *socle continental*, la *plate-forme continentale*, et les **grands fonds** avec les *sols des grands fonds* et les *abysses*. La **basse mer** s'étend jusqu'à la bordure continentale, où elle se mêle à une profondeur d'env. 200 m à la **haute mer,** éloignée des côtes.

Une des caractéristiques des mers est leur profondeur : profondeur moyenne 3792 m, record de profondeur 11 278 m.

HAECKEL a distingué dans la zone des eaux libres des espaces vitaux **nérétiques** (proches des côtes = littoral) et **pélagiques** (océaniques).

On classe écologiquement l'espace océanique selon sa profondeur en **épipélagique, mésopélagique, bathypélagique, abyssopélagique** et **hadopélagique.**

On distingue l'espace délimitant l'eau de l'air, le **pleustal**, de l'espace pélagique à proprement parler. On y trouve comme forme de vie le *pleuston*, organismes fixés sur le bois à la dérive ou équipés d'appendices particuliers (p. ex. *Vellela*, p. 112, Sch. B), qui dérivent au gré des vents ou des courants à la surface de l'eau.

Les organismes du *neuston* vivent dans les eaux proches de la surface (p. 112, Sch. D).

Parallèlement à la classification selon les profondeurs des zones d'eaux libres, on distingue dans le **benthal** (région des mers proches des sols) le **littoral**, situé le long des côtes, et les zones bordières des **grands fonds**, que sépare la limite de luminosité à env. 200 m de profondeur.

Le littoral connaît comme les eaux stagnantes un *supralittoral* (zone d'éclaboussures, surtout pour les falaises), un *eulittoral* (zone de variations de niveau d'eau, zone des marées, lagunes) et un *sublittoral* (entre basses eaux et bordure du socle continental).

Le sublittoral intérieur (infralittoral) s'étend de la ligne moyenne des basses eaux à la limite inférieure de répartition des macrophytes benthiques, selon la latitude et la forme des côtes jusqu'à -15/-80 m de profondeur. En dessous s'étend le sublittoral extérieur (circalittoral).

Benthial, abyssal et hadal sont les espaces du benthal, où vivent les organismes des grands fonds.

Luminosité, température, salinité

10 % seulement de l'eau de mer connaît des **conditions d'éclairage** suffisantes pour la photosynthèse (*zone euphotique*). 90 % de l'eau est plongée dans l'obscurité totale et reçoit seulement les substances nutritives qui s'enfoncent à partir de la zone euphotique.

La lumière UV et longues ondes pénètre moins en profondeur que la lumière bleu-vert. Les végétaux proches de la surface, p. ex. l'*ulve*, absorbent la lumière comme les plantes terrestres. Les algues rouges exploitent la lumière vert-jaune à forte pénétration à l'aide de *pigments accessoires* (p. 15), qui apportent l'énergie à la chlorophylle a.

Les pigments bactériens absorbent dans les zones lumineuses invisibles (Sch. B).

Les producteurs peuvent vivre dans les écosystèmes marins en adaptant leurs systèmes d'absorption aux différentes zones de luminosité, jusqu'à des profondeurs d'env. 200 m.

Le *niveau de compensation lumineux* (photosynthèse = dissimilation) se situe dans les eaux claires des régions subtropicales à 100 m de prof., dans l'Atlantique Nord à env. 40 m de prof. (turbidité de l'eau), dans la mer du Nord à env. 25 m et à quelques décimètres en bordure des côtes.

Les macrophytes parviennent à une bonne exploitation de la lumière par un agrandissement notable de leurs feuilles.

Le phytoplancton marin est extrêmement petit et obtient par son rapport surface/volume favorable une exploitation optimale de la lumière, semblable à celle des plantes terrestres.

La majeure partie du corps marin situé en dessous de 140 à 300 m connaît des températures stables.

Dans la zone océanique les **variations de températures** sont faibles : les espèces sont surtout *sténothermes*.

Le **littoral** (p. ex. les lagunes) est sujet à des variations de – 5° à + 35° et est peuplé d'espèces *eurythermes*.

Des animaux d'une même espèce peuvent adapter leur comportement à la température ambiante (Sch. C).

Une couche à variation brusque de température (*thermocline*) sépare la *thermosphère* chaude de la surface de la *psychrosphère* froide : elle est d'une grande importance écologique.

Les variations de la densité en fonction de la température jouent sur les facultés de suspension du plancton : le long de la thermocline se produisent d'importants échanges d'organismes vivants.

La **salinité** (salinité, en moy. 3,5 %) des mers est due au sel (NaCl, 77 %).

La *teneur en sels nutritifs* est faible et limite fortement la croissance.

La teneur en sel varie selon les saisons, en part. dans les zones côtières, sous les tropiques ou dans les zones subtropicales, ainsi que dans les zones polaires suite à la fonte des glaces.

Des *diagrammes de thermo-salinité* visualisent le déroulement annuel des deux facteurs limitant la croissance (Sch. D).

On distingue d'après leur teneur en sel des domaines *oligo-, méso-, polyhalins* et des domaines *marins*.

L'eau salée pose un problème écologique aux organismes en raison de la pression osmotique (p. 35).

La plupart des invertébrés, des plantes, mais aussi des requins sont *isotoniques*. Leur teneur en ions correspond à celle de l'extérieur.

La plupart des espèces préfèrent les zones à teneur en sel stable, elles sont *sténohalines*. Les espèces *euryhalines* peuvent s'adapter à des concentrations en sel variables. Elles peuplent les estuaires et la zone du littoral.

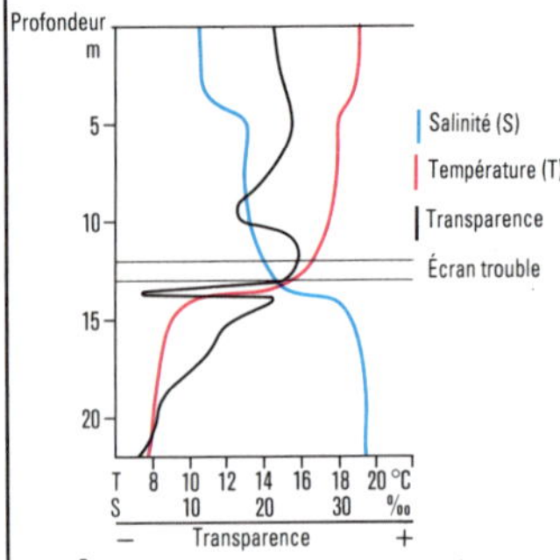

A Salinité, transparence et température

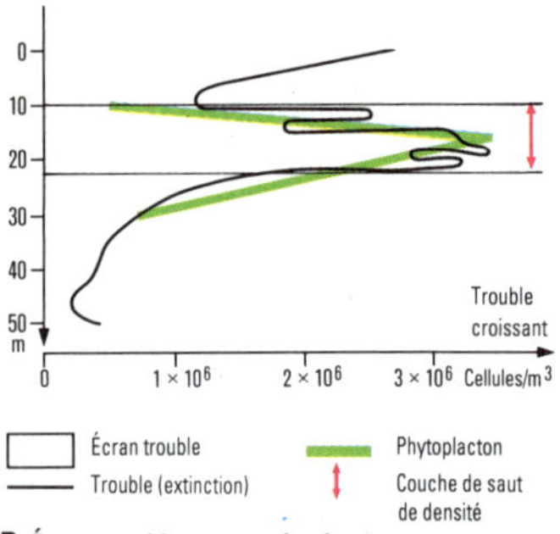

B Écran trouble sur couche de saut de densité

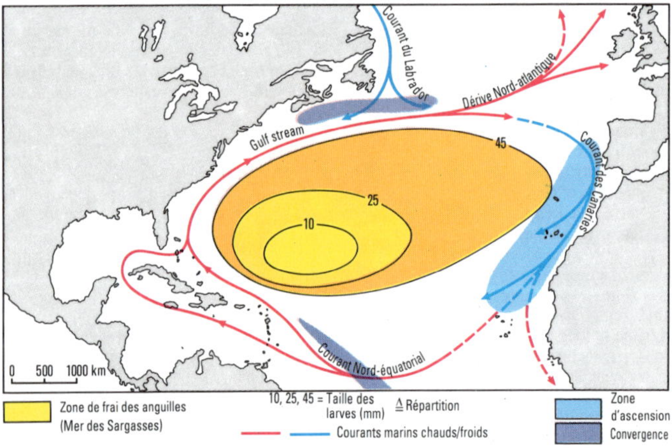

C Courant marin et migration des anguilles

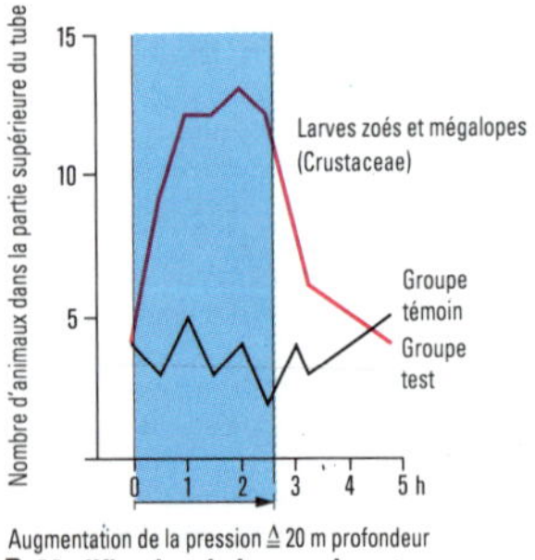

D Modification de la pression et des comportements

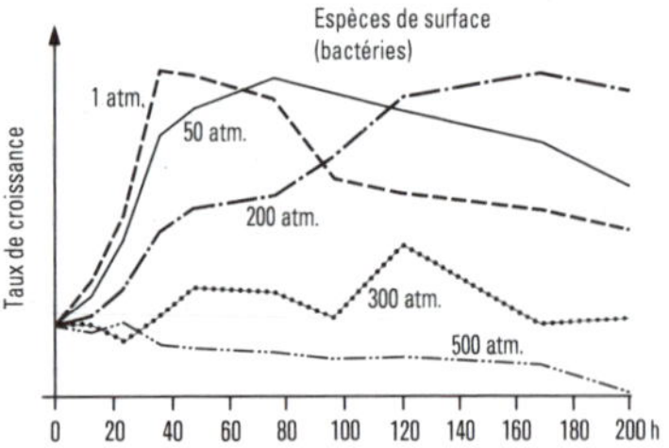

E Pression hydrostatique et croissance

Densité

La teneur en sel et la température conditionnent la densité de l'eau de mer.

Pour une teneur en sel de 24,7 ‰, la *plus grande densité* se situe en dessous du point de gel et tombe à -1,91 °C pour une teneur en sel de 35 ‰ (mer du Nord).

Contrairement à l'eau douce, lors d'un refroidissement de +4° à 0 °C, l'eau de mer ne présente pas de couche d'eau légère en surface. Il ne se forme pas de thermocline hivernale. L'eau plus lourde s'enfonce, jusqu'à ce qu'il se forme de la glace.

Les thermocline et halocline sont aussi des *couches à variation brusque de la densité* et s'opposent aux échanges verticaux d'eau (Tab. A).

Au-dessus de l'eau inférieure plus dense, s'amassent des substances qui s'enfoncent et constituent des *écrans de planctons et de substances troubles* (seston), composées du *bioseston* (organismes planctoniques et petits organismes migrant activement, Tab. B) et de substances inanimées en suspension (*abioseston, tripton*), argiles, sable et détritus. La collecte des substances nutritives sert de source d'alimentation à de nombreuses formes pélagiques.

Les courants marins

Les vents permanents produisent des **courants marins de dérive** à la surface de l'eau, contrés par des **courants harmonisateurs ou compensateurs** en profondeur.

La direction du courant dépend de la rotation terrestre, des seuils marins, de la forme des continents et des marées.

La rotation de la Terre (force de Coriolis) dévie les courants vers la droite dans l'hémisphère Nord et vers la gauche dans l'hémisphère Sud. La déviation est plus faible dans les eaux plates et près de l'équateur.

Là où les courants marins se rencontrent (p. ex. le Gulf-Stream et le courant du Labrador), l'eau de surface, froide, riche en O_2, s'enfonce sous la couche d'eau chaude (**convergence**).

Le long des côtes ouest des continents, l'eau de surface déportée par les vents est remplacée par de l'eau des profondeurs (**courant ascendant, upwelling**). L'eau froide, riche en substances nutritives compense les pertes en substances nutritives par enfoncement de détritus dans les profondeurs marines, et peut dissoudre plus d'O_2 que les surfaces d'eau chaude.

Les zones d'ascension des courants du Pérou, de Benguela et des Canaries sont parmi les zones marines les plus productives du monde. On y a observé le développement en masse de phytoplancton (*fleurs d'algues, "red-tide"*). Ils sont à l'origine d'une chaîne alimentaire allant jusqu'aux oiseaux, qui déposent sur les îles côtières du Pérou de grandes quantités d'excréments (**guano**).

Les **courants de déclivité** se constituent par refroidissement et enfoncement, tandis que les eaux de surface se réchauffent et s'évaporent. La teneur en sel augmente, ainsi que la densité de l'eau. Elle s'enfonce, comme p. ex. dans le golfe du Mexique.

Le *Gulf-Stream,* profond de 400 m et large de 50 km, évacue le surplus en eau (réchauffement et extension du corps liquide). Tout ce système est complété par le courant équatorial N. Les larves d'anguilles, nées dans la mer des Sargasses, utilisent le Gulf-Stream pour migrer vers l'Europe de l'Ouest et du Nord (Sch. C).

Les **courants de marée** influencent, dans les zones de mer plates, les baies et les estuaires des fleuves, les organismes vivants des biotopes du littoral, par leur alternance de directions contraires. Ils provoquent un échange de substances part. intense et peuvent sans cesse entraîner les organismes vivants.

La pression hydrostatique

La pression hydrostatique augmente par colonne d'eau de 10 m d'env. 10^5 Pa (env. 1 atm.), ce qui amène dans les fosses abyssales à des valeurs de 100 10^6 Pa. On n'a pas encore prouvé l'existence d'une relation entre la zonation en profondeur des organismes vivants et la pression. Les espèces vivant près de la surface font néanmoins preuve d'une grande sensibilité à la pression ; le *gradient de pression* double lors d'une descente de la surface à 10 m de profondeur (multiplié par trois à chaque fois).

La physiologie de l'*adaptation à la pression* est peu connue. La pression modifie le métabolisme, p. ex. par une augmentation de la teneur en CO_2 dans le cytoplasme. Les protéines sous pression se déforment, modifiant ainsi le fonctionnement des enzymes et la perméabilité membranaire. Une augmentation de la pression augmente l'activité natatoire.

Les espèces **sténobathes** réagissent à des variations de pression minimales (Tab. D), et en subissent l'influence dans leur développement (Tab. E).

Les espèces **eurybathes**, comme l'*Amphicteis gunneri*, se déplacent sur de grandes surfaces en profondeur (20-5 000 m ; poissons jusqu'à 400 m, crabes 200 m). Il n'ont pas d'espaces creux remplis de gaz, ce qui leur évite d'être déformés lorsqu'ils plongent : l'eau et les liquides corporels sont quasiment incompressibles.

Les animaux ayant une vessie natatoire doivent compenser la pression externe par la même pression interne. Les mammifères qui plongent en profondeur compriment leurs poumons et poussent l'air vers les bronchioles raidies et les trachées. L'O_2 nécessaire est libéré par la myoglobine musculaire.

Le muscle cardiaque des baleines et des phoques (profondeur de plongée : cachalot 100 m, phoques 30 m) contient 8 % de myoglobine capable de stocker l'O_2 (homme 0,5 %).

Ces animaux réduisent leur consommation d'O_2 en ralentissant leur pouls, et freinent la circulation sanguine périphérique, n'assurant quasiment plus que l'irrigation du cerveau.

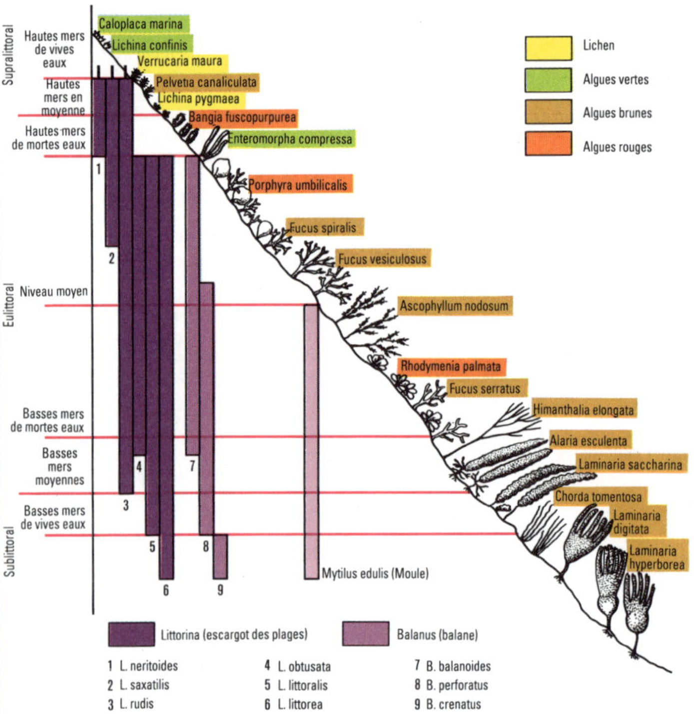

A Zonation des plantes et animaux des côtes rocheuses atlantiques européennes

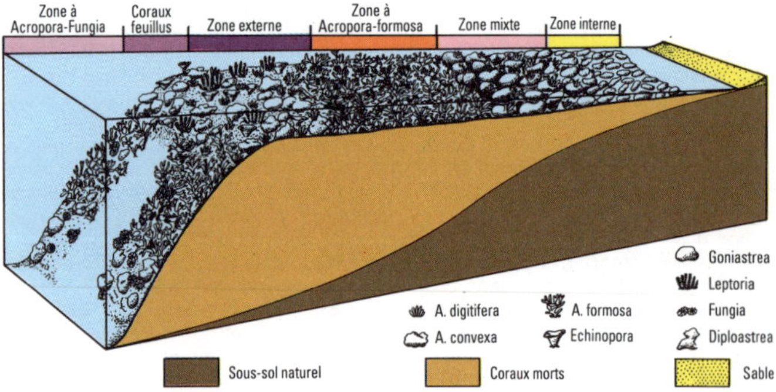

B Récif corallien de l'espace indo-pacifique

Côte rocheuse, récif de corail

Les **côtes** sont des zones de transition (*écotones)* entre la mer et la terre, à **zonation verticale** la plupart du temps. La variabilité des facteurs physiques et chim. (teneur en O_2, salinité, sédiments, particules en suspension) ou de l'environnement biotique (compétition, relations prédateurs-proies) mène à des différenciations locales des zones verticales parallèles aux côtes.

Dans la **zone des embruns** du *supralittoral* (p. 117) prédominent des conditions écologiques extrêmes en raison de l'évaporation continuelle, de la concentration en sel en période de sécheresse et du lessivage par l'eau douce en cas de précipitations.

L'*eulittoral* est soumis, de par les **marées**, à des variations rythmiques quotidiennes. En cas d'**assèchement**, les organismes vivants souffrent d'une perte d'eau et peuvent mourir de *déshydratation.* Il n'existe pas d'organismes adaptés à la fois à la respiration à l'air libre et dans l'eau.

Ceux qui respirent à l'air libre peuplent les espaces supérieurs du littoral, ou bien sont capables de s'assurer une réserve d'air, p. ex. l'*Anurida maritima* entre ses cils capillaires.

Les animaux échappent à la sécheresse en cherchant sans cesse des zones humides (mares, interstices rocheux, pelouses d'algues denses), ou se retirent dans les sédiments des berges (vase, sable).

Les **coquilles** offrent une protection, car elles peuvent être fermées, ménageant un petit espace pour les échange gazeux.

La bernique *Patella spec.* adapte quasi hermétiquement les bords de sa coquille au substrat rocheux et reprend sa place initiale après avoir été chercher de la nourriture (*homing*).

Une **cuticule épaisse** réduit le risque de dessèchement, p. ex. pour les algues brunes ; de même des **surfaces visqueuses** (algue *Fucus spec.*, anémone de mer *Actina equina).*

Dans la **zone de ressac,** des animaux peuvent être transportés, brassés par les forces que dégage le frottement du sable, et peuvent être blessés et ensevelis par des pierres.

Les animaux qui logent dans des tubes s'abritent dans l'espace vital du sable (*psammal).*

Les espèces *sessiles* adhèrent à des substrats durs, comme :

les moules grâce à leur byssus, l'algue *Laminaria spec.* grâce à ses rhizoïdes griffus et les balanes, qui fixent leur carapace à un support dur (rochers…).

Côtes et bas-fonds rocheux

Le substrat dur des côtes rocheuses offre un support solide aux *formes adhérentes.* Le mouvement perpétuel de l'eau et l'apport constant de lumière permettent la *prolifération très dense de la flore* (*algues).*

La flore très dense (nourriture, protection) et l'approvisionnement optimal en O_2 font des côtes rocheuses un lieu peuplé d'une faune très riche en espèces.

Le gradient des différentes conditions de vie (forces mécan., salinité, luminosité) fait apparaître une **zonation** évidente, en part. pour les algues, moins évidente pour la faune (Sch. A).

Seuls les balanes et les lichens des mers peuvent survivre longtemps dans le **supralittoral.** Les moules et gastéropodes s'y aventurent temporairement par la mer.

Des algues peuplent l'**eulittoral** :

Des algues vertes (photopigments : chlorophylle a et b) vivent dans l'eulittoral bien éclairé ;

des *algues rouges* (Chl. a + phycobiline = coloration rouge) s'étendent jusqu'à sa plus basse limite ;

des *algues brunes* (Chl.a + fucoxanthine = coloration brune) prédominent dans la flore du supralittoral.

Des "forêts d'algues géantes" peuvent se développer dans les zones d'eau calme, p. ex :

les *forêts de Kelp* de la côte californienne et leurs *Macrocystis pyrifera* pouvant atteindre jusqu'à 50 m.

La **faune** des zones d'algues se compose en part. d'éponges, moules, petits crustacés et gastéropodes.

Les récifs de corail

Ils sont d'origine biologique, et poussent du sol marin vers la surface. Les producteurs typiques de corail sont :

les **coraux de pierre** (*madréporaires*), p. ex. *Acropora spec.*, mais aussi d'autres espèces, comme les **vers tubulaires** (*Sebellaria,* "coraux de sable") et les **algues rouges productrices de calcaire** (*Lithothamnia).*

Les polypes coralliens vivent en association avec des algues vertes, dans une eau claire, d'une température d'au moins 20 °C (régions tropicales et subtropicales) jusqu'à une profondeur max. de 70 m. Ils vivent en symbiose avec les algues. Celles-ci livrent les produits de la photosynthèse et obtiennent, suite à la décomposition du zooplancton par les polypes, le CO_2 et des substances nutritives difficilement accessibles, p. ex. **P.** La photosynthèse est souvent effectuée par des dinoflagellés (*Symbiodinium microadriaticum)* vivant dans le corps du polype (endozoïque).

Ce cycle nutritionnel bref est comparable aux conditions qui règnent dans la forêt vierge tropicale, dont la richesse en espèces correspond à celle des récifs de corail.

Les récifs de corail poussent de 0,1-3cm/a. En l'absence d'algues 10 fois moins, sans doute parce que la baisse de consommation de CO_2 par les algues libère moins de molécules de calcaire :

$Ca^{2+} + 2\,HCO_3^- \rightarrow \mathbf{CaCO_3} + CO_2 + H_2O$.

L'érosion, les mangeurs de coraux (*poissons perroquets, étoiles de mer)* et les destructeurs de calcaire (p. ex. les *éponges perceuses)* agissent contre la formation de coraux.

Il existe trois types de récifs :

Les **récifs frangeants** autour d'îles, les **récifs-barrières** parallèles aux côtes et les **atolls** autour d'îles submergées.

Les coraux occupent des zones déterminées par des facteurs abiotiques (Sch. B).

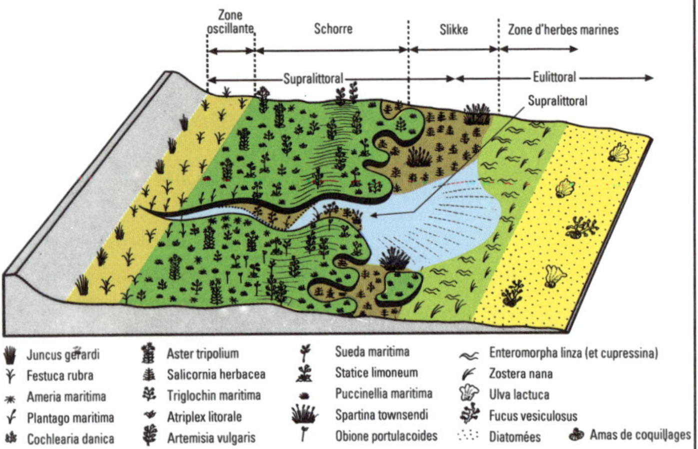

A Zonation végétale des prés-salés et zone d'atterrissement

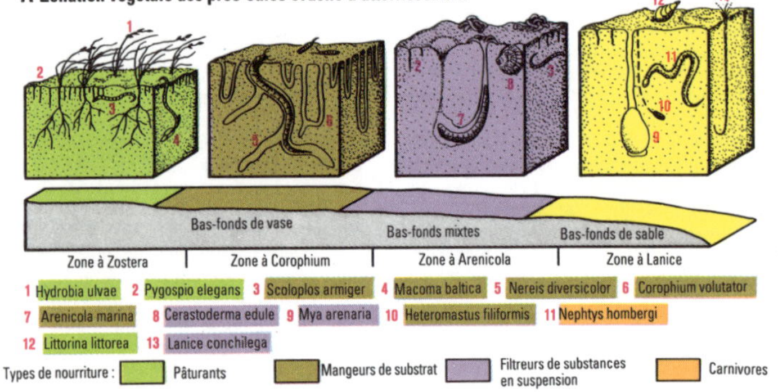

B Zonation de la faune de l'eulittoral (bas-fonds)

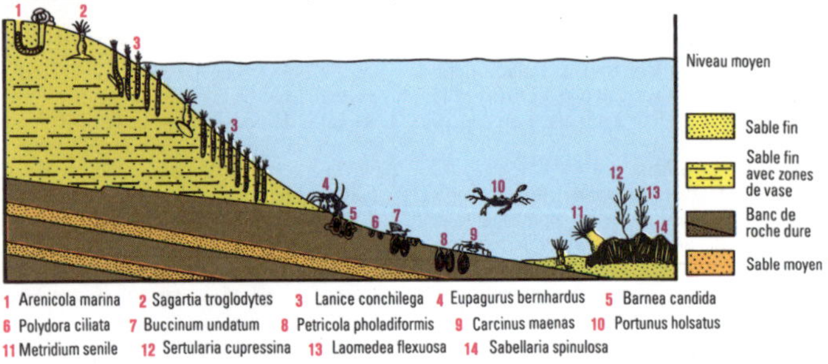

C Zone de peuplement d'une grande faille

Flore et faune dans les bas-fonds

Le long des côtes plates se déposent de la vase et du sable. Les très fines particules en suspension de la *vase* (sable fin, argile, sels, détritus) se déposent le plus souvent dans des zones d'eau calme, près des côtes ; le *sable* se dépose dans les eaux brassées. Des matériaux des dépôts de sable sont emportés par le vent (dunes), ou bien transportés par les courants d'eau (bancs de sable).

Le dépôt de matériaux forme des *dépôts alluvionnaires*, la sédimentation crée une classification du paysage selon sa topographie, sa flore et sa faune.

Les domaines situés au-dessus de la ligne de haute mer appartiennent au **supralittoral** :

plages, bancs de sable, dunes, prés salés ;

les domaines alluvionnaires des **bas-fonds**, dégagés par la baisse des eaux, appartiennent à l'**eulittoral** :

bas-fonds de vase, de sable ou mixtes ;

le **sublittoral** comprend les :

canaux et rigoles sans cesse porteurs d'eau.

Les prés salés

occupent la zone de transition mer-terre, qui est inondée uniquement lors de très grandes marées. Ils sont porteurs de groupements fermés de plantes herbacées halophiles, dont la composition dépend de la teneur en sel (Sch. A).

Dans la **zone des roseaux** (*Festucetum rubreae*) peuvent s'installer des plantes terrestres communes, p. ex. le pissenlit, car le sel apporté par les marées de vives eaux ou de tempête est lavé par les précipitations.

Les plantes caractéristiques en sont le *chaume salé et le roseau rouge*.

Le **schorre** (*puccinellietum maritimae*) est régulièrement inondé par les grandes marées et les marées de vives eaux et n'est peuplé que d'halophytes.

Espèces caract. : *atropis maritime, aster des plages, œillets,* plus haut.

Pour se protéger de l'accumulation de sel due à l'évaporation en période de sécheresse, elles sont parfois revêtues de feutre, parfois succulentes et leurs feuilles sont souvent étroites.

Des macrobiontes tels que le *campagnol, le lapin des champs, des oiseaux, insectes* et *araignées* pénètrent dans cette zone ; elle sert de *lieu d'incubation* à de nombreuses espèces d'oiseaux (*huîtrier)*. Des oiseaux migrateurs d'Europe du Nord s'y arrêtent et y passent l'hiver.

Peu de macrobiontes marins atteignent les prés salés comme les vers filaires, les acariens marins.

La ceinture alluvionnaire

La **zone des salicornes** (*Salicornietum herbaceae)* est située dans le domaine de balancement des marées. Le ralentissement de l'eau entraîne une sédimentation bi-quotidienne.

Les salicornes et le ray-grass descendent assez bas et augmentent la vitesse de dépôt.

L'espace alluvionnaire est peuplé de peu d'espèces animales en raison de la large variabilité de ses facteurs abiot. Le *scarabée des sables* vit dans des sols de sable pur. Des dépôts de détritus d'algues servent de nourriture aux bactéries.

La pigmentation du substrat est caractéristique (**bandes colorées**) :

les *diatomées* = blanches, les *algues bleu-vert* = vertes, *les bactéries pourpres* = rouges, les *bactéries de soufre* = noires (sulfates de fer).

Des sables bien brassés, qui contiennent suffisamment d'O_2, renferment entre leurs grains des animaux oblongs et fins d'espèces différentes (*interstices)*.

Les bas-fonds

Le *zostère nain* est une des plantes les plus élevées à pénétrer cette zone. Il forme une communauté végétale sur le sol dur des surfaces plus élevées avec certaines algues adhérentes (*Zosteretum nanae)*. Les plantes fournissent la nourriture à une *ectofaune* (*gastéropodes, crustacés*) et à une *endofaune (Cardium edule, moule plate*).

Les animaux vivent en majeure partie sur le substrat (Sch. B).

A marée basse des traces de déplacement ou de repas, des ouvertures d'habitations et des excréments témoignent du peuplement très dense du sous-sol. La faune du sol, qui vit pour la plupart dans des tubes en forme de U, a des taux de reproduction très élevés.

La présence des espèces est régulée par une oscillation des conditions abiotiques, et non par la compétition, ce qui empêche un équilibre biocénotique.

Les **bas-fonds vaseux** stables connaissent une densité de peuplement de 5 000 - 40 000 individus/m^2 dans sa zone d'oxydation épaisse de 3-4 cm. Les espèces les plus représentées sont :

le crabe de vase (*Corophium volutator*), qui vit, comme d'autres espèces (*Nereis, Heteromastus)* dans des couloirs solidifiés.

Les **bas-fonds mixtes** avec ses 400 animaux/m^2 réunissent les communautés de vie des bas-fonds sablonneux et vaseux. Le ver *Arenicola marina* y prédomine. Dans ses tubes en U vivent souvent des micro-organismes aimant l'O_2. L'espèce prédominante est :

le ver *Pygospio elegans*, long d'env. 10-15 mm, logé dans son tube en Y (sch. B).

Les **bas-fonds sablonneux** sont le plus exposés aux influences des courants et des marées. Les détritus des *zostères marins* submergés constituent la nourriture du vers tubicole *Lanice conchilega*, long de 5 cm.

Canaux et rigoles

Dans les canaux et rigoles, la ligne des basses eaux sépare les espèces des bas-fonds de celles des profondeurs en zones verticales (Sch. C).

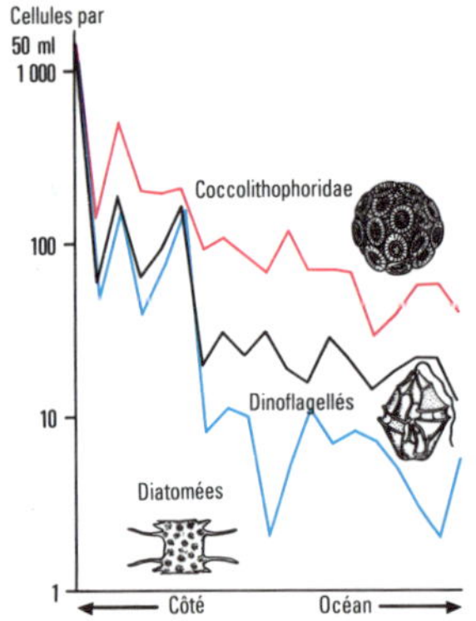

A Microphytoplancton de la côte du Venezuela à la mer des Caraïbes

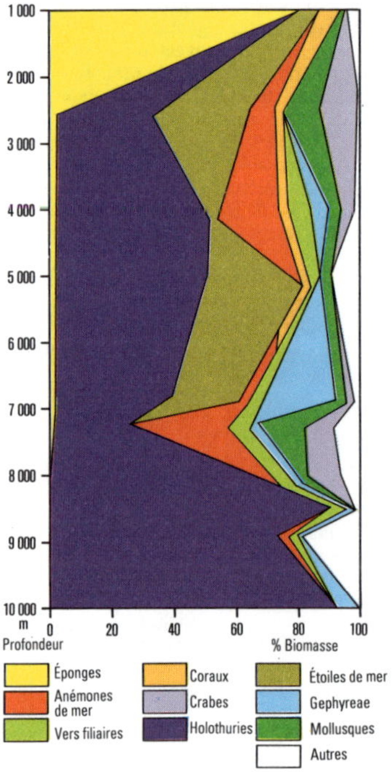

B Différentes espèces constituant la biomasse

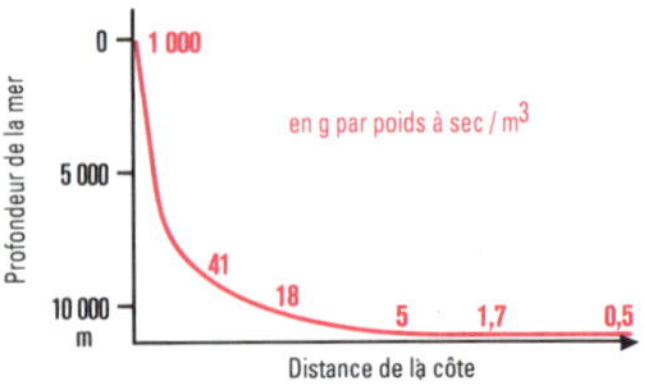

C Baisse de la biomasse de la côte vers la haute mer

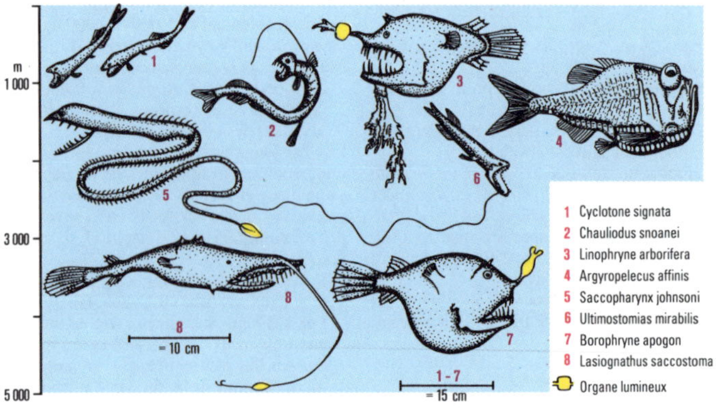

D Poissons des abysses

Organismes vivant en haute mer

Cycle des substances nutritives :
La *productivité* de la haute mer (production primaire : 0,5 g masse sèche/m^2 par jour) est comparable à celle des déserts. Seul le littoral et les zones d'upwelling connaissent des valeurs comparables à celles des steppes et des savanes, parfois aussi atteintes dans les régions proches de sources de soufre sous-marines (fumerolles), où les bactéries sulfureuses (chimiosynthèse, fixation du CO_2, cf. p. 67) sont à la base de la chaîne alimentaire.
Les communautés de vie du pélagial et du benthal de haute mer extraient leurs *substances nutritives* en part. de la zone de production de l'épipélagial, profonde de 200 m.

Les **producteurs** sont des phytoplanctons, des dinoflagellés et diatomées, en plus des cyanobactéries, coccolithophoridés et silicoflagellés.
Le plancton diminue de façon exponentielle de la surface de l'eau jusqu'à une profondeur de 2000 m (Tab. C), et avec l'éloignement des côtes (Tab. A).
70 % du phytoplancton est consommé par les **producteurs primaires**, principalement le zooplancton, dont 70 % sont de petits crustacés. 30 % de la biomasse s'enfonce sous forme de détritus et sert de nourriture à des *mangeurs de particules en suspension* (*tourbillonneurs, filtreurs*), des *animaux à tentacules*, des *mangeurs de substrats*, qui servent eux-mêmes de repas au **necton** (mammifères marins, poissons, pieuvres, etc.).

Classification
La classification en zones des grands fonds résulte des changements permanents des facteurs abiot. (pression, température, en part.) et des *variations de la faune* qui en résultent (Tab. B).
Seule la zone euphotique de l'épipélagial est peuplée de végétaux.
Le **mésopélagial**, qui s'étend vers les profondeurs, est délimité vers le bas par l'isotherme 10 °C, qui en surface délimite les régions polaires.
Le **bathypélagial** comprend des zones de températures de 10-4 °C.
Dans l'**abyssopélagial** et le **hadopélagial**, situés en contrebas, les températures ne baissent plus que très peu (p. 125).

Formes de vie.
Les *formes holoplanctoniques* prédominent dans le zooplancton. Ses cycles de vie sont souvent écourtés (*néoténie* : maturité sexuelle des larves ou des jeunes ; *viviparité* : mise au monde de petits vivants). Beaucoup d'espèces des grands fonds surveillent leur progéniture. Souvent les stades larvaires du pélagial font défaut, limitant ainsi la répartition de l'espèce.
Les plus grands vertébrés vivants (baleine bleue : jusqu'à 32 m, requin-baleine : 18 m) *filtrent le plancton* et vivent pour cela à 10-50 m de profondeur. Ils se nourrissent de petits crustacés, en part. : du **krill** de l'Antarctique, qui représente avec 400-500 M de tonnes la plus grande biomasse d'une espèce sur Terre.
Les crustacés se nourrissent de phytoplancton, qui de septembre à mars se développe malgré le froid grâce à la longueur du jour.

Les grands fonds sont peuplés d'espèces *sténothermes froides*. Les bactéries et champignons chimiosynthétiques sont à la base de l'alimentation en raison du manque de production primaire.
Des *formes abyssales* s'adaptent par leurs grandes bouches, des dents solides et des estomacs extensibles à la densité réduite de nourriture (Sch. D).

Leur présence diminue en pofondeur. Les *mangeurs de sédiments* prédominent là où l'on trouve suffisamment de matériaux sédimentaires, comme le long du plateau continental. Dans les bassins centraux des grands fonds oligotrophes prédominent les *espèces filtrant les particules en suspension.*

La biomasse et l'éventail d'espèces de la faune des eaux libres, ainsi que la faune des sols s'appauvrissent avec la profondeur en raison de l'adaptation à la pression, à la température et aux possibilités d'alimentation.
Les familles d'animaux sont représentées différemment selon la profondeur (Tab. B).
Les conditions écologiques relativement stables des profondeurs sont favorables à de nombreux cosmopolites, les abysses, très isolés, sont favorables aux espèces endémiques.
Les espèces du hadal et de l'hadopélagial sont de coloration pâle, ont des yeux réduits ou sont aveugles.

Les différentes classes ont tendance au gigantisme, sans raison fonctionnelle.
Il est à noter que les formes des espèces des grands fonds, équipées de grandes extrémités, de piquants et autres pour éviter de s'enfoncer dans les sédiments sont assez fréquentes. Des organes sensoriels particuliers (antennes, pattes, nageoires) permettent de s'orienter (Sch. D).

Un phénomène très particulier est la capacité fréquente de production de lumière (*bioluminescence).* La lumière provient de l'oxydation de lucifèrines grâce à l'enzyme luciférase, soit de façon extracellulaire, par rejet de substances lumineuses ou bien de façon intracellulaire, par différents organes lumineux (*photophores*, Tab. D).
La luminescence sert d'appât, de signe sexuel ou de reconnaissance, à alarmer ou effrayer (p. ex. nuages lumineux).
A la surface de la mer, le plancton flagellé *Noctilucia* est responsable de la *luminescence* marine.

Temps	Influences	Conséquences
5000-4000 av. J.-C.	Premiers déboisements en Grèce	Érosion, remplissage de fleuves dans le Sud de la Grèce
env. 4000	Introduction de la charrue	
av. 750	Destruction continue des forêts	Érosion du sol (cf. Platon 400 ans av. J.-C.)
depuis 750	Colonisation grecque (Dalmatie)	Première période d'habitation, destruction de forêts et culture
depuis 229	Colonisation romaine (Côte d'Istrie/Dalmatie)	Habitation après découverte
env. 0	Exploitation intensive sous influence romaine	Peu de dommages, économie ordonnée, afflux de population
500 ap. J.-C.	Destruction de l'économie paysanne	Érosion du sol après décrues, crues, remblais
invasions	Migrations abandon de surfaces agraires (Grèce Sud)	
580	Migrations slaves, habitations des zones en altitude	Pâturage, production de foin, déboisement des racines, forte dégradation, érosion
jusqu'à 1200	Exploitation agraire paysanne du Moyen Âge	Phase de régénération
depuis 1200	Déboisements pour constructions navales (règne de Venise)	Plus grande destruction qu'auparavant
XVIe s.	Augmentation de l'élevage	Dégradation progressive
XVe-XIXe s.	Grand déboisement (guerre d'indépendance grecque, 1822-1830)	Progression du pâturage intensif, destruction de la végétation. Régression de la densité de population
1756	Loi Grimani : interdiction de pâturage des chèvres dans les bois, peu respectée	
jusqu'au XXe s.	Destruction massive de la forêt	Érosion des coteaux Paysage de pierres et roches
XXe s.	Programmes de reboisement régionaux	Plantation de pins d'Alep et de pins noirs sur des surfaces non pâturées

A Destruction du paysage en Europe du Sud-Est

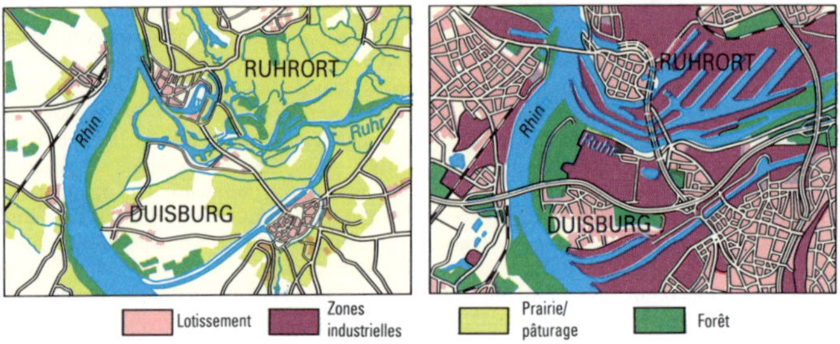

B Duisburg 1840 (phase préindustrielle) **Duisburg 1970**

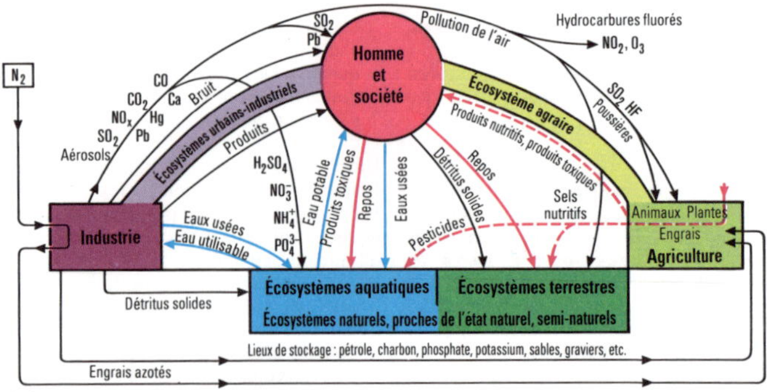

C Écologie dans la phase industrielle

Modification du paysage par l'homme

Dans la préhistoire, lorsque l'homme vivait de la chasse et de la cueillette, son influence sur l'*environnement* était réduite. Il était intégré à l'économie de la nature.

Au néolithique (il y a 7000 ans), l'intervention de l'homme est visible par le déboisement par le feu, l'aménagement de lieux de pâtures. L'agriculture et l'élevage conditionnent de nouvelles formes sociales, l'homme devient *sédentaire*. Il privilégie, pour s'établir, les endroits secs, les chaudes forêts mélangées de chênes.

Tous les progrès techniques pour exploiter les ressources naturelles entraînent une augmentation de l'offre en nourriture et un accroissement de la population.

A l'âge du bronze, les premières landes font leur apparition au nord-ouest de l'Allemagne.

Depuis env. 1100 av. J.-C. (l'âge du fer), les surfaces agraires augmentent grâce à l'utilisation de la charrue, ainsi que le besoin en bois (fabrication du fer).

Dans le bassin méditerranéen, l'activité de l'homme entraîna progressivement une *dégradation* de la forêt puis sa disparition (Sch. A).

En 800 après J.-C., la culture sans engrais était habituelle (alternance de culture et de mise en jachère).

Autour de 800 se développa en **Franconie** un cycle triennal avec une alternance de céréales d'hiver, de céréales d'été et de jachère (*assolement triennal*).

Pendant l'année de mise en jachère les sols pouvaient se régénérer, ce qui empêchait un appauvrissement rapide des surfaces. Plus tard on utilisa de la litière de forêt ou de landes comme engrais pour les sols.

La **densité de la population** passe de 4-5 hab./km² autour de 800 après J.-C. à 12-15 hab./km² autour de 1150 après J.-C. (42 hab./km² autour de 1800).

Avec l'accroissement de la population, du commerce, des différents corps de métiers, se développèrent des lieux de concentration, des habitats urbains.

La pollution de l'environnement (p. ex. par des mines de cuivre ou de fer) reste locale même si leur exploitation intensive accroît ce phénomène.

De nouveaux écosystèmes influencés par l'homme voient le jour :

champs, pacages, landes, gazons maigres, prairies de dispersion (**des cultures peu différentes de la nature**).

Si sous l'effet de la **poussée démographique** la production agricole ne peut être accrue, on essaie d'accroître la surface exploitable par de *nouveaux déboisements*.

Depuis le XVIIe/XVIIIe siècle des *marais* sont asséchés, détourbés et *cultivés*.

Avec la **révolution industrielle** (depuis le XVIIIe siècle en Europe centrale), l'importance et l'ampleur des interventions se développèrent considérablement.

Des inventions et des découvertes entraînent une multitude de transformations, qui ont une influence sur les hommes, la société, l'environnement.

La foi dans le progrès et la volonté d'augmenter la production deviennent prioritaires.

La *mécanisation* de l'agriculture transforme les structures de fonctionnement, l'organisation des sols, les systèmes d'exploitation. Les engrais minéraux remplacent les engrais naturels. Le niveau de production de l'industrie dépasse celui de la campagne. Une forte croissance de la population entraîne un dépeuplement des campagnes pour les villes (exode rural).

La **transformation de l'environnement** est considérable à cette époque (Sch. B).

Les cultures peu différentes de la nature deviennent des **cultures éloignés de la nature**.

Durant les dernières décennies se développe l'*agriculture conventionnelle* (p. 139) : des exploitations hautement rationalisées, intensives et extensives (p. 151).

Les *émissions* de l'agriculture ou de l'industrie dépassent à certaines périodes et à certains endroits des taux critiques pour les plantes, les animaux, les hommes.

Avec l'accroissement de la population s'accroît la **charge sur l'environnement**. De nombreux processus ne se limitent pas localement et ne peuvent pas être transformés localement, mais doivent être traités globalement ou au niveau international.

Le développement critique pour l'humanité, qui se dessinait, fut déjà publié dans le *rapport du club de Rome* de 1970 :

1) les *limites du système mondial* et les contraintes qu'elles engendrent pour l'activité de l'homme ;

2) l'*observation globale à long terme des forces agissantes*.

De nombreux processus ont une croissance exponentielle et doivent être maîtrisés ou contournés.

Les progrès dans le domaine technique, des sciences physiques et naturelles et le développement continu des formes de sociétés politiques, entraînent un dépassement pour l'homme de ses limites biologiques et physiologiques.

L'homme (l'individu, le groupe, la société) est un consommateur au niveau biologique, mais

de par ses **fonctions existentielles fondamentales** (*se loger, travailler, se prendre en charge, se cultiver, se reposer, communiquer*), l'homme pose à son environnement d'autres exigences et a d'autres besoins.

Cela modifie les structures et les potentiels de performance des **écosystèmes** (*disponibilité, capacité de transformation et de reproduction des structures et des fonctions écologiques*).

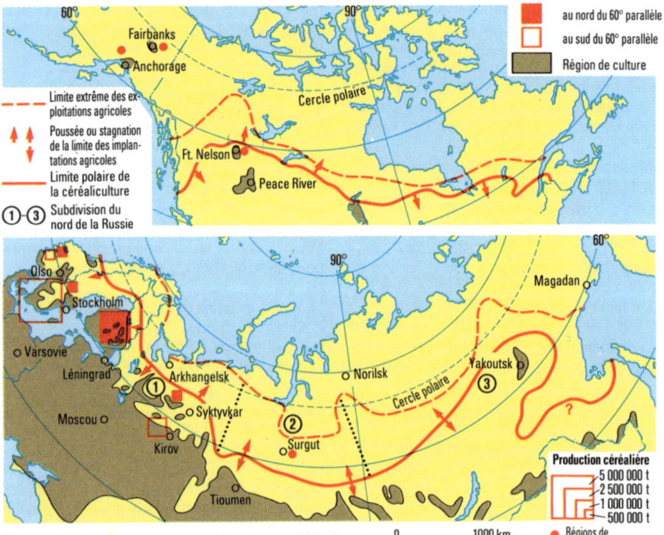

A Production céréalière au nord du 60° parallèle

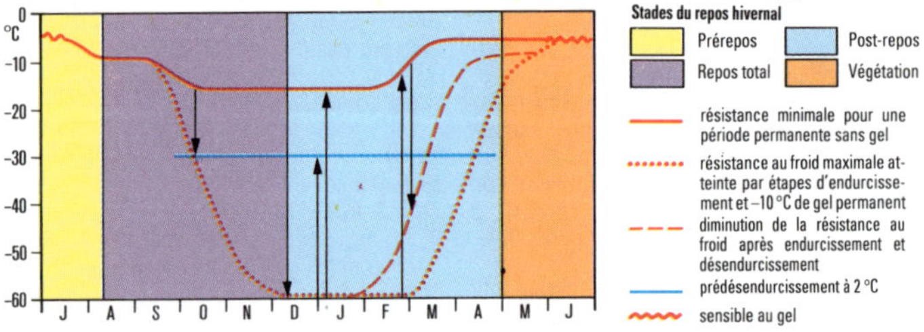

B Résistance des bourgeons au froid (variété de pommes Antonovka)

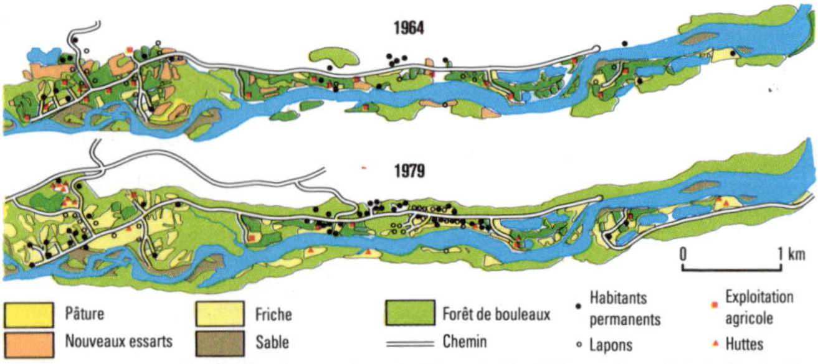

C Transformation de l'utilisation des sols dans le village de Masi (Finnmark, nord de la Norvège)

Limite de l'utilisation agraire des sols et leur dynamique, résistance au gel

La **frontière du froid (polaire) de l'agriculture** est une limite économique et climatique dans les pays hautement industrialisés de l'hémisphère Nord. On distingue différents tracés de limites :

la *limite réelle* pour l'utilisation agraire (extension et exploitations isolées) ;

la *limite de rentabilité* de l'exploitation agraire.

Si le tracé se déplace vers le nord on parle de *frontière expansive,* s'il recule, de *frontière contractée*, s'il reste inchangé, la frontière *stagne*.

Pour les plantes de cultures, les éléments importants sont :

La **durée de végétation** (jours avec une température quotidienne moyenne > 10 °C) et les **fortes gelées soudaines** (< – 4 °C).

Le nombre de plantes cultivables diminue à l'approche de la frontière froide polaire. Elles vivent dans la zone de végétation boréale aux limites de leur capacité de vie. Le manque de chaleur n'est que partiellement compensé par les longues journées boréales qui s'étendent de mai à juin. La **température du sol** est déterminante pour les gains lors de la photosynthèse nette. Par des températures supérieures à 8-11 °C, la masse des racines diminue au profit de la masse de graines et de feuillage.

Les cultures céréalières comme le blé d'été (red fife, marquis) ont permis après 1910 de repousser les cultures vers le nord. Leur durée de végétation, des semailles jusqu'à la maturité, n'est que de 110 jours.

L'avoine, mais également les pommes de terre et l'orge ont une durée de végétation de 90-100 jours, leur culture marque souvent la *frontière des cultures.*

Dans les exploitations agricoles, les céréales sont souvent remplacées par des plantes fourragères pour l'élevage (principalement du fourrage, des betteraves, des choux).

Les pertes de croissance causées par le travail du sol, l'ensemencement et la récolte n'affectent pas les *pâturages permanents* car l'ensemble de la période de végétation peut être utilisée.

Le 60e parallèle délimite globalement la *frontière nord de l'exploitation céréalière.*

Seules la Norvège, la Suède, la Finlande ont une production céréalière appréciable au nord du 60e parallèle grâce à un climat favorable créé par le Gulf Stream (Sch. A).

Les changements climatiques, particulièrement les *fortes gelées soudaines* au cours de la période de végétation, entraînent des **variations extrêmes du rendement**, p. ex. en dix ans 2 mauvaises récoltes et 3 récoltes faibles.

La **résistance** des plantes **au froid** est fixée génétiquement et varie selon l'écotype de la plante. Au printemps les plantes acquièrent leur **résistance au froid** (p. 39), c'est-à-dire leur capacité à survivre à la formation de glace extra-cellulaire dans les tissus.

Plusieurs minima autour de 0 °C provoquent par étapes l'*endurcissement au froid* (Sch. B).

Le cytoplasme s'enrichit en sucre et en d'autres substances qui abaissent le point de congélation, les grosses vacuoles se divisent en plus petites. Ainsi les plantes survivent à des températures entre -3 °C et -5 °C sans geler.

Pour résister à des températures plus basses, les membranes et les enzymes doivent être transformées, pour ne pas être endommagées par la *formation de glace.*

Après la période de latence hivernale, la résistance au froid diminue rapidement sous l'effet de conditions climatiques plus douces (*adoucissement)*, alors que les gelées tardives mettent la végétation en danger.

A la frontière d'exploitation, les céréales restent dans la **zone limite de rendement,**

la qualité (céréales grises et farine de mauvaise qualité) et la quantité diminuent fortement, le profit tiré du rendement dépasse le coût d'exploitation.

Le tracé de la frontière n'est pas linéaire, mais forme des zones intermédiaires. Les influences politiques, technologiques et économiques sont les causes principales des modifications du tracé de la frontière.

Depuis 2 décennies, la frontière de l'exploitation agraire stagne ou recule. Les raisons en sont la faible densité de population des pays industrialisés et le fait que leurs besoins alimentaires sont couverts par des exploitations dans des zones climatiques plus favorables sur des surfaces à haut rendement.

L'exploitation dans les zones frontières de rendement en Scandinavie sert à la *consommation personnelle* (activité d'appoint) ou à approvisionner les marchés locaux ; comme ces produits sont économiquement peu compétitifs, le capital provient en règle générale d'autres secteurs d'activité :

en Norvège principalement de la *pêche*, en Finlande de l'*exploitation des forêts* et dans tout le nord de l'*élevage des rennes.*

Le nombre des exploitations de plus de 6 ha a diminué de moitié pendant les 25 dernières années bien que l'Etat verse de fortes subventions.

Les pâturages ont augmenté (Sch. C).

D'autres branches d'activité comme l'exploitation des matières premières et des ressources énergétiques (barrages hydroélectriques) n'ont eu qu'une faible influence positive sur la production agraire (emplois, marchés pour les produits agraires).

Après 1945, 400 000 personnes durent quitter la Carélie (Finlande). Des colonies agricoles partirent exploiter des surfaces agraires au nord, jusqu'à ce que l'exploitation de surfaces écologiquement et économiquement plus favorables les rendent trop peu rentables, la frontière des implantations agricoles recula alors.

Depuis 1969, l'Etat incite les exploitants à quitter leur exploitation et à transformer les cultures en exploitations forestières.

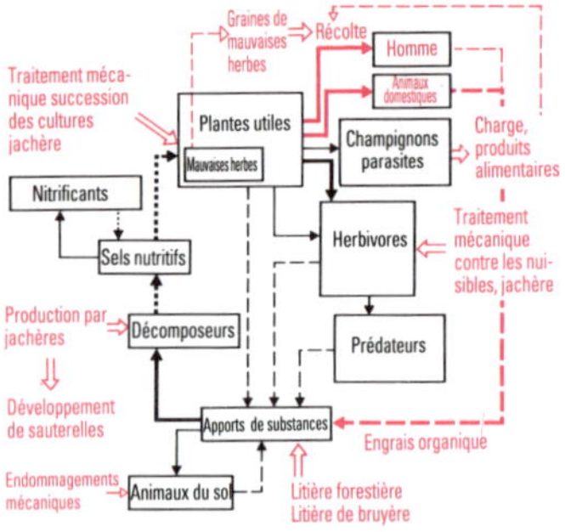

1. Culture avec assolement triennal

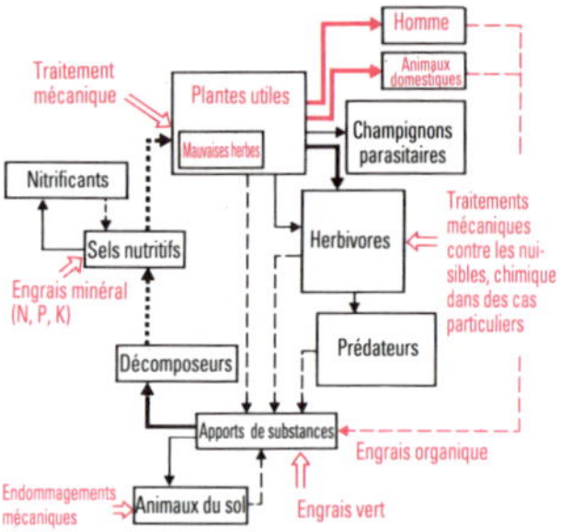

2. Système agraire autour de 1925

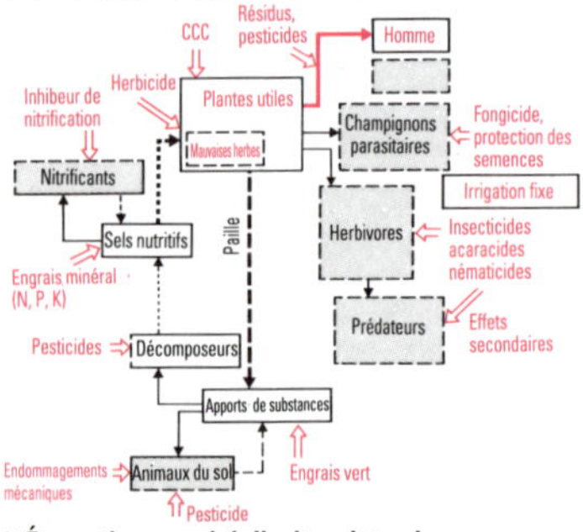

3. Écosystème en céréaliculture intensive

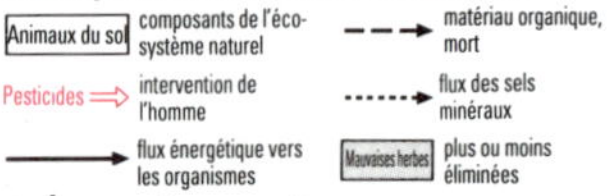

A Écosystème agraire

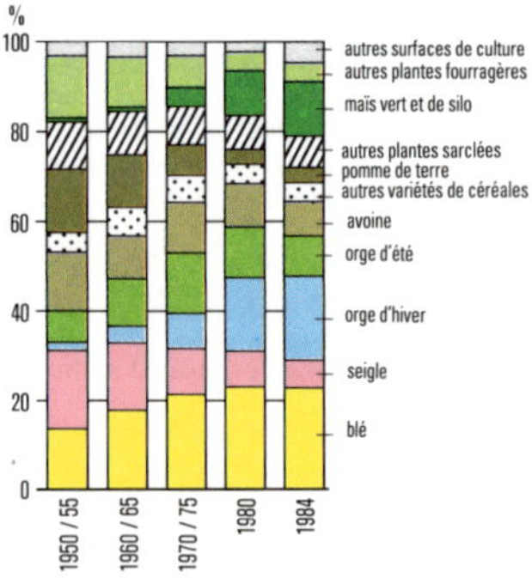

B Occupation des sols agraires par les variétés cultivées

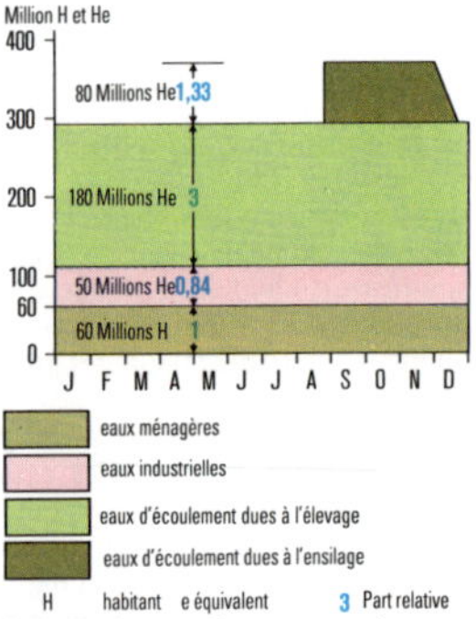

C Pollution par les eaux usées en ex-RFA

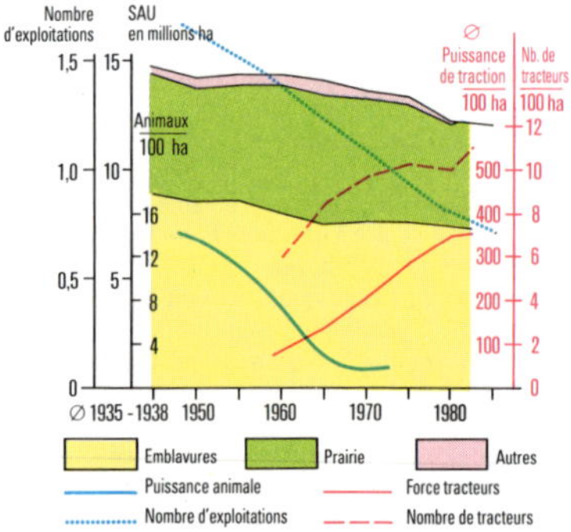

D Développement des sols agraires, nombre de tracteurs, force de traction animale par 100 ha

Développement de l'agriculture intensive

L'homme intervient dans le paysage naturel pour subvenir à ses besoins en *nourriture* et en *matières premières*, en utilisant de manière ciblée la capacité de production biologique des plantes et des animaux.

Depuis plus de 8000 ans on cultive des plantes et on élève des animaux.

Les améliorations de l'agriculture, dans un premier temps empiriques, furent remplacées par des recherches scientifiques. Jusqu'alors on n'avait développé que

les céréales d'hiver, d'été et la jachère (*assolement triennal*) (Sch. A1).

Les déchets organiques servaient d'engrais, l'exploitation agraire et l'élevage allaient de pair. La forêt a fourni pendant des siècles le fourrage. Le pacage dans la forêt communale, qui n'était pas entretenue, a entraîné sa dégradation, des **écosystème semi-naturels** se sont formés :

bruyères, pâturages et *forêts de taillis.*

Changement structurel et augmentation de la production

Au XVIIIe siècle débuta l'exploitation planifiée de l'humus. La *fertilisation* à l'aide de *litière* ou d'*herbes coupées* se développa différemment selon les régions.

En lieu et place de la jachère la 3e année, on ajoute à la terre un apport foliaire (mélange de trèfle et d'herbe, betterave ou pomme de terre).

La fertilisation des sols provenait de l'accroissement de l'humus par le fin et dense système radiculaire et par la fixation d'azote des légumineuses. Le pâturage en forêt fut interdit, les cultures ou les herbages devaient fournir le fourrage pour les animaux. En 1840, Justus von Liebig apporta une justification scientifique à la **fertilisation inorganique (minérale).** Une transformation structurelle de l'agriculture vit le jour. Elle était marquée par la *mécanisation, l'amélioration de la fertilisation, de la culture des plantes et de l'élevage* et qui visait à l'**amélioration de la productivité** (Sch. A2).

Entre 1880 et 1980, le rendement par unité de surface fut multiplié par quatre en moyenne pour le seigle, le blé d'hiver et les pommes de terre tardives.

La part des agriculteurs passe de 40 % à < 5 % de la population active, le nombre des exploitations diminue.

Entre 1930 et 1950, le rendement devient intensif grâce à l'utilisation d'engrais et de produits phytosanitaires. On combattait jusqu'alors les mauvaises herbes par la rotation culturale et le hersage, qui furent partiellement remplacés par des *herbicides*.

Les **mauvaises herbes** comme les chardons, les Galéopsis, les ravenelles, les renouées, les bleuets, les pavots et les moutardes disparaissent en grande partie.

Les mauvaises herbes résistantes (mouron blanc, camomille ou folle avoine, chiendent rampant) prolifèrent et deviennent un problème.

La *culture de plantes d'élite* durant les dernières décennies nécessite l'emploi intensif d'engrais. Cela a permis de réduire la rotation culturale, jusqu'à la monoculture.

L'apport accru en N entraînant la courbure de la tige des graminées (verse), on utilise des raccourcisseurs de croissance. Les infections des tiges des graminées et des épis par les champignons augmentent.

L'emploi de *fongicides foliaires* est la mesure la plus répandue.

La destruction de plantes hôtes (mauvaises herbes) des insectes utiles entraîne la prolifération des parasites foliaires (pucerons).

Le remembrement rural et l'augmentation de la production

Toutes les mesures pour encourager la production entraînent des *modifications de l'écosystème :* labourage, fertilisation, élimination des mauvaises herbes et des parasites. Si, il y a 50 ans, le *paysage agricole* était encore constitué de petites parcelles séparées par des abris pour les plantes et les animaux (*haies, ruisseaux, lisières entre deux champs*),

le **remembrement** mit un terme à l'aspect *parcellaire* du paysage agricole.

Cette mesure visait une amélioration de la qualité des sols (drainage, assèchement de zones humides). La réunion des parcelles entraîne la **suppression des obstacles.**

Dans le Schleswig-Holstein, 1/3 des haies furent détruites entre 1950 et 1980, ce qui provoqua la disparition de 800 000 lieux de ponte pour les oiseaux (p. 150-51).

L'agriculture moderne (après 1960)

L'emploi de **moyens de production** qui assurent et accroissent le rendement s'intensifie et s'accompagne simultanément d'une baisse de la SAU (surface agricole utilisée). La taille moyenne des exploitations et des parcelles augmente. La *spécialisation des exploitations* entraîne une séparation de l'élevage et de la culture.

Entre 1971 et 1979, les *exploitations mixtes* diminuent de 65 %, les exploitations d'amélioration augmentent de 41,4 %.

Le nombre de variétés de plantes cultivées lors de la rotation culturale diminue de nouveau et la palette de la production se réduit (exploitation agraire, Sch. B).

L'**élevage** se compose d'*élevages bovins qui dépendent de la surface,* s'accompagnant de l'exploitation de *pâtures permanentes* et de cultures fourragères, et de *l'élevage de porcs et de volailles qui ne dépendent pas de la surface,* mais de fourrage d'importation ou de plantes fourragères provenant de surfaces étrangères à l'exploitation. Les pâturages permanents sont transformés en surfaces de cultures de plantes fourragères (culture du maïs).

Les *matières fécales* provenant de l'**élevage intensif** (Sch. C) posent un problème, la surface de l'exploitation n'étant pas suffisante pour leur élimination (p. 195).

La **tendance à la spécialisation** accroît considérablement la charge de l'écosystème agraire à cause des prestations préalables pour la production (produits phytosanitaires, énergie et engrais : 1960 : 38 %, 1982 : 51 % du taux de production nominal).

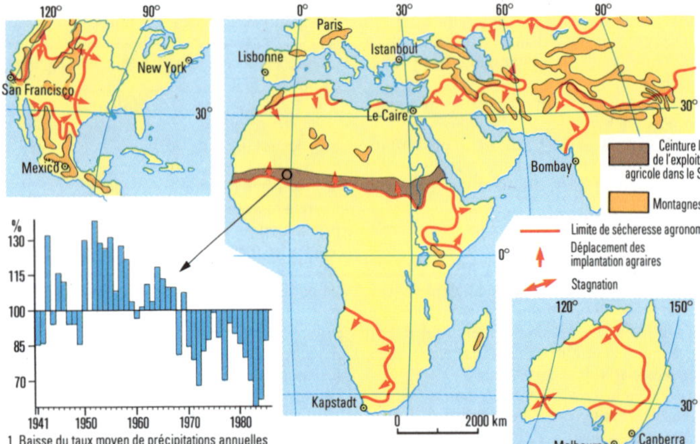

1 Baisse du taux moyen de précipitations annuelles (20 stations dans le Sahel occidental)

2 Limite de sécheresse agronomique

A Limite de sécheresse

Avantages	Inconvénients
Économies d'eau Pertes par évaporation et par vent faibles (jusqu'à 50 % lors de pluie) Eau à haute teneur en sel utilisable Pas de croûte de surface par agrégation de particules du sol solides Seul l'espace des racines est arrosé, faible impact des mauvaises herbes Les substances nutritives dans l'espace des racines des plantes de culture sont transportables	Des impuretés obstruent facilement les buses Accumulation de sel autour de la zone humidifiée (en particulier à la surface) Nécessité de drainage pour lessiver les sels qui se sont accumulés après quelques années

B Arrosage goutte à goutte

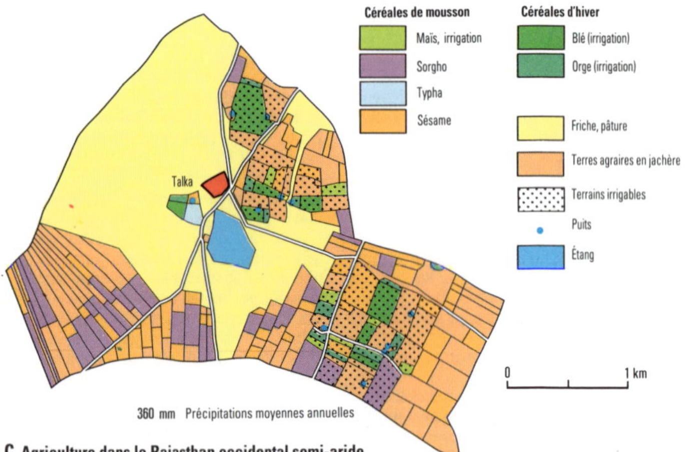

C Agriculture dans le Rajasthan occidental semi-aride

La culture qui se contente des précipitations naturelles est appelée la **culture sous pluie**. Sa frontière est

la **frontière agronomique aride**, elle se situe, dans les tropiques, entre la savane sèche et la savane de buissons d'épineux avec 8,5 mois arides, dans la zone subtropicale, entre la zone d'arbustes sclérophylles et la steppe d'épineux avec 8 mois arides (Sch. A).

Si la *répartition des précipitations* est particulièrement favorable, alors les 300-400 mm de précipitation par an suffisent à la culture du mil et de la cacahuète sous les tropiques, du froment ou de l'orge en zone subtropicale. Le rendement est assuré sur sol sableux à partir de 500 mm de précipitations par an, sur des sols argileux à partir de 600 mm par an, cela à cause du faible taux d'infiltration.

La période de croissance est fixée par la **disponibilité en eau**.

Dans les *régions semi-arides de l'Inde*, il faut attendre 2 jours consécutifs avec des précipitations > 20 mm pour ensemencer les sols. La période de croissance continue si les précipitations hebdomadaires sont supérieures à 10 mm.

Les **cultures sous pluie** et les **cultures irriguées** sont combinées (Sch. C).

Lors de la rotation culturale, des **jachères nues** sont intercalées. Pour qu'une partie du N puisse être stocké dans le sol pour la rotation culturale, le sol est labouré et hersé en profondeur, afin d'éviter la montée de l'eau capillaire. Le **dry-farming-system**, aux USA (tous les 2-4 ans une mise en jachère nue) :

dans ce pays la jachère nue sert moins à la décomposition de nouvelles substances nutritives pour les plantes qu'à la *conservation de l'eau*, l'évaporation étant moins forte sur un sol nu que sur un sol cultivé.

Si lors de ses variations (non prévisibles) le taux de N tombe à un niveau trop bas, alors seule l'exploitation de pâturages est possible, car la transhumance des bêtes, l'achat et la vente de fourrage permettent de passer des années de sécheresse plus facilement qu'une mauvaise récolte.

Par des précipitations de 350-400 mm l'élevage des vaches et de leurs veaux est possible, par des précipitations de 250-300 mm le troupeau est clairsemé.

Par des précipitations de 100-200 mm par an, la rare végétation ne suffit que pour les moutons, qui, peu exigeants, peuvent digérer la nourriture riche en fibres brutes et ne mangent que les parties des plantes riches en substances nutritives. Seules les races et les espèces animales peu exigeantes (*chameaux, zébus, moutons)* survivent aux années de sécheresse.

Les **nomades**, éleveurs qui ne sont pas sédentaires, vivent sans habitat fixe. Une famille de nomades (6-8 personnes) doit élever 30-40 bovins (veaux inclus) ou 16 chameaux pour subvenir à ses besoins alimentaires (3/4 de lait, 1/4 de viande) (*nomadisme de subsistance*).

En règle générale, les troupeaux sont 2 à 3 fois plus importants. De sorte que les cheptels dépassent largement la capacité de peuplement estimée de la savane et des herbages (**surpopulation**).

Au cours de l'**irrigation courante**, on irrigue généralement trop. Un niveau d'eau trop élevé et les systèmes d'irrigation (canaux, fossés) accroissent l'évaporation et l'infiltration.

Lors d'une irrigation avec 10 000 m³/ha (eau potable), on apporte aux sols 2000-3000 kg de sel/ha, qui restent en grande partie dans le sol après évaporation de l'eau et récolte.

Si l'on veut éviter la salination, un système de drainage efficace est nécessaire pour lessiver le surplus de sel.

Lors de l'**irrigation goutte à goutte,** l'eau passe par un système de tuyaux dont les extrémités sont obstruées, elle s'écoule goutte à goutte par des buses au pied des plantes.

L'eau humidifie le sol à raison de 2-4 l/h et peut être enrichie en engrais.

Pour éviter la salination, un drainage est nécessaire (Sch. B).

La salination

Il n'existe pas de plantes cultivées halophiles. Les rendements baissent si la salination augmente. Les dattiers, le mil, le froment, la canne à sucre et l'épinard ont une tolérance relative au sel. Les ions **Na^+, Ca^{2+} et Mg^{2+}**, facilement mobiles, remontent avec l'eau capillaire et se déposent après évaporation à la surface du sol (*croûte de sel*). Les cations s'accumulent à la surface généralement négative des minéraux d'argile.

Le Ca^{2+} n'a un effet bénéfique pour la structure du sol qu'en petite quantité ; si la concentration est forte, alors se forment du gypse ($CaSO_4$) ou de la calcite ($CaCO_3$).

L'effet du **Na^+** est particulièrement néfaste ; il cause à l'état humide un fort gonflement, de sorte que le sol n'est plus friable et n'est plus aéré. Lors de l'assèchement se forment des *mottes dures comme de la pierre, entrecoupées de fissures larges comme le poing, qui sont causées par un rétrécissement extrême*.

Ces sols ont une réaction **alcaline** (pH 11), car lors d'une adjonction d'eau se produit un échange entre des ions de Na^+ et des ions H^+ des minéraux du sol. Une exploitation agraire est pratiquement exclue.

La désertification

L'exploitation destructive du sol au *Sahel* (Sch. A) causée par l'exploitation des pâturages et des cultures érosives s'est amplifiée durant les 50 dernières années. La cause en est l'augmentation de la population en raison de l'introduction de la médecine vétérinaire, du forage de puits plus profonds et du développement du marché de la viande. Les meilleures terres de pâture ont été transformées en terres de culture.

Ainsi la *véritable frontière de l'exploitation agraire* fut repoussée, lors des années humides (1950-1968) à l'intérieur de la zone du Sahel africain, au-delà d'environ 300 km de la *frontière d'aridité agronomique*.

Pays ou région	Précipitations annuelles en mm	Cultures	Nombre des années de récolte et de jachère		Proportion de surface cultivée en % des surfaces disponibles
Sarawak (Bornéo)	env. 3 750	Riz de montagne	1	≥ 12	< 8
Liberia	2 000 - 4 500	Riz, manioc	1 - 2	8 - 15	11 - 12
Sumatra	env. 2 250	Riz, plantes à tubercules	2	10 - 16	11 - 17
Assam (NO-Inde)	env. 2 500	Riz, maïs	2	10 - 12	14 - 17
Sierra Leone	2 250 - 3250	Riz, manioc	1,5	8	16
Congo central	1 750 et plus	Riz, maïs, manioc	2 - 3	10 - 15	17
Guatemala	3 075	Maïs	1	4	20
Philippines	2 500 et plus	Riz, maïs, plantes à tubercule	2 - 4	8 - 10	20 - 28
Afrique de l'Ouest (forêt humide variable)	1 500 - 2 000	Maïs, manioc	2 - 4	6 - 12	25

A Culture sur brûlis dans les tropiques humides (végétation originelle forêt humide)

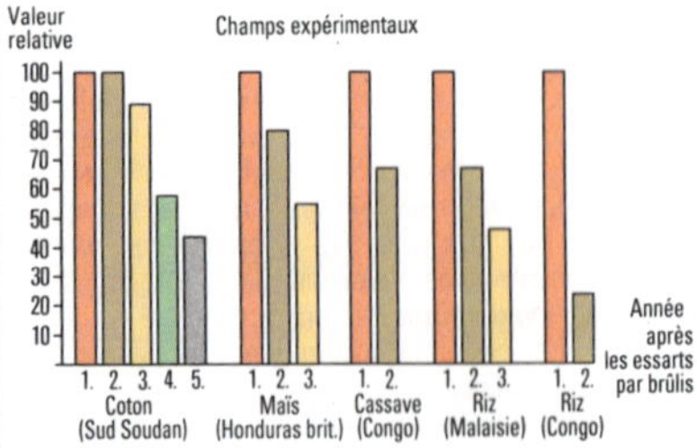

B Chute des rendements dans les tropiques humides après plusieurs années d'exploitation (agriculture sur brûlis)

C Début de l'agriculture itinérante avec le riz de montagne et de jeunes arbres à caoutchouc dans le centre de Sumatra

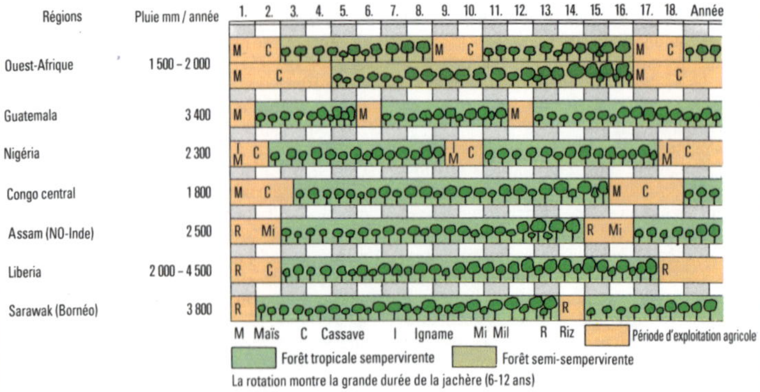

D Changement de culture / jachère de la shifting cultivation **dans une exploitation à long terme**

Le climat et le degré de développement de l'économie nationale déterminent l'**exploitation agricole dans les zones tropicales humides.** Cette ceinture de terre était considérée dans les années trente comme étant potentiellement la plus fertile et ayant la plus haute capacité de rendement, elle devait porter une *densité de population* de 200 h./km² contre 100 h./km² pour les régions boisées extérieures aux tropiques (Penck, 1924).

Le géographe économique H. Carol calcula en 1972 pour l'Afrique tropicale "une capacité théorique de nutrition" pour plus de 3 milliards d'hommes.

En revanche K. SAPPER avait déjà souligné en 1939 le faible rendement des cultures de maïs et de blé à l'hectare :

"Une récolte en zone tempérée accompagnée d'une bonne fertilisation a un rendement deux fois supérieur à une récolte dans les tropiques sur une même surface".

Déjà à l'époque des découvertes, les tropiques révélaient de fortes *différences de développement* en comparaison avec les zones à l'extérieur des tropiques. Il a été maintes fois tenté de justifier l'état du développement par les conditions naturelles (**déterminisme géographique**).

B.W. HODDER (1973) nia une corrélation directe entre les ressources naturelles et le développement économique.

Le système d'exploitation le plus important dans les zones tropicales humides est la **shifting (-field) cultivation** (Sch. C), l'**agriculture itinérante**, une agriculture avec une alternance d'exploitations agraires et forestières avec une très courte période de récolte, une rotation des surfaces et une longue période de *jachère forestière* (Sch. D).

En règle générale, le changement du lieu d'implantation est obligatoire après 10-15 ans d'exploitation. Le nouveau champ est libéré par *défrichage par le feu et* **exploitation par essartage** (Sch. A).

On laisse les très grands arbres sur pied, le reste est enlevé grossièrement. Les cendres restent sur le sol comme engrais, puis le sol est ensemencé sans autre apport d'engrais ni travail du sol. Les ustensiles les plus répandus sont la houe et le plantoir en bois, aujourd'hui également la scie manuelle (*culture par houage*).

La **shifting cultivation** se contente du travail de l'homme (essartage, sarclage des mauvaises herbes).

Après la première culture éphémère, le paysan introduit des cultures pluriannuelles (*cassave, banane*) sur la même surface (**mixed cropping**). Au cours de la période de récolte, une parcelle seulement est récoltée, les autres plantes restent au maximum pendant 4 ans. Durant cette période, le rendement baisse rapidement et

la végétation naturelle envahit la surface de culture (Sch. B).

Le même processus se déroule dans le temps sur 2-3 champs.

Après 2 à 3 passages, la **shifting cultivation** a un rendement si faible qu'un changement d'implantation devient inévitable.

Les raisons de la rapide diminution du rendement résident principalement dans la faible libération et le faible pouvoir d'absorption (**capacité d'échange de cations**) de substances nutritives pour les plantes dans le **sol**. D'une part, l'*altération chimique* intense causée par des précipitations riches en acide carbonique en température constante provoque une altération profonde des minéraux du sous-sol qui s'accompagne d'une forte perte de silicium (p. 47), ce qui provoque la transformation des minéraux argileux en aluminium, en oxyde ou hydroxyde de fer. D'autre part, les restes de plantes et d'animaux ne produisent que peu d'acides humiques possédant une capacité d'échange avec les minéraux argileux (*complexes d'argile et d'humus*).

Les **mycorhizes** généralement **endotrophes** (p. 51) reportent directement les substances nutritives inorganiques provenant de la décomposition du bois vers les plantes.

Lors des feux, une grande partie de l'azote et du soufre sont emportés dans l'atmosphère. Le taux des autres substances nutritives augmente temporairement (*fertilisation par les cendres*). Les fortes averses entre le feu et le moment de l'ensemencement lessive une grande partie des cendres.

La tentative de pallier le manque de substances nutritives par un apport en engrais s'est révélée inefficace à cause de la faible capacité d'échange des cations.

Les **plantes cultivées** ne favorisent pas le développement de la flore des champignons radiculaires. Les substances humiques de surface et les mycorhizes sont détruits par le feu. Il se forme une **forêt secondaire** plus pauvre avec une production en biomasse plus faible.

La **shifting cultivation** semble être une *forme d'exploitation agricole adaptée aux régions tropicales humides.*

Les avantages résident dans une exploitation maximale de la lumière et des substances nutritives, du développement synchronisé dans le temps et dans l'espace des feuilles et des racines, avec une couverture du sol presque ininterrompue qui restreint l'érosion et la propagation des maladies.

Une mécanisation est en cours. La **shifting cultivation** nécessite également une surface beaucoup plus importante par unité d'exploitation qu'un système d'exploitation de champs permanents.

L'*augmentation de la population,* ainsi que la *réduction des terres disponibles* posent un problème. Ces phénomènes provoquent une jachère forestière trop courte, c'est-à-dire que l'exploitation alternée de la forêt et de terres cultivées devient une rotation de taillis et de terres cultivées pour l'augmentation du rendement.

Les données qui mettent en relation l'augmentation critique de la densité de la population et la **shifting cultivation** ne peuvent pas être généralisées (2-40 h./km²).

Une exception : les sols basiques volcaniques jeunes (Java < 200 h./km²).

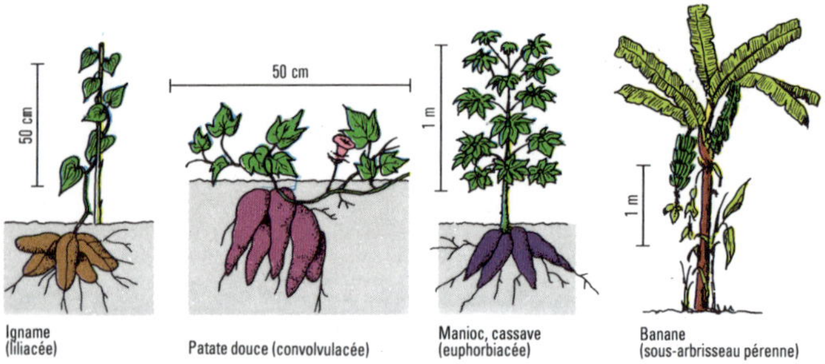

A Plantes à feuilles tropicales

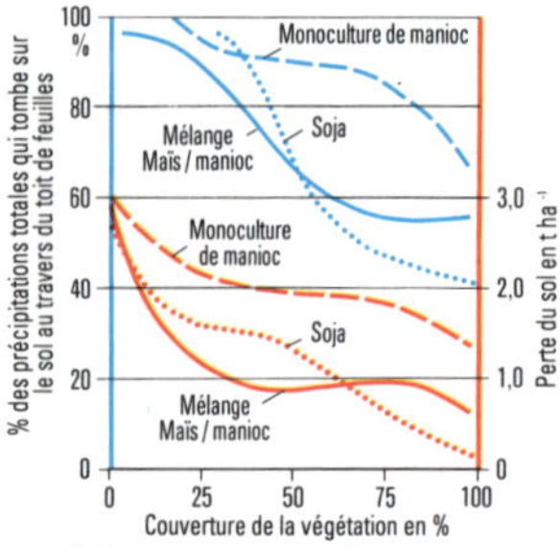

B Interception et érosion dans différents systèmes agraires

	Maïs	Sorgho	Manioc	Patate	Igname	Banane
Rendement moyen tropical en t ha^{-1}	1,24	0,83	8,72	6,45	7,0	13,0
Taux énergétique consommable en MJ kg^{-1}	15,2	14,9	6,3	4,8	4,4	5,4
Énergie consommable par ha en MJ x 10^3	18,8	11,1	45,6	27,2	26,2	41,4
Période de croissance moyenne en jours	130	110	330	140	280	365
Énergie consommable par ha et par jour en MJ	145	101	138	194	94	113
Composition						
Protéines	9,2	10,5	0,9	1,6	1,8	1,2
Lipides	3,8	3,9	0,4	0,6	0,2	0,2
Hydrates de carbone	71,0	70,7	32,0	26,6	23,8	23,3
Eau	12,5	12,1	65,0	69,2	72,0	73,9

C Teneur en énergie et composants des céréales et des légumes

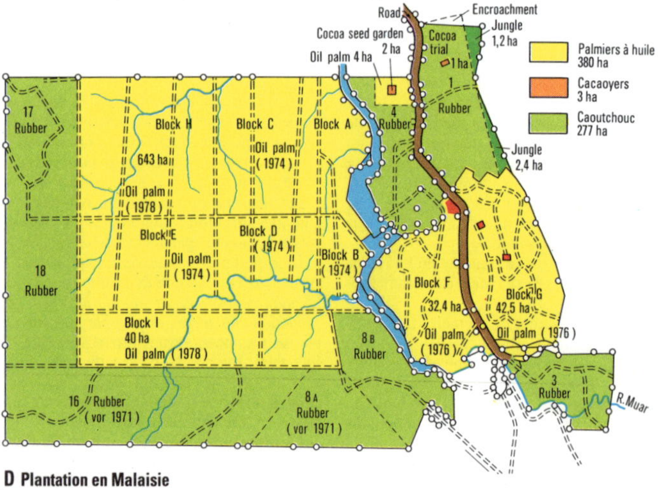

D Plantation en Malaisie

La base de l'alimentation des habitants des zones tropicales humides est constituée de **plantes non céréalières** : *tubercules* de *manioc* (*Cassava*), *patates douces*, *igname* (*Dioscorea*) et *bananes* (sous-arbrisseaux *Musa*).

Leur culture ne nécessite qu'une faible quantité de travail, et durant la période de croissance plus longue, une plus grande quantité d'hydrates de carbone est constituée que chez les céréales et les légumineuses.

Parmi les céréales, le *sorgho* est le plus répandu.

Le *maïs*, plante de type C_4 à forte croissance (0,5t/ha/a), s'affirme de plus en plus.

Les *légumineuses*, plantes de type C_3, atteignant un taux de croissance de 0,2-0,4t/ha/a, et peuvent être importantes pour le marché local.

L'élevage de bétail à grande échelle est très rare à cause des épizooties tropicales.

La faible teneur en *protéines* des racines et des tubercules entraîne souvent un **manque** de **protéines** dans l'alimentation, ce qui limite la prise de poids.

Dans l'ensemble des tropiques 70-90 % des besoins en protéines sont couverts par les plantes, 2/3 des protéines des plantes proviennent des graminées. Les légumineuses apportent 18,5 % de la totalité des protéines des plantes (Sch. C).

Un plan de **manioc** peut produire des tubercules de plus de 50 cm et d'env. 5kg ;

crus, ils sont vénéneux, car leur sève contient un *glucoside d'acide cyanhydrique (linamarine)*. La proportion d'acide cyanhydrique diminue après pressage, cuisson et séchage (p. ex. au soleil, de 150 mg à 5 mg).

Le manioc a un rendement de 5-6 t/ha sur des sols pauvres en substances nutritives, sur lesquels d'autres cultures sont impossibles.

Sa faible capacité de stockage (env. 8 heures), une récolte régulière de 6 à 24 mois après sa plantation, font que le manioc est particulièrement adapté à l'**agriculture de subsistance**.

Pour le transport et l'exportation, le tubercule doit être transformé en farine, en amidon ou en sago (produit du tapioca).

Les **patates** sont des plantes pérennes récoltées tous les ans. Elles sont cultivées comme **plantes cash-crop** (plantes pour le commerce) dans un système d'exploitation intensive en rizières ou dans des cultures mixtes après déboisement pour l'agriculture de subsistance. Elles poussent même sur des pentes où la culture d'autres plantes serait impossible.

Les patates produisent plus d'énergie utilisable par ha et par jour que les autres plantes de cultures tropicales (Sch. C).

La région la plus importante pour la plantation de l'**igname** se situe dans les tropiques à humidité variable de l'Afrique de l'Ouest avec des rendements de 60-70t/ha. Dans les tropiques humides avec des précipitations annuelles > 3000 mm/a, les rendements n'atteignent que 10-15t/ha.

L'igname demande un sol fertile : c'est généralement la première culture lors de la **shifting cultivation** (culture itinérante).

La **banane** pousse sur des terrains plans dans les zones tropicales humides et humides tempérées, elle demande des précipitations annuelles > 1250 mm et une température moyenne minimale de 15,5 °C. Contrairement à la *banane farineuse*, qui contient beaucoup d'amidon et n'est consommée que cuite pour répondre aux besoins locaux, la *banane fruit* contient à maturité beaucoup de sucre et peu d'amidon.

Des frais réduits lors de la première plantation, une récolte dès la première année et une période de récolte qui s'étend sur presque toute l'année sont des atouts pour répondre aux besoins des populations.

Conjointement à la shifting cultivation s'est développé un système d'exploitation par irrigation intensif ou semi-intensif. La **culture mixte (mixed cropping)** permet une meilleure exploitation de la lumière et des précipitations, évite l'érosion du sol (env. 8 fois celle des zones tempérées, Sch. B), les attaques parasitaires ou les mauvaises herbes. La culture intensive se transforme en un schéma d'exploitation de culture et récolte régulières,

p. ex. 2 rangs de sorgho alternés avec un rang de pois chiche.

Généralement, la variété des cultures sur une même surface diminue ; d'autres plantes sont insérées ensuite, p. ex. cassava entre riz ou maïs. Si la deuxième culture arrive à maturité après la récolte de la première, on parle de *récoltes multiples*. Dans le cas de **cultures continues**, l'exploitation de plantes annuelles ne s'est avérée rentable qu'en association avec la culture d'*arbustes et d'arbres* (*plantations*).

La production des **plantations** est destinée à l'exportation, il s'agit de plantations à une grande échelle qui disposent d'installations de conditionnement (pour le séchage du thé, des grains de café, pour le filage du sisal, des sucreries, des huileries). Lorsqu'il s'agit de produits dont la quantité résiduelle est importante (rendement du sucre après raffinage 7,5-13 %, du sisal 3-4 % après filage), la proximité des installations d'affinage est déterminante.

Les exigences de qualité imposées par les pays industrialisés rendent ces installations indispensables.

La culture des *palmiers à huile*, des *cocotiers* et des *cacaoyers* est également couronnée de succès dans des exploitations familiales. Pourtant, ces cultures posent différents problèmes aux paysans : un investissement de départ élevé, une longue période sans récolte

(4 ans pour les palmiers à huile, 6 pour le caoutchouc, 8 pour le cacaoyer),

une quantité de travail importante, qui est économiquement possible uniquement si les revenus bruts sont élevés, c'est-à-dire si les salaires versés sont très bas. Contrairement à la shifting cultivation

la culture d'arbres et d'arbrisseaux fournit un revenu assuré sur plusieurs années et empêche l'érosion des sols.

De nouvelles formes d'agricultures tropicales tentent d'imiter plus fortement la situation écologique (*ecofarming*).

A₁ L'embouchure de l'Emscher

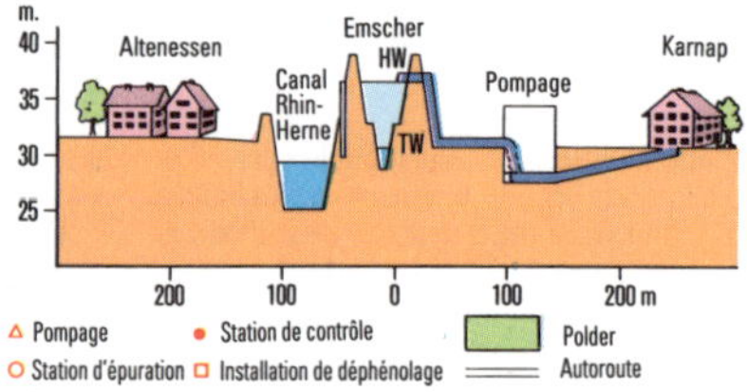

A₂ Emscher-Essen après des affaissements de montagne

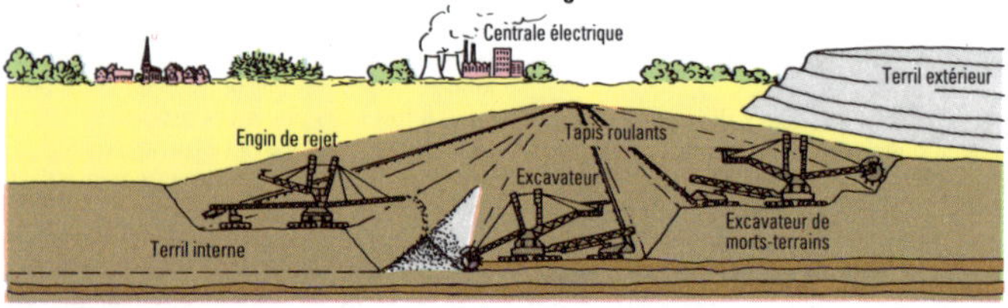

B Mine de lignite à ciel ouvert

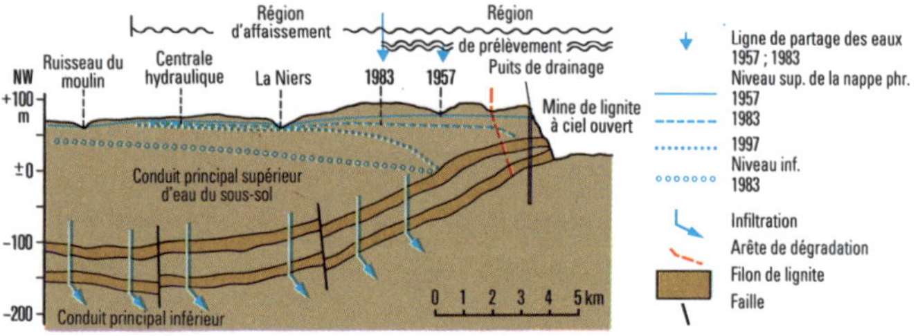

C Les effets du drainage

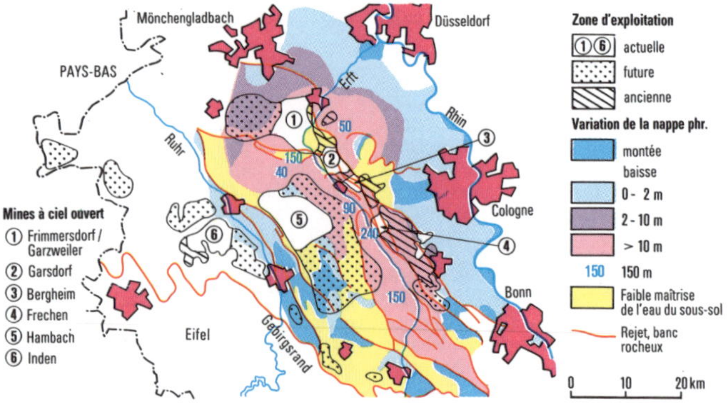

D Lieux d'exploitation de lignite et variation de la nappe phréatique de 1955 à 1985 dans les étages supérieurs

Affaissement des montagnes et problèmes de la nappe phréatique

La **production primaire** par extraction minière provoque des dégâts pour le paysage et la végétation. L'**extraction souterraine** dans la région de la RUHR est à l'origine de larges affaissements des montagnes, atteignant 24 m, provoquant l'apparition de *marais d'affaissement*, les ruisseaux et fleuves devant être re-régulés. Des rehaussements, des digues ou des renfoncements des eaux courantes, des stations de pompage et des ponts se sont avérés nécessaires.

Un *paysage de polder*s est apparu dans l'ouest de la Ruhr, asséché par 90 stations de pompage (polder d'Emscher, Sch. A).

L'embouchure de la Emscher dans le Rhin a dû être déplacée 2 fois vers le nord en raison de l'affaissement de la zone d'embouchure (1906-10 et 1949).

L'**extraction massive de lignite à ciel ouvert** (*Rheinbraun)* s''effectue sur le plus grand gisement de lignite d'Europe : le bassin du Bas-Rhin. L'extraction à ciel ouvert coïncide avec l'exploitation agricole intensive des sols de loess, une forte densité de population (410 h./km^2) et un réseau de circulation dense.

Les **charges pour cet espace** sont d'ordre **social** (jusqu'en 1990 env. 30 000 personnes ont été déplacées), ou résident dans les **risques de tremblement de terre**, les **émissions de poussières**, que l'on tente de restreindre par arrosage lors du déblayage, le **bruit** des courroies de transport longues de plusieurs km et l'**abaissement des nappes phréatiques (formation de marais)**.

Dans les mines de fond, le niveau des nappes phréatiques est abaissé par des puits allant jusqu'à 500 m de profondeur.

Lorsque les *étages des nappes phréatiques* ne sont pas asséchés, l'eau pénètre la mine et des talus s'effondrent.

1300 puits de drainage transportent 1,2 milliard de m^3/a d'eau souterraine, dont 13 % sert au refroidissement des centrales de lignite, 3 % d'eau potable et 2 % sont utilisés à des fins personnelles par *Rheinbraun.*

Le reste des eaux souterraines salines s'écoule dans les canaux ou les fleuves.

L'eau souterraine doit être pompée en plusieurs paliers (Sch. C), puisqu'elle est sous pression dans les étages inférieurs. La formation de marais entraîne des pertes en eau considérables dans les conduits centraux d'eau souterraine supérieurs et périphériques (*leakage).*

Par t de lignite on pompe 10-16 m^3 d'eau souterraine.

Des régions situées jusqu'à 25-30 km de distance des mines de fond sont touchées par l'abaissement du niveau des eaux souterraines (Sch. D). L'approvisionnement en eau (centrales hydrauliques) de cet espace est fortement perturbé.

Des **ruisseaux** et des **régions humides** s'assèchent. Les chênes et les frênes souffrent de stress hydrique. Le rendement de cultures à forts besoins en eau (betterave sucrière, trèfle, paturages) baisse.

Les plantes qui préfèrent des lieux d'implantation secs (céréales) se contentent des précipitations.

Des **dommages sont faits aux montagnes** par ameublissement des couches de pierres (graviers, sables, argiles) dû au dessèchement. Les *mouvements du sol* abîment les bâtiments, les conduites d'approvisionnement et d'écoulement.

Une **remise en culture** doit pallier les pertes en terre de l'économie agraire et forestière, et doit permettre aux surfaces de se reposer. La remise en culture des *surfaces agraires* ôte au sol env. 1/3 du précieux loess par déblayage. Il est le plus souvent lessivé jusqu'à env. 2 m, mélangé à de l'eau dans des canalisations (*procédé humide)*, ou bien renversé et aplani (*procédé sec).*

Le loess amené en surface est quasiment dénué de vie, la teneur en humus descend de 2-3 % à 0,5 %, la teneur en substances nutritives est faible et les structures du sol labiles.

De fines particules s'écoulent dans les interstices et les bouchent (*bouchons d'humidité).* Un labour profond des sols recultivés n'augmente que très brièvement le volume global des pores. Des résultats satisfaisants ne sont obtenus que par adjonction massive d'engrais.

Procédés de *remise en culture forestière :*

1) on imite le développement naturel (succession) – il dure 150-200 ans – ; après 15-30 ans, les boisements pionniers sont enlevés et des essences d'arbres sont plantées pour le reboisement final.

2) On plante directement les essences du reboisement final dans le *sol primaire*, un mélange gravier/sable additionné d'au moins 20 % de loess ("gravier forestier"). Des peupliers, plantés le long d'une grille de 6 fois 6 m, protègent les jeunes plants du vent.

L'"érosion interne" provoque ici aussi des densifications du sol, empêchant ainsi la respiration des racines, qui dépérissent.

L'**installation de lacs** a aussi été cause de soucis. Les lacs plats (< 20 m) ne stockaient pas suffisamment d'oxygène pour décomposer les substances org. de la fin de l'été. Les lacs étaient eutrophisés par les affluents d'eau de filtrage des surfaces agraires proches, cultivées intensivement avec force engrais. Souvent leur situation protégée et leur taille réduite ne permettaient pas une circulation complète à l'automne et au printemps.

Afin de rehausser le niveau des eaux souterraines, on a pompé de l'eau pendant des années.

En Allemagne les **centrales de traitement du lignite** *Rheinbraun* produisent 7-8 M t de **cendres à teneur en sulfates de 5-7 %** par année, qui sont aujourd'hui traitées en bloc dans la mine. De ce fait

la teneur en sulfate des eaux souterraines s'élève par endroits à plus de 1000 mg/l.

Après avoir fait le bilan des masses brassées, dont on a extrait le charbon, des grands **déficits de masse** sont présents après arrêt de l'exploitation de la mine. Par t de lignite on brasse un espace de 3-5 m^3.

La mine de fond de *Hambach* déverse plusieurs milliards de m^3 de déblais au cours de l'exploitation en fond (Sch. B).

Substances problématiques spécifiques à la production.

piles usagées	**CFC DFP CH SO Phe PA**
médicaments	**As SO Hg**
production de piles	**Cd Cr Cu Pb Hg Zn**
expl.minière/métallurgie	**As Cd Cr CN Cu Ni Pb Hg Sa Se TI Zn**
imprimerie	**As CFC CH SO Hg**
ind. électronique	**CFC CN Cu Pb Hg Se**
pétrole/charbon/cokerie	**As CFC CN CH SO Phe PA Pb**
peinture/laque	**Cd CFC Cr CN CH Cu SO Phe Pb Hg Se**
fonderie/sables de profilage	**CH SO Phe**
ind. du verre	**F Pb**
travail du bois	**CFC Cr DFP CH Cu Phe PA**
boues d'épuration	**Al As Cd CFC Cr DFP CH Cu Ni SO Phe PA Pb Hg TI Zn**
ind. synthétiques	**Cd CFC DFP CH SO Phe Pb**
cuirs/tannerie	**As Cr F SO Phe**
aciérie/galvanoplastie	**Al Cd CFC Cr CN F Cu Ni Zn**
Ind. du papier	**SO Hg**
Insecticides	**As CFC CN DFP Cu SO Phe Pb Hg Zn**
Ind.des dynamites	**As Cu SO Pb Hg**
Ind. textile	**Cr Cu CSB Phe**
déchets de combustion/MVA	**As Cd Cr DFP Cu Ni PA Pb Hg rad Sa TI Zn**

Al = aluminium, **As** = arsenic, **Cd** = cadmium,
CFC = Chlorofluorocarbures, **Cr** = chrome
CN = cyanures, **DFP** = dioxine, Furane, PCB,
F = fluor, **CH** = hydrates de carbone aromatiques et aliphatiques,
Cu = cuivre, **Ni** = Nickel,
SO = substances organiques difficilement décomposables, selon besoin en oxygène chim.,
Phe = phénol, **PA** = hydrates de carbone polycycliques aromat.,
Pb = plomb, **Hg** = mercure, **rad** = substances radioactives,
Sa = sels inorgan., **Se** = sélénium, **TI** = Thallium,
Zn = zinc.

L'industrie chim. n'est pas citée, car seules des analyses détaillées selon les différentes branches de production sont efficaces.

L'industrie

Les industries chim., pétrolières, la métallurgie et les aciéries, les fonderies de métaux non ferreux, les usines de galvanoplastie, la production de piles, l'extraction et le travail de la terre et des pierres, la production de cellulose et de papier sont des branches industrielles à émissions intensives. L'augmentation de la masse de production et de la toxicité de nombreuses substances peuvent mener à des **accidents** et à des **catastrophes pour l'environnement** (p. 173, 175, ainsi que 10 s).

Le 3.12.1984, peu après minuit, du *méthylisocyanate* (H_3C-NCO ; MIC) s'échappe d'une brèche dans un des 3 conteneurs de stockage d'une filiale de l'usine Union Carbide, produisant les pesticides *aldicarb* et *carbaryl* à **Bophal** (Inde centrale). La polymérisation exotherme a sans doute commencé au contact d'eau, de fer, de NaOH ; le conteneur rempli de 56000 l de MIC a explosé. Le nuage toxique (le MIC bout à 37 °C et est plus lourd que l'air) a traversé la ville de Bophal et tué env. 5000 personnes. Les ouvriers ignoraient les dangers des inflammations de la peau (cécité progressive) et des crises d'asthme provoqués au début par le gaz toxique.

Le 1.11.1986, env. 1300 t de produits chim. (*pesticides*) brûlent dans la zone industrielle dans l'incendie de la **Schweizerhalle** de **Bâle** (hall de stockage 956 de l'usine Sandoz). 1-3 % de la masse globale (30-40 t) se déversent dans le Rhin avec les eaux d'extinction. Les poissons furent tués sur env. 400 km en aval. Le jour précédent, 400 l du *désherbant atrazine* avaient été déversés "à cause d'une panne" (usine Ciba-Geigy) dans les eaux d'écoulement et de ce fait dans le Rhin. Une partie des produits toxiques se loge dans le lit du fleuve, une autre partie atteint les rivages de la mer du Nord.

Les **émissions des cokeries** contiennent des *substances toxiques cancérigènes* (benzol, phénol, benzo-a-pyralène, 4-aminodiphényl, benzidine, 2-naphtylamine : carcinome des voies respiratoires et urinaires).

Le H_2S, le carbonate de soufre, le mercaptan, l'ammoniaque, le naphtalène et le phénol *incommodent l'odorat ;* l'extraction de charbon et la production de coke entraînent des *émissions de poussières*.

Les eaux usées des cokeries sont des *eaux usées industrielles*, qui doivent être nettoyées du H_2S, NH_3, mercaptan, cyanure et phénol avant de rejoindre les stations d'épuration .

Les accidents dus à des charges anciennes peuvent parfois être assez graves. Par exemple, au début des années 80, en Allemagne, on construisit sur le terrain d'une ancienne cokerie (Dortmund) le lotissement **Dorstfeld-Sud** pour loger env. 1000 personnes. Le sous-sol avait été souillé en profondeur par du *benzol* à évaporation rapide et par des *dicyclopentanes (DCP)* ainsi que du *Hg* et du *benzo-a pyralène (BaP)* issus d'un ancien **dépôt de boues d'épuration.** Les dangers ne purent être constatés rapidement à cause d'un désaccord profond entre la commune et la mine. Le terrain fut assaini par un *décoffrage du sol* coûteux et difficile, parfois sur plus de 6 m de profondeur. 34000 m³ furent ainsi stockés dans les décharges municipales dans des cassettes construites à cet effet, 17000 m³ de sols fortement pollués organ. y furent entreposés, afin d'être dépollués plus tard par réchauffement dans des fours spéciaux. 14000 m³ de sols contenant des métaux lourds furent exportés vers une décharge spéciale située en France.

Les métaux lourds les plus divers émettent lors de la **fonte des métaux non ferreux** des combinaisons chim. nombreuses, le plus souvent sous forme solide (0,01-10 µm) et forment des aérosols.

Parmi les émissions des **fonderies d'aluminium,** on trouve surtout des combinaisons d'Al, F, S et Sb, dont certaines combinaisons fluorées peuvent causer des dommages aux organismes vivants.

L'**industrie du ciment** émet du SO_4^{2-}, du CO_3^{2-}, des silicates, du CaF_2 et du thallium (*chlorure de thallium, TlCl).*

Dans un rayon allant jusqu'à 5 km autour des émetteurs, les charges augmentent jusqu'à 10000 fois la valeur des régions non touchées.

De nombreux **endroits contaminés** l'ont été par une manipulation inconsciente de produits toxiques (charges anciennes, cf. p. 215). La *reconstitution historique de l'exploitation* et les *relevés d'échantillons* des zones probables d'émissions de substances toxiques (hall de production, lieux de stockage, vieilles canalisations) permettent de *supposer les lieux d'implantation plus anciens.* Jusqu'à ce jour on note l'absence de valeurs de référence générales pour estimer quand un type d'exploitation devient inquiétant.

Le **principe de responsabilité**, qui impute au pollueur des coûts de protection, de nettoyage ou de réparation des dommages causés à l'environnement (ni dommages et intérêts, ni responsabilité civile), est bon, mais ne peut pratiquement pas être mis en œuvre, car les pollueurs restent souvent inconnus, ils ne sont pas solvables ou n'ont pas d'héritiers légaux, ils sont protégés par des autorisations officielles du processus de production.

Les **réserves limitées d'espace** appellent une radicalisation du *conflit d'exploitation.* La situation centrale des lieux de production a perdu de son attrait (prix du terrain trop élevés, manque de place pour s'agrandir, proximité d'exploitations sensibles aux rejets, liaison avec des réseaux de transport), les entrepreneurs privilégiant les lieux d'implantation périphériques.

Le *changement structural économique* a renforcé de plus l'apparition de **zones industrielles en friche** (**friche industrielle**). Ce sont des surfaces autrefois exploitées par des industries ou des entreprises, non utilisées depuis plus d'1 an.

En Europe, l'un des plus grands bassins industriels est celui de la **Ruhr**, en Allemagne. Il s'étend sur 2500 ha (incl. les mines non exploitées), et compte 600 ha de réseaux de transport en friche (voies minières, installations de chargement du charbon).

La *réexploitation industrielle,* très rare, doit être favorisée. Des utilisations nouvelles sont possibles : l'occupation par des entreprises tertiaires ou de zones d'habitation, parfois d'espaces verts ou libres. Souvent des entreprises ayant besoin d''importants lieux de stockage les reprennent (supermarchés, entreprises de construction, ferrailleurs).

Le **recyclage des surfaces** est un élément déterminant dans le développement récent des villes.

Plus problématique que la réutilisation des sols est la réutilisation des constructions.

Les **investissements de l'Etat pour la protection de l'environnement** sont presque deux fois plus élevés que ceux de l'entreprise productrice. En part. les secteurs éco. de l'énergie et de l'approvisionnement en eau, l'ind. chim., la métallurgie ont investi pour combattre les émissions de bruit et sauvegarder la pureté de l'air.

9/10 de la protection de l'environnement effectuée par les industries sont le fruit de taxes de l'Etat.

Les coûts de la protection de l'environnement sont plus largement reportés sur l'ensemble de la communauté (*externalisée*), faisant ainsi des gains des entreprises des pertes pour l'économie nationale. Les coûts qui s'ensuivent sont plus élevés que les coûts primaires des responsables.

Nous connaissons actuellement un développement de l'**industrie de la protection de l'environnement** (déchets nucléaires, recyclage et surveillance de l'environnement), qui tente ainsi de réparer les dommages causés, mais ne s'attaque pas aux causes mêmes des dommages :

c'est la technologie *downstream* ou *end-of-pipe* (c.-à -d. que la protection de l'environnement débute toujours en aval ou au "bout de la cheminée").

Pour éviter des dommages à l'environnement, il faut *adapter préventivement* les processus de production et les produits sur les lieux de production (p. 233).

Les coûts permettant d'éviter l'émission de substances toxiques grimpent en flèche (*coûts limites pour éviter des dommages)* .

Une étude de l'OCDE sur la pollution de l'air par le SO_2 lors du traitement du charbon démontre que le maintien de la pollution à son taux actuel dans les pays européens de l'OCDE coûterait 1,2 milliard de dollars par an, un abaissement de 37 % en demanderait 2,7 milliards.

Les coûts de protection de l'environnement qui en résulteraient ensuite seraient 6 fois plus élevés.

Une **évaluation** économique des **dommages causés à l'environnement** est difficile. L'*analyse des dommages* (prise en compte des dommages et des mesures nécessaires à leurs réparations) doit tenir compte de toutes les relations de cause à effet.

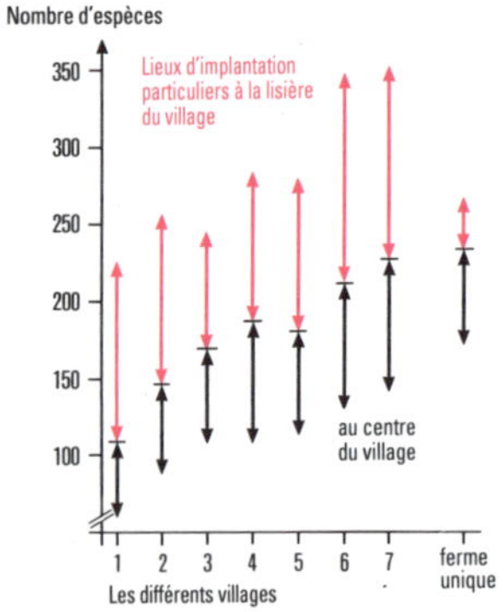

A Composition de la flore dans les villages de Rhénanie

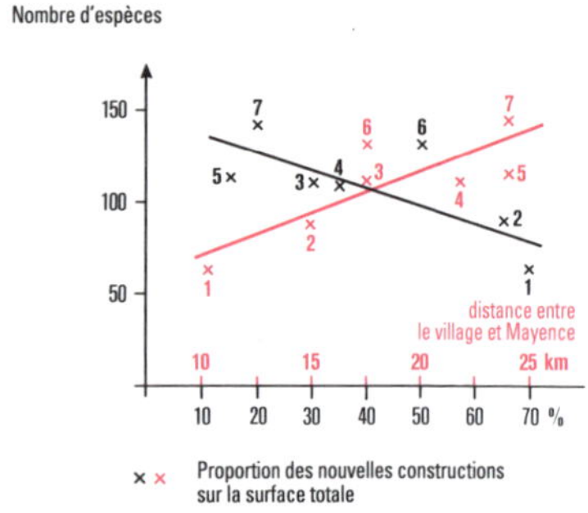

B Influence de la proximité d'une grande ville (Mayence) et des nouvelles constructions sur la composition de la flore au centre des villages (Rhénanie)

C Extension des cultures dans un finage

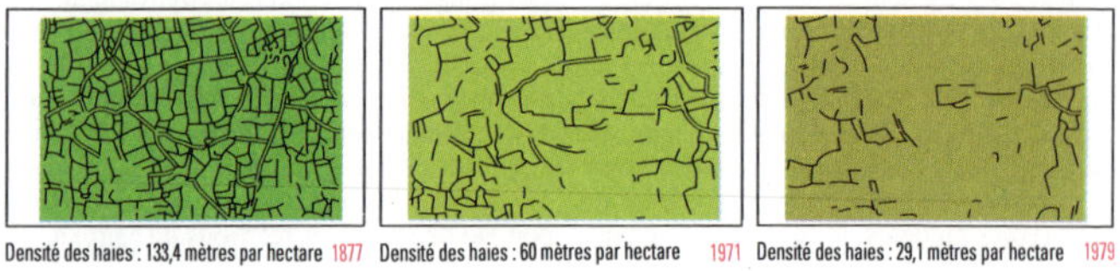

Densité des haies : 133,4 mètres par hectare 1877 — Densité des haies : 60 mètres par hectare 1971 — Densité des haies : 29,1 mètres par hectare 1979

D Destruction des haies (Schleswig-Holstein)

L'habitat rural, qui s'étend de la ferme isolée au village dispersé, est né historiquement pour des raisons économiques, et comme habitat afin d'*ouvrir le paysage naturel à l'exploitation agraire*. L'habitat rural était plus impliqué avec le paysage en tant qu'*écosystème anthropogène* que les villes.

Le village, basé sur une *économie naturelle*, connaissait un **équilibre fluctuant** entre l'exploitation par l'homme et le potentiel naturel, qui formait une **unité synécologique** stable d'un point de vue écologique entre la végétation, les animaux et les hommes (cas idéal rarement observé).

Tous les biens et tous les produits cultivés pris à la nature étaient utilisés dans le village. La remise des produits de déchets mettait un terme aux cycles énergétiques et nutritifs. De l'obligation de s'adapter de manière optimale à l'environnement naturel résultait une

responsabilité écologique générale vis-à-vis de l'espace environnant.

Le village resta en partie jusque dans les années 50 une unité écolo. et s'approvisionnait (vêtements, nourriture, habitations) lui-même (**autosubsistance**). Le seul but écon. était la production agraire.

De rares excédents villageois étaient vendus dans les environs. Les bénéfices servaient à compenser des manques.

La flore

L'homme créa dans le village traditionnel et son finage les conditions d'établissement de biotopes stables, qui n'existaient pas sous cette forme avant son intervention. L'amélioration artificielle des *conditions de température et nutritives* par rapport aux terres non exploitées a permis à des **communautés spontanées** de plantes, allant des *parterres de plantes annuelles* instables aux *communautés d'arbustes* constants et protégés (murs, buissons, haies, amoncellements de pierres), de côtoyer les **communautés de plantes cultivées.**

Selon les lieux d'implantations se constituèrent des **communautés de piétinement** (*pelouses de plantain*), des **communautés rudérales** (*orties)* et des **biotopes de limite** le long des chemins, des talus (*pelouses maigres)*, des murs, des grillages et des eaux (*roseaux)*.

Des **espèces nitrophiles** comme le *Chenopodium bonushenricus, l'aristoloche commune, la mauve à petites fleurs et le pissenlit* peuvent être des **espèces indicatrices** de l'état de développement écologique des espaces ruraux habités ; *Nepeta, pariétaire, jusquiame, Pulicaria vulgaris et Marrubium* marquent les bords des villages.

Les **haies**, en tant que biotopes, avaient des **fonctions importantes et variées** (source de nourriture, lieux d'hibernation, protection).

Des **lieux d'implantations exceptionnels** (potagers, cimetières, plus tardivement les voies de chemin de fer) augmentent l'éventail des espèces campagnardes et déterminent la prolixité différente de la flore villagoise (Sch. A).

Parmi les accompagnateurs de l'habitat et les successeurs des cultures typiques des villages, on distingue :

les **archéphytes** ("anciennes plantes"), comme le *Chenopodium album* ou la *verveine*, qui furent apportés par migration entre l'ère romaine et le Moyen Âge ;

les **néophytes** sont arrivés par-delà les mers à l'ère contemporaine grâce aux semences, p. ex. au XVIe s. la *jusquiame* et le *Physalis alkekengi*, au XVIIe s. le *datura* , vers 1850 la *camomille plate*.

La faune

Une faune très diversifiée s'est installée dans les écotopes agraires anthropogènes. Leurs conditions de vie, par rapport au milieu naturel "libre", se sont souvent améliorées.

Les **ubiquistes** (espèces très communes), peu exigeantes pour leur milieu de vie et insensibles aux modifications, sont largement répandues.

La profusion de nourriture et la compétition réduite permettent une augmentation du nombre d'individus d'espèces vivant dans les espaces libres (*étourneaux)*, les arbres (*pinson des hêtres)* et les rochers (*fouine, chauve-souris)*.

Les **spécialistes**, comme la *cigogne blanche* et le *chat-huant*, ont trouvé des lieux d'incubation propices, la plupart des nids d'*hirondelles rustiques* se situent dans des étables.

Ceux qui migrèrent des forêts vers les buissons, les haies, les allées et les cimetières, comme la *mésange à tête noire*, le *pigeon ramier* ou, depuis env. 80 ans, le *merle*, y ont trouvé des conditions optimales de nourriture et d'incubation.

Les changements écologiques

Depuis les années 50, les villages sont de plus en plus intégrés dans les systèmes de marché et d'approvisionnement des villes. Leur autosubsistance s'est perdue et il *souffrent de plus en plus d'une déstabilisation écologique*.

Des *modifications dans l'exploitation* ont changé le paysage en diminuant la quantité et la diversité des espaces vitaux (Sch. C).

La *technologisation*, accompagnée d'une réduction des emplois, nécessite l'utilisation de machines plus grandes et la suppression des haies et petits bosquets sur les terres cultivées (**steppes de culture**, Sch. D).

La mécanisation et les constructions en bordure de village ont augmenté la surface des voies de transport dans les villages et les campagnes. Les centres des villages ont été revêtus.

Les soins apportés aux parcelles des nouvelles zones d'habitations ont réduit les niches de la végétation spontanée, de même la participation aux *"concours de village fleuri"*.

Plus un village est proche d'une ville, moins les espèces sont variées (Sch. B).

Les espèces représentées dans les villages en sont très dépendantes, car elles ne peuvent pas, en général, se rabattre sur un autre biotope :

les *huppes*, le *torcol, le hibou nocturne* et les *amphibiens* font partie des espèces en voie d'extinction.

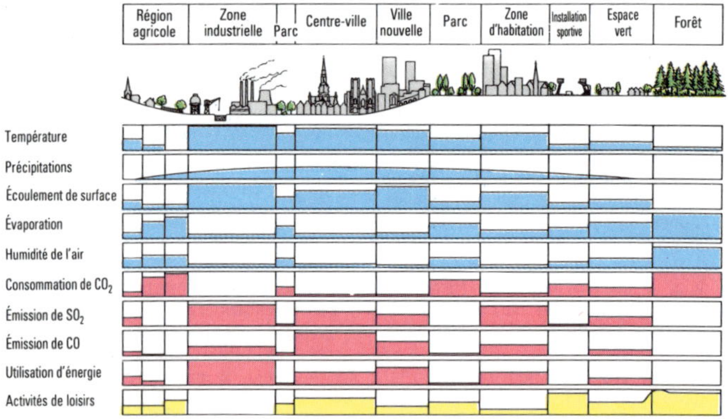

A Structure abiotique et charge de l'écosystème urbain de Bruxelles (taux d'intensité relative)

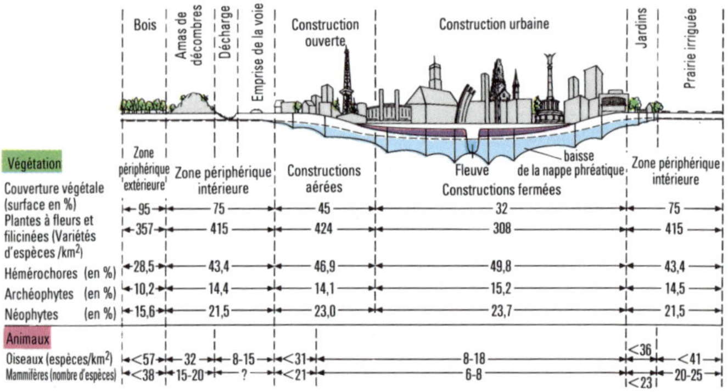

B Signes distinctifs de l'écosystème de la ville de Berlin

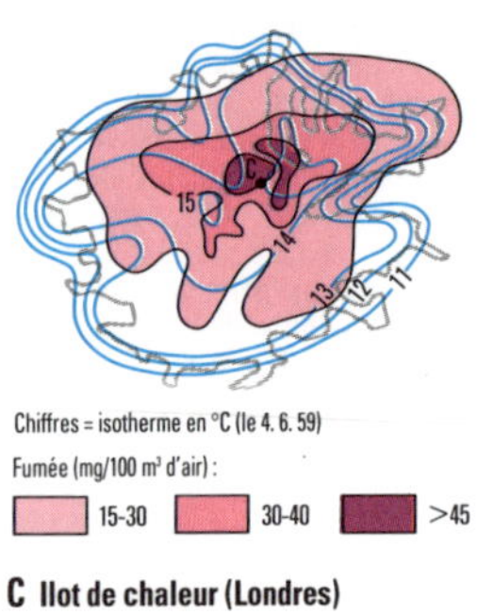

C Ilot de chaleur (Londres)

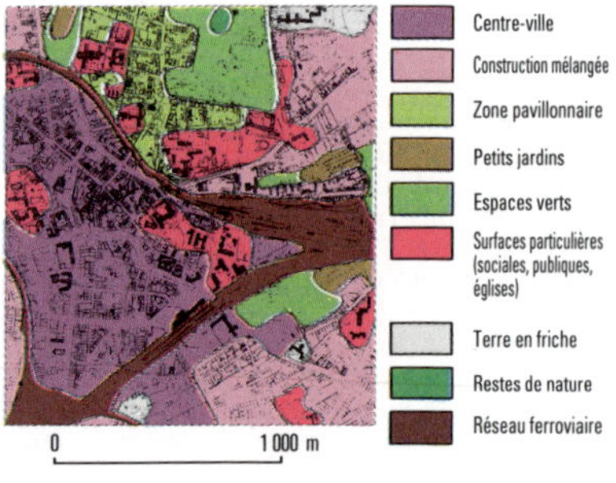

D Unité d'espace écologique (centre-ville de Bochum)

On peut définir un écosystème en tenant compte de l'activité humaine (NACHR. GES. F. OKOLOGIE 1980, 2, p. 14) :

"un écosystème est un champ d'action composé d'organismes vivants, de composantes naturelles dénuées de vie et d'éléments techniques, qui sont en interaction pour l'énergie, la matière et l'information, entre eux et avec leur environnement".

Les écosystèmes anthropogènes sont les **écosystèmes agraires** et **forestiers**, ainsi que les *écosystèmes techniques :* **écosystèmes urbains** et **industriels.**

Les zones de densification urbaine sont des écosystèmes extrêmes. Ils se caractérisent par des problèmes d'environnement durables (p. ex. le smog, p. 167).

Les problèmes posés à l'environnement sont directement visibles lors de constructions sur de grandes surfaces et dans l'**utilisation des paysages** des abords des villes pour l'extension des lieux d'habitation et des voies de transport.

Les **charges qui pèsent sur le paysage** peuvent aussi être observées dans l'interpénétration immédiate de la ville avec l'environnement : incorporation des zones de loisirs proches, élimination des déchets (eaux usées, ordures, pollution de l'air) et migration des espèces, etc.

Les villes sont agrémentées de moyens techniques, comme les bâtiments, les réseaux routiers, les canalisations, les machines et les engins. Elles diffèrent donc dans tous leurs éléments abiot. ou biot. de l'écosystème de leur environnement (Tab. A, B ; p. 61).

Les causes en sont l'augmentation du **revêtement des surfaces** (asphalte, bitume) et la **densification du sol**, les **émissions** des installations productrices d'énergie et industrielles (p. ex. sollicitation des eaux souterraines), les grandes **quantités de gaz d'échappement** et les **plans d'occupation des sols.**

On peut expliciter les **caractéristiques écol. des villes** par une comparaison avec la campagne environnante :

Rayonnement global :		-20 %
rayonnement UV	en hiver :	-70 à -100 %
	en été :	-10 à -30 %
couverture nuageuse :		+ 5 à +10 %
brouillard (dû aux aérosols) :		
	en hiver :	+100 %
	en été :	+20 à +30 %
précipitations annuelles :		+5 à +10 %
	rosée	-65 %
	neige	-5 à -10 %
Températures annuelles		+0,5 à +1 °C
temp. minimale hivernale		+1 à +3 °C
durée de la période de gel		-25 %
jours de gel et de glace		-45 %
évaporation annuelle		-30 à -60 %
humidité relat.de l'air		- 6 %
vitesse du vent		-20 à -30 %

La période de végétation est plus longue de 8 à 10 jours que celle de la campagne environnante, mais seulement 35 à 45 % de la surface globale sont couverts de végétation.

Les **producteurs** sont peu diversifiés.

L'homme apporte de l'énergie aux **consommateurs :** les producteurs ne remplissent pas leur rôle (apporter de l'énergie à l'écosystème).

De ce fait la relation naturelle producteur/consommateur se trouve inversée dans la pyramide nutritionnelle : les consommateurs humains et animaux sont "surdéveloppés".

Le champ urbain agit de manière sélective par la forte densité de population humaine et ses interventions intensives et arythmiques. Il en résulte une

flore et une **faune urbaines** qui, hormis les animaux domestiques et les plantes des jardins, plus rarement les oiseaux, est plus pauvre en espèces que la campagne avoisinante et possède une association d'espèces caractéristique.

L'intensité des interventions humaines peut être démontrée par l'étude de la composition spécifique (SUKOPP,BLUME/SUKOPP), qui se distingue par l'abondance des thérophytes (plantes annuelles) parmi les plantes en pots, et par les processus spécif. de formation et de modification des sols (Tab. B). SUKOPP distingue :

Les *idéochores* = espèces qui se rencontraient déjà avant l'intervention de l'homme ;
Les *hémérochores* (anthropochores) = espèces qui se sont développées grâce à l'intervention de l'homme (p. ex. les plantes de culture) ;
les *archéochores* = migrants plus anciens, qui depuis le début du néolithique et jusqu'au Moyen Âge ont migré de l'espace méditerranéen et de l'Asie Mineure ;
Les *néochores* = des migrants des 500 dernières années, venant d'outre-mer.

Certaines espèces peuvent proliférer en l'abscence de compétition grâce à des conditions de vie optimales (rats, fougères murales).

Le revêtement des sols et la présence de déchets artificiels difficilement réutilisables empêchent les **destructeurs** d'accomplir leur rôle de décomposeurs et de réintroducteurs de substances nutritives. Les déchets doivent donc être stockés dans des décharges. Comme les consommateurs eux non plus ne jouent pas totalement leur rôle,

les écosystèmes anthropogènes sont dénués d'autorégulation, contrairement aux écosystèmes naturels.

Les villes se caractérisent par l**a mosaïque** de leur écosystème avec des espaces vitaux minimaux (Sch. D) :

désert de culture = constructions
habitats terrestres animés, comme les jardins, les parcs, les cimetières, les stades et les décharges ;
espaces vitaux limniques, comme les fleuves, les étangs, les bains et les puits.

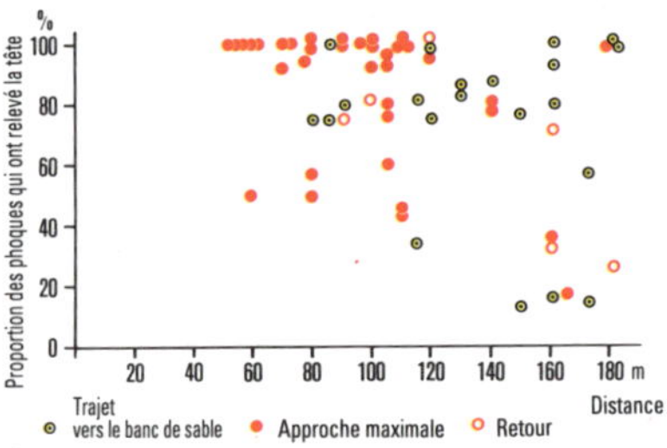

A Perturbation des phoques par les bateaux d'excursion

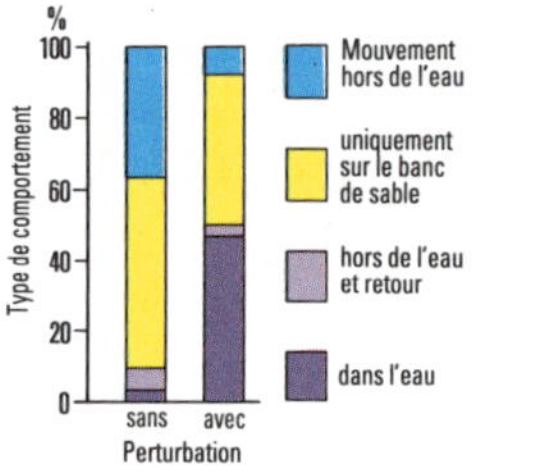

B Déplacements des phoques dérangés par les bateaux d'excursion

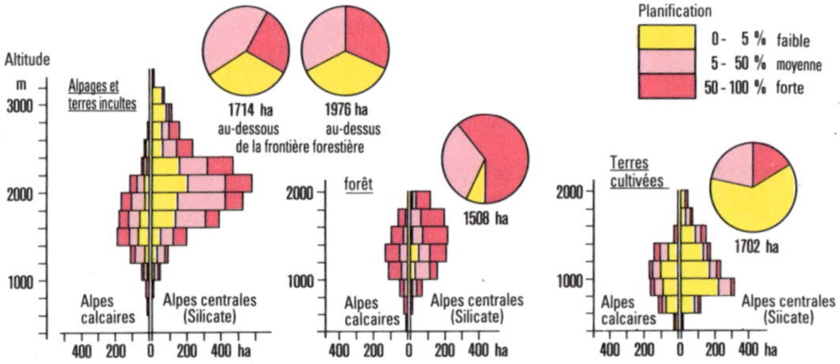

C Pistes dans le Tyrol (1980)

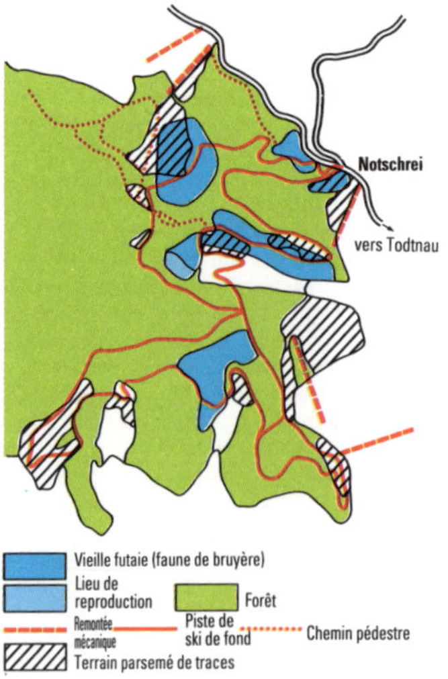

D Centre de ski de fond (Notschrei, Forêt Noire)

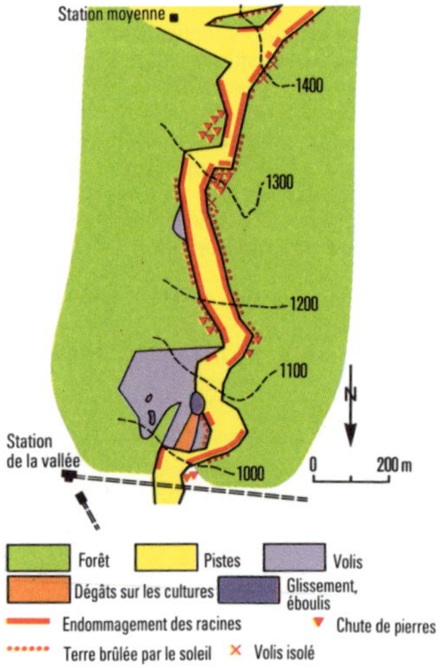

E Piste de la descente de coupe du monde de Zell

L'*augmentation du temps libre* (75 % env. en 30 ans) et du *degré de mobilité* (90 % des ménages travaillant ont un véhicule) entraînent une augmentation des charges pesant sur l'environnement à cause des activités de loisirs (espaces de repos proches, montagnes, etc.). Ce sont les campagnes proches des villes, ou les montagnes, qui sont préférentiellement équipées pour constituer des espaces de repos. Il s'ensuit des modifications et des charges pour la gestion de la nature et des paysages.

Ces interventions commencent par des mesures générales d'infrastructure (voies express, parkings, restaurants), et se terminent par une exploitation intensive des paysages, accompagnée d'une exploitation importante des surfaces naturelles.

Non seulement la présence de l'homme est gênante (destruction des plantes, bruit), mais le sont aussi les charges qu'entraînent la circulation, le campement et la marche (pas), la pollution de l'eau et les déchets (*eutrophisation*), les dommages et les incendies.

Ces charges sont la plupart du temps involontaires.

La modification des paysages et la destruction des biotopes peuvent aussi être planifiées (Sch. E).

Dérangements

Les hommes dérangent les animaux par leur **approche inconsciente :** interruption des comportements de rut, de l'alimentation, de l'incubation ; *diminution des espaces de repli des animaux :* randonnée à ski à travers champs, randonnée le long des plages, visite de biotopes par curiosité.

Les bateaux, les planches à voile et les pédalos en part. dérangent les oiseaux d'eau qui incubent, recherchent de la nourriture ou se reposent. Beaucoup d'espèces ont des réactions de fuite dès 500 m de proximité (oie *Tadorna tadorna*), la plupart à 200 m.

Des visites aux bancs de phoques (Tab. A, B) contraignent les animaux à se traîner souvent en rampant (maladies de la peau, irritations de l'ombilic chez les animaux jeunes, séparation de leur mère).

Chez les oiseaux incubateurs (albatros) des Galapagos, on a pu mesurer une augmentation des battements cardiaques de 85 à 180 (*stress* de l'approche).

Des bases de loisirs, comme les boucles de ski de fond, sont construites malgré la présence d'espèces protégées (Sch. D).

Charges liées à la marche

La marche tasse le sol verticalement (*compression*) ou horizontalement, parallèlement à la pente (*translocation*). Le sol en surface est déporté, émietté, délavé, solidifié et humidifié.

Les sols nus connaissent une modification du microclimat (augmentation de la température et évaporation).

Les caractéristiques des plantes en danger (Ringler) :

pousse élevée, points de végétation et de ramification haut placés ; épiderme tendre, tissus non élastiques et cassants ; pousse lente ; capacité de régénération et de prolifération réduite ; la floraison en pleine période touristique freine la capacité de reproduction et de germination ; modification de la stratification des espèces.

Les buissons nains meurent après la coupe de leurs bourgeons.

L'**éventail des charges** pesant sur les plantes comprend :

dommages, déformation des pousses de toutes les espèces ;
réduction de la taille ;
réduction de la couverture ;
disparition des espèces accompagnatrices plus fragiles ;
au-delà de la limite de pousse des arbres une diminution exponentielle de la couverture végétale, en dessous un mélange avec des plantes d'empreintes à fort taux de reproduction.

La cueillette réduit le nombre d'espèces rares (comme l'edelweiss, la gentiane).

L'intervention des pas prédomine parmi tous les autres facteurs abiot. ou biot. et favorise des plantes insensibles à fort taux de reproduction.

La fétuque rouge augmente même la quantité de ses bourgeons.

La "succession de pas" crée souvent des communautés de substitution (*communautés d'empreintes,* surtout *lolio-plantaginetum*) uniformes, pauvres en plantes aromatiques et riches en herbes.

Le ski

Le ski, surtout pratiqué dans les régions alpines et subalpines, a entraîné en raison de ses interventions rigides dans le paysage (12 000 remontées mécaniques et téléphériques) bon nombre de discussions écologiques.

La construction et l'exploitation des pistes passant dans les forêts est lourde de conséquences (Sch. D, E).

La préparation mécanique des pistes entraîne un tassement du sol (perturbation du budget en eau) ; les engins damant les pistes causent des dommages mécaniques :

tassement de la neige – formation de glace – détérioration de l'isolation therm. – gel du sol, manque d'oxygène (anaérobiose, moisissure des neiges, pourriture).

Les pentes non protégées risquent des éboulements de pierres.

Les canaux de drainage emportent les graviers dans la forêt.

Les lisières des pistes et des forêts sont directement mises en danger par la construction des pistes (dommages causés aux racines, brûlures des écorces par ensoleillement direct).

Les skieurs égarés augmentent artificiellement la surface des pistes. Quand la hauteur de neige est faible et en situation extrême (crêtes, pentes abruptes), les carres des skis sont à l'origine de dommages mécaniques sur la végétation et le sous-sol.

Le tassement provoqué par le ski fait fondre la neige 10 à 15 jours plus tard et réduit ainsi la période de végétation.

Des glissements de neige (skieurs de poudreuse, prolongement de la saison) découvrent des plantes qui ont un besoin vital de la couverture neigeuse.

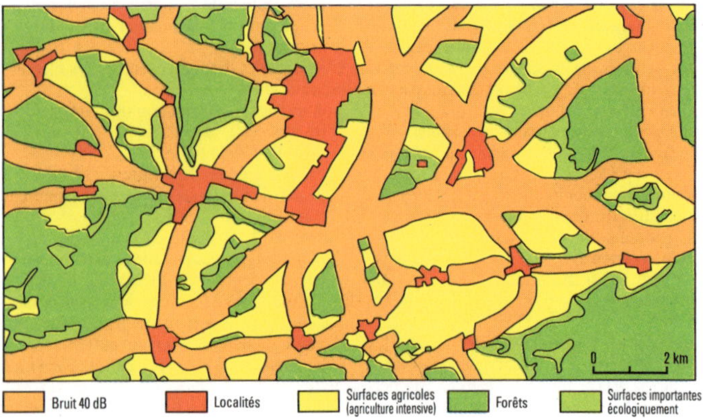

A Charge anthropogène du paysage et morcellement des biotopes

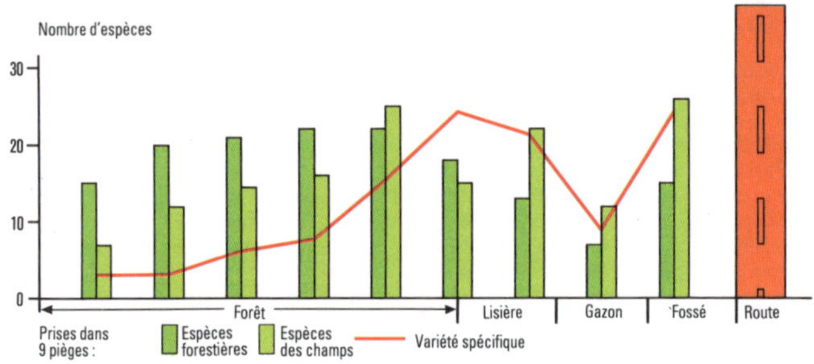

B Changement des espèces dans la zone proche de la route

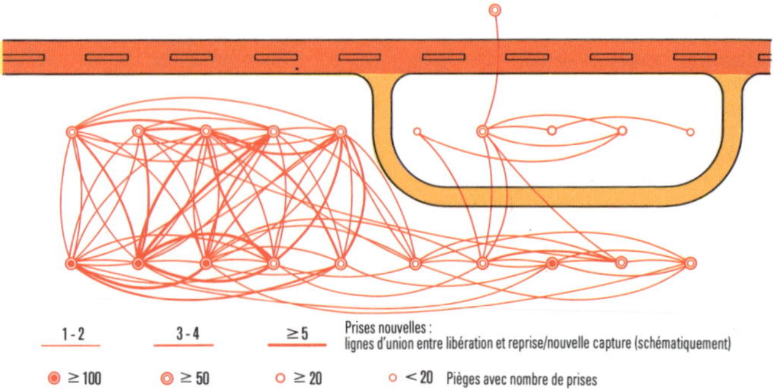

C « Effet barrière » d'une route (scarabée Abax ater)

Effet écologique des routes

Les surfaces de circulation développent un **microclimat.** Il s'étend largement jusqu'aux zones de bordure et est comparable en milieu routier aux lieux d'implantation naturels extrêmes, soumis à un plus fort rayonnement et une plus forte réflexion, à des températures et à une évaporation plus élevées. Des particules de poussière forment des noyaux de condensation pour le brouillard et les précipitations. Les digues et les coupures de terrains peuvent servir à amasser de l'air froid (*lacs d'air froid*).

La phase de construction anéantit le long de la voie de circulation les plantes et les animaux.

Pendant l'exploitation la diversité spécifique diminue.

L'apparition d'espèces euryécologiques peut augmenter quantitativement et qualitativement cet éventail (Sch. B).

Beaucoup d'animaux sont victimes des moyens de transport. Des animaux qui suivent les cultures, comme les *merles,* les *lapins sauvages* et les *hérissons* comptabilisent les plus grandes pertes.

Les hérissons utilisent la route comme terrain de chasse (vers de terre, insectes) et se roulent en boule quand ils sont éblouis.

Les populations d'*amphibiens* sont particulièrement menacées, lorsque leurs voies de migration vers les eaux de ponte croisent des routes.

Les pertes de surface

Les pertes de surface dues à l'aménagement des voies de circulation sont loin d'être négligeables : les autoroutes nécessitent l'utilisation de surfaces importantes, mais les nouvelles infrastructures de chemin de fer (TGV) sont aussi plus "gourmandes" que les voies traditionnelles.

L'installation de nouvelles lignes dans des paysages à haute valeur touristique (Provence) a parfois mené à des polémiques très vives (gênes dans la circulation du TGV Sud-Est).

Les besoins en surface des autoroutes

(en ha/km de longueur)

plane, à 4 voies :	4.6
plane, à 6 voies :	7.7
vallonnée, à 4 voies :	6.6
vallonnée, à 6 voies :	11.1
mesures supplém. :	3.7
charges consécutives :	2.4

charges supplémentaires : utilisation de surfaces pendant la construction (route, voies d'accès, emplacements de stockage, enlèvement des sables et des graviers).

mesures consécutives : construction de digues, entailles dans le terrain, ponts, liaisons...

Effet de séparation, création d'îlots

Les routes représentent des obstacles infranchissables pour les petits organismes vivants, comme les insectes et les petits mammifères (**effet de barrière**). Elles séparent des biotopes et des secteurs (**effet de découpage**). Les causes principales en sont le manque de couverture végétale et les dérangements continuels et irréguliers par les déplacements de véhicules et les bruits. L'effet séparateur peut être prouvé par des *essais de recapture d'animaux marqués.*

On obtient un diagramme de mobilité en reliant des lignes entre le lieu où on a relâché et le lieu de prise (Sch. C).

Les lignes de circulation créent des biotopes aux contours fortement marqués, dénués de passages naturels d'un écosystème à l'autre (*écotones*).

Les conséquences synécologiques

Le *budget énergétique réduit* et l'*éventail réduit des ressources* des **îlots de biotopes** entraînent une *réduction de l'éventail des espèces,* en part. dans les étages plus élevés de la pyramide alimentaire.

La diminution des surfaces des îlots entraîne une réduction des migrations d'individus, ce qui engendre un *appauvrissement génétique* de la population jusqu'à l'extinction.

Les îlots de biotopes peuvent aussi servir brièvement de lieu de repli et de passage à un éventail d'espèces structuré par le hasard, comportant des espèces fuyant l'environnement (*espèces réfugiales*) et migrantes.

Il se développe un *fort taux d'espèces perdant en stabilité écologique : des modifications des espèces sténécologiques et rares par apport d'espèces migrantes.*

Les grandes espèces, d'une densité de population plus faible et dont l'existence nécessite de grands espaces, migrent en premier.

L'"étêtement de la pyramide alimentaire" réduit la pression écolo. exercée sur la communauté de vie, qui favorisait la diversité des espèces, créant ainsi une *augmentation massive de quelques espèces .*

Le salage

Le sel de salage contient surtout du gros sel. Il influence le budget en eau des plantes qui ne peuvent exclure la prise de Na^{+} et de Cl^{-} (p. ex. le tilleul). L'effet sur la résistance de diffusion stomatique et intercellulaire entraîne une *réduction de la transpiration.* Il ne peut être prouvé que l'avidité du sel pour l'eau provoque une sécheresse physiologique.

L'effet écolo. du sel de salage est surtout toxique.

l'*échange d'ions* lessive les ions Ca^{++}, Mg^{++} et K^{+}. Ce manque est responsable de la diminution des parties productives des plantes.

Les ions Na^{+} ont un fort taux d'hydratation et tassent les espaces creux du sol par gonflement. Le sol se densifie et devient boueux, détériorant ainsi les conditions de vie de l'édafaune et des racines.

Les ions Cl^{-} sont un poison pour les cellules et endommagent biochim. les parties actives (nécrose des feuilles, coloration brune des épines de l'année précédente, bourgeonnement printanier tardif).

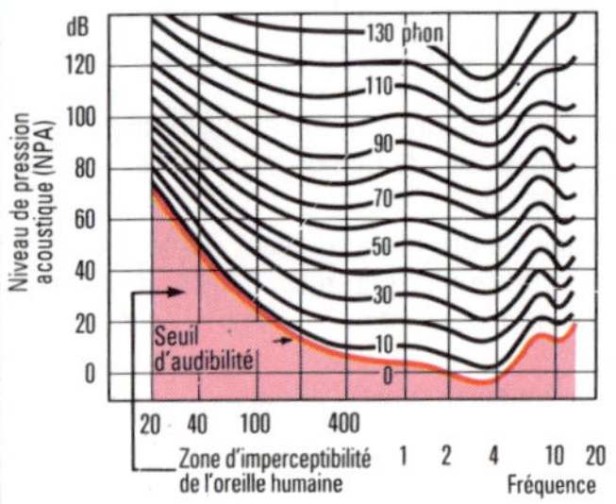

A Seuil d'audibilité et courbes de sons de même intensité pour des sons sinusoïdaux en champ acoustique libre

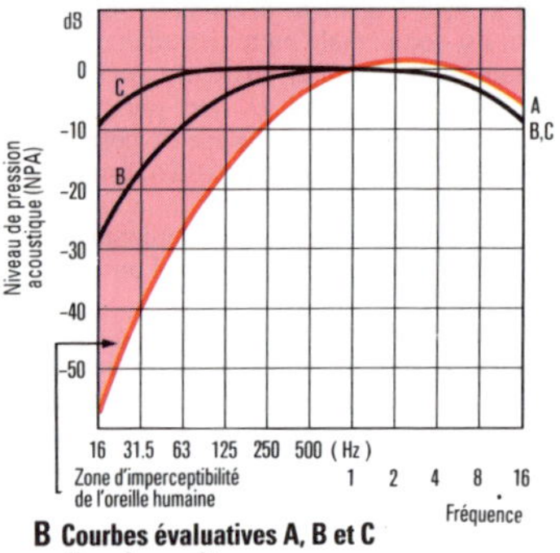

B Courbes évaluatives A, B et C d'un phonomètre

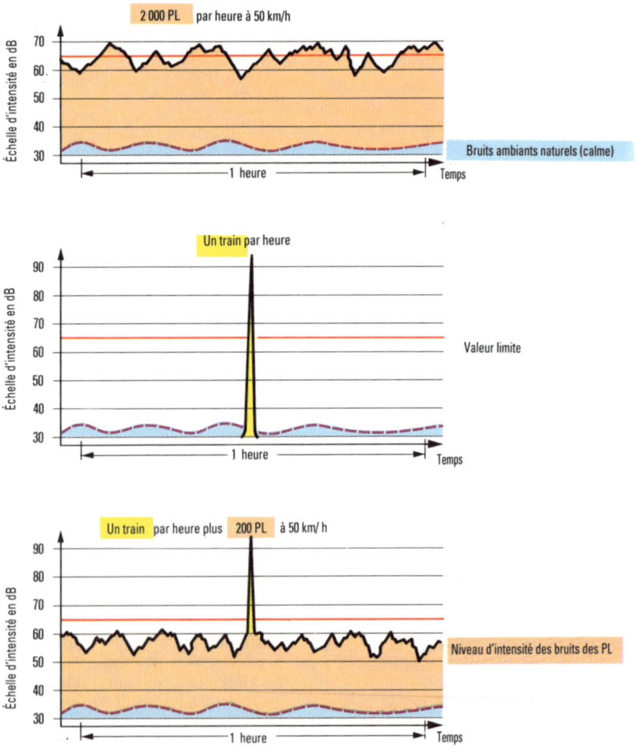

C Le problème de la valeur limite (PL = poids lourd)

Bruits, valeur limite

Le **bruit** est un son indésirable, dérangeant ou nuisible a la santé (il n'est pas défini selon des mesures physiques mais selon ses effets).

La pollution par le bruit passe rarement inaperçue, contrairement aux autres pollutions...

Le bruit est "indésirable" et "dérangeant" par ses effets psychologiques nuisibles à la santé. Il peut en outre provoquer des dommages aux organes auditifs jusqu'à la surdité.

Des émissions de bruit de même intensité peuvent, lorsqu'il s'agit de musique, être agréablement perçues, ou ressenties comme dérangeantes lorsqu'il s'agit de bruits de la circulation.

Le son est constitué de vibrations mécaniques de corps solides, liquides ou gazeux se propageant généralement dans l'air sous forme de variations de pression se déplaçant à 343 m/s. On peut mesurer :

la **fréquence** (hauteur du son) en hertz (1 Hz = une période par seconde),
la **pression acoustique** en Pascal (1 Pa = 1 Newton/m^2),
l'**intensité du son** (l'énergie du bruit) en W/m^2.

Comme le spectre du son perceptible pour l'oreille humaine recouvre des valeurs qui, pour **la pression acoustique**, dépassent 10 millions et pour **l'intensité** 1 milliard d'unités, on a établi une échelle logarithmique commune : le décibel (dB) mesure la **nuisance sonore**.

Un dB correspond en donnée chiffrée env. à un "phon".

La valeur 0 de la nuisance sonore correspond à la *limite de la perception auditive* de l'oreille humaine, elle se situe à 1000 Hz, 20 µPa ou 10-12 W/m^2.

A toute augmentation de 10 dB de la nuisance sonore correspond un doublement du niveau sonore.

Par doublement de distance, la **nuisance sonore** provenant de sources d'émissions ponctuelles décroît de 6 dB, de 3-5 dB pour une source linéaire (route, voie ferrée) et tout d'abord très faiblement pour une source plane.

A pressions acoustiques égales (en dB), le niveau sonore paraît plus élevé pour des fréquences hautes ou basses, moins élevé pour des fréquences comprises entre 500-5000 Hz (Sch. A).

Comme la notion de bruit repose sur les particularités subjectives de l'oreille humaine, on prend celle-ci en considération lorsqu'on procède à des mesures. Dans les sonomètres, des réseaux de filtres électroniques retranscrivent la courbe auditive de l'homme, qui est définie comme courbe A, à laquelle on compare d'autres courbes d'évaluations B et C (Sch. B).

Les mesures sont comparées à une courbe modèle et données en décibel (*procédé par équivalence*).

On calcule le seuil de tolérance des bruits de l'environnement selon leur intensité et leur durée.

Les **effets du bruit** recouvrent :

les dommages causés au système auditif,
l'entrave à la communication acoustique et à l'orientation dans l'espace,
l'irritation du système nerveux central et végétatif,
les troubles du sommeil et des moments de détente,
les préjudices causés à la capacité de production,
les gênes.

L'endommagement et la destruction des cellules de l'audition dans le limaçon de l'oreille interne sont principalement liés au monde du travail, où surviennent des nuisances sonores de forte énergie et de forte impulsion (choc, claquement). Les dommages auditifs qui surviennent en dehors du monde professionnel résultent souvent de passe-temps bruyants (tir, musique).

L'entrave de la communication acoustique (dialogue, écoute de la radio et de la télévision) par des bruits parasites est perçue de manière très sensible.

Le bruit irrite le système nerveux pendant le sommeil et les phases de détente, il peut occasionner des réactions de peur et en cela être dommageable pour la santé. Le bruit rend difficile et retarde le moment de l'endormissement. Le réveil survient lorsque la nuisance est permanente avec des variations plus fortes de l'intensité (réveil) ; il dépend du niveau d'accoutumance au bruit.

Certains bruits peuvent occasionner une gêne et diminuer la capacité d'attention (conduite en écoutant de la musique, p. ex.).

Les activités de création, la résolution de problèmes et la concentration sont plus sensibles aux nuisances sonores que les activités répétitives.

Les bruits sont ressentis comme nuisances de façon différente selon les individus. Il semble également que l'individu soit plus ou moins sensible ; la réceptivité des nuisances pourrait être augmentée par certaines influences de l'environnement (p. ex. les médias).

Intensité des sources sonores en dB (A) :

coup de feu	170
frontière de la douleur	120
réacteur d'avion	110-160
musique	jusqu'à 115
limite de dommage (trouble de l'ouïe et de l'équilibre)	80-90
circulation	70-80
début des migraines	65
conversation	50
bruit ménager moyen	40
bruissement de feuilles	10-20
seuil de l'audition	0

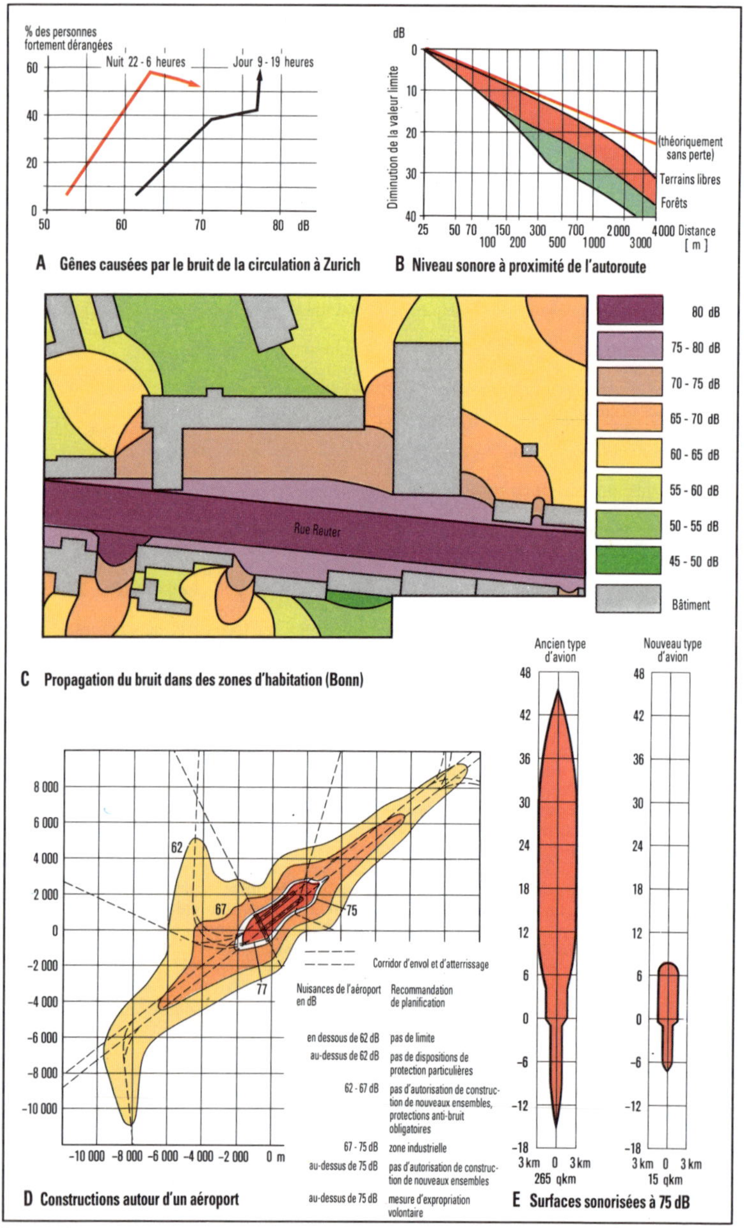

Perturbation par le bruit et propagation du bruit

Dans les années 70, l'Allemagne élabore une législation précise, qui demeure exemplaire, en vue d'assurer la protection contre :

le bruit provoqué par *l'industrie, la circulation, les travaux, le voisinage* et *les loisirs*.

Sur leur lieu de travail env. 2,5 millions d'ouvriers sont, en Allemagne, exposés à un niveau sonore de plus de 85 dB (A) (*limite de l'affaiblissement de l'ouïe*) ; selon la loi, des moyens de protection individuels doivent être mis à la disposition de ces ouvriers, qui les utilisent impérativement à partir d'un niveau sonore de 90 dB (A).

Après 10 années env. 10 % des ouvriers exposés à un niveau sonore de 100 dB, env. 25 % des ouvriers exposés à un niveau sonore de 105 dB et env. 44 % des ouvriers exposés à un niveau sonore de 110 dB souffrent de **surdité causée par le bruit**.

Les nuisances occasionnées par le **bruit industriel** apparaissent dans des lieux où se concentrent l'habitat et les industries, ce phénomène est souvent déterminé par le développement de l'industrie dans l'histoire.

La séparation entre le lieu de travail et le lieu de résidence résout le problème dans l'immédiat, mais le déplace sur les voies de circulation.

Les émissions de bruit peuvent être, d'après certains auteurs, évitées en insonorisant les machines et en déplaçant les usines ; les victimes de ces nuisances doivent adopter des mesures de lutte contre le bruit comme p. ex. des fenêtres à double vitrage.

Le **bruit de la circulation** est considéré comme la *source principale de nuisance*. Depuis ces dernières années, le bruit industriel diminue, alors que

le bruit de la circulation augmente par suite de l'accroissement de la densité de la circulation.

Le bruit causé par le chemin de fer et le transport maritime ou fluvial reste à un niveau qui ne varie pas, le bruit provoqué par le transport aérien a été diminué.

Le *niveau sonore permanent* dépend des taux d'émission, des conditions de circulation, de la vitesse, de la densité du trafic, de la proportion de poids lourds, du revêtement des routes et de la densité de l'habitat (Sch. C).

Si le nombre de véhicules est multiplié par deux, le niveau sonore augmente de 3 dB (A), si la vitesse est multipliée par deux, le niveau sonore augmente de 12 dB (A).

A partir d'une vitesse de 50 km/h, le bruit du moteur d'un poids lourd couvre le bruit de roulement lors du rétrogradage ; le bruit du moteur des véhicules légers est toujours plus important.

L'émission de bruit varie selon le moment, le jour ou la nuit (Sch. A) ; la propagation du bruit selon la nature du terrain, la végétation et le mode de construction (Sch. B, C).

Le **bruit de la circulation** peut être combattu à l'aide de mesures de déviation des voies de circulation à partir de *cartes des bruits* (Sch. C), p. ex. par

la construction de routes de délestage, la limitation de la vitesse, l'interdiction de la circulation pour les poids lourds, le développement des transports en commun au détriment des véhicules particuliers et la création de zones piétonnes.

L'amélioration du flux de la circulation par un système de rues à sens unique et la synchronisation des feux de circulation ont une influence moins grande sur l'émission du bruit que le comportement des conducteurs, crissement de pneus au démarrage, etc.

Le bruit provenant de la circulation peut être diminué par des mesures de protection :

édifier des murs antibruit, planter de la végétation, encaisser ou couvrir les voies de circulation.

Une nuisance considérable est provoquée par le **bruit des transports aériens** pour les personnes habitant, à proximité des aéroports car le niveau sonore d'un avion se situe entre 83,4 et 98 dB (A).

Les niveaux sonores permanents énergétiquement équivalents atteignent 67-84 dB (A), la durée et l'intensité de l'émission varient selon le type des appareils (Sch. E).

En Allemagne, en 1971, des zones de protection contre le bruit ont été aménagées autour des aéroports comme le stipulait la *loi contre le bruit des transports aériens* (Sch. D).

L'habillage des réacteurs avec des revêtements absorbant les bruits et l'utilisation d'éléments de construction isolants limitent l'émission du bruit des avions. Pendant le trafic aérien, les émissions de bruit peuvent être limitées : en évitant d'inverser les réacteurs lors de l'atterrissage pour freiner, en plaçant les avions dans des hangars insonorisés lors de la période de montée en température des réacteurs, en utilisant des techniques d'atterrissage et de décollage appropriées (p. ex. en augmentant l'angle de décollage).

Les pistes d'atterrissage et de décollage sont construites le plus loin possible des lieux d'habitation.

L'émission de bruit à proximité des pistes de décollage et d'atterrissage, des voies de roulement, des installations techniques, ou sous les couloirs d'approche et de décollage reste inévitable.

Le bruit dû au voisinage et aux activités de loisirs (installations sportives et stands de tir, bateaux à moteur) est devenu, à la suite de la fermeture par ordonnance judiciaire de courts de tennis et de "terrains de jeux", un sujet de discussion publique.

L'émission de bruit est réglementée par la loi ; les émissions sonores ne doivent pas dépasser un certain niveau dans des zones déterminées. Depuis 1976 des normes techniques réglementent la construction et une **carte des émissions sonores** fixe le niveau des émissions sonores (en dB) toléré dans les différentes

zones d'habitation (A) :	jour	nuit
zone d'habitation "pure"	55	45
zone de villégiature	55	45
zone d'habitation courante	55	45
zone à faible concentration	55	45
zone rurale	60	50
zone d'habitation "mixte"	60	60
centre ville	65	55
zone industrielle	70	70
zone particulière (selon l'activité)	de 45 à 70	de 35 à 70

	SO_2 a	SO_2 m	NO a	NO m	NO_2 a	NO_2 m	Ozone a	Ozone m
Atmosphère sous influence humaine	0,5	–	0,2	–	1	100	–	–
Zone d'air pur	5	100	1	–	5	30	80	180
Région agricole	20	300	2	–	10	80	–	–
Zone de concentration	70	1 000	40	800	40	400	30	300
Zone urbaine fortement polluée	140	1 500	50	1 200	80	800	30	400

a = moyenne annuelle, m = maximum annuel

A Émission dans différentes zones (t / km²)

	CEM	CPM	CMR_c	CMR_d
Monoxyde de carbone	100	55	–	–
Oxyde d'azote des combustibles solides	720 - 900	9	2	1
Oxyde d'azote des combustibles liquides	450			
Dioxyde de soufre	–	15	0,75	0,5
Chlorure	–	1,5	1,5	0,3

B Comparaison des valeurs limites (mg / m³)

Substances — Cancérigène (lignes surlignées)

Substances	Allemagne MAK	ex-URSS PDK	USA TWA
Acrylamide	0,3	0,2	0,3
Carbaryl	5	1	5
Hydrocarbures soufrés	30	1	30
Chloroforme	50	–	50
Dinitro-o-cresol	0,2	0,05	0,2
Dichlorure d'éthylène	790	–	790
Hydrogène sulfuré	15	10	14
Malathion	15	0,5	10
Alcool méthylique	260	5	260
Chlorure de méthyle	360	50	350
Parathion	0,1	0,05	0,1
Phénol	19	0,3	19
1, 1, 2, 2- Tétrachloréthane	–	–	7
Tétrachloréthylène	345	10	335
Toluol	750	50	375
1, 1, 1- Trichloréthane	1080	20	1900
Trichloréthylène	260	10	270
Xylole	440	50	435

C Comparaison internationale des valeurs limites des substances neurotoxiques

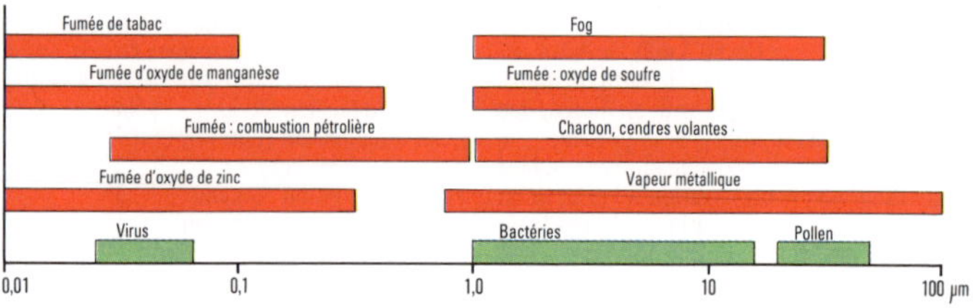

D Taille des particules d'aérosol

Pollution de l'air : retombées, valeurs limites, aérosols

On parle de **pollution atmosphérique** lorsqu'"une ou plusieurs substances ou des mélanges de substances polluantes sont présents dans l'atmosphère dans des quantités ou sur une période telles qu'ils sont dangereux pour les hommes, les animaux, les plantes ou les biens, qu'elles contribuent à leur mise en péril ou nuisent à l'activité et au bien-être des personnes" (Organisation mondiale de la santé OMS).

Parmi les **pollutions atmosphériques naturelles** on compte le pollen des plantes à fleurs qui provoquent des allergies, les terpènes des résineux, qui dans les régions chaudes causent par une réaction photochimique la formation de smog, ainsi que les projections de poussière et les émissions de gaz des volcans.

Les **substances polluantes** de l'atmosphère sont des substances gazeuses, liquides ou solides, qui en modifient la composition (Sch. A).

Les **gaz** sont des substances, qui dans des conditions normales (température locale, pression 1013 hPa) sont à l'état gazeux, qui se liquéfient si la température baisse (condensation), p. ex. le dioxyde de carbone (CO_2), le dioxyde de soufre (SO_2), l'ozone (O_3).

Les **vapeurs** sont des gaz qui se condensent dans les conditions normales, p. ex. la vapeur d'eau.

Le **brouillard,** la **fumée** et la **poussière** sont de très fines particules de matière (*aérosol*) d'un diamètre de 0,001-100 µm (Sch. D).

Le **brouillard** est formé de gouttelettes de taille variable. Si leur diamètre n'excède pas 10 µm, on les appelle *mist* en anglais (brouillard fin), si elles sont plus importantes, elles portent le nom de *fog* (brouillard épais).

Le mot **smog** est formé à partir des deux mots anglais **sm**oke et f**og**.

La **fumée** est un mélange de particules solides et colloïdales avec des gouttelettes liquides.

La **poussière** provient de la division de matière fine en particules presque colloïdales de 10-100 µm de diamètre. L'efficience potentielle des poussières dépend de la taille des grains (respirabilité de la poussière), des particularités physiques et chimiques (capacité d'absorption pour d'autres substances).

Les mesures de matières en suspension dans les zones de concentration urbaine montrent que 50 à 90 % sont des poussières fines dangereuses.

Les **émissions** sont les substances rejetées dans l'atmosphère par les usines. Comme ces substances se répandent (**transmission**), elles atteignent leur lieu de retombée en particules plus fines que la pollution atmosphérique mesurable sur les lieux d'émission.

Les retombées sont mesurées sur leur lieu de rejet en quantité mg/m³ et par unité de temps g/h.

Les unités de mesure sont également valables pour les émissions, généralement mesurées à 1,50 m au-dessus du sol ou de la végétation et à 1,50 m des installations.

En 1974, la **loi fédérale pour la protection contre les retombées** fut promulguée. Elle fixe des *taux d'émission* pour plus de 200 particules, gaz et substances à l'état de vapeur ou groupes de substances.

La **loi sur l'air** de 1996 essaie de limiter par des mesures incitatives les émissions de polluants en conditions atmosphériques défavorables. Pour le moment, l'absence de mesures coercitives ne permet pas une efficacité suffisante lors des pics de pollution.

Pour limiter le taux des matières toxiques, des **concentrations d'émissions maximales** (CEM) et des **concentrations de retombées maximales** (CIM) sont prescrits.

Les CEM fixent la quantité autorisée d'émissions de matières toxiques à la source des rejets en tenant compte des possibilités d'épuration des gaz résiduaires.

Les CIM tiennent compte en premier lieu de la toxicité des substances dans leurs effets sur les êtres vivants.

Comme les *effets toxiques des substances* dépendent également du temps de réaction, les mesures des taux du **CIM**d (charge durable) et **CIM**c (charge de courte durée) viennent s'ajouter aux autres mesures (Sch. B).

La CIMc ne doit pas dépasser quotidiennement trois périodes de 15 min. chacune.

Comme l'organisme humain est considéré comme relativement résistant et qu'il peut être exposé dans les grandes villes et sur les lieux de travail à des nuisances et à des pollutions qui dépassent les taux CIM, des **concentrations sur le lieu de travail maximales** (CTM) ont été fixées.

Elles ne doivent pas occasionner des dommages perceptibles après une exposition quotidienne de 8 heures et une exposition hebdomadaire de 40 heures durant plusieurs années.

La période biologique correspond au temps nécessaire pour que la moitié de la quantité d'un corps étranger absorbée soit décomposée et rejetée.

La **fixation d'une valeur limite** se fonde sur des critères de *qualité de l'air*, des ensembles de données collectées à partir d'observations et d'expériences, dont l'interprétation varie selon les pays (Sch. C).

La morale et les lois interdisent des expérimentations sur l'homme. Les connaissances acquises lors d'expérimentations sur les animaux permettent de respecter des marges de sécurité lors de la fixation des valeurs limites pour ne pas mettre en danger la santé de l'homme.

On ne peut connaître les dangers potentiels seulement à partir des concentrations : il peut exister des effets à long terme provenant de phénomènes de sommation, de complémentarité entre plusieurs substances.

Une relation entre une exposition à des substances nocives sur le lieu de travail et des affections, p. ex. le cancer, la pneumoconiose, les mutations ne sont souvent prouvées que des décennies plus tard ou chez les générations suivantes.

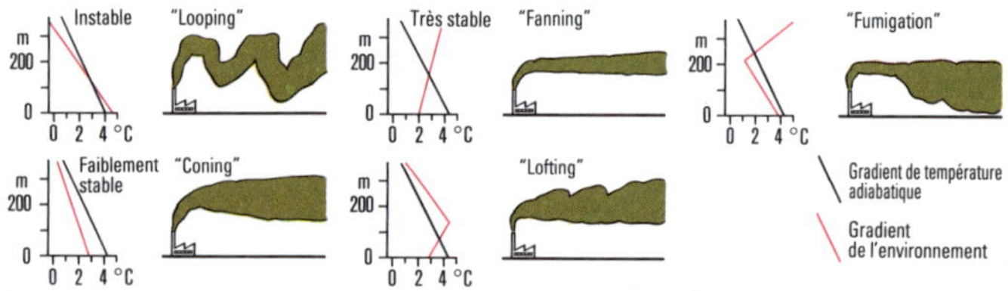

A Type de pollution par les gaz en fonction du gradient de température de l'air

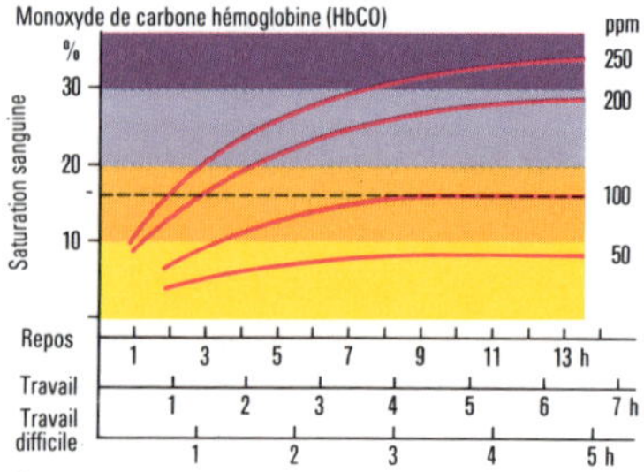

B Absorption de CO et charge sur le corps

HbCO %	Symptômes
> 70	Mortel en quelques minutes
60 - 70	Mortel en 10 mn à 1 h
40 - 60	Perte de connaissance profonde, paralysie, altération de la respiration, modification de la température corporelle
20 - 40	Vertige, perte de connaissance, respiration perturbée, collapsus
10 - 20	Migraine légère, fatigue, malaise, essoufflement durant l'effort, palpitations
5 - 10	Diminution mesurable de l'acuité visuelle

C Symptômes d'empoisonnement au CO

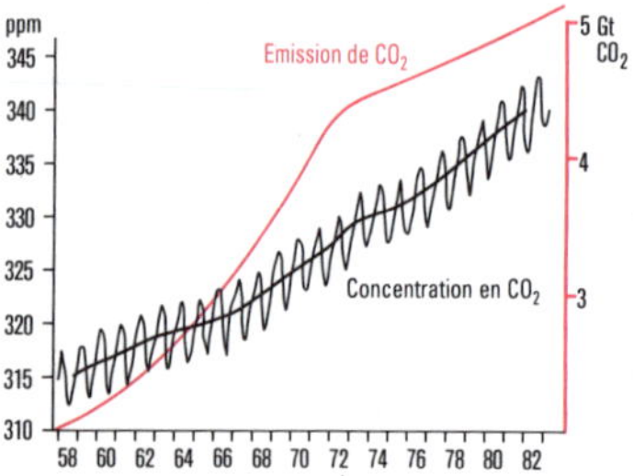

D Augmentation de CO_2 dans l'atmosphère (Mauna Loa, Hawaii)

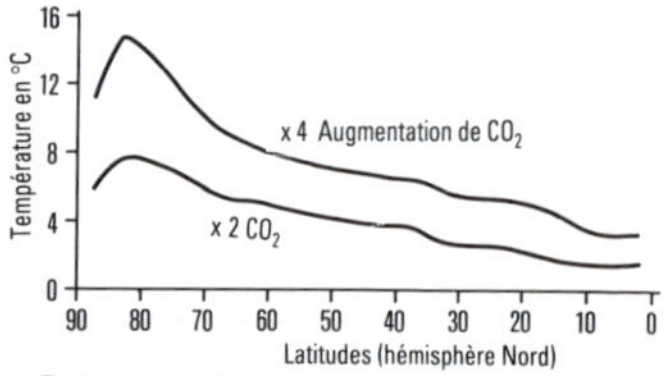

E Augmentation de la température dû au CO_2

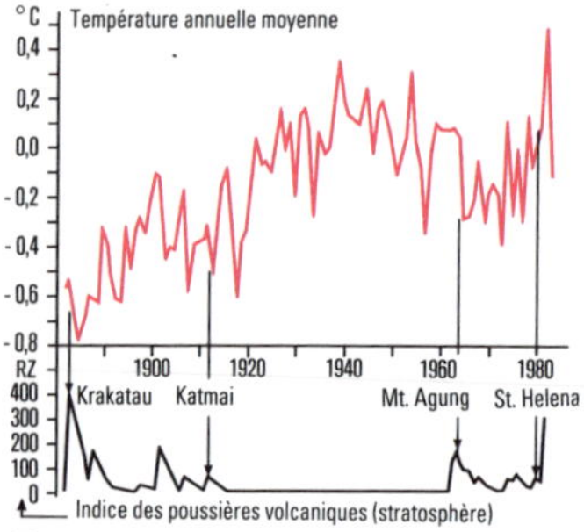

F Volcanisme et augmentation des températures

Gaz		Proportion actuelle (ppm)	Augmentation d'ici 2020	ΔT_m (K)
CO_2		330	+ 25 %	+ 0,66
O_3	(Stratosphère)	0,4	- 20 %	- 0,34
O_3	(Troposphère)		+ 10 %	+ 0,17
H_2O	(Stratosphère)	3	+ 50 %	+ 0,42
N_2O		0,28	+ 100 %	+ 0,56
CCl_2F_2 / CCl_3F		$0,2 \times 10^{-3}$	× 10	+ 0,23
CH_4		1,6	+ 50 %	+ 0,12
$CCl_4 + CH_3Cl$ / $NH_3 + SO_2$		10^{-3}	+ 100 %	+ 0,14

ΔT_m = Variation de la température moyenne

G Effet de serre par les gaz à l'état de traces

Pollution par CO, CO_2, poussières et gaz à l'état de traces.

Les processus de production industrielle et la **production d'énergie** de l'industrie, de l'économie énergétique, des foyers, de la circulation sont les principales sources de la pollution atmosphérique anthropogène (p. 209). Les processus de production industrielle libèrent des émissions, qui agissent ensuite sous forme de retombées, lorsqu'il n'y a pas de filtres pour l'épuration des gaz résiduels.

Des substances spécifiques sont alors libérées, qui peuvent localement provoquer des catastrophes (p. ex. *plus de 3000 morts à Bophal/Inde,* p. 148).

En relation avec l'activité industrielle, d'*anciennes nuisances* jouent également un rôle :

parmi celles-ci, *la dioxine des dépôts d'ordures, le plomb et cadmium sur les lieux d'implantation des usines métallurgiques* (p. 147).

Lors des processus de combustion, des substances gazeuses, liquides et solides sont libérées dans l'atmosphère par les cheminées. Selon la hauteur des cheminées et les conditions atmosphériques, les gaz d'échappement provenant des foyers et de la circulation se propagent localement ou sur des distances moyennes.

Les substances provenant des usines se propagent, selon différents modes de transport, sur de grandes distances (Sch. A).

Le monoxyde de carbone (CO)

Toutes les matières premières énergétiques employées pour la combustion contiennent du carbone sous forme de combinaisons chimiques, qui s'oxydent en gaz carbonique (CO_2), ou en oxyde de carbone (CO) si la combustion est incomplète.

Le **monoxyde de carbone** se forme de manière naturelle dans le métabolisme des micro-organismes et dans celui de certaines plantes ; c'est un composant du gaz naturel. Il se répand dans l'atmosphère ou se forme dans la stratosphère sous l'effet de rayonnement UV :

$2\,CO_2$ + lumière UV $\rightarrow 2\,CO + O_2$

CO_2 + radical $H^\bullet \rightarrow CO$ + radical $OH^\bullet$

Le CO est également produit dans la chaîne de décomposition troposphérique du méthane par l'intermédiaire de radicaux $OH^\bullet$.

Une quantité équivalente de CO se forme *par l'action de l'homme* lors de la combustion du charbon et des hydrocarbures.

67 % du CO provient des véhicules automobiles, la combustion n'est complète que lorsque les moteurs tournent à plein régime.

Certaines plantes à fleur comme la *carotte* peuvent fixer le CO. De grandes quantités sont fixées dans le sol et sont dégradées par les micro-organismes. Les quantités résiduelles s'échappent dans les couches élevées de l'atmosphère.

Le CO est un gaz toxique pour l'homme et les animaux. Il pénètre l'organisme par les poumons et bloque la fixation de l'oxygène par l'atome central de Fe de l'*hémoglobine* (HbCO) : son pouvoir de fixation est 240 fois plus important que celui de l'oxygène. Le niveau d'empoisonnement dépend de la saturation sanguine (**taux de HbCO**), de la teneur en CO de l'air et du volume respiré (Sch. B).

Les **symptômes de l'intoxication** sont causés par (Sch. C) :

un blocage du transport du O_2 ; il entraîne une accumulation du CO_2 respiré dans les cellules, qui provoque une acidification du cytoplasme et perturbe le métabolisme ;

l'effet Haldane : plus le nombre des molécules de CO attachées à des atomes de Fe est important, plus les autres molécules s'associent fortement à l'oxygène restant, qui n'est plus disponible ;

des transformations des enzymes, p. ex. le blocage de la cytochrome-a3-oxydase dans les mitochondries avec des conséquences similaires à un empoisonnement au H_2S ou à l'acide cyanhydrique ;

une accélération du rythme cardiaque pour compenser le manque de CO_2 ; ce qui augmente les risques pour les personnes souffrant de maladies cardio-vasculaires.

Le **gaz carbonique (CO_2)**

Le gaz carbonique, maillon le plus important du *cycle du carbone*, est quasiment inoffensif et apporte le C lors de la photosynthèse. Le CO_2, tout comme la vapeur d'eau, laisse passer les ondes courtes du rayonnement solaire dans l'atmosphère et absorbe les ondes longues des rayonnements de la Terre (*absorbant IR*), ce qui provoque un réchauffement de l'air (**effet de serre,** p. 259).

Sur Vénus, dans une atmosphère très riche en CO_2, la température atteint 470 °C.

Des calculs scientifiques suggèrent que la multiplication par 2 de la teneur en CO_2 de l'air aurait pour conséquence un *réchauffement* moyen de 1,5 °C,

dans le milieu terrestre, de 2 °C dans les tropiques, de 4 °C dans les latitudes médianes et de 8 °C en Arctique (Sch. E).

Les conséquences les plus importantes seraient des *transferts des zones climatiques* avec un *élargissement des régions sèches,* le *rétrécissement des zones subtropicales avec des pluies hivernales* et une *réduction des précipitations dans les latitudes médianes* avec des conséquences catastrophiques pour l'approvisionnement en eau des pays industrialisés.

L'**augmentation de CO_2** anthropogène de 2,2 % (avec des variations saisonnières causées par la fixation de CO_2 des plantes) depuis 1850 peut être prouvée.

L'augmentation n'a pas faibli malgré la diminution des émissions provenant de l'utilisation des combustibles fossiles :

augmentation du CO_2 causée par les incendies de la forêt vierge tropicale ; réduction de la fixation du CO_2 provoquée par une végétation de remplacement (Sch. D).

Dans le cas d'une **hausse des températures,** l'atmosphère s'enrichit en **eau** par évaporation et par formation de nuages. Cela renforce l'effet de serre ainsi que celui des **gaz à l'état de traces**, p. ex. :

les gaz propulseurs des *aérosols* (fréons CCl_2F_2, CCl_3F) et le *gaz hilarant* N_2O, un produit final de la décomposition des engrais azotés (Sch. G).

Des baisses de température passagères sont causées par des **éruptions volcaniques** (Sch. F).

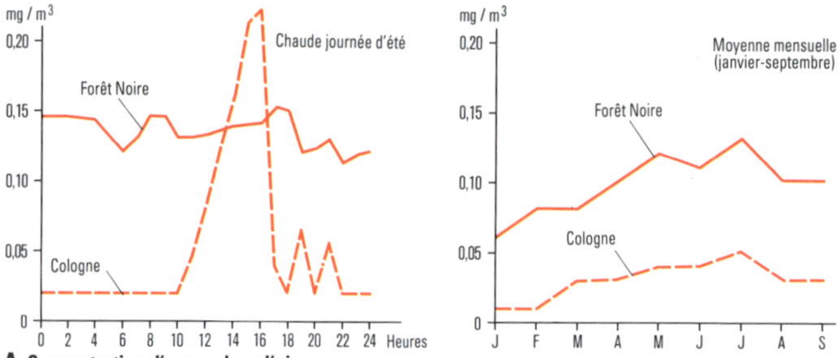

A Concentration d'ozone dans l'air

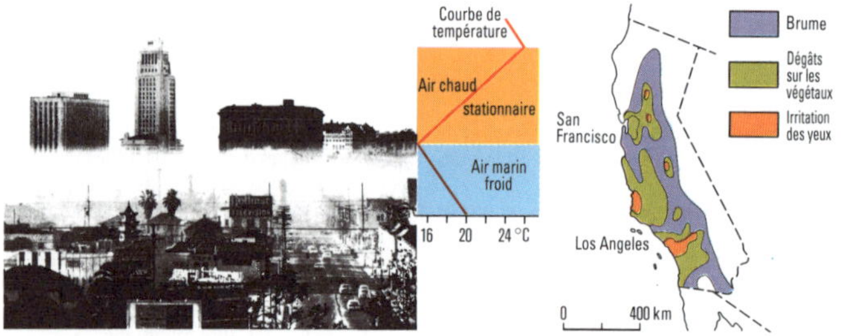

B Le *smog* à Los Angeles

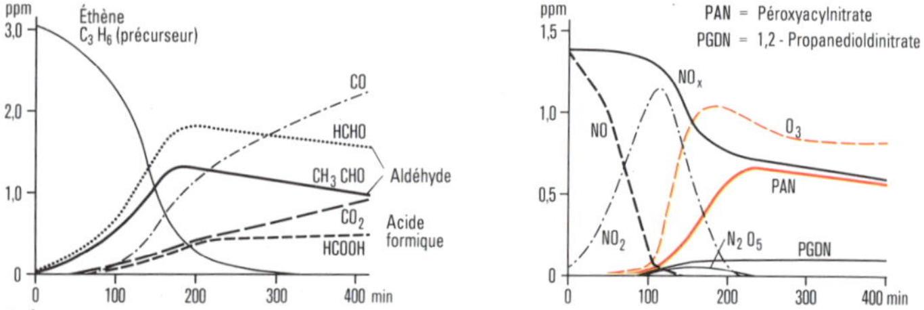

C Évolutions des concentrations dans une chambre à *smog* (irradiation lumineuse)

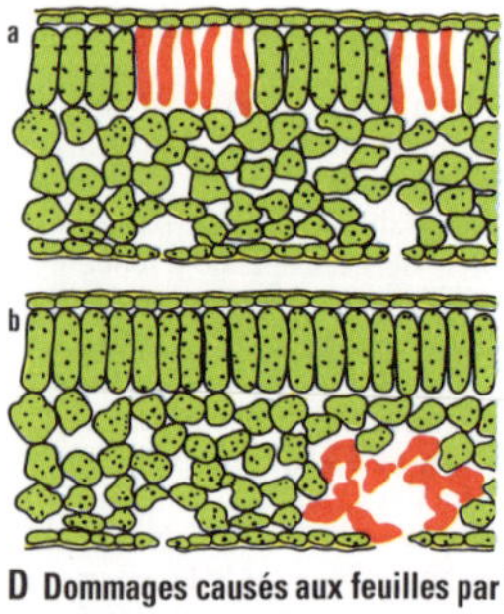

D Dommages causés aux feuilles par l'O_3

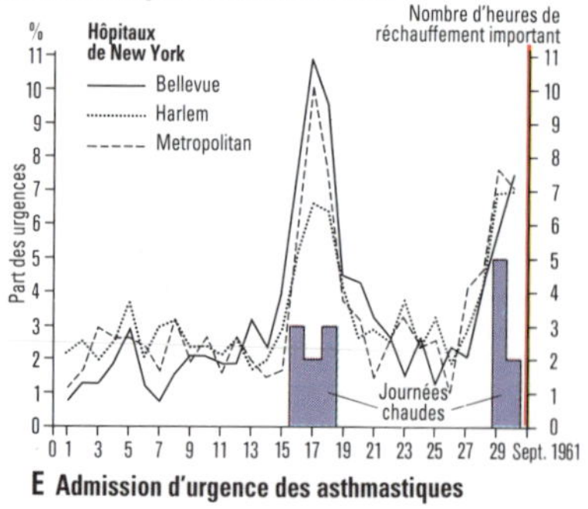

E Admission d'urgence des asthmastiques

L'ozone (O_3)
L'ozone est concentré dans la stratosphère en une couche d'ozone à une altitude de 15-35 km (p. 12, Sch. A). Il se forme à partir de molécules de O_2 par *photodissociation* avec l'aide de rayonnements à ondes courtes d'UV dans l'ensemble de l'atmosphère avec le concours de partenaires d'impulsion (M) :

$O_2 + UV\ (= 242\ nm) \quad O + O$;
$O + O_2\ (M) \quad O_3$

Lorsque les ondes sont plus longues, l'ozone est de nouveau dissocié, ce qui provoque la formation de radicaux $O^{\bullet}$ qui décomposent les gaz, p. ex.

$$H_2O + O^{\bullet} \quad 2OH^{\bullet}$$

L'$O^{\bullet}$, ainsi que les radicaux $NO^{\bullet}$, $H^{\bullet}$, $OH^{\bullet}$ et $Cl^{\bullet}$ détruisent la couche d'ozone par catalyse.
Dans la stratosphère règne un équilibre entre les processus de formation et de décomposition de l'ozone. La *perturbation de l'équilibre* est principalement imputée

aux chlorofluorométhanes *fréon-11* ($CFCl_3$) et *fréon-12* (CF_2Cl_2) des **aérosols** et des **moyens de refroidissement**.

Ils produisent le $Cl^{\bullet}$ sous l'effet des UV. Ce radical peut catalyser la dissociation de plusieurs miliers de molécules d'ozone, avant de réagir avec l'hydrogène (qui provient généralement de molécules organiques) pour former de l'HCl et être lessivé :

$$O_3 + Cl^{\bullet} \quad O_2 + OCl^{\bullet}$$
$$O + OCl^{\bullet} \quad O_2 + Cl^{\bullet}$$

L'ozone absorbe les rayonnements UVB et UVC de 100 à 315 nm. A travers les espaces dans la couche d'ozone (**trous dans la couche d'ozone**), les rayonnements énergétiques d'UV à ondes courtes atteignent l'homme (*cancer de la peau, dommages génétiques*).
Les gaz à l'état de traces N_2O, CO, CH_4 agissent contre la destruction de la couche d'ozone. La teneur en ozone varie au cours de la journée, d'une année à l'autre et elle dépend du temps, de l'altitude, des éruptions volcaniques et des latitudes géographiques (Sch. A). L'ozone de la stratosphère est considéré comme l'un des responsables des dommages causés aux forêts (p. 169).

Le smog
l'ozone, l'oxyde d'azote et les hydrocarbures sont les substances clés (*précurseurs*) du **smog photochimique** (*type de Los Angeles*). Il se forme au-dessus des grandes villes à forte densité de circulation et principalement en Californie (Sch. B). De l'air marin frais d'est se glisse sous l'air chaud stationnaire et provoque l'*inversion des gradients de température*. Les températures diminuent verticalement en partant du sol, puis augmentent dans la couche d'air chaud. Il ne peut pas se produire d'échanges gazeux entre les deux masses d'air. Le *photosmog* se forme à des températures de 25-35 °C, avec une faible hygrométrie et des vents d'une force inférieure à 2 m/s.
Dès les premières heures du jour l'air s'enrichit en oxydes d'azote NO et NO_2, et en un mélange de nombreux hydrocarbures (alcènes, aromatiques), provenant des gaz d'échappement des véhicules et des usines.
Après le lever du soleil se produit une décomposition photolytique sous l'effet des UV. ($\lambda < 420$ nm) $NO_2 \quad NO + O$
L'oxygène atomique O réagit principalement avec l'O_2 moléculaire pour former de l'ozone O_3, mais également avec des hydrocarbures (Sch. C). Les radicaux ($OH^{\bullet}$, $HO_2^{\bullet}$) libérés par les hydrocarbures oxydent le NO en NO_2 et accélèrent la synthèse de l'ozone. La photolyse d'O_3 par la lumière UV ($\lambda < 310$ nm) libère des atomes de O excités, qui forment avec de l'eau des radicaux $OH^{\bullet}$:

$$H_2O + O \quad 2OH^{\bullet}$$

Les radicaux $OH^{\bullet}$ décomposent les hydrocarbures ; avec la participation d'O_2, NO et NO_2 se forment différents radicaux organiques réactifs et enfin des **peroxyacylnitrates.** Le **peroxyacylnitrate** CH_3-(CO)-O-O-NO_2 (**PAN**) se forme à partir des précurseurs éthène et éthane. Au coucher du soleil l'O_3 réagit avec le NO et est détruit :

$$O_3 + NO \quad NO_2 + O_2$$

Le signe distinctif du photosmog est l'opacité de l'air provoqué par les aérosols, les produits réactifs (*oxydants*) des gaz à l'état de traces (*précurseurs*) formés sous l'influence du soleil.

Le photosmog irrite les muqueuses à cause de sa forte teneur en PAN et en aldéhydes (Sch. B,C). L'O_3 est nuisible à la santé et détruit les structures foliaires (Sch. D), tout comme le PAN.

Le **smog hivernal** (*type de Londres*) se forme lors de hautes pressions, avec une forte hygrométrie (> 80 %) et des températures de – 3 % à +5 % dans des zones de concentrations industrielles et urbaines.

Une *couche d'inversion* verrouille l'air du sol, qui s'enrichit en gaz d'échappement, poussière et SO_2, provenant de l'industrie et des matériaux de chauffage.

Contrairement au “smog de Los Angeles” qui est oxydé (teneur en peroxyde), le “smog de Londres” est réducteur :
Le dioxyde de soufre (SO_2) est excité par la lumière du soleil en radical $SO_2^{\bullet}$. Ce dernier réagit avec l'oxygène en radical $SO_4^{\bullet}$, qui se décompose instantanément sous l'effet de la dissociation de l'O. L'oxygène atomique peut oxyder une autre molécule de SO_2 :

$$SO_2^{\bullet} + O_2 \quad SO_4^{\bullet} \quad SO_3 + O$$
$$O + SO_2 \quad SO_3$$

Le trioxyde de soufre réagit avec l'eau en acide sulfurique qui ronge les métaux :

$$SO_3 + H_2O \quad H_2SO_4$$

H_2SO_4 et SO_2 sont neutralisés dans les zones alcalines des muqueuses buccales. Mais comme le SO_2 est absorbé par des particules de poussière et forme des aérosols hygroscopiques d'acide sulfurique, les deux substances peuvent pénétrer dans les poumons et les irriter.
Les conséquences sont le *pseudocroup, l'asthme et des œdèmes pulmonaires mortels* (Sch. E).

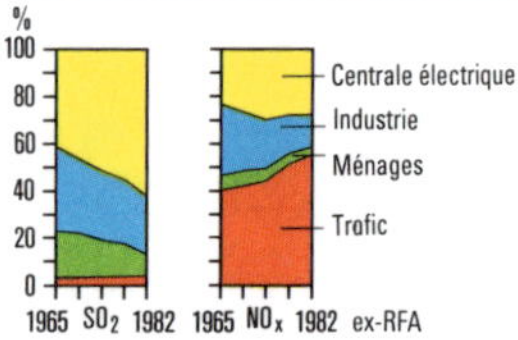

A Émission physiologiquement acide

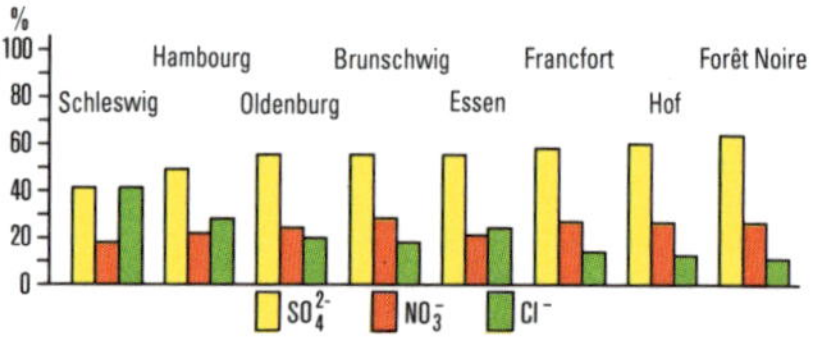

B Part d'ions acides dans les pluies acides

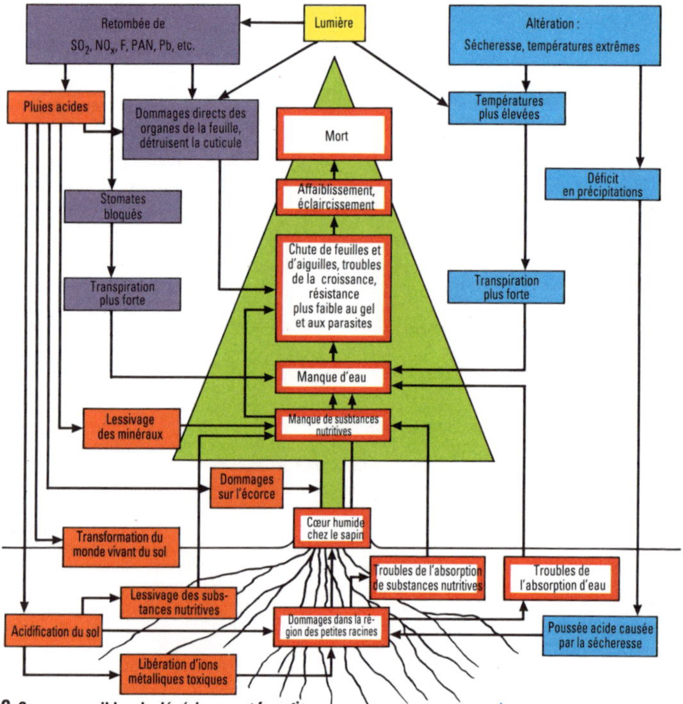

C Causes possibles du dépérissement forestier

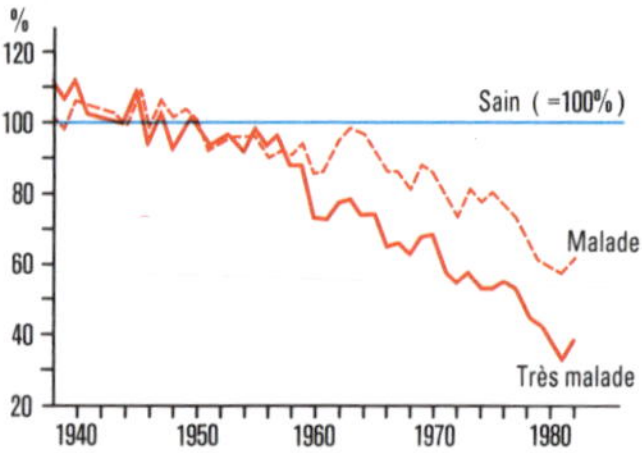

D Croissance annuelle des sapins

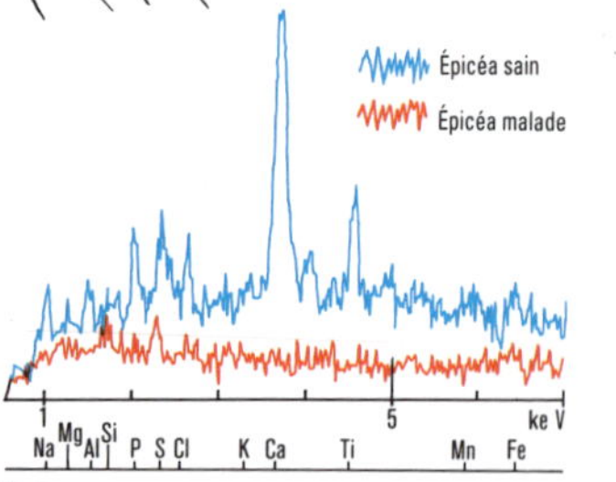

E Spectre de la dispersion de l'écorce des racines

Pluies acides, dépérissement des forêts

L'oxyde de soufre SO_2, *les oxydes d'azote* NOx et *l'acide chlorhydrique* HCl sont responsables de l'**acidité croissante de l'air**. Le SO_2 se dissout dans l'eau en *acide sulfureux* H_2SO_3, il est oxydé dans la troposphère par l'ozone O_3 et le péroxyde d'oxygène H_2O_2 en SO_3, qui se dissout dans l'eau en acide sulfurique H_2SO_4. L'O_3 et des radicaux comme le $OH^{\bullet}$ oxydent le NO en NO_2, de sorte que se forment des *acides nitreux* HNO_2 et *nitrique* HNO_3 :

$NO + O_3 \rightarrow NO_2 + O_2$

$2NO_2 + H_2O \rightarrow \mathbf{HNO_2} + \mathbf{HNO_3}$

$NO_2 + OH^{\bullet} \rightarrow \mathbf{HNO_3}$

$NO + NO_2 + H_2O \rightarrow 2\mathbf{HNO_2}$.

De l'acide chlorhydrique HCl est libéré par la combustion du PVC lors de l'incinération de déchets. Ce gaz se dissout dans l'eau en acide chlorhydrique. Les substances nocives peuvent agir directement (déposition sèche) sur les matériaux et les êtres vivants ou être lessivées de l'air sous forme de solution (déposition humide = **pluies acides**).

Les précipitations dans la plupart des régions sont naturellement acides (moyenne naturelle : pH 5,6).

La *pluie acide* anthropogène a un pH de 4-4,5. Une variation du pH de 1, p. ex. de 5,6 à 4,6, représente une multiplication par 10 de la concentration en ions H^+.

Le SO_2 provient généralement de centrales électriques conventionnelles, le NOx des automobiles (Sch. A).

Comme ce gaz a une longue durée de vie et qu'il est émis en grande quantité, on peut déceler sa présence à plus de 2000 km de sa source (p. 210, Sch. A).

Les pluies acides causent sans doute le **dépérissement des forêts ;** elles s'attaquent aux bâtiments et polluent les eaux (p. 177).

Les dommages causés aux bâtiments sont estimés en Allemagne à 1,5 Mrd de Dm/a, la dégradation des monuments historiques a mis en évidence les effets dévastateurs des pluies acides.

Les pierres calcaires (calcaire, mortier calcaire et marbre) attaquées par l'acide sulfurique forment du *gypse* ($CaSO_4$) :

$CaCO_3 + H_2SO_4 \rightarrow CaSO_4 + CO_2 + H_2O$.

Celui-ci se gorge d'eau et provoque un éclatement de la pierre ; le matériau de construction s'effrite. Le gypse soluble peut atteindre la surface de la pierre et former des croûtes et des efflorescences de gypse, qui soulèvent à la surface la pierre en couches.

Le H_2SO_4 défraîchit la peinture sur verre, le SO_2 l'estompe, les verres se troublent.

Le dépérissement des forêts

Le dépérissement des forêts est déterminé par *le climat, des erreurs de sylviculture, des champignons, des bactéries* mais avant tout par les **dommages causés par les émissions**.

La mort des arbres est une conséquence d'associations complexes de causes (*un réseau de causes*), qui sont en interaction les unes avec les autres (Sch. C).

Les dommages proviennent des émissions et ils sont amplifiés, p. ex. les années à fort ensoleillement, lorsque les dommages sont causés par des dépositions sèches. Les parasites comme les champignons, les bactéries et les bostryches exploitent l'affaiblissement des arbres.

Les substances nocives s'attaquent principalement aux feuilles ou aux aiguilles, ou encore aux racines via le sol (Sch. E).

Les causes primaires du *dommage des feuilles et des aiguilles* sont imputées à l'ozone (**hypothèse de l'ozone**) ou aux oxydes acides SO_2 et NOx (**hypothèse de l'écosystème**).

L'**ozone** endommage la cuticule des feuilles et des aiguilles. Il pénètre par les stomates dans les tissus et forme avec l'eau cellulaire des radicaux $OH^{\bullet}$, qui endommagent les thylakoïdes des chloroplastes.

L'atome central de la chlorophylle est lessivé par les **précipitations acides** (*leaching*).

Les aiguilles jaunissent, la capacité d'assimilation est diminuée. Les racines captent moins de sels nutritifs et ne peuvent plus compenser les pertes de Mg^{2+}. La croissance de l'arbre est ralentie (Sch. D).

Le lessivage des substances nutritives est renforcé par l'effet direct de l'ozone. L'$\mathbf{O_3}$ s'attaque aux doubles liaisons et aux groupements SH des phospholipides de la membrane dont la perméabilité est accrue. L'ozone provoque la fermeture des stomates, ce qui entraîne une diminution de la photosynthèse.

Le $\mathbf{SO_2}$ provoque l'ouverture des stomates, ce qui augmente l'évaporation. Les années sèches, la plante est frappée par le *stress hydrique*.

Les apports de $\mathbf{NO_2}$ entraînent un enrichissement en nitrate (NO_3^-) dans la feuille. Le NO_3^- se transforme (action enzymatique) en nitrite (NO_2^-) et ensuite en ammonium (NH_4^+) utilisable. Comme la réduction du nitrate se déroule plus rapidement que celle du nitrite, dans le cas d'un surplus de nitrate, le nitrite s'accumule et attaque les thylakoïdes.

Les **sols** absorbent l'apport d'acide s'ils contiennent du calcaire :

$2\ CaCO_3 + H_2SO_4 \rightarrow 2\ CaSO_4 + 2\ HCO_3^-$.

L'hydrogénocarbonate se combine à des ions métalliques (Ca^{2+}, Mg^{2+}).

Les hydrogénocarbonates métalliques sont lessivés du sol.

D'autres ions H^+ remplacent les ions K^+, Na^+, Mg^{2+} et Ca^{2+} des argiles. Lorsque la capacité en ions est épuisée, alors des **ions** $\mathbf{Al^{3+}}$ sont libérés, qui restent dans le sol sous forme d'hydroxydes. Les ions Al^{3+} et les métaux lourds, libérés ensemble, détruisent les cellules.

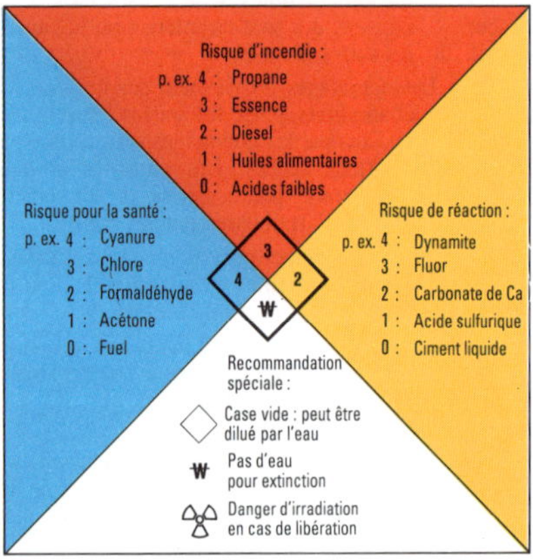

A « Diamant » des risques

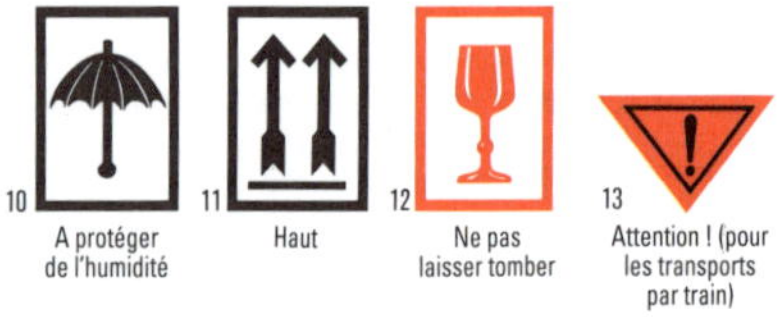

B Pictogrammes des risques

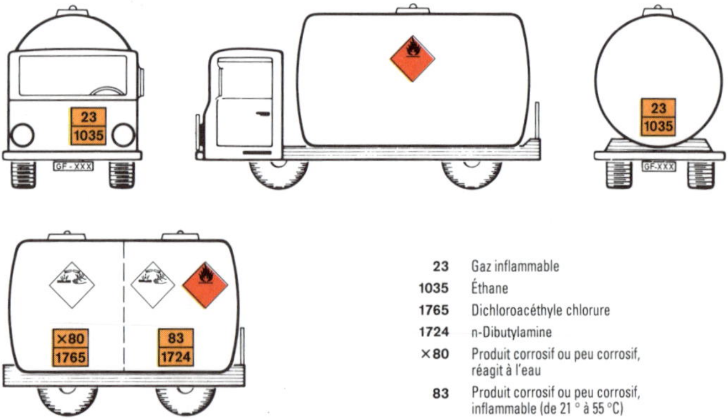

23	Gaz inflammable
1035	Éthane
1765	Dichloroacéthyle chlorure
1724	n-Dibutylamine
×80	Produit corrosif ou peu corrosif, réagit à l'eau
83	Produit corrosif ou peu corrosif, inflammable (de 21 ° à 55 °C)

C Marquage des véhicules

Signaux de danger

Selon les décrets de loi, les **matières dangereuses sur les lieux de travail** sont : les matières premières, et généralement toutes les substances qui permettent de créer des objets ou de rendre des services, qui présentent

des *risques d'explosion, d'incendies,* qui *s'enflamment rapidement* (point d'inflammation < 21 °C), ou qui sont *inflammables* (point d'inflammation 21-55 °C), les produits *toxiques, dangereux pour la santé (toxicité faible), corrosifs ou irritants.*

L'usinage, le rejet et le transport de ces substances font l'objet de mesures partic. (obligation d'indiquer leur provenance, emballage…), et d'un marquage, qui permettent en cas d'accident d'évaluer immédiatement les risques.

Les **diamants de risques**, développés aux USA, marquent au niveau international les transports à risques (Sch. A) :

On peut y lire immédiatement les trois risques majeurs (toxicité, incendie et réactivité).

Des degrés de risque sont indiqués par une échelle de 1 à 4.

Le champ blanc du bas indique les moyens d'extinction et les risques de fuites radioactives.

Au plan national le commerce des produits dangereux (transport, premiers soins, valeurs MAK) est réglementé par un **décret sur les produits dangereux**, qui porte sur plus de 2 000 substances et s'appuie sur les directives de la CEE.

Le stockage et le transport des produits dangereux sont réglementés à travers l'Europe par le **système RID** (**R**èglement **I**nternational concernant le transport des marchandises **D**angereuses par chemins de fer), qui s'aligne sur le système de l'ONU, le **code IMDG** (**I**nternational **M**aritime **D**angerous **G**oods). Il régit le marquage de tous les conteneurs de stockage et d'expédition des marchandises, et est exprimé sous forme de symboles graphiques sur des *étiquettes de risques* jointes aux envois (Sch. B). Les convois de marchandises et les trains-citernes transportant des produits dangereux sont marqués par des **panneaux de signalisation** (Sch. C).

L'*indicateur chiffré du haut* contient le code des risques.

Le *premier chiffre* indique le risque majeur :

2 = gaz ; **3** = substance liquide inflammable ; **4** = substance solide inflammable ; **5** = comburant (substance oxydante ou peroxyde organ.) ; **6** = substance toxique ; **8** = substance corrosive.

Le *deuxième chiffre* indique les risques supplémentaires :

1 = explosion ; **2** = émission de gaz ; **3** = inflammable ; **5** = oxydant ; **6** = toxique ; **8** = corrosif ; **9** = risque d'une réaction violente, après décomposition ou polymérisation.

Le doublement d'un chiffre met en valeur le danger partic., le doublement des deux chiffres indique un risque très élevé.

Un **X** apposé devant le chiffre indique la capacité de réaction à l'eau.

Le *nombre inférieur* permet d'identifier très précisément la substance. Celle-ci peut ainsi être retrouvée sur une liste établie selon ce classement.

Les **glycols** utilisés dans de nombreux produits industriels et notamment les peintures provoquent des perturbations endocriniennes. Ils agissent, entre autres, au niveau des récepteurs cellulaires des hormones sexuelles. On constate chez les hommes qui manipulent en continu ces bi-alcools des troubles de la spermatogenèse. La perte de fécondité qui en résulte et même la stérilité complète est alarmante. Des mesures seraient prises, en théorie.

L'**amiante**, un produit filamenteux naturel, entre dans la composition du ciment d'amiante, des freins et embrayages, des isolants et des textiles non inflammables. Des fibres peuvent se déposer dans la nature lors de la production, de l'utilisation (plaquettes de freins) ou de la désagrégation. Les particules inhalées (longueur 5-200 µm, épaisseur < 3 µm) ne peuvent être évacuées, comme les particules fines de poussière granuleuse, par les voies lymphatiques : elles se déposent dans les bronchioles périphériques des poumons et les tissus organ. proches des poumons, pouvant créer des infections chroniques et des perturbations des échanges gazeux (*asbestose).*

Après une période de latence d'env. 15-50 ans, des *tumeurs malignes,* des *carcinomes des bronches*, et des *carcinomes de la plèvre ou du diaphragme (mésothéliome)* peuvent apparaître.

Comme pour toutes les substances cancérigènes, il est difficile d'établir une valeur seuil. Le problème peut être résolu par l'interdiction pure et simple, comme aux USA et en Suède pour les plaquettes de freins et les embrayages amiantés, et dans le développement de substances de substitution.

Le **formaldéhyde** (*formol*, méthanal, valeur MAK 0,1ppm) est utilisé pour de nombreuses synthèses chim. Il est présent dans les maisons sous forme de produits désinfectants et de résines (colle des panneaux de bois). La décomposition des résines artificielles instables, ou l'utilisation abusive de formaldéhyde lors de production des résines entraînent des émissions de formol. Les panneaux émettent du gaz pendant des années, surtout lorsque température et humidité sont élevées.

Jusqu'à 10 ppm, le formaldéhyde irrite les muqueuses ; des doses plus élevées font apparaître *toux, bronchites, défaillances respiratoires et d'orientation*, à partir de 50 ppm les muqueuses meurent.

Des essais *in vitro* sur des animaux ont révélé des mutations génétiques. Des tests de culture cellulaires ont pu prouver le caractère cancérigène de cette substance. Des effets cancérigènes directs chez l'homme sont discutés.

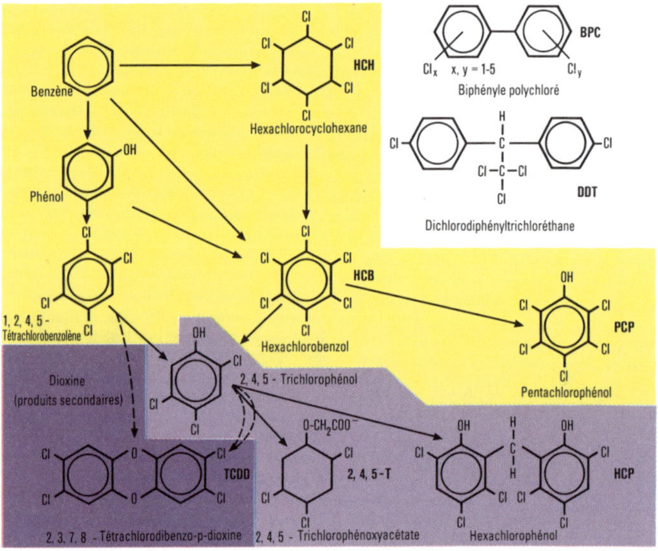

A Hydrocarbures polychlorés (exemples)

	DDT	HCH	HCB	PCB
Lait maternel				
Répartition (mg/kg mat. grasse lactée)	0,5 - 5	0,1 - 0,5	0,1 - 5	0 - 10
Maximum (mg/kg mat. grasse lactée)	16	1,0	1,0	13
Dépassement du niveau maximum (%)	40 - 90	?	50 - 90	-
Absorption par nouveau-né (1,0 = dose pour l'adulte)	1,5 - 90	3 - 4	9 - 35	-
Lait de vache				
Répartition (mg/kg mat. grasse lactée)	0,1 - 0,4	0,02 - 0,1	0,01 - 0,5	0,01 - 1,6
Maximum (mg/kg mat. grasse lactée)	1,0	0,2	0,5	-

B Hydrocarbures chlorés dans le lait

	Années	ppm
USA	1942	0
USA	1950	5,3
USA	1955	19,9
USA	1962 / 63	10,3
ex-RFA	1958 / 59	2,2
France	1961	5,2
Hongrie	1960	12,4
Israël	1963 / 64	19,2
Inde	1964	26,0

C DDT dans les tissus gras humains

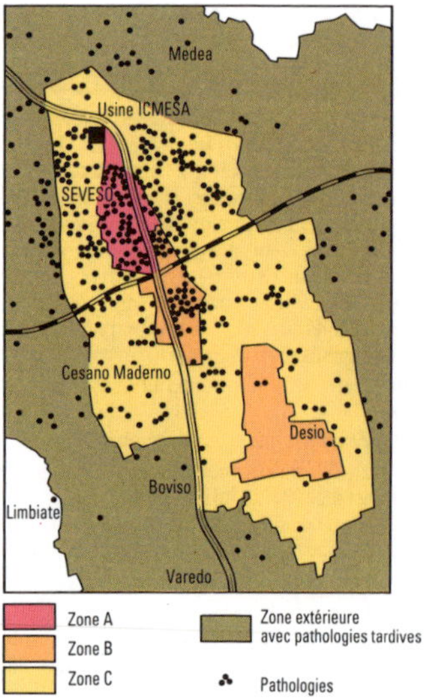

D Seveso : empoisonnement à la dioxine

Les **hydrocarbures chlorés** n'existent pas à l'état naturel. Ils sont produits techniquement et servent de solvants (p. ex. le tétrachlorométhane, tétrachlorure de carbone CCl_4) de base à des substances synthétiques (p. ex. le chlorure de vinyle pour le PVC), de produits de traitement du bois, d'isolants et d'insecticides.

Les **pesticides** se répartissent en différents groupes, selon leur cible (p. 196 s) :

herbicides *(plantes),* défoliants *(chute des feuilles),* bactéricides *(bactéries),* fongicides *(champignons),* insecticides *(insectes),* acaricides *(acariens),* nématicides *(nématodes),* rodenticides *(rongeurs),* molluscicides *(escargots).*

L'**hexachlorocyclohexane (HCH, lindane)** est utilisé pour combattre les insectes parasites des vergers, jardins et champs. L'HCH est un poison pour les poumons, semblable au DDT, mais beaucoup plus toxique.

Les déchets de HCH ont été décomposés à Hambourg par pyrolyse en trichloreacétate (Tab. A). On y a traité aussi la dioxine de Seveso (2,3,7,8-TCDD).

Le fongicide **hexachlorobenzène (HCB)** est interdit dans certains pays d'Europe depuis 1981 à cause de son effet cancérigène. Il sert entre autres à l'élaboration de produits de traitement du bois (bactéricide, fongicide, insecticide, p. ex. **pentachlorophénol (PCP)**.

Ce poison cellulaire puissant (absorption par la peau et les aliments) perturbe la phosphorylation oxydative de la chaîne respiratoire et l'approvisionnement énergétique de la cellule.

Le PCB des produits de traitement du bois doit être déclaré, d'autant plus que certains produits d'accompagnement (dibenzodioxine, dibenzofurane) en augmentent la toxicité.

L'herbicide **2,4,5-Trichlorophénoxyacétate (2,4,5-T),** composant de l'**agent orange** (Vietnam) est responsable de graves dommages chez les vétérans de guerre (mélangé à de la dioxine).

Le bactéricide **hexachlorophène (HCP)** est utilisé dans la production de désinfectants (déodorants).

A hautes doses il a une action neurotoxique, allergène et irritante et est interdit d'utilisation dans les produits pour enfants.

La **dioxine** est une appellation générale pour des associations polychlorées, qui sont dérivées de la *dibenzo-p-dioxine* et du *dibenzofurane.*

Env. 12 des dioxines et dibenzofuranes, qui se distinguent au nombre et à l'agencement des atomes de chlore dans la molécule, sont qualifiés de *poisons absolus.* La **dioxine de Seveso** 2,3,7,8-tétrachlorodibenzo-p-dioxine (TCDD, Tab. A) en fait partie.

La TCDD séjourne longtemps dans l'organisme (30 ans). Sa solubilité dans l'huile en favorise la concentration et le stockage.

Les conséquences d'un empoisonnement à la dioxine sont de graves lésions cutanées (chloracné), cancer, dommages héréditaires, malformations des nouveau-nés...

La TCDD séjourne longtemps dans le sol, car elle est difficilement assimilée par les plantes.

Lors de l'éclatement d'un chaudron de brassage de la firme cosmétique Icmesa à **Seveso** en 1976, env. 2 kg de TCDD furent libérés.

La région contaminée fut divisée en zones (Sch. D). Les habitants de la zone A furent tous évacués. 4-5000 personnes de la zone B étaient exposées directement aux risques. Dans la zone C on nota des maladies, qui purent être attribuées à la dioxine transportée (vents, eaux).

4 personnes moururent directement. 77 000 animaux furent abattus ou moururent. La quantité de malformations chez les nouveau-nés augmenta (1975 : 8 ; 1976 : 95 ; 1977 : 120 ; 1978 : 110).

On a depuis classé « *Entreprises Seveso* » toutes les industries susceptibles de représenter un risque technologique majeur pour la population. La directive européenne Seveso 1982, renforcée en 1996 par Seveso 2 impose l'obligation de prévention des accidents majeurs.
Mais les lobbys industriels ne suivent pas toujours. La **catastrophe de l'usine AZT de Toulouse** en septembre 2001 (explosion de nitrate d'ammonium) en est l'illustration : Il est difficile aussi d'expulser les riverains fixés là depuis longtemps.

Les 209 isomères des **polychlorobiphényles (PCB)** ne sont pratiquement pas solubles dans l'eau, et sont chim. et therm. stables. Les PCB utilisés pour l'isolation des transformateurs et dans les huiles de moteurs, la peinture, les laques et les papiers d'emballage, sont solubles dans les graisses et s'accumulent, comme le DDT et la TCDD, dans la chaîne alimentaire et les tissus gras, les cellules nerveuses, les glandes génitales et le lait maternel (Tab. B).

Les maladies graves sont rares en raison des quantités infimes ; des effet chroniques mènent à des troubles de croissance.

L'insecticide **dichlorodiphényltrichloréthane (DDT)** a obtenu de nombreux succès dans la lutte contre les insectes de par le monde, p. ex. la lutte contre les *doryphores* après la Seconde Guerre mondiale, ou contre les moustiques *anophèles* (malaria, fièvre jaune) et la *mouche tsé-tsé* (maladie du sommeil) sous les tropiques. Les grandes quantités utilisées permettent de prouver l'existence de ce poison de contact, alimentaire et respiratoire, dans des organismes vivants du monde entier.

Le DDT a été interdit dans les pays industrialisés en raison de son caractère mutagène.

Une utilisation durable n'est pas mise en cause seulement sur la base de sa toxicité et de sa pénétration de la chaîne alimentaire (Sch. C), mais aussi en raison de l'augmentation de la *résistance des insectes* (p. 197).

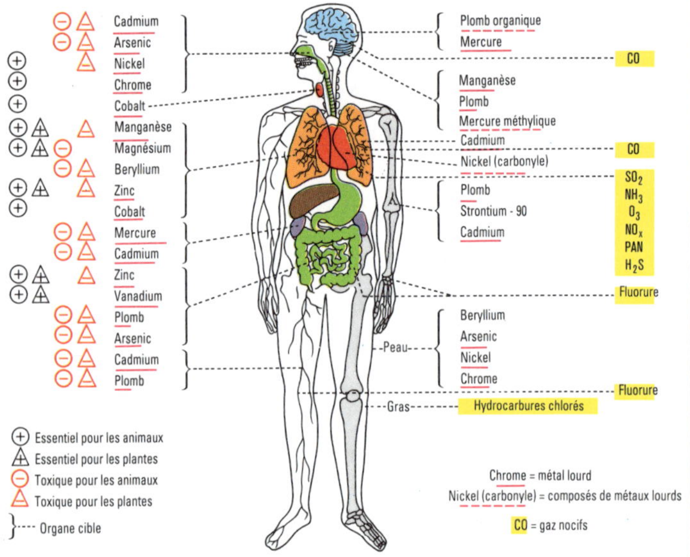

A Métaux et gaz nocifs pour l'homme

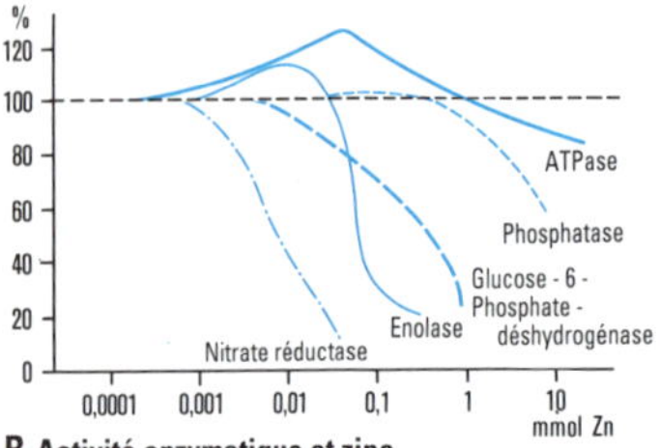

B Activité enzymatique et zinc

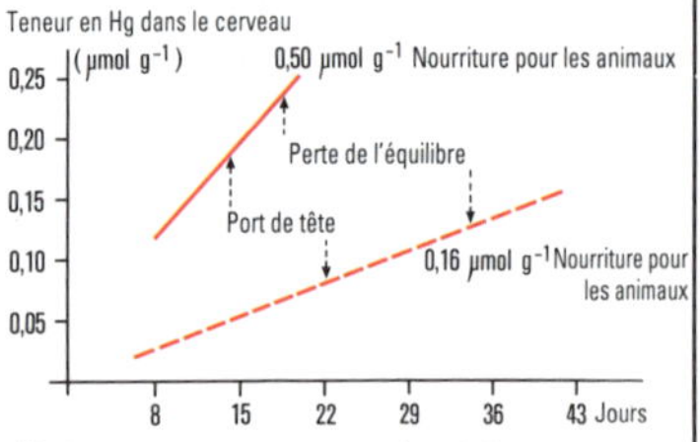

C Mercure et comportement (souris)

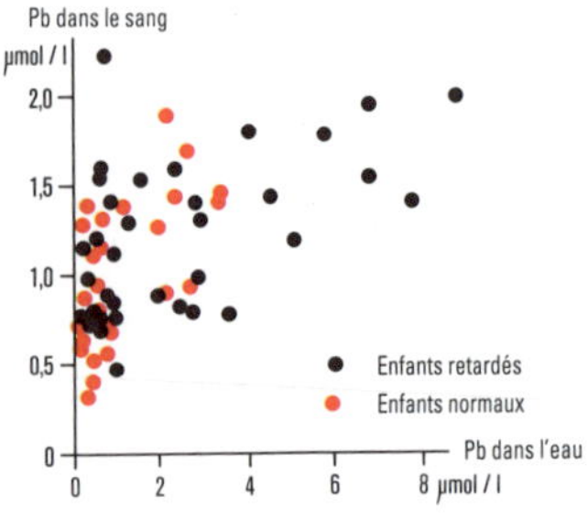

D Plomb et développement

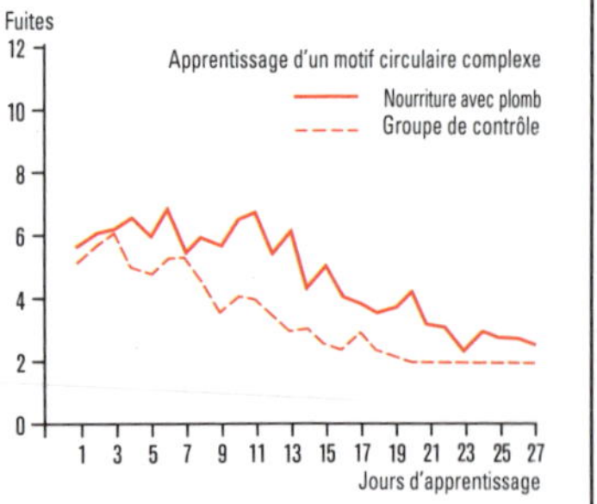

E Plomb et comportement d'apprentissage (souris)

Pollution par les métaux lourds

Les **métaux lourds** ont une densité supérieure à 4,6 g/cm³ (WINNACKER/KUCHLER). Ils sont un *élément naturel* de la lithosphère.

Les **sources anthropogènes de métaux lourds** sont les processus d'extraction minière, les centrales thermiques, la circulation automobile, l'utilisation de substances de travail et chim. contenant des métaux lourds, la corrosion des bâtiments, les mines et les décharges.

Les métaux lourds sont introduits dans l'environnement par les poussières, qui s'envolent, et leur déposition sur le sol et les feuilles (*déposition à sec)* .

Les apports naturels en métaux lourds se répartissent habituellement de façon homogène et superficielle le long des voies de transport. Des concentrations sont cependant observées, malgré l'utilisation de faibles quantités, à cause des mouvements de masses (circulation automobile, artisanat), du traitement de matériaux hautement concentrés (laques, verre, métaux), ou par accumulation par voie thermique (centrales, incinération des ordures) ou électrolytique (galvanisation).

Les métaux lourds sont des oligo-éléments indispensables à la vie (*essentiels,* Sch. A). Ils peuvent cependant aussi avoir, selon leur nature et leur quantité, différents

effets toxiques. Leur champ d'impact est spécifique.

Les métaux toxiques qui prédominent dans l'environnement sont le plomb (Pb), le cadmium (Cd) et le mercure (Hg).

Le **plomb** des villes est en général issu des alkyles de plomb organ. (en part. tétraéthyle ou tétraméthyl de plomb), utilisés dans l'essence. Des *contaminations en surface* mettent en péril les enfants vivant près de mines de plomb, qui inhalent la poussière ou l'ingèrent avec leurs mains sales, mais aussi les adultes par voie alimentaire (légumes feuilles) et par la chaîne alimentaire (viande, lait).

L'absorption constante de plomb est une charge pour l'organisme. Les globules rouges, les muscles lisses et le système nerveux moteur principalement sont touchés. Les effets sur les reins, le système cardio-vasculaire et les organes reproducteurs (prématurés, sperme défectueux) sont connus. Le plomb freine l'enzyme de formation des globules rouges et provoque des *anémies hypochromes*. Les attaques portées à la musculature lisse des vaisseaux sanguins et des intestins provoquent des *dommages vasculaires et intestinaux*. La contraction des vaisseaux du cerveau et capillaires entraîne des dommages psychologiques, (*débilité, perception et mémoire affaiblies, retards de développement*-Tab. E).

Les enfants sont plus partic. exposés, parce que leur barrière sang-cerveau, qui empêche la pénétration de substances étrangères dans le cerveau de l'adulte, n'est pas encore entièrement développée (Sch. D).

La dégénérescence des neurones moteurs touche les extrémités supérieures et peut amener à une paralysie totale de la main (*main tombante, extension affaiblie)* .

Des combinaisons organ. de plomb, comme le plomb triéthylique, sont plus toxiques et ont des effets beaucoup plus neurotoxiques.

Le plomb triéthylique est associé au *dépérissement des forêts*, car il est bien assimilé par les épines des épicéas et des sapins et leur porte préjudice.

Le **cadmium** est un produit dérivé des mines de zinc et sert à la production des pigments de couleur jaune et des piles de cadmium-nickel (piles-boutons). Tout comme le plomb il n'est pas indispensable à la vie. Le Cd s'accumule dans le corps humain dans le foie et les reins et a une période de vie biol. moyenne de 10 ans. Il pénètre le corps en partic. par l'alimentation et la fumée de cigarette.

Le Cd a une action toxique (*chlorose, nécrose par destruction des tissus et de la chlorophylle)*.

1µg/l rend malade les micro-organismes, 2µg/l suffit pour tuer le plancton d'eau douce.

Une inhalation à long terme de poussières contenant du Cd endommage la membrane entre les vaisseaux sanguins et les bronchioles, ce qui crée des problèmes respiratoires (*œdème pulmonaire)* .

L'accumulation de Cd dans les reins mène au *dysfonctionnement rénal* et provoque la décalcification des os.

La malformation du squelette et le nanisme furent les signes pathologiques de l'empoisonnement accidentel de Fuchu (Japon), où les eaux potable et utilitaire avaient été contaminées par des eaux de rejets contenant du Cd (*maladie de Itai-Itai)* .

Même de faibles émissions de Cd doivent être évitées en raison de leurs effets cancérigènes, tératogènes et mutagènes.

Le **mercure** est à l'origine de graves empoisonnements au Pakistan, en Irak et au Japon (*maladie de Minamata)*. Le Hg provient surtout des thermomètres, des piles et des fongicides et pénètre par la chaîne alimentaire dans le métabolisme. S'ensuit une bioaccumulation, en partic. dans les poissons et les coquillages.

Toutes les combinaisons de Hg sont toxiques. La plus grande toxicité est celle des combinaisons organo-métalliques, en partic. le mercure méthylique. Les pathologies sont nombreuses, en partic.

des concentrations au niveau du cerveau causent des *dommages psychologiques et des retards de développement chez les enfants* (cf. Tab. C).

Les combinaisons de Hg qui franchissent la barrière du placenta peuvent perturber le développement du fœtus.

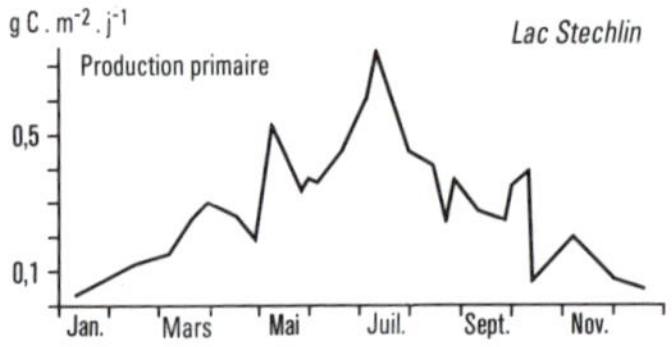

A Phytoplancton des lacs oligotrophes

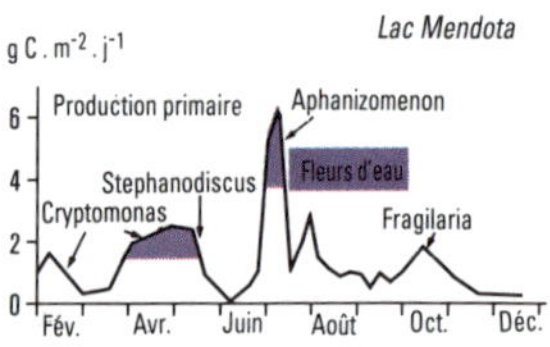

B Phytoplancton des lacs eutrophes

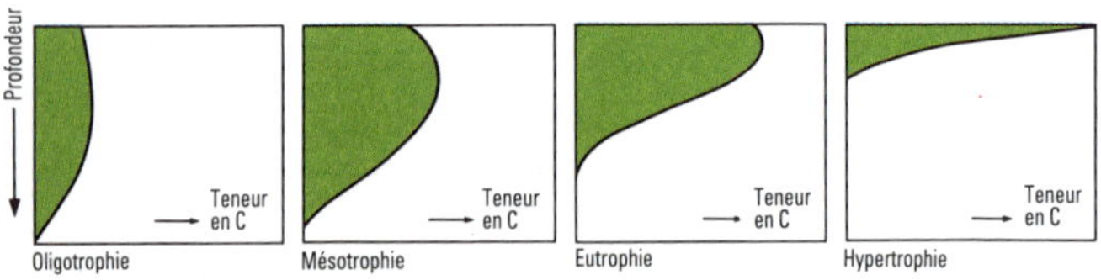

C Productivité de phytoplancton lors de l'eutrophisation croissante du lac

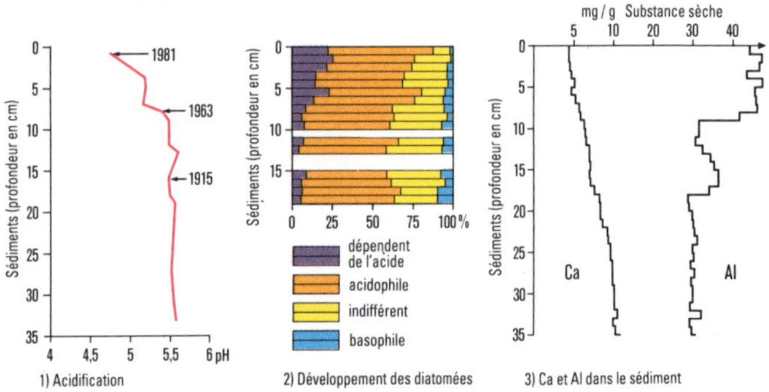

D Grand lac Arber : histoire de la pollution

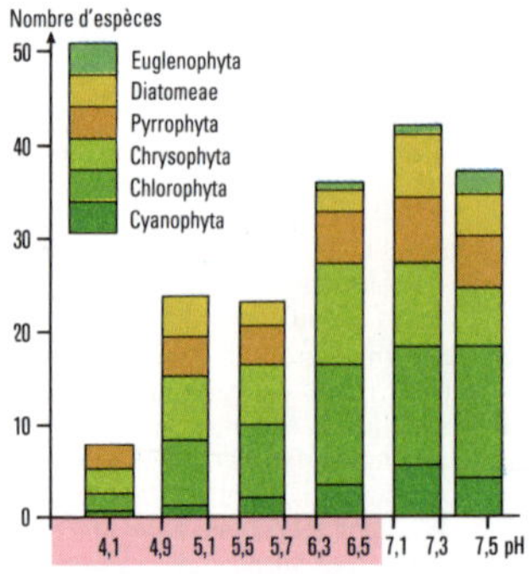

E Espèces du phytoplancton des lacs

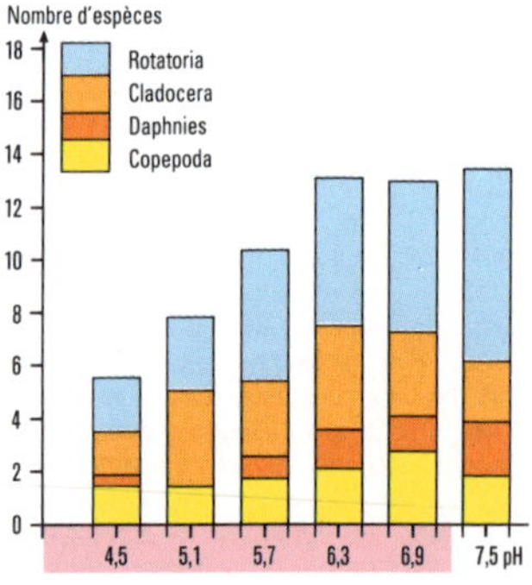

F Espèces du zooplancton des lacs

Les lacs oligotrophes :
Les lacs profonds (p. ex. subalpins) sont pauvres en substances nutritives (oligotrophes) et produisent peu de substances organiques (Sch. A, C). Leurs caractéristiques sont :

visibilité jusqu'à 10 m de profondeur ; eau d'une couleur bleue à verte ; sédimentation réduite, absence de boues de décomposition ; teneur en oxygène régulièrement répartie ; présence de nombreuses espèces de plancton, d'algues vertes ; faune des sols pauvre en individus, adaptée aux faibles variations d'oxygène *(sténoxybiontes)* ; peu de macrophytes le long de la fine ceinture du rivage.

La croissance est surtout limitée par une faible disponibilité en phosphore (*facteur limitant*). La biomasse est composée comme suit (*proportion en masse)* :

C : H : O : N : P = 106 : 180 : 44 : 16 : 1.

Des manques occasionnels d'azote sont compensés par les algues bleues qui fixent le N. La petite quantité de phosphore, souvent fixée organiquement, provient d'apports. Les ions Fe^{3+} libres, présents dans les eaux riches en oxygène, se lient au phosphate sédimentaire sous forme de $FePO_4$ peu soluble : le phosphore sort alors du cycle métabolique du lac. Le taux de croissance reste faible.

Les lacs eutrophes
Dans les lacs riches en substances nutritives *(eutrophes),* l'hypolimnion (*couche de décomposition*) est pauvre en oxygène durant la période estivale, car la décomposition des détritus provenant en partic. de l'épilimnion par des microbes consomme l'oxygène. L'épilimnion est souvent saturé en oxygène par le métabolisme oxygéné des autotrophes.

Des sels de Fe^{2+}, p. ex. $Fe_3 (PO_4)_2$, issus du sédiment anaérobie, peuvent diffuser dans le corps liquide et augmenter l'apport nutritif de l'épilimnion en période de circulation complète :

eutrophisation rapide au début de l'automne.

Les lacs eutrophes ont des rivages densément peuplés, larges et ont une visibilité en profondeur réduite, une coloration verte ou brune du sol couvert d'une *couche de boue en semi-décomposition* (*Gyttia)* composée de détritus planctoniques organiques épais, dans laquelle séjourne une faune pauvre en espèces, mais riche en individus, supportant de grandes variations de la teneur en O_2 (stagnation, circulation complète) (*euryoxybiotiques).* Certaines espèces d'algues atteignent des taux de reproduction impressionnants, limités par les saisons, et ne prédominent de ce fait que pendant une période réduite (Sch. B).

Elles colorent le lac, p. ex. en l'irisant par des gouttelettes d'huile de manière caractéristique ("fleur d'eau").

Les lacs atteignent leur productivité maximale lors d'une augmentation de l'apport de substances nutritives en raison de la lumière, qui pénètre encore profondément, lors du passage de l'état oligotrophe à l'état eutrophe (**mésotrophe**) . L'augmentation du phytoplancton diminue la transparence de l'eau. Il ne peut plus se développer de façon optimale que dans les couches supérieures de l'épilimnion, baissant ainsi la productivité globale lors d'une eutrophisation extrême.

La diversité spécifique (producteurs, consommateurs) diminue, le lac "bascule" (**hypertrophie**, Sch. C).

L'enrichissement de l'eau en substances nutritives pour les plantes (**eutrophisation**) par les eaux ménagères (lessives) et les écoulements de surface (engrais) est favorable à la croissance des plantes.

La boue, composée de parties végétales en décomposition, élève petit à petit le sol du lac et mène, même dans des conditions normales, à la *formation de dépôts alluvionnaires* dans le lac.

Acidification des eaux
Les eaux sont de plus en plus soumises à des apports acides, ce qui peut être prouvé par la présence de restes d'algues diatomées dans les sédiments. La tolérance de certaines diatomées aux variations d'acidité de l'eau est parfois très réduite. Leurs enveloppes de silice très résistantes

indiquent encore après de nombreuses années dans les noyaux sédimentaires le niveau d'acidité d'un lac (Sch. D).

Avant l'intervention de l'homme (analyse des glaciers) le pH des eaux était en moyenne de 5, aujourd'hui on mesure des pH de 4,7.

Les "**pluies acides"** en sont la cause.

Elles agissent moins directement sur l'eau du lac que sur les écoulements au sol. Les lacs ont, comme les sols, un pH relativement stable grâce à l'effet tampon des acides humiques et des carbonates/bicarbonates. L'apport élevé d'acides réduit l'effet tampon des substances dissoutes dans l'eau :

$$CO_3^{2-} + 2\,H^+ \longleftrightarrow HCO_3^- + H^+ \longleftrightarrow H_2CO_3.$$

La première phase de réaction libère du Ca^{2+} à partir du calcaire ($CaCO_3$), qui manque aux organismes benthiques des couches sédimentaires les plus jeunes. Les ions H^+ remplacent les cations métalliques, p. ex. Al^{3+}, lessivés et stockés dans les eaux (Sch. D, 3). Ils sont des *poisons cellulaires* et augmentent

l'*appauvrissement dû à l'acidité* de tous les groupes d'écosystèmes des eaux (Sch. E, F).

Le phytoplancton est déjà sensible à un pH de 5,7, le nombre d'espèces et d'individus diminue, surtout parmi les diatomées. La composition du zooplancton est modifiée au détriment des puces d'eau (daphnies).

Globalement une acidification de l'eau entraîne

une augmentation des producteurs benthiques au détriment des producteurs planctoniques avec réduction du nombre d'espèces.

Les *sphaignes* (mousses de la tourbe) sont de bons **indicateurs** de l'acidification des eaux. Elles sont capables d'extraire de l'environnement les ions Ca^{2+} et Mg^{2+} et de les échanger contre des ions H^+ (acidification des sols, appauvrissement de la faune des sols).

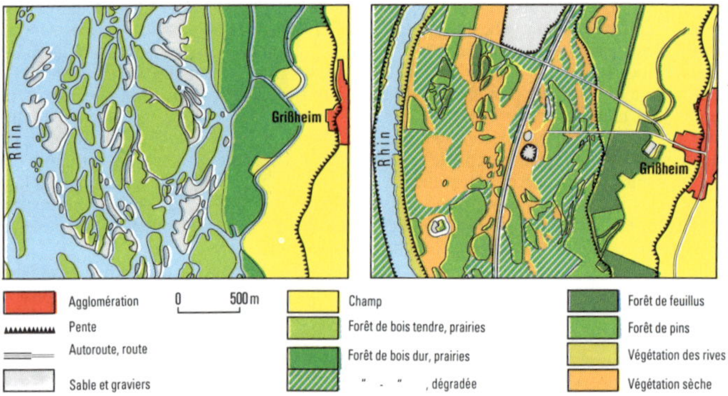

A Modification du paysage par l'affaissement du Rhin près de Grißheim (1838/1974)

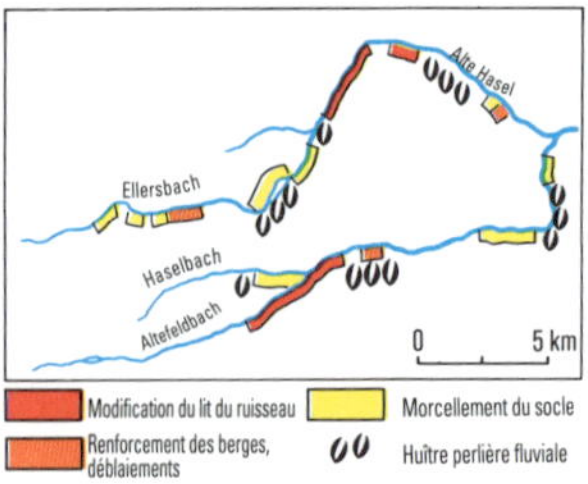

B Conséquence de l'aménagement des eaux

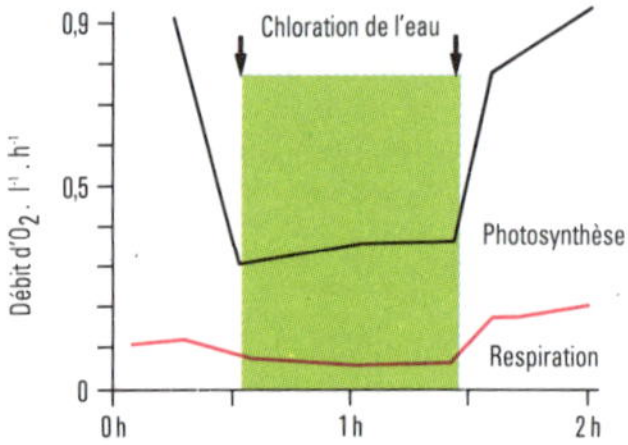

C Réaction du phytoplancton au chlore

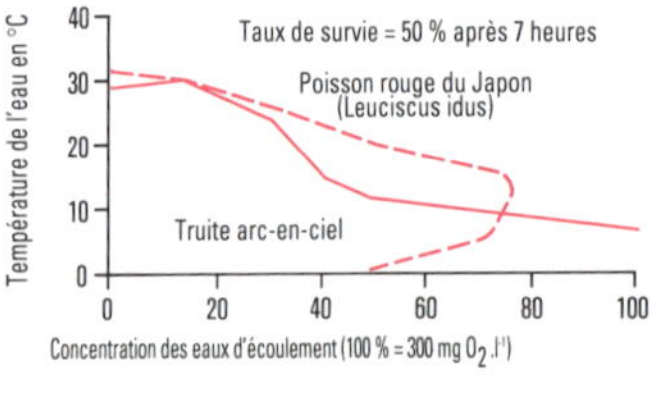

D Taux de survie des poissons

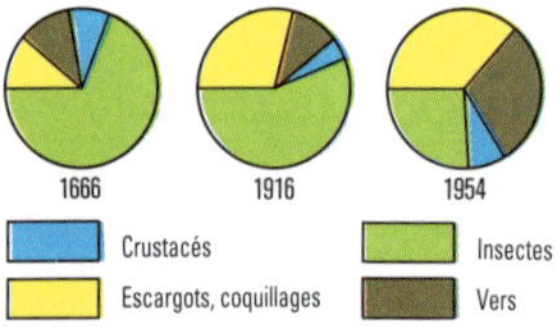

E Variation des organismes aquatiques inférieurs

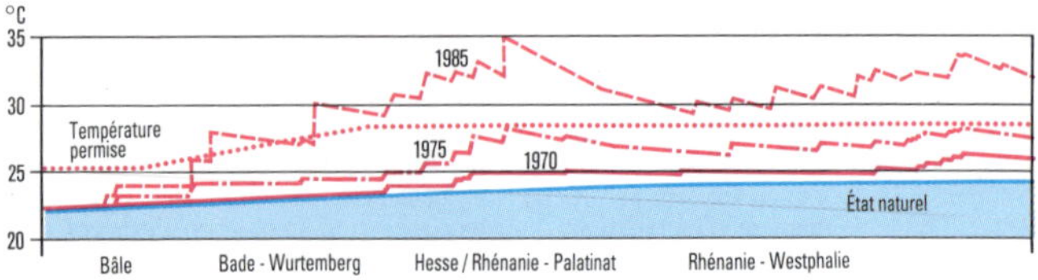

F Charges pesant en été sur le Rhin (projection de température - 1971)

La **charge pesant sur les eaux courantes** résulte des mesures de constructions hydrauliques visant à produire de l'énergie, à permettre la navigation et l'exploitation des terres, le prélèvement d'eau potable et d'eau non potable, de l'apport de produits toxiques et du réchauffement.

Les constructions hydrauliques

Les *mesures de constructions hydrauliques* ont débuté avec l'accroissement de la population et l'industrialisation, surtout après la *correction du Rhin (rectification)* effectuée par J.G.TULLA dans son cours supérieur, pour réduire les risques de crues par abaissement du niveau d'eau. Cela fut réalisé par une *rectification* et un *rétrécissement du lit du fleuve* à 200-250 m de large, le verrouillage des bras du fleuve, la bifurcation et le percement des méandres du fleuve.

La correction entraîna une accélération du débit du fleuve par élévation de la vitesse du courant, provoquant une augmentation de l'érosion en profondeur. La perte des capacités de retenues de l'environnement alors amphib. augmenta le nombre de crues et diminua le débit des eaux basses.

Ces mesures abaissèrent le niveau des eaux souterraines et firent gagner des surfaces exploitables. Les biotopes humides naturels furent anéantis en faveur de zones d'exploitation terrestres.

La modification fut suivie d'une diminution notable de la diversité spécifique et entraîna la formation de steppes dans le paysage (Sch. A).

Pour aménager les eaux on détruit souvent la végétation des rives. L'anéantissement des variations de zones d'ombre et de lumière entraîne une homogénéisation des espèces. La consolidation des rives et des horizons est nuisible aux espèces spécialistes de ces biotopes (Sch. B).

Dans les eaux à écoulement lent, traversant des étages de barrages artificiels, richement illuminés, on constate des croissances massives fluviatiles, avec pour conséquence une eutrophisation. Des zones d'eaux calmes et des tourbillons (*biotopes miniatures, d'incubation)* sont asséchés et éliminés par la consolidation des rives.

L'anéantissement des soles d'eau par les mesures de construction diminue le nombre d'espèces installées, surtout de plantes d'eau, et entraîne un appauvrissement des espèces animales.

L'augmentation de la vitesse de l'eau érode et approfondit le lit du fleuve. L'obstruction des cours d'eau et l'installation de centrales hydrauliques en cascade font des fleuves des zones d'eaux calmes. Elles dérangent les cycles caractéristiques des eaux courantes. Les biotopes prennent un caractère de lac.

En France, seule la Loire est restée un "fleuve sauvage", mais des projets d'aménagement (visant notamment à réguler ses crues) sont à l'étude et font l'objet d'un débat passionné.

L'**introduction de produits toxiques** comprend les *sels, combinés de métaux lourds, les substances biologiquement faciles ou difficiles à décomposer.*

La *chloration de l'eau potable* est une charge écologique involontaire (Sch. C).

Toutes ces charges ont des conséquences de gravité variable, mais représentent surtout par leur addition un grand danger pour la diversité spécifique des fleuves (Sch. D, E).

Les sels

La charge élevée des fleuves par les sels est la conséquence du lessivage des mines de potasse et des eaux d'épuration des puits. Ces eaux contiennent des sels de magnésium et de sodium préjudiciables aux plantes, ainsi que des ions K+ dangereux pour les animaux.

Le *Rhin* en souffre tout particulièrement.

Le développement des espèces des fleuves salins obéit au **second principe de base biocénétique** (THIENEMANN) :

"Plus les conditions de vie d'un biotope s'éloignent de la norme optimale pour la plupart des organismes, plus la biocénose risque de s'appauvrir en espèces, mais plus elle comptera d'individus. Plus un biotope est spécialisé, plus sa biocénose est caractéristique. "

De plus en plus d'espèces des eaux salines peuplent les fleuves soumis à un enrichissement en sel.

Ainsi l'amphipode halophile *Gammarus tigrinus* prend la place du *Gammarus pulex* qui disparaît.

Mis à part les espèces tolérant le sel (*euryhalines)* la présence de formes marines dépendantes d'un milieu salin (*sténohalines)* témoigne de la teneur élevée en sel de la Verra. En tout état de cause on constate une forte diminution des invertébrés, éléments importants de la chaîne alimentaire, et de ce fait les populations de poissons sont nettement décimées.

Fuites de chaleur

L'augmentation de la température de l'eau réduit la teneur en oxygène et augmente la vitesse de réactivité chim. (loi de RGT). L'augmentation de la réactivité chim. accélère la vitesse d'auto-nettoyage du fleuve. Comme l'eau issue du système de refroidissement des centrales est en r. g. saturée en oxygène, cette charge ne pose pas de problème particulier.

En revanche, l'apport d'eau chaude dans des biotopes locaux devient problématique lorsque la limite de tolérance à la température est dépassée, en part. en rapport avec les charges en eaux usées (Sch. D).

On établit des *plans de charge en chaleur* pour les fleuves soumis à un apport de chaleur, comprenant des intentions de planification (Sch. F). Un dépassement ne serait-ce que très bref de ces plans affecte l'éventail des espèces fluviales.

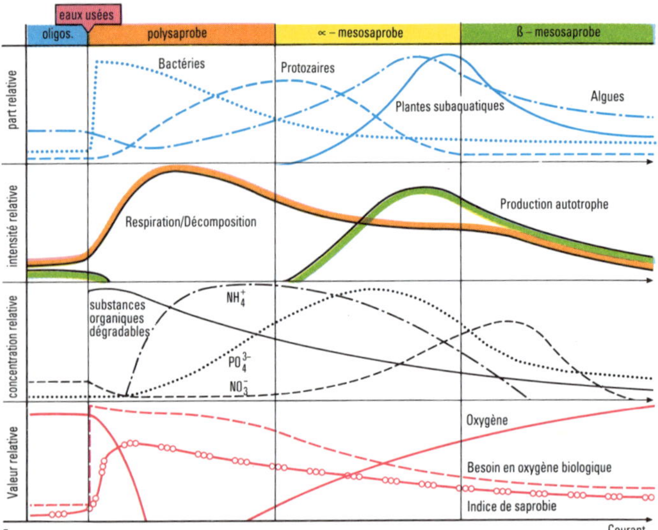

A Autonettoyage en eau courante

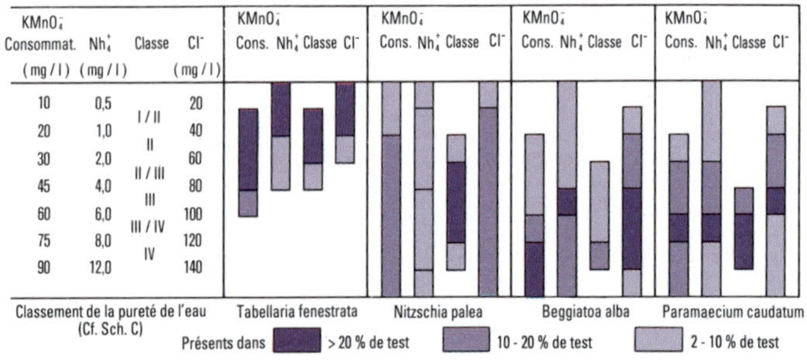

B Fréquence des organismes conducteurs

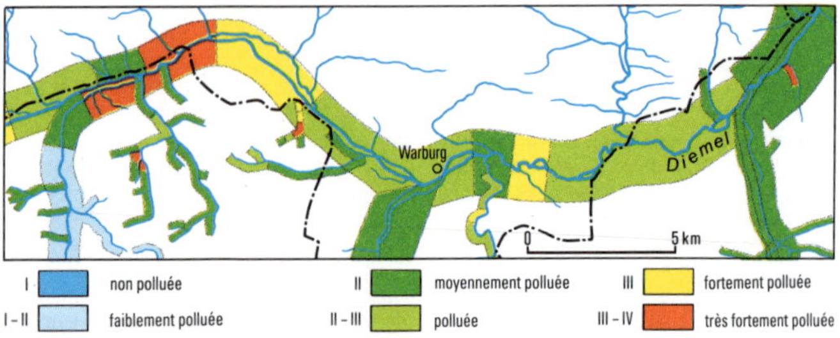

C Classification des eaux d'un fleuve (Diemel, Hesse)

Infiltration des eaux usées

Il est difficile de **définir le degré de pollution** d'une eau, à cause de la complexité des processus biochim. qui découlent de l'introduction d'eaux de réchauffement contenant de nombreuses substances naturelles ou artificielles. Après introduction de cette eau, les valeurs de base phys.-chim. d'une eau varient, ainsi que la variété des espèces et la constitution de la biocénose (Tab. A).

Les relations de cause à effet sont étudiées grâce à l'analyse des **éléments en décomposition** (saprophytiques). Elle se base sur la "convention de Prague" :

> "Les éléments en décomposition sont dans le cadre de l'activité biologique des eaux la somme de tous les processus de transformation opposés à la production primaire, donc des processus liés à une déperdition d'énergie potentielle".

Elle sert de référence à l'intensité de la décomposition et peut être comparée à la respiration globale d'une eau et à sa consommation en oxygène.

> La *consommation d'oxygène* peut se mesurer indirectement par la **demande chimique en oxygène (DCO)**.

L'oxydation, p. ex. par le permanganate de potassium ($KMnO_4$), mesure la quantité globale de substances organ. oxydables.

> La **demande biochimique (biol.) en oxygène (DBO)** donne des informations sur les *combinaisons organ. biologiquement décomposables.*

La base en est l'imitation du processus autonettoyant naturel. On enrichit un échantillon d'eau de vaisselle avec des boues comprenant des bactéries, des ciliés mangeurs de bactéries, et on mesure la consommation d'oxygène à une température de 20 °C. Après 2 jours (DBO2) on obtient les substances immédiatement décomposables ; après 5 jours (DBO5) les processus de décomposition sont en r. g. terminés. Les substances restantes sont difficilement décomposables.

La valeur DBO5 de 54 g d'O_2 correspond aux normes de la CEE. Aux USA la valeur VH est de 75 g d'O_2.

Pour délimiter des zones de pollution des eaux on tient compte en plus des valeurs biochim. (teneur en O_2, DBO2, DBO5, DCO, NO_3^-, NH_4, PO_4^{3-}) des rapports biocénétiques. SLEDACEK décrit les variantes de natures d'eau dans un **système saprobe** généralisé :

> *catharobie* = uniquement l'eau souterraine potable ;
>
> *limnosaprobie* = eau de surface pure jusqu'à polluée des étages de pollution **xénosaprobe, oligosaprobe, bêta-mésosaprobe, alpha-mésosaprobe et polysaprobe**.

eusaprobie = eaux usées urbaines et industrielles peuplées ;

ultrasaprobie = liquides abiot.

La zone limnosaprobe comprend des étages écologiquement vivables. Les processus sont analysés en considérant l'autonettoyage d'eaux courantes *oligosaprobes* et *xénosaprobes* après adjonction d'eaux usées. Il se produit d'abord dans la *zone polysaprobe* une dénaturation totale de l'eau. Les processus de réduction par les consommateurs hétérotrophes prédominent, décomposant la matière organ. en utilisant l'oxygène. Dans la *zone mésosaprobe* les processus de réduction font de plus en plus place à des processus d'oxydation, qui se terminent à l'*étage oligosaprobe* par une activité chim. réduite (Tab. A).

On peut attribuer aux *étages saprobes* des **organismes typiques**, dont le spectre de réactivité à la pollution doit être défini, car les espèces ont une sensibilité différente à certains facteurs de l'environnement (Tab. B).

L'analyse biot. des eaux doit s'étendre à de nombreuses espèces, car la dérive, le développement saisonnier, l'appauvrissement en certaines substances nutritives, les cycles de développement liés à chaque espèce et la compétition font varier l'éventail des espèces. Cette variabilité est prise en compte par l'**indice de saprobie**.

Indice de saprobie *S* d'après ZELINKA et MARVAN :

$$S = \frac{\sum_{i=1}^{n} hsg}{\sum_{i=1}^{n} hsg}$$

h = fréquence d'une espèce, nombre d'individus dans un échantillon d'eau ; n = espèces dénombrées ; s = classification des espèces en 4 catégories, auxquelles on donne des valeurs chiffrées ; oligosaprobes (o) = 0, bêta-mésosaprophyte (bêta) = 2, alpha-mésosaprobe (alpha) = 3, polysaprobe (p) = 4. Le poids indicateur g est une valeur indexée entre 1 et 5, qui définit la capacité d'une espèce à être typique d'une certaine catégorie d'eau C, p. ex. :

catégorie d'eau	**o**	**bêta**	**alpha**	**p**	**g**	**C**
Spirostomum teres	-	-	+	10	5	o
Euplotes patella	-	8	2	-	4	bêta
Paramaecium Caudatum	-	5	5	+	3	alpha
Pyxidium nutans	+	4	5	1	2	alpha
Codonosiga Botrytis	1	3	5	1	1	alpha

La limite entre l'étage oligosaprobe et l'étage bêta-mésosaprobe peut être définie relativement précisément par la présence d'organismes à exigences écologiques strictes. Les résultats enregistrés par l'index de saprobie sont reportés sur des

> **cartes de qualité d'eau,** qui comprennent aussi les valeurs h des stations d'épuration (Sch. C).

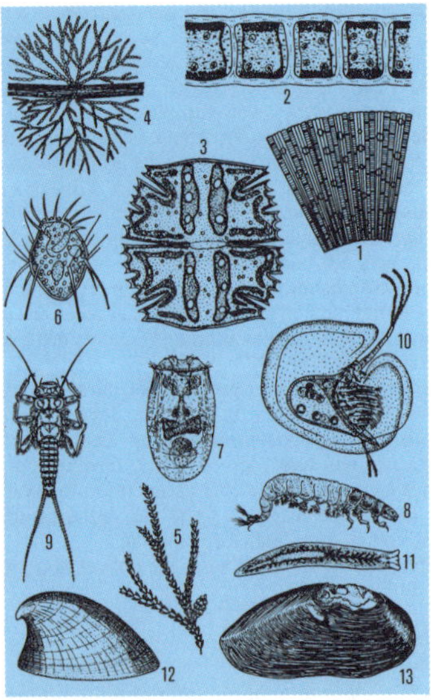

(I) Zone oligosaprobe

(II) Zone ß – mésosaprobe

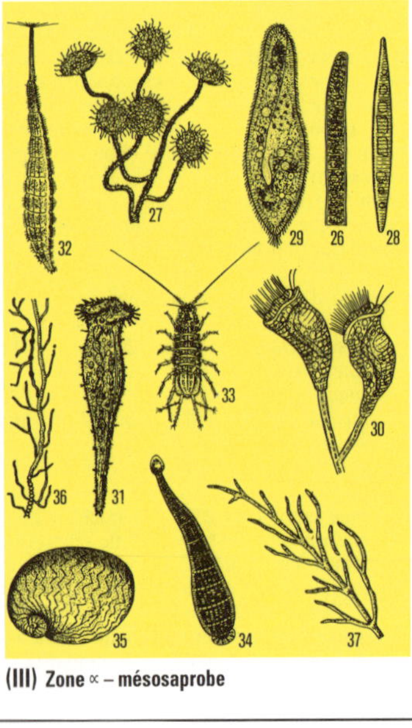

(III) Zone ∝ – mésosaprobe

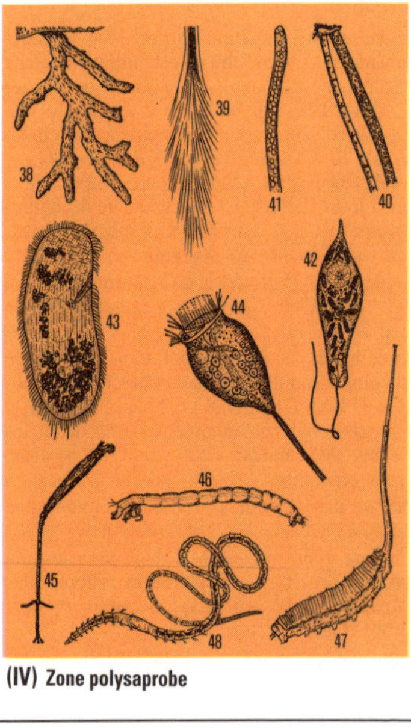

(IV) Zone polysaprobe

Organismes les plus fréquents

Classes de qualité des eaux

Zone oligosaprobe (classe de qualité I)
L'eau est claire et pratiquement saturée en O_2 ; l'apport réduit en substances nutritives est entièrement absorbé par le métabolisme de l'eau ; nombre élevé d'espèces, mais faible nombre d'individus d'une même espèce. Les macro-organismes prédominent ; de nombreux micro-organismes ont valeur d'indicateurs.
Bactéries : inférieur à 100/ml d'eau
production/(respiration + décomposition) : env. 1 : 1
index de saprobité : $1{,}0^{-1{,}5}$
teneur en O_2 : > 8mg/l
azote NH_4 : traces
DBO2 : 0,5 mg/l ; *DCO5* : < = 3mg/l
DCO : 1-2 mg/l

zone alpha-mésosaprobe (classe de qualité III)
Eaux fortement polluées par des substances étrangères ; besoin en O_2 élevé pour les processus d'oxydation des microbes décomposeurs ; dans un premier temps augmentation de l'éventail des espèces suite aux conditions nutritives optimales (producteurs, consommateurs). L'augmentation de la pollution réduit le nombre des espèces oxybiontes en faveur d'espèces anoxybiontes.
Bactéries : jusqu'à 100 000/ml d'eau
production (respiration + décomposition) : <1
index de saprobité : 2,7-3,2
teneur en O_2 : 2-4mg/l
azote NH_4 : >0,5 mg/l
DBO2 : 4-7 mg/l ; *BOB5* : 5,5 mg/l
DCO : 20-65 mg/l

zone bêta-mésosaprobe (classe de qualité II)
Conditions de vie idéales dans une eau faiblement polluée, donc arrivée d'espèces de zones voisines. Les espèces y sont nombreuses, leur constance et leur densité élevées. L'augmentation des détritus peut encore être maîtrisée par les consommateurs, mais il existe déjà un dépôt des matériaux restants produits dans cette zone.
Bactéries : env. 10 000/ml d'eau
production/(respiration et décomposition) : env. 1 : 1
index de saprobité : $1{,}8^{-2{,}3}$
teneur en O_2 : 6-8 mg/l
azote NH_4 : env. 0,3 mg/l
DBO2 : 1,1-2,2 mg/l ; *DBO5* : 3-5,5 mg/l
DCO : 8-9 mg/l

zone polysaprobe (classe de qualité IV)
concentration de substrats extrême ; absorption complète de l'O_2 par les micro-organismes ; décomposition incomplète des eaux résiduaires à haute concentration organique. Les processus anaérobies de décomposition donnent souvent des toxines de décomposition comme l'hydrogène sulfuré, les amines et l'ammoniaque (odeur de pourriture).
Les micro-organismes comme les *bactéries, en masse* (>100 000 /ml d'eau) prédominent parmi les espèces présentes.
Les producteurs et des espèces animales supérieures sont rares. Les consommateurs à faible consommation d'oxygène dominent.

Tableau des caractéristiques des eaux courantes

organismes dominants (zone oligosaprobe)
1 *Meridion circulare* (diatomée)
2 *Ulothrix zonata* (algue verte)
3 *Micrasterias truncata* (algue verte)
4 *Batrachospermum vagum* (algue rouge)
5 *Fontinalis antipyretica* (mousse)
6 *Halteria cirrifera* (cilié)
7 *Asplancha priodonta* (radiolaire)
8 *Hydropsyche spe.* (larve de trichoptère)
9 *Perla sp.*
10 *Holopedium gibberum*
11 *Planaria alpina* (planaire)
12 *Ancylus fluviatis* (escargot)
13 *Margaretifera margaretifera* (moule)

organismes dominants (zone bêta-mésosaprobe)
14 *Tabellaria fenestrata* (diatomée)
15 *Synura uvella* (algue dorée)
16 *Closterium moniliferum* (algue verte)
17 *Audouinella violacea* (algue rouge)
18 *Callitriche verna* (étoile d'eau)
19 *Euglypha alveolata* (rhizopode)
20 *Vorticella campanula* (cilié)
21 *Gammarus pulex* (gammare)
22 *Piscicola geometra* (sangsue)
23 *Cloeon sp.* (larve d'éphémère)
24 *Lymnaea stagnalis* (escargot)
25 *Unio pictorum* (moule)

organismes dominants (zone alpha-mésosaprobe)
26 *Oscillatoria brevis* (algue bleue)
27 *Anthophysis vegetans* (algue dorée)
28 *Nitzschia palea* (diatomée)
29 *Paramaecium caudatum* (cilié)
30 *Carachaesium polypinum* (cilié)
31 *Stentor coeruleus* (cilié)
32 *Stratiomys chamaeleon* (larve de stratiomydae)
33 *Asellus aquaticus* (cloporte d'eau)
34 *Herpobdella octoculata* (sangsue)
35 *Theodoxus danubialis* (escargot)
36 *Mucor racemosus* (champignon)
37 *Leptomitus lacteus* (champignon)

organismes dominants (zone polysaprobe)
38 *Zoogloea ramigera* (bactérie)
39 *Sphaerotilus natans* (bactérie)
40 *Thiotrix nivea* (bactérie)
41 *Beggiatoa alba* (bactérie)
42 *Euglena viridis* (flagellé)
43 *Colpidium colpoda* (cilié)
44 *Vorticella microstoma* (cilié)
45 *Rotaria neptunia* (radiolaire)
46 *Chironomus thummi* (larve de chironomidée)
47 *Eristalis tenax* (larve de sirphydée)
48 *Tubifex tubifex* (ver articulé)

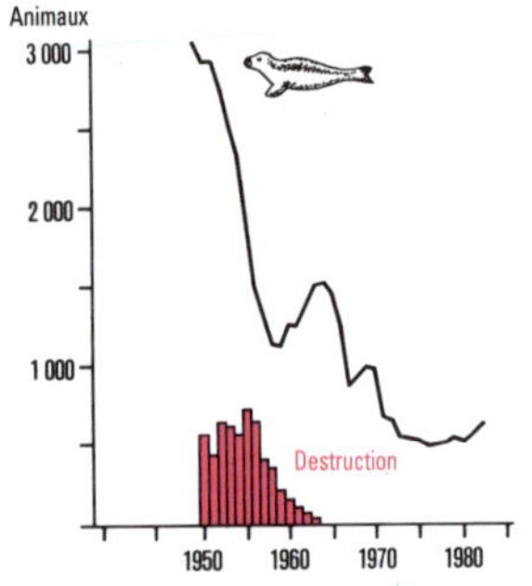

A Diminution de la population de phoques sur les côtes de Hollande

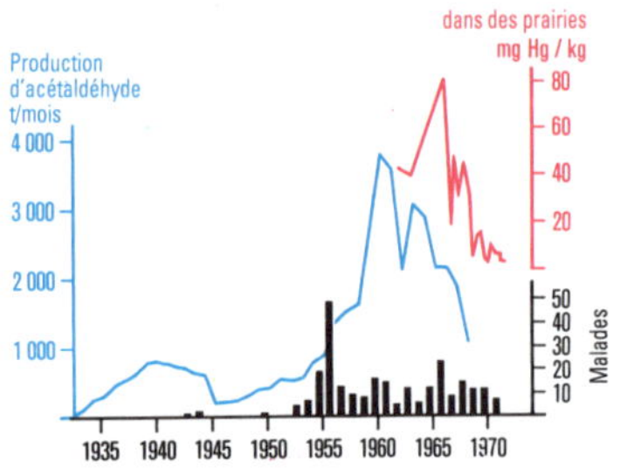

B Empoisonnement au mercure de la baie de Minamata (Japon)

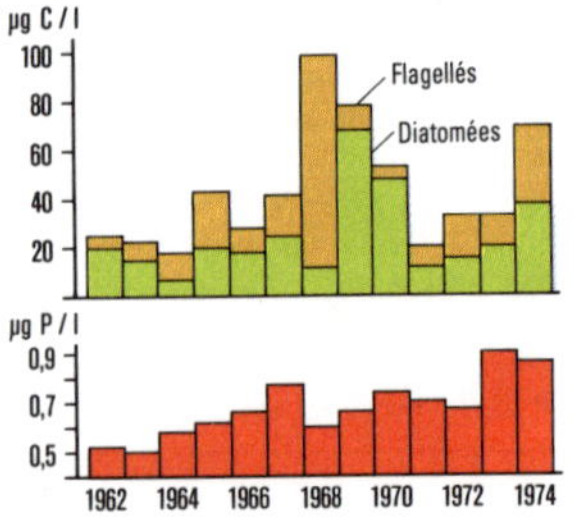

C Apport de phosphates (en bas) et développement du phytoplancton (en haut) en mer du Nord

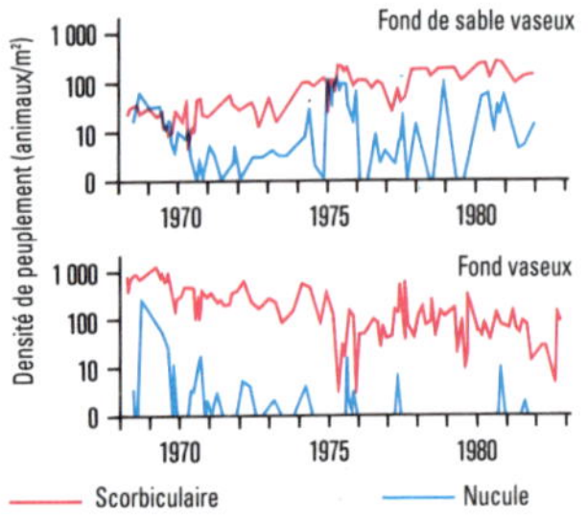

D Évolution de deux espèces de coquillages du benthos en mer du Nord

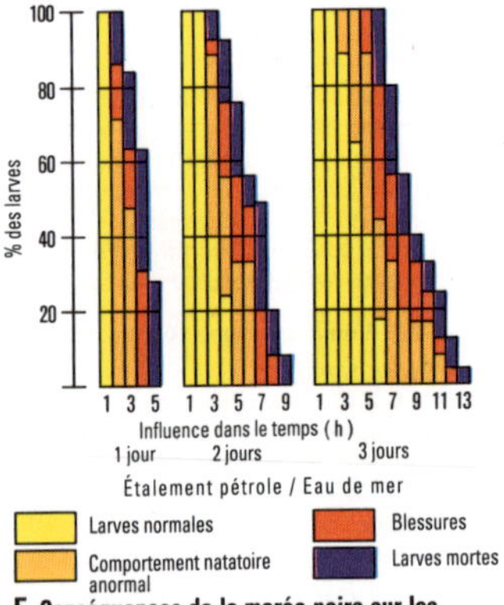

E Conséquences de la marée noire sur les larves de harengs (1 ml pétrole/l eau)

Espèce d'oiseau	Couples/an					
	1960	1965	1967	1973	1977	1978
Fou de Bassan	1 150	2 600	2 500	3 800	4 450	4 500
Cormoran	195	175	125	140	150	100
Mouette mantelée	28	28	25	40	52	57
Goéland larus fuscus	350	80	70	25	18	17
Goéland argenté	4 000	4 200	3 700	3 900	3 200	2 550
Mouette tripode	51	30	25	34	51	66
Guillemot	400	200	50	140	200	130
Alca torda	350	340	40	20	60	35
Macareux	3 000	2 000	240	360	430	240

Marées noires — Mars/Avril 1967 Torrey Canyon — Avril 1978 Amoco Cadiz

F Développement de la population incubatrice des oiseaux marins après marée noire (Bretagne)

Conséquences de la pollution marine

La **pollution des océans et des mers** vient de la *terre* (fleuves, évacuation directe d'eaux résiduaires, de boues d'épuration et de détritus), de l'*atmosphère* (produits toxiques contenus dans l'air) et de la *mer* par les bateaux (dégazage de produits solides ou liquides), accidents (pétroliers, pipelines, forages), ainsi que de l'extraction de matières premières dans le sous-sol marin (forage ou extraction de pétrole des plates-formes pétrolières en mer).

La pollution de l'eau entraîne des

changements insidieux, rarement perceptibles dans l'éventail des espèces et leur régression

près des villes et des fleuves, qui ne peuvent être réparés par des mesures de protection de la nature, comme l'interdiction de tuer les phoques (Pays-Bas, 1968, Tab. A).

La haute mer est moins touchée par la pollution que les mers bordières à mouvements d'eau faibles (*mer du Nord)* ou stagnants (*mer Baltique).*

Les **eaux résiduaires des ménages**

apportent à la mer en partic. de l'azote et du phosphore, sous forme de *sels nutritifs,* des *germes de maladies* (colibactéries) ainsi que des *substances organ.*, p. ex. les *tensio-actifs* des produits nettoyants, qui abaissent la tension de surface de l'eau. Le risque d'eutrophisation par apport de substances nutritives (P, N) est encore sous-estimé, car la teneur naturelle en sel des mers bordières est de toute façon très élevée. L'apport de substances nutritives entraîne une augmentation de la production végétale, en partic. de la croissance des algues (Tab. C).

Des *floraisons d'algues* se produisent aussi naturellement, p. ex. les fleurs de phaecocystis ; les parties mortes peuvent s'entasser sous forme de boue le long des plages.

La charge que représentent les détritus végétaux est alourdie par l'apport de substances organ. Leur décomposition entraîne une *perte d'oxygène* et un *changement de l'éventail des espèces* au détriment des espèces sténoxybiontes, puis une

extinction des espèces, que l'on peut déjà constater dans le benthos de la mer du Nord (Tab. D).

La disparition d'espèces est en relation avec la pollution générale des mers, car elle diminue quand on s'éloigne des côtes.

Un nouveau problème est posé par les masses d'**ordures**, surtout de produits synthétiques et de boîtes métalliques que les tempêtes ramènent en masse sur les plages.

Des oiseaux de mer avalent des substances en plastique, ce qui occasionne des occlusions intestinales mortelles. Les oiseaux et les poissons confondent particules métalliques, p. ex. les fermetures de canettes avec de la nourriture, ce qui provoque des blessures internes.

Déchets industriels

Les industries rejettent directement leurs eaux résiduaires dans l'eau de mer.

L'empoisonnement des populations de la **baie de Minamata** par rejet de *combinés de Hg* issus de la production d'acétaldéhyde a démontré les risques liés aux métaux lourds (Tab. B).

La **réglementation du transport** des produits pétroliers existe : nécessité d'une double coque pour tous les méthaniers, rail de circulation éloigné des côtes (cf. Ouessant), interdiction des **dégazages sauvages**. Les résidus de cuve doivent être traités dans un port mais cela a un coût pour l'armateur.

Des sociétés internationales sont habilitées à autoriser la navigation des bâtiments et à limiter les bateaux-poubelles. Mais tout ceci est **difficile à contrôler et à appliquer**. Il y aura donc, hélas, encore des **marées noires**. En plus du manque à gagner de nombreuses communes littorales, de la perte d'activité des conchyliculteurs et des pêcheurs c'est la faune qui en pâtit. *Macareux, Pingouins* et *Guillemots* se raréfient avant l'extinction.

Pollution par les pétroles

Le pétrole brut possède une densité inférieure à celle de l'eau et forme de grandes nappes à la surface de l'eau. Les alcanes peu toxiques s'évaporent dans la première semaine. Les paraffines sont décomposées biologiquement. La capacité de décomposition diminue avec le degré de ramification.

Les alcanes cycliques en forme d'anneau sont extrêmement toxiques et résistent à la décomposition (Tab. E).

Les aromatiques sont d'autant plus toxiques qu'ils contiennent de plus nombreux cycles.

Après 3 mois, les restes de pétrole hydrophobe s'agglomèrent avec une déperdition de 15 % de leur volume. Les pétroles hydrophiles absorbent jusqu'à 80 % de leur volume en eau et forment une *mousse d'hydrocarbure* peu stable.

La lutte contre les marées noires avec des dispersants, le plus souvent des *agents tensio-actifs,* n'a aucun sens écol., car ils sont plus toxiques que le pétrole. Le nettoyage au Kärcher des rochers mazoutés redonne un aspect acceptable pour les touristes mais est catastrophique pour la micro et la macrofaune qui disparaissent totalement.

La durée de vie des résidus de pétrole le long des plages dépend de la force des vagues. Elle est brève sur des côtes de falaises et de sable exposées au déferlement des vagues (2-3 mois), très longue sur les côtes plates ou les prés-salés (plus de 5 ans).

Les marées noires mettent surtout en danger les espèces à faible amplitude écologique.

Les oiseaux de mer souffrent tout partic. des **marées noires** (Tab. F).

C'est le cas de ceux qui se posent sur l'eau (*Mouettes*, *Sternes*, *Goelands*, *Fulmars*). Mais ce sont les espèces qui plongent (*Cormorans*, *Petits pingouins* et surtout les *Guillemots de Troil*) qui payent le plus lourd tribut. Ils ne peuvent réguler leur température ni s'alimenter.

L'oiseau meurt d'épuisement. L'instinct de nettoyage répartit le pétrole sur l'ensemble du plumage et le conduit dans l'estomac et les intestins.

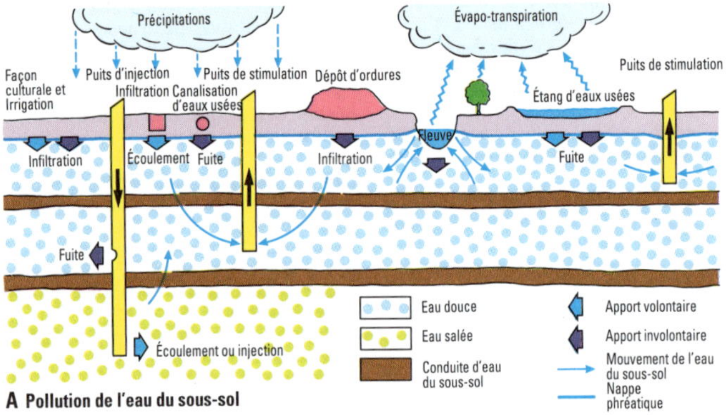

A Pollution de l'eau du sous-sol

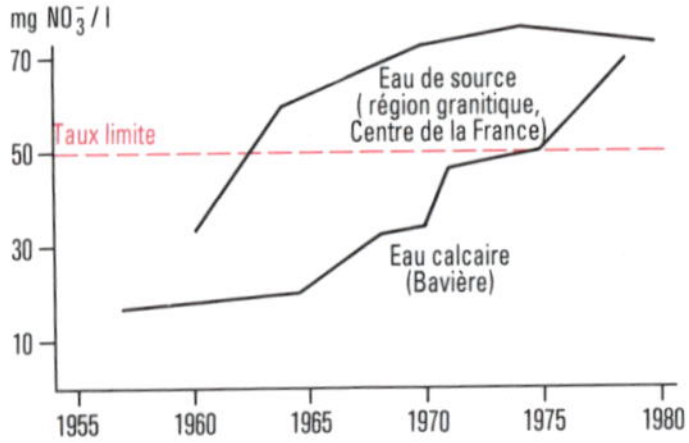

B Teneur en nitrate croissante des nappes phréatiques

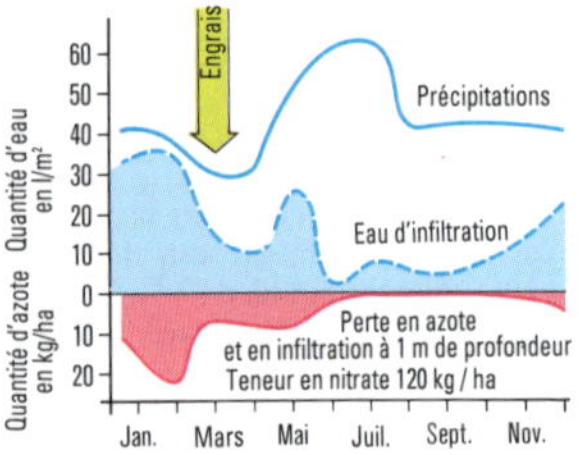

C Perte en azote et en infiltration

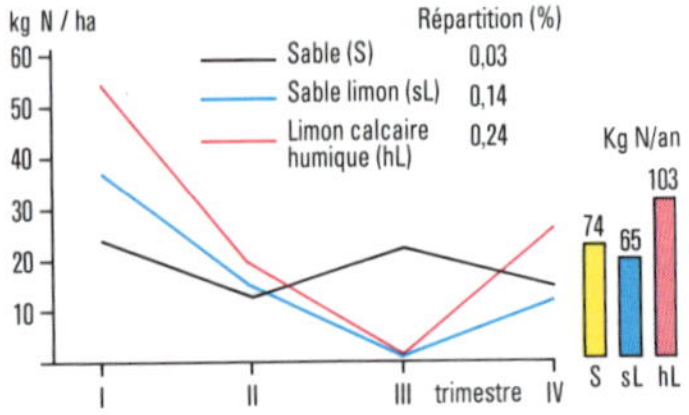

D Lessivage de nitrate dans le sol

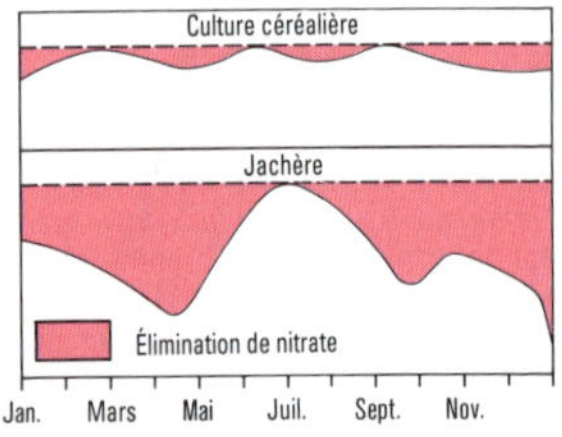

E Lessivage de nitrate lors de l'exploitation agricole

Exploitation agricole	Apport en azote par les engrais (kg/ha . a)			Concentration de nitrate à la surface des nappes phréatiques (mg NO_3^-/l ; valeur limite = 50 mg/l)		
	Min.	Moyen	Max.	Min.	Moyen	Max.
Prairie	3	20	68	5	30	100
Terre de culture, exploitation normale	34	68	136	50	100	200
Terre de culture, exploitation intensive	68	170	339	100	250	500

F Enrichissement en nitrate de la nappe phréatique

Pollution de la nappe phréatique

L'**eau souterraine** naturelle fait partie du cycle de l'eau, qui atteint le sous-sol via le sol, par les précipitations ou les eaux de surface. Le sol retient une partie de l'eau d'infiltration à cause des particules du sol (eau capillaire, eau des pores). Elle est capable de s'écouler et peut diluer des toxines ou les transporter dans l'eau souterraine.

Sur une couche perméable du sol (ne contenant pas d'eau souterraine) l'eau souterraine s'accumule dans des roches poreuses, et s'écoule en cas de déclivité (p. ex. dans le gravier grossier, de 50 m/jour).

Apport de produits toxiques

En cours de route l'eau absorbe des produits toxiques contenus dans l'air, les eaux et le sol (Sch. A). Ils proviennent

des décharges non organisées et perméables, contenant en particulier aussi des *charges anciennes*, provenant p. ex. de cokeries, d'entreprises industrielles ou de ménages ;

de la circulation routière (chlorures des sels de salage, plomb, produits d'huiles minérales) ;

de l'exploitation agraire intensive (nitrates, pesticides, herbicides, métaux lourds du phosphate et des fluorures) ;

Il faut y ajouter la *pollution thermique* (eau de refroidissement, exploitation de la chaleur par pompage thermique) et

la *mauvaise régulation* des eaux courantes comme causes aggravantes.

Le problème du nitrate

La **pollution au nitrate** de l'eau souterraine devient de plus en plus un problème pour l'approvisionnement en eau potable, en partic. pour les personnes s'approvisionnant elles-mêmes à un puits familial dans les régions rurales (Sch. B).

Le nitrate en lui-même n'est pas très toxique. Sa **toxicité** vient de la chaîne de réaction

nitrate → nitrite → nitrosamines

Dans le corps, le nitrate est réduit par des enzymes et des micro-organismes en nitrite. Celui-ci peut oxyder l'hémoglobine en methémoglobine, qui ne peut plus absorber d'oxygène.

Chez l'adulte l'enzyme diaphorase réduit à nouveau la methémoglobine. Les nourrissons disposent de peu d'hémoglobine avec un taux élevé d'hémoglobine f (fœtale) facilement oxydable, et de peu de diaphorase. La formation de nitrite est rapide, de ce fait le danger apparaît pour un nourrisson à 10-20 mg NO_3^- par litre d'eau potable (OMS) contre 50 mg NO_3^-/l pour l'adulte.

Les signes pathologiques (d'une élévation du taux de methémoglobine) sont la *cyanose, des faiblesses musculaires, des perturbations du rythme cardiaque et respiratoire* ; un taux de 40-70 % entraîne la mort. Les nitrites réagissent avec les amines secondaires et tertiaires du corps en formant p. ex. des nitrosamines fortement cancérigènes. Ils provoquent, en liaison avec la structure chim. spécifique à tous les organes essentiels, des tumeurs malignes.

Les sources de l'augmentation de la pollution aux nitrates sont les eaux résiduaires :

- produites par l'accumulation de déchets solides (déchets des jardins, ordures ménagères) ;
- dues à l'utilisation d'engrais artificiels à base d'azote minéralisé ;
- stockées dans le sol par l'augmentation annuelle de 1-3 % du pool d'azote par la minéralisation des résidus des récoltes et les engrais verts des régions agraires intensivement exploitées ;
- des sols surengraissés avec du purin.

Le problème du purin

L'intensification de l'exploitation agricole, l'augmentation du bétail par exploitation agricole, l'abandon du fumier dans l'élevage massif en étable pour des étables à sol lavable, qui s'est aussi affirmé dans l'élevage massif des volailles, produit chaque année une grande quantité de purin (fumier liquide) avec une forte teneur en N. Le purin est en fait un engrais azoté précieux.

Le problème naît du fait que les batteries d'élevage disposent de moins en moins de surfaces d'installations nécessaires pour utiliser de manière intelligente le purin.

Le nitrate pénètre les sols utilisés pour décharger le purin (**infiltration de nitrate**). Les résidus salins non absorbés par les plantes sont transportés des racines vers des couches du sol plus profondes et atteignent finalement les eaux souterraines (**lessivage de nitrate**), s'ils n'ont pas été détruits par des microbes auparavant (Sch. D).

Cela se produit surtout lorsque le purin est étalé en dehors de la période de croissance (Sch. C-E).

Le lessivage des nitrates dépend des quantités d'eau d'infiltration (Sch. C), de la nature et de la teneur en nitrate du sol (Sch. D), ainsi que de l'exploitation du sol (Sch. E, F). Le lessivage augmente lors d'une utilisation constante de NO_3^-, il est plus important dans les terres plantées de céréales, de maïs et de légumes que dans les pâturages.

Les plantes stockent les nitrates lorsqu'ils sont en excès. Si elles servent à alimenter le bétail, le problème lié au purin est augmenté de ce cycle animal-purin-plantes fourragères-animal.

Il est à craindre qu'un problème de longue durée ne naisse de cet apport de toxines dans le sol et se pose à l'approvisionnement en eau potable, car on utilise beaucoup d'eaux souterraines accumulées il y a déjà 10-30 ans.

La **capacité de tampon** du sol, qui permet une décomposition par les bactéries dénitrifiantes ($NO_3^- \rightarrow N_2$ gazeux), a déjà atteint sa capacité maximale par endroits.

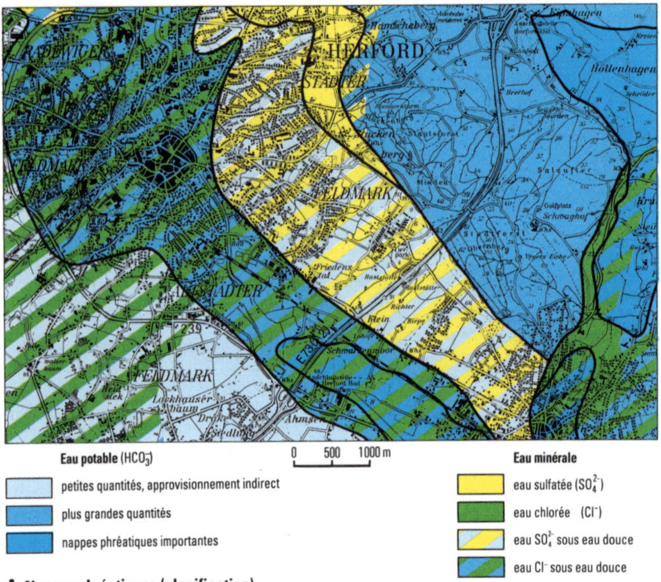

A Nappes phréatiques (planification)

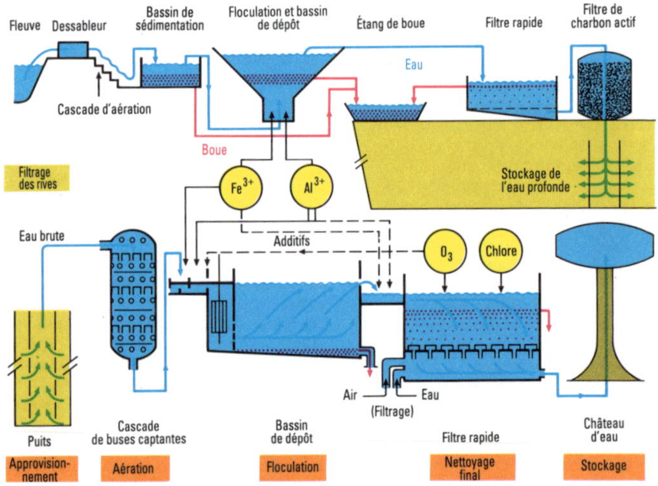

B Filtration des rives et nettoyage de l'eau brute

Cartographie de l'eau potable, production d'eau

L'**eau potable** provient surtout des eaux souterraines et de sources, mais aussi d'eaux souterraines stockées, de barrages, du fitrage par le sol, d'eau de lacs et d'eau de fleuves.

L'**eau utilisée** est extraite aux 2/3 des eaux de surface.

L'eau potable doit être claire, transparente et inodore, riche en oxygène et libre de toute bactérie pathogène (moins de 10 germes par ml).

Les exigences de dureté globale (teneur en calcaire) se situent à 6-8°dH (max. 10 mg CaO dans 1 l d'eau).

Pour assurer l'approvisionnement en eau potable on a créé des **zones d'eau protégées** :

La zone *intérieure* comprend les environs directs des points d'extraction,

La *zone de protection II* plus étroite n'autorise qu'une exploitation agricole ou forestière, toute utilisation inhabituelle de la surface du sol est interdite ;

Dans la *zone de protection III* les habitations, les industries et les entreprises sont tolérées ; un écoulement des eaux usées par canalisation est obligatoire.

La **ligne-des-50 jours**, *frontière hygiénique*, sépare les zones II et III (après 50 jours passés dans le sol entre l'infiltration et le début de la migration toutes les bactéries et tous les virus sont morts).

Les réserves d'eau souterraine exploitables sont activement recherchées (Sch. A).

L'eau potable, qui est produite par le dessalage de l'eau de mer, est pure, tout comme la plupart des eaux souterraines.

Traitement de l'eau potable (Sch. B).

On laisse l'eau de surface s'infiltrer artificiellement (*stockage d'eau souterraine*). Ce faisant on filtre pendant des mois les particules polluantes par les colloïdes du sol (*filtration*) et les substances organ. polluantes sont décomposées biologiquement par des micro-organismes. Des puits proches des rives amènent l'eau purifiée vers des **centrales hydrauliques**.

On suprime alors dans une première étape d'épuration les substances en suspension.

Des **tamis** et des **sables** retiennent les particules grossières.

Dans les **bassins de sédimentation** se déposent toutes les substances en suspension par réduction de la vitesse d'écoulement.

Les colloïdes et les substances polluantes de moindre densité restent dans l'eau stagnante.

On les suprime par **filtrage de floculation**, en partic. à l'aide de sels d'Al (III), plus rarement de Fe (III).

Les sels trivalents neutralisent les colloïdes chargés. Ceux-ci constituent par adsorption et selon les forces de Van-der-Waals des microflocons infiltrables (*coagulation, effet périkinétique).*

Le sulfate d'aluminium le plus souvent utilisé est scindé par hydrolyse :

$Al_2(SO_4)_3 + 6\,H_2O \rightarrow 2\,Al(OH)_3 + 6H^+ + 3\,SO_4^{2-}$

L'hydroxyde d'aluminium forme de grands flocons gélatineux (micelles). Les micelles agglomèrent par leur grande force d'attraction les microflocons (*floculation)* et enferment dans leur réseau et par adsorption plus de substances en suspension (substances organ. diluées, sels de métaux lourds et phosphates - *effet orthokinétique)*. Les macroflocons se sédimentent.

Des restes de flocons peuvent être ôtés par **filtrage dans des filtres de sables rapides** :

l'eau de floculation est passée dans un lit de sable épais de 0,5-1 m et purifié bactériologiquement et à moindre échelle physiquement par adsorption.

La vitesse de passage élevée de 5 m/h est atteinte par la pression d'une colonne d'eau de 3 m au dessus du sable (Sch. B)

Des **filtres de sables lents** plus faciles à construire servent en fait à la purification de l'eau brute peu polluée. L'eau traverse la couche de sable épaisse de 1 m à la vitesse de 5-10 cm/h.

A la surface du sable s'accumule une couche épaisse de quelques mm d'organismes autotrophes, qui consomment des substances organ., des nitrates, des phosphates et du CO_2 et préparent des processus oxydatifs, p. ex. ceux des champignons.

Une couche de bactéries hétérotrophes, épaisse d'env. 30 cm, située en dessous, décompose les substances organ. en N_2, CO_2, H_2O et H_2S.

Des micropollutions hygiéniquement douteuses, ainsi que des substances gustatives et olfactives désagréables, peuvent être suprimées par **adsorption sur charbon actif**. Les substances toxiques se déposent à la surface interne très importante du charbon actif.

Une eau brute pauvre en oxygène contient souvent des ions Fe (II), Mn (II) et NH_4^+. Par **aération** (stations de vaporisation, aération en cascade) les ions sont oxydés et peuvent être précipités ou amenés pour filtrage à des fitres de sables.

Si l'on utilise l'ozone comme produit oxydant, on supprime en même temps les virus, les germes, et les substances gustatives, olfactives et de pigmentation.

L'**extermination des germes** peut aussi se faire par adjonction de chlore ou de composants chlorés, comme le calcaire chloré, ou par rayonnement UV. L'utilisation de produits chlorés est cependant très controversée.

La **fluorisation** de l'eau potable avec du $Na_2(SiF_6)$ pour protéger des caries est discutable compte tenu des effets secondaires possibles et de l'introduction d'un produit étranger dans l'écosystème.

La teneur en CO_2 (**correction de la valeur pH**) est réglée pour empêcher qu'une eau trop acide ne provoque la corrosion des conduits d'eau, et pour que le calcaire reste dissout sous forme d'hydrogénocarbonates et qu'il ne se dépose pas comme *tartre* dans les conduits (dépôt de calcaire) :

$CaCO_3 + CO_2 + H_2O \rightarrow Ca(HCO_3)_2$.

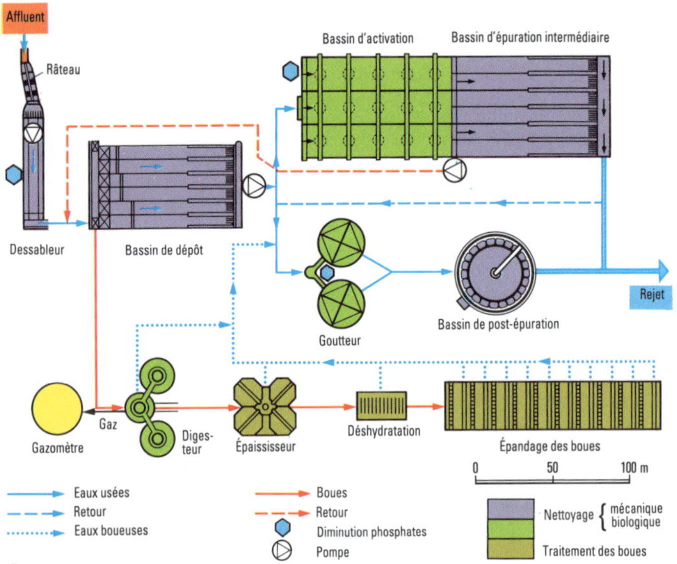

A Station d'épuration

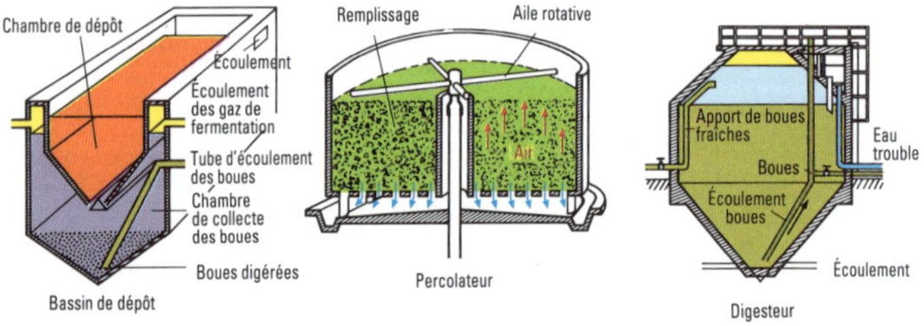

B Procédé d'épuration

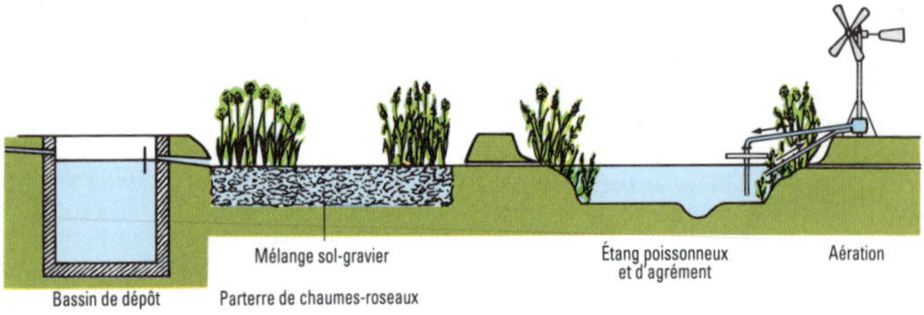

C Station d'épuration par les racines

Station d'épuration

Les eaux usées sont nettoyées dans des **stations d'épuration** (Sch. A-C), qui comportent, lorsqu'elles sont complètes, trois étapes d'épuration.

1) **L'étape de nettoyage mécanique** : sert à éliminer les 20-30 % de *substances solides en suspension ou nageant* dans l'eau. Des **rateaux** retiennent les substances grossières.

Le **capteur de sable** permet de régulariser la vitesse d'écoulement de l'eau de manière à ce que les gros grains de sable se déposent.

Une réduction continue de la vitesse d'écoulement oblige les *particules en suspension, floculées, sédimentables,* à se déposer sous forme de boue dans les **bassins de dépôt** (p. ex. le bassin d'Emscher, Sch. B).

La vitesse de déposition peut être accélérée dans des **centrifugeuses** (hydrocyclones), qui rejettent les substances solides vers l'extérieur et à l'intérieur desquelles l'eau épurée peut s'écouler.

Les *huiles* et les *graisses* qui flottent sont ôtées par des **extracteurs de substances flottantes**.

Les processus mécaniques de nettoyage peuvent s'accompagner d'améliorations techn. et chim.. Dans des **bassins de flottaison,** les particules polluantes sont propulsées à la surface par un apport d'air. Des produits de flottaison améliorent l'adhésion des bulles d'air à la surface des particules. Des colloïdes sont précipités par adjonction de sels de Fe (III).

2) **L'étape de nettoyage biologique** permet d'obtenir une minéralisation la plus complète possible des *composantes organiquement facilement décomposables des eaux usées* en produits finis inorgan. (H_2O, CO_2, NH_4^+, NO_2^-, NO_3^-, PO_4^{3-}, SO_4^{2-}).

On ajoute à l'eau déjà préépurée une **boue organique**, qui contient des bactéries et des ciliés, lesquels se nourrissent en tant qu'organismes hétérotrophes de bactéries et renforcent la floculation. Les bioréacteurs des stations d'épuration sont des **bassins organiques**, dans lesquels le *mélange de boue organique et d'eaux usées* est sans cesse retourné et aéré. On peut pomper dans les bassins d'épuration intermédiaires des flocons de boue organ. sédimentée.

Les **corps d'égouttage** sont remplis de coke dur ou de boue de lave sur une hauteur de 2-5 m, à la surface desquels des bactéries sont élevées en *pelouse biolog.*, peuplée de ciliés mangeurs de bactéries, de larves d'insectes et de vers.

L'adjonction d'air par le bas, à travers des grilles, assure des conditions aérobies. L'eau usée est répartie à la surface par aspersion par le haut.

De grandes surfaces de pelouses biologiques de croissance sont dérivées et amenées dans des **bassins de post-épuration**, ainsi que les grandes quantités de boues des bassins organ., dont les organismes assimilent env. 70 % du carbone des eaux usées. Une partie des *boues d'épuration* est réintroduite dans les bassins organ.

L'excédent est traité dans des **stations de décomposition des boues**.

Des saprophytes y transforment en conditions anaérobies des substances polluantes organ. en H_2S, CO_2 et en produits intermédiaires (alcool ou acides organ.), ensuite décomposés en méthane par des bactéries méthanogènes (produits finis : 70 % de méthane CH_4, 30 % de CO_2 dans les gaz de décomposition, NH_3 et H_2S dissous dans l'eau de décomposition).

Le gaz de décomposition sert de combustible (chauffage). Les résidus de boue sont épaissis, déshydratés, brûlés ou déposés.

Pour décomposer les *résidus organ.* (qui augmentent la DBO5) on ajoute en partic. aux stations d'épuration à deux étapes des **étangs d'amélioration** pour poursuivre logiquement la décomposition biologique.

Les eaux usées se nettoient aussi au plan biologique dans des **étangs d'épuration**. Ce sont des retenues d'eau plates hypertrophes, dans lesquelles se déroulent toutes les étapes de la chaîne alimentaire allant des algues photosynth. (*adjonction d'O_2)* aux crustacés, ou aux poissons (**étangs d'épuration poissonneux**). Un forte densité de consommateurs est nécessaire pour éviter une pollution secondaire (*consommation d'O_2)* par la décomposition des algues mortes.

Là où les plantes de culture assimilent les nitrates et les phosphates et les organismes du sol maîtrisent les processus de décomposition, on peut épurer les surfaces agraires de manière naturelle (**champs d'épandage**) .

Dans des **stations d'épuration végétales** (*stations d'épuration des espaces raciniens*, Sch. C), les eaux usées traversent des bassins plats, submergés, plantés de macrophytes (roseaux, chaume).

Les plantes apportent au sol par leurs tissus aériens (aérenchymes) de l'oxygène, permettant ainsi aux bactéries aérobies et aux microorganismes du sol de nettoyer de façon aérobie des eaux usées faiblement polluées. Dans le milieu éloigné des racines, comparable à la tour de décomposition, a lieu une décomposition anaérobie microbienne.

Ces stations d'épuration sont capables de retenir des métaux lourds, de supprimer des germes de maladies et, par combinaison des processus de décomposition anaérobie et aérobie, de réduire le taux des hydrocarbures difficiles à décomposer.

3) **l'étape de nettoyage chimique** : comme l'épuration biologique n'atteint pas entièrement les composés de *phosphore et d'azote*, on doit agir pour éviter une eutrophisation des effluents.

Le PO_4^{3-} est précipité à l'aide de sels de Fe (III) et d'Al (III) dans les **bassins de floculation** (p. 188, Sch. B), qui suivent l'épuration biologique (3ᵉ étape).

Des ions NH_4^+ sont oxydés en nitrates dans des **bassins de nitrification**. Dans des **bassins de dénitrification,** les bactéries anaérobies hétérotrophes réduisent les ions NO_3^- en azote (gaz) N_2.

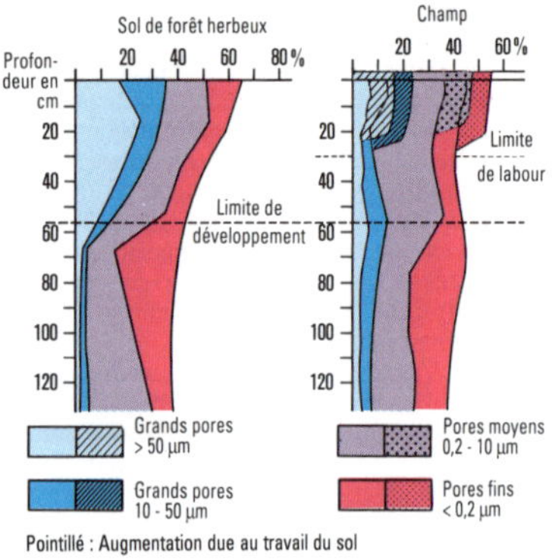

A Répartition de la taille des pores dans le lœss (volume en %)

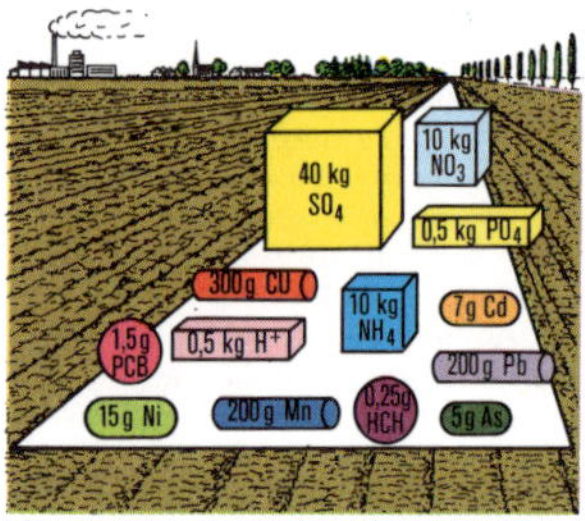

HCH = Hexachlorohéxane BPC = Biphényle polychloré

B Dépôts annuels moyens dans les campagnes (estimation)

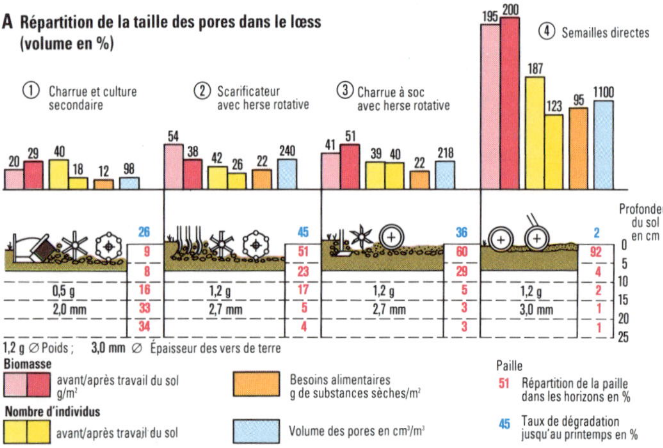

C Effet des méthodes de culture sur la structure d'un sol cultivé

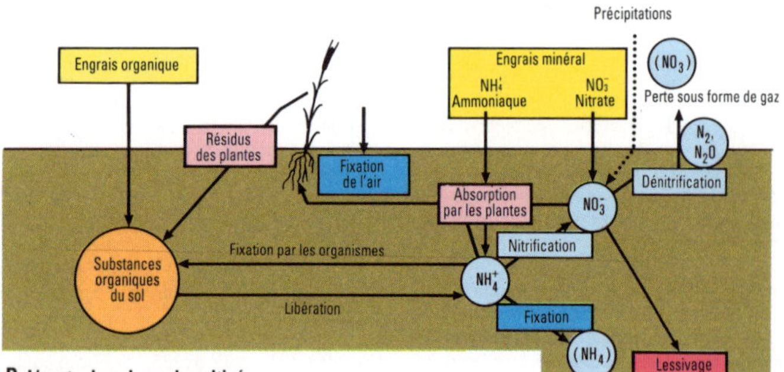

D L'azote dans les sols cultivés

Le **sol** est la base de la production de *denrées alimentaires et de plantes fourragères, de matière première organique, il est une réserve pour les substances nutritives des plantes et pour l'eau des précipitations*. Il agit comme un *filtre*, un *régénérateur et un purificateur de l'eau.*

Les substances introduites peuvent être décomposées par les micro-organismes, être liées à des particules du sol ou passer sans être transformées.

Depuis le début de l'agriculture l'**érosion du sol** est apparue sur les terrains en pente. Les grandes surfaces rassemblées et les paysages "dégagés" après le *remembrement rural* sont plus exposés aux influences climatiques.

Ainsi encore aujourd'hui en Europe centrale, la perte annuelle de sol (13-15 t/ha) est 50-100 fois plus importante que la formation de terre nouvelle.

L'érosion du sol provoque à cause des pertes de substances nutritives et d'humus une diminution de la productivité. A d'autres endroits la sédimentation endommage les plants par envasement.

A ces phénomènes s'ajoutent une charge du sol engendrée par l'apport en substances nutritives et la sédimentation dans les eaux.

L'**érosion** se met en œuvre, à une petite échelle, sur des sols qui ne sont pas protégés par l'*impact des gouttes.*

Des particules du sol sont propulsées jusqu'à 2 m et envasent la surface du sol.

Cela diminue la perméabilité du sol et favorise le ruissellement de l'eau.

Les fortes pluies emportent plus de 500 t/ha.

Les **compactages du sol** provoqués par la circulation atteignent une profondeur de 60 cm et augmentent les risques d'érosion.

Le *volume des pores,* particulièrement de pores grossiers, diminue, la modification du budget en air et en eau influence l'ensemble des fonctions du sol (Sch. A).

L'exploitation des sols arables tout au long de l'année a entraîné une *homogénéisation des sols en surface*. Certes les machines agricoles permettent d'ameublir les sols jusqu'à une profondeur de 40 cm, mais le travail mécanique du sol ne régénère pas la **structure du sol**, la *structure de stabilisation* (structure grumeleuse par l'activité des organismes = "construction vivante") diminue.

Les pores grossiers nécessaires à l'aération du sol manquent (Sch. A, C).

Les sols à la herse rotative ont un volume de pores total plus important que des sols labourés.

75-90 % de la masse organique reste à la surface du sol sur une profondeur de 10 cm, dans l'espace d'enracinement dense, après le passage de la herse.

Lors du *labourage*, moins de 20 % de la masse organique totale reste dans les 10 premiers cm.

60 % sont enterrés à une profondeur de 15-25 cm, dans un espace où jusqu'au printemps seulement 1/4 est décomposé, contrairement aux sols travaillés à la herse rotative où environ la moitié est décomposée.

La diminution de l'intensité du travail du sol et l'incorporation en surface de matériaux organiques sous forme de paille (Sch. C) entraîne le développement des *vers de terre.*

Le sol labouré a, après 5 années d'exploitation, une structure en plaquettes à arêtes vives avec 50 % de matériaux non-décomposés et un enracinement faible.

Le sol travaillé à la herse rotative a une structure grumeleuse, des pores préservés et un bon enracinement. Ces sols sont mieux protégés, grâce à leur structure, contre l'érosion, le vent et l'eau.

L'apport de substances

On différencie deux formes d'apport de substances, *l'apport voulu* (*engrais, produits phytosanitaires*) et *l'apport non voulu* provenant de diverses émissions anthropogènes véhiculées par l'atmosphère, qui ne dépendent pas de la culture des sols (*métaux lourds, substances organiques nocives,* Sch. B).

Pour augmenter le rendement, divers engrais sont utilisés. Des **engrais minéraux** doivent, sous forme de sels, apporter au sol les substances nutritives (p. ex. le K, le nitrate et le phosphate) qui lui ont été soutirés. Cet apport ne nuit pas, en principe, à la fertilité du sol,

mais à long terme les formateurs d'humus manquent, or ils sont la base de l'alimentation de l'*édaphon.*

L'engrais minéral soluble utilisé pour l'engraissement des sols est drainé par les eaux d'infiltration. Le nitrate joue un rôle particulier car il ne se lie pratiquement pas aux particules du sol, il est donc facilement lessivé (Sch. D).

Selon l'origine des phosphates bruts, du **Cd** est contenu dans les engrais minéraux de P :

ainsi pour 70 kg de P_2O_5/ha, 2-3 g de Cd sont épandus sur les sols lors de l'engraissement.

L'**engrais agricole (le lisier, le fumier et la paille)** est introduit sous forme d'engrais organique.

Le **lisier** (mélange d'excréments d'animaux) est avant tout un apport en substances nutritives et apporte dans une très faible mesure de l'humus.

L'alimentation commerciale pour l'élevage des porcs contient pour une meilleure assimilation et pour la santé des animaux une forte quantité de Cu, qui se retrouve dans le lisier épandu sur les sols.

Le lisier de porcins et de bovins est un poison pour les vers de terre et la mésofaune.

Les plantes de culture puisent dans le sol 160-200 kg de N et 50-70 kg de P_2O_5 par ha. Pour corriger cette perte, le lisier d'une *unité et demie d'élevage de gros bétail* par ha suffit (unité d'engraissement/ha). Du fait de l'importation d'aliments pour le bétail pour répondre aux besoins de l'**élevage intensif**, la production de lisier dépasse largement les besoins des exploitations.

Cela représente un énorme *transfert de substances nutritives des pays exportateurs d'aliments pour le bétail sur nos sols.*

Le lisier épandu pour les semences de printemps peut être utilisé aux 2/3, celui d'automne seulement au 1/5 (p. 139).

HERBICIDES	Restes en %
3, 4 - Dichloroaniline	90
Pirimicarb	70
Pentachlorophénol (PCP)	45
Méthabenzthiazuron	41
Acide dichlorophénoxyacétique (2, 4 - D)	28
INSECTICIDES	
Phosalon	80
Fénitrothion	50
Carbaryl (Sevin - Wirkstoff)	32 – 49
Parathion	18 – 45
Dichlorodiphényltrichloréthane (DDT)	25

Acide phénoxyacétique
Urées substituées
Esters d'acide phos.
Association de benzol substitués
Hydrocarbures chlorés

A Pourcentages des restes de pesticides dans le sol en % ^{14}C de la substance de départ

Éléments	mg/kg de sol sec à l'air		
	Mesuré fréquemment	Sols particuliers ou contaminés	Tolérable
Arsenic	0,1 - 20	8000	20
Cadmium	0,01 - 1	200	3
Chrome	2 - 50	20000	100
Cuivre	1 - 20	22000	100
Fluor	50 - 200	8000	200
Mercure	0,01 - 1	500	2
Nickel	2 - 50	10000	50
Plomb	0,1 - 20	4000	100
Étain	1 - 20	800	50
Thallium	0,01 - 0,5	40	1
Zinc	3 - 50	20000	300

Mesuré fréquemment
Sols particuliers ou contaminés
Tolérable

B Concentration globale des éléments des sols cultivés

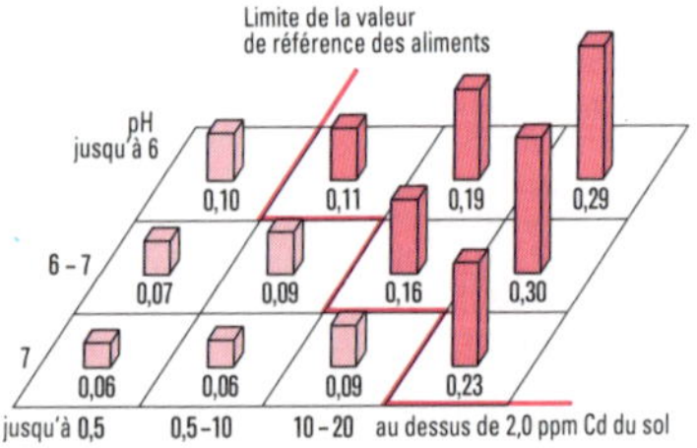

① Dépend du pH et de la teneur en Cd du sol

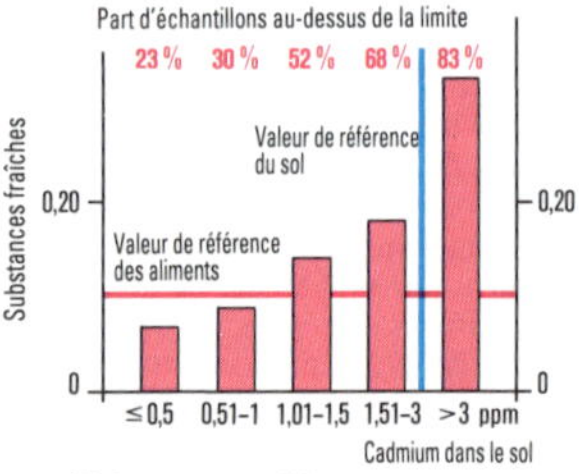

② En une autre localité

C Teneur en cadmium par mg / kg de poids frais de blé d'hiver

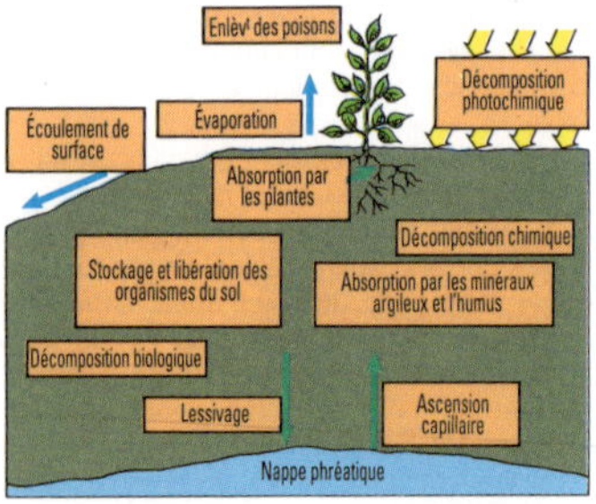

D Comportement des herbicides dans le sol

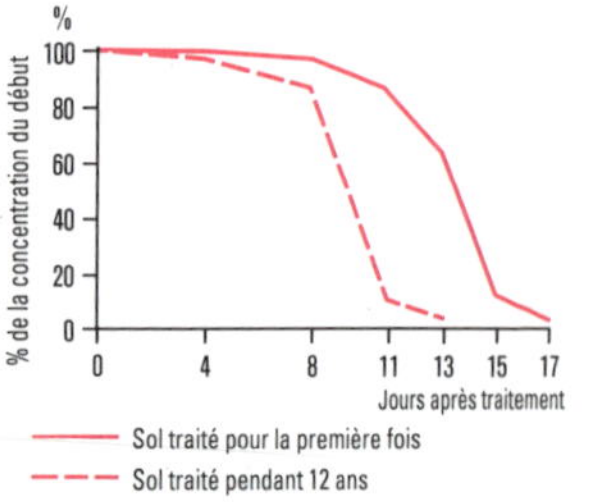

E Décomposition de l'acide 2,4 - Dichlorophénoxyacétique (2,4 - D) dans le sol

Métaux lourds et produits de protection des plantes dans le sol

La faible proportion de paille dans l'alimentation employée dans l'élevage intensif a réduit l'utilisation de **fumier d'étable**.

Le fumier d'étable favorise la vie du sol et la formation d'humus.

Toutefois des stades permanents de germes pathogènes peuvent survivre (comme les champignons *Gaeumannomyces griminis* et *Pseudocerosporella herpotrichoides* qui provoquent des maladies de l'orge ou du blé d'hiver).

On peut également obtenir une augmentation des rendements en utilisant des **engrais verts**. Les plantes enterrées à la charrue, p. ex. le colza, la moutarde, les herbes ou les légumineuses, sont rapidement décomposées par les bactéries. La croissance des mycéliums est endiguée, toutefois la formation de stades de développement est favorisée. Si la décomposition est satisfaisante l'engrais de paille peut avoir un effet bénéfique sur plusieurs années.

Le **compost** et les **déchets des agglomérations** augmentent la teneur en humus du sol plus que le fumier d'étable. Ils ne contiennent pas de métaux lourds ou d'autres substances étrangères et sont donc idéaux pour la fertilisation du sol.

Les **boues d'épuration** posent problème à cause du surengraissement en azote et de l'apport en **métaux lourds** (Sch. B).

A petites doses les métaux lourds sont déjà nocifs. Ils ne peuvent pas être décomposés ni éliminés des sols.

La capacité des plantes à absorber les métaux lourds dépend du pH (Sch. C), de la capacité d'échange de cations et de la teneur en humus (*disponibilité pour les plantes*). L'As, Cr, Hg et Pb sont fortement absorbés par le sol. Le Cd, le Tl et le Zn sont au contraire facilement disponibles pour les plantes. L'intensité de l'absorption des métaux lourds par les plantes se déroule à peu près selon l'enchaînement

Cd = Zn = Tl > Ni = Cu > Pb > Cr > Hg.

Ils peuvent se concentrer et atteindre l'homme en suivant la chaîne alimentaire.

Le **Pb** est en majeure partie stocké dans les racines et seules de faibles quantités sont transportées dans la plante.

Le **Pb** est introduit dans la chaîne alimentaire principalement par une pollution externe des plantes.

Le **Zn**, le **Cd** et le **Tl** peuvent atteindre des concentrations élevées dans les régions proches des usines métallurgiques.

Une teneur de 1 ppm de Cd dans le sol provoque déjà une forte augmentation de la quantité de Cd contenue dans les plantes (Sch. C1), de sorte que la *valeur indicative pour les denrées alimentaires* est dépassée. Pour limiter la contamination des sols par les métaux lourds, les **valeurs limites des sols** ne sont pas appropriées, car la teneur en métaux lourds dans le sol varie selon les différentes espèces végétales et leurs habitats (Sch. C2).

L'effet des métaux lourds sur les organismes du sol est variable. Les processus du métabolisme microbien (l'ammonification, la nitrification et la fixation de l'azote) sont les plus fortement touchés. Les vers de terre accumulent les métaux lourds dans leur corps (4-13 fois le Zn, 11-22 fois le Cd) et chargent les réseaux alimentaires biologiques.

Les produits phytosanitaires

Si on se réfère à la réglementation en vigueur, le sol contient env. 1-3 kg de **pesticide** par ha sur une période d'un an (= 1-3 mg/dm^2 = 2-3 mg/kg dans les 15 cm de la couche supérieure du sol). Dans les premiers millimètres peuvent se concentrer jusqu'à 20 mg/kg. Dans le sol les pesticides sont absorbés par les particules du sol ou de l'humus, ils s'accumulent dans les organismes, sont décomposés chimiquement et biologiquement ou lessivés avec les eaux d'infiltration dans les nappes phréatiques (Sch. D).

La proportion de résidus agglomérés au sol est considérable, de sorte que des recherches incomplètes donnent des relevés erronés sur la capacité de décomposition des pesticides (Sch. A).

Des hydrocarbures aromatiques (produits de décomposition = **métabolites** de différents agents avec des groupes fonctionnels **OH** ou **NH_2**) peuvent entrer en liaison covalente avec des matières humifères.

Des *acides gras halogénés* solubles dans l'eau sont très faiblement absorbés. Le lessivage est donc très important.

Les pesticides biologiquement dégradables sont une source d'énergie pour les bactéries du sol. La dégradation se déroule avec un léger décalage (*phase de latence*), qui est expliqué par le fait que peu de micro-organismes peuvent décomposer les pesticides et que leur nombre croît ensuite, ou que les enzymes indispensables doivent tout d'abord être induits par des herbicides.

Lors de l'emploi d'herbicides identiques, on a relevé des différences dans la rapidité de la dégradation des pesticides. Des résidus restent très longtemps dans le sol (Sch. E).

Les **effets des produits phytosanitaires sur les êtres vivants du sol** varient selon les agents et les organismes.

Des effets secondaires sur l'activité biologique jusqu'à 90 jours après la date de l'utilisation sont considérés comme tolérables.

Les *animaux du sol* entrent en contact avec les produits agrochimiques par pulvérisation directe, ils absorbent les herbicides avec leur nourriture ou avec des substances liquides par l'intermédiaire de leurs organes respiratoires ou l'eau capillaire du sol qui dissout les herbicides.

Les araignées, les fourmis, les scarabées et les carabidés (*arthropodes épigéniques*) sont des prédateurs et entrent de ce fait directement en contact avec les agents.

Les *insecticides* (*parathion, carbofurane et aldicarb*) ainsi que les *fongicides* (*bénomyl et thiophat*) mettent également la vie des vers de terre en péril et déciment leurs populations. Ceux-ci concentrent 5-10 fois les agents du le sol.

PESTICIDES **Nom de groupe chimique** exemple	Formule	Effet biologique	Rats : DL_{50} orale en mg / kg	Toxicité: Homme / Mammifères	Poissons	Insectes	Amibes	Nématodes	Plantes	Champignons	Résistance observée	Persistance	Restes	Danger pour les abeilles	Emplois, recommandations
Hydrocarbures halogènes aliphatiques, Bromure de méthyle	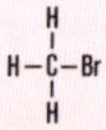	Oxyde des composants sulfurés M, SNC		+		±				+					Protection des lieux de stockage contre les rongeurs
Huiles minérales		Étouffement par couche d'huile enveloppante				+	+								Ovicide
Sels de métaux lourds composés organiques de mercure		Bloquent le métabolisme s'associent aux groupes SH des protéines → réaction					1) +		+						Pour les graines ; contre le pourrissement des herbes et tubercules
Oxychlorure de cuivre										+					
Composés nitriques organiques 2,4 - Dinitrophénol 4,6 - Dinitro-o-krésol	a) 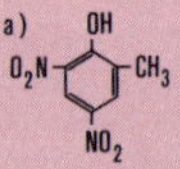	Bloquent la formation ATP du système respiratoire	60	+		+	+		+					×	■ et ovicide
Tétranitrocarbazol (Nitrosan)	b) 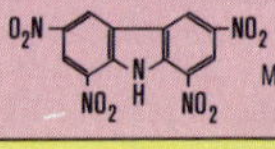	Mal connu				+									● Emplois forestiers
Nicotine	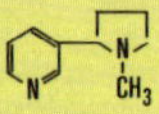	SN : synapses cholinergiques (blocage du récepteur de l'acétylcholine)	50 - 70	+	+	+					–		–		● □ (■) Poison d'enfumage des serres
Roténoïdes 0 Roténone	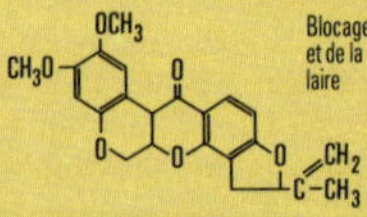	Blocage de l'influx nerveux et de la contraction musculaire		–	+	+									● ■ Semis, lutte contre les mouches, les poux et les parasites de l'homme
Pyréthrine 0	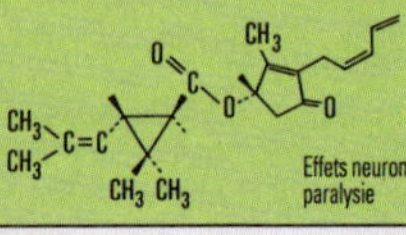	Effets neuromusculaires, paralysie		–	+	+					×				
Hydrocarbures chlorés Dichlorodiphényl-trichloréthane (DDT)	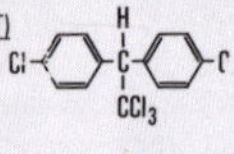	Se fixent sur la membrane de la cellule nerveuse (récepteurs et canaux ioniques) ralentissent très fortement le flux de Na^+	113 200	±	?	+	?				×	+	+	×	■ de par le monde : lutte contre les épidémies, malaria ; interdit depuis 1977 en ex-RFA
Hexachlorocyclohéxane (HCH, Lindane)	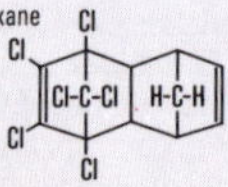	SN : blocage de l'activité de cholinestérase	88	+		+					×		±	×	■● interdit depuis 1980 en ex-RFA ; permis uniquement dans les zones closes sans gibier (vergers sans sous-culture)
Aldrin / Dieldrin		SN : membrane présynaptique	39/48	+	+	+			2) +		×		+	×	

Substance naturelle

Synthèse chimique

(formule chimique de la préparation indiquée)

0 Inactivé par photooxydation
SN Système nerveux
M Métabolisme
SNC Système nerveux central

Toxicité : + élevée ± moyenne – faible

1) organismes du sol
2) oiseaux granivores
3) aussi bactéricide
4) toxique pour les oiseaux
5) dans le sol

■ Poison de contact
● Poison par ingestion
▲ Poison systémique
□ Poison par inhalation

Une quantité de 0,003 ml/dm² de l'herbicide 2,4,5-T diminue l'espérance de vie des carabidés.

Sont appelés **parasites** tous les organismes qui endommagent les plantes de culture en les dévorant, en propageant des maladies, en entrant en concurrence alimentaire avec elles.

On estime que les nuisibles réduisent de 33 % la production agricole globale.

Les mesures d'élimination sont particulièrement nécessaires dans l'agriculture et la sylviculture, dans la protection des stocks tout comme dans l'hygiène humaine et vétérinaire.

Les anciennes méthodes d'élimination des nuisibles se sont avérées inefficaces ; c'est pour cela que le but de la lutte antiparasitaire est de garder la population des parasites en dessous du *seuil de tolérance économique*.

Il existe des **procédés physiques** (pièges, irradiation, film d'huile à la surface de l'eau et des plantes), des **procédés chimiques** (pesticides) et des **procédés biologiques** (lutte antiparasitaire biologique).

L'utilisation en grande quantité de produits phytosanitaires organiques et chimiques débuta en 1939.

Les **procédés chimiques** sont les plus largement utilisés, car les pesticides sont d'un maniement facile et ont un effet rapide.

La plupart des pesticides détruisent également les ennemis naturels des organismes nuisibles (*faune utile*), de sorte que les parasites se développent ensuite plus rapidement, ce qui entraîne une augmentation des quantités de pesticides répandus.

La répartition des pesticides selon leur effet sélectif délimite de manière fictive les effets nocifs de ces produits sur les différents groupes :

les **herbicides** (plantes), les **fongicides** (champignons), les **insecticides** (insectes), les **acaricides** (acariens), les **nématicides** (nématodes), les **rodenticides** (rongeurs), les **molluscicides** (escargots).

Cela pose un problème car la plupart des pesticides interviennent dans les processus fondamentaux du métabolisme (la photosynthèse, la formation de l'ATP, les fonctions des membranes et la croissance) et leurs effets ne peuvent pas être de ce fait réduits à un groupe d'organismes. Beaucoup de pesticides sont p. ex. des poisons violents pour les poissons.

Rares sont les pesticides qui ont un effet sélectif, car certains agents sont, selon les différentes espèces, plus ou moins bien assimilés.

L'ampleur de la charge sur l'écosystème rural peut être estimée au regard de la forte **consommation de produits phytosanitaires** :

Les *herbicides* sont avec env. 50 % en première position, suivent ensuite les *fongicides*, les *insecticides* et les *acaricides*. Le reste se répartit entre les nématicides, molluscicides, les rodenticides et les régulateurs de croissance.

Seule une partie des pesticides atteint son but, le reste tombe sur le sol et atteint la nappe phréatique après lessivage.

Les pesticides peuvent sous forme d'*aérosols* être transportés à plus de 5 000 km et contaminent les écosystèmes voisins.

La plupart des pesticides utilisés sont des composés synthétiques organiques, env. 3 % des insecticides sont tirés des plantes. L'effet de ces derniers sur l'écosystème est plus négligeable mais leur production nécessite plus de moyens.

Le pesticide à utiliser doit être répandu selon le groupe de plantes à traiter et dans les meilleures conditions pour qu'il puisse faire effet car

avant atteindre son **site d'action,** plusieurs barrières doivent être franchies (la peau, les membranes cellulaires).

L'effet des pesticides dépend généralement de leur **mode d'utilisation**.

A l'air libre ils sont répandus (taille des grains <40 µm, pour la nourriture des chenilles <10 µm), pulvérisés (*solutions, émulsions ou suspensions*) ou dans des espaces clos sous forme d'*aérosols* (fumée, brouillard).

Ainsi on atteint la partie visible de la plante directement mais non les organes des plantes qui poussent ensuite.

Les parasites vivant sous terre peuvent être atteints par un traitement du sol ou par des **poisons systémiques**.

Ils sont assimilés par l'organisme hôte, p. ex. les plantes se répartissent en lui sans lui causer de dommages.

Ils sont particulièrement efficaces contre les parasites mangeurs et suceurs comme **poison** contenu dans toute la plante.

L'agent de diffusion est particulièrement important car beaucoup de pesticides sont plus actifs dans des solvants organiques ou dans des émulsions huileuses que dans des solutions aqueuses. Les agents liposolubles pénètrent plus facilement la cuticule lipophile et la membrane cellulaire. Les insectes peuvent entrer en contact avec les pesticides par l'intermédiaire des parties fines de la cuticule, des organes sensoriels et de la cuticule des articulations.

Les pesticides liposolubles traversent également la carapace chitinique (**poison par contact**).

Sinon l'absorption se fait lors de la digestion (**poison par ingestion**) ou lors de la respiration (**poison par inhalation**).

On peut mentionner ici les produits utilisés pour **stériliser** les étamines du maïs, ce qui évite l'autofécondation et favorise la formation d'hybrides résistants (phénomène d'*heterosis*). Mais la toxicité de ces produits et le coût de la castration manuelle sont tels que l'on cherche à créer par croisements sélectifs des variétés autostériles. L'ADN mitochondrial porte un **facteur de stérilité** ♂ que l'on sélectionne.

Le **génie génétique** permet maintenant de transférer ce facteur par un plasmide. (*Travaux de l'INRA de Rennes sur des Crucifères : Colza, Moutarde, Radis*).

PESTICIDES Nom de groupe chimique exemple	Formule	Effet biologique	Rats : DL_{50} orale en mg/kg	Toxicité							Résistance observée	Persistance	Restes	Danger pour les abeilles	Emplois, recommandations
				Homme/mammifères	Poissons	Insectes	Amibes	Nématodes	Plantes	Champignons					
Éther d'acide phosphoré organique Parathion (E 605) Méthylparathion	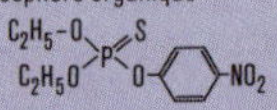	SN : occupent le centre actif de la phosphorylation du groupe hydroxyle de la sérine cholinestérase	2 44	+		+	+				× ×			×	■
Desméthyl - dichlorvos (DDVP)	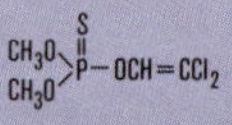		56	+		+									
Déméton/Méthydéméton (Systox/Métasystox)	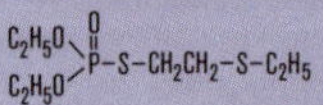		50 - 60	±		+	+								▲ ■
Malathion	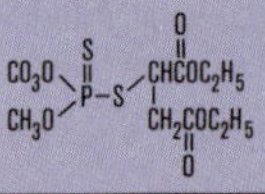		885	−	+	+	+				×			×	■ ▲ ●
Mévinphos (Phosdrin)	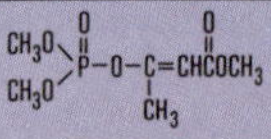		4	+	+	+							−	×	■ ▲ ● □
Carbamate (Uréthane) Forme ionisée, fortement basique ; Forme non inonisable Carbaryl (Sevin)	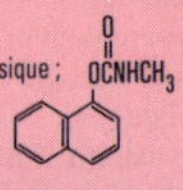	SN : bloquent la cholinestérase, membrane post-synaptique	300	+ − −		− + +	+	+			×			× ×	■ ▲ ■ ●
Thiocarbamate/Dithiocarbamate Thiram Zineb/Maneb	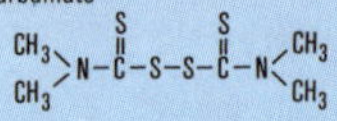		5 000	4) + ±						3) + +					Pourriture des pommes Pourriture des fraises Pourriture des herbes Peronospora des vignes
Phthalimide Captane	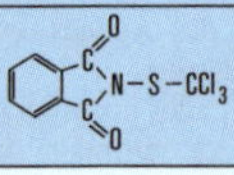		4 000	±						+		5) +			Différentes pourritures et maladies des semences Traitements des sols
Triazine Atrazine	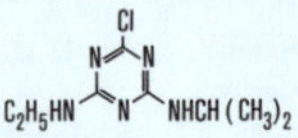	Bloque la transmission des électrons de la photosynthèse	3 080	−					+		×	+			Toxique pour la vie dans le sol
Acides phénoxiques 2,4-Dichlorophénoxy-acétique (2,4-D) 2,4,5-Trichlorophénoxy-propionique (2,4,5-T)	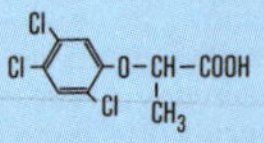	Blocage du M conjugué aux sucres et acides aminés		+ + +					+ + +						Herbicide des feuilles
Coumarine Warfarine	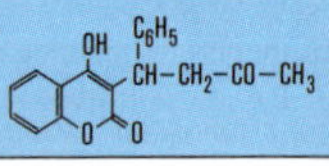	Empêche la coagulation, augmente la perméabilité des artères (hémorragies internes)	323	+								5) +			■ Rodenticide (rats et souris)

Légende p. 196

Les **insecticides phytosolubles** p. ex. s'accumulent dans la graisse corporelle des animaux et reste dans un premier temps sans effet nocif. Ce n'est que dans un état de jeûne ou lors du changement en chrysalide que les substances nocives sont libérées et deviennent mortelles. Dans toutes les populations de parasites on a observé une diminution des effets des pesticides utilisés pendant longtemps (**résistance**).

Physiologiquement la résistance peut être l'effet du renforcement des mécanismes de détoxication ou de variations héréditaires de la dotation enzymatique, comme p. ex. l'insensibilité à la cholinestérase provoquée par la résistance au carbamate et à l'organophosphate de la mouche domestique, de la tique du bétail et l'anophèle.

Les animaux résistants ne ressentent pas les effets des pesticides et leur nombre s'accroît plus rapidement. La particularité des pesticides de rester dans l'écosystème sans transformation est appelée **persistance**.

La période biologique des hydrocarbures chlorés est de plusieurs années.

Des pesticides moins persistants peuvent soit être rapidement décomposés dans le sol par des micro-organismes (p. ex. herbicide à base d'urée) ou sont chimiquement instables (p. ex. le parathion dans des solutions aqueuses), ils se décomposent en l'espace de quelques jours à quelques semaines.

Les molécules des herbicides les plus largement employés sont détruites par les ondes courtes de la lumière du soleil.

Un inconvénient des insecticides végétaux (*pyréthrine, roténoïdes*) est l'activation de l'oxydation par les rayons lumineux (**photo-oxydation**), qui limite leur effet.

Les **herbicides** sont principalement utilisés en agriculture (plantes fourragères, betteraves, maïs) (p. 200, Sch. E). Seule une partie des herbicides absorbés par la surface de la plante et par les racines atteint leur site d'action. Le reste est transformé au cours du métabolisme ou transporté vers des régions inactives dans la plante.

Les **herbicides poisons de la photosynthèse** s'attaquent (1) aux thylakoïdes des chloroplastes et bloquent le transport d'électrons entre le photosystème 2 (PS2) et le PS1 (p. 41), (2) soustraient des électrons à la photosynthèse, séparent le transport des électrons de la photophosphorylation (*découplage*) ou bloquent la formation de l'ATP.

Les **herbicides** qui attaquent le **PS2** (dérivés de l'urée, triazine, nitrophénole, benzimidazole) contiennent des liaisons C-N et peuvent de ce fait se lier à certains peptides des thylakoïdes. Les pigments protecteurs de la chlorophylle (*caroténoïdes*) sont oxydés et décomposés par la lumière.

Les **herbicides** qui attaquent le **PS1** (paraquat, diquat, entre autres) guident des électrons vers l'oxygène, sans réduire le NADP. Ainsi le CO_2 ne peut plus être fixé sous forme de sucre. Des *décolorations* et des *dessèchements* apparaissent. Dans des solutions contenant de l'oxygène le diquat oxyde l'eau en H_2O_2 (eau oxygénée), une substance nocive qui détruit les membranes cellulaires.

Les **phytohormones** (*auxine, gibbereline, cytokinine, éthylène, acide absiccique*) commandent la croissance des plantes. Des acides aromatiques et les acides indol acétiques (AIA) agissent comme des **herbicides de type auxine**.

Ils renforcent l'effet hormonal de l'auxine et entraînent des *anomalies de croissance* ou agissent comme antagonistes de l'auxine, en lui faisant concurrence au point de liaison sur les récepteurs.

Les **fongicides** servent soit au *traitement prophylactique* (*protection de surface*, qui doit être renouvelée selon les conditions atmosphériques) ou au *traitement d'éradication*, c'est-à-dire qu'ils agissent comme poison systémique contre les champignons qui croissent dans les organismes.

Les **fongicides foliaires** les plus employés sont répandus par pulvérisation à partir d'avions ou d'hélicoptères sur les parties des plantes à la surface du sol.

Les **fongicides du sol** sont utilisés dans la culture de la vigne, du houblon ainsi que dans celles de la pomme de terre et du blé et doivent détruire les champignons du sol. Des composés organiques contenant chlore et mercure sont utilisés comme désinfectants pour les semences. Les *produits désinfectants* doivent détruire les agents pathogènes accrochés aux semences ou aux plants.

Les *thiocarbamates* sont bien supportés par les plantes et ont un effet fongicide large. Ils servent également comme **produits de désinfection du sol**.

Les produits de transformation stables posent un problème, ils peuvent être cancérigènes ou avoir un effet bloquant sur la glande thyroïde.

Parmi les *phthalimides*, le *captan* bien supporté par les plantes est largement employé.

Une *toxicité accrue* n'est pas évitée par une utilisation réglementée de pesticides dans l'agriculture.

Lors d'une *absorption chronique*, une petite quantité de pesticide a déjà un effet cancérigène ou mutagène, c'est pour cela qu'il faut faire attention aux résidus de pesticides sur les denrées alimentaires.

Les **valeurs limites** ne peuvent pas être mises sur un même plan que les **seuils toxicologiques**. Ce sont uniquement des taux fixés par le législateur. Comme chaque pesticide se comporte de manière différente, des recherches plus approfondies sont nécessaires :

1) Pour définir la *quantité résiduelle* dans les plantes de culture,

2) Pour estimer les effets sur le monde vivant du sol et sur la fertilité du sol,

3) Pour estimer l'infiltration dans la nappe phréatique, qui est utilisée pour l'approvisionnement en eau potable,

4) Pour garder leur accumulation dans les fleuves ou leurs sédiments dans des limites raisonnables.

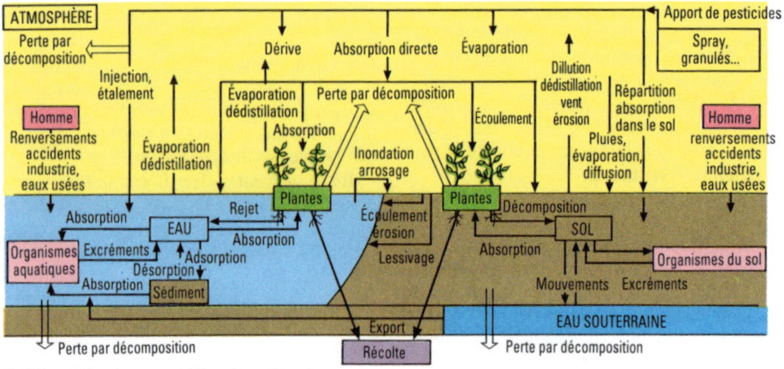

A Répartition des pesticides dans l'environnement

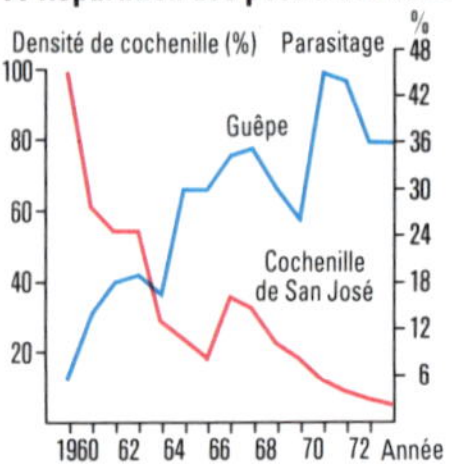

B Diminution de la densité de cochenilles de San José et augmention du parasitage

	Rat Oral	Rat Cutané	Mouche	Rat	Homme
	(mg/kg poids corporel)			Dose orale quotidienne, sans symptômes (mg/kg/jour)	
Nicotine	50 - 70	–	500 1)	–	–
Carbaryl	500	>4000	>900	10	0,02
Mevinphos	3,7	4,2	1,5	0,05	–
Déméton	2,5	8,2	0,75	0,05	0,0025
Parathion	3,6	6,8	1,2	0,05	0,005
Aldrin	60	98	2,25	~ 0,025	0,0001
Malathion	1000	>4444	26,5	5	0,2
DDT	118	2510	2	~ 0,05	0,01
Lindane	91	900	0,85	1,25	0,0125
Bioresmethrin*	8000	–	0,4	–	0,04 +
Methopren°	>34600	–	0,02 2)	–	–

1) Injecté 2) pupes de Tenebrio molitor * Pyréthroïde (Pyréthrine modifiée synthétique) ° Juvénoïde + Pyréthrine

C Valeurs de la LD_{50} - Toxicité orale et cutanée forte ou chronique (dose journalière en essai continu)

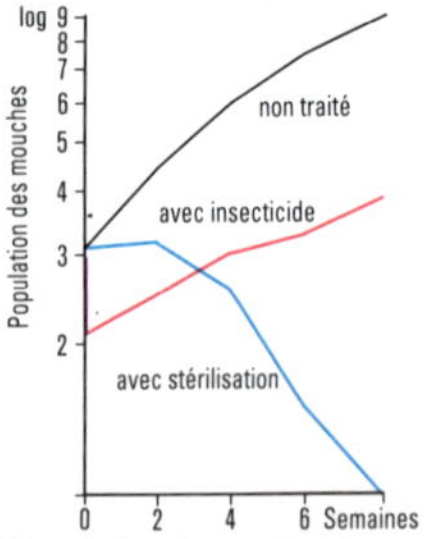

D Population de mouches domestiques après différents traitements

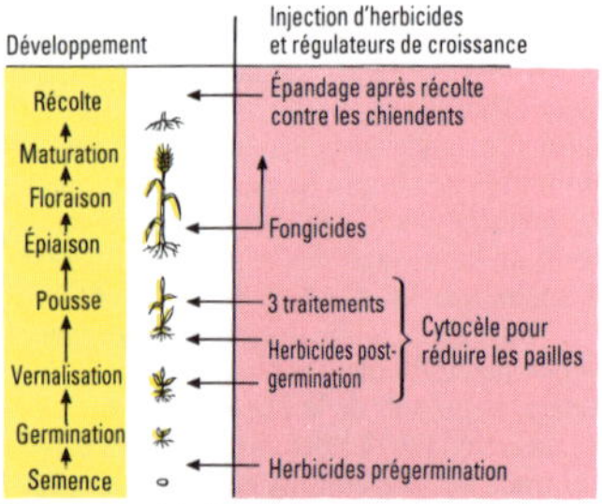

E Traitement du blé hivernal par herbicides et régulateurs de croissance

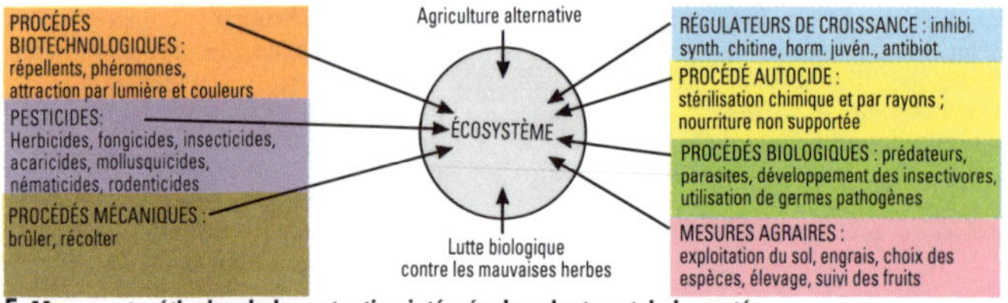

F Moyens et méthodes de la protection intégrée des plantes et de la santé

Les **pesticides** doivent être testés en laboratoire sur des rats par des *applications orales et cutanées*. L'effet mortel dépend de la dose, en relation avec le poids du corps de l'animal utilisé pour le test. On définit la **dose létale 50 (DL50)**, à laquelle 50 % des animaux meurent (taux en mg d'agent par kg de poids de corps ; Sch. C). A cause des différences physiologiques entre les rats et les hommes, ce taux ne permet pas de connaître directement la *toxicité* sur l'homme.

Pour estimer les effets à long terme l'OMS/FAO a introduit les **taux ADI** (acceptable daily intake, absorption quotidienne supportable).

On ne peut aujourd'hui se contenter de ces valeurs théoriques car on connaît mieux les risques et il faut appliquer le principe de précaution en amont. Chez les ouvriers (♂) au contact de ces pesticides, souvent répandus par avion, la **spermatogenèse** risque d'être altérée et par là leur descendance. En *Argentine* on analyse les spermogrammes de volontaires, concernés par ces produits, pour déboucher sur des conclusions statistiques et la prise de mesures de sauvegarde de la population. Les pesticides inhalés par la mère peuvent passer à l'enfant (♂) par le lait.

L'utilisation de pesticides à l'air libre entraîne une diminution croissante du nombre d'espèces, c'est pour cela que l'on cherche de nouvelles méthodes.

Lors du **processus autocide** on stérilise une partie de la population des parasites (p. ex. les mâles) en employant des produits chimiques (p. ex. de l'azirine hautement toxique) ou des rayons X et on les relâche à la période de la copulation. La population stérilisée doit avoir la même vitalité que ses congénères non traités.

Les substances **juvénilisantes** bloquent la décomposition des hormones des insectes (p. ex. l'*hormone juvénile)* et entravent par cela la capacité de procréation. Cela provoque des mues en surnombre.

Les **inhibants de la synthèse de la chitine** sont à peine nocifs pour les mammifères et les oiseaux et sont des poisons par ingestion pour les insectes dont les larves meurent lors de la mue car les éléments constitutifs de la chitine (*UDP-acétylglucosamine*) ne polymérisent pas.

Inconvénient : les insectes suceurs (les pucerons et les acariens) ne peuvent être combattus car le produit ne pénètre pas les plantes.

La faune du sol et, dans l'écosystème marin, les crustacés sont atteints.

Le travail avec des *substances sexuelles attractives (***phéromones agrégatives ou sexuelles**) nécessite une parfaite connaissance de la biologie et du comportement des parasites. Cette méthode a connu certains succès lorsque les phéromones placées sur des supports étaient libérées lentement (phéropax pour le *Bostryche*).

Une méthode protégeant l'environnement est la **lutte antiparasitaire biologique**. On tente de renforcer ou d'introduire des *ennemis naturels* (*prédateurs, parasites* ou *agents pathogènes*) (Sch. B). On a réussi à limiter efficacement les effets dévastateurs des parasites venus des Etats-Unis (la cochenille velue des citrus, la cochenille de San-José) en important leurs ennemis.

L'agent pathogène *Bacillus thuringiensis* a un effet mortel sur certaines chenilles (piérides, hyponomeutidés, etc.).

L'utilisation d'**entomophages** est entravée en agriculture par les monocultures et le désherbage sur de grandes surfaces ; p. ex.

les *ichneumons* et les *tachinides* se nourrissent d'ombellifères.

De même, des quartiers d'hiver et des lieux de nidifications manquent (haies et bosquets).

Des recherches récentes s'attachent aux **systèmes naturels de défense** des plantes.

Mécaniquement, les plantes peuvent se protéger de leurs prédateurs par des épines, des poils irritants,

chimiquement, en développant des substances insecticides (*pyréthroïdes, roténoïdes*) ou des analogues des hormones juvénilisantes (*phytoecdystéroïdes*).

Il faut ajouter des **antifeedants** (généralement des terpénoïdes).

Les plantes de cultures d'élite n'ont pas développé ces substances de défense.

Les mesures pour la lutte antiparasitaire ne doivent pas seulement s'orienter d'après les parasites. Pour alléger la charge sur les écosystèmes, différents procédés biologiques supportables sont à combiner (**protection intégrée des plantes**) (Sch. F).

Ralstonia solanaraceum est une bactérie qui s'attaque en zone tropicale à la plupart des plantes cultivées (p. de terre, tomates, aubergines, tabac, bananes) en donnant la « **pourriture brune** » qu'on ne sait pas combattre. Le décryptage achevé de son génome et l'identification ultérieure des protéines en cause ouvrent avec le **génie génétique** une perspective d'avenir.

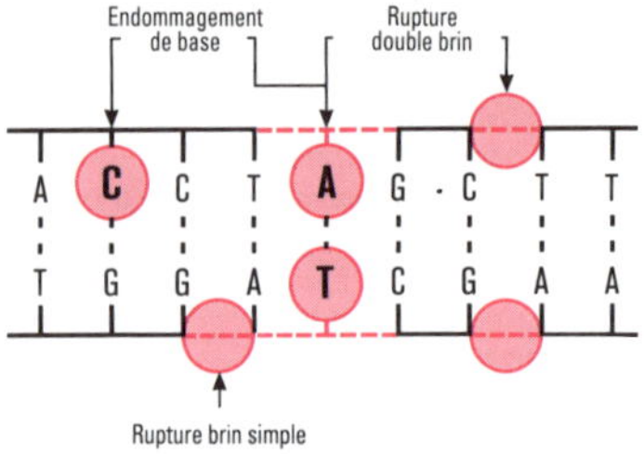

A Dommages par rayonnement sur la molécule d'ADN

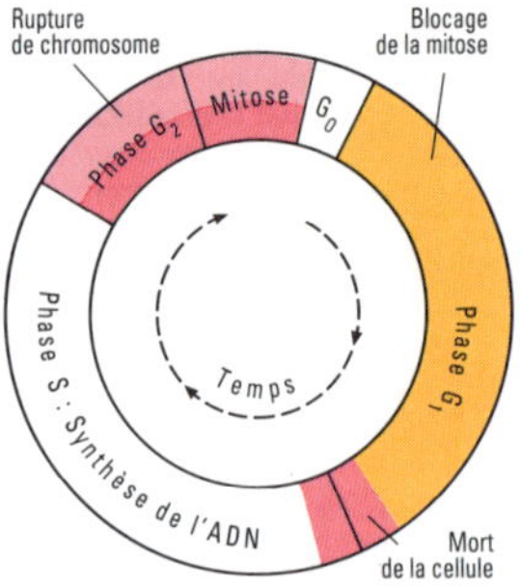

B Conséquences des rayonnements sur le cycle cellulaire

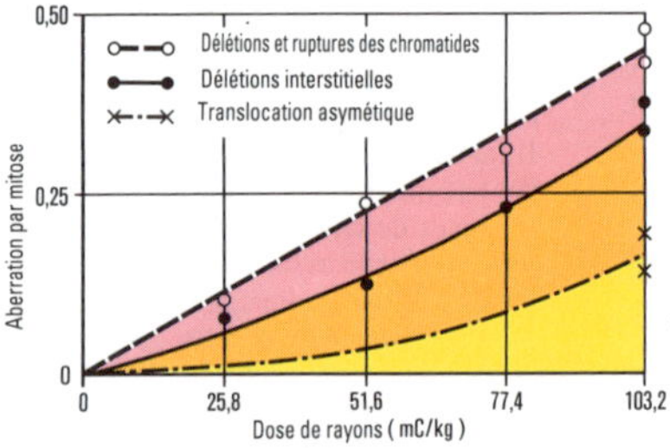

C Rupture des chromosomes des thymocytes 24 h après irradiation globale du corps

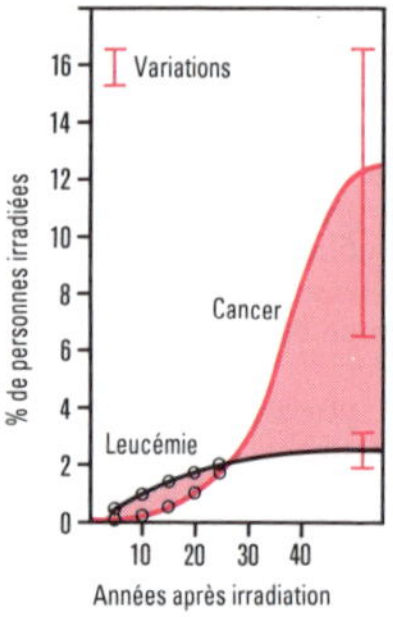

D Dommages tardifs par rayonnement (Hiroshima)

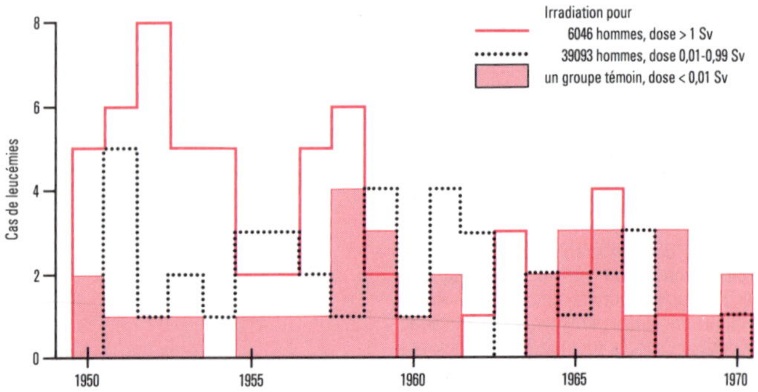

E Leucémies à Hiroshima

Conséquences d'irradiations

L'exploitation de l'énergie nucléaire semble ne pas poser de grands problèmes du point de vue technique, si l'on *respecte le confinement*. Les biologistes et les médecins voient dans l'**inévitable accroissement des charges liées aux rayonnements** dû à l'exploitation de l'énergie nucléaire un problème majeur. Des **radio-isotopes** ont non seulement des *effets pathogènes*, mais aussi *mutagènes*.

Les **mutations** se remarquent au plus tôt à la génération suivante, mais peuvent aussi, lorsqu'elles sont récessives, ne transparaître que des générations plus tard de manière phénotypique, quand tout lien avec une exposition à un rayonnement intensif n'est plus prouvable.

Les radionucléides ont un *rayonnement actif* (p. 59), qui dépend de leur période. Les grandes particules de radionucléides atteignent la Terre par **fall-out**, dépôt direct de particules solides et de gouttelettes. Les précipitations peuvent lessiver des particules dans l'air (**wash-out**). Dans une atmosphère humide les aérosols contenant des nucléides forment des noyaux de condensation, qui provoquent des précipitations locales à rayonnement radioactif élevé (**rain-out**).

L*es effets biologiques* des radionucléides dépendent de la quantité d'énergie qui est transmise à la matière de l'organisme (**dose d'énergie**).

La durée de séjour d'un nucléide dans l'organisme est décisive ; la **période biologique** correspond au temps nécessaire pour que la moitié de la quantité de nucléides initialement absorbée soit restituée ou décomposée.

La **dose équivalente** tient compte du fait que les différents types de rayons agissent différemment lors du passage dans un organisme, selon la nature des tissus, et qu'ils véhiculent des quantités d'énergie différentes ; ceux-ci peuvent transformer des atomes en ions (**ionisation**). En raison des différentes teneurs énergétiques des rayons, la **densité d'ionisation** et les *incidences biologiques* qui en résultent sont très différentes.

On distingue réactions primaires et secondaires dans les conséquences biologiques dues aux rayonnements. Les rayons alpha et bêta, qui ont une capacité de pénétration réduite, ont avec des atomes une **réaction primaire,** aux incidences biologiques élevées, car ils transmettent toute leur énergie aux cellules.

L'inhalation, l'absorption dans de la nourriture ou par des plaies, de rayons alpha et bêta par l'organisme sont très dangereuses ; des nucléides sous forme gazeuse, comme le radon $^{222}_{86}Rn$, sont particulièrement dangereux.

La densité d'ionisation des rayonnements *alpha, bêta et gamma* est de 10 000 : 100 : 1. Des rayons à haute densité d'ionisation (rayons-*alpha,* neutrons rapides) suivent une trajectoire linéaire sur la courbe doses-effets, que les rayons à faible densité de ionisation (rayons-*bêta et gamma*) n'atteignent qu'après avoir suivi une trajectoire plate au début.

Les **réactions secondaires** permettent aux neutrons lents et aux rayons *gamma (Röntgen)* de transmettre de l'énergie à des électrons. Ceux-ci sont détachés de l'enveloppe d'électrons de l'atome et peuvent détruire des milliers de combinaisons d'atomes lors de leur passage à travers la matière.

Dommages causés par les rayons

Les effets primaires et secondaires provoquent des réactions chim. dans les cellules somatiques et germinales, en partic. sur le matériel génétique (Tab. A).

La division cellulaire est empêchée (Tab. B).

La forme et la taille de la cellule peuvent être modifiées.

Des oscillations dues à la résonance avec des particules riches en énergie cassent des molécules complexes, comme l'ADN (Tab. A).

Les rayons causent des **dommages somatiques** intenses chez l'homme lors d'une irradiation intensive de 1 Sv (*brûlures de la peau, chute des cheveux, modification du schéma sanguin)* .

Au niveau organique, les répercussions sur la division cellulaire provoquent une prolifération de tumeurs malignes (*cancer)* et dans les premiers mois de grossesse des *malformations embryonnaires,* en partic. au niveau du cerveau (*microcéphalie).*

Les organismes plus jeunes sont plus exposés à ces risques que les organismes âgés, en raison des divisions cellulaires plus fréquentes.

Une dose équivalente de 0,5 Sv provoque déjà *vomissements et diarrhées.* A partir de 2 Sv la dose peut être mortelle, à partir de 5 Sv elle l'est obligatoirement.

Des **doses faibles** n'ont pas de conséquences somatiques précoces ; mais l'effet des rayons n'en est pas pour autant réduit, il est seulement plus rare.

Une irradiation à 1 Sv de 10 000 personnes laisse présager les mêmes effets que celle d'un million de personnes à 1 mSv. Une irradiation supplémentaire de 10 mSv augmente statistiquement pour 100 personnes sur 1 million les risques de développer un cancer. Ces chiffres ne sont cependant pas prouvés statistiquement. Les effets somatiques tardifs sont la *leucémie* et, plus tardivement, certaines autres formes de cancers (Tab. D, E).

10 mSv entraînent pour l'équilibre génétique un risque supplémentaire de 0,2 % de développer de nouvelles mutations génétiques au détriment du patrimoine chromosomique d'une population. Une mutation ponctuelle de l'ADN par *endommagement d'une base* modifie l'information génétique (Sch. A : AC-C devient AC-T) et le sens des ARNm.

Les dommages des bases et les cassures simple-brin qui peuvent se produire à partir de 1 Sv empêchent les cellules de disposer de système d'auto-réparation.

Les *cassures double-brin* se produisent à partir de 50 mSv et entraînent des **délétions** (pertes de chromosomes) et des **translocations** (passage de morceaux de chromosomes d'une paire à une autre), et entraînent en r. g. la mort de l'organisme vivant (Tab. C).

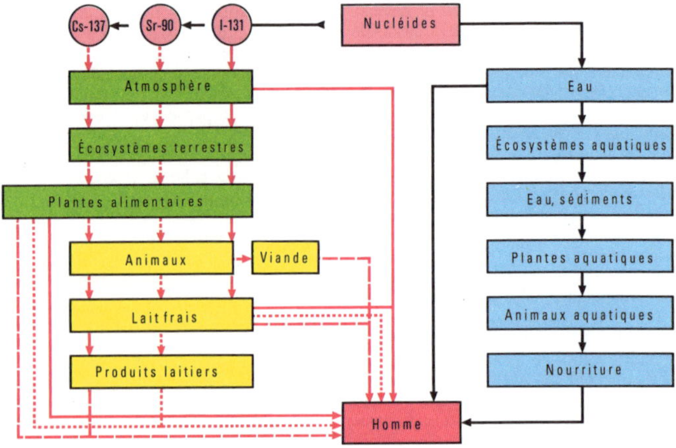

A Origine de l'exposition indirecte aux rayonnements

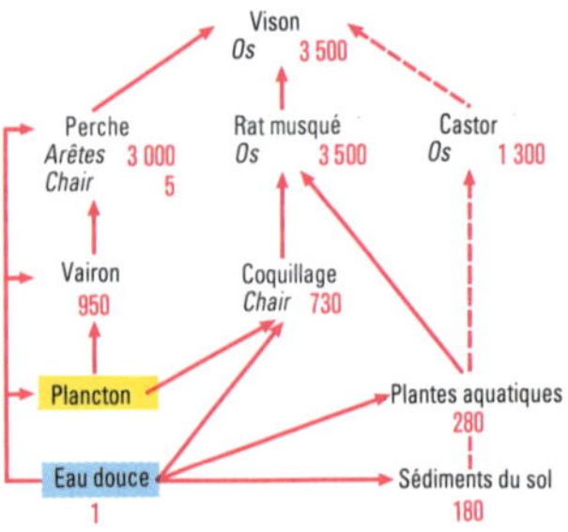

B Concentration de Sr-90

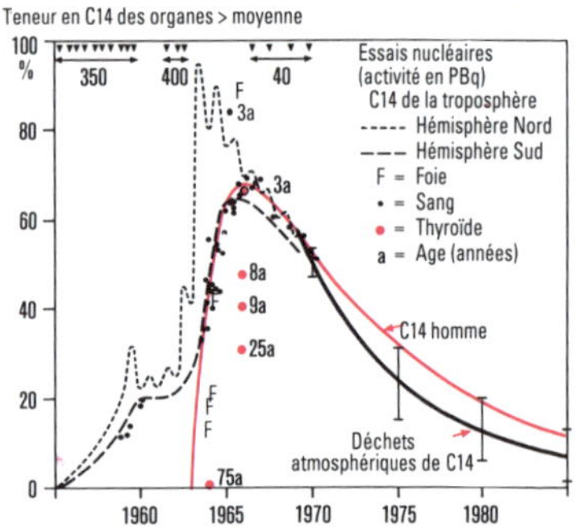

C Bombes atomiques et rayonnement

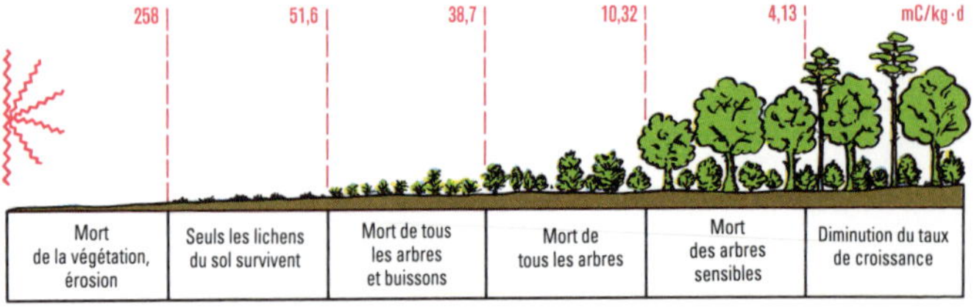

D Pollution radioactive d'un écosystème terrestre (forêt)

La **radioécologie** a pour objet l'étude du comportement et des effets des substances radioactives dans la biosphère. On étudie le transport des radionucléides dans la partie abiot. de la biosphère depuis leur libération. On suit leur absorption, leur dissémination et leur dilution par les individus, leur stockage dans les chaînes alimentaires jusqu'à leur consommation finale (**chemin d'exposition écologique**).

Les nucléides peuvent influencer la biocénose à chaque niveau trophique (Tab. A).

Le **chemin d'exposition physique** permet aux radionucléides de s'échapper de complexes industriels, par les eaux usées ou les cheminées, et d'irradier directement les organismes vivants (*irradiation extrême, submersion).*

Les rayons *bêta* n'endommagent que la peau, en raison de leur faible pénétration, les rayons *gamma* provoquent une irradiation complète du corps.

Sur les lieux de travail où on utilise des radionucléides, ceux-ci peuvent atteindre directement la surface du corps (*contamination externe).*

L'*inhalation* de substances gazeuses et d'aérosols et la consommation d'aliments (*ingestion)* permettent aux nucléides de pénétrer dans le corps par le **chemin d'exposition physiologique**, où ils sont répartis et où ils irradient le corps de l'intérieur (*irradiation interne).* Les voies les plus fréquentes d'ingestion sont les suivantes :

La plus dangereuse est la *voie pâturage-vache-lait*, qui représente un grand risque pour les enfants, en raison des grandes quantités de produits laitiers (lait frais) rapidement mis sur le marché contenant des nucléides à durée de vie réduite (^{131}I, période de 8 jours) ;

La voie *herbage-viande (poisson)-homme* permet aux nucléides d'atteindre un degré de stockage élevé, lorsqu'ils ont transité dans beaucoup d'organismes (étapes trophiques) et qu'ils se sont déposés dans la masse musculaire ou des organes internes, comme le foie (Tab. C).

La *voie plante-homme* permet aux nucléides du fall-out et des irrigations artificielles d'atteindre l'homme (Tab. A).

Les radio-isotopes se concentrent selon l'espèce et l'organe lors du trajet de la source émettrice via l'alimentation vers le consommateur final (Sch. B, C) ; dans les organes de l'homme, en partant p. ex. d'une pollution de l'air de facteur 1,

on trouve dans la zone du nez et du pharynx une dose double, triple dans la trachée, quadruple dans les poumons et décuple dans le sang.

Les *isotopes* du Pu sont stockés sans raison physiologique apparente par les ganglions lymphatiques.

Les *isotopes* de l'iode se concentrent dans la glande thyroïde, ce qui correspond à leur fonction, qualité que l'on utilise lors des analyses radiologiques de cet organe.

Si les radio-isotopes sont stockés dans des organes (p. ex. le ^{90}Sr dans les os) qui ne présentent pas d'intérêt alimentaire pour le prochain consommateur, leur rôle écologique n'a que peu de valeur (Sch. B).

Le **facteur de concentration** peut se situer entre 1 et 1 million (^{32}P dans les algues du lac de White-Oak : 850 000 ; KRUMHOLZ/FORSTER 1957) ; on mesure des valeurs élevées chez les micro-organismes et les algues pour les radionucléides, comme le ^{32}P (sous forme de phosphate), le ^{14}C (toutes molécules organ.) et le ^{3}H (H_2O et toutes les autres molécules organ.).

Les isotopes aux propriétés chim. analogues à celles des éléments nécessaires aux cellules, avec lesquels ils entrent alors en concurrence (comme le ^{90}Sr avec le Ca des os ou le ^{134}Cs avec le K des nerfs) atteignent eux aussi des valeurs élevées.

La migration des **nucléides dans l'écosystème** dépend des structures du sol, qui fixent différemment les atomes. L'introduction dans la biocénose dépend de l'espèce végétale, de l'âge de l'individu, de la température et de l'humidité, ainsi que de la composition des substances nutritives du sol. La transmission à un consommateur dépend aussi de l'espèce et de l'âge. Elle se fait après l'alimentation, l'approvisionnemnt en vitamines et en oligo-éléments.

Un bon approvisionnement en Ca évite l'installation du ^{90}Sr dans les os.

Si la glande thyroïde a un approvisionnement en iode suffisant, l'^{131}I n'est pas stocké.

C'est pour cette raison que l'on stocke préventivement des comprimés d'iode pour les populations exposées à des risques d'accident nucléaire.

La transmission des nucléides du sol vers la plante et des plantes aux consommateurs est le fruit de **facteurs de transfert**, qui en raison de nombreuses variables sont difficilement définissables pour la biocénose. Ils tiennent compte de l'activité d'un produit (p. ex. le lait) par rapport à l'activité du produit de départ (ici : le fourrage).

Les plantes réagissent différemment aux rayons :

interruption de la croissance et mort peuvent modifier l'éventail des espèces dans un biotope.

Les animaux ont une sensibilité encore plus grande que les plantes, et cette sensibilité varie en fonction des différents stades de leur développement.

Les larves d'insectes meurent déjà avec une dose d'énergie de 2 Gy, des animaux adultes deviennent stériles à partir de 50-70 Gy et meurent à partir de 500-1000 Gy.

Le risque diminue en partant des vertébrés évolués vers les insectes et les unicellulaires moins évolués.

L'éventail des espèces se modifie et modifie le biotope, et de ce fait l'écosystème (Sch. D).

20-30 Gy/jour réduisent le nombre d'espèces animales, 200-300 Gy/jour affaiblissent les arbres feuillus, les exposant ainsi à un risque accru d'attaques par des insectes.

Dans les eaux l'éco-accumulation est un facteur de risque, qui réduit l'éventail des espèces, au profit des niveaux trophiques inférieurs.

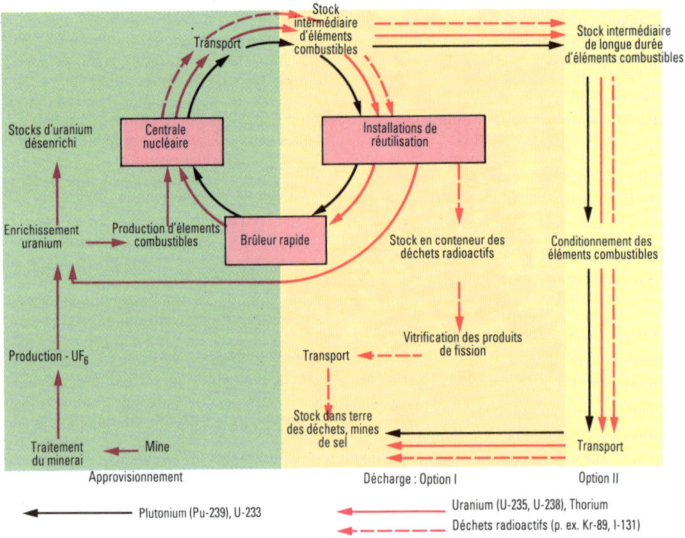

A Cycle de combustion nucléaire et concepts de retraitement des déchets

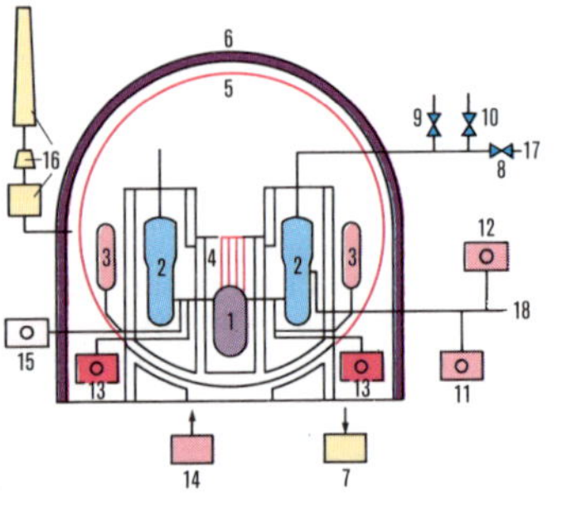

1 Pressuriseur
2 Générateur de vapeur
3 Réservoir (système de secours et refroidissement)
4 Système d'arrêt d'urgence du réacteur
5 Enceinte de sécurité
6 Enceinte de confinement
7 Système d'évacuation (gaz-eau)
8 Arrêt rapide vapeur
9 Clapet de sécurité vapeur
10 Clapet de réglage du dégagement
11 Système de secours d'alimentation en eau
12 Système de secours
13 Système de secours et refroidissement
14 Système de protection du réacteur
15 Système de régulation du volume (actionné par le système de sécurité)
16 Système d'évacuation de l'air
17 Vers la turbine
18 Part des pompes d'alimentation primaires

B Système de sécurité d'une centrale nucléaire

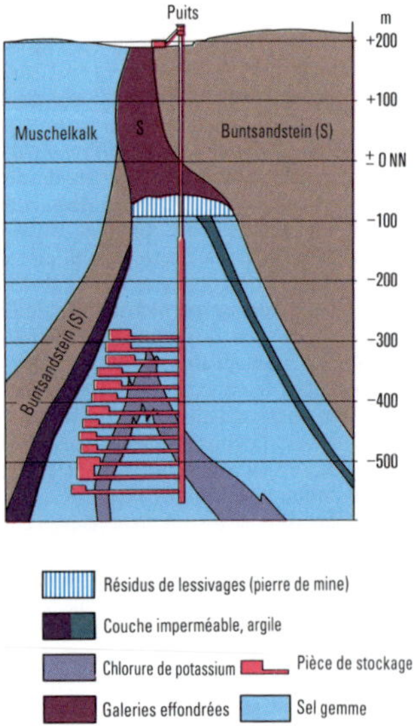

C Stockage dans la mine de sel d'Asse

Cycle de combustion nucléaire, système de sécurité, décharge

La **pollution radioactive** artificielle la plus élevée provient de l'exploitation militaire de l'énergie nucléaire. Son exploitation pacifique par des **centrales nucléaires** pose un problème partic. aux ingénieurs de sécurité des pays industrialisés en raison de leur forte densité d'installation (cf p. 257 *Tchernobyl)*. Le problème de l'exploitation de l'énergie nucléaire commence dans les mines d'uranium, se poursuit lors de l'enrichissement isotopique, dans les réacteurs et lors de la combustion, pour poser en fin de parcours le problème des déchets et rejets nucléaires (Sch. A).

Extraction du minerai d'uranium : Comme la décomposition naturelle produit du ^{222}Rn, volatile, source de rayons *alpha*, qui peut être inhalé, lié à des particules en aérosol, l'extraction du minerai nécessite certaines mesures d'aération spécifiques, qui sont 5-10 fois plus élevées que dans d'autres types de mines.

Le **travail** des minerais doit tenir compte, en plus des problèmes de la mine, des normes de sécurité d'une entreprise, inhérentes à la protection contre le rayonnement.

Des nucléides issus de désintégrations naturelles peuvent s'échapper des *mines de stockage*, pénétrer les sols et s'infiltrer dans les eaux souterraines, et atteindre de ce fait par le biais de la chaîne alimentaire l'organisme, pour y être stockés.

Pour la **production de combustibles,** la teneur en ^{235}U, uranium naturel, est augmentée (**enrichissement**), et passe de 0,7 % (99,3 % d'^{238}U) à 2-4 %.

Les processus incessants de fission libèrent des déchets faiblement et moyennement solides, liquides et gazeux, qui doivent être apportés au stockage final.

Les problèmes majeurs que pose l'**exploitation d'une centrale nucléaire** sont la *sécurité de l'entreprise* et l'*élimination des déchets* du combustible nucléaire “calciné”. Toutes les installations nucléaires sont équipées par mesure de sécurité et pour parer à tout accident d'un *système de sécurité à barrières multiples* (Sch. B).

Des *systèmes d'interruption rapide des réacteurs* servent à interrompre la fission nucléaire, permettant ainsi de ramener la production énergétique dans le cœur du réacteur à une température de fonctionnement normal.

Le *système d'apport supplémentaire en eau* peut abaisser la température de fonctionnement normal et entraîner une baisse de la température des produits de refroidissement.

Toutes les parties importantes en activité de l'installation sont contenues dans une *chaudière nucléaire en acier*, entourée d'une *enceinte en béton armé,* qui doit protéger les parties sensibles d'agressions extérieures (accident d'avion, explosions, inondations, tempêtes, foudre).

Une **centrale nucléaire** émet des radionucléides dans les gaz de fission (^{133}Xe), les aérosols (^{90}Sr, ^{137}Cs) et sous une forme solide (^{131}I, ^{14}C).

L'expérience a démontré que cette valeur est p. ex. pour le ^{131}I de 1/30 de la valeur autorisée.

Des **centrales nucléaires à fission rapide** (surgénérateurs) sont encore considérées comme techniquement nécessaires avec leur circuit de combustion fermé, afin de préserver les réserves en ^{235}U. On emploie l'^{235}U, à fission facile, dans les réacteurs à eau bouillante ou pressurisée.

Dans les **surgénérateurs** le ^{239}PU (*plutonium)* libère des neutrons rapides riches en énergie, qui transforment les noyaux stables d'^{238}U en ^{239}PU facilement fissile.

En théorie 4 atomes de ^{239}PU donnent en utilisant des atomes d'^{238}U 5 atomes fissiles de Pu. L'énergie libérée sert à fabriquer de l'électricité.

Les problèmes de sécurité concernent le produit de transmission de la chaleur, du sodium, dont la température s'élève à 500 °C, et qui sert à refroidir le réacteur et à faire circuler l'énergie thermique dans un circuit secondaire de Na vers l'eau alimentant des turbines.

Le plus grand danger potentiel est la quantité de plutonium radioactif exploité et son utilisation à d'autres fins (*bombe de Nagasaki :* ^{239}PU).

La sécurité du réacteur d'essai **SNR 300 (Kalkar)** doit être assurée, comme pour les centrales nucléaires, par des enveloppes de sécurité imperméables aux gaz, complétées par des systèmes d'interruption et d'évacuation de la chaleur résiduelle, ainsi que des conteneurs internes et externes capables de récupérer le sodium.

Le devenir du **combustible calciné** est le problème écologique central posé par l'exploitation des centrales nucléaires. Les techniques comme :

le *stockage final direct des déchets* (Sch. A, option 2) ou le *concept intégré de **retraitement** des déchets* (option 1) sont très discutées.

Le coût du stockage direct final est de 30 % moins cher que le retraitement des déchets, mais ce dernier permet d'économiser 35 % du combustible.

Le concept de stockage final soumet le personnel de l'entreprise à un rayonnement de 10-15 % plus élevé, concernant le cycle complet de combustion ;
toute autre installation nucléaire techn., p. ex. des installations de traitement des déchets, représentent un risque radiologique plus élevé pour la population.

Les usines de retraitement libèrent les isotopes ^{3}H, ^{14}C, ^{85}Kr, ^{129}I, des aérosols *alpha et bêta*, ainsi que des gaz rares à durée de vie réduite et de l'ozone (*dépérissement des forêts, trou d'ozone)*, qui favorisent la production de photo-oxydants.

En France, le retraitement est effectué à l'usine de la Hague, qui a été la cible de plusieurs actions d'éclat de la part de groupes écologistes (p. ex. Greenpeace). L'impact de cette usine est très discuté.

Dans la *mine de sel d'Asse* (Allemagne) on expérimente le stockage de déchets faiblement ou moyennement radioactifs (Sch. C).

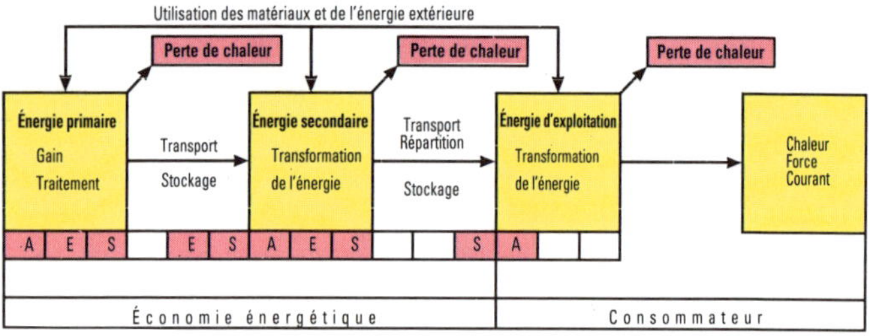

A Pollution du sol par l'exploitation énergétique (A = Air, E = Eaux, S = Sols)

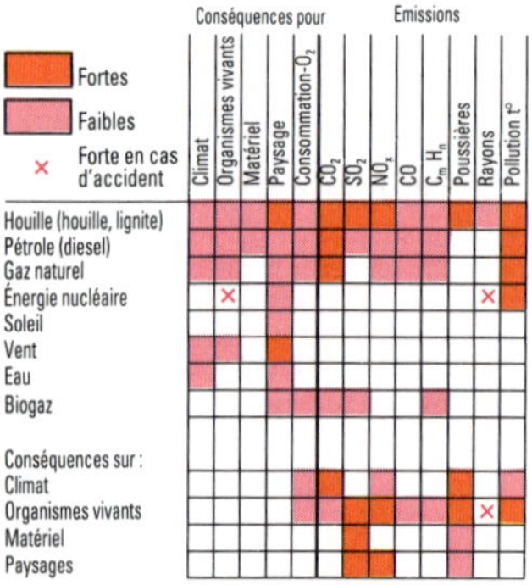

B Charges de la production énergétique

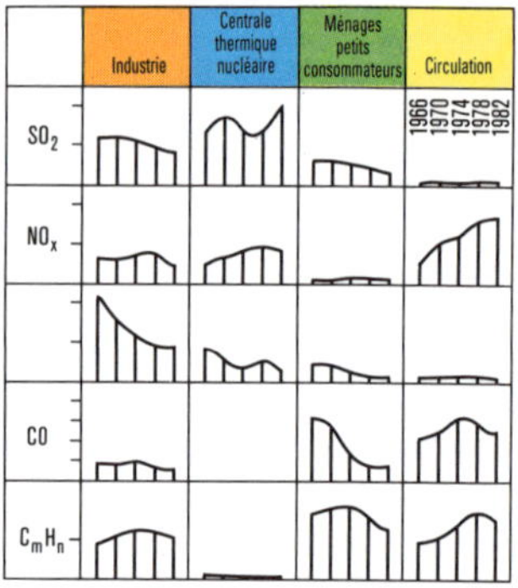

C Émissions en ex-RFA (teneur relative)

lieu de consommation (g / MWh énergie finale)	SO_2	NO_x	CO	C_mH_n	
Chauffage fuel	500	180	360	54	9
Chauffage gaz	3,6	108	252	5	-
Four / lignite	432	43	25200	540	1188
Four / houille	1584	180	36000	1440	1260
Chauffage pompe à gaz	3,6	3600	720	540	-
Chauffage pompe à diesel	500	2340	720	360	90
lieu de transformation (g / MWh énergie primaire)					(estimation)
Raffineries	171	190	80	50	34
(vieille) centrale à charbon	3840	1900	60	12	682
Centrale (moyenne)	2185	1013	32	12	183
Centrale à charbon	500	2100	315	12	63
Centrale à charbon (comb. tourbillon.)	320	517	60	12	104
Enrichissement de la houille	300	190	80	74	34
Combustion des déchets	(1500)	(575)	(750)	(670)	(220)

D Émissions toxiques des installations productrices d'énergie

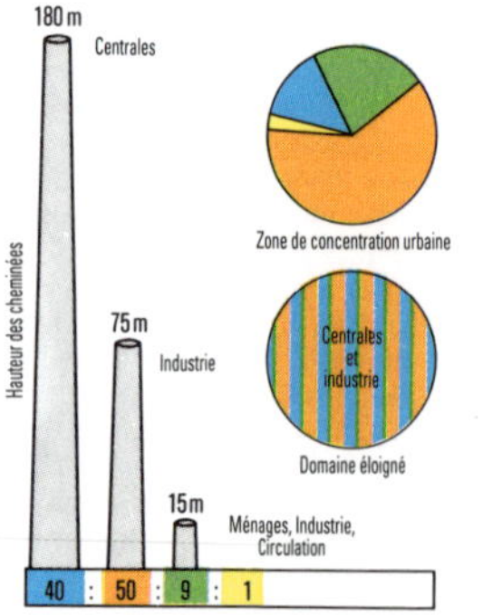

E Rapport entre émissions (à gauche) et retombées (à droite en haut)

Transformation énergétique et pollution

La production énergétique nécessaire à l'homme est toujours source de nuisances pour l'environnement, que ce soit parce que l'énergie est produite à partir de combustibles fossiles, parce qu'on exploite l'énergie nucléaire ou parce qu'on investit dans des énergies renouvelables (Sch. A).
L'*énergie primaire* (énergie chim. des pétroles, énergie nucléaire, solaire, etc.) est transformée en *énergies secondaires*, chaleur et courant, qui subissent encore quelques transformations et atteignent le consommateur (Sch. A).

Sources d'énergie primaire

L'extraction de la *houille* dans les mines de fond et du *lignite* en surface pèse sur l'environnement :
endommagement des flancs de montagne après affaissement du sous-sol (houille) ;
stocks de produits extraits, 30-40 % de la masse extraite pour la houille, modification du paysage par des terrils (houille, lignite) ;
pollution au SO_2 par des incendies dans les mines (houille) ;
abaissement du niveau des eaux souterraines (houille, lignite), donc endommagement de la végétation ;
eaux usées salines (13 m^3 d'eau d'extraction par t de lignite, eau de lessivage pour l'extraction de la houille) ;
poussières et bruit.
Des forages *pétroliers* profonds remontent jusqu'à 50 % d'eau salée en surface. Sa visquosité très élevée permet au pétrole de pénétrer uniquement les couches supérieures du sol, mais
il pollue l'eau en partic. lors de son extraction sous-marine ou lors de son transport en haute mer.
Le *gaz naturel* est une source d'énergie relativement propre, car il peut être nettoyé après son extraction (en partic. de toute trace de soufre).

Transformation de l'énergie

La plus grande nuisance lors de l'exploitation des sources d'énergie fossiles est créée lors de la transformation de l'énergie chim. en énergie thermique, pour la propulsion des turbines des centrales, des moteurs d'engins ou pour chauffer. On a d'abord tenté de réduire la concentration des émissions sur les lieux de combustion des installations techn. d'envergure, en *augmentant la taille des cheminées*, mais on a juste
déplacé les problèmes d'émissions plus loin, là où les forêts et les lacs sont endommagés par des produits polluants *(pluies acides)* gazeux lessivés (Sch. E ; p. 210, Sch. A).
Une transformation de l'énergie sans *chaleur résiduelle* est impossible :
pour 1kWh d'électricité produite, 1, 2-2 kWh sont libérés sous forme d'énergie inutilisée.
La déperdition de chaleur se fait vers l'atmosphère pour le refroidissement à sec et vers les eaux pour les refroidissements humides (Sch. A).

Transport de l'énergie

Les transports d'énergie (Sch. A) se font par des pipe-lines, des véhicules ou des conduites électriques. Les risques potentiels liés aux pipe-lines sous-marins ou des zones de grand froid sont élevés en raison des risques de corrosion et de rupture.
Le transport par véhicule est une source de pollution encore plus grande.
On peut classer par risque croissant : transport maritime, transport ferroviaire et fluvial, transport routier.
Les traces des conduites électriques à l'air libre découpent le paysage en couloirs allant jusqu'à 200 m de large pour des raisons de sécurité, isolant les biotopes et diminuant leur valeur récréative.

Consommation d'énergie

La consommation d'énergie par l'industrie, la circulation, les ménages et les petits consommateurs, p. ex. les entreprises artisanales, représente un problème en soi dans les zones de concentration urbaine.
Les *émissions* sont spécifiques de chaque branche industrielle (p. ex. des cyanures pour les hauts-fourneaux, du fluor pour les usines d'aluminium), et des différentes possibilités de production d'énergie des ménages.
Les modifications d'exploitation ne modifient en r. g. que les problèmes d'émission.
Les moyens de transport utilisant des carburants polluent l'environnement par le bruit (p. 158 s), les émissions de CO, Pb, SO_2, NOx et hydrocarbures, et cette pollution tend à augmenter (Sch. C).
Les risques liés à la production d'énergie sont réglementés par des décrets, par une réglementation de la protection des rayonnements, une réglementation techn. de l'air, une réglementation des risques d'incendies majeurs, et par une incitation à l'équipement des véhicules avec un pot catalytique.
Les valeurs maximales sont toujours le fruit d'un compromis politique entre la partie productrice d'émissions et celle qui n'en produit pas.
La **comparaison des risques** entre les différentes manières de production d'énergie se fonde sur des valeurs expérimentales et des calculs prévisionnels ; à ce jour on s'est intéressé surtout à la comparaison charbon/énergie nucléaire ou énergies fossiles/renouvelables.
Les dates et les résultats sont interprétés différemment :
S.C. BLACK/F. NIEHAUS voient dans l'exploitation du charbon un risque moins élevé que dans la construction et la mise en route de centrales solaires sous forme de tours.
H.A. BETHE signale un risque plus grand dans l'exploitation du charbon pour les employés et la population que dans l'exploitation de l'énergie nucléaire.
D. TEUFEL/S. LOEBEN/W. SCHOFF pensent que les émissions radioactives des centrales nucléaires sont 4 fois plus élevées que le risque d'émission présenté par les centrales au charbon classiques.

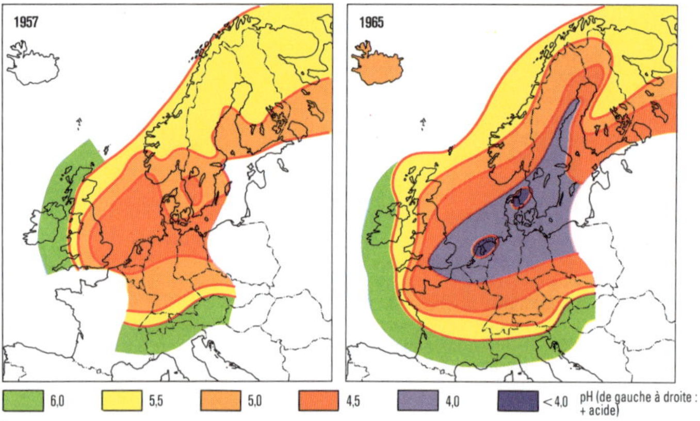

A Valeurs de l'acidité des précipitations en Europe 1957/1965

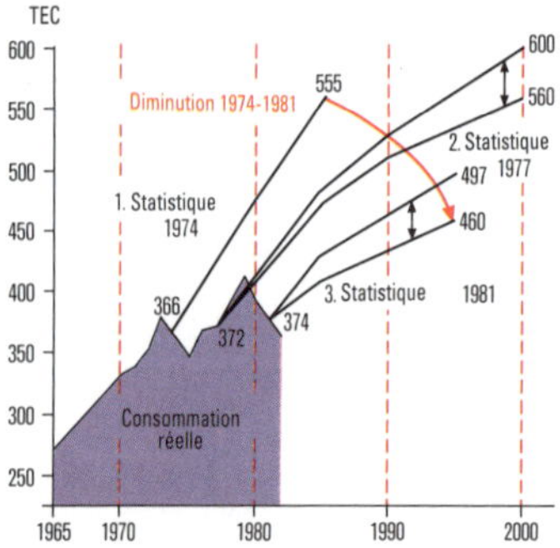

B Prévisions de consommation d'énergie (ex-RFA)

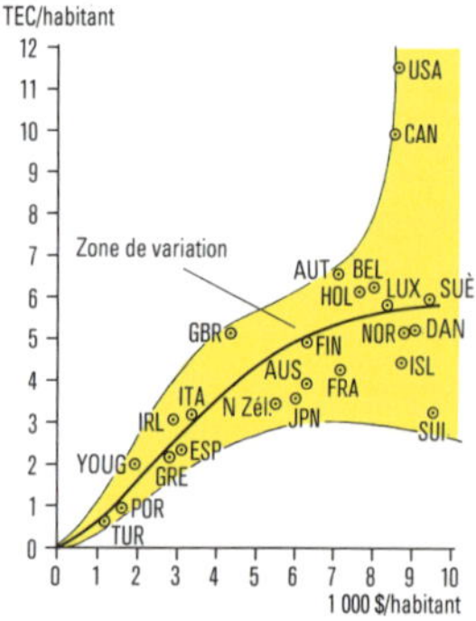

C Consommation d'énergie et économie

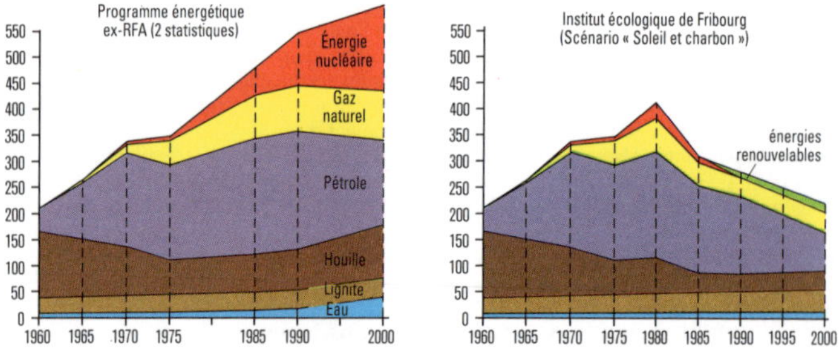

D Prévisions de consommation d'énergie pour l'ex-RFA 1980

Pollution transrégionale, besoins énergétiques

Jusqu'au début de l'industrialisation la **demande énergétique** dépendait de la demande en chaleur, les énergies de propulsions étaient apportées par des *animaux* et la *force hydraulique*. Le *charbon de bois* a constitué la forme habituelle de l'énergie utilisée en Europe au XIXe siècle, en concurrence avec la *houille*, l'énergie de la révolution industrielle.

Les nouvelles technologies ont élevé le besoin d'énergie, assuré tout d'abord par des *combustibles solides* (machine à vapeur) et depuis 1900 de plus en plus par le *pétrole* (propulsion par un moteur).

L'invention du générateur producteur de *courant électrique* (W.v. SIEMENS, 1866), la modernisation incessante des machines, l'accroissement de la population et les exigences de bien-être augmentèrent dans le monde entier les besoins en électricité et la capacité des centrales. Les besoins supplémentaires en énergie furent assurés à partir de 1945 par le pétrole, le gaz naturel et l'énergie nucléaire.

L'augmentation de la capacité des centrales et du parc automobile créèrent une augmentation des émissions, leur répartition dans les fleuves, les mers et l'air, et en firent un problème international ; p. ex. :

pollution du Rhin, de l'Elbe, de la Werra ; dépérissement des forêts et des lacs en Scandinavie par émission de gaz d'échappement des zones industrielles d'Europe centrale et d'Europe de l'Ouest (Sch. A) ;

Tchnernobyl (p. 257)

Longtemps on a considéré qu'il existait une relation linéaire entre **consommation d'énergie et croissance économique**, et que celle-ci était inéluctable. Malgré une demande croissante d'électricité et un développement croissant

les besoins d'énergie en Europe stagnent, ou sont spécifiques à chaque État (Sch. C).

L'accroissement des besoins en électricité et la crise du pétrole favorisent l'exploitation de l'énergie nucléaire. Dans les pays en voie de développement des zones chaudes les énergies renouvelables peuvent jouer un rôle d'approvisionnement non négligeable.

Les **programmes énergétiques** estiment la consommation d'énergie à venir et planifient les constructions.

Pour construire une grande centrale il faut compter env. 10 ans.

Les décisions d'approvisionnement en énergie des pays industrialisés, p. ex. d'opter pour l'énergie nucléaire, et les planifications d'avenir des pays en voie de développement, p. ex. la désertification par déboisement, ont des incidences sur l'environnement.

La **crise de l'énergie** des années 70 a promu le développement de techniques plus économiques.

On procéda à des estimations des besoins réels, qui furent sans cesse ramenées à la baisse (Sch. B).

Des projections politiques sur p. ex. la part de l'énergie nucléaire permettent d'établir différentes prévisions pour le développement énergétique (Sch. D).

La politique énergétique doit donc résoudre le problème de la diminution de la pollution et de la planification de la production énergétique. Mais elle doit aussi faire face au **risque de tarissement de ressources en énergie**. En effet, la consommation d'énergie se fait principalement par l'utilisation de pétrole ou de charbon, dont la *quantité est limitée*.

On peut définir l'**ère utile d'un gisement**, qui correspond à la production maximale du gisement, quand les premiers 10 % ont déjà été extraits et avant qu'on l'abandonne alors qu'il reste 10 % de ressources, plus difficiles à extraire. L'ère utile est donc le temps nécessaire pour épuiser 80 % de la quantité totale de ressources au plus fort de la production.

Ce raisonnement peut être étendu à l'échelle planétaire. Il faut cependant tenir compte aussi des **réserves connues**, et de la *cinétique de découverte de nouvelles réserves*.

Les résultats concernant le **charbon** sont plus optimistes : les ressources mieux localisées (dans des couches géologiques bien particulières) et plus abondantes devraient permettre à l'humanité de "tenir" peut-être plusieurs siècles, surtout si l'on y ajoute les énergies renouvelables.

L'utilisation des ressources non renouvelables ne peut constituer qu'une **stratégie intermédiaire de développement**, et il faut envisager dès à présent le passage à d'autres formes d'énergie.

Il existe dans les océans (et à un moindre degré dans les *permafrosts* d'Alaska et de Sibérie) des quantités extraordinaires d'**hydrates de méthane**. C'est une sorte de glace formant des cages dodécaédriques qui piègent les gaz (méthane – butane – propane et H_2S). Ces lentilles d'hydrates sont interstratifiées dans les sédiments. C'est le résultat de la décomposition microbienne de la matière organique et de l'activité de sources froides au *niveau des zones de subduction* où T et P conjuguent leurs effets (température basse-pression élevée). Ces composés représentent une **énergie supérieure** à la totalité des réserves mondiales de combustibles fossiles.

Le gros problème c'est l'extraction et le transport après *liquéfaction*. Et si le réchauffement global les décomposait le méthane libéré exercerait un *effet de serre* 30 fois supérieur à celui du Co_2.

La commercialisation n'est sans doute pas pour demain mais pour les siècles à venir.

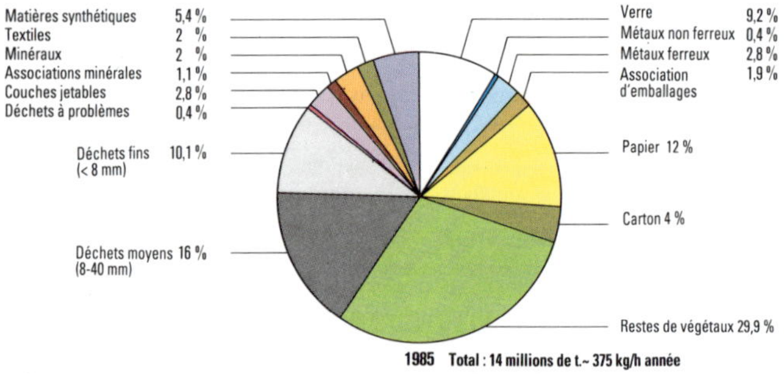

A₁ Composition des ordures ménagères en % de poids (ex-RFA)

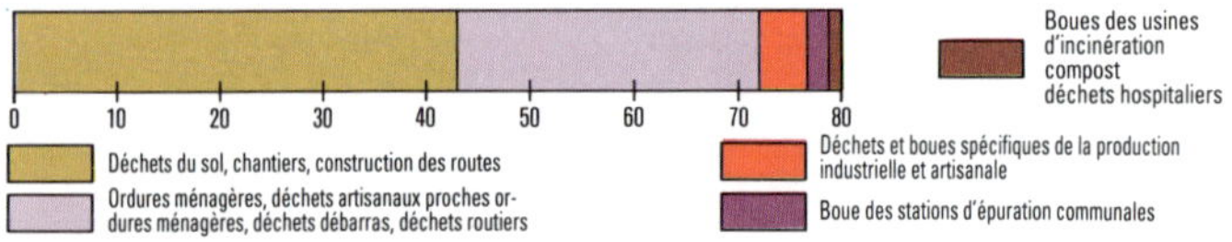

A₂ Déchets en 1982 (millions de t.)

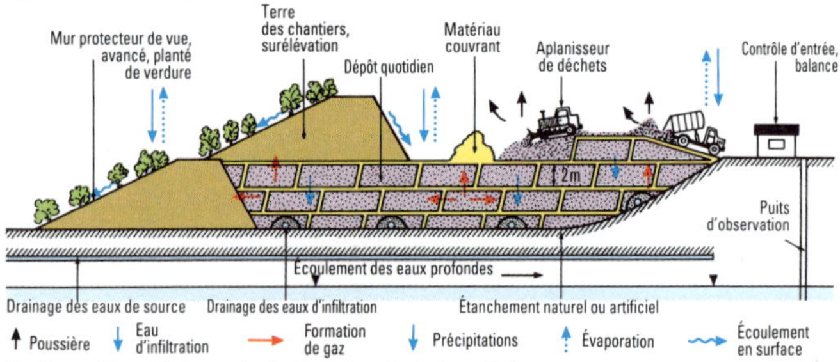

B Coupe d'une décharge et principaux transferts des substances

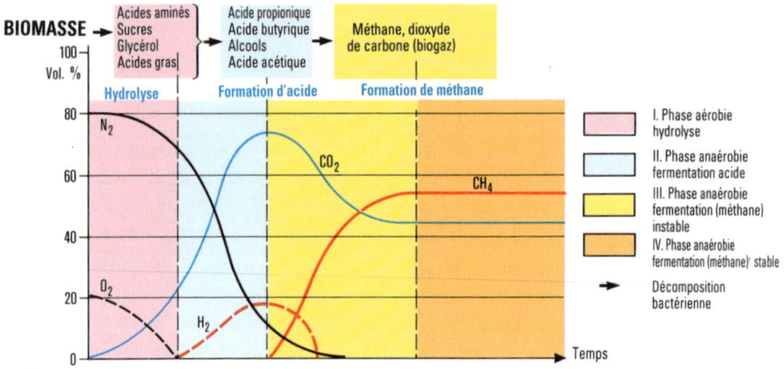

C Décomposition des substances organiques et composition des décharges

Types de déchets, décharges à ciel ouvert

Depuis que l'homme travaille, il produit des **déchets**. Autrefois déjà ils étaient collectés et épandus à l'extérieur de l'espace de vie, enterrés ou évacués au fil de l'eau. Comme on négligeait l'élimination des déchets, ils étaient souvent responsables de maladies contagieuses et d'épidémies.

Les ordures domestiques étaient constituées à 60 % de cendres et d'escarbilles, à 20-25 % de déchets organiques, dans une faible proportion de papier, de carton, de verre et de métaux. Il n'existait pas de matières plastiques. Les déchets ménagers étaient brûlés dans les poêles à charbon.

La quantité de déchets a jusqu'à maintenant augmenté de manière continue. Des emballages plus volumineux, souvent en matière plastique, le renouvellement plus fréquent des biens de consommation (meubles, produits ménagers, automobiles) ont transformé la composition des ordures (Sch. A).

L'élimination des déchets

Les services de voirie collectent dans chaque ville les ordures ménagères contenues dans des poubelles. Comme toutes les substances finissent tôt ou tard dans le cycle des substances, il n'existe pas à proprement parler d'*élimination* des déchets. Les ordures peuvent simplement être :

stockées dans des **décharges**,
brûlées dans des **usines d'incinération** ou
recyclées (déchets traités par **pyrolyse**).

La solution écologiquement la plus sensée, pour résoudre le problème des ordures, est d'**éviter d'en faire**.

Les décharges

Une **décharge** est un dépôt d'ordures contrôlé et réglementé sur des surfaces adaptées (Sch. B).
On distingue 6 *classes de décharges* :

Décharges pour le dépôt de sol de substances minérales, de déchets des agglomérations, de déchets industriels, de déchets nocifs et des décharges souterraines pour déchets nocifs.

65 % des déchets solides des agglomérations, env. 60 % des déchets industriels sensibles et plus de 90 % des déchets inertes (gravats, remblais) sont déposés dans les décharges.

Le nombre de décharges a diminué au profit de grandes unités de décharge (env. 50 000 avant 1972, en 1982 env. 365 et 2 621 décharges pour gravats).

Lorsque le sous-sol de la décharge n'est pas naturellement imperméable (argile, limon fin), il doit être rendu artificiellement étanche pour préserver la nappe phréatique. Pour l'étanchéification on peut utiliser des bitumes, des feuilles plastiques, lier le sol avec des résines synthétiques, du silicate ou avec d'autres produits liants.

C'est l'*étanchéité sur 30-50 ans* qui compte. Car il n'existe pas de matériaux ni de composés qui soient durablement étanches à toutes les substances.

Une élimination de déchets sans résidus n'existe pas encore à ce jour, c'est pourquoi les décharges sont indispensables.

Les ordures sont stockées en couches de deux mètres, sont comprimées mécaniquement et recouvertes d'une couche de gravats, de boues d'épuration (Sch. B).

Dans les ordures comprimées règnent dans un premier temps des conditions *aérobies*.

Les protéines, les hydrates de carbone et les graisses se transforment en acides aminés, en sucres, en acides gras (**hydrolyse**).

Avec la **formation d'acides** débute la *phase anaérobie*.

La décomposition en acides gras à chaîne courte par des bactéries libère du CO_2 et du H_2.

Après cela se forment sous l'action de *bactéries méthanogènes* (**fermentation**) des mélanges gazeux inflammables, explosifs et nocifs composés à env. 55 % de méthane, d'env. 45 % de CO_2 et en faible quantité de H_2S, CO, N_2 et de NH_4 (Sch. C).

Les gaz doivent être évacués par des conduites (**dégazement**) et peuvent, s'ils sont conduits vers une installation d'épuration des gaz de fumée, être utilisés comme *combustibles gazeux*.

La formation de gaz dans des décharges fermées gêne les mesures de remise en culture des terrains (les gaz qui s'échappent endommagent les racines des plantes).

L'**eau de ruissellement** (5-10 m^3/ha par jour) contient de nombreuses substances organiques dissoutes et des corps étrangers (sels, pesticides, hydrocarbures chlorés) en quantités variables, qui atteignent un niveau constant après plusieurs années.

A cause de la *charge de l'environnement par les poussières, les fumées de la combustion du soufre, les gaz, les matériaux légers éparpillés (papiers, sacs plastiques), les eaux de ruissellement et la vermine,* il est de plus en plus difficile de trouver des décharges appropriées.

L'entrée des déchets en mer

Les fleuves qui s'écoulent dans les mers apportent plus de matières polluantes que la pollution de l'air et que l'élimination des déchets en mer ne le font. Les bateaux polluent les mers par **vidangeage, immersion ou incinération** de matières polluantes.

Sur les navires incinérateurs les hydrocarbures halogénés sont incinérés à des températures >1200 °C dans des fours à ciel ouvert, ce qui introduit dans l'atmosphère des résidus hautement toxiques.

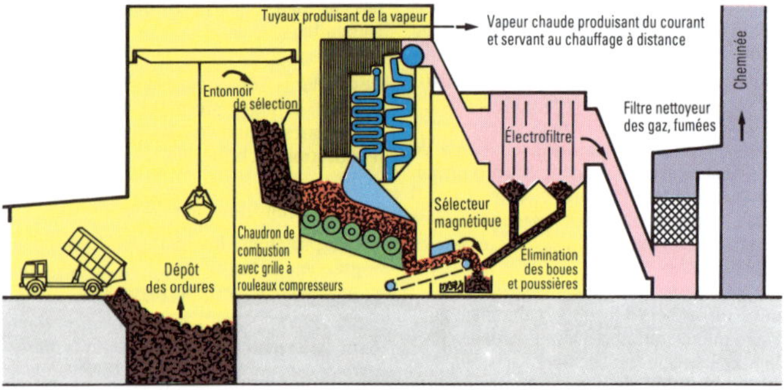

A Installation de combustion d'ordures avec production d'énergie

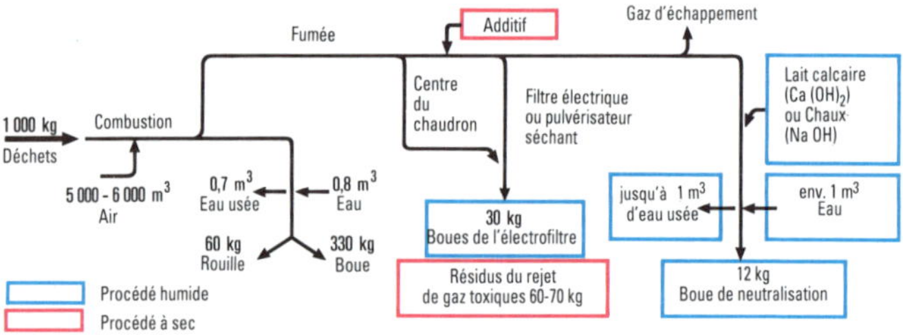

B Quantités résiduelles d'une installation de combustion d'ordures

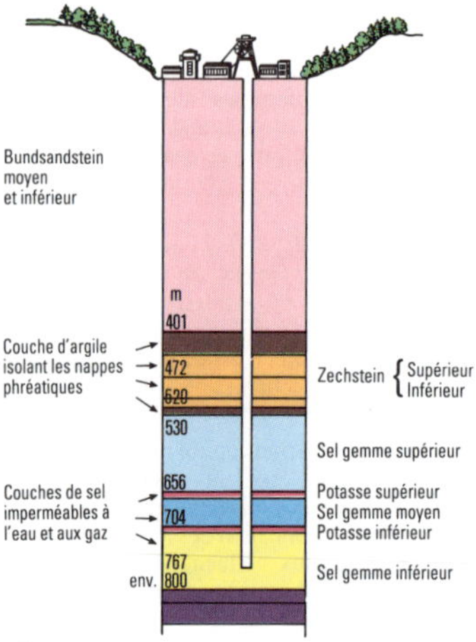

C Stockage souterrain de Herfa-Neurode (profil géologique)

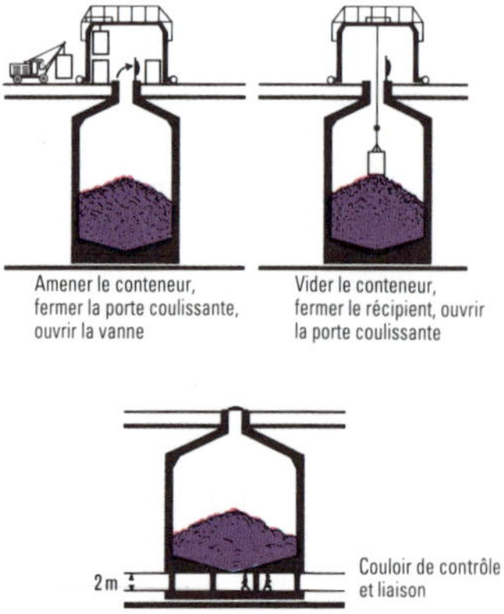

D Dépôt de haute sécurité artificiel (variante avec sous-sol aménagé)

Combustion des déchets et déchets particuliers

Les usines d'incinération des ordures (UIO)
En Allemagne 47 UIO incinèrent env. 8,5 millions de t de déchets (env. 34 % des ordures ménagères). Bien que 40 de ces UIO soient reliées à des récupérateurs de chaleur, l'énergie ainsi produite représente un apport < 0,6 % de l'énergie primaire consommée en Allemagne.

Les UIO (Sch. A) permettent *une réduction de volume de 10-20 %*, une *réduction de poids de 30-50 %* des matériaux de départ (Sch. B).

Comme les ordures non traitées préalablement sont de mauvais combustibles, elles sont réduites et mélangées puis brûlées avec du mazout ou du gaz. Dans la **combustion en lit fluidisé** la proportion de matière combustible peut diminuer de 1 % le poids total sans que la combustion (750-950 °C) en soit affectée. Des apports en calcaire et en dolomite peuvent fixer le soufre (p. 241).

La pollution est provoquée principalement par les **émissions de gaz** (HCl, HF, SO_2, NOx), de *métaux lourds* (Pb, Cd, Cr, Ni, Hg, Zn) et d'*hydrocarbures chlorés* (qui ne sont pas entièrement brûlés à des températures < 1 000 °C).

Une tonne d'ordures produit 5 000-6 000 m^3 de gaz brut (Sch. B). Pour l'**épuration des gaz de combustion,** des *filtres à toile* et des *électrofiltres* sont utilisés, les *séparateurs à voie humide* entraînent une forte pollution des eaux. Les émissions de poussières, de composés inorganiques de Cl, de SO_2 sont réduites.

Le **Hg,** Cd, Pd, Cu et Zn, les hydrocarbures halogénés (dioxine et furane : dans le gaz pur 20-227 ng/m^3 PCDD, 31-361 ng/m^3 PCDF), qui sont émis sous forme de gaz.

Les résidus à fort taux de sels, les scories hautement alcalines et les cendres volantes ne peuvent pas être réutilisés et doivent être transportés dans des décharges pour déchets nocifs.

Les déchets nocifs
sont des déchets qui nécessitent une surveillance et qui ne peuvent pas être stockés ou incinérés dans des décharges ordinaires. P. ex.

les cyanures utilisés pour l'affinage de surface de l'acier, les hydrocarbures fortement chlorés, les composés d'arsenic utilisés pour le traitement des métaux non ferreux, les résidus de mercure des batteries, les composés organiques de Hg utilisés pour le raffinage du gaz naturel, les résidus galvaniques, les restes de distillations chimiques, les résidus de la filtration, de l'évaporation, de l'épuration, les résidus de colorants et de la production de produits phytosanitaires, les résidus des installations d'incinération.

On renonce à l'ancien principe de *dilution par dispersion des substances* dans l'écosystème, il s'agit de retirer les substances qui ne sont pas réutilisables des cycles écologiques.

Si c'est possible les déchets nocifs doivent être *neutralisés* ou *désintoxiqués* avant d'atteindre leur lieu de stockage **intermédiaire** ou **final**.

Les résidus restants doivent être stockés dans des décharges spéciales. Elles doivent recevoir les résidus minéralisés et ceux qui ne subissent pas de transformations chimiques.

L'imperméabilisation de ces décharges doit présenter un **système à barrières multiples** dont l'étanchéité est *contrôlable* et *réparable*. Le stockage doit être *surveillé* et les substances stockées doivent pouvoir être *retirées*. L'étanchéité de surface empêche la pénétration des précipitations, l'imperméabilité du fond l'écoulement des eaux de décharge.

L'installation de nouveaux systèmes, des **conteneurs de haute sécurité** en béton armé (décharges bouteilles, décharges à cellules, décharges puits) avec des systèmes d'étanchéité et des drainages de contrôle est débattue (Sch. D).

Elles sont moins dépendantes de leur lieu d'installation, différents déchets peuvent être stockés séparément et ils peuvent être prélevés. Elles peuvent être utilisés comme lieu de stockage intermédiaire de déchets nocifs. Une mise en décharge finale pose problème car il n'existe pas de système technique fonctionnant durablement.

Pour exclure des écosystèmes sur une longue période des déchets hautement toxiques, des **décharges souterraines** dans des *mines* ou des *mines de sel* semblent être appropriées.

Les galeries de la **mine de sel Herfa-Neurode** (en Hesse du Nord ; sch. C) sont recouvertes d'une couche d'env. 100 m d'argile imperméable aux gaz et à l'eau.

Le stockage se fait dans des conteneurs séparés (1986 : 77 300 t stockées, si l'on stocke 8 000 t/a, il reste de la place pour les 25 ans à venir). Lorsqu'une galerie est comblée, elle est murée.

Les **gisements de sel** peuvent être lavés par de l'eau injectée par des trous de forage et alimentés par des déchets nocifs sous forme gazeuse, liquide ou solide et obstrués.

Les **charges anciennes** sont des **lieux de stockage contaminés** provoqués par des décharges fermées (*les décharges qui ont bénéficié de la technique la plus récente sont les charges anciennes de demain)*, le stockage de déchets de production dangereux pour l'environnement, des terrains d'usine contaminés, le stockage de gaz de combat, des canaux défectueux pour l'évacuation des eaux.

Des cas spectaculaires de pollution (décharge de Georgwerder, Hambourg, avec des émanations de dioxine, la construction du lotissement à Bielefeld-Brake sur une ancienne décharge de vase avec des substances nocives) mirent les charges anciennes sous les feux de l'actualité.

Le manque d'informations sur les lieux de stockage contaminés engendre des problèmes.

Les étapes pour éviter le danger sont :

l'**enregistrement** (dans un cadastre pour charges anciennes),
l'**estimation des risques**,
la **surveillance** et des **mesures d'assainissement**.

L'**assainissement** de lieux de stockage contaminés est difficile.

Aliment	Cd Médiane	Cd Percentile 98	Cd Valeur témoin	Hg Médiane	Hg Percentile 98	Hg Valeur temoin	Pb Médiane	Pb Percentile 98	Pb Valeur témoin
Lait	0,002	0,025	0,0025	0,010	0,010	0,01	0,002	0,025	0,03
Oeufs	0,006	0,200	0,05	0,005	0,119	0,031	0,100	0,620	0,25
Bœuf	0,005	0,099	0,1	0,001	0,010	0,01	0,020	0,48	0,25
Porc	0,010	0,290	0,1	0,001	0,037	0,03	0,005	0,456	0,25
Foie de veau	0,090	0,460	0,5	0,006	0,189	0,1	0,240	1,058	0.8
Rognons de veau	0,400	3,289	1,0	0,023	0,647	0,1	0,270	0,909	0,8
Poulet	0,011	0,208	0,1	0,010	0,045	0,03	0,025	0,528	0,1
Poisson d'eau douce	0,015	0,250	0,1	0,135	1,500	1,0	0,050	0,286	0,5
Poisson de mer	0,010	0,050	0,1	0,100+	1,569+	1,0	0,102	0,860	0,5
Poisson porteur Hg				0,950	3,160	1,0	0,130▲	3,330▲	1,0▲
Blé	0,046	0,189	0,1	0,001	0,117	0,3	0,028	0,118	0,3
Légumes à feuilles	0,021×	0,190×	0,1×	0,010	0,048	0,05	0,060	1,023	0,8
Épinards	0,073	2,300	0,5						
Légumes à racine	0,029•	0,170•	0,1•	0,003	0,029	0,05	0,030	0,361	0,25
Céleri	0,740	1,900	0,2						

Médiane : concentration non atteinte par 50 % des échantillons
Percentile : concentration non atteinte par 98 % des échantillons

× Sans épinards
• Sans céleri
+ Sans poissons porteurs Hg
▲ Conserves de poissons
▭ Valeur témoin dépassée

A Teneur en métaux lourds des aliments (mg/kg poids frais)

Colorants

E-N°	Nom	Couleur	
E 100	Curcumine	jaune	× △
E 101	Lactoflavine (Riboflavine)	jaune	× △ ■
E 102	Tartrazine	jaune	△
E 104	Jaune de chinoline	jaune	△ ○
E 110	Jaune orangé S	orange	△
E 120	Cochenille (carmin vrai)	rouge	×
E 123	Amarante	rouge	△ ■
E 124	Rouge cochenille A	rouge	△ ○
E 127	Erythrosine	rouge	△ ■
E 131	Bleu permanent V	bleu	△
E 132	Indigotine I	bleu	△
E 140	Chlorophylle a, b	vert	×
E 141	Complexe cuivreux de la chlorophylle	vert	△ ○
E 150	Caramel	marron	△
E 151	Noir brillant BN	noir	△ ○
E 153	Carbo medicinalis vegetabilis	noir	×
E 160 a	Carotène	jaune	×
E 160 b	Bixine, Norbixine, Annatto, Orlean	orange	×
E 160 c	Capsanthine/Capsorubinorange	orange, rouge	×
E 160 d	Lycopine	orange	× △
E 160 e	Apo-8-Carotenal	jaune	× △
E 160 f	Ester d'éthyl et d'acide apo 8 caroténoïque	jaune	× △
E 161 a-f	Xanthophylle	jaune, orange	× △
E 161 g	Canthaxanthine	orange	△ ■
E 162	Rouge de betterave/Betanine	rouge	×
E 163	Anthocyane	violet, rouge	×
E 170	Carbonate de calcium	blanc/gris	×
E 171	Dioxyde de titane	blanc	×
E 172	Oxyde, hydroxyde de fer	jaune, rouge	△
E 173	Aluminium	gris argenté	△

Conservateurs

E 200-203	Acide sorbique et sels	△
E 210-213	Acide benzoïque et sels	△ ■
E 214-219	Ester d'acide parahydroxylenzoïque	△ ■
E 220	Dioxyde de soufre	△ ■
E 221-227	Sulfure	△ ■
E 230	Biphényle	△ ■
E 231	Orthophénylphénol	△ ■
E 232	Orthophénylphénolate de Na	△ ■
E 233	Thiabendazol	△ ■
E 236-238	Acide formique et sels	× △
E 250	Nitrite de Na	△ ■
E 251	Nitrate de Na	△ ■
E 252	Nitrate de K	△ ■
E 260-263	Acide acétique et ses sels	× △
E 270	Acide lactique	× △
E 280-283	Acide propionique et ses sels	△ ■
E 290	Dioxyde de carbone	× △

Antioxydants

E 300-302	Acide ascorbique L et sels	× △
E 304	Acide 6-Palmitoyl L-ascorbique	△
E 306	Tocophérole	×
E 307-309	Alpha-, Gamma-, Delta-Tocophérol	△
E 310	Propylgallate	× △ ■
E 311	Octylgallate	× △ ■
E 312	Dodécylgallate	× △ ■
E 320	Butylhydroxyanisol (BHA)	△ ■
E 321	Butylhydroxytoluol (BHT)	△ ■
E 322	Lécithine	×
E 325-327	Sels d'acide lactique	×
E 330-333	Acide citrique et sels	×
E 334-337	Acide tartrique et sels	×
E 338-343	Acide orthophosphorique et sels	× ○

Lieurs

E 400-404	Alginates	× ○
E 405	Propylenglycoalginate	× △ ○
E 406	Agar-agar	×
E 407	Carragenanes	× ○
E 410	Farine de caroube	×
E 412	Farine de guar	× ○
E 413	Traganthe	×
E 414	Gomme arabique	× ○
E 415	Xanthane	×

Intensificateurs de goût

E 620-625	Acide glutamique et sels	△ ■
	Ethylmaltol	△ ■
	Cyclamat	△ ○
	Saccharine	△ ○
	Aspartame	△ ■

Autres

E 420	Sorbitol	△ ○
E 421	Mannitol	△
E 422	Glycérine	△
E 440 a	Pectine	×
E 450 a-c	Phosphates	×
E 460	Cellulose	×

× Substances naturelles ○ Effets secondaires discutés
△ Substances synthétiques ■ Effets secondaires gênants

B Additifs alimentaires autorisés en ex-RFA

L'homme absorbe des substances aux effets toxiques par l'intermédiaire de l'*air qu'il respire* (aérosols, poussières), de l'*alimentation,* de l'*eau potable* et de faibles quantités par la *peau.*

Les **substances nocives** sont en partie détoxiquées et rejetées ou s'accumulent dans les tissus.

Le temps nécessaire pour que la concentration de substances nocives dans le corps se réduise de moitié est appelé **période biologique**.

Pour beaucoup de substances nocives (sauf p. ex. les substances cancérigènes) il existe une valeur seuil en dessous de laquelle aucun effet nocif n'est noté (*no effect level*).

Les **taux maximum** ou **taux limites** sont des taux fixés par le législateur, le dépassement de ces taux est une infraction.

Les **taux de référence** sont des recommandations qui doivent être autant que possible respectées par les fabricants. Si le taux est dépassé, les raisons doivent être établies (Sch. A).

La preuve irréfutable d'innocuité souvent exigée ne peut, même après de nombreuses années de vérification, être toujours apportée. La dissolution ou le traitement d'aliments riches en substances nocives avec des produits irréprochables augmente la charge totale de manière considérable.

Les effets des combinaisons de substances nocives ne sont généralement pas analysés et ne sont pas décelables lors des tests en laboratoire.

Les taux limites pour les produits alimentaires sont établis comme suit :

la **méthode du panier type** détermine la concentration de substances nocives dans la nourriture prête à consommer, elle se base sur la consommation globale de produits alimentaires déterminée statistiquement et calcule l'absorption de substances nocives admissible.

Lors de la **méthode du duplicat**, plus difficile à mettre en œuvre, des duplicats établis à partir de la consommation journalière d'une personne test sont pesés et analysés, elle prend en compte les habitudes alimentaires.

Les produits alimentaires sont transformés au cours d'une série de procédés techniques.

Des **substances d'adjonction** doivent faciliter la transformation, le stockage ou le transport (*conservation*), c'est-à-dire encourager la consommation (Sch. B).

Les particularités optiques et organoleptiques (qui concernent les autres sens : senteur, goût, aspect, forme ou consistance) sont adaptées aux désirs des consommateurs.

Les substances nocives naturelles

Font partie des **substances toxiques naturelles** des molécules toxiques qui sont créées à la suite de décompositions chimiques et bactériennes (**dissolution**), formées par des micro-organismes pathogènes (**contamination**) et les molécules toxiques synthétisées par certaines plantes.

Certaines substances toxiques des champignons (**mycotoxines**) et des algues (**phytoplanctotoxines**) sont connues.

Le champignon *Claviceps purpurea*, qui provoque le noircissement et le gonflement des grains de céréale (ergot), développe des alcaloïdes (ergotamine), et provoque la raphanie (faiblesse musculaire, convulsions, vomissements, délires).

L'**aflatoxine** hautement toxique tire entre autres son origine des moisissures jaune-vert d'*Aspergillus flavus*, qui croissent principalement sur les produits alimentaires contenant de la graisse.

L'aflatoxine résiste à la chaleur. Les produits alimentaires contaminés ne peuvent plus être utilisés.

Elle provoque principalement des cancers du foie en intervenant dans la régulation des gènes de la division cellulaire.

Les **phytoplanctotoxines** sont développées par les algues flottantes, comme les *Dinophysis* qui produisent chez l'Homme de fortes diarrhées. Elles se développent sur nos côtes pendant les mois les plus chauds. Absorbées par les moules et les huîtres, qui sont des filtres à plancton, elles rendent ces mollusques inconsommables. Il est difficile de mettre en parallèle l'**activité anthropique** et la prolifération de ce *dinoflagellé*. Il existe en France un laboratoire de **surveillance alimentaire**, très efficace.

Les tubercules du manioc (cassava), le mil, les pousses de bambou, les amandes amères et les noyaux de fruits produisent des substances qui libèrent du **cyanure**. Cette production est diminuée par traitement (lavage, chauffage).

Les fèves de soja et les haricots crus contiennent des **substances inhibitrices des protéases**, consommés crus ils sont difficiles à digérer, provoquent des allergies et l'agglutination des hématies (**phytohémagglutinines**).

Infections et empoisonnements

Des agents pathogènes (p. ex. *bactéries de la tuberculose, du typhus, vibrions du choléra)* peuvent être absorbés lors de la prise de nourriture ou d'eau impropres. 80 % des intoxications alimentaires sont causées par la **salmonelle**.

La viande crue, la volaille congelée (à cause du bain de trempage lors de l'abattage massif) et les salades toutes prêtes sont les principales sources d'infection.

Les **parasites** connus, qui sont absorbés avec la nourriture, sont : *les ténias, les ascaris, les trichines* et *les amibes.*

La bactérie *Clostridium botulinum* produit à l'abri de l'air de très dangereuses neurotoxines (0,1-1,0 µg sont mortels pour l'homme, *botulisme*).

Un chauffage de 15 min, c'est-à-dire une acidification, détruit la toxine.

Le *Clostridium perfringens* produit dans des mets contenant du blanc d'œuf l'*entérotoxine* instable à la chaleur, qui provoque des diarrhées.

Les *dinoflagellés (gonyoulax)* absorbés par des coquillages produisent la **saxitoxine** stable à la chaleur, qui provoque en moins d'une heure des intoxications (10 % sont mortelles).

Les **pollutions** entrent dans la nourriture par des émissions (circulation, industrie, emballage…).

Elles se forment à partir des métaux lourds, parmi lesquels le corps a besoin de Fe, Cu, Co et Zn sous forme de traces.

Le Cd, Hg, Pb et le As au contraire s'accumulent dans le corps et agissent comme des *poisons des enzymes* (p. 216, Sch. A).

Le Cd entre dans la chaîne alimentaire par l'intermédiaire des émissions et des eaux usées des usines métallurgiques, des usines de transformation de métaux, par la combustion du pétrole et du charbon, par l'engrais phosphoré pollué par le Cd ou le compostage des ordures et par les boues d'épuration ; 75 % du Cd absorbé vient des engrais pour les plantes. L'homme résorbe env. 5 % du Cd absorbé et l'accumule principalement dans l'enveloppe rénale (*maladie d'Itai-Itai,* p. 175).

Le Cd est réparti de manière presque ubiquitaire.

Des analyses dans des régions polluées ou non montrent une prise de 0,094 mg dans la vallée du Rhin et une prise de 0,083 mg en moyenne montagne par homme et par semaine (méthode du duplicat alimentaire).

Le **Hg et les molécules contenant du Hg** se forment au cours de l'électrolyse chloroalcaline, de la production de PVC ou de papier. Ils atteignent l'environnement par les eaux d'écoulement, les boues d'épuration et les engrais. Ils sont présents en faible quantité dans la nourriture, en quantité plus importante dans les organes des animaux (foie, reins) et atteignent leur maximum dans les champignons et les poissons (p. 216, Sch. A).

Les poissons de mer (requins, *Molva vulgaris* et certaines espèces de pleuronectes) sont des *poissons à problème pour le Hg*. Selon l'âge, la taille et le milieu de vie, la moitié des poissons dépassent de 1mg/kg les taux maximum (*minima de maladie*, p. 175).

Une prise quotidienne de 4 µg de méthyl-Hg par kg de poids de corps occasionne déjà des empoisonnements.

Le **Pb** est moins intensivement absorbé par les plantes et entre dans la chaîne alimentaire plutôt par les surfaces des plantes salies ou par les conserves (utilisation de soudures contenant du Pb, Sch. A). Les cas d'empoisonnement grave au Pb sont rares, les empoisonnements chroniques plus fréquents.

Des expériences avec du foin chargé de 100 mg Pb/kg (env. 100 fois le taux moyen) ont montré que la teneur en Pb du lait de vache était multipliée par 3-4.

95 % du Pb absorbé est restitué dans les excréments, 0,2 % dans l'urine et 0,017 % dans le lait. Les os, le foie et les reins en stockent de grandes quantités.

En ce qui concerne les céréales la teneur la plus forte en Pb se retrouve dans la pointe des feuilles et dans les glumes ; les bourgeons et les involucres sont beaucoup moins contaminés, les grains presque pas.

La **teneur en As** dans les produits alimentaires végétaux est basse. Les taux les plus élevés sont atteints par les poissons et les crustacés (p. 216, Sch. A), chez qui l'As est stocké sous une forme organique moins toxique.

Des aliments pour le bétail comme la farine de poisson peuvent contenir 420 µg/kg d'As.

Les **résidus** de substances atteignent la nourriture en raison des conditions de production (pesticides, sous-produits de l'engraissement, régulateurs de croissance et médicaments employés pour l'élevage intensif).

Parmi les **hydrocarbures halogénés** (p. 173), les pesticides DDT et leurs dérivés sont à l'origine d'hexachlorocyclohexane, le fongicide hexachlorobenzole de l'heptachlorépoxyde et des biphényles polychlorés qui posent à cause de leur forte persistance des problèmes de rémanence.

Leur caractère liposoluble entraîne une accumulation dans les tissus gras.

Les **herbicides** ne provoquent que peu de problèmes de résidus si on respecte le délai d'attente entre le moment de l'utilisation et le moment de la récolte. 80 % des taux se situent entre 0,05-0,1 mg/kg ; exception l'*atrazine* dans le maïs (0,4 mg/kg). Mais le glycophosate (Round-up) très employé comme désherbant se transforme en phytoœstrogènes dans les légumes, d'où le danger. Depuis la fabrication d'OGM par le génie génétique et leur commercialisation on a créé des maïs tolérant à l'herbicide glufosinate (TR 25). Des études sur parcelles en plein vent sont entreprises pour mesurer les conséquences.

Les **régulateurs de croissance** atteignent principalement les tiges et les racines. Des quantités résiduelles d'env. 0,05 mg/kg peuvent être relevées dans les grains de blé.

Les aliments "naturels", c'est-à-dire cultivés sans produits phytosanitaires ne sont pas exempts de quantités résiduelles.

Le **biphényle polychloré** (**BPC**, p. 173) apparaît sous forme de plastifiant.

A cause de sa large diffusion dans le monde, de sa forte persistance et de son caractère liposoluble, le BPC s'accumule dans les organes des animaux, particulièrement dans les tissus gras.

Le BPC ne doit être aujourd'hui utilisé que dans le cadre de systèmes fermés.

Les **hydrocarbures polycycliques aromatiques** se forment lors de la combustion du bois, du charbon, du fuel et de l'essence ainsi que lors de grillades et de fumaisons. La charge sur l'environnement, les prairies et les champs, est donnée à 0,05-0,5 mg/kg.

Exemple : le *benzo (a) pyrène* est transformé en *benzo (a) pyrèn-4,5-époxyde* cancérigène.

Dans l'**élevage moderne** des médicaments sont utilisés pour la prévention et le traitement des maladies.

Le respect du délai d'attente prescrit entre le moment de la prise du médicament et la transformation de l'animal est contrôlé par des prélèvements faits au hasard.

Un traitement prolongé aux **antibiotiques** sélectionne des agents pathogènes résistants.

Des résidus dans le lait et les œufs sont fréquents. Par la création d'OGM, on cherche à introduire dans le végétal des gènes de résistance à telle ou telle maladie ou parasite animal : c'est le cas du *Maïs Bt (Bacillus thurigiensis)* (p. 201). On utilisait jusqu'alors un **marqueur** (*antibiotique*) pouvant passer dans l'alimentation humaine et… créer des résistances. Interdit depuis février 2001 par l'U.E.

Les **anabolisants** sont des substances avec un caractère d'hormone sexuelle et entraînent un accroissement du système musculaire.

Leur utilisation est autorisée dans un but thérapeutique chez les bovins, les ovins, les porcs et les chèvres lorsque les bêtes ont dépassé l'âge de un an et demi, elle est interdite pour les volailles et les poissons.

Les *œstrogènes*, dans l'élevage des volailles, attendrissent la viande, améliorent la qualité de la peau et multiplient les tissus gras de la peau.

Les *thyréostatiques* inhibent la fonction de la glande thyroïde et augmentent le pouvoir de rétention en eau de la viande.

Les **tranquillisants** administrés aux animaux pour qu'ils supportent le transport sont problématiques.

La viande des animaux est exempte de résidus après 1-2 jours.

L'élevage et le traitement avec des produits pharmaceutiques sont responsables d'une **viande de moins bonne qualité**.

La *viande-PSE* (*pale, soft, exuditive* = blanche, molle, aqueuse) perd lors de la cuisson beaucoup de jus, rétrécit, devient dure et brunit difficilement. On lui oppose la *viande-DFD* (*dark, firm, dry* = sombre, ferme, sèche).

Des **additifs** peuvent être ajoutés aux aliments. La **récente crise de la « vache folle »** et la transmission du **prion** responsable de l'*ESB* (Encéphalite spongiforme bovine) à l'homme sous forme d'une variante de la *maladie de Creutzfeldt-Jakob* a eu des conséquences catastrophiques. L'administration aux bovins de farines animales est en cause. On se retrouve aujourd'hui avec des **stocks de farines** à brûler. On a modifié la filière bovine et compromis l'avenir des éleveurs. L'aspect sanitaire n'a malheureusement pas toujours prévalu.

Il existe en Europe env. 150 substances autorisées (numérotées avec un E, p. 216, Sch. B).

Depuis 1983 l'utilisation de produits d'addition doit être indiquée sur l'emballage. Ils servent à *améliorer l'aspect, le goût et l'odeur* et à *augmenter la valeur physiologique de nutrition* (vitamines et minéraux) et à la *préparation de l'eau potable*.

Les **colorants** n'apportent aucune amélioration de la valeur physiologique de nutrition. Les *colorants naturels*, qui sont ajoutés, ne nécessitent pas un marquage particulier, s'ils sont déjà contenus naturellement dans les produits alimentaires.

Le "jaune beurre" est interdit.

Les conséquences de la dégradation de certains colorants dans le corps humain sont assez souvent mal connues.

Les **substances pour améliorer le goût** sont des *substances aromatiques*, des *renforceurs du goût* et des *édulcorants*.

Les *substances aromatiques naturelles* sont des mélanges variés et sont extraites de produits naturels (vanille, huile de cèdre).

Les substances aromatiques synthétiques sont (contrairement aux substances naturelles) des substances uniques. P. ex. :

Le *glutamate* est utilisé pour améliorer le goût, il estompe le mauvais goût et peut tromper sur la qualité d'un produit.

Le *cyclamate* et la *saccharine* sont souvent utilisés comme édulcorants.

On discute des effets des produits de transformation (cyclohexylamine), plus exactement des effets combinés avec d'autres substances.

Les **conservateurs** doivent empêcher l'altération microbienne ainsi que l'oxydation, le flétrissement ou le mûrissement

Si on ne dépasse pas les doses maximales, il n'y a sans doute pas de risques pour la santé, même si des effets secondaires peuvent apparaître (p. 216, Sch. B).

Le *soufrage* avec de l'acide sulfurique est utilisé pour les fruits secs (raisins, pêches, abricots), les produits de la pomme de terre. De plus il empêche le noircissement des pommes frites, des pommes, des pêches, des asperges et du maïs.

Lors de la préparation de produits alimentaires on utilise comme **anti-oxydants** les vitamines C, E, et l'acide citrique pour éviter la réaction de la graisse et d'autres substances avec l'oxygène de l'air.

Le **nitrate** (**NO_3^-**) peut s'accumuler dans la betterave rouge, la salade, les choux, les carottes, les épinards. Le sur-engraissement ainsi que le manque de lumière renforcent ce processus.

Le **nitrite** (**NO_2^-**) est plus toxique que le nitrate. Il peut se former de façon exogène par réduction microbienne lors du stockage, ou endogène lors de la transformation du nitrate dans le corps.

Le nitrite réagit dans le milieu acide de l'estomac en *nitrosamines* cancérigènes. Elles se forment également lors du chauffage des produits alimentaires. On estime qu'en moyenne 0,5 µg/jour de nitrosamine sont absorbés avec la nourriture ; 10-20 µg pour une consommation de 20 cigarettes.

La teneur en nitrite de la saumure est fixée à 0,4g/kg de sel. Comme le nitrite permet une meilleure conservation de la viande, on autorise un taux de 150 mg de nitrite par kg de viande.

L'**alimentation mondiale** donne matière à des réflexions simples.

Si l'homme se nourrit de céréales, alors l'énergie lui est apportée directement.

S'il se nourrit de viande, alors "l'amélioration" des animaux utiles nécessite l'emploi de quantités beaucoup plus élevées (poulet 12 fois, bétail 10 fois, porc 3 fois).

En Europe, une part importante des céréales est employée pour nourrir les animaux.

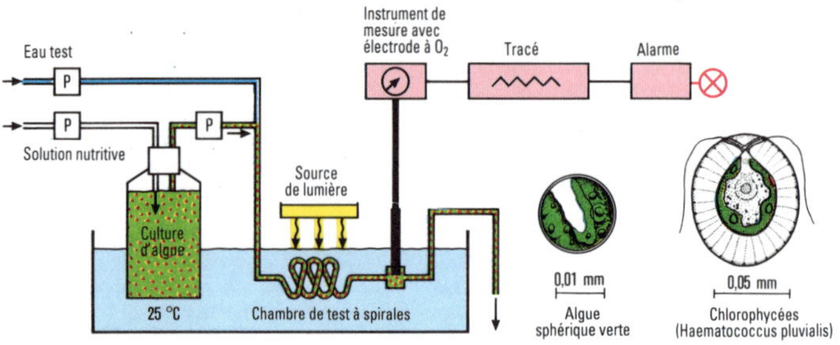

1 **Schéma du test d'algues**

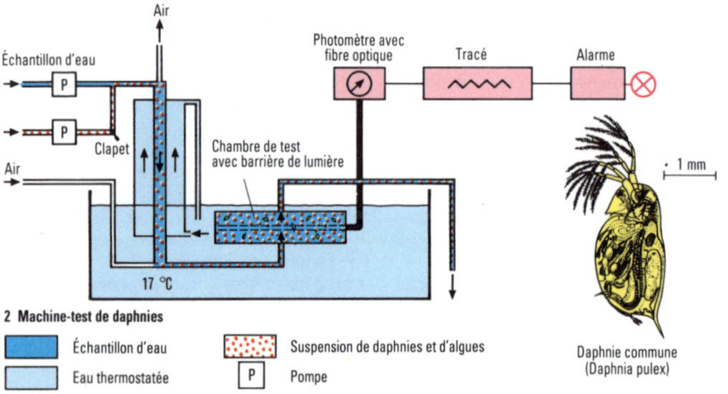

2 **Machine-test de daphnies**

A Schéma du test d'algues et daphnies

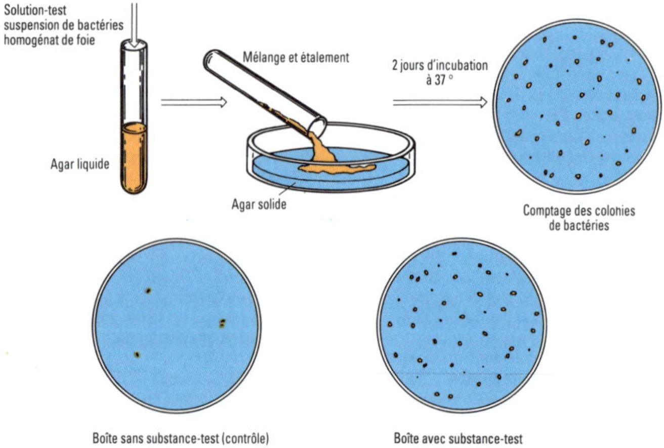

B Test d'Ames

Les systèmes aquatiques

Les tests de toxicité ou **biotests** effectués fréquemment sur les eaux douces sont des *tests d'assimilation-consommation*, qui mesurent la pollution toxique sur des algues et des bactéries. On plonge les échantillons d'eau dans des rangées diluées contenant des organismes tests pendant 24 heures afin de mesurer ensuite la concentration d'O_2 (algues : modification des capacités de photosynthèse ; bactéries : consommation d'O_2 modifiée).

On utilise l'algue verte *Haematococcus pluvialis* pour constater la présence de toxines diluables dans l'eau potable. L'échantillon d'eau est mélangé à des quantités identiques d'algues et on mesure la concentration d'O_2 après 2 heures (Sch. A).

La *Chlorella pyrenoidosa* révèle les restes d'herbicides freinant la photosynthèse dans les eaux et les sols.

L'observation pendant 21 jours de la croissance des espèces d'algues *Chlamydomonas gelatinosa* et de l'algue bleue *Microcystis aeroginosa* permettent d'estimer la qualité de l'eau.

Tests de biomasse algale : pour constater une pollution de l'eau on ajoute aux échantillons d'eau l'algue verte *Scenedesmus quadricauda*, après dix jours on observe le trouble et on compare à des échantillons témoins.

Tests de biomasse bactérienne : idem avec *Escherichia coli*. Cette bactérie hétérotrophe ne peut accepter que de l'azote non minéral et est utilisée pour mettre en évidence dans l'eau des polluants organiques.

Test de l'inhibition de croissance : on crée un trou au centre d'un milieu de culture, où sont disposées des bactéries, puis on introduit des échantillons d'eau filtrée en milieu stérile. Les toxines diffusent dans l'agar-agar (gélose) et freinent la croissance des bactéries.

Le ralentissement de la croissance sert à mesurer la toxicité (trouble après 24 h).

Test Ames : pour évaluer les effets mutagènes de substances, on cultive des bactéries qui ne peuvent synthétiser l'histidine, sur des milieux pauvres en histidine. Seules les bactéries ayant muté au contact de la substance test peuvent croître (Sch. B).

Les résultats ne peuvent être appliqués sans précautions à l'homme.

Pour le **test de biodégradabilité**, on laisse incuber des bactéries avec une solution minérale et la substance test comme seules sources d'énergie pendant 28 jours. La dégradation des substances organ. diluées (DOC = dissolved organic carbon) est mesurée à la production de CO_2 ou de la baisse d'O_2.

Les *substances facilement biodégradables* sont celles qui atteignent 60-70 % de la dégradation globale du DOC.

Les *substances difficilement biodégradables* sont exposées à des concentrés bactériens plus élevés et cultivées plus longtemps.

On vérifie au passage si une substance est totalement dégradée ou si des produits intermédiaires stables se constituent.

Le **test de la puce d'eau - ou test des daphnies -** peut être :

1) un *test statique* sur 24 h sans changement de milieu ;

2) un *test semi-statique* sur 14 à 21 jours avec changement bi-quotidien de la solution ;

3) un *test dynamique* avec passage continu de la solution.

On utilise des daphnies âgées de 6-24 h, qui sont ajoutées dans des rangées tests aux échantillons d'eau (1 daphnie/ 2 ml de solution test) et comparées à des cultures de contrôle. Les tests s'appliquent à l'eau potable, aux eaux courantes et au contrôle des eaux d'égouts.

1) Après 24 h on compte les daphnies mortes : tous les animaux qui n'effectuent plus aucun mouvement natatoire après qu'on a légèrement secoué l'échantillon. La mesure de référence est formulée par la tolérance des daphnies (**DL50**) . C'est la concentration de substance test à laquelle 50 % meurent.

2) Contrairement à 1), les daphnies sont nourries. Après 7-10 jours, des oeufs doivent s'être formés et des animaux jeunes doivent naître. On les compte tous les deux jours et on les retire. Les taux de mortalité, de croissance et de reproduction sont comparés aux échantillons de contrôle.

3) Une chambre test de 50 ml avec 25 daphnies est traversée par 200 ml/h de substance pendant 24 h. Le test dynamique est plus sensible que le test statique. Un procédé automatisé teste l'activité natatoire des daphnies dans une chambre test sombre grâce à une barrière lumineuse. Lorsque celle-ci n'est pas interrompue, un signal se déclenche (Sch. A2).

Biotests avec des poissons : le test aigu vérifie la toxicité d'un produit après une action de 48 ou 96 h sans changement de milieu. On recherche la DL50.

La **DL0** est la plus forte concentration, pendant la période de test, à laquelle tous les poissons sont vivants. La **DL100** est la plus faible concentration qui suffit à tuer tous les poissons.

Pour rendre les tests plus sensibles et constater déjà des dommages sublétaux, on a créé le **test de la cabine de rotation**. Le comportement des poissons, qui se placent face au courant et tentent de rester à leur emplacement, est perturbé très rapidement par la pollution de l'eau.

Afin de ne pas fatiguer les poissons, on modifie la direction du courant (verticalement et horizontalement). L'exploitation de ce test se fait par observation du comportement natatoire.

Nager à la surface (*surfacing*) est considéré comme un critère de pollution.

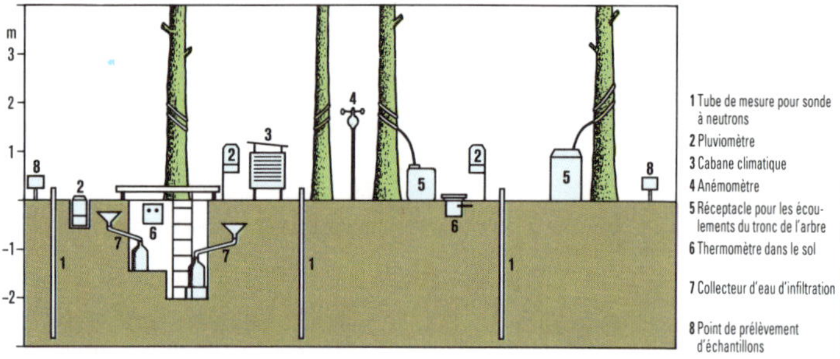

A Champ de mesures écologiques (point climatique et budget en eau)

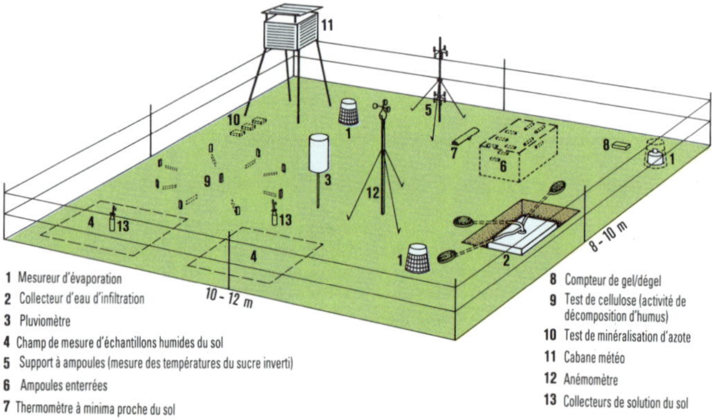

B Champ de mesures écologiques (microclimatique, point central d'eau et substances nutritives)

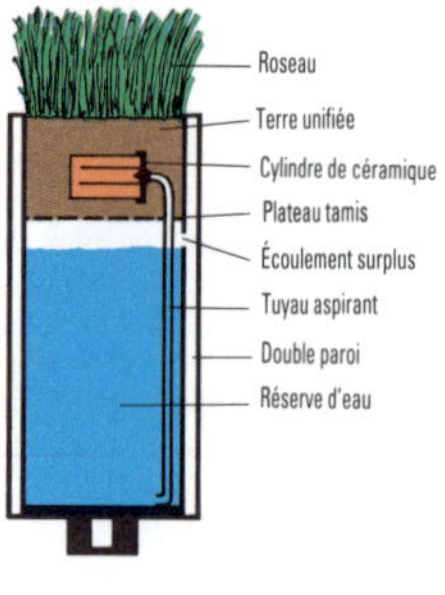

C Bocal d'exposition pour bioindicateurs végétaux

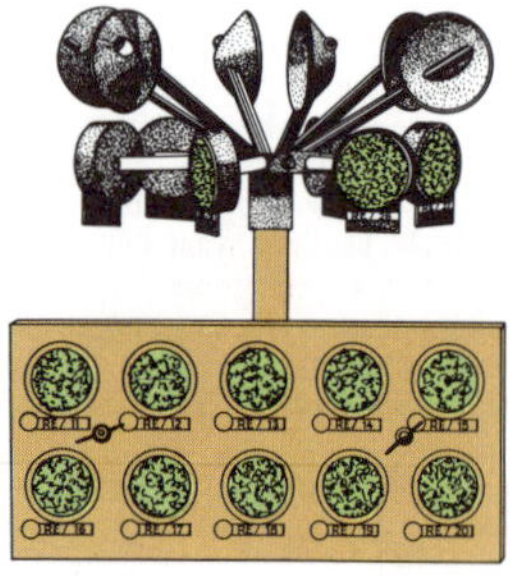

D Tableau d'exposition de lichens

Les écosystèmes terrestres

L'**analyse complexe des lieux d'implantation (analyse du géosystème)** se base sur une coupe de paysage et s'y limite exactement. Lors des mesures on distingue entre

les *valeurs de base* (rayonnement, températures, précipitations, évaporation, etc.), qui sont d'importance générale pour les processus écologiques et

les *valeurs indicatives* (budget en eau du sol, production de biomasse, minéralisation, etc.), qui indiquent l'influence des composantes importantes du paysage.

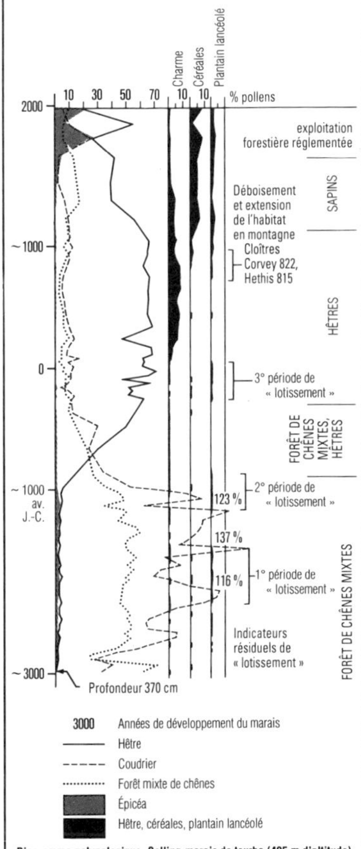

Diagramme palynologique, Solling-marais de tourbe (495 m d'altitude)

En règle générale on installe des programmes importants là où les mesures ne peuvent rendre compte que d'une partie de la réalité (p. 69).

Exposition des lichens : le lichen foliacé *Hypogymnia physodes* est largement répandu et se distingue par sa sensibilité moyenne aux toxines. Il est donc idéal pour l'analyse des régions soumises à de fortes émissions toxiques.

Dans des régions moins exposées on découpe pour un tableau de lichen 10 morceaux d'écorce, souvent de chêne (diamètre = 45 mm), et on les insère dans un tableau de bois placé le plus souvent au-dessus d'un sol végétal à 1,5 m de hauteur (Sch. D). On fixe photographiquement les dommages (coloration du thalle) pour exploitation ultérieure.

Des combinaisons avec des espèces très sensibles sont d'une aide précieuse pour mesurer les effets nocifs (p. ex. le fluor).

Des **cultures d'herbes standardisées** servent à définir les émissions de métaux lourds.

La graminée *Lolium multiflorum* est exposée dans des bacs normés (Sch. C), placés à 1,5 m de hauteur, lavés après 14 jours et analysés avant lavage.

On utilise aussi des **groupes de bio-indicateurs standardisés** : on expose en même temps, pendant 14 jours, plusieurs espèces de plantes, élevées dans les mêmes conditions à 1 m de hauteur et on les étudie.

On obtient de bons résultats en combinant tabac, haricot nain, épinard, trèfle rouge, radis, vesces.

La **paléopalynologie** est une méthode paléobotanique qui mesure la fréquence des *spores fossiles* et des *pollens* dans les sédiments (p. ex. les marais de tourbe), afin d'en tirer des conclusions quant à l'histoire de la végétation et du climat de l'espace étudié.

De petits *échantillons de sédiments* sont frottés, réchauffés dans des solutions de potasse et étudiés au microscope. L'*ère des forêts mixtes de chênes*, dont proviennent surtout des pollens de chêne, d'ormes, de tilleuls, de frênes et aussi de noisetiers, cède après 1000 av. J.-C. la place à l'ère des hêtres.

Les *pollens de céréales* sont des traces de l'**homme sédentaire**. A partir de ce moment là, l'homme influença de plus en plus la végétation.

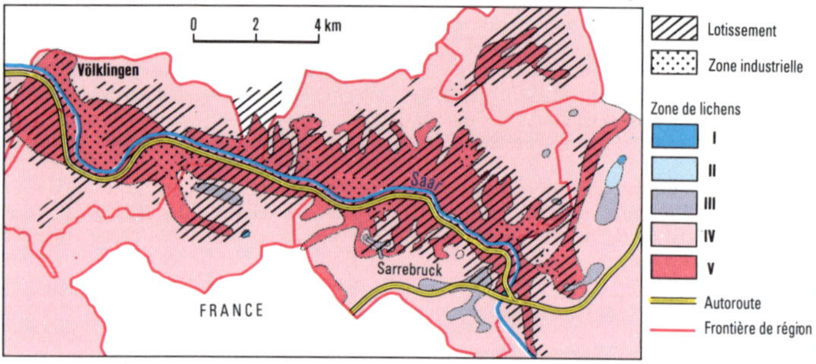

A Zonation des lichens à Sarrebruck et Völklingen

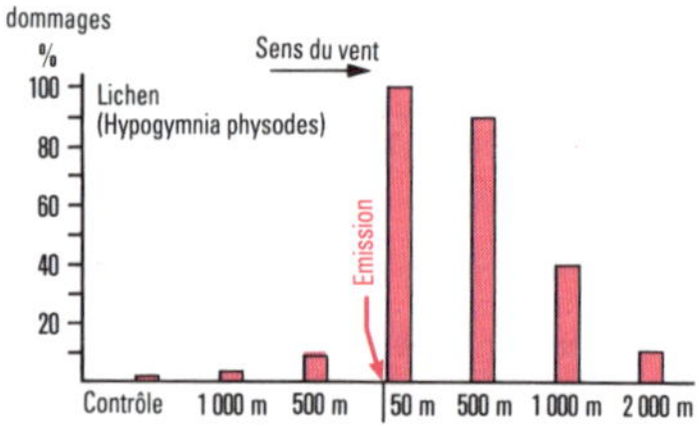

B Dommages dans les environs d'une mine d'aluminium (48 jours d'exposition)

Groupe de lichens	Degré de couverture	Zone de lichens	Danger pour la forêt
Lichen barbu	Rare	I Zone d'air pur	Aucun
		II Zone de lutte externe	
Lichen buisson	Rare		
Lichen feuillu	> 50 %	III Zone de lutte intermédiaire	
	10-50 %		Débute
	< 10 %	IV Zone de lutte interne	
Lichen en croûte	Fréquent		
	Résidus	V Désert de lichens	+ Fort
Algues	> 50 %		Fort
	10-50 %		Très fort
	< 10 %		

C Évaluation des risques forestiers grâce aux épiphytes

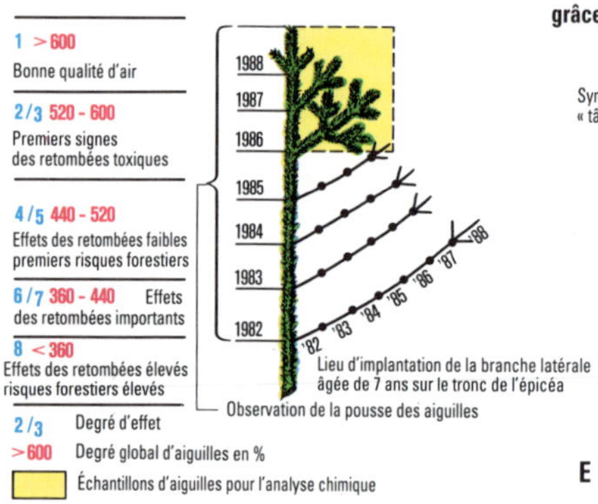

D Branches d'épicéa servant à l'évaluation des aiguilles

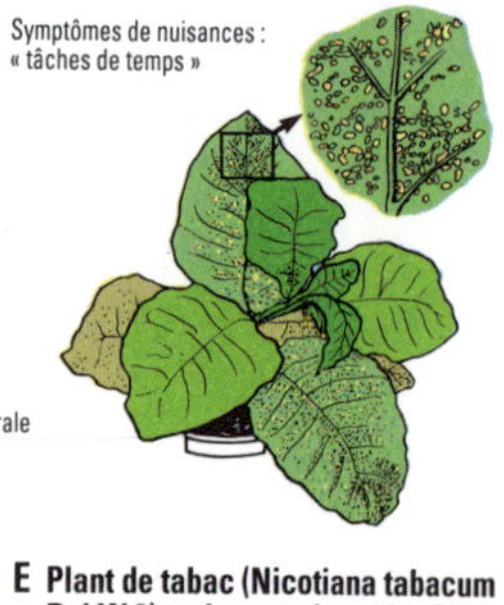

E Plant de tabac (Nicotiana tabacum Bel W 3) endommagé par des PAN (Péroxyacylnitrate) et de l'O_3

Un **indicateur biologique** est un organisme ou une communauté de vie qui réagit par des modifications (**indicateurs d'effets, de réactions**) à la présence d'une substance toxique ou qui concentre cette substance toxique (**indicateur d'accumulation**).

Des méthodes de mesures physico-chimiques livrent des données exactes sur des concentrations particulières de produits toxiques (*surveillance des émissions ou retombées*). Les indicateurs biologiques en revanche révèlent des effets réels (charge globale, dommages subits) ou des concentrations de produits toxiques.

Les indicateurs biologiques devraient :

être génétiquement homogènes

assez sensibles,

réagir assez spécifiquement et quantifiablement aux produits toxiques.

Le procédé doit être facilement exécutable, reproductible et standardisé.

Des **organismes indicateurs** révèlent certaines propriétés de l'écosystème (pH, teneur en métaux lourds des sols).

Leur disparition ou leur multiplication peut indiquer des modifications de l'environnement.

En règle générale, il n'est pas possible de quantifier leur influence.

Des **organismes tests** sont utilisés en laboratoire, ils réagissent de manière spécifique à de petites quantités de produit toxique par une modification de leur métabolisme (p. ex. une activité enzymatique). Le procédé est standardisé et sert à

reconnaître à temps des risques directs pour l'homme (p. ex. approvisionnement en eau potable, retombées de métaux lourds, p. 221).

Des **organismes moniteurs (moniteurs biologiques)** doivent aider à identifier les toxines et à évaluer *quantitativement et qualitativement* leur répartition.

On les utilise souvent dans la *surveillance des retombées*.

Les **indicateurs d'accumulation** tolèrent souvent bien les toxines et les stockent, ce qui permet de les identifier à l'analyse.

Les **indicateurs d'effets** réagissent de manière spécifique aux influences toxiques.

Les plantes sont souvent de bons indicateurs biologiques, car elles sont assujetties à un lieu d'implantation et sont souvent présentes en grand nombre.

Les **animaux** livrent de meilleures données sur des espaces déterminés de l'écosystème, car ils sont mobiles et se nourrissent.

Les biomoniteurs végétaux

Les **algues** sont utilisées plus particulièrement pour les tests en laboratoire en raison de leur élevage facile, de leur homogénéité génétique (reproduction végétative en hydroculture). Elles servent dans le cadre de tests biologiques à

définir la qualité de l'eau, révéler des traces d'herbicides et surveiller l'eau potable (p. 221).

Les **lichens,** épiphytes poïkilohydres, dépendent de l'humidité de l'air et des précipitations. Leurs thalles ne possèdent pas de cuticule, les toxines peuvent donc les pénétrer sans peine et être stockées sans pouvoir être rejetées.

Les effets des toxines se reconnaissent lors de retombées de SO_2, O_3, HF, de métaux lourds et de poussières.

Les lichens sont plus sensibles que les plantes supérieures.

Le *monitoring passif* étudie le nombre d'individus, d'espèces et leur superficie sur les lieux naturels d'implantation.

Ces trois composantes diminuent en se rapprochant des émetteurs (zones industrielles, grandes villes) jusqu'à s'annuler complètement (**désert de lichens,** Sch. A, B).

L'*estimation* des capacités de croissance et de vitalité doit tenir compte de la sécheresse de l'air croissante (climat urbain).

La couverture de lichens peut servir à évaluer les risques auxquels s'exposent les forêts (Sch. D).

L'établissement de *cartes* de la couverture de lichens d'arbres de même âge permet la comparaison des associations de lichens et de la surface occupée. On peut ainsi définir des *zones de lichens* (Sch. A). Le procédé standardisé utilise des organismes (p. ex. des lichens, cf p. 223 ; des cultures d'herbacées), afin de mesurer dans le temps et dans l'espace les pollutions par des toxines et d'estimer les causes des dommages (*monitoring actif*) .

Le taux de mortalité en % de surface de thalles morts sert de critère d'évaluation des dommages.

Les **végétaux supérieurs** servent surtout d'indicateurs pour les pollutions de l'air, plus rarement comme organismes révélateurs ou testeurs.

Pour le *monitoring actif*, le **tabac et le haricot nain** sont des indicateurs d'effets très sensibles des pollutions de l'air, p. ex. PAN (p. 167) ou O_3 (Sch. E).

Les **arbres feuillus et épineux** concentrent les toxines dans leurs feuilles, leurs branches et leurs cernes.

L'image des dommages ne peut pas présager directement la substance toxique responsable. L'écorce stocke les ions des substances toxiques, qui peuvent être identifiées à leur pH et à la modification de leurs capacités conductrices.

Les épineux sont plus exposés à la pollution de l'air que les feuillus. Les épines, qui vivent 3-7 ans, filtrent plus intensément les émissions, ce qui entraîne leur chute prématurée, qui constitue un indicateur biologique supplémentaire du degré de pollution (Sch. D).

L'**analyse des cernes** a démontré que la largeur des cernes dépend de la pollution ambiante, mais qu'elle n'est pas spécifique d'une substance toxique. Le climat et le vieillissement doivent entrer en ligne de compte.

Parmi les animaux les **escargots et les vers de terre** sont de bons *indicateurs d'accumulation* (métaux lourds) pour le *monitoring passif.* Les **oiseaux** (geai, chouette et faucon) stockent les métaux lourds dans leurs os, plumes, foie et reins, les hydrocarbures chlorés dans leurs tissus graisseux.

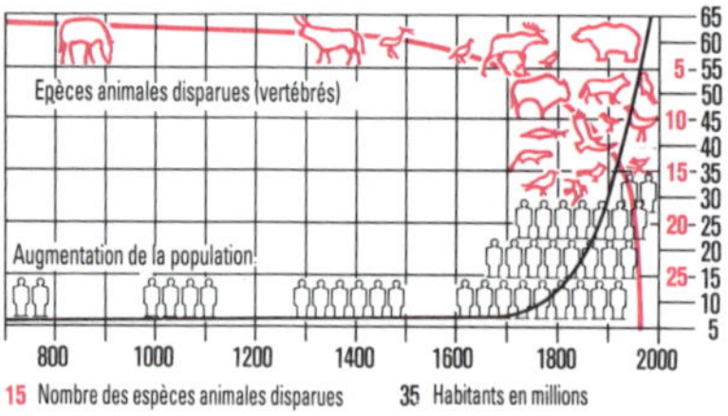

A Augmentation de la population dans l'ex-RFA et espèces de vertébrés disparues

	Nombre d'espèces régionales	Espèces disparues Nombre	/ %	Espèces en danger Nombre	/ %
Vertébrés :	449	31	7	253	56
Mammifères	93	7	8	50	53
Oiseaux	255	20	8	132	52
Animaux rampants	12	–	–	9	75
Grenouilles	19	–	–	11	58
Poissons (eau douce)	70	4	6	50	71
Invertébrés	env. 44 100	?		?	
dont :	6 484	147	2	2 522	39
Coquillages	31	1	3	17	55
Escargots	270	2	1	128	47
Grands papillons	1 300	27	2	534	41
Scarabées	env. 4 000	96	2	1 686	42
Libellules	80	4	5	43	54
Araignées tisseuses	803	17	2	114	14
Plantes :	env. 7 700	126	2	2 296	30
Plantes à fleurs, fougères	2 476	60	2	862	35
Mousses	env. 1 000	15	2	139	14
Algues	34	2	6	28	83
Lichens	env. 1 850	26	1	416	23
Grands champignons	2 337	23	1	851	36

B Espèces disparues ou en danger, animales et végétales, en ex-RFA

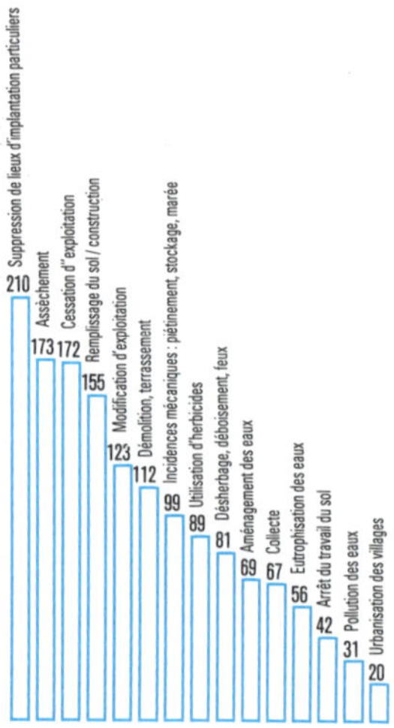

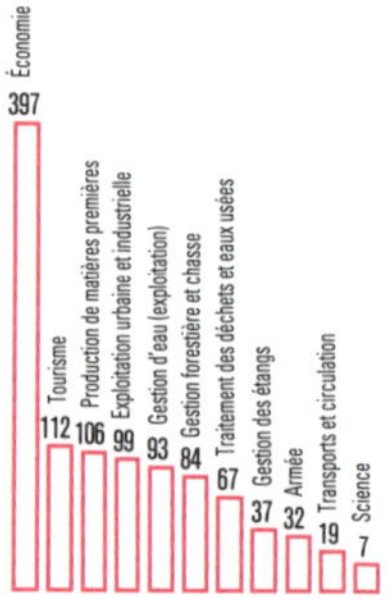

C Nombre des espèces de plantes supérieures disparues d'après les causes (en haut) et les responsables (en bas)

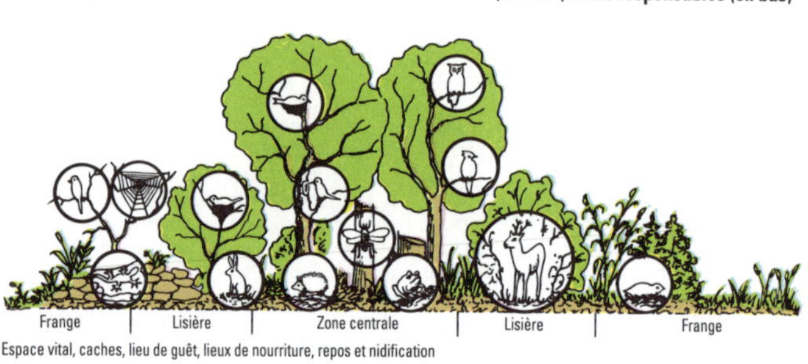

D Importance des sous-bois pour les animaux

La **protection de la nature** nécessite une étroite collaboration internationale. De nombreuses organisations et de nombreux programmes furent constitués (cf. annexe, p. 261).

L'**activité humaine** a entraîné un recul des espèces, qui a débuté il y a de nombreux siècles et qui s'est accéléré de façon exponentielle (Tab. A).

L'augmentation des **risques et l'extinction des espèces** sont en général des conséquences à long terme, bien que de nos jours des espèces courantes, ne montrant pas de signes apparents de risques d'extinction, peuvent être mises en danger très rapidement et ne peuvent être protégées par des stratégies traditionnelles.

Des surfaces écologiquement importantes disparaissent de plus en plus (même dans les zones protégées), ce qui ne laisse que peu de surface pour la **protection des biotopes et des espèces**. Les responsables des destructions d'espaces vitaux et du recul des espèces sont difficilement identifiables, car il y en a rarement un seul. Cependant il est sûr que

l'*agriculture* est le responsable majeur du recul des espèces végétales et la *destruction des lieux d'implantation particuliers* la principale cause des extinctions (Tab. C).

Une autre menace pour la diversité des biotopes est la prolifération anormale de certaines espèces. C'est le cas de *Chlorophycées* marines (Ulves, Enteromorphes) du fait de l'excès d'apport minéral par les cours d'eau (N et P) dû à l'élevage intensif dans l'arrière-pays. Phénomène dit des « **marées vertes** » en Bretagne.

Ça peut aussi être l'introduction accidentelle d'espèces nouvelles. La *Crépidule* (mollusque gastéropode) originaire d'Amérique du Nord a envahi Manche et Atlantique. Très compétitive (jusqu'à 10.000 individus/m^2) elle perturbe la conchyliculture. C'est aussi le cas de la *Sargasse* (algue brune) japonaise introduite en 1969 avec l'huître pour remplacer l'huître portugaise décimée par un virus.

Caulerpa taxifolia échappée en 1884 du Musée océanographique de Monaco a gagné tous les fonds marins vers l'Ouest entre 0 et 100 m. Elle a transformé en « désert » les herbiers à *Posidonie* (*monocotylédone*) vitaux pour la faune (alimentation, protection, reproduction).

D'après l'**idéologie de la protection de la nature,** la création de zones protégées doit permettre de soustraire le plus possible de zones aux influences de l'économie et de la technique, de prendre des mesures contre la capture et la vente de certaines espèces et assurer la survie des espèces par des mesures de protection, de soins et de développement. Cette vision est loin d'être unanimement partagée, et pour bien des responsables, notamment parmi les acteurs économiques, la protection de la nature doit avant tout être un **aménagement**, où le développement humain s'accompagne de modifications inéluctables de la nature.

La **protection des espèces**, réglementée par des lois, n'est possible que lorsque la protection des biotopes est suffisante ; elle peut aussi provenir d'actions délibérées de l'homme (multiplication par les conservatoires, réintroductions).

Plus d'un tiers des plantes et presque la moitié des vertébrés de l'ex-RFA se sont éteints ou sont en voie d'extinction (Tab. B).

La plupart des espèces vivent dans des **biotopes menacés**, qui sont en même temps des zones prioritaires pour la protection de la nature :

sources, marais et eaux oligotrophes, prairies de ruisseaux et de rivières, pelouses sèches et semi-sèches.

L'**isolement des restes de biotopes** (*création d'îlots*) peut avoir des effets si importants que les échanges génétiques par émigration-immigration nécessaires à la survie de la population ne peuvent avoir lieu. Des lotissements, des routes, des cultures intensives et des haies de protection du gibier sont autant de frontières infranchissables :

les cultures intensives sont moins survolées par les oiseaux, les routes d'asphalte sont infranchissables pour les insectes qui ne volent pas.

Des *zones ayant une grande diversité spécifique* doivent être protégées en raison du réservoir génétique immense qu'elles représentent. Les petites populations disparaissent en raison du pool génétique réduit.

Les **réserves naturelles intégrales** ne sont accessibles qu'aux chercheurs scientifiques munis d'autorisations spéciales.

Les **parcs nationaux** sont accessibles au public, sous contrôle des autorités, et il est demandé d'observer certaines règles strictes pour maintenir les espèces qui y sont protégées.

Les **réserves spéciales** ont pour but le maintien d'espèces menacées sans réglementation de l'accès de l'homme.

En France, les parcs nationaux sont gérés par un établissement public financé principalement par l'État. La réglementation est variable dans chacun des sept parcs (Cévennes, Guadeloupe, Écrins, Mercantour, Port-Cros, Pyrénées Occidentales, Vanoise) : en général, la chasse, la collecte, l'implantation industrielle et les travaux publics ou privés y sont interdits. Les activités agricoles, l'élevage et la sylviculture sont très souvent réglementés.

Les **parcs naturels régionaux** (27 parcs) connaissent des règlements beaucoup moins stricts.

Les **éléments de paysages protégés** (*plantations d'arbres, haies* (Sch. D), *étangs*, etc.) sont à protéger au même titre que les zones protégées, mais se situent dans des lotissements urbains ou des territoires cultivés intensivement et servent à l'*amélioration du climat, à la prévention de l'érosion, à la protection des rives et comme biotopes de ponte.*

L'appréciation se fonde en premier lieu sur les **espèces en danger**. Elles peuvent être rares en raison de leur besoin d'un biotope particulier, de la rareté de leur biotope ou des rayons d'action plus étendus des individus (p. ex. chat sauvage, hibou, aigle).

Ainsi ces dernières décennies, ce sont surtout des espèces peuplant les *espaces oligotrophes et les lieux d'implantation humides ou secs* qui ont été repoussées.

L'**appréciation des paysages** peut être effectuée selon le concept de l'*exploitation différenciée des sols* (cf. plus bas), *la taille des structures de monoculture et les mélanges d'exploitation.*

L'appréciation peut prendre en considération la quote-part que représentent les biotopes nécessitant une protection par rapport à la surface globale ou aux groupes d'espèces représentés, lorsque ceux-ci englobent un territoire plus grand en raison de leur champ d'action (loup 400-500 km^2, aigle royal 200 km^2, faucon 50 km^2).

Mesures de protection de la nature

On estime que pour une protection efficace de la nature, 10 % de la surface globale doivent être préservés de toute exploitation pour servir de **surfaces privilégiées de protection des espèces et des biotopes** ou peuvent être exploités tout en garantissant la protection des espèces (*entretien des biotopes* : p. ex. pâturage sur des champs maigres ou des landes).

La surface minimum pour la végétation est de 50-100 ha, pour des espèces se situant en tête de la pyramide alimentaire (oiseaux, mammifères) 1 000-10 000 ha.

Il faut prendre en considération que les chauves-souris, les oies, les amphibiens et les papillons diurnes nécessitent différents biotopes (*lieux de ponte et d'alimentation, quartiers d'hiver ou d'été).*

Les bois champêtres, les pelouses humides, haies et prairies en bordure de ruisseau tissent un lien entre les sites protégés et peuvent parer à leur isolement, tout en servant de "biotopes-marchepied" à de nombreuses espèces. Il s'agit de localiser des biotopes essentiels (*cartographie des biotopes),* de les apprécier, d'en assurer le développement et la création dans des territoires démunis.

Des surfaces de substitution, possédant des caractéristiques semblables, placées autour des sites protégés, peuvent protéger ceux-ci de l'influence des territoires voisins soumis à une culture intensive.

L'âge, la situation trophique, le budget en eau et les zones d'influence, ainsi que le pH et les conditions de luminosité sont des facteurs dont il faut tenir compte.

Des *plantations nouvelles* (*haies*, p. 226, Sch. D) n'atteignent la valeur écologique de plantations plus anciennes qu'après des décennies. De même les lisières des chemins d'une largeur de plus de 4 m ne sont précieuses dans les plantations anciennes, bien structurées, que lorsqu'on ne les taille pas en été. Elles constituent des biotopes transitoires précieux vers les biotopes voisins.

Le **concept d'exploitation différenciée des sols** doit permettre de contrer les effets négatifs de l'exploitation du sol par des surfaces de compensation équivalentes :

surfaces d'exploitation urbaines et industrielles avec des *bandes de protection des émissions, des surfaces d'isolement du bruit et champs de mauvaises herbes ;*

surfaces agricoles avec des *bandes de protection contre l'érosion et des plantations le long des rives ;*

surfaces forestières avec *îlots de bois plus anciens, forêt naturelles et plantation de rives.*

La surveillance des aires (hibou, aigle marin, faucon pèlerin), la suspension de caisses d'incubation (chauve-souris, incubation en caverne) peut être à l'origine d'actions individuelles nécessaires.

La *remise en liberté* de populations issues d'élevages est une solution de dernier recours (variabilité génétique insuffisante), utilisée lorsque toutes les autres mesures sont épuisées.

Finalités et exigences

Les **finalités de protection de la nature** doivent être *mises sur un pied d'égalité* avec d'autres finalités d'exploitation (production alimentaire, industrielle et mise à disposition d'infrastructures).

La **protection des espèces** doit valoir pour l'ensemble de la surface du pays.

Les émissions doivent être limitées en quantité et dans l'espace.

Le système de protection des biotopes et des espèces doit être agrémenté de la protection des **petites structures** comme des arbres isolés, des haies, des champs d'herbes et d'arbustes, qui servent d'abri à certaines espèces qui ne peuvent survivre sur des surfaces exploitées intensivement.

Seule l'**association avec l'agriculture** peut permettre la protection de la nature, de manière à équilibrer superficiellement les écosystèmes les plus importants.

Les **exigences** les plus importantes sont :

éviter toute intensification de l'exploitation ;

élargir la culture fruitière à des espèces régionales au lieu d'élever de manière centralisée des races à haut rendement ;

réduire l'utilisation d'engrais et de produits ;

ne pas décharger le purin sur des surfaces agraires, mais recycler les déchets organiques ;

soutenir des systèmes économiques plus proches de la nature ;

passer des subventions de production à des subventions liées aux surfaces ;

tenir compte des résultats de l'agriculture pour assurer le budget naturel.

La **protection de l'environnement** comprend deux principaux aspects, souvent liés assez étroitement :

La *protection hygiénique de l'environnement,* c'est-à-dire la réglementation des émissions polluantes de toute nature (produits chimiques, radioactivité, bruit,...) ;

La *protection des espèces et des paysages,* visant à établir un cadre de vie satisfaisant pour les populations humaines en respectant le patrimoine naturel.

La protection de l'environnement est la tâche du ministère de l'Environnement au niveau national et d'instances diverses au niveau international (p. ex. l'Union Internationale pour la Conservation de la Nature et de ses Ressources, UICN).

des mesures de **réglementation** et de **prévention**, instituant des seuils légaux, favorisant l'utilisation de moyens de locomotion ou de chauffage moins polluants (p. ex. pot catalytique), ou encourageant le recyclage ou le traitement des déchets ;

des mesures de **sauvegarde des milieux et des espèces naturelles**, par l'institution de parcs ou de conservatoires nationaux ;

des mesures d'**aménagement du paysage**, visant une intégration des activités humaines dans un cadre "naturel", c'est-à-dire perturbé le moins possible. (cf. Conférence de Sofia 1995)

La politique de l'environnement se heurte à plusieurs obstacles, dus aux **contraintes économiques et politiques**, aux **mentalités**, et à la relative **ignorance des mécanismes écologiques et biologiques**.
La transmission de l'agent de la *scrapie* (tremblante du mouton) aux troupeaux bovins (maladie de la **vache folle**) résulte de l'*utilisation de farine animales* (complément protéique) pour la nutrition du bétail, d'*économies* réalisées sur les processus de désinfectation (réduction du chauffage) et d'une diminution de surveillance vétérinaire (*restrictions budgétaires* du gouvernement britannique).

Les *contraintes économiques* sont peut-être l'obstacle le plus important à la protection de l'environnement : le danger le plus direct est la destruction très rapide des milieux naturels dans le tiers monde sous l'effet d'un puissant appât du gain et de la pression démographique.
L'**aquaculture intensive des crevettes** en Asie du S.E en est un exemple. On aménage les milieux littoraux, paraliques et détruit des biotopes fondamentaux pour des Poissons, Mollusques, Crustacés et autres espèces végétales. La destruction des *mangroves* laisse place à d'immenses bassins où les rejets organiques entraînent des changements irrémédiables. On assiste à une eutrophisation, une raréfaction d'O_2, un dvt de *Thiorhodobactéries* (qui libèrent H_2S). L'eau douce polluée se raréfie dans des régions littorales surpeuplées. Mais surtout les **surfaces rizicoles se réduisent** d'où des famines. Pour nourrir ces crevettes, on capture le tout venant et surtout des alevins d'où l'appauvrissement halieutique.

Cependant, *le danger le plus global est causé par les pays industrialisés*, qui sont les principaux responsables des émissions de gaz toxiques ou à effet de serre, de la pollution par les hydrocarbures (marées noires, *Sibérie*), ou par les déchets radioactifs (réacteurs nucléaires rejetés dans la mer Blanche, l'océan glacial Arctique. Certaines catastrophes sont irréversibles comme l'**assèchement de la mer d'Aral**. Il existe des institutions internationales, des conventions, des traités (cf. page 261) encore faut-il pouvoir intervenir. Le rejet par la Norvège du traité sur la protection des baleines est significatif.

Les contraintes économiques apparaissent donc comme une conséquence des **mentalités**, qui ne tiennent pas compte des effets à long ou moyen terme. Cependant, l'ampleur et la globalité des modifications de l'environnement ont mené à une *certaine prise de conscience* de la responsabilité de l'homme. C'est ainsi qu'un grand plan d'action pluriannuel a été décidé pour une **agriculture pérenne, durable** et la **reconquête des eaux et rivières et du littoral** (Bretagne, 4/02/2002) impliquant pour la 1ère fois en France tous les partenaires : agriculteurs, syndicalistes, professionnels, écologistes, gouvernement.
– Limitation draconienne du taux des engrais minéraux et du lessivage (reformation des haies, labours//à la pente, etc.)
Culture de plantes fourragères automnales sur les surfaces non emblavées : *luzerne*, *trèfle blanc*, pièges à nitrate et aérateurs du sol. Le tout couplé avec une réduction du cheptel et **subventionné par l'État** (60 €/hectare).
– Traitement des boues d'épuration et restriction des épandages.
– Traitement des **lisiers**, dépollués comme des pétroles à cause de l'odeur et de leur richesse en $NH_3^+ \rightarrow NO_3^-$ dans le sol. Les substances malodorantes sont fixées par des mercaptants et par oxydation donnent des molécules disulfurées non odorantes. NH_3^+ est oxydé dans un pot catalytique $\rightarrow N_2 + H_2O$. À basse température il se forme peu d'oxydes d'azote.

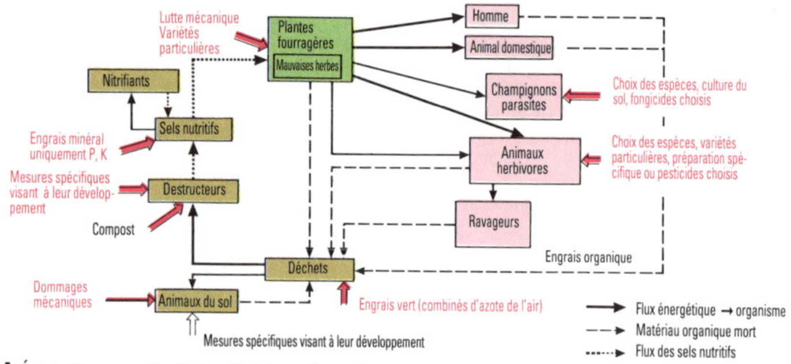

A Écosystème agraire de l'agriculture alternative

Engrais	écologique	conventionnelle	intensive conventionnelle	écologique (divers auteurs)	conventionnelle (divers auteurs)	biologie dynamique
Azote (100-150 kg)		7743	11615		*9402* (Azote à Épandage des engrais)	
Phosphore (70-100 kg)		979	1402			
Potasse (70-100 kg)		674	697			
Épandage des engrais		360	360			
Fabrication de compost	1193			*2394* (Fabrication de compost à Épandage du calcaire minéral)		634
Répartition du compost	317					203
Phosphates naturels (200 kg)	42					52
Lithothamniées (Calcaire d'algues)	96					
Calcaire minéral	402					
Épandage du calcaire minéral	544					267
Herbicides						
Production		1005	1005		*1005*	
Épandage		360	360	*360*		
Préparation de l'épandage litière						219

Travail du sol	écologique	conventionnelle	intensive conventionnelle	écologique (divers auteurs)	conventionnelle (divers auteurs)	biologie dynamique
Piocher	544			*1000* (Piocher à Compresser)	*400* (Piocher à Compresser)	150
Herser	142					400
Compresser						200
Semailles	-	-	-	*2500*	*5000*	2880
Travail de semence	293	502	628	*3173* (Travail de semence à Récolte, battage)	*3657* (Travail de semence à Récolte, battage)	240
Utilisation de carburant						
Travail du sol (semence)	1785	2553	2553			1858
Récolte, battage	837	837	837			967
Utilisation de paille						338
Utilisation de machines	1674	1674	1674	*1674*	*1674*	2309
Récolte intermédiaire						1162
Imput global / ha	8162	16658	21388	*10741*	*21498*	11882
Output global / ha	51500	59000	62000	*66986*	*83710*	63360
Imput/Output	0,158	0,282	0,345	*0,160*	*0,257*	0,188

Agriculture : écologique | conventionnelle | intensive conventionnelle — FRANCE ; biologie dynamique — ex-RFA

11615
9402 divers auteurs

B Bilan énergétique général pour la culture d'1 ha de blé (en Mégajoule)

	t / ha · a	Masse sèche	Substance organique	N	P_2O_5	K_2O
Fumier solide	7	260	170	6	2,8	15,7
Fumier liquide (dilué 1 : 3)	10	52	38	1,5	0,7	2,3
Litière de bruyère	2	850	830	10,7	0,6	1,6
Compost de bruyère	9	270	250	5,7	0,3	0,4

① Composition du matériau organique utilisé propre à l'exploitation (g / kg)

	N	P_2O_5	K_2O
Bilan sans apport extérieur de substances minérales	- 65	- 13	- 55
Compost de litière de bruyère (directement sur champ)	+ 51	+ 3	+ 4
Litière de bruyère (indirectement par le biais de litière d'étable)	+ 21	+ 1	+ 3
	+ 7	- 9	**- 48**

② Bilan des substances minérales après apport de matériau organique provenant de lieux proches

C Fertilité du sol ① et bilan minéralogique ② dans une exploitation biologico-dynamique (Polder du Nord-Est, Pays-Bas)

En ce qui concerne l'**utilisation des sols,** l'augmentation des moyens mis en œuvre ne correspond pas à un accroissement constant du rendement.

Les mesures d'intensification provoquent un appauvrissement des variétés de plantes et d'animaux.

Pour atténuer les problèmes (charge sur l'environnement, surproduction) les concepts suivants sont avancés : l'extensification de l'agriculture, la jachère, c'est-à-dire la "jachère sociale".

On entend par **extensification** la diminution quantitative de la production. Une diminution éventuelle du rendement, une gestion plus difficile sont compensées par des buts écologiques :

une plus grande richesse de variétés, une meilleure protection des variétés de plantes et des espèces animales.

Les moyens de production peuvent être diminués en *évitant le surengraissement* et *l'emploi de produits phytosanitaires prophylactiques.*

La **jachère** est également évoquée comme moyen pour assurer à long terme le rendement de la SAU et pour diminuer les excédents.

En revanche la "**jachère sociale**" est appliquée à des sols jusqu'alors cultivés en raison de développements sociaux dans la société. Ce sont des **surfaces en friche**, plutôt que des surfaces de jachère, souvent situées sur des sols défavorables.

L'**agriculture alternative** se détourne d'une agriculture intensive au profit d'une :

vision écologique globale de la production agricole.

Un cycle de production avec une grande variété de structures, si possible fermé, doit être mis en place selon le principe du cycle des substances dans l'écosystème entre le sol, les plantes, les animaux et l'homme (Sch. A).

Seules les *exploitations mixtes* (cultures et élevage) se prêtent à cette forme d'agriculture.

L'**agriculture écologique (biologique)** s'oriente vers la production d'aliments plus sains, plus énergétiques et renonce à l'utilisation d'herbicides et d'autres biocides synthétiques. Elle emploie des produits et des procédés biologiques pour combattre les nuisibles et les agents pathogènes. L'élimination des mauvaises herbes est principalement mécanique (p. ex. brûlage avec du gaz propane). Elle cultive le sol et l'humus en essayant de conserver une strate végétale toute l'année, de travailler le sol le moins possible avec des moyens mécaniques et d'utiliser des engrais organiques (compost ou fumier).

Les biotopes agricoles sont protégés par la plantation de haies, de bosquets et l'entretien d'étangs.

Ils permettent des conditions de vie variées sur les plus petites surfaces et font barrage au vent.

Le **bilan des substances nutritives** est souvent problématique dans les exploitations (Sch. C). La récolte et la vente de la production agricole causent des déficits pour les minéraux, qui ne se régénèrent pas d'eux-mêmes dans l'écosystème.

L'apport de substances minérales supplémentaires (N, P et K) est nécessaire.

La quantité de travail dans les exploitations mixtes organiques et biologiques est de 10-20 % supérieure à celle des exploitations mixtes conventionnelles. Un travail plus important est nécessaire pour les cultures sarclées (pomme de terre, betterave). Le fait de renoncer à utiliser des produits agrochimiques (les produits phytosanitaires, les engrais synthétiques, les additifs alimentaires) entraîne une baisse des coûts de production. Les coûts vétérinaires sont plus faibles dans les exploitations écologiques.

Mais l'**agriculture biologique** a 2 fragilités : ses produits restent sensibles aux contaminations fongiques et elle est mal protégée des pollutions environnementales.

En dehors du « bio » et face aux attentes sociales il y a eu 2 approches récentes : *économique* et *écologique* qui cherchent à promouvoir un développement durable ; c'est-à-dire qui réponde aux besoins du présent sans compromettre la capacité des générations futures à répondre à leurs propres besoins : c'est l'**Agriculture durable** dont l'idée a été formalisée au **sommet de Rio en 1992**.

L'approche économique vise à adapter l'agriculture conventionnelle pour la rendre acceptable en conservant les objectifs de productivité : c'est le *réseau FARRE* (Forum pour l'agriculture raisonnée respectueuse de l'environnement).

L'approche écologique associe des méthodes diff. pour réguler les agrosystèmes → approche globale de l'ensemble sol/plantes/animaux.

C'est une **agriculture intégrée** dont on peut caractériser ainsi les grandes tendances :

– Réduction des surfaces ramenées à 30 ha et 110 000 litres de quota laitier → petites structures autonomes avec moins de prêts bonifiés et de primes (européennes)

– Cultures de lupins, de féveroles, de luzerne, de tournesol, de lin ce qui donne un apport protéique et supprime les importations de soja (toutes avec OGM)

– Faire des rotations longues ce qui diminue les cycles des maladies et épuise moins le sol

– Associer graminée et trèfle blanc (fixateur d'N_2 atmosphérique) ce qui supprime les engrais azotés.

– Cultiver le sol et sa vie microbienne à partir des déjections animales, traitées, de l'exploitation

– Miser sur une bonne gestion de l'herbe, augmentation de la durée du pâturage et diminution des heures de tracteur.

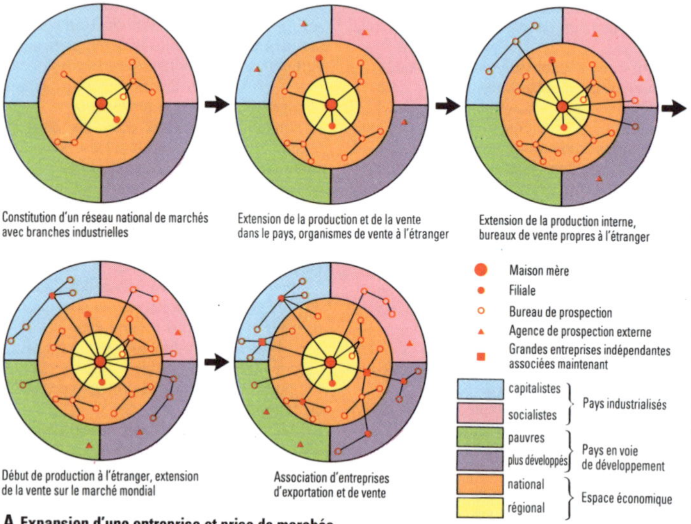

A Expansion d'une entreprise et prise de marchés

Assouvissement des besoins essentiels

La technologie contribue-t-elle à assouvir les besoins essentiels comme nourriture, vêtements, logement, santé, éducation, communication ?
Les services/produits sont-ils accessibles aux plus démunis ?

Développement des données locales

Crée-t-on des emplois ?
Epargne-t-on/crée-t-on un capital ?
Produit-t-on ou épargne-t-on des matières premières/de l'énergie ?
Les connaissances/recherche/développement sont-ils favorisés et servent-ils au développement technologique ?

Développement social

Indépendance locale/régionale/nationale et autonomie sont-elles favorisées ?
Réduit-on les inégalités entre :
groupes d'âge, sexes, métiers, ethnies ;
population rurale et urbaine ;
États (science/technologie) ?

Développement culturel

Les traditions locales techniques sont-elles exploitées ?
La technologie s'adapte-t-elle aux éléments positifs d'une culture ?

Développement humain

Une participation créative est-elle possible ?
Libère-t-elle les hommes du travail avilissant, trop ardu et sale ?

Développement écologique

Réduit-t-on le gaspillage, le pillage et la pollution ?
La technologie s'adapte-t-elle aux données (exploitation des ressources écologiques renouvelables, recyclage) ?
L'environnement naturel et l'environnement créé par l'homme s'améliorent-t-ils ?
Favorisent-t-ils la complexité et la multiplicité des écosystèmes ?

B Critères de choix pour de nouvelles technologies

Réseaux d'entreprises, critères technologiques

Théorie de la production (Vernon)
Tout produit est, après une durée de vie déterminée, évincé par un autre plus récent, plus élaboré. Après l'introduction du produit ses ventes augmentent doucement, un prix de mise sur le marché élevé permet d'obtenir des bénéfices importants car peu de producteurs approvisionnent le marché. Le savoir-faire technique et scientifique et l'emplacement propice (proche des centres de recherche et des marchés) sont très importants (*phase d'innovation*). Des stratégies à long terme sont développées, des capitaux sont mis à disposition pour l'investissement (*phase de maturité*). Finalement les coûts de production sont davantage déterminés par les salaires et les capitaux que par le matériau. Les meilleurs emplacements sont ceux où la main-d'œuvre est peu chère, où les infrastructures existent et où les impôts et les taxes sont faibles (*phase de standardisation*).
Des coûts d'investissement élevés et des bénéfices en diminution évincent les industries à capitaux faibles du marché (*concentration industrielle*).

Théorie d'organisation
A sa création, les livraisons et les ventes de l'entreprise se limitent à la région. Le développement des capacités de production nécessite une nouvelle organisation du réseau de distribution (succursales dans la région). Les lieux de production et les produits apparentés peuvent être repris par l'entreprise pour favoriser l'écoulement des marchandises (*diversification horizontale*). Le réseau de vente se densifie dans le pays.
Le marché extérieur est conquis par l'implantation de filiales. L'accroissement de la demande et des coûts de distribution, les frais de douane rendent rentable la construction d'unités de production et le développement de réseaux de distribution propres à l'entreprise dans le pays hôte (*intégration verticale*), qui peut être suivi d'une ventilation de l'entreprise en unités sectorielles et régionales avec une direction décentralisée.

En règle générale, l'administration centrale (le contrôle et les décisions d'investissement) reste dans le pays d'origine (ce sont des *entreprises internationales* dont les bénéfices peuvent dépasser le PNB de pays moyens ; Sch. A).

L'intégration d'industries et de banques au-delà de leur frontière facilite le transfert de l'argent, des biens et des informations, elle entraîne également la diminution des offres d'emploi au niveau régional.
Les **possibilités techniques** radicalisent les chances et les risques, engendrent l'aisance, cimentent en même temps les différences sociales dans la société, protègent l'homme des menaces naturelles et le menacent à cause de la destruction de la nature, créant les conditions préliminaires à la liberté et stabilisent le pouvoir (U.E. SIMONIS).
Les doutes et les critiques à l'encontre de la *croissance des pays industrialisés* et des *modes de production dispendieux* remettent en cause l'ordre économique actuel. La **croissance** comme idée économique directrice, l'augmentation de la production par habitant avec le PNB comme référence ne reflètent pas de manière adéquate la situation économique actuelle.

Une production et une consommation massives nécessitent la disponibilité de matières premières et d'énergies bon marché.

A l'époque de Henry FORD on partait du principe que, dans l'économie, se développe un cycle complet avec des réactions positives :

Des salaires plus élevés augmentent le pouvoir d'achat, les ventes et la production de biens de consommation permettent des bénéfices plus importants, plus d'investissements, qui ensuite augmentent le nombre d'emplois et qui à leur tour permettent d'augmenter la masse salariale et ainsi de suite.

La croissance économique dans les années d'après-guerre semblait confirmer cette opinion, jusqu'à ce que des *récessions* dans les années 70 engendrent une croissance de la production avec une baisse relative de la consommation de matières premières et d'énergie (*croissance sans réaction*), qui à cause de la mécanisation déboucha sur une croissance sans augmentation du nombre des emplois (*croissance sans création d'emplois*).

L'**emploi de technologies nouvelles** dans le système industriel détruit des *postes de travail* et crée des *emplois qualifiés* (pas aussi nombreux).

Un déplacement des emplois du secteur industriel vers le secteur tertiaire (secteur des services) s'opère, comparable dans le passé au développement du secteur primaire.

Le renoncement à des développements technologiques déterminés est encore un sujet tabou. Le pouvoir des multinationales empêche la réalisation et l'autonomie de l'homme.

On discute et on exige l'introduction de technologies adaptées, c'est-à-dire plus humaines, de *technologies qui s'adaptent* au processus de l'écosystème (Sch. B).

Les systèmes économiques doivent atteindre, sous l'effet de couplages rétroactifs, une autorégulation du système, capable d'évolution.

Tous les produits, les fonctions et les formes d'organisation devraient être en accord avec la biologie de l'homme et avec la biosphère. Ceci exige que l'on *pense par anticipation* pour atteindre une *intégration dans la biosphère* tenant compte des effets à long terme.

Des **technologies douces, adaptées et alternatives** (*appropriées à l'homme, respectant l'environnement, économes en énergie et en matières premières*) sont exigées, des techniques décentralisées, d'une grande flexibilité et à l'abri des crises, des petites technologies avancées, intégrées dans une conception humaniste des valeurs dans une perspective écologique (E.F. SCHUMACHER).

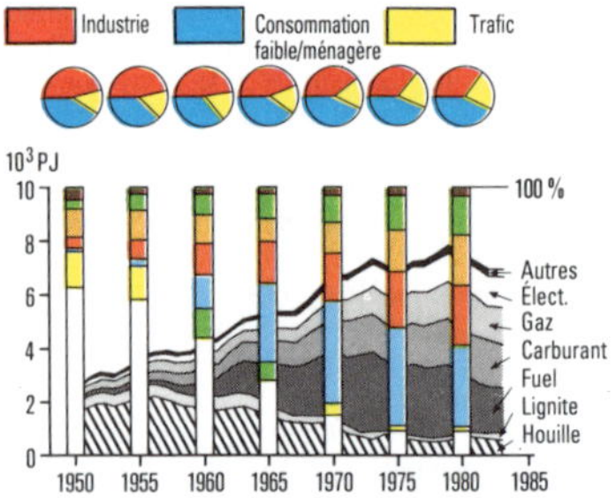

A Consommation d'énergie dans l'ex-RFA

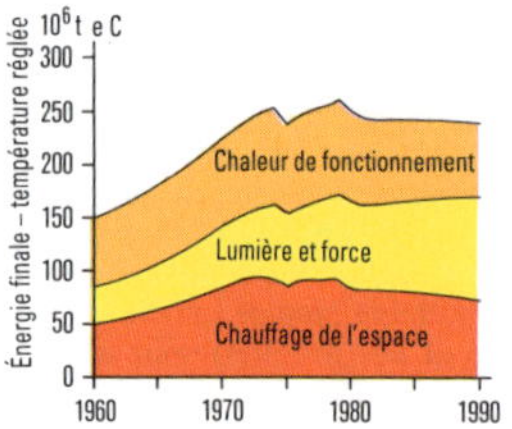

B Consommation d'énergie finale (ex-RFA)

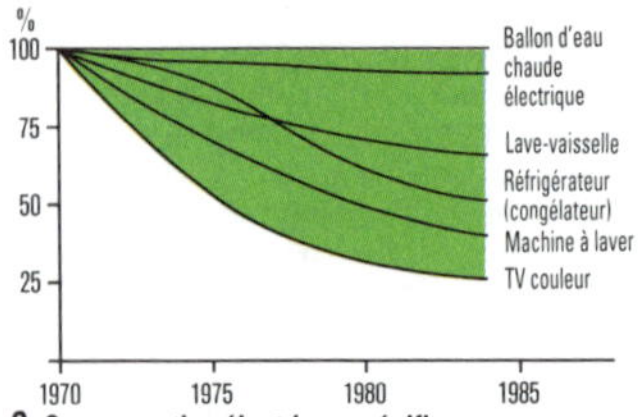

C Consommation électrique spécifique (électro-ménager)

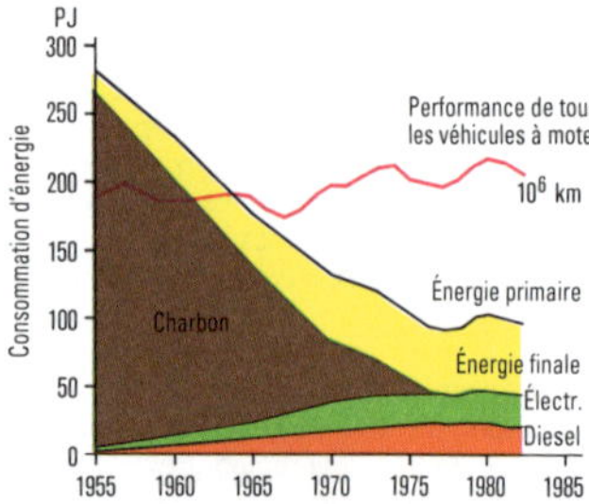

D Consommation d'énergie finale de la Société des chemins de fer allemands

Industrie de transformation	Consommation électrique GWh	Consommation électrique %	Consommation de combustibles GWh	Consommation de combustibles %
Changement des besoins totaux	32679	100	-135326	-100
Effet de l'activité	17835	54,6	104720	77,4
Effet de structure	6805	20,8	- 66456	- 49,1
Effet d'intensité	8039	24,6	-173590	-128,3

E Consommation d'électricité et de combustible

	Estimations		Valeurs effectives
	1980 2030	1976 1983	1976 1983
	valeurs en 10^6 t SKE		
Chauf. de l'espace	- 40	- 5,8	- 8,3
Chaleur de fonct.	- 18	- 2,6	- 13,5
Trafic	- 40	- 2,7	+ 7,8
Lumière et force (sans trafic)	- 4,5	- 0,6	+ 3,7
Total	- 102,5	- 11,7	- 10,3

F Économie d'énergie dans l'ex-RFA

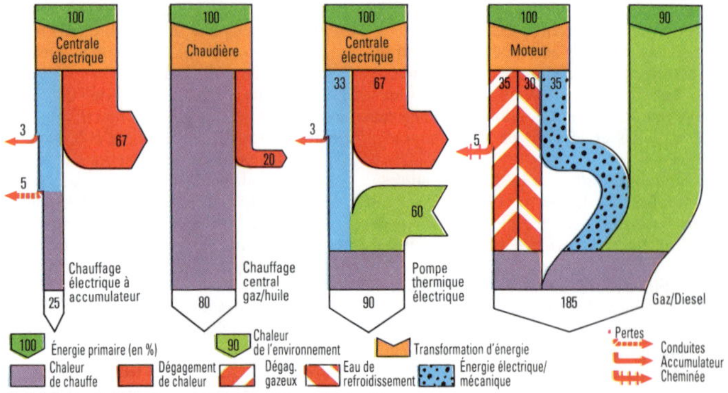

G Utilisation de l'énergie par différents systèmes de chauffage

En Europe une part importante des besoins en énergie sert au chauffage, avec une tendance à la baisse provoquée par les économies d'énergie et le changement de structure dans l'industrie (Sch. B, F).

Par l'*information* une **consommation inutile** peut être évitée, en mettant l'accent sur la grande quantité d'énergie nécessaire au chauffage :

85 heures d'utilisation d'un rasoir électrique,
17 heures de fonctionnement d'une ampoule de 60 W,
et seulement
une douche de 2-3 minutes nécessitent la même quantité d'énergie, 1 kWh.

Le fait d'utiliser des **produits énergétiques anoblis** (le fuel évince les combustibles solides, puis le gaz naturel et l'électricité le fuel) améliore le facteur de récupération lors de la transformation de l'énergie (Sch. A).

Le développement peut être illustré par l'exemple des chemins de fer :

Les locomotives à moteur électrique ou diesel succèdent aux locomotives à vapeur au degré d'efficience plus faible (Sch. D).

Des *mesures techniques* permettent une diminution de la consommation d'énergie :

L'**isolation** des bâtiments diminue la perte d'énergie (chaudière 32 %, fenêtres 28 %, toit 16 %).

Les **décrets pour l'installation de boucliers thermiques** nécessitent une amélioration des techniques d'isolation pour les nouvelles constructions.

Une orientation et une forme optimales de la surface vitrée des immeubles permettent une **utilisation passive de l'énergie solaire**.

La **consommation spécifique** des automobiles a été réduite par la construction de carrosseries profilées, de moteurs qui consomment peu et l'utilisation de matériaux plus légers.

L'augmentation de la consommation globale du trafic routier reste un problème pour la politique énergétique et de l'environnement (Sch. A, F).

Dans le secteur de l'usinage, des techniques d'économie d'énergie étaient pour des raisons économiques déjà utilisées (*effet d'intensification* = transformation de la consommation spécifique).

La reconversion de la production de substances de base grandes consommatrices d'énergie par des technologies nouvelles diminue le besoin en énergie (Sch. E : *effet de structure* = déplacement de la palette de production).

Les effets de structure et d'intensification ont compensé une partie de l'augmentation de la consommation causée par l'accroissement du taux de production nette (Sch. E : *effet de l'activité*).

La **récupération de substances** (*recyclage*) peut considérablement diminuer le besoin en énergie :

besoin en énergie pour la production d'aluminium

à partir de bauxite	280 MJ/kg,
à partir de déchets de métaux	15 MJ/kg,
production de verre	
à partir de matières premières	16,6 MJ/kg,
à partir de débris de verre	11 MJ/kg.

L'**amélioration du facteur de récupération** lors de la transformation de l'énergie par l'amélioration des techniques de contrôle et de régulation dans l'industrie et le trafic (injection gérée par l'électronique, etc.) réduit la consommation d'énergie et les émissions de substances nocives.

La **récupération de la chaleur** est depuis longtemps pratiquée dans l'industrie.

Dans le secteur ménager la récupération de la chaleur peut s'effectuer par l'intermédiaire de **pompes thermiques**. Leur degré d'efficience est très élevé. Elles extraient de l'environnement des corps froids et les réchauffent, en utilisant le principe inverse des réfrigérateurs, à des températures d'utilisation élevées (p. 238, Sch. D). Lors du processus thermodynamique peu d'énergie est utilisée pour l'entraînement du moteur pour "élever" la température environnante à 50 °C. Comme le dégagement de chaleur du moteur à combustion interne peut également être utilisé,

on peut atteindre un degré d'efficience de plus de 100 %, si l'on se réfère à l'énergie primaire utilisée (Sch. G).

Une **décentralisation** de l'approvisionnement permet de diminuer les charges par un gain d'énergie sur la base de petites unités technologiques (collecteurs solaires, petits barrages hydroélectriques, biotechnologies) et une meilleure exploitation de l'énergie, p. ex. par l'utilisation des dégagements de chaleur des moteurs et des centrales *pour les réseaux de chauffage urbain* (**couplage "chaleur-force"**, **"schéma-bloc"**).

Dans les centrales thermiques conventionnelles pour la production d'électricité, un degré d'efficience de 30-45 % est atteint, c'est-à-dire que :

55-70 % de l'énergie primaire utilisée est perdue sous forme de chaleur d'échappement.

L'utilisation des dégagements de chaleur ne diminue pas seulement la charge thermique des eaux de surface mais également la charge sur l'environnement causée par les émissions gazeuses en diminuant la quantité de porteurs d'énergies primaires brûlés.

Le procédé fondamental de l'utilisation de la chaleur de l'environnement et de la chaleur perdue est le **couplage force-chaleur**, au cours duquel la chaleur perdue lors de la production d'électricité est utilisée dans des réseaux calorifiques éloignés.

Les centrales thermiques qui produisent de la chaleur avec étalement du centre de gravité (**couplage force-chaleur**) transforment :

env. 25 % de l'énergie primaire en électricité,
40 % en chaleur utilisable.

L'installation des **centrales thermiques à "schéma-bloc"** à proximité des consommateurs limite les frais de transport de l'énergie. Du gaz naturel ou des moteurs diesel entraînent des générateurs pour produire de l'électricité. La chaleur perdue utilisée pour le chauffage provient des eaux de refroidissement et des gaz d'échappement des moteurs.

L'énergie primaire fournit env. 60 % de chaleur utile et 30-35 % d'électricité ou d'énergie mécanique pour le fonctionnement des pompes thermiques.

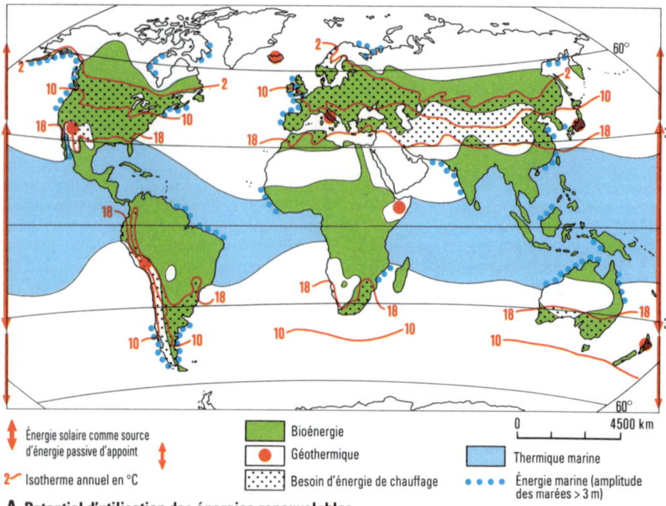

A Potentiel d'utilisation des énergies renouvelables

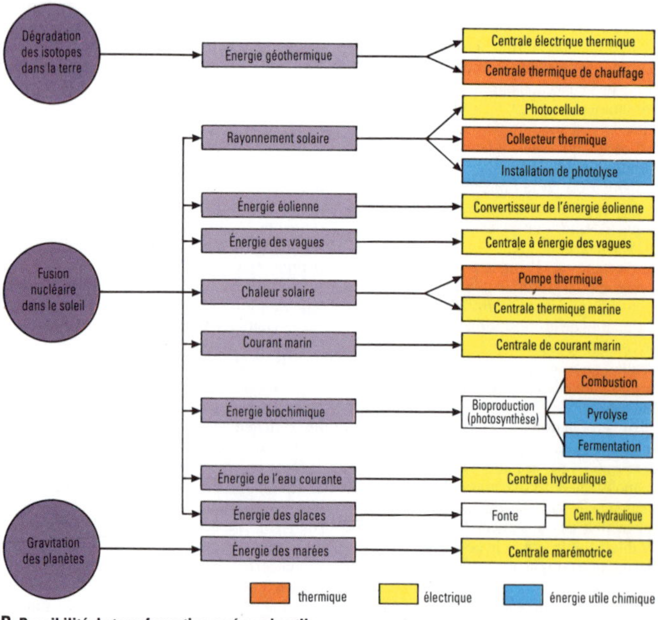

B Possibilité de transformation en énergie utile

Sources d'énergie renouvelables et leur possibilité d'utilisation

Dans le débat sur l'énergie, les *économies d'énergie* et les *énergies renouvelables* jouent un rôle déterminant. Après les crises énergétiques et la catastrophe de Tchernobyl, on réfléchit plus intensément à la possibilité d'installer des sources d'énergie renouvelables également dans des régions désavantagées par un climat froid, en particulier parce que leur exploitation est liée à une charge de l'environnement plus faible que la transformation des combustibles fossiles.

Les **énergies renouvelables** (renouvelables, complémentaires ; faussement "alternatives"), renouvelées par des sources d'énergie naturelles, semblent inépuisables. On différencie l'*énergie géothermique,* l'*énergie solaire* et l'*énergie marémotrice* (Sch. B).

Le potentiel théorique en énergie renouvelable dans nos latitudes dépasse également et de loin les besoins actuels et certainement futurs.

L'**énergie thermique** (Sch. A) provient de la décomposition de radionucléides à l'intérieur de la terre. Elle peut être utilisée dans des régions volcaniques et à particularités géologiques, tout particulièrement lorsque l'eau proche de la surface de la terre est portée à une température de plus de 100 °C et est conduite sous forme de vapeur vers des turbines pour la production d'électricité. L'eau chaude qui arrive à la surface est utilisée directement (en Islande : chauffage, thermalisme).

Des problèmes écologiques surviennent lors du mouvement du sous-sol volcanique et de la pollution de l'eau.

L'**énergie solaire**, l'énergie de rayonnement, qui provient de la fusion nucléaire du soleil, représente la majeure partie des énergies renouvelables. Elle peut être directement transformée en électricité dans la *production électrique photovoltaïque* (*cellules solaires*). A cause du faible rendement (6-18 % de l'énergie irradiée), l'installation de cellules solaires ne se fait que pour des lieux isolés (îles, émetteurs).

Pour une production de 1 300 MW, qui correspond au rendement de la centrale nucléaire de Biblis, une surface de 170 km² serait nécessaire.

L'utilisation directe de la lumière du soleil pour la fission de molécules (*photolyse*), p. ex. de l'eau, est peu prometteuse et se situe au stade expérimental.

Plus prometteuse est la production d'énergie électrique par la *production électrique thermique solaire*, au cours de laquelle les rayons du soleil sont concentrés par un système de miroirs et entraînent une centrale électrique à haute température. Les problèmes suivants se posent :

le faible rendement qui atteint 10 % et donc la grande surface nécessaire pour les nombreux collecteurs à haute température (*ferme solaire*).

Une partie de l'énergie solaire est stockée sous forme d'énergie thermique à la surface de la Terre, dans l'eau et dans l'air. Elle représente le plus grand potentiel utilisable, qui peut être utilisé de manière décentralisée par l'intermédiaire de *pompes thermiques* et de *collecteurs thermiques* avec des atteintes à l'environnement limitées (p. 235, 239).

Les **centrales électriques exploitant les différences de température en mer** travaillent sur le principe des pompes thermiques, et nécessitent pour leur fonctionnement des différences de températures au minimum de 20 K entre la surface et les eaux profondes.

Aux Etats-Unis des centrales électriques pilotes exploitant des différences de températures en mer de 5 à 25 K sont en projet.

Une partie de l'énergie solaire est transformée sur terre en énergie cinétique (énergie du vent et des vagues, des courants marins) également stockée dans l'eau et transportée par elle (nuages, précipitations, fleuves, glace).

L'**énergie éolienne** entraîne par l'intermédiaire de pompes rotatives des rouages et des générateurs pour produire de l'électricité. Comme les installations importantes ont besoin pour fonctionner d'un vent de 4 m/s au minimum, leur installation est limitée ; elles se situent généralement dans les régions côtières.

La surface nécessaire pour un rendement de 1 300 MW est de 80 km², ce qui nécessiterait l'installation de 400 éoliennes hautes de 185 m.

L'avenir de l'utilisation de l'énergie éolienne se situe dans de *petites installations décentralisées.*

Les **centrales électriques utilisant l'énergie des vagues** ne peuvent jouer un rôle que dans des cas particuliers, par exemple le fonctionnement de bouées lumineuses.

Les **centrales électriques utilisant l'énergie des courants marins** ne seraient efficaces que sous la forme d'installation gigantesques, p. ex. des installations flottantes dans le Gulf Stream.

L'énergie solaire, qui est disponible par l'intermédiaire du cycle de l'eau, est amenée sur terre par les précipitations. L'eau d'écoulement ou de fonte est utilisée soit par des **centrales hydrauliques utilisant l'énergie potentielle de l'eau**, sur les fleuves (au fil de l'eau) ou après retenue dans des réservoirs (amélioration de la disponibilité et de la densité énergétique), soit par des **centrales hydrauliques avec barrage**. Celles-ci, même si elles permettent des activités de loisir, portent quelquefois atteinte à l'environnement en agissant sur le cours naturel des fleuves (débit du fleuve).

La majeure partie de l'énergie solaire est stockée sous forme de biomasse. Cette énergie peut être transformée en énergie thermique et électrique (p. 239).

Pour un rendement de 1 300 MW, env. 22 000 km² de surface cultivable agricole sont nécessaires, qui concurrenceraient les surfaces utilisées pour les cultures.

La troisième source d'énergie renouvelable primaire est la **gravitation**. Les masses d'eau, attirées de façon variable suivant la localisation géographique et la position du Soleil et de la Lune, sont soumises aux marées. Des **centrales marémotrices** peuvent produire de l'électricité à partir de marées d'une amplitude de 3 m (p. ex. dans l'estuaire de la Rance).

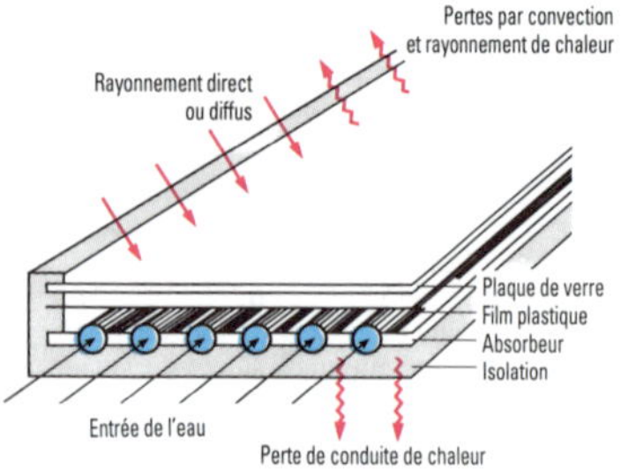

A Modèle d'un collecteur plat

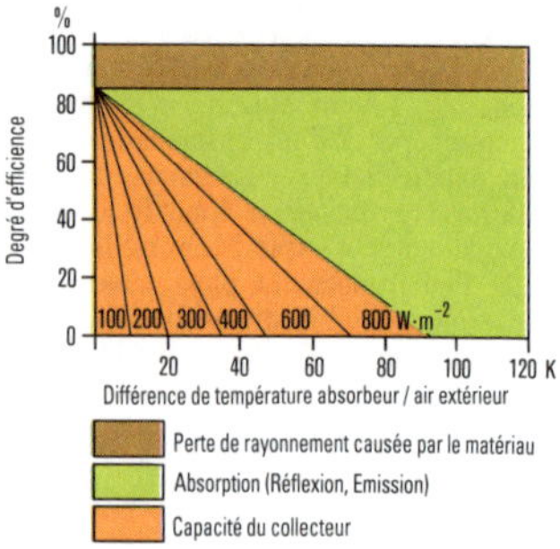

B Spectre d'efficience d'un convecteur plat

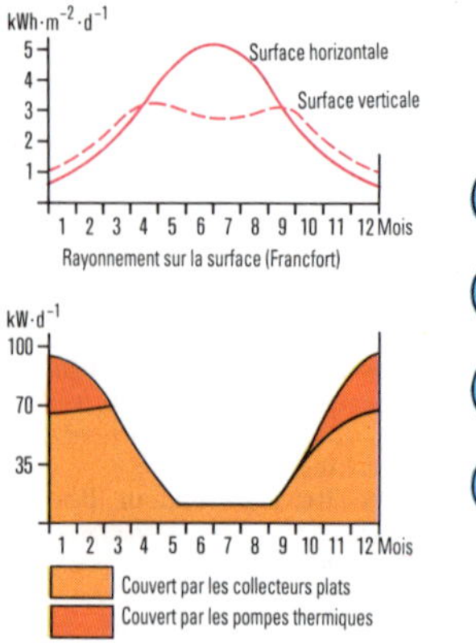

Énergie pour couvrir les besoins d'une maison de 140 m² (Francfort)

C Rayonnement et besoin énergétique

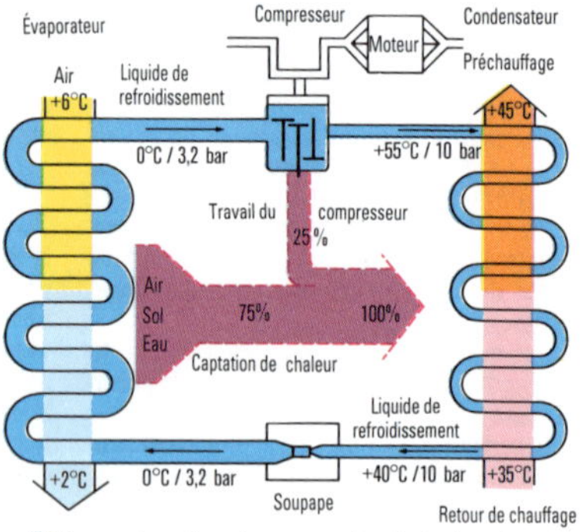

D Pompe thermique à compression (principe de fonctionnement)

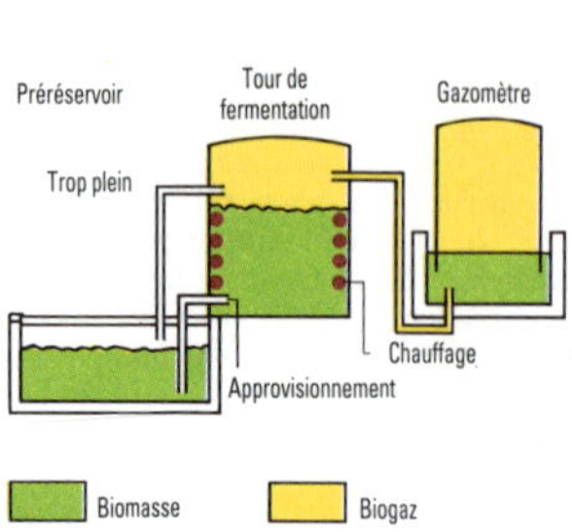

E Installation de biogaz

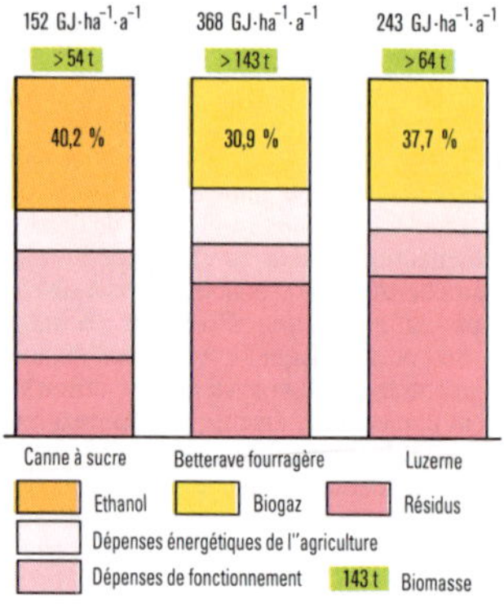

F Biomasses - bilans énergétiques

Collecteurs plats, pompes thermiques, biomasse

Pour une consommation en énergie évaluée à environ 0,4 milliard de tonnes d'équivalent charbon, on estime la part des énergies renouvelables à quelques %. Seulement 9 % de l'énergie solaire utile seront utilisés directement sous forme d'énergie thermique (collecteurs plats pour l'eau chaude et le chauffage), 24 % sous forme d'énergie hydraulique (centrales "au fil de l'eau" et à retenue d'eau), 7 % sous forme d'énergie éolienne et 60 % par l'exploitation de la chaleur de l'environnement.

Les **centrales thermiques solaires** pour la production d'électricité ne sont rentables que si le rayonnement est long et intense, p. ex. dans les régions subtropicales. Les **cellules solaires** fournissent localement de l'électricité (installation test sur Pellworm), mais à cause de leur prix élevé leur rôle est limité. Dans nos latitudes tempérées l'énergie solaire sera utilisée pour obtenir des températures moyennes, grâce à des *collecteurs plats*, des *pompes thermiques* et la *technologie des biogaz*.

Les **collecteurs plats** (collecteurs thermiques de basses températures) utilisent les rayons directs ou diffus du soleil, ils sont donc efficaces même si le ciel est couvert (Sch. A). Ils peuvent

chauffer l'eau à des températures de 40-60 °C et couvrir 50-70 % des besoins ménagers en eau chaude.

Même si leurs coûts de production et d'installation élevés limitent leur rentabilité, ils sont déjà utilisés pour le chauffage de piscines.

Dans les collecteurs plats on utilise la forte capacité d'absorption du rayonnement par les corps noirs, qui restituent l'énergie sous forme de rayonnement de chaleur. Le collecteur, parcouru par l'eau à chauffer, est en général constitué d'un plateau absorbant à la surface noircie (p. ex. en cuivre) (Sch. A).

En fonctionnement, la plaque atteint une température de 60 °C et doit être isolée (la surface exposée doit l'être avec un matériau transparent) pour diminuer les pertes de chaleur, par rayonnement ou convection. Les films avec une perméabilité sélective aux rayonnements ont fait leurs preuves.

L'efficience, qui dépend de l'écart de température entre l'élément absorbant et l'air extérieur et de l'intensité du rayonnement, est au plus bas en hiver (Sch. B, C).

Les **pompes thermiques** utilisent l'énergie solaire stockée dans l'air, l'eau et le sol ainsi que le dégagement de chaleur des moteurs et des installations industrielles. Cette chaleur de l'environnement est trop peu élevée pour une utilisation directe. Dans les pompes thermiques à compression utilisées jusqu'à présent, on exploite la température disponible pour amener à évaporation un liquide de refroidissement à point d'ébullition très bas (*évaporateur*). La vapeur est compressée dans un *compresseur*, de ce fait chauffée. Dans un *échangeur thermique*, l'énergie est transmise à l'eau, la température du liquide de refroidissement baisse, il redevient liquide (*condensateur*). Une *soupape* rétablit la pression (Sch. D).

Les **pompes thermiques monovalentes** sont entraînées par des moteurs et peuvent à elles seules approvisionner de grands ensembles.

Les **chauffages bivalents** se composent d'une pompe thermique généralement entraînée par un moteur électrique et d'une chaudière conventionnelle qui prend le relais les jours les plus froids.

La bioénergie

L'utilisation de la *biomasse* pourrait entraîner une percée décisive des énergies renouvelables. Les plantes stockent l'énergie solaire lors de la photosynthèse dans les molécules chimiques de la biomasse. On peut en extraire, comme des combustibles fossiles, de la chaleur et ensuite de l'électricité.

Le pouvoir calorifique de la biomasse est très faible :

Bois 18 MJ/kg, ordures ménagères 8 MJ/kg (charbon 35, méthane 50,1).

La biomasse peut être décomposée par combustion, pyrolyse, fermentation alcoolique et méthanique (Sch. F).

La *combustion de la biomasse* peut se dérouler dans les installations prévues pour les combustibles fossiles.

Par la **pyrolyse** la biomasse est dégradée à l'abri de l'air :

Pyrolyse à basse température 400-500 °C, pyrolyse à haute température 700-900 °C. Il se forme des mélanges inflammables (H_2, CH_4, CO, suie).

La pyrolyse est écologiquement avantageuse car elle ne produit pas d'hydrocarbures cancérigènes (p. 247).

La **fermentation alcoolique** utilise du glucose, qui est extrait techniquement de la biomasse. Des micro-organismes (levures en particulier) fermentent le glucose avec une efficience très élevée

en éthanol (Sch. F), qui est mélangé à l'essence au Brésil.

La **fermentation méthanique** se déroule dans des conteneurs de fermentation à l'abri de l'air, p. ex. dans les stations d'épuration (p. 191).

Des bactéries acidogènes, comme p. ex. le *Propionibactérium*, décomposent les graisses polymères, les protéines et les hydrates de carbone en acides lactique et propionique, qui sont ensuite décomposés par les *bactéries acétogènes* :

$CH_3CH_2COOH + H_2O \rightarrow CH_3COOH + H^+ + HCO_3^- + 3\ H_2$.

Les *bactéries méthanogènes* utilisent le dioxyde de carbone et l'acide acétique (acétate) :

$4H_2 + HCO_3^- + H^+ \rightarrow 3\ H_2O + CH_4$

$CH_3COO^- + H^+ \rightarrow CO_2 + CH_4$.

Le méthane (CH_4) et les restes d'hydrogène contenus dans le biogaz peuvent être extraits et utilisés dans de grandes et de petites installations (Sch. E, F).

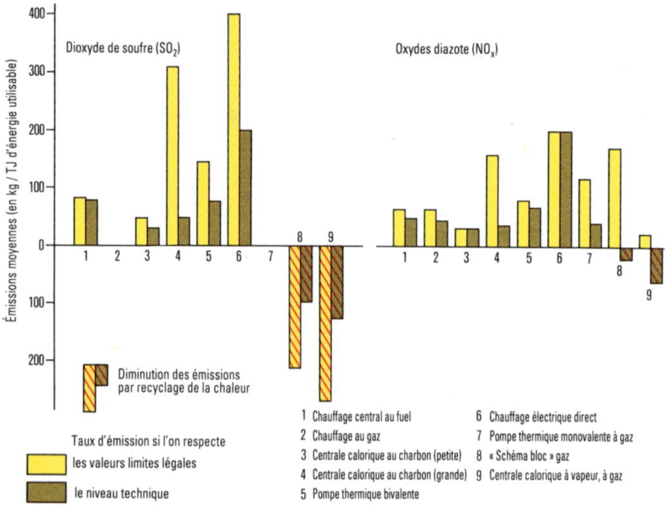

A Les effets sur l'environnement des systèmes de chauffage

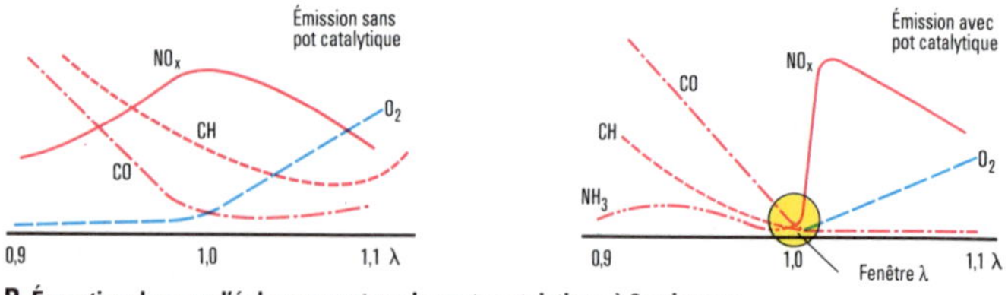

B Épuration des gaz d'échappement par les pots catalytique à 3 colonnes

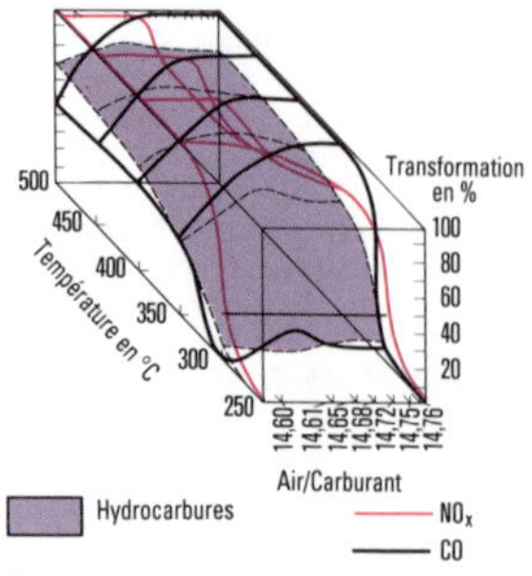

C Les caractéristiques techniques d'un pot catalytique à 3 colonnes

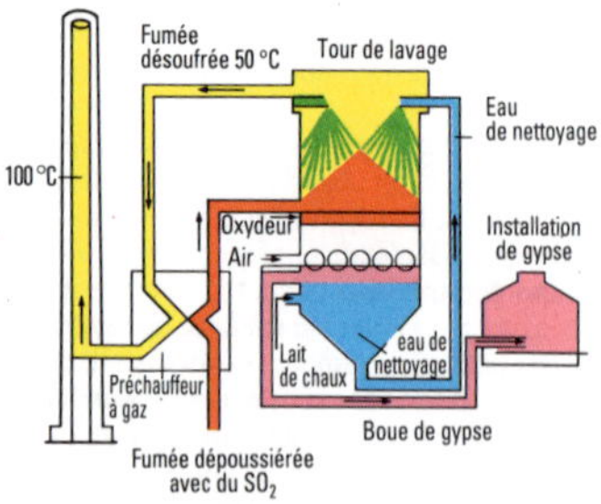

D Épuration des gaz d'échappement par lessivage (procédé humide)

Les **substances nocives** issues des centrales d'incinération quantitativement les plus importantes sont :

CO_2, NOx, SO_2 et des composés organiques.

A la différence des décharges ou du nettoyage limité des sols et des eaux on ne peut réduire la pollution de l'air qu'à sa source :

procédés techniques (véhicules peu polluants, combustion tourbillonnante), *stations de filtrage, catalyseurs* et *autres mesures de prévention.*

D'après le *principe de responsabilité,* les coûts pour la prévention, l'élimination ou la réparation de pollutions de l'environnement sont entièrement à charge des responsables.

Des *plans de purification de l'air, des indicateurs d'émissions ou d'effets* recensent les types de pollutions et servent de base matérielle à l'élaboration de valeurs limites légales.

Les *valeurs limites* peuvent être respectées p. ex. en *remplaçant* les substances nocives par des *substances de substitution,* p. ex. la houille par du gaz naturel, l'essence par de l'alcool et de l'hydrogène.

Les ménages

Ils produisent en partic. du SO_2 et du CO (p. 208, Sch. C).

La pollution de l'environnement par les ménages diminue en France.

Ce changement provient du **passage** du *chauffage individuel au chauffage collectif* et de celui du *charbon* et du *fuel* au *gaz naturel.* Le gaz naturel peut relativement facilement être désulfurisé à la source.

Une diminution des gaz de combustion peut être obtenue par la modernisation des installations de chauffage et d'eau chaude, mesures accompagnées de *réductions fiscales.* Le *contrôle des gaz de combustion* (conduits de cheminées) est obligatoire, afin de constater la forte teneur en substances nocives des gaz de combustion et d'en réduire la quantité.

Des *centrales de chauffage au gaz ou à vapeur* (**chaleur éloignée**) sont des systèmes d'approvisionnement en chaleur optimaux par leur **utilisation des chaleurs résiduaires**, car cela évite la construction d'autres centrales (p. 235).

La circulation

Les moyens de transport ont une grande part de responsabilité dans l'émission de NOx, CO et de combinés organ. volatiles. Ils peuvent être réduits dans les gaz d'échappement à l'aide de **catalyseurs** ou par combustion à basse température (**limitation de la vitesse, moteurs à mélange maigre**).

Le **catalyseur courant à trois voies** enveloppe dans un manteau d'acier un corps en céramique finement poreux (62 cellules/cm^2) vaporisé d'un mélange catalytique actif d'env. 3 g de métaux précieux (Pt, Rh) qui permet de s'attaquer en même temps à trois composantes des gaz d'échappement :

Rh réduit NOx en N_2, Pt oxyde CO en CO_2 et les hydrocarbures organ. ("CH") en CO_2 et H_2O.

La catalyse est complète seulement si le mélange brûlé se situe dans la *fenêtre lambda* (Sch. C).

Ce résultat est obtenu par le mélange carburant/air stoechiométrique idéal de 1 : 14,7, la dénommée

valeur lambda = 1 (théoriquement combustion totale)

(lambda < 1 : mélange maigre ; *lambda* >1 : mélange gras, riche en carburant, pauvre en O_2). Avec un mesureur d'oxygène (*sonde lambda*), on mesure le taux d'oxygène présent dans les chicanes ou le tuyau du pot d'échappement placé en avant du catalyseur. Les déviances par rapport à *lambda* = 1 sont réajustées par un réglage des installations d'injections ou des carburateurs à commande électronique.

L'*essence sans plomb* est indispensable au moteur à catalyseur, car le plomb couvrirait la fine couche de métaux précieux jusqu'à en altérer l'utilité.

Les centrales

Les centrales de houille et pétrolières émettent surtout du SO_2.

La désulfurisation des gaz de cheminées :

Le *procédé à sec* permet à une substance absorbante (p. ex. le charbon actif) de retenir le SO_2, et de l'exploiter finalement sous forme de gaz enrichi de SO_2, qui peut servir à la production d'acide sulfurique.

Le charbon actif a des propriétés catalytiques qui peuvent aussi soustraire le chlore, le fluor et le NOx. Le procédé n'est intéressant financièrement que pour de grandes normes en raison du prix élevé du coke.

Le *lessivage humide* par procédé au calcium s'est imposé (Sch. D).

Les gaz chauds contenant du SO_2 sont mélangés dans une tour de lessivage avec du lait calcaire (chaux CaO/calcaire $CaCO_3/H_2O$). Des réactions chimiques décomposent le gaz toxique en gypse ($CaSO_4$).

La combustion en couches tourbillonnantes (testée dans de petites centrales) :

De la poussière de charbon est brûlée non pas sur une grille, mais mélangée en tourbillon à des cendres et du calcaire. En raison du mouvement des particules, une meilleure répartition de la chaleur se produit. Les pertes de chaleur sont de 80 % inférieures à celles d'installations conventionnelles.

Si on ajoute 8 % de calcaire, le SO_2 est combiné en gypse et on atteint sans installations de filtrage une désulfurisation de 95 %. Les installations travaillent uniquement à 800-900 °C et de ce fait avec des émissions réduites de NOx qui se forment sous l'action de températures plus élevées par oxydation de l'azote de l'air.

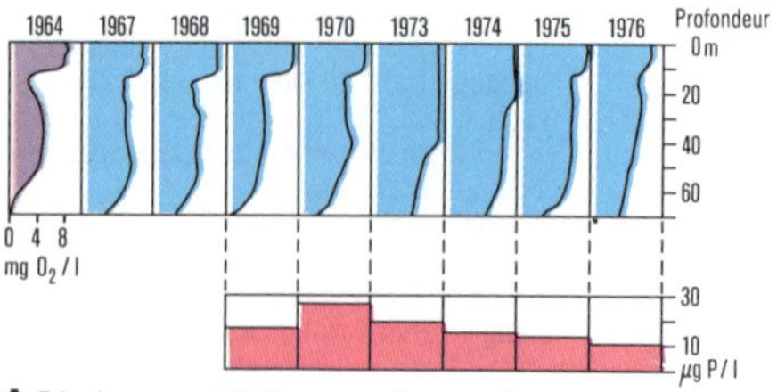

A Développement de l'eau pure d'eaux usées du lac de Tegern

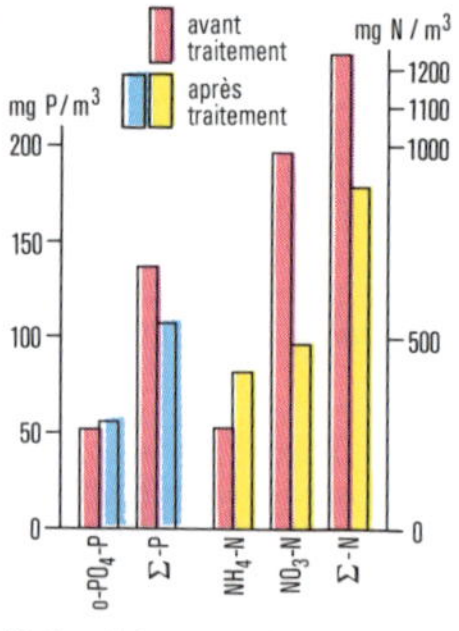

B Assainissement des lacs par nitratoxydation (Suède)

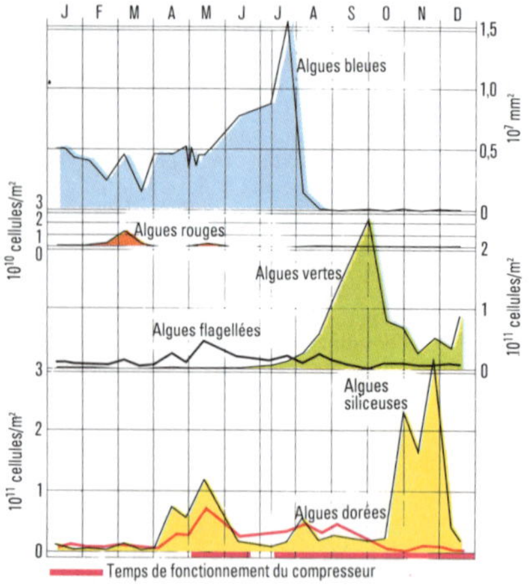

C Transformation du phytoplancton par circulation forcée (Lac de Fischkalter)

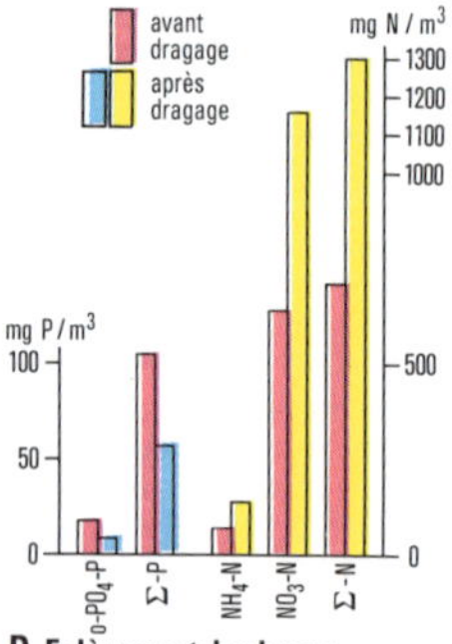

D Enlèvement des boues (lac de Freuden)

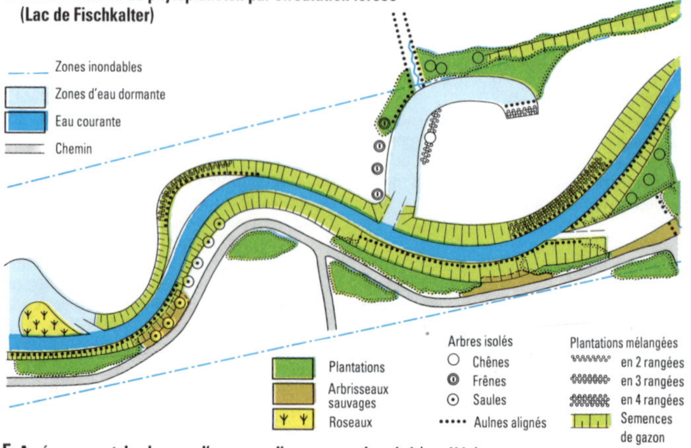

E Aménagement des berges d'un cours d'eau peu anthropisé (modèle)

Les eaux naturelles sont mises en danger par leur exploitation par l'homme (p. 176-187).

Les mesures d'assainissement visent à rendre les eaux polluées à leur état naturel, mais atteignent rarement ce but.

L'**assainissement des eaux** comprend la **mise à l'écart** externe des substances polluantes et des poisons, la **restauration interne des lacs** et la **remise en état des eaux courantes.**

La réduction des phosphates et des nitrates est un des points centraux de cette lutte, en raison des risques d'eutrophisation.

La mise à l'écart des eaux usées

Pour les lacs plus importants les eaux usées sont rassemblées dans des *conduites circulaires* le long des berges et du lac et amenées vers une station d'épuration centrale. Un écoulement dans les eaux du lac fait office d'affluent d'eau épurée.

Là où des conduites circulaires ne sont pas rentables en raison de la quantité d'eau, on peut avoir recours à un *abaissement direct de la quantité de phosphates* dans les affluents et dans les eaux du lac, comme cela a été fait avec succès pour le lac de Constance.

La *retenue des phosphates et des nitrates* se fait à l'aide de stations d'épuration par précipitation ou décomposition biol. (cf. p. 191).

Une amélioration à long terme nécessite cependant la réduction de l'apport en substances nutritives (ménages, agriculture en partic.) dans toute la zone d'infiltration des eaux.

La restauration des lacs

Procédés chimiques :

L'*oxydation des sédiments* peut être effectuée grâce à des organismes aquatiques dénitrifiants, qui décomposent le matériau organique facile à décomposer à l'aide d'un apport en nitrates, et produisent de l'azote gazeux et du dioxyde de carbone (Sch. B).

La *calcification* des eaux acides n'est pas un succès. Elle doit être sans cesse répétée.

La modification souvent brève du pH entraîne des variations des espèces et la disparition pour une longue période des espèces à faible amplitude écologique.

Méthodes mécaniques :

L'*enlèvement des mauvaises herbes* est adapté en partic. à la remise en état des zones de baignade, portuaires ou des abords des centrales, mais aussi aux petites eaux courantes, p. ex. pour y maintenir l'espace vital des truites.

Dans les lacs ce désherbage est souvent suivi en raison de la meilleure transparence de l'eau d'une prolifération du phytoplancton (risque d'eutrophisation, p. 177).

L'*enlèvement des boues* convient bien à la restauration de petits lacs et a pour but d'éliminer le dépôt de substances nutritives des plantes en décomposition. Le raclage du fond entraîne une augmentation de la teneur en azote du lac (Sch. D) due à la dénitrification (enlèvement des algues bleues) ou à la pousse réduite des plantes. Le *recouvrement des sédiments* (papier, sulfate d'aluminium et argile) empêche l'échange de substances nutritives entre le sol des eaux et les eaux libres, mais aussi l'éclosion des macrophytes.

Le manque d'oxygène des eaux peut être pallié par *aération (*air comprimé, tourbillons d'air créés par les hélices de bateaux, barrages).

La teneur hypolimnique en O_2 peut être augmentée par *aération des eaux profondes* afin de réduire la libération de PO_4^{3-} par les sédiments dans un milieu aquatique réducteur, sans pour autant déranger les couches naturelles de l'eau.

L'*écoulement des eaux profondes*

réduit la teneur en substances nutritives et de ce fait la consommation d'oxygène ;

occasionne par la réduction du volume de l'hypolimnion une circulation automnale plus précoce.

L'eau mélangée favorise la décomposition organique des restes.

Une *circulation obligatoire* à l'aide d'air comprimé permet de lutter contre la superposition de couches thermiques dans les lacs et le danger d'enrichissement de la biomasse (prolifération des algues), ainsi que contre le brassage automnal et printanier trop réduit des lacs méromictiques.

La déstratification peut mener tout d'abord, par remontée de substances nutritives vers la surface, à une forte prolifération des algues. La quantité de phytoplancton augmente avec la mort des algues bleues. Le mélange incessant des eaux de surface avec celles du fond améliore la situation des espèces aérobies en raison de la meilleure translucidité et de la répartition de l'O_2 (Sch. C).

On peut lutter contre un excédent d'algues et d'herbes dans des eaux plus réduites par une dégradation volontaire des conditions de luminosité en *créant des zones d'ombre* (arbres, trouble artificiel chimique, films, etc.).

Procédés biologiques

L'*utilisation d'organismes :* carpe Amur contre des macrophytes et carpe argentée contre le phytoplancton.

L'*action sur la chaîne alimentaire* peut avoir du succès.

Des filtreurs à grande échelle, comme les radiolaires, se nourrissent de plancton. Ils sont les proies de prédilection des poissons blancs. Si on les pêche, on réduit fortement la production planctonique primaire.

L'assainissement des eaux courantes

a pour mission de remettre l'ensemble du domaine fluvial de l'écosystème dans un état proche de son *état naturel.* Ces mesures comprennent une organisation moyenne et un tracé proche de la nature, l'amélioration de la qualité de l'eau. Elles nécessitent de laisser à l'état vierge des bandes de rivage, de planter une végétation potentiellement naturelle (Sch. E).

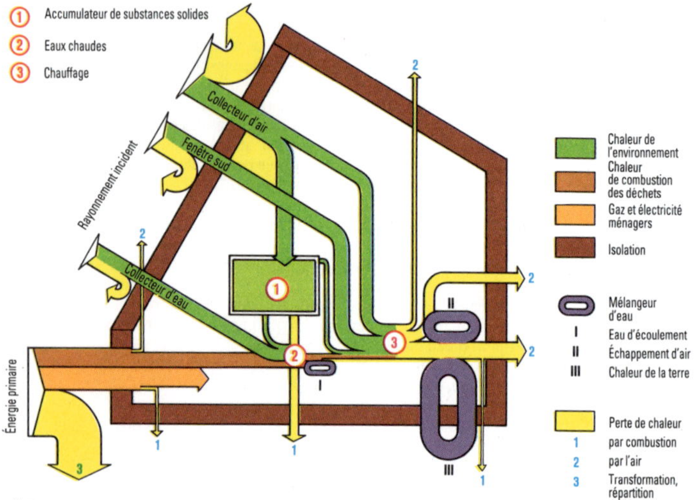

A Flux d'énergie dans une maison équipée d'un système de captage passif de chaleur

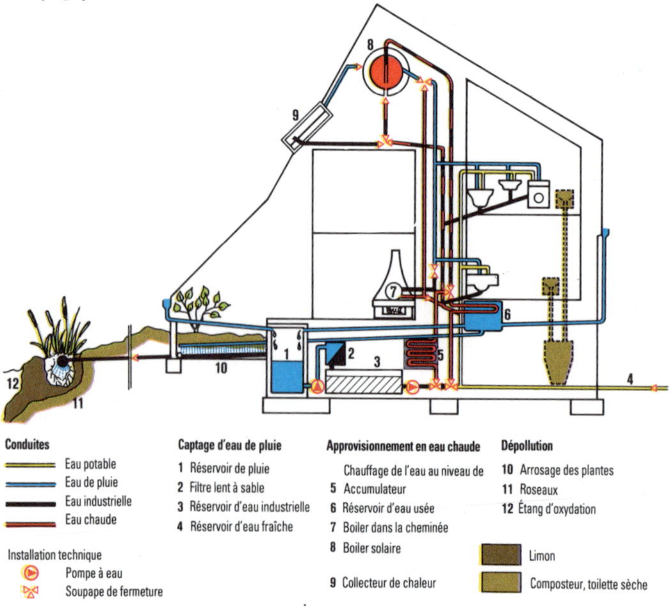

B Gestion de l'eau d'une écomaison en hiver

L' "**architecture écologique**" regroupe les **constructions alternatives** et **adaptées au climat, l'architecture** et **la construction biologiques, la bionique** (adaptation de principes architecturaux biologiques à la technique).

Toute construction est une intervention dans la nature : le but de l'architecture écologique est seulement de réduire ces effets.

Construire écologiquement demande :

d'éviter de peser sur l'environnement ;

de créér des liens avec les cycles naturels ;

de construire ensemble, et non individuellement (aller vers une action sociale) ;

de multiplier les fonctions de l'habitat, du travail, des loisirs et des achats.

Mise en œuvre de ces constructions

Construire écol. nécessite une utilisation économique du paysage, car celui-ci ne se reconstitue pas à l'infini, et une construction rentable utilisant des matériaux sans effets nocifs sur l'environnement.

Une *construction commune* permet d'utiliser de façon optimale les terrains, de réduire les voies de circulation ainsi que les conduites d'approvisionnement et de rejet.

Construire systématiquement réduit les coûts.

Standardiser les constructions permet l'utilisation et la préfabrication d'éléments de construction identiques.

Les investissements personnels en faveur d'une réduction des coûts et d'une identification sont souhaitables.

Budget en matériaux

Mesures de construction : utiliser des matériaux de construction locaux, réutilisables après une démolition ou dégradables par la nature ;

utiliser des matières premières secondaires et des matériaux de récupération ;

éviter les matériaux rares, dangereux pour la santé ou nécessitant beaucoup d'énergie ;

réduire l'utilisation de matériaux par des plans de constructions précis ;

réguler les échanges d'humidité et de température par une construction à base de glaise ;

améliorer le climat de l'habitat (régulation des températures) en utilisant des matériaux de construction stockant la chaleur peu conducteurs.

Planification de l'exploitation : même dans un ménage écologique se créent des déchets de matières premières. On peut éviter que ceux-ci ne soient mélangés à d'autres déchets et ne deviennent des ordures (p. 247). La collecte séparée permet en partie une *récupération* des

matières combustibles (production d'énergie) ;

déchets organ. pour l'alimentation animale ; sinon ils servent de compost ou sont amenés vers des installations de gaz biologique pour s'y décomposer.

Alimentation : elle devrait être liée à un réseau de proximité :

contrats de culture et d'élevage avec des entreprises agricoles voisines et leur prise en compte dans la décharge organique des déchets ;

production autonome de légumes dans des potagers.

Budget énergétique (Sch. A)

L'indépendance de l'approvisionnement central en énergie doit être atteint par la **construction de maisons solaires biologiques**, utilisant des *sources d'énergie locales renouvelables* (p. 239) et *économisant de l'énergie* (p. 235), accompagnées d'une *réduction des besoins* ainsi que d'une *utilisation économique* des énergies non renouvelables.

Sources d'énergie renouvelables :

utilisation passive de l'énergie solaire :

fenêtres exposées vers le sud ;

serres intégrées à grande capacité de stockage (murs en argile, conteneurs d'eau) ;

matériaux de construction stockant de l'énergie.

utilisation active de l'énergie solaire :

énergie éolienne et cellules photovoltaïques pour produire du courant ;

stockage du courant électrique (accumulateurs) ;

utilisation de la chaleur de l'environnement et du rayonnement par des pompes et des collecteurs thermiques ;

stockage de la chaleur excédentaire (blocs solides, réservoirs de liquides).

Economies d'énergie

Lieux d'implantation :

Orientation S-S-O des surfaces de façade ;

situation à l'abri du vent ;

Les vallées (bassins d'air froid) et l'exposition en altitude (vent) ne sont pas intéressantes, la situation en plaine dans les forêts éclairées, sur des versants sud (ensoleillés), les constructions enterrées, etc., sont intéressantes.

La réduction des pertes d'énergie :

isolation par des murs à deux enveloppes ;

abaissement de la température, si nécessaire verres isolants (coût et consommation d'énergie intenses) ;

toits de plantes et végétation sur la façade (réduction de la prise au vent) ;

éviter les déperditions de chaleur par aération ;

réduction des déperditions de chaleur par transmission (hiérarchie des températures du noyau central de la maison chaud vers l'extérieur, zones tampons, sous forme d'ateliers ou de celliers au N) ;

réduction de la surface vitrée.

Budget en eau (Sch. B) :

La finalité d'une architecture écologique est de réduire les charges pesant sur les zones d'approvisionnement en eau et sur les eaux de surface. On peut **économiser de l'eau** en

réduisant les besoins ;

*utilisant les eaux de plui*e (stockage dans les systèmes des végétaux, étangs, citernes) ;

réutilisant les eaux usées ;

distinguant l'emploi des différents types d'eau (eau potable, eau de lavage, eau des sanitaires) et *en les réutilisant.*

Décharge des stations d'épuration : éviter d'employer des poisons et des produits toxiques dans la maison ; créer des *stations d'épuration biologiques décentralisées.*

Les *installations de compost* réduisent la charge organique des eaux usées.

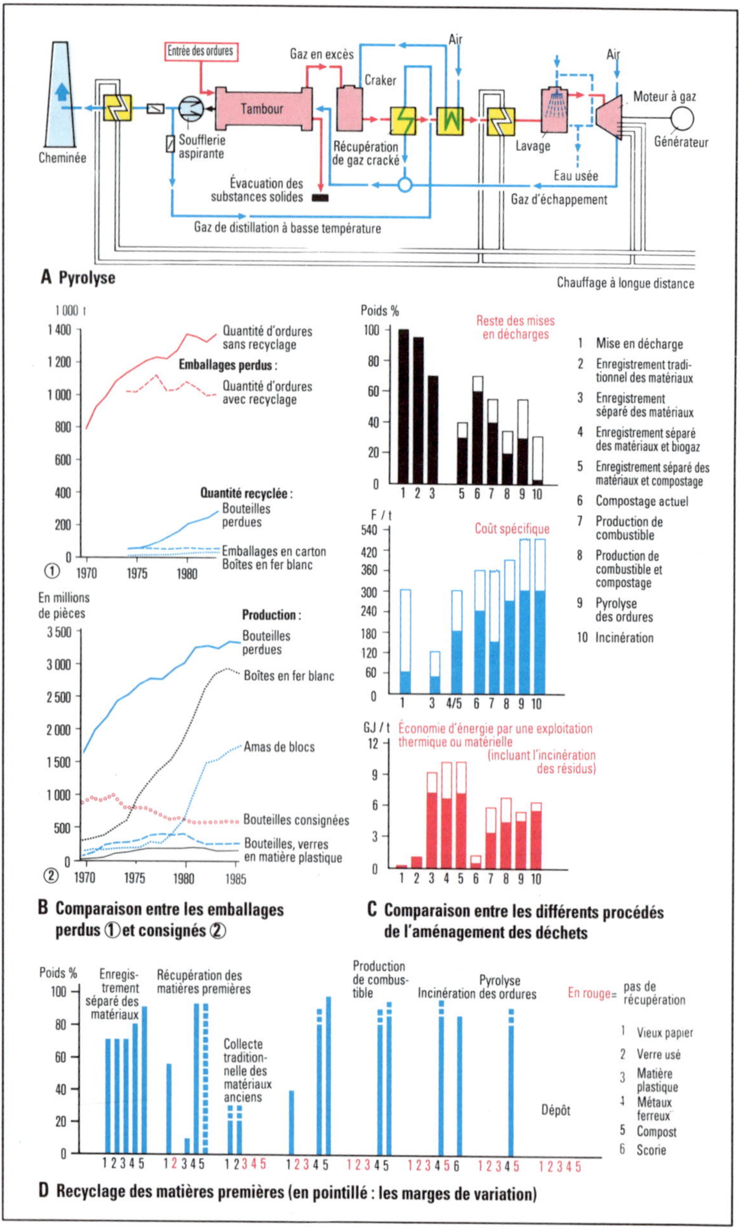

Comparaison de l'aménagement des déchets

Pour économiser les ressources et réduire la quantité d'ordures, la **réutilisation des substances de valeur (matières premières secondaires)** et leur **réutilisation dans la production** est indispensable.

Le **recyclage** suit les lois des cycles des substances de l'écosystème.

Un matériau ou produit peut être réutilisé à des fins identiques (*réemploi*, p. ex. bouteilles consignées, pneus, Sch. B), ou dans certains domaines de la production (*recyclage* de pneus usés et de synthétiques comme matériau de remplissage dans le bâtiment) ; il peut y avoir réutilisation des substances de base pour la production (*recyclage* du verre, du vieux papier).

La production de combustibles à base d'ordures nécessite des *installations de tri* qui séparent les substances organ. productrices de chaleur des autres substances et les compressent en *pellets* ou *briquettes* (70-85 % du poids des cartons et papiers, 10-13 % des synthétiques, 5-16 % d'autres matériaux combustibles et reste non combustible) dont la valeur combustible est inférieure de 50 % à celle du charbon.

En raison de la forte émission de substances toxiques lors de la combustion, cette production doit être évitée dans des installations dépourvues de filtrage des gaz de cheminée.

La **pyrolyse** permet de retrouver des matières premières ; différents procédés (*Mannesmann-Veba techniques de l'environnement, Babcock-Krauss-Maffei, Pyrolyse-Kiener)* sont en cours d'essai (Sch. A).

A partir de déchets ménagers et industriels réduits on produit des gaz de combustion par *carbonisation* jusqu'à 500 °C dans un four tournant, ce qui produit par cracking des hydrocarbures et les transforme pour la plupart en CO, H_2 et CH_4. Cette technique nécessite aussi des installations de nettoyage des gaz d'échappement. Du calcaire additionné dans le four tournant se combine aux substances toxiques gazeuses (HCl, SO_2, H_2S, HF).

L'avantage réside dans le fait que le *gaz inflammable* sauvegardé sans trop polluer l'air anime le processus de pyrolyse ou peut être réutilisé par des moteurs à gaz pour produire de l'électricité ou chauffer. Les combustibles ou matières premières sont les goudrons, huiles et gaz inflammables ; les substances résiduelles solides sont des granulés de mâchefer, des cokes carbonisés, des métaux, du verre et des matériaux inertes, dont la suie ; le coke carbonisé et les métaux peuvent être revendus.

La *pyrolyse des synthétiques* permet de produire des matières brutes pures (p. ex. des huiles).

La *pyrolyse-Kiener* crée des quantités d'eaux usées de 1-2l/hab. et jour, le *procédé Babcock-Krauss-Maffei* n'en crée pas. Les résidus solides de la pyrolyse sont surtout HCl, HF et métaux lourds.

La réutilisation à bon escient des déchets commence avec le *tri des substances* de déchet sur leur lieu de production, afin d'éviter la pollution des substances de valeur (Sch. C, D).

Des expériences positives sont celles du **système de multi-chambres des ordures**. Verre/papier et ordures restantes sont triés dans deux pièces. Le procédé est peu coûteux, facile à utiliser ; la décharge des pièces peut poser des problèmes.

La **"poubelle verte"** ou **poubelle bio** sert à ramasser les déchets organiques, capables de produire du compost de haute qualité.

La *fabrication du compost* à partir d'ordures ménagères est problématique en raison des nombreuses substances inertes et des métaux lourds issus des petits matériaux (clous, vis, fermetures éclairs, mines de stylos-billes).

Des *lieux de ramassage des matières recyclables* avec des conteneurs pour le papier, le verre, les piles sèches, le fer-blanc, les synthétiques, les textiles et les résidus du jardin ont un certain succès, mais impliquent de la part des citoyens une disposition à trier leurs déchets.

La production de *"papier recyclé"* à partir de vieux papiers économise de l'énergie, pèse moins sur les eaux et l'air et consomme moins d'eau. Les cartons sont presque entièrement produits à partir de vieux papiers. Chaque cycle d'utilisation supplémentaire détériore la qualité des fibres du papier.

Le *verre usé* est réduit en miettes, tamisé et aspiré. Des aimants ôtent les particules de fer. Les céramiques, porcelaines doivent être triées à la main. Des éclats de verre coloré ne peuvent servir qu'à la production de verre vert. On manque d'éclats de verre blanc.

Le *fer-blanc* et le fer *rouillé* sont faciles à récupérer dans les ordures avec des aimants et sont ajoutés à concurrence de 350 kg/t d'acier dans les fours de fusion.

Jusqu'à 35 % de l'*aluminium* peut être réutilisé ; on utilise pour cela 1/20 de l'énergie nécessaire à une production à partir de bauxite.

La réutilisation des *synthétiques* purs ne pose pas de problème, cependant elle n'est possible que pour des déchets industriels purs. Le mélange constitué de polyéthylène et polypropylène (60 %), polystyrène (20 %), PVC (15 %), de polyamides et d'autres restes d'ordures ménagères posait des problèmes jusqu'alors. Ces dernières années des procédés de recyclage se sont développés qui permettent de réutiliser des *produits synthétiques de moindre valeur* dans des pierres de bordures de pelouses, des clôtures, d'utiliser des *mélanges indéfinissables* pour produire des pots de fleurs, des poteaux et de réutiliser les *synthétiques purs* dans la fabrication de films agricoles ou de casiers à bouteilles.

Dans le *recyclage de l'argent et du mercure* contenus dans les piles, c'est le **Hg** qui pose le plus de problèmes.

Le mercure est surtout utilisé dans les piles-boutons, les cellules alcaline-manganate et autres, les néons, les interrupteurs, etc.

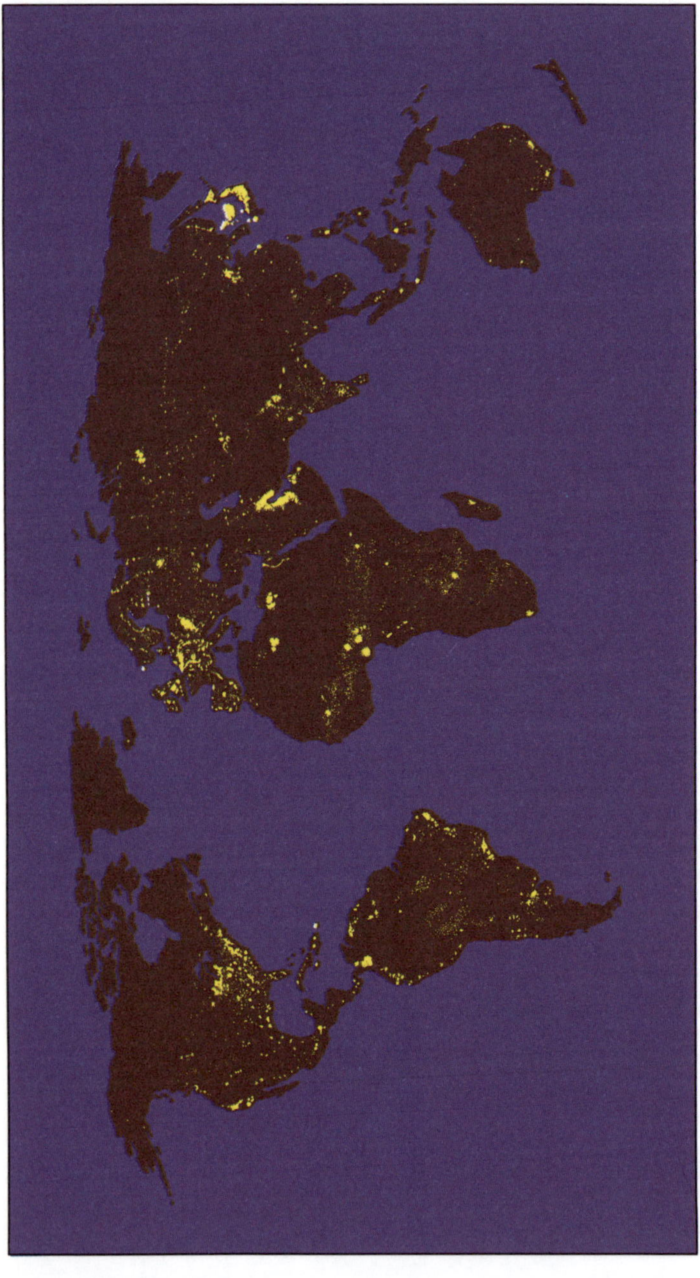

Points lumineux dans la nuit pour visualiser l'intervention de l'homme

L'humanité est en train de modifier son espace de vie, la planète Terre, de manière inconsidérée et sans doute dangereuse.
Si l'on compare la **croissance de la population** sur Terre avec la *croissance des bactéries* dans un milieu de culture riche en nutriments, on s'aperçoit qu'un accroissement rapide par multiplication ne dure pas longtemps.

Les ressources disponibles sont petit à petit épuisées, puis la culture est intoxiquée par ses propres déchets. La population stagne alors puis décroît.

La comparaison n'est pas tout à fait exacte : les cultures de bactéries ne se contrôlent pas elles-mêmes et ne sont pas responsables de leur limitation. Notre savoir et la perspective de nous observer de l'extérieur (p. ex. de l'espace) nous confère la responsabilité d'exploiter la Terre avec mesure et d'y maintenir la vie.

Les points lumineux sur le schéma montrent la présence de l'homme sur la Terre, telle qu'on peut l'observer d'un satellite la nuit. Il s'agit d'un schéma retouché qui ne fait pas de différence entre nuit et jour. Beaucoup de sources lumineuses varient selon les saisons (p. ex. le feu). Les sources d'énergie principales sont les zones de concentrations urbaines, les flammes des puits de gaz naturel (Sibérie, Golfe Persique), le déboisement par le feu (Amérique du Sud) et les incendies de savane (Afrique).
La mer du Japon est illuminée par les grands bans de lumière des chalutiers pour attirer les pieuvres.
Le chemin de fer transsibérien et la vallée du Nil dessinent aussi des chaînes de lumières.

La *vitesse insensée*, la *taille* et la *complexité* des **interventions humaines** n'avaient jamais atteint de telles proportions démesurées dans la **destruction de l'environnement** ; elles minent le développement économique et menacent la survie de l'homme.

5 milliards d'humains habitent aujourd'hui la planète Terre et consomment 40 % des matériaux de la photosynthèse nette annuelle (2 t de houille ou 150 kg d'acier / personne).

La plus grande *influence sur l'environnement* est exercée par l'**agriculture,** l'**industrie** et la **production énergétique**.
Ces 300 dernières années, l'agriculture et l'industrie ont doublé la *teneur en méthane* dans l'atmosphère et augmenté d'1/4 la *concentration en* CO_2. La libération de par le monde des éléments **S** et **N** par l'activité humaine correspond de nos jours à la production naturelle et la dépasse même. Les rejets de métaux, dans l'environnement, par l'homme, dépassent la production naturelle de 18, 5 et 3 fois pour le **Pb**, le **Cd** et le **Zn**, de 2 fois pour l'**As**, le **Hg**, le **Ni** et le **V**.

Depuis 1900 la **population mondiale** a triplé, l'**économie mondiale** a subi une expansion par 20, la **consommation des combustibles fossiles** a été multipliée par 30, la **production industrielle** par 50. 4/5 de cette augmentation se sont produits après 1950.

Les **effets du système économique mondial** sur le système écologique général sont :

l'effet de serre,
le trou de la couche d'ozone,
les pluies acides en Europe et Amérique du Nord,
la destruction des forêts et des sols,
la menace pesant sur les mers bordières (mer du Nord, mer Baltique et Méditerranée),
la disparition de nombreuses espèces,
l'appauvrissement des ressources.

La capacité de production économique crée des subdivisions du globe en groupes de pays industrialisés, de pays en voie d'industrialisation et de pays en voie de développement à divers niveaux.

Les **pays industrialisés** sont responsables de la plus grande partie des charges pesant sur l'environnement de la planète.
Aux USA la consommation primaire d'énergie atteint par habitant 5 à 6 fois la moyenne planétaire.

A elle seule, la circulation aux USA consomme autant de pétrole que le Japon consomme d'énergie en général (p. 250, Sch. A).

Dans les **pays en voie de développement,** la plus grande partie de l'énergie est consommée par l'industrie et la circulation (pétrole). La majeure partie de la production énergétique se fait à partir des énergies combustibles fossiles.
Le capital économique des pays en voie de développement est essentiellement basé sur les réserves des ressources de leur environnement :

sols, forêts, eau, poissons.

On consomme plus vite que les réserves ne se reconstituent ou ne se remplacent. Certains pays en voie de développement ont de plus épuisé presque tout leur capital écologique et sont au bord de la banqueroute économique, dont les suites sont

l'augmentation de la famine, l'instabilité sociale et les crises politiques.

L'**épuisement des ressources** et la **dégradation** poussent de nombreux *réfugiés* à passer les frontières naturelles (Tab. B).

Surface de la forêt éthiopienne : il y a 40 ans 30 %, il y a 12 ans 4 % et aujourd'hui 1 %.

La **dette des pays en voie de développement** doit sans cesse être révisée, avant que la récession économique et écologique ne provoque d'autres conséquences de la pauvreté écrasante.
Subventionner l'agriculture (Amérique du Nord, Europe occidentale, Japon) encourage les paysans à maintenir des cultures marginales et à déboiser les forêts, avec pour conséquences une consom-

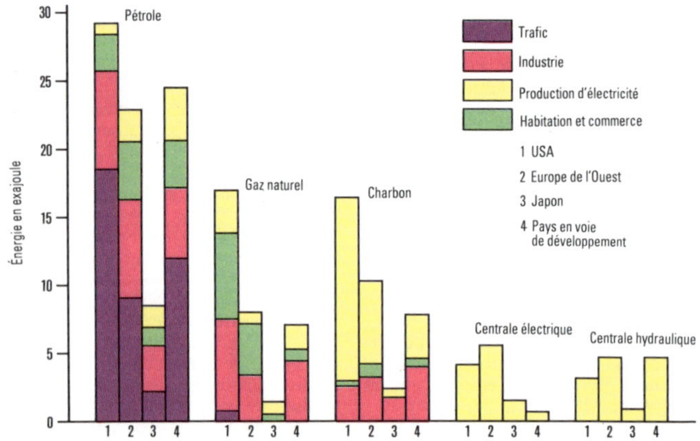

A Consommation d'énergie des régions importantes de la Terre

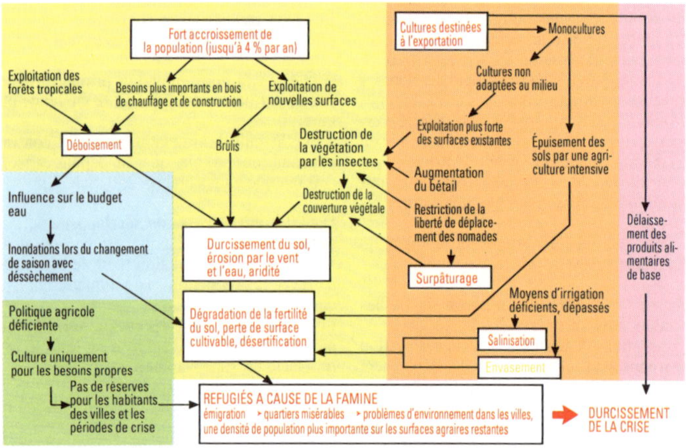

B Les réfugiés comme conséquence des dommages causés à l'environnement des pays du tiers monde

mation trop importante d'engrais et de pesticides et la dilapidation de l'eau de profondeur et de surface pour l'irrigation.

Cela crée des *barrières économiques* pour les pays en voie de développement et une *surproduction* des pays industrialisés.

Les **structures marchandes** actuelles entraînent massivement

un *transfert des coûts de l'environnement du produit social brut global* vers les économies des pays producteurs de matières premières plus pauvres et fondées sur leurs ressources.

(Estimé à 14 milliards $/an = 1/3 de l'aide au développement annuel.)

Les peuples préindustrialisés sauvegardaient leur base de vie par expérience. Les **technologies de progrès** renforcent apparemment l'idée que l'homme dispose d'un pouvoir illimité sur la nature. Des pays sous-développés ou en voie d'industrialisation témoignent d'une soif de progrès aux dépens de l'environnement :

destruction des forêts, substitution à l'agriculture locale, respectueuse de l'environnement, de cultures orientées vers l'exportation (*cash crop)* exploitant des sols sensibles, et construction de centres industriels sans les accompagner de mesures pour protéger l'environnement.

Les *mesures de développement locales* doivent être mises en accord avec les **objectifs globaux pour l'environnement**.

L'activité économique doit calculer les coûts de l'environnement, car de plus en plus notre confort est volé à nos descendants.

G.Hardin parle de la **tragédie des biens communs : atmosphère, mer, lacs, poissons** et des **biens de consommation publics**.

Une **protection efficace de l'environnement** n'est pas que le fruit de lois et de réglementations techniques de plus en plus précises.

Une intégration progressive des questions de l'environnement aux décisions économiques devrait libérer des *fonds*, afin de couvrir les coûts et de réparer des dégâts antérieurs (conférence sur l'atmosphère, 1988, Toronto, la création d'un fonds pour la protection des climats contre l'effet de serre n'est malheureusement restée qu'une proposition), ou des *impôts écologiques* (p. ex. sur l'énergie, les emballages, la pollution).

Parmi les objectifs visés citons :

réduction de l'accroissement de la population, protection des sols cultivables, reboisement de par le monde, augmentation de l'efficacité de l'utilisation des énergies, développement d'utilisations nouvelles des énergies, abaissement de la dette des pays en voie de développement.

Comment freiner l'**épuisement des ressources océaniques** par ex. ?

Ce milieu est un producteur 1re (Algues) 2daire (Animaux), producteur de pétrole et de gaz en offshore et une vaste poubelle toxique. La surface des zones littorales productives diminue fortement.

On cherche, certes, à limiter les quotas de pêche (jusqu'à *74 % pour le Merlu* en Europe) en limitant les périodes de capture, en obligeant les professionnels à travailler autrement. Plus de *filets dérivants* de 75 km (pièges à Cétacés de surcroît) de chalutages à 2 bateaux, limitation des *palangres* (ou lignes flottantes) de 150 km avec des milliers d'hameçons qui capturent sans discernement (oiseaux, etc.). Imposition de filets à mailles plus larges.

L'**utilisation** des radars, sonars, GPS, avions (qui suivent le thon rouge), des bateaux-usines épuise les stocks et compromet l'avenir.

L'**aquaculture** apparaît alors comme une alternative appropriée pour nourrir la planète. Aujourd'hui en Europe, un poisson sur deux (*Dorade, Bar, Saumon, Turbot, Truite de mer*) en est issu.

Mais on les élève avec des farines animales. Elles sont à base de poissons non nobles, de grands fonds (± riches en *dioxine*) ou d'abats d'animaux de boucherie (gare aux prions). Le tout est enrichi de vitamines, d'antibiotiques ou de *tourteaux* de *Soja* (avec OGM). Ces poissons sont très gras, hypercaloriques, à faible sapidité.

Le contrôle sanitaire est quasi nul dans certains pays (Turquie, Chili… etc.). Il y a aussi de plus en plus de **saumons transgéniques** américains et canadiens.

En France, depuis **le 01/01/2002** l'étiquetage est obligatoire ainsi que le contrôle fraîcheur des filets. Il reste à appliquer ces directives.

Une **politique étrangère globale pour l'environnement et le développement** pourrait contribuer à introduire une plus grande unité dans ces domaines.

Les **institutions internationales** les plus importantes de nos jours sont celles de l'*argent*, du *commerce* ou de la *défense nationale* (OTAN, Banque mondiale, entreprises multinationales). Celles qui s'occupent d'écologie sont peu représentées ou peu efficaces.

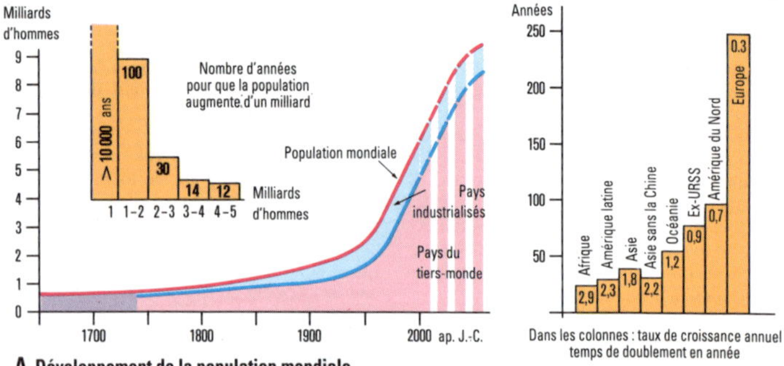

A Développement de la population mondiale

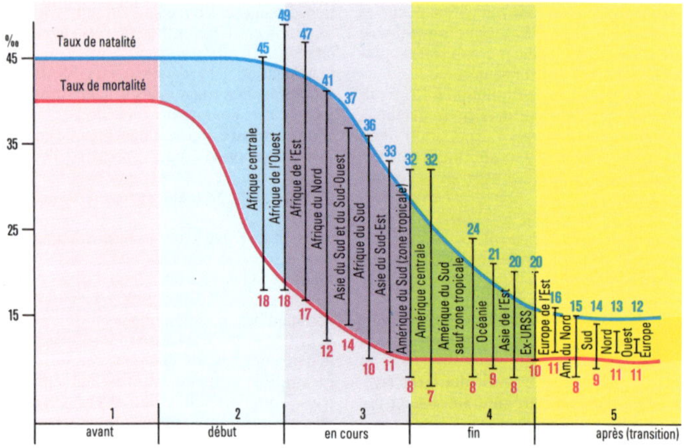

B Modèle de transition différentes (avec indication de la situation des grandes régions)

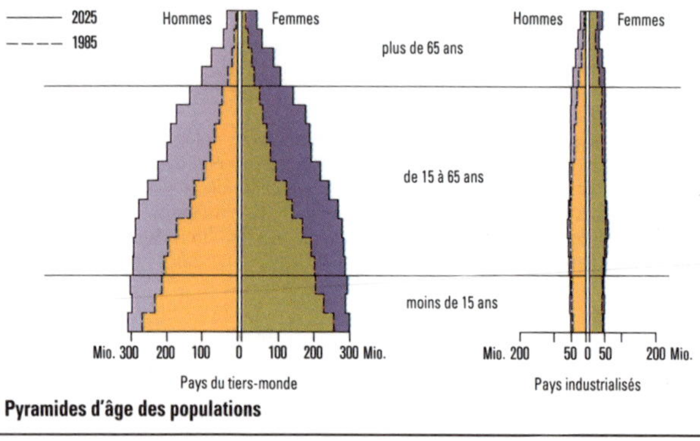

C Pyramides d'âge des populations

Explosion démographique ; différences régionales

Ces dernières années le taux d'accroissement annuel de la **population mondiale** (1990 : 5,3 milliards) s'élevait à 1,8 % (doublement en 39 ans), en 1970 il était encore de 1,98 %.

L'augmentation jusqu'à 1 milliard vers 1800 après J.-C. a pris plus de 10 000 ans, de 4 à 5 milliards cela n'a pris que 12 ans (Tab. A).

Cet accroissement inquiétant, l'"**explosion démographique**", est très variable selon les régions :
pays industrialisés (PI) 0,6 % ;
pays en voie de développement (PVD) 2,0 %.

92 % de l'**augmentation annuelle de la population (aug. pop.)** concernent les *PVD*, que peuplent les 3/4 de l'humanité.

Les **durées de multiplication par deux** calculées à partir de l'accroissement actuel se situent selon les régions entre 24 (Afrique, aug. pop. 2,8 %) et 240 ans (Europe, aug. pop. 0,3 %) (Tab. A).

Il existe de plus grandes différences encore au niveau des pays. Au *Kenya*, pays ayant la plus forte aug. pop. (4,2 %), la population doublerait en 17 ans, au *Rwanda, en Tanzanie, au Nigeria, au Zimbabwe, en Jordanie et en Syrie* avec une aug. pop. d'environ 3,5 % par an, elle doublerait en 20 ans.

En 140 ans le Nigeria (100 millions d'hab.) égalerait la population mondiale actuelle (à taux d'accroissement constant).

La *Suède*, l'*Autriche*, la *Belgique* et l'*Italie* (0-0,1 %) se rapprochent du **niveau zéro**. Le *Danemark*, la *Hongrie* subissent une **stagnation** ou **diminution** (de -0,1 à -0,2 %).

Le **taux d'accroissement naturel** est la différence entre le *nombre d'enfants nés vivants* et celui des *décès* (c.-à-d. les variations de population hors migrations).

Le **taux de natalité** (naissances par 1000 hab.) reflètent les différents *comportements démographiques (fécondité, fertilité) :*
PVD 31 ‰ ; *PI* 15 ‰.
Kenya, Rwanda, Niger, Malawi : 50 ‰ ; *Danemark, Italie* : 10‰.

Les différences pour le **nombre de décès** sont moins fortes :
PVD : 11 ‰ ; *PI* : 9 ‰.

Peu d'États africains (*Gambie, Sierra Leone, Tchad)* atteignent 25 ‰ et plus.

Beaucoup de ces différences d'accroissement de la population sont dues à la **structure de leur pyramide des âges** (Tab. C).

Proportion de **jeunes de plus de 15 ans** :
PVD 39 %, *PI* 23 % (monde 35 %).

Proportion des **personnes âgées** de plus de **65 ans** :
PVD 4 %, *PI* 12 % (monde 6 %).

Modèle de transition démographique

Le **développement de la population** observé dans les *PI d'Europe, d'Amérique du Nord et d'Australie* depuis les temps préindustriels jusqu'à l'époque post-industrielle comporte 5 phases (Tab. B) :

1. taux de natalité et de mortalité élevés → accroissement réduit ;
2. baisse du taux de mortalité, le taux de natalité reste élevé → accroissement élevé ;
3. baisse du taux de mortalité et baisse de la natalité → accroissement encore élevé ;
4. maintien du taux de mortalité à un niveau bas et baisse du taux de natalité → diminution de l'accroissement ;
5. taux de mortalité et de natalité à un niveau bas → accroissement réduit allant jusqu'à la stagnation ou la réduction.

Dans un premier temps, les *progrès médico-techniques* ont réduit considérablement le **taux de mortalité**, l'adaptation du **taux de natalité** s'effectua nettement plus tard.

Ce modèle sert aujourd'hui régionalement et globalement à des *calculs prévisionnels du développement de la population* et à la *typisation de l'état de développement démographique* de différents pays (Tab. B).

La baisse du taux de mortalité est rapide dans les PVD sous l'effet extérieur (transfert des PI), p. ex. vaccinations, hygiène, succès de la lutte contre les maladies infectieuses.

Les modifications du taux de natalité peuvent en r. g. être expliquées très diversement :

p. ex. les plus forts taux d'accroissements enregistrés autrefois en Europe centrale (35 ‰) étaient alors encore largement inférieurs à ceux des pays du tiers monde (~50 ‰).

On invoque les **comportements vis-à-vis du mariage** (âge, fréquence) pour expliquer cela. Dans le tiers monde, l'âge moyen des femmes au moment du mariage est inférieur à 20 ans, la proportion de femmes célibataires toute leur vie est inférieure :

	PVD	*PI vers 1900 :*
femmes âgées de 25-29 ans :	5 %	> 20 %
femmes âgées de 45-49 ans :	1 %	10-20 %

Nombre d'enfants souhaités par les femmes dans les PVD : 4-7.

Les **différences de fertilité** s'expliquent ainsi :
fécondité et facteurs économiques ("*development is the best contraceptive")*
fécondité et indicateurs de modernisation : éducation scolaire, urbanisation ;
fertilité et programmes familiaux.

La **baisse de fertilité** est considérable dans certaines contrées d'*Asie (Chine,* 1,07 milliard d'hab.), où elle est passée de 40 ‰ à 15 ‰ (1986), elle progresse en *Amérique latine*, est minime en *Afrique du Nord* et inexistante en *Afrique Noire.*

De nombreux **programmes de planification du contrôle des naissances** (*informations, accès aux contraceptifs)* n'eurent qu'un succès modeste. Des modifications socio-économiques doivent sans doute accompagner le planning familial, afin de faire baisser les naissances.

Même une modification immédiate du comportement génératif vers un modèle "2 enfants par femme" n'empêcherait pas la population mondiale, poussée par une large base de jeunes dans le tiers monde, d'augmenter de 2 milliards d'humains.

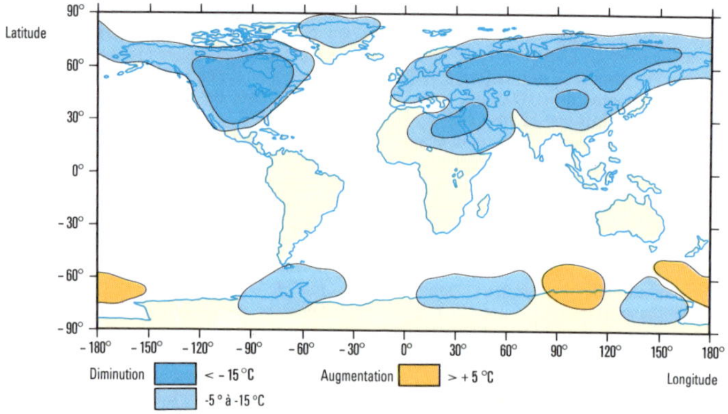

A Changement de température 5-10 jours après une guerre nucléaire

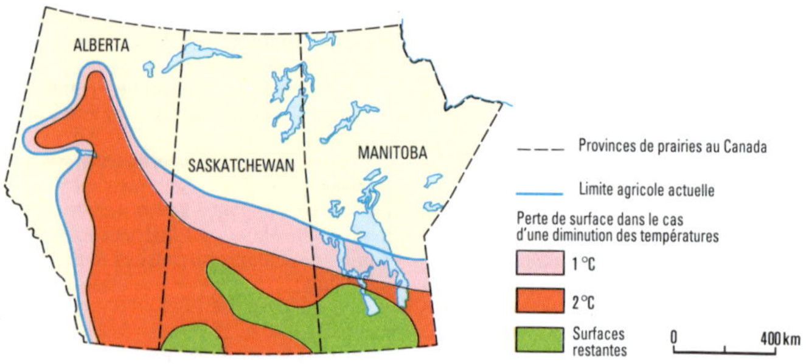

B Perte de surface pour des blés d'été après une guerre atomique

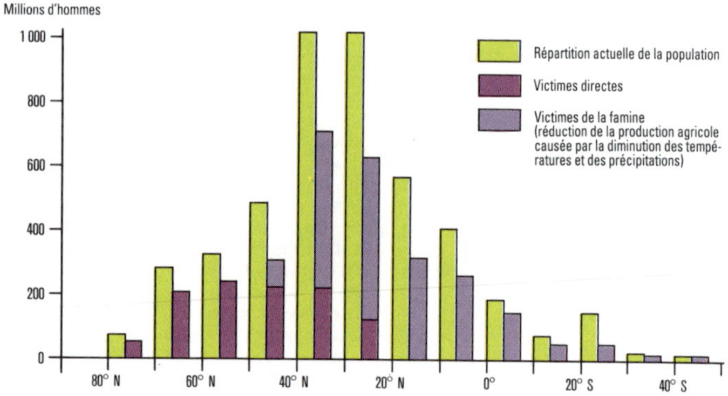

C Population avant et après une guerre nucléaire

Latitude

Conséquences d'une guerre nucléaire

Les militaires testent lors de manœuvres la guerre nucléaire, alors que les bombes lancées sur *Hiroshima* et *Nagasaki* et des scénarios identiques (SCOPE, AMBIO, CRUTZEN/HAHN, etc.) ont fait connaître ou calculer en détail les destructions et les conséquences écologiques dramatiques du feu nucléaire. Il existe un arsenal nucléaire de 12 000 Mt de TNT (équivalent env. de 1 million de bombes Hiroshima) qui est encore loin d'être neutralisé.

Les divers scénarios supposent une **guerre nucléaire** entre 30 ° et 60 ° de latitude Nord avec utilisation de la moitié du potentiel atomique.

Le rayonnement radioactif

L'explosion d'une arme nucléaire est suivie de retombées radioactives sur au moins 100 km² en 24 heures (**fall-out local**). La dose de rayons mortels dépasse 4,5 Gy/48 h.

Une guerre nucléaire dans la zone de l'OTAN et de l'ex-pacte de Varsovie (6000 Mt de bombes explosées) ferait mourir 100 millions de personnes en 48 h.

Le **fall-out global** de la troposphère causerait des pluies continuelles pendant 30 jours, celui de la stratosphère pendant beaucoup plus longtemps. Les conséquences à long terme en seraient un nombre élevé de cancers (p. ex. leucémie) et de mutations génétiques (p. 203).

La déflagration

Environ 50 % de l'énergie d'une bombe explosant à basse altitude forme une vague de pression. La surpressurisation fait exploser les tissus et détruit les matériaux, surtout les installations d'approvisionnement (gaz, électricité), ce qui déclenche des *incendies secondaires* qui s'ajoutent aux effets primaires de la bombe.

Le rayonnement thermique

7 km² de la surface de Nagasaki, 13 km² de celle d'Hiroshima ont brûlé sous la "vague de chaleur". Les conséquences les plus faibles sur les hommes habitant cette zone furent des brûlures au 3ᵉ degré et la cécité. L'explosion d'une bombe de 1 Mt brûle une surface pouvant atteindre 1 000 km². La vague de chaleur de la bombe active la réaction de l'azote de l'air avec l'ozone pour former des oxydes d'azote. Les conséquences en seraient :

- pour des bombes d'env. 1 Mt :
destruction de la couche d'ozone de la stratosphère (le rayonnement UV dangereux pour la peau atteint la Terre) ;
- pour l'utilisation de bombes plus petites :
concentration des oxydes d'azote dans la tropopause, réduction de 6 % du rayonnement solaire, *refroidissement de la Terre* avec une baisse de 25 % env. du rendement de la photosynthèse.

Conséquences indirectes de l'explosion de la bombe

Des modifications globales seront le fruit de la destruction des objectifs de guerre connus. La concentration des tirs sur les villes, les centres industriels et les objectifs militaires des régions forestières, l'incendie des bâtiments, des synthétiques, des transporteurs énergétiques, des forêts, de l'asphalte entre autres créeront des nuages de *fumées ou de suie*, dont la conséquence la plus grave que l'on puisse imaginer est l'"**hiver nucléaire**". Ces modifications comprennent (AMBIO, modifié par CRUTZEN/HAHN) :

- la *réduction de la luminosité diurne* à moins de 1 % de sa valeur normale ;
- l'*interruption de la photosynthèse*
- des *inflammations et empoisonnements* par les gaz des fumées ;
- la *modification de la répartition verticale des températures* par refroidissement de la surface du sol lors d'une guerre estivale pour quelques jours de 20-40 °C, pour 1-6 mois de 5-30 °C et sur l'année de 10 °C ; en hiver les valeurs se situeraient plus bas (Sch. A).
- la *convection verticale* de l'air réchauffé dans l'atmosphère supérieure jusqu'aux abords de la stratosphère, la *réduction des différences de température* du sol vers les hauteurs avec une *réduction des précipitations* d'au moins 25 %, pendant un moment même de 50 % ;
- *des vents de terre froids* orientés vers la mer provoquant l'apparition de brouillards et de pluies côtiers ;
- un *retour d'air marin humide* vers les côtes, un perpétuel brouillard de fumée, de gaz de fumées et de vapeur d'eau, des chutes de neige ;
-une *absence totale de récoltes* lors d'une guerre estivale ;
- une *période végétative réduite*, un recul des limites de culture pour l'hémisphère Nord (Sch. B), une réduction de la rentabilité à cause de la plantation fréquente dans des régions à risques climatiques.

Une guerre nucléaire globale tuera plus d'hommes par les pertes agricoles qu'elle occasionnera (modification du climat) que par ses effets directs (Sch. C).

Les écosystèmes naturels seraient endommagés :

- **écosystèmes aquatiques** : une réduction de l'énergie du rayonnement tuerait le phytoplancton, base de nombreuses chaînes alimentaires ;
- **biomes froids** : peu d'influence car peu d'organismes sont habitués à des froids extrêmes ;
- **écosystèmes forestiers des latitudes tempérées** : le froid, la sécheresse, le rayonnement, les gaz toxiques surtout pour une guerre estivale (période de végétation) provoqueraient un grand stress ;
- **forêts des régions tropicales et subtropicales** : risques pour tous les organismes vivants (sécheresse, incendies, réduction des précipitations) car ils ne sont pas adaptés à une baisse extrême des températures ; anéantissement de la végétation pour une température de 0 °C ;
- **prairies** : anéantissement de la végétation lors de variations minimes (Sch. B), car les biomes se situent à des limites climatiques extrêmes. Les mangeurs de végétaux, les reptiles et autres mourraient, les carnivores survivraient plus longtemps.

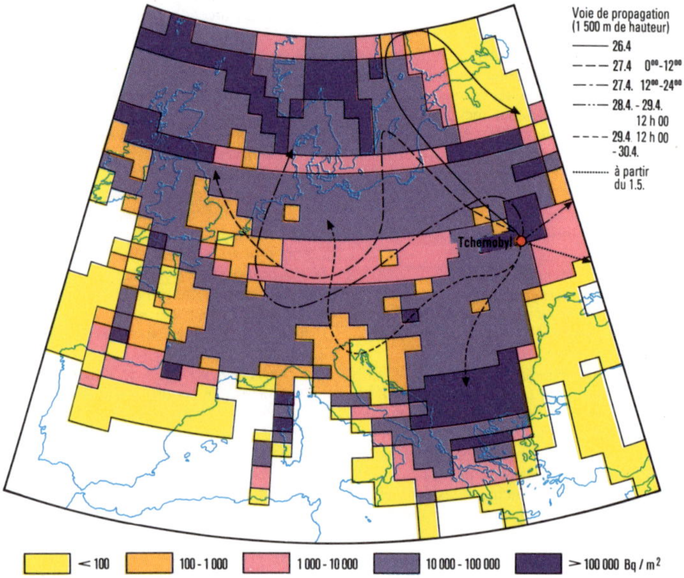

A Pollution après la catastrophe de Tchernobyl (dépôts de 137 Cs)

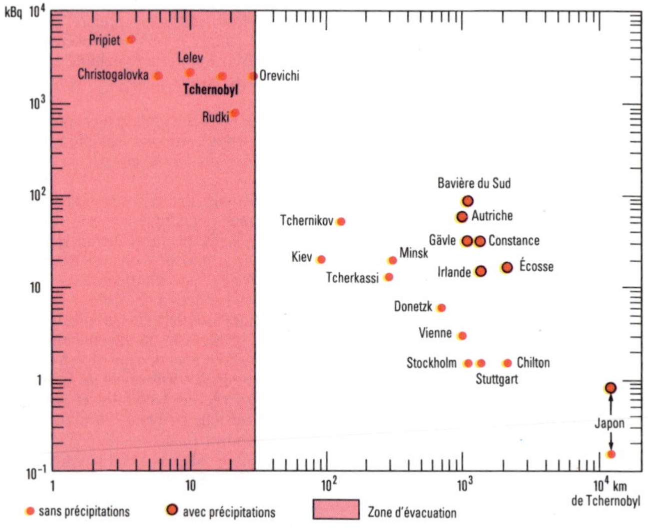

B Pollution radioactive mondiale après la catastrophe de Tchernobyl

Tchernobyl : pollution radioactive

Aucune autre décision politico-économique n'a autant préoccupé l'opinion publique que l'utilisation de l'énergie nucléaire (centrales atomiques, CA).

La question fondamentale est : quel est le risque d'accident ?

La population s'est inquiétée à la suite :

- **d'incidents** répétés dans les installations nucléaires,
- du **manque d'informations** et du **secret** entourant les accidents *(Windscale 1957* : erreur humaine ; *Oural 1958*),
- des **scandales** des usines productrices de combustibles,
- des problèmes liés au **traitement des déchets nucléaires**, des bâtons de combustion hautement radioactifs (transports sur la voie publique, usine de retraitement de *La Hague*),
- de **l'accident du réacteur** de *Harrisburg* (une fusion partielle du noyau du réacteur) et de *Windscale*,
- de **l'accident** (certainement **le plus grave**) de *Tchernobyl*.

Le **rejet des CA** s'est amplifié après la politique de désinformation menée par les gouvernements européens lors de cet accident : il a longtemps été dit en France que le "nuage de Tchernobyl" n'avait pas franchi les frontières du pays.

La plupart des personnes ont du mal à raisonner en termes de données physiques :

- on ne comprend pas ce que signifie une pollution de 40 000 becquerels/kg d'aliments (en Bavière) ou 2,0 milliseverts d'irradiation globale du corps (en Autriche). On veut seulement savoir à quel danger on est exposé.

Bien que devenus plus critiques vis-à-vis de l'énergie nucléaire, les gens n'en continuent pas moins à l'utiliser abondamment et montrent peu d'entrain à diminuer leur consommation d'énergie, ce qui pourrait pourtant contribuer à réduire l'installation de nouvelles centrales.

Tchernobyl

D'après Born (1983), l'une des caractéristiques majeures des réacteurs soviétiques "RMBK" est : "la fiabilité élevée du système grâce à la surveillance et aux possibilités de contrôle des circuits indépendants les uns des autres et disposés à l'horizontale".

La cause du plus grave accident de l'histoire de l'exploitation du nucléaire était une **défaillance humaine.**

La révision annuelle devait avoir lieu le 25/04/1986, il s'agissait de contrôles électro-techniques conventionnels. Le réacteur fut ramené,

- par une erreur de manipulation de l'équipe de contrôle à 1 % en dessous de la barre fatidique des 20 % de productivité.

Les systèmes de secours et de refroidissement du réacteur à cet instant difficilement réglables furent mis hors circuit, comme le prévoyait le programme d'essai.

- L'augmentation de productivité de 1% qui suivit a entraîné une élévation de la température de 800 à 4 000 - 5 000°C.

Le **26/04/86** à 1 h 23 min 44 s, le **noyau du réacteur** et le **bâtiment non confiné** du réacteur furent détruits.

Après quelques heures, le graphite (1 700 t sont utilisées pour la modération - freinage - des neutrons rapides, qu'on ramène à une vitesse thermique) prit feu : il ne se consume qu'à partir de 800° C.

Du 27/04/ au 10/05/1986, le noyau a été recouvert de dolomite, de sable et de plomb et refroidi à l'azote, ce qui a éteint l'incendie de graphite et a permis de réduire la libération de produits de fission.

- Dans la **phase d'explosion,** les *gaz rares radioactifs et 1% de l'inventaire radioactif* résiduel furent propulsés à une altitude de 1,5 km.

Le remblayage entraîna une diminution des nucléides, suivie ensuite dans les 5-10 jours par une remontée à 70 % des valeurs des premiers jours.

- Le réacteur fut coulé dans un sarcophage d'acier et de béton. Il n'est pas décontaminable.

Les suites de la catastrophe

3-4 % des substances radioactives du réacteur à 1,8 x 10^{18} becquerels furent libérées. Ce sont (pour chaque nucléide) autant de radionucléides que ceux libérés par les essais nucléaires militaires effectués entre 1945 et 1980.

- 35 des 45 pompiers employés lors de l'incendie sont morts à la suite d'une **exposition violente aux rayonnements** représentant une dose équivalente de 2 à 16 Sv.

135 000 personnes dans un rayon de 30 km furent exposées à 0,16-0,3 Sv et évacuées. Les doses d'irradiation provoqueront chez ces personnes des **dommages somatiques tardifs (tératogénèse, cancers).**

Dans l'hémisphère Nord 400 millions de personnes sont concernées, cependant à des degrés divers (Sch. A).

Le *nuage radioactif* se répartit de manière régulière selon les conditions météorologiques sur une large surface empruntant diverses voies de répartition (*trajectoires*, Sch. A). Le *wash-out* augmenta les dépôts d'irradiation de 15-20 fois.

- Des endroits secs à 100-200 km de Tchernobyl reçurent la même dose de rayonnement que les Alpes de Bavière et de l'Autriche (Sch. B).
- Des endroits humides au Japon et des endroits secs du Danemark reçurent une dose identique.

Des modèles de statistiques permettent de calculer que 28 000 personnes de par le monde périront plus jeunes des suites de Tchernobyl, dont 50 % en ex-URSS, 13 000 en Europe hors l'ex-URSS, parmi ces derniers 4 000 en Europe de l'Ouest.

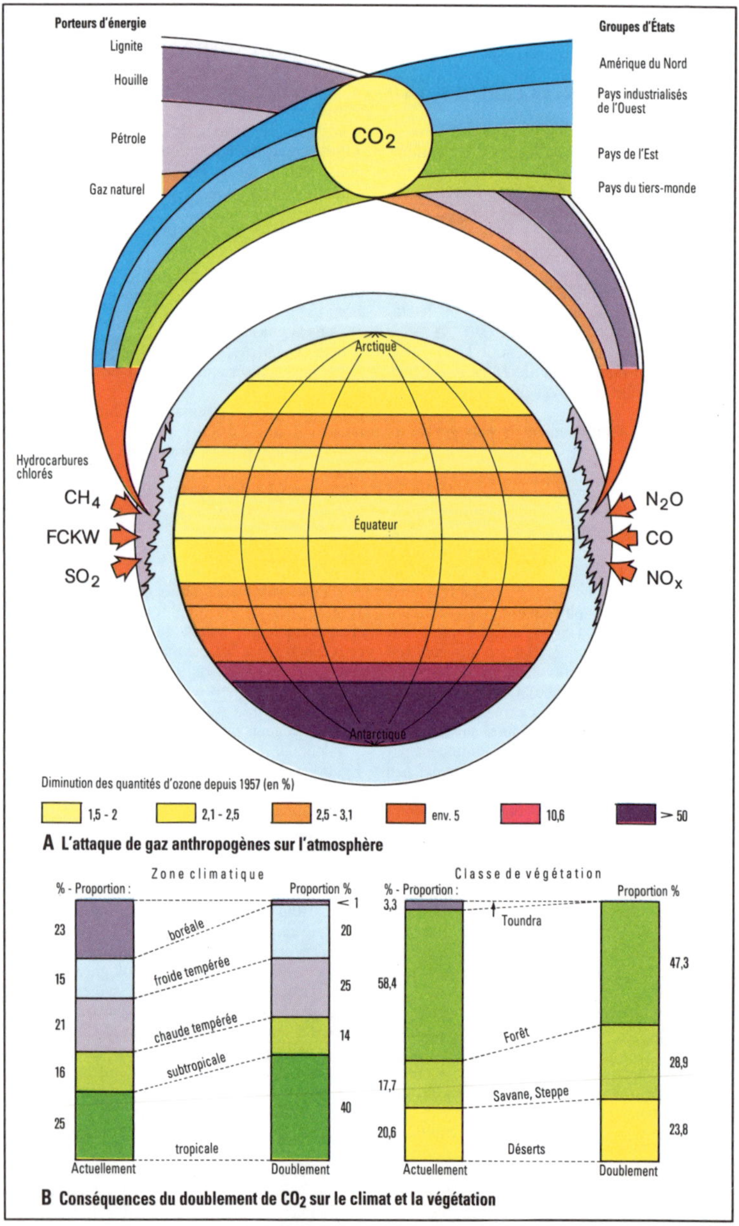

Effet de serre et trou dans la couche d'ozone

L'effet de serre
L'énergie solaire atteignant la Terre est réfléchie à 30 % directement vers l'espace (nuages, sol, air). Si les 70 % d'énergie restants étaient réfléchis directement sous forme de rayons infrarouges (chaleur) par la vapeur d'eau, la température de surface de la Terre serait faible. Des gaz (H_2O, CO_2, NO_2, CH_4... etc.) retiennent une partie de l'énergie et la renvoient sur terre, ce qui l'échauffe.

Sans cet "*effet de serre naturel*", la vie sur Terre serait impensable.

Les **gaz élémentaires** représentent moins de 0,1 % du volume de l'enveloppe gazeuse de la Terre, mais peuvent cependant représenter une menace pour l'atmosphère. Les *hydrocarbures fluorés* (moins de 0,01 billionième du volume) sont les principaux responsables de la destruction de l'ozone de la stratosphère.

Les hydrocarbures fluorés prennent aussi part à ce jour pour 17 % à l'**effet de serre anthropogène** avec le dioxyde de carbone (50 %), le méthane (19 %), l'ozone de la troposphère (0,8 %), le dioxyde d'azote (4 %) et la vapeur d'eau (2 %).

Au cours de ces derniers cent ans la quantité de CO_2 dans l'atmosphère est passée de 280 à 370 ppm, celle du méthane (culture du riz, élevage bovin, pourriture des ordures en partic.) a augmenté de presque 90 %.

L'accroissement annuel du CO_2 est de l'ordre de 0,5-2,2 ppm. Cela représente pour l'ensemble du globe 20 milliards de t de CO_2.

Les prévisions les plus fortes du taux d'augmentation jusqu'en 2030 de tous les gaz élémentaires laissent présager un réchauffement entraînant une duplication du taux actuel de CO_2 (env. 550 ppm).
Les conséquences inévitables en sont (Sch. B) :
- la fonte de la banquise arctique,
- une lente montée du niveau des mers (glace du Groenland 5 m, Antarctique 50-70 m), en cas de fonte des glaces dans les terres et sous l'effet de l'extension thermique des eaux marines réchauffées,
- des inondations des régions côtières densément peuplées (delta du Niger, Bangladesh),
- une augmentation des précipitations en raison de la plus forte évaporation qui peut déjà être constatée entre les 35e et 70e parallèles N, et une baisse entre les 5e et 35e degrés de latitude Nord,
- l'augmentation de fréquence d'apparition du courant chaud « *El niño* » circulant en surface dans le Pacifique d'W en Est. L'*élévation de T des eaux côtières* du Chili et du Pérou amène la disparition de tous les bancs d'anchois, la fuite des poissons et la famine chez les pêcheurs ; couplé avec une sécheresse en Australie et Indonésie, l'absence de mousson d'été et l'augmentation des typhons dans le Pacifique.
- le passage des zones de culture principales vers le N, dans des régions aux sols pauvres (podzols, sols de permafrost, latérites),
- le transfert des zones arides de la Terre vers le N de 400-800 km dans les régions subtropicales densément peuplées,
- la réduction des surfaces et la remontée vers le N de la zone climatique méditerranéenne,
- la disparition de la toundra,
- une nouvelle répartition des maladies graves (*choléra, dengue, encéphalites, fièvre jaune, paludisme*) due aux variations des biotopes des agents vecteurs. Il meurt 3 000 personnes par jour à cause de la *malaria*,
- la disparition d'espèces montagnardes à l'habitat restreint (*Grand Tétras, Lagopède*),
- la mort des récifs coralliens.

On cherche à ralentir cet échauffement en limitant p. ex. les émissions de gaz à effet de serre. (**Traité de Rio** 1992, **Protocole de Kyoto** 1998).
Le stockage du CO_2, issu par séparation du gaz naturel, est une avancée.
Depuis 1996, 20 000 t de CO_2 sont injectées par semaine par la Norvège à 1 000 mètres sous la mer dans des grès poreux. Sinon la **taxe écologique** s'élève à 35 €/ tonne.

Le trou d'ozone
En 1956 on découvrait au-dessus de l'Antarctique le "*trou d'ozone*", en 1968 parut le premier rapport. En 1978 le trou s'était agrandi, on put observer un recul permanent de la teneur en ozone, touchant aussi d'autres régions (Sch. A).
Les 90 % d'ozone (O_3) de la stratosphère sont formés à partir de molécules d'oxygène (O_2) à l'aide des "rayons UV durs" (< 242 nm) (p. 167). **Sans ozone stratosphérique la vie serait impossible**. Elle n'est d'ailleurs apparue sur Terre que lorsque le taux d'O_3 a été suffisant : ce qui a demandé un milliard d'années pour que $O_2 \rightarrow O_3$. Cette couche d'ozone arrête les rayons UV-B cancérigènes (*mélanomes cutanés* chez l'homme).
Les responsables des dommages causés à la couche d'ozone sont diverses réactions chimiques impliquant des gaz élémentaires.
Des mouvements horizontaux de l'air poussent les gaz d'échappement de l'industrie et de l'agriculture vers l'Antarctique. Dans la nuit polaire ils y restent dans le tourbillon de dépression.

Les oxydes d'azote (NOx) réagissent au contact de l'eau en formant de l'acide nitrique qui (à des températures extrêmes de -70 °C) forme des particules de poussière qui tombent dans les couches inférieures.

Normalement le NOx réagit avec des radicaux OH•. Ces radicaux libérés produisent du chlore en scindant l'acide chlorhydrique (HCl). Le Cl réagit au contact de l'ozone.

L'HCl et d'autres composés chlorés se forment grâce au premier ensoleillement (UV) du printemps par photolyse des hydrocarbures fluorés.

$O_3 + Cl \rightarrow O_2 + ClO$
$ClO + O \rightarrow Cl + O_2$, etc.

Un atome de Cl peut détruire par association à d'autres réactions jusqu'à 10 000 molécules d'O_3.

Ainsi de faibles quantités d'hydrocarbures fluorés suffisent pour détruire la couche d'ozone.

Conférences internationales, programmes, conventions, traités et organisations
année : (nombre de traités)

1868-99 : (2)
Demande d'un traité international pour la **protection des oiseaux des forêts et des campagnes agraires**, *Vienne 1868*
Création d'une **association** internationale **contre la pollution des fleuves**, *1877*
1900-09 : (2)
Traité international pour la **sauvegarde de la faune et de la flore originelle d'Afrique**, *1900*
1re convention parisienne pour la protection des oiseaux, *1902*
1910-19 : (1)
1re conférence internationale de protection de la nature, *Berne 1913*
1920-29 : (4)
1930-39 : (3)
1940-49 : (33)
Création de l'**Union internationale de protection de la nature (UNPN)**, *Bruxelles 1943 ; 1961* rebaptisée **Union internationale de conservation de la nature et des ressources naturelles (UICN)**
1950-59 : (55)
1960-69 : (92)
Création de la **Fondation mondiale de protection de la nature World Wildlife Found (WWF)**, *1961*
Traité pour l'**interdiction des essais nucléaires dans l'atmosphère, l'espace et sous l'eau,** *Moscou 1963*
Conférence de l'Unesco : Exploitation et sauvegarde de la biosphère, *Paris 1968 :* Programme, **L'homme et la biosphère**
Création de **Greenpeace**, *1970.*
1970-79 : (88)
Traité international pour la **protection des zones humides, convention Ramsar,** *1971*
Convention pour la **protection des trésors culturels et du patrimoine de l'humanité (Natural Heritage)**, *Paris 1972*
Conférence de l'ONU, **L'homme dans son environnement**, *Stockholm 1972*
Programme d'environnement UNEP, *Nairobi 1972*
Convention pour **empêcher la pollution marine par les déchets,** *Londres, Mexico, Moscou, Washington 1972*
Traité sur les **armes biologiques et chimiques,** *Londres, Moscou, Washington 1972*
Rapport du MIT américain pour le club de Rome sur les limites de la croissance, *1972.*
Convention pour **empêcher la pollution de l'environnement par les bateaux (MARPOL),** *Londres 1973*
Accord international sur le **commerce international des espèces animales et végétales sauvages menacées (accord de Washington pour la protection des espèces)**, *1973*
1974 à 1979 : Grandes conférences des Nations Unies.
Bucarest sur la **démographie**.
Cocoyoc sur l'**environnement** et le **développement**.
Rome sur l'**alimentation**
Vancouver sur les **établissements humains**.
Nairobi sur le **désertification**.
Mar del Plata sur l'**eau**.
Tbilissi sur l'**éducation environnementale**.
Genève sur le **climat**.
Catastrophes industrielles de SEVESO (*1976*), de l'**Amoco Cadiz** (*1978*) et nucléaire à **Three Mile Island** (*1979*).
Accord européen pour la **sauvegarde du monde animal et végétal et des espaces vitaux naturels (convention du Conseil de l'Europe)** , *1979*
Traité contre la **pollution à grande échelle et sans frontière de l'air ("Convention on Long Range Transboundary Air Pollution")**, *1979*
1980-89 : (94)
Traité sur la lutte contre la **pollution de la mer Méditerranée par les côtes,** *Athènes 1980*
Résolution de la commission internationale de chasse à la baleine pour réduire les **quotas de baleines autorisés,** *Brighton 1980*
"World Conservation Strategy" (WCS), projet de l'UNEP pour une **stratégie globale de protection de l'environnement,** *1980*
Convention de protection de l'environnement méditerranéen pour l'instauration de **sites naturels protégés,** *Barcelone 1982*
2e session extraordinaire de l'UNEP, *Nairobi 1982*
Déclaration à Nairobi sur la **menace pesant sur l'environnement ;** l'assemblée générale de l'ONU vote une **charte mondiale de la nature,** *New York 1982*
"London Dumping Convention" (LCD) contre le **rejet des déchets nucléaires en mer,** *Londres 1983*
Traité sur l'**exploitation et la protection de l'environnement marin dans la Mer des Caraïbes**, *Carthagène 1983*
World Commission on Environment and Development, *1983*, commission mondiale indépendante pour les questions d'environnement et de développement, créée par l'ONU
Conférence multilatérale sur la protection de l'environnement de la commission économique de l'ONU pour l'Europe (ECE), *Munich 1984*
Session de la commission économique de l'ONU pour l'Europe ; résolution de réduire de 30 % les **émissions de dioxyde de soufre**, *Genève 1984*
Conférence internationale pour la protection de la mer du Nord, *Brême 1984*
"World Industry Conference on Environment Management" (WICEM) : organisée en *1984* à *Versailles* par l'UNEP et la chambre de commerce internationale ICC
Conférence sur l'environnement des unions interparlementaires (UIP), *1984 ;* des parlementaires de 44 parlements nationaux élaborent des recommandations pour des mesures nationales et internationales
"Global Possible", conférence du World Resources Institute (WRI), *1984 :* recommandations de mesures pour : **l'accroissement de la population,**

pauvreté et développement, forêt tropicale, diversité biol., climat et atmosphère, entre autres
Conférence de l'ONU sur la **protection de la couche d'ozone,** *Vienne 1985* : convention avec pour objectif de **contrôler, limiter et réduire les émissions d'hydrocarbures fluorés**
Conférence de l'OCDE sur les **déchets dangereux,** *Bâle 1985 :* problème des frontières
Conférence de l'OCDE sur les **pluies acides,** *Paris 1985*
La Conférence annuelle de l'IWC décide l'**interdiction de la chasse des cachalots dans l'Atlantique,** *Bornemouth 1985*
La 13ᵉ conférence consultative des États membres du **Pacte de l'Atlantique décide de mesures pour l'environnement** plus dures, *Bruxelles 1985*
Conférence internat. sur l'**arbre et la forêt (SILVA)**, *Paris 1986 :* Programme de lutte **contre le dépérissement des forêts** et la **progression de la désertification**
Session de la commission internat. pour la protection de l'environnement et le développement sur la **protection de la couche d'ozone,** *Vienne 1987*
Rapport de la commission mondiale de l'environnement et du développement de l'ONU, *1987*
Entretiens d'experts internat. sur les **mesures de protection de la couche d'ozone,** *Genève 1987*
"Quality Status Report of the North Sea" (QSR) d'un groupe d'experts européens, *Londres 1987* : **Pollution de la mer du Nord et ses effets**
Conférence internat. sur l'environnement pour la **protection de la couche d'ozone,** *Montréal 1987*
Session de la conférence internat. pour la **protection du Rhin vis-à-vis des pollutions (IKSR),** *Strasbourg 1987*
Conférence de l'OCDE, *Paris 1988 :* ***éviter les pollutions en cas d'accidents chimiques***
Conférence sur le climat mondial, *Toronto 1988,* thème central : **Le réchauffement de la planète**
Conférence de l'ONU sur l'environnement, *Oslo 1988*
4ᵉ Congrès des **organisations internat. des bois tropicaux (ITTO),** *Rio de Janeiro 1988 :* seul traité internat. sur l'exploitation des bois tropicaux, renforcement de certains principes écologiques, déboisement ; demande de création d'une **"OPEC des bois tropicaux"**
11ᵉ session annuelle de la **London Dumping Convention (LDC),** *Londres 1988 :* **interdiction de la combustion de déchets hautement toxiques et durables en haute mer**
Conférence (UNEP) pour la **protection de la couche d'ozone,** *La Haye 1988*
Congrès internat. **"climat et développement",** *Hambourg 1988 :* conséquences de la catastrophe climatique sur les pays en voie de développement
Conférence pour **sauver la couche d'ozone,** *Londres 1989*
Conférence mondiale, *La Haye 1989 :* La **déclaration de La Haye** préconise de prendre des mesures pour **créer un nouvel équilibre entre l'homme et la biosphère**
Conférence pour la **protection de la couche d'ozone,** *Helsinki 1989*
Conférence des huit pays proches du bassin de l'Amazone, *Manaus 1989 ;* ils élaborent une **"déclaration amazonienne" :** "renforcement du droit souverain de chaque État de gérer ses richesses selon son bon vouloir"
La Commission européenne propose d'instaurer une **agence européenne pour l'environnement** : chargée de collecter et d'interpréter des données, *1989*
Conférence de l'UNEP sur la **protection de l'environnement,** *Tokyo 1989*

14ᵉ conférence mondiale sur l'énergie, *Montréal 1989 :* perspectives énergétiques tenant compte des **pluies acides, du trou d'ozone, de l'effet de serre, de la radioactivité**
1ʳᵉ conférence internat. des Alpes, *Berchtesgaden 1989 :* en 2 ans doivent être prises des conventions de droit international obligatoires pour la **protection des Alpes**

15ᵉ conférence de l'Antarctique, *Paris 1989 :* controverse sur l'Antarctique "parc naturel" ou "son exploitation économique", imitée par des conventions de protection de l'environnement
Conférence sur l'environnement, *Sofia 1989 :* **problèmes transfrontaliers** : pollution des cours d'eau, des lacs, accidents industriels ; **traitement des produits chimiques dangereux**

1990-2002 :
2ᵉ conférence mondiale sur le **climat** et débat sur l'**effet de serre**, *Genève, 1990.*
3ᵉ conférence pour la protection de la mer du Nord, *La Haye (mars 1990)*
Congrès mondial des femmes pour l'**environnement**, *Miami 1991.*
Publication par l'UICN, le WWF et le PNUE de « *Sauver la Planète* », *1991.*
« Les Racines de l'avenir » Conférence mondiale sur l'**impact des ONG sur l'environnement et le développement**, *Paris, 1991.*
Conférence des Nations Unies sur l'environnement et le développement, *Rio de Janeiro (1ᵉʳ et 12 juin 1992)*
1. Établissement d'une « **Charte de la Terre** » régissant la conduite des Nations vis-à-vis de l'environnement et du développement. 2. **Convention sur la biodiversité** (faune et flore) non signée par les États-Unis mais ratifiée par 165 pays fin 1996. 3. « **Agenda 21** » : programme de travail pour le XXIᵉ siècle. 4. **Protection de l'atmosphère** : convention sur le climat. 5. Intervention sur la **forêt**.
Lors de ce sommet, plus de 250 scientifiques (dont 52 Nobel) ont adressé aux gouvernements l'« **appel d'Heidelberg** » afin de dénoncer « l'émergence d'une idéologie irrationnelle qui s'oppose au progrès scientifique et nuit au développement économique ».
Conférence sur la **protection de la mer Baltique** HELCOM *Copenhague 1992.*
Traité de Rio de Janeiro *1992* : stabilisation des **émissions de gaz à effet de serre**.

4e congrès mondial sur les **parcs nationaux et les aires protégées**, *Caracas, 1992.*

Conférence des Nations Unies sur l'environnement et le développement (CNUED) ou Sommet de la Planète Terre, *1992.*

Sommet de la Terre, *Manchester (1993)* : forum des organisations non gouvernementales (ONG). Lutte contre l'effet de serre, sauvegarde de la diversité biologique, protection des eaux internationales et de la couche d'ozone.

Conférence des Nations Unies sur la **population et le développement**, *Le Caire 1994.*

Loi de la mer, *UNCLOS, UN, 1994.*

Conférence de Berlin *(28 mars au 7 avril 1995)* sous l'égide de l'ONU, sur les changements climatiques. 120 pays signataires du traité de Rio y ont participé et se sont prononcés pour une planification de la réduction des émissions de gaz à effet de serre, mais de nombreux pays, dont les États-Unis, le Japon, l'Australie, la Nouvelle-Zélande et certains États pétroliers s'y sont opposés.

2e année européenne de la **conservation de la nature** *(1995)* sous l'égide du Conseil de l'Europe avec adoption à la 6e conférence ministérielle de Sofia de la stratégie paneuropéenne de la diversité biologique et paysagère. Préparation du programme de mise en œuvre du réseau écologique paneuropéen à l'horizon 2005.

Session extraordinaire de l'Assemblée générale des Nations Unies sur l'environnement, appelée « **Sommet Planète Terre plus 5** », *New York (23 au 27 juin 1997)*

Participation de 30 chefs d'État, 25 ministres, 5 000 ONG. Réaffirmation des principes énoncés à Rio de Janeiro en 1992 et de la nécessité de fixer des « objectifs substantiels, réalistes et équitables qui se traduiraient par une diminution des gaz à effet de serre d'ici à 2010 ».

Sommet de Kyoto *(1er au 10 décembre 1997)*

Un accord a été conclu par 159 pays dont les États-Unis, afin de réduire les émissions de gaz à effet de serre à 6 % par rapport à 1990, entre 2008 et 2012. La discussion sur l'échange des « permis de polluer » sera évoquée au **sommet de Buenos Aires**, en *novembre 1998.*

Protocole de Kyoto à la convention-cadre des Nations Unies sur les changements climatiques *11-12-1997.* Proposé à la signature pour adhésion en *1999.* Amélioré à Bonn, *fin 1999* et en *2001.* Porte sur la **réduction du taux de Co_2** libéré par les industries, la plantation concomittante de forêts. Les États Unis s'y opposent.

Loi nationale sur l'eau, *France, 1998.*

Déclaration de Sintra sur la réduction des rejets de substances radioactives dans l'Atlantique du Nord-Est, *1998.*

Situation des pêches et aquaculture dans le monde, *Rome, 1999.*

Plan d'action pour une **politique de la pêche mondiale**, *FAO, 1999.*

Le commerce global du corail et des espèces en danger, WCMC, *Cambridge, 1999.*

Convention sur la **bio-diversité et l'emploi d'O.G.M.**, *Montréal, 2000.*

Nouvelle convention pour la mise en œuvre du **réseau écologique paneuropéen**, *2000.*

« Œuvrer pour l'eau », Ministère des Eaux et Forêts, *France, 2000.*

Protocole de Cartagena (Colombie) sur la prévention des risques bio-technologiques (Problèmes posés par le génie génétique et la création d'O.G.M), *2000.*

Déclaration du Forum Environnement au 2e sommet des peuples, *Québec, avril 2001.*

Directive du parlement européen sur la **dissémination d'O.G.M.**, *février 2001.*

Stratégie européenne de développement durable Conseil européen de *Goteborg, juin 2001.*

Mondialisation : 2 conceptions en balance : congrès de New-York (Davos) et congrès de Porto Alegre, *février 2002.*

Conférence paneuropéenne sur l'agriculture et la biodiversité, *Paris, juin 2002.*

Sommet mondial du développement durable, *Johannesburg, 2002.*

Conférence européenne pour définir une nouvelle politique de la pêche, *2002.*

Directives et règlements du ministère de l'Aménagement du territoire et de l'Environnement et publications du *Journal officiel* des Communautés européennes

Décision du Conseil du 22 octobre 1999 relative à la conclusion du protocole relatif aux aires spécialement protégées et à la diversité biologique en Méditerranée ainsi qu'à l'acceptation des annexes dudit protocole (convention de Barcelone) (*Journal officiel des Communautés européennes* du 14 décembre 1999)

Décision du Conseil du 22 octobre 1999 relative à l'acceptation des amendements au protocole relatif à la protection de la mer Méditerranée contre la pollution d'origine tellurique (convention de Barcelone) (*Journal officiel des Communautés européennes* du 14 décembre 1999)

Décision du Conseil du 22 octobre 1999 relative à l'acceptation d'amendements à la convention pour la protection de la mer Méditerranée contre la pollution et au protocole relatif à la prévention de la pollution par les opérations d'immersion effectuées par les navires et aéronefs (convention de Barcelone) (*Journal officiel des Communautés européennes* du 14 décembre 1999)

Règlement (CE) n° 1420-1999 du Conseil du 29 avril 1999 établissant les règles et procédures communes applicables aux transferts de certains types de déchets vers certains pays non membres de l'OCDE (rectificatif) (*Journal officiel des Communautés européennes* du 10 janvier 2000)

Directive n° 1999/100/CE de la Commission du 15 décembre 1999 portant adaptation au progrès technique de la directive 80/1268/CEE du conseil relative aux émissions de dioxyde de carbone et à la consommation de carburant des véhicules à moteur (*Journal officiel des Communautés européennes* du 28 décembre 1999)

Directive n° 1999-99-CE de la Commission du 15 décembre 1999 portant adaptation au progrès technique de la directive 80-1269-CEE du Conseil concernant le rapprochement des législations des États membres relatives à la puissance des moteurs des véhicules à moteur (*Journal officiel des Communautés européennes* du 28 décembre 1999)

Directive n° 1999-101-CE de la Commission du 15 décembre 1999 portant adaptation au progrès technique de la directive 70-157-CEE du Conseil relative au niveau sonore admissible et au dispositif d'échappement des véhicules à moteur (*Journal officiel des Communautés européennes* du 28 décembre 1999)

Directive n° 1999-102-CE de la Commission du 15 décembre 1999 portant adaptation au progrès technique de la directive 70-220-CEE du Conseil relative aux mesures à prendre contre la pollution de l'air par les émissions des véhicules à moteur (*Journal officiel des Communautés européennes* du 28 décembre 1999)

Circulaire du 10 décembre 1999 relative aux sites et sols pollués et aux principes de fixation des objectifs de réhabilitation (texte non paru au *Journal officiel*)

Directive n° 1999-97-CE de la Commission du 13 décembre 1999 portant modification de la directive 95-21-CE concernant l'application aux navires faisant escale dans les ports de la Communauté ou dans les eaux relevant de la juridiction des États membres des normes internationales relatives à la sécurité maritime, à la prévention de la pollution et aux conditions de vie et de travail à bord des navires (contrôle par l'État du port) (*Journal officiel des Communautés européennes* du 23 décembre 1999)

Décision de la Commission du 16 décembre 1999 concernant la répartition des quantités de substances réglementées qui sont autorisées pour des utilisations essentielles dans la Communauté en 2000, en application du règlement (CE) n° 3093/94 du Conseil relatif à des substances qui appauvrissent la couche d'ozone (*Journal officiel des Communautés européennes* du 12 janvier 2000)

Arrêté du 23 décembre 1999 fixant le contenu du dossier technique accompagnant la demande d'autorisation de dissémination volontaire d'organismes génétiquement modifiés dans le cadre d'expérimentations portant sur des médicaments vétérinaires (*Journal officiel* du 23 janvier 2000)

Arrêté du 31 décembre 1999 fixant la réglementation technique générale destinée à prévenir et limiter les nuisances et les risques externes résultant de l'exploitation des installations nucléaires de base (*Journal officiel* du 15 février 2000)

Arrêté du 12 janvier 2000 relatif au contrôle d'étanchéité des éléments assurant le confinement des fluides frigorigènes utilisés dans les équipements frigorifiques et climatiques (*Journal officiel* du 3 février 2000)

Arrêté du 14 janvier 2000 relatif aux prescriptions générales applicables aux installations classées pour la protection de l'environnement soumises à déclaration sous la rubrique n° 2663 (Stockage de pneumatiques et de produits dont 50 % au moins de la masse totale unitaire est composée de polymères [matières plastiques, caoutchouc, élastomères, résines et adhésifs synthétiques]) (*Journal officiel* du 11 février 2000)

Décret n° 2000-126 du 16 février 2000 relatif à la Commission nationale de prévention des nuisances et modifiant le code de l'aviation civile (*Journal officiel* du 17 février 2000)

Loi n° 2000-174 du 2 mars 2000 autorisant l'approbation de la convention commune sur la sûreté de la gestion du combustible usé et sur la sûreté de la gestion des déchets radioactifs (*Journal officiel* du 3 mars 2000)

Arrêté du 10 janvier 2000 relatif à l'indice de qualité de l'air (*Journal officiel* du 18 février 2000)

Arrêté du 24 février 2000 portant réglementation de la recherche, de l'approche et de l'affût pour la prise de vue ou de son concernant le gypaète barbu (*Journal officiel* du 16 mars 2000)

Directive n° 1999/96/CE du 13 décembre 1999 du Parlement européen et du Conseil concernant le rapprochement des législations des États membres relatives aux mesures à prendre contre les émissions de gaz polluants et de particules polluantes provenant des moteurs à allumage par compression destinés à la propulsion des véhicules et les émissions de gaz polluants et de particules polluantes provenant des moteurs à allumage commandé fonctionnant au gaz naturel ou au gaz de pétrole liquéfié et destinés à la propulsion des véhicules, et modifiant la directive 88/77/CEE du Conseil (*Journal officiel des Communautés européennes* du 16 février 2000)

Arrêté du 10 avril 2000 portant nomination à l'Établissement public chargé du Parc national des Écrins (*Journal officiel* du 20 mai 2000)

Recommandation de la Commission du 13 avril 2000 concernant la réduction des émissions de CO_2 des voitures particulières (KAMA) (*Journal officiel des Communautés européennes* du 20 avril 2000)

Arrêté du 10 avril 2000 relatif aux prescriptions générales applicables aux installations classées pour la protection de l'environnement soumises à déclaration sous la rubrique n° 1141 (Chlorure d'hydrogène anhydre [emploi ou stockage du]) (*Journal officiel* du 20 mai 2000)

Arrêté du 10 avril 2000 relatif aux prescriptions générales applicables aux installations classées pour la protection de l'environnement soumises à déclaration sous la rubrique n° 1156 (Oxydes d'azote autres que l'hémioxyde d'azote [emploi ou stockage des]) (texte non paru au *Journal officiel*)

Décision du Conseil du 8 mai 2000 concernant l'approbation au nom de la Communauté de la nouvelle annexe V à la convention pour la protection du milieu marin de l'Atlantique du Nord-Est, relative à la protection et la conservation des écosystèmes et de la diversité biologique de la zone maritime et l'appendice 3 correspondant (*Journal officiel des Communautés européennes* du 19 mai 2000)

Décret nº 2000-415 du 16 mai 2000 modifiant le décret nº 94-236 du 18 mars 1994 relatif aux modalités d'établissement des plans de gêne sonore institués par l'article 19-1 de la loi nº 92-1444 du 31 décembre 1992 relative à la lutte contre le bruit (*Journal officiel* du 19 mai 2000)

Circulaire du 14 juin 2000 relative aux conditions d'utilisation du référentiel de qualité des sédiments marins ou estuariens présents en milieu naturel ou portuaire défini par arrêté interministériel (texte non paru au *Journal officiel*)

Décision de la Commission du 17 juillet 2000 concernant la création d'un registre européen des émissions de polluants (EPER) conformément aux dispositions de l'article 15 de la directive 96/61/CE du Conseil relative à la prévention et à la réduction intégrées de la pollution (IPPC) (*Journal officiel des Communautés européennes* du L. 192 du 28 juillet 2000)

Avis nº 2000-01 (mars 2000) sur le principe de précaution (texte non paru au *Journal officiel*)

Avis nº 2000-02 (juillet 2000) sur les organismes génétiquement modifiés (OGM) (texte non paru au *Journal officiel*)

Décision de la Commission du 3 mai 2000 remplaçant la décision 94/3/CE établissant une liste de déchets en application de l'article 1er, point a, de la directive 75/442/CEE du Conseil relative aux déchets et la décision 94/904/CE du Conseil établissant une liste de déchets dangereux en application de l'article 1er, paragraphe 4, de la directive 91/689/CEE du Conseil relative aux déchets dangereux (*Journal officiel des Communautés européennes* du L. 226 du 6 septembre 2000)

Circulaire du 10 mai 2000 relative à la prévention des accidents majeurs impliquant des substances ou des préparations dangereuses présentes dans certaines catégories d'installations classées pour la protection de l'environnement soumises à autorisation (application de la directive Seveso II) (*Journal officiel* du 30 août 2000)

Décision nº 1753/2000/CE du Parlement européen et du Conseil du 22 juin 2000 établissant un programme de surveillance de la moyenne des émissions spécifiques de CO_2 dues aux véhicules particuliers neufs (*Journal officiel des Communautés européennes* du L. 202 du 10 août 2000)

Règlement (CE) nº 2037-2000 du Parlement européen et du Conseil du 29 juin 2000 relatif à des substances qui appauvrissent la couche d'ozone (*Journal officiel des Communautés européennes* du L. 244 du 29 septembre 2000)

Décision de la Commission du 17 juillet 2000 concernant la création d'un registre européen des émissions de polluants (EPER) conformément aux dispositions de l'article 15 de la directive 96/61/CE du Conseil relative à la prévention et à la réduction intégrées de la pollution (IPPC) (*Journal officiel des Communautés européennes* du 28 juin 2000)

Arrêté du 14 août 2000 modifiant l'arrêté du 29 février 1992 fixant les règles techniques auxquelles doivent satisfaire les porcheries de plus de 450 porcs au titre de la protection de l'environnement (*Journal officiel* du 14 septembre 2000)

Arrêté du 14 août 2000 modifiant l'arrêté du 29 février 1992 fixant les règles techniques auxquelles doivent satisfaire les élevages de veaux de boucherie et/ou de bovins à l'engraissement soumis à autorisation au titre de la protection de l'environnement (*Journal officiel* du 14 septembre 2000)

Arrêté du 14 août 2000 modifiant l'arrêté du 13 juin 1994 fixant les règles techniques auxquelles doivent satisfaire les élevages de volailles et/ou de gibiers à plume soumis à autorisation au titre de la protection de l'environnement (*Journal officiel* du 14 septembre 2000)

Circulaire nº 2000-6 du 1er septembre 2000 relative aux dates de chasse au gibier d'eau et aux oiseaux migrateurs (texte non paru au *Journal officiel*)

Arrêté du 6 septembre 2000 relatif aux prescriptions générales applicables aux installations classées pour la protection de l'environnement soumises à déclaration sous la rubrique nº 1611 « acide acétique à plus de 50 % en poids d'acide, acide chlorhydrique à plus de 20 % en poids d'acide, acide formique à plus de 50 % en poids d'acide, acide nitrique à plus de 20 % mais à moins de 70 % en poids d'acide, acide picrique à moins de 70 % en poids d'acide, acide phosphorique, acide sulfurique à plus de 25 % en poids d'acide, anhydride phosphorique, anhydride acétique (emploi ou stockage de) » (*Journal officiel* du 6 octobre 2000)

Décision du conseil du 17 octobre 2000 nº 2000-646 CE concernant la conclusion de l'amendement au protocole de Montréal relatif à des substances qui appauvrissent la couche d'ozone (*Journal officiel des Communautés européennes* du L. 272 du 25 octobre 2000)

Décision du Conseil du 7 novembre 2000 nº 2000/706 CE concernant la conclusion, au nom de la Communauté, de la convention pour la protection du Rhin (*Journal officiel des Communautés européennes* du L. 289, 16 novembre 2000)

Règlement (CE) nº 2493/2000 du Parlement européen et du Conseil du 7 novembre 2000 relatif à des mesures visant à promouvoir la pleine intégration de la dimension environnementale dans le processus de développement des pays en développement (*Journal officiel des Communautés européennes* du L. 288 du 15 novembre 2000)

Règlement (CE) nº 2494/2000 du Parlement européen et du Conseil du 7 novembre 2000 relatif à des mesures visant à promouvoir la conservation et la gestion durable des forêts tropicales et des autres forêts dans les pays en développement (*Journal officiel des Communautés européennes* du L. 288 du 15 novembre 2000)

Décision du 9 novembre 2000 relative à la mise en œuvre du réseau de suivi scientifique des conséquences écologiques et écotoxicologiques de la marée noire due au naufrage de l'*Erika* (texte non paru au *Journal officiel*)

Bibliographie en langue allemande

Écologie générale

Altenkirch, W. : Ökologie. Frankfurt a. M. 1977
Anderson, J. M. : Ecology for environmental sciences : Biosphere, ecosystems and man. London 1981
Barth, W.-E. : Prakt. Umwelt- und Naturschutz. Berlin 1987
Begon, M. E : Ökologie. Heidelberg 1998
Bick, H. : Ökologie. Grundlagen, terrestr. und aquat. Ökosysteme, angewandte Aspekte. Stuttgart 1989
Grundzüge der Ökologie. Heidelberg 1999
Brauns, A. : Prakt. Bodenbiologie. Stuttgart 1968
Brockhaus-abc : Biologie (2. Bd.). 6. A. Leipzig 1986
Buchwald, K./Engelhardt, W. (ed.) : Hdb. für Planung, Gestaltung und Schutz der Umwelt. Bd. 1-4. München 1978
Cleffmann, G. : Stoffwechselphysiologie der Tiere. Stuttgart 1979
Czihak, G./Langer, H./Ziegler, H. : Biologie. Berlin 1976
Darwell, R. M. : Ecology and Man. Dubuque 1973
Engelhardt, W. : Umweltschutz. München 1985
Fabian, P. : Atmosphäre und Umwelt. Berlin 1984
Fellenberg, G. : Ökolog. Probleme der Umweltbelastung. Berlin 1985
Fellenberg, G. : Umweltforschung. Berlin 1985
Furley, P. A./Newey, W. W. : Geography of the Biosphere. London 1983
Horne, R. A. : The Chemistry of Our Environment. New York 1978
Jonas, H. : Das Prinzip Verantwortung. Frankfurt 1987
Kreeb, K.-H. : Vegetationskunde : Methoden und Vegetationsformen unter Berücksichtigung ökosystem. Aspekte. Stuttgart 1983
Larcher, W. : Ökologie der Pflanzen auf Physiolog. Grundlage. Stuttgart 1976, 1980
Merian, E. : Metalle in der Umwelt. Weinheim 1984
Müller, H. J. : Ökologie. Stuttgart 1984
Myers, N. (ed.) : GAIA - Der Öko-atlas unserer Erde. Frankfurt a. M. 1985
Nelbe, B. J. : Environmental Science - the way the world works. New Jersey 1981
Odum, E. P. : Grundlagen der Ökologie. Bd. 1 - 2. Stuttgart 1980
Odzuck, W. : Umweltbelastungen. Stuttgart 1982
Ohrbach, K. H : Ökologie Kompakt (Bd. 1-7). Stuttgart 1997-1999
Dictionary of Ecology = Wörterbuch Ökologie. Weinheim 2000
Olschowy, G. (ed.) : Natur- und Umweltschutz in der BRO Dtl. Hamburg 1987
Politische Ökologie. München 1992
Remmert, H. : Ökologie. Berlin 1984
Schubert, R. (ed.) : Lb. der Ökologie. Jena 1984
Schultz, J. : Die Ökozonen der Erde. Stuttgart 1988
Smith, R.L. : Ecology and Field Biology. New York 1980
Strasburger, E. u. a. : Lb. der Botanik. Stuttgart 1967, 1978
Streit, B. : Ökologie. Stuttgart 1980
Stugren, B. : Grundlagen der allg. Ökologie. Stuttgart 1978
Tischler, W. : Einf. in die Ökologie. Stuttgart 1984
Tschumi, P. A. : Umweltbiologie - Ökologie und Umweltkrise. Frankfurt 1981
Umweltbundesamt (ed.) : Daten zur Umwelt. Berlin 1984, 1987, 1989
Universität Tübingen. Inst. für chem. Pflanzenphysiologie : Fernlehrgang Ökologie und ihre biolog. Grundlagen. Tübingen 1982-86
Walter, H. : Allg. Geobotanik. Stuttgart 1973
Walter, H./Breckle, S.-W. : Ökologie der Erde. Bd. 1 - 3. Stuttgart 1983/1984/1986
Wetzel, R. G. : Limnology. Philadelphia 1975
Whittaker, R.H. : Communities and Ecosystems. New York 1975

Fondements de l'écologie

Baden, W./Kuntze, H./Niemann, J./Schwerdtfeger, G./Vollmer, F.-J. : Bodenkunde. Stuttgart 1969
Campbell, I.M. : Energy and The Atmosphere. London 1977
Deevey, E. S. : Mineral Cycles. In : The Biosphere, S. 81 ff. San Francisco 1970
Gates, D.M. : Energy, Plants and Ecology. In : Ecology 46, 1-14, 1965
Geïger, R. : Die Atmosphäre der Erde. Darmstadt 1965
German, R. : Einf. in die Geologie. Stuttgart 1981
Griffith, J. F. : Climate and the environment. London 1976
Häckel, H. : Meteorologie. Stuttgart 1985
Müller-Hohenstein, K. : Die Landschaftsgürtel der Erde. Stuttgart 1979
Müller, P. : Biogeographie. Stuttgart 1980
Scheffer, F./Schachtschabel, P. : Lb. der Bodenkunde. Stuttgart 1982, 1984
Schüler-Duden : Die Geographie. Mannheim 1978
Troll, C./Paffen, K. H. : Karte der Jahreszeiten der Erde. Bonn 1964
Walter, H. : Vegetation und Klimazonen. 4. Aufl. Stuttgart 1979
Walter, H./Harnickell, E./Mueller-Dombois, D. : Klimadiagrammkarten der einzelnen Kontinente und die ökologische Klimagliederung der Erde. Stuttgart 1975

Processus élémentaires de l'écologie

Böhlmann, D. : Ökophysiolog. Praktikum. Grundlagen des Pflanzenwachstums. Berlin 1982

Buschmann, C./Grumbach, K. : Physiologie der Photosynthese. Berlin 1985
Dunger, W. : Tiere im Boden. Leipzig 1963
Eisenbeis, G./Wichard, W. : Atlas zur Biologie der Bodenarthropoden. Stuttgart 1985
Haberer, K. : Physikal. und chem. Eigenschaften des Wassers. Wien 1969
Hock, B./Bartunek, A. : Ektomykorrhiza. Naturwiss. Rundschau, S. 437 ff. Stuttgart 1984
Kingsolver, J. G. : Schmetterlinge als techn. Konstruktionen. In : Spektrum der Wiss. S. 124 ff. Heidelberg 1985
Koelzer, W. : Lexikon zur Kernenergie. Karlsruhe 1981
Landtag NRW : Drucksache 8/5640. Düsseldorf 1980
Lösch, R. : Wasser-Haushalt der Pflanzen (VTB Große Reihe). Wiebelsheim 2001
Mückenhausen, E. : Bodenkunde. Frankfurt a. M. 1985
Nultsch, W. : Allg. Botanik. Stuttgart 1971
Penzlin, H. : Kurzes Lb. der Tierphysiologie. Jena 1970
Stephenson, W. K. : Grundlagen der Zellbiologie. Pareys Studientexte 27. Berlin 1980

Écosystèmes

Bolin, B. : The Carbon Cycle. In : Scientific American 223, 125-132. 1970
Cloud, P./Gibor, A. : The Oxygen Cycle. In : Scientific American 223, 57-68, 1970
Colinvaux, P. : Ecology. New York 1986
Ellenberg, H. : Ökosystemforschung. Ziele und Stand der Ökosystemforschung. Berlin 1973
Freitag, H. : Einf. in die Biogeographie Mitteleuropas. Stuttgart 1962
Klug, H./Lang, R. : Einf. in die Geosystemlehre. Darmstadt 1983
Kratochwil, A. : Ökologie der Lebensgemeinschaften. Biozönologie. Stuttgart 2001
Leser, H. : Zum Ökologie-, Ökosystem- und Ökotopbegriff. In : Natur u. Landschaft 59, S. 351 ff. 1984
Mosimann, T. : Landschaftsökolog. Komplexanalyse. Stuttgart 1984
Müller, P. : Arealsysteme und Biogeographie. Stuttgart 1981
Tivy, J. : Biogeographie. A study of plants in the ecosphere. London 1982
Wilmanns, O. : Ökolog. Pflanzensoziologie. Heidelberg 1978

Écologie de la population

Begon, M./Mortimer, M./Population ecology. Oxford 1981
Cheng, T.C. : Aspects of the biology of Symbiosis. Baltimore 1971
Hartmann, S. : Populationen. In : Inst. f. chem. Pflanzenphysiologie Univ. Tübingen, Bd. 3. Tübingen 1982
MacArthur, R. H. : Population ecology of some warblers of northeastern coniferons forests. In : Ecology 39, S. 599 ff. 1958
MacArthur, R. H./Connell, J. H. Biologie der Populationen. München 1970
Schewiakoff, W. : Die Acantharia des Golfes von Neapel. In : Fauna-Flora Neapel 37, 1924

Écosystèmes terrestres

Bourlière, F. ed. : Ecosystems of the World 13. Tropical Savannas. Amsterdam 1983
Castri, F. di/Goodall, D. W./Specht, R. L. : Ecosystems of the World 11. Mediterranean-Type Shrublands. Amsterdam 1981
Ellenberg, H. : Vegetation Mitteleuropas mit den Alpen in ökolog. Sicht. Stuttgart 1982
Ellenberg, H./Mayer, R./Schauermann, J. (ed.) : Ökosystemforschung. Ergebnisse des Sollingprojekts. Stuttgart 1986
Franz, H. : Ökologie der Hochgebirge. Stuttgart 1979
Golley, F. B. ed. : Tropical Rain Forest Ecosystems. Ecosystems of the World 14. Amsterdam 1983-89
Huntley, B. J./Walker, B. H. (ed.) : Ecology of Tropical Savannas. Berlin 1982
Meurer, M. : Höhenstufung von Klima und Vegetation. In : Geogr. Rundschau. S. 395 ff. Braunschweig 1984
Overbeck, F. : Botan-geolog. Moorkunde. Neumünster 1975
Rathiens, C. : Geographie des Hochgebirges 1. Der Naturraum. Stuttgart 1982
Sonesson, M. ed. : Ecology of a Subarctic Mire. Ecological Bulletins No. 30. Stockholm 1980
Stäblein, G. : Permafrost. In : Geogr. Rundschau. 322 ff. Braunschweig 1985
Tieszen, L. L. ed. : Vegetation and Production Ecology of an Alaskan Arctic Tundra. New York 1978
Van Cleve, K./Chapin III, F. S./Flanagan, P. W./Viereck, L. A./Dyrness, C.T. (ed.) : Forest Ecosystems in the Alaskan Taiga. Ecological Studies 57. New York 1986
Vareschi, V. : Vegetationsökologie der Tropen. Stuttgart 1980
West, N. E. ed. : Ecosystems of the World 5. Temperate deserts and semi-deserts. Amsterdam 1983
Wielgolaski, F. E. ed. : Fennoscandien Tundra Ecosystems. Part 1, 2. New York 1975

Écosystèmes fluviaux

Berger, H. Foissner, W. Kohmann, T. : Bestimmung und Ökologie der Mikrosaprobien. Stuttgart 1997

Biebl, R./Germ, H. : Praktikum der Pflanzenanatomie. Wien 1950
Binder, W. : Grundzüge der Gewässerpflege. In : Schriftenreihe Bayer. Landesamt für Wasserwirtschaft, H. 10. München 1979
Butcher, R. W. : Studies on the Ecology of Rivers I. On the distribution of macrophytic vegetation in the rivers of Britain. In : Journal of Ecology 21, 58-89. 1933
Dyck, S./Peschke, G. : Grundlagen der Hydrologie. Berlin 1983
Ellenberg, H. : Vegetation Mitteleuropas mit den Alpen in ökolog. Sicht. Stuttgart 1982
Forschungsgruppe Fließgewässer : Fließgewässertypologie. Ergebnisse interdisziplinärer Studien an naturnahen Fließgewässern und Auen in Baden-Württemberg mit Schwerpunkt Buntsandstein-Odenwald und Oberrheinebene. Landsberg 1994
Gerken, B. Schirmer, M (Hrsg.) : Die Weser. Zu der Situation von Strom und Landschaft und den Perspektiven ihrer Entwicklung. Limnologie aktuell Bd. 6. Stuttgart 1994
Hynes, H. B. N. : The biology of polluted waters. Liverpool 1960
Kinzelbach, R. : Biologie der Donau (Limnologie aktuell 2). Stuttgart 1994
Kirkpatrick, P. A./Pugh, P. R. : Siphonophores and Velellids. London 1984
Klee, O. : Angewandte Hydrobiologie. Stuttgart 1985
Maitland, P. S. : Biology of Fresh Waters. Glasgow 1978
Niemeyer-Lüllwitz, A. Zucehi, H : Fließgewässerkunde. Ökologie fließender Gewässer unter besonderer Berücksichtigung wasserbaulicher Eingriffe 1985.
Niemeyer-Lüllwitz, A./Zucehi, H. : Fließgewässerkunde. Frankfurt 1985
Ökologie und der Schutz von Seen. Wien 2001
Pott, R. Remy, D. : Gewässer des Binnenlandes-Ökosysteme Mitteleuropas aus geobotanischer Sicht. Stuttgart 2000
Raymont, J. E. G. : Plankton and Productivity in the Oceans, Bd. 1, 2. Oxford 1980, 1983
Rietz, K. : Der Fluß als ökolog. System. In : Münchener Beiträge zur Abwasser-, Fischerei- und Flußbiologie Bd. 26, S. 27 ff. München 1975
Ruttner, F. : Grundriß der Limnologie. Berlin 1962
Schmitz, W. : Fließgewässerforschung - Hydrographie und Botanik. In : Verh. Internat. Verein. Limnol. XIV, S. 541 ff. Stuttgart 1961
Schönborn, W. : Fließgewässerbiologie. Jena 1992
Sernow, S. A. : Allg. Hydrobiologie. berlin 1958
Streble, H./Krauter, D. : Das Leben im Wassertropfen. Stuttgart 1978
Wesenberg-Lund., C. : Biologie der Süßwassertiere. Wien 1939
Whitton, B. A. (ed.) : River ecology. Oxford 1975
Wittig, R. : Wasser - Lösungsmittel. Lebensraum und Ökofaktor. Wiesbaden 1979

Écosystèmes marins

Barnes, R. S. K./Hughes, R. N. : An introduction to marine ecology. Oxford 1982
Bullock, T. H. : Compensation for temperature in the metabolism and activity of poikilotherms In : Biol Review 30, S. 311 ff. 1955
Dörjes, J. : Das Watt als Lebensraum. In : Reineck H.-E., Das Watt, 107 - 143. Frankfurt a. M. 1978
Friedrich, H. : Meeresbiologie. Berlin 1965
Gessner, F. : Meer und Strand. Berlin 1957
Hardy, A. C./Baindridge, R. : Effect of pressure on the behaviour of decapod larvae (crustaceae). In : Nature 167, S. 354 ff. London 1951
Hedgpeth, J. W. : The classification of estuarine and brackish waters and the hydrographic climate. In : report N° 11 of National Research, Council Committee on a Treatise on Marine Ecology and Paleoecology, 49 - 59. 1951
Hulburt, E. M. : Phytoplankton in the South-western Sargasso Sea and North Equatorial Current, February 1961. In : Limnol. Oceanogr. 7, S. 307 ff. 1962
Nienburg, W. : Die festsitzenden Pflanzen der nordeurop. Meere. In : Hdb. der Seefischerei Nordeuropas. Bd. 1. Stuttgart 1930
Reineck, H.-E. ed. : Das Watt. Ablagerungs- und Lebensraum. Frankfurt a. M. 1978
Reise, K. : Experiments on epibenthic predation in the Wadden Sea. In : Helgoländer wiss. Meeresunters. 31, S. 55 ff. 1978
Reise, K. : Tidal Flat Ecology. Berlin 1985
Schlieper, C. : Biolog. Wirkungen hoher Wasserdrucke. In : Veröff. Inst. f. Meeresforsch. Bremerhaven. Sonderband 1963, S. 31 ff 1963
Schmidt, J. : The breeding places of the eel. In : Smithon. Rep. for 1924, S. 279 ff. 1925
Tait, R. V : Meeresökologie. Stuttgart 1971
Thorson, G. : Erforschung des Meeres. Eine Bestandsaufnahme. München 1972
Valiela, I. : Marine Ecological Processes. New York 1984
Zenkevitch, L. A. : Erforschung der Tiefseefauna im nordwestl. Teil des Stillen Ozeans. In : Union Intern. Soc. Biol. Ser. B. 16, S. 72 ff. 1954
Zenkevitch, L. A./Birstein, J. A. ; Studies of the deep-water fauna and related problems. In : Deep-Sea Res. 4, S. 54 ff. 1956

Interventions de l'homme

Barkowski, D./Günther, P./Hinz, E./Röchert, R. : Altlasten-Hdb. zur Ermittlung und Abwehr von Gefahren durch kotaminierte Standorte. Karlsruhe 1987
Cernusca, A. : Beurteilung der Schipistenplanierungen in Tirol aus ökolog. Sicht. In : Verh. d. Ges. f. Ökologie Bd. XII, S. 137 ff. Bern 1984
Dechent, H.-J./Müller-Schönborn, J./Sperber,

H. : Untersuchungen und Vorschläge zur Kartierung der Dorfflora in Rheinland-Pfalz. In : Natur und Landschaft 61, S. 268 ff. Köln 1986
Dietrich, K./Koepff, C. : Erholungsnutzung des Wattenmeeres als Störfaktor für Seehunde. In : Natur und Landschaft 61, H. 7/8, S. 290 ff. Köln 1986
Duvigneaud, P. : L'écosystème urbain. Bruxelles 1975
Ehlers, E. : Die agraren Siedlungsgrenzen der Erde. In : Geogr. Rundschau H. 7, S. 330 ff. Braunschweig 1985
Ellenberg, H./Müller, K./Stoffele, T. : Ökologie und Straβe. Bonn 1981
Gläβer, E./Vossen, K. : Aktuelle landschaftsökolog. Probleme im Rhein. Braunkohlenrevier. Ein Beitrag zu den Arealkonflikten zwischen Bergbau, Landwirtschaft und Wasserhaushalt. In : Geogr. Rundschau H. 5, S. 258 ff. Braunschweig 1985
Haggett, P. : Geographie. Eine moderne Synthese. New York 1983
Hartmann, W. : Kulturlandschaftswandel im Raum der Mittleren Wümme seit 1970. Untersuchungen zum Einfluβ von Standort und Agrarstrukturwandel auf die Landschaft. In : Landschaft und Stadt, Beith. 2. Stuttgart 1969
Hinterstoisser, H./Mayer, H. : Waldbaul. Auswirkungen der Standard- (Weltcup-) und Traβ–schiabfahrt an der Schmittenhöhe/Zell am See. Sonderdruck aus : Allg. Forstzeitung, Nr. 2. Wien 1982
Hodder, B. W. : Economic Development in the Tropics. London 1983
Kirschgens, A./Wolf, B./Heimbrock, F./Lins, Q. : Verheizte Heimat. Braunkohlentagebau und seine Folgen. Aachen 1985
Mader, H. J. : Biotopisolierung durch Straβenbau am Beispiel ausgewählter Arten. - Folgerungen für die Trassenwahl. In : Ber. Akad. Naturschutz und Landschaftspflege 3, S. 56 ff. 1979
Mader, H. J. : Die Isolationswirkungen von Verkehrsstraβen auf Tierpopulationen, untersucht am Beispiel von Arthropoden und Kleinsäugern der Waldbiozönose. In : Schriftenreihe für Landschaftspflege und Naturschutz H. 19, S. 1 ff. Bad Godesberg 1979
Mader, H. J. : Biotopverbundsysteme in intensiv bewirtschafteten Agrarlandschaften. In : Natur und Landschaftskunde 24, S. 1 ff. 1988
Mader, H. J. : Feldwege - Lebensraum und Barriere. In : Natur und Landschaft 63 (6), S. 251 ff. 1988
Magel, H. : Das Dorf als Lebansraum. In : Natur und Landschaft 58, H. 9, S. 327 ff. Köln 1983
Magel, H. : Dorfökologie in der Dorferneuerung - Möglichkeiten und Grenzen. In : Natur und Landschaft 62, H. 7/8, S. 284 ff. Köln 1987
Marxen, H. : Entwicklungen einer Agrarlandschaft, dargestellt am Beispiel des Raumes Süderbrarup und Sterup. In : Dipl. Arb. Agrarwiss. Fakultät der Univ. Kiel 1979
Nitz, H.-J. : Ackerwirtschaft mit knappen Wasserressourcen in semiariden Räumen Indiens. In : Geogr. Rundschau H. 2, S. 62 ff. Braunschweig 1984
Norman, M.J.T./Pearson, C.J./Searle, P.G.E. : The ecology of tropical food crops. Cambridge 1984
Reichelt, G. : Landschaftsverlust durch Straβenbau. In : Natur und Landschaft 54 (10), S. 335 ff. 1979
Richter, D. : Energie und Umwelt. In : Kirchberg, G. : Westermann-Colleg Geographie. Braunschweig 1986
Rostankowski, P. : Getreideerzeugung nördlich 60° N. In : Geogr. Rundschau H. 4, S. 147 ff. Braunschweig 1981
Schulte, W. : Modell einer stadtökolog. Raumgliederung auf der Grundlage der Florenanalyse und Florenbewertung. In : Natur und Landschaft 60, H. 3, S. 103 ff. Köln 1985
Thannheiser, D./Treude, E. : Masi (Nordnorwegen) - Jüngere Strukturwandlungen in einem lapp. Dorf. In : Butzin, B. ed. : Entwicklungs- und Planungsprobleme in Nordeuropa. Münstersche Geogr. Arbeiten. Paderborn 1981
Volk, H. : Wintersport und Biotopschutz. Hat das Auerhuhn in Skilanglaufgebieten eine Chance ? In : Natur und Landschaft 58, S. 454 ff. 1963

Problématiques

Allhorn, H./Birnbaum, U./Huber, W. : Kohleverwendung und Umweltschutz. Berlin 1983
Amberger, A. : Belasten Güllenährstoffe das Grundwasser. In : DLG-Mitteilungen 14, S. 836 ff. 1978
Arzet, K./Steinberg, C. : In Ermangelung von langjährigen Meβreihen : Paläolimnologie. In : Umweltbundesamt Gewässerversauerung in der BR Dtl. S. 169 ff. Berlin 1984
Barndt, G./Bohn, B. : Biolog und chem. Gütebestimmung von Flieβgewässern. Ein flächenübergreifendes Ökologieprojekt für den Sekundarbereich II. Berlin 1985
Bayerische Staatsforstverwaltung : Information 1/83. München 1983
Berischtsband der Fachtagung Radioökologie des Dt. Atomforum e. V. vom 2.-3. Okt. 1979 im Wiss.-Zentrum Bonn (ed.) : Radioökologie. Bonn 1979
Besch, W.-K./Hamm, A./Lenhart, B./Melzer, A./Scharf, B./Steinberg, C. : Limnologie für die Praxis, Landsberg 1984
Beuschold, E. : Problem Wasser. Köln 1984
Borries, D. von/Krause, O. : Umweltbelastungen durch Transport, Speicherung und Verteilung von Energie. In : Informationen zur Raumentwicklung H. 7/8. Bonn 1984
Borsch, P./Wagner, H.-J. : Energie und Umwelt. In : Kernforschungsanlage Jülich GmbH, Perspektiven der Kernenergie, S. 49 ff. Jülich 1984
Brock, T. D. : An Eutrophic Lake. New York 1985

Brook, A. J./Baker, A. L. : Chlorination at Power Plants : Impact to Phytoplankton Productivity. In : Science 176, S. 1414 ff. New York 1972
Bundesminister des Inneren : Umweltbrief 28 : Abwärme : Auswirkungen, Verminderung, Nutzung. Bonn 1982
Bundesminister für Forschung und Technologie (BMFT) (ed.) : Zur friedl. Nutzung der Kernenergie. Bonn 1978
ders. : Dt. Risikostudie Kernkraftwerke. Bonn 1979
ders. : Nukleare Entsorgung - Eine Bürgerinitiative. Bonn 1979
Casper, S. J. : Lake Stechlin. Dordrecht 1984
Dankelman, I. : Nature conservation in the Wadden Sea Area. 1983
Ehrlich, P. R./ Ehrlich, A. H./Holdren, J. P. : Ecoscience. San Francisco 1977
Engelhardt, W. : Was lebt in Tümpel, Bach und Weiher ? Stuttgart 1962
Ernst, W.H.O./Joosse-van Damme, E.N.G. : Umweltbelastung durch Mineralstoffe. Stuttgart 1983
Euler, H. : Umweltverträglichkeit von Energieversorgungskonzepten. Bonn 1984
Faith, W. L./Atkisson, A. A. J. : Air Pollution. New York 1972
Fellenberg, G. : Ökolog. Probleme der Umweltbelastung. Berlin 1985
Fleischer, G. : Argumente für die Berücksichtigung der Ruhe in der Lärmbekämpfung. In : Kampf dem Lärm 25, S. 69 ff. Hamburg 1978
Flohn, H. : Das CO_2-Klima-Problem. In : Geogr. Rd. 35, H. 5, S. 238 ff. Braunschweig 1983
Franz, J. M./Krieg, A. : Biolog. Schädlingsbekämpfung. Berlin 1982
Gehrke, B. u. a. : Naturnahe Klärverfahren aus landesplaner. Sicht. Berlin 1986
Gerlacht, S. A. : Meeresverschmutzung. Berlin 1976
Guderian, R. : Air Pollution. New York 1977
Hagmeier, E. : Variations in phytoplankton near Helgoland ;. In : Rapp. P. - v. Reun. Cons. perm. int. Explor. Mer. 1976
Harada, M./Smith, A. M. : Minamata disease : a medical report. In : Smith, W.E./Smith, A.M. : Minamata, a Warning to the World, S. 180-192. 1975
Heil, K. H. : Wärmebelastung der Flüsse. In : Steimle, F. : Abwärme. S. 17-34. Karlsruhe 1973
Heitefuβ, R. : Pflanzenschutz : Grundlagen der prakt. Phytomedizin. Stuttgart 1987
Hendricks, J. (ed.) : Umweltschutz - Informationen und Materialien für den Unterricht. Schriftenreihe des Westfäl. Heimatbundes. Münster 1987
Hess. Minister für Landwirtschaft und Umwelt : Gewässergüte und Abwasserbehandlung im Lande Hessen. Wiesbaden 1978
Hochgürtel, H. : Ist Fluglärm vermeidbar ? Köln 1977
Hommel, G. : Hdb. der gefährl. Güter. Berlin 1986 ff.
Hynes, H.B.N. : The biology of polluted waters. Liverpool 1960
Isenbeck, M./Mattheβ, G. : Schadstoffeinträge in den Boden und ihre Auswirkungen auf das Grundwasser. In : Forschungen zur Raumentwicklung Bd. 14, S. 33 ff. Bonn 1985
Jungbluth, J. H. : Probleme und Möglichkeiten des Arten- und Biotopschutzes bei Muscheln. In : Natur und Landschaft 55, S. 9 ff. Köln 1980
Karcher, H. L. : Zwischen Umweltgift und Spurenelement. In : Selecta 43 23.10.78, S. 3871 ff. 1978
Kernforschungsanlage Jülich GmgH : Kernfragen. Jülich 1982
Koch, E. R./Vahrenholt, F. : Seveso ist überall. Frankfurt/M. 1980
Koch, T.C./Seeberger, J. Petrik, H. : Ökolog. Müllverwertung. Karlsruhe 1986
Köhler, B.M. : Neurotox. Substanzen als Beispiele für gesundheitsgefährl. Arbeitsstoffe. In : Umschau, H. 1, S. 50-55. Frankfurt 1986
Kumpf, W./Maas, K./Straub, H. : Hdb. zur Müll- und Abfallbeseitigung. Berlin 1988
Kuttler, W. : Spurenstoffe in der Atmosphäre - ihre Verteilung und regionale Ablagerung. In : Geoökodynamik Bd. 5, S. 29 ff. Darmstadt 1984
Landesamt für Wasser und Abfall NW : Jahresbericht 79. Düsseldorf 1980
Landesanstalt für Immissionsschutz : Info-20 : Waldschäden durch Ozon ? Essen 1983
Lichtenthaler, H. K./Buschmann, C. : Das Waldsterben aus botan. Sicht. Karlsruhe 1984
Liebmann, H. : Handbuch der Frischwasser- und Abwasser-Biotope. Bd. 1 und 2. München 1962/1960
Linden, O. : Acute effects of oil/dispersant mixture on larvae of Baltic herring. In : Ambio 4, S. 130 ff. 1975
Litz, N. : Verhalten des Umwelchemikalie 2, 4, 5 - T in Böden unter Feld- und Laborbedingungen. Berlin 1985
Loub, W. : Umweltverschmutzung und Umweltschutz. Wien 1975
Mead, C. : Amoco Cadiz oil desaster : The ringing recoveries. In : B. T. O. News 93, S. 1 ff. 1978
Merian, E. : Metalle in der Umwelt. Weinheim 1984
Merkle, W./Rausch, P. : Nitrat als gesamtökolog. Problem. Düsseldorf 1986
Ministerium für Arbeit, Gesundheit und Soziales des Landes NW (MAGS) : Schallausbreitung in bebauten Gebieten. Düsseldorf 1975
Monnat, J. Y. : Effets du pétrole de l'« Amoco Cadiz » sur les oiseaux de mer. In : Journée spéciale « Amoco Cadiz », Série « Actes de Colloques » 6, S. 135 ff. Brest 1978
Nehrkorn, A. : Statist. Untersuchung zur Ökologie der Saprobien. In : Arch. Hydrobiol. Beith. 9, S. 95 ff. Stuttgart 1977
Nieder, H. : Nitrat im Grundwasser. Frankfurt 1985

Noll, M. : Die aktuelle und chron. Belastung des Rheins. In : Geogaphie heute 8, H. 50, S. 4 ff. 1987
Obermann, P./Bundermann, G. : Untersuchungen über Grundwasserveränderungen durch Nitrat infolge landwirtschaftl. Nutzung. In : Selenka, F. ed. : Nitrat - Nitrit - Nitrosamine in Gewässern. Weinheim 1982
Odzuck, W. : Umweltbelastungen. Stuttgart 1982
Oliver, J. E. : Climate and man's environment. New York 1973
Purdom, P. W. : Environmental science. Columbus 1980
Purdom, P. W. ed. : Environmental health. New York 1980
Rachor, E. : Eutrophierung in der Nordsee - Bedrohung durch Sauerstoffmangel. In : Abh. d. Naturwiss. Ver. z. Bremen 40 H. 3, S. 283 ff. Bremen 1985
Rat von Sachverständign für Umweltfragen : sondergutachten März 1981 : Energie und Umwelt. Stuttgart 1981
Ravera, O. : Biological Aspects of Freshwater Pollution. Oxford 1979
Reijnders, P. J. H. : The harbour seal population in the Wadden Sea : size and composition. In : Neth. J. Sea Res. 10, S. 223 ff. 1976
Reineking, B./Vauk, G. : Seevögel - Opfer der Ölpest. Historie, Ursachen, Wirkung, Hilfen. Otterndorf 1982
Rudolf, B. : Metereolog. Aspekte im Umweltschutz. In : Geowiss. unserer Zeit 4, S. 45 ff. Weinheim 1986
Sartorius, R. : Stoffl. Belastung des Bodens über dis Atmosphäre. In : Dt. Rat für Landespflege, Bodenschutz, S. 39 ff. Bonn 1986
Sauerbeck, D. : Funktionen, Güte und Belastbarkeit des Bodens aus agrikultur-chem. Sicht Stuttgart 1985
Schmeing, F. : Langzeitmessungen des Nitratgehaltes in Grundwasser im Einzugsgebiet Bayern. In : Dt. Landwirtschaftl. Gesellschaft : Nitrat - ein Problem für unsere Trinkwasserversorgung ? S. 140-146. Frankfurt a. M. 1983
Schmidt, G. H. : Pestizide und Umweltschutz. Braunschweig 1986
Schönwiese, C.-D./Diekmann, B. : Der Treibhauseffekt. Der Mensch ändert das Klima. Stuttgart 1987
Selenka, F. ed. : Nitrat - Nitrit - Nitrosamine in Gewässern. weinheim 1982
Smith, W. E./ Smith, A. M. ed. : Minamata, a Warning to the World. London 1975
Spreer, F. : Dezentrale Wärmeversogung - Neue Wege zur besseren Energie-Nutzung. In : Bild der Wiss. 19, H. 9, S. 120 ff. 1982
Steimle, F. : Abwärme. Karlsruhe 1973
Steinberg, C./Meier, R./Palm, U./Nirschl, H. : Chem.-stratigraph. Untersuchungen an Sedimenten der Bayerwald-Seen. In : Gewässerversauerung in der BR Dtl. Berlin 1984
Stern, A. C. : Fundamentals of Air Pollution. London 1984
Stienen, H./Rademacher, P. : Abiot, und biolog. Aspekte des Waldsterbens. In : Natur und Museum 113, S. 157 ff. Frankfurt 1983
Streble, H./ Krauter, D. : Das Leben im Wassertropfen. Stuttgart 1978
Stroscher, G. : Kohlenmonoxid - eine akute Bedrohung ? In : Med. Klinik 76, S. 28 ff. 1981
Tebrügge, F. : Neuere Bearbeitungverfahren in ihrer Wechselwirkung auf Bodenstruktur und Bodenertrag. In : Dt. Rat für Landespflege, Bodenschutz, S. 56 ff. Bonn 1986
Thomé-Kozmiensky, K. J. ed. : Deponie : Ablagerung von Abfällen. Berlin 1987
Tomany, J.P. : Air Pollution. New York 1975
Umweltbundesamt (ed.) : Die Auswirkungen von CO_2 auf das Klima. Berlin 1983
das. : Feststellung der Deposition von sauren und langzeitwirksamen Lufterunreinigungen aus Belastungsgebieten. Berlin 1983
das. : Rettet die Luft, sonst bleibt sie uns weg ! Berlin 1983
Verband der chem. Industrie (VCI) : Chemie und Umwelt : Wald. Frankfurt/M. o. J.
Wein, H. : Die Austrocknung der südl. Oberrheinniederung. Änderungen im Landschaftshaushalt aufgrund anthropogener Eingriffe. In : Geogr. Rundschau 29 (1), S. 16 ff. Braunschweig 1977
Winneke, G. : Blei in der Umwelt. Berlin 1985

Évaluation des écosystèmes

Arndt, U./Nobel, W./Schweizer, B. : Bioindikatoren. Möglichkeiten, Grenzen und neue Erkenntnisse. Stuttgart 1987
Beratungsgremium für umweltrelevante Alstoffe (BUA) der Ges. Dt. Chemiker (GDCh) (ed.) : BUA-Stoffbericht 5-7. Weinheim 1987
Dahl-Niekisch-Riedl-Scherfose : Arten, Biotop – und Landschaftsschutz – (Bd. 8 der Reihe Buchwald, K. Engelhardt, W. : Umweltschutz : Grundlagen und Praxis). Heidelberg 2000.
Erz, W. : Artenschutz im Wandel. In : Umschau, S. 695 ff. 1983
Hagius, A. Scherfose, V — (Bearb.) : Pflege und Entwicklung-splanung in Naturschutzgroßprojekten des Bundes. Angewandte Landschaftsökologie, H. 18 (Bundesamt für Naturschutz). Bonn-Bad Godesberg 1999.
Mosimann, T. : Landschaftsökolog. Komplexanalyse. Stuttgart 1984
Reichholf, Jt (Hrsg.), Gebiets-fremde Arten, die Ökologie und der Naturschutz. München 2001.
Seitz, W. : Flechtenwuchs und Luftverunreinigung im Groβraum von Saarbrücken. in : Ber. Dt. Bot. Ges. Bd. 85, S. 239 ff. 1972
Van Elsen, T-Stelzig, I : Naturschutz praktisch Ein Handbuch für den ökologischen Landbau Mainz 2000.

Ébauches de solution

Albrecht, R./Paker, L./Rehberg, S./Reiner, Y. : Umweltentlastung durch ökolog. Bau- und Siedlungsweisen, Bd. I, II. Berlin 1984

Bach, W. : Gefahr für user Klima - Wege aus der CO_2-Bedrohung durch sinnvollen Energieeinsatz. Karlsruhe 1982

Bierter, W. : Mehr autonome Produktion - Weniger globale Werkbänke. Karlsruhe 1986

Cobary, C.C. : Sonnenkraft im Zentrum alternativer Energien. Stuttgart 1981

Di Blasi, L. : Nachhaltigkeit in der Ökologie. München 2001.

Hamm, A. : Nutrient load and untriend balance of some subalpine lakes after sewage diversion. In : Verh. Internat. Verein. Limnol. 20. 1978

Hamm, A. : Herkunft und Rolle des Phosphors als wesentl. Eutrophierungsfaktor von Seen ; besprochen an einigen Beispielen bayr. Seen. In : Ak. f. Natursch. u. Landschaftspflege, S. 15 ff. 1979

Heil, B. : das Abgas-Probleme. In : mot 16, S. 76 ff. ; 17, S. 73 ff. ; 18, S. 34 ff. 1984

Hendricks, J. ed. : Umweltschutz - Informationen und Materialien für den Unterricht. Schriftenreihe des Westfäl. Heimatbundes. Münster 1987

Hennicke, P./Johnson, J.P./Kohler, S./Seifried, D. : Die Energiewende ist möglich. Frankfurt 1985

Herrmann, H. : Zauberformel Ökotechnik. In : Umschau 78, H. 16, S. 501 ff. Frankfurt 1978

Informationszentrale der Elektrizitätswirtschaft e. v. (IZE) ed. : Stromthemen 2, Nr. 1. Frankfurt 1985

Kernforschungsanlage Jülich (KFA) : perspektiven der Kernenergie. Jülich 1984

Kleemann, M./Meliβ, M. : Nutzungsmöglichkeinten regenerativer Energiequellen in der BR Dtl. In : Kernforschungsanlage Jülich (KFA) : Perspektiven der Kernenergie, S. 63 ff. Jülich 1984

Koberstein, E. : Katalysatoren zur Reinigung von Autoabgasen. In : Chemie in unserer Zeit 18, Nr. 2, S. 37 ff. Weinheim 1984

Koch, T. C./Seeberger, J./Petrik, H ; : Ökolog. Müllverwertung. Karlsruhe 1986

Kremers, W./Thiele, J./Wahl, F. : Neue Wege der Energieversorgung. Tübingen 1982

Kucklentz, V. : Möglichkeiten der Seenrestaurierung. In : Bayer. Landesanstalt für Wasserforschung (ed.) : Aktuelle Fragen zur Abwasserbehandlung und zum Gewässerschutz. S. 335 ff. München 1979

Landesamt für Wasser und Abfall Nordrhein-Westfalen : Flieβgewässer in Nordrhein-Westfalen. Düsseldorf 1980

Matthöfer, H. ed. : Energiequellen für morgen. Frankfurt/M. 1976

Nuhn, H. : Industriegeographie. In : Geogr. Rundshau, H. 4, S. 187 ff. Braunschweig 1985

Nuhn H. : Industriestruktureller Wandel und Regionalpolitik. In : Geogr. Rundschau, H. 12, S. 592 ff. Braunschweig 1985

Rat von Sachverständigen für Umweltfragen : Umweltgutachten 1978. Bonn 1978

Ruske, B./Teufel, D. : Das sanfte Energie-handbuch. Reinbek 1980

Schäfer, H. : Ist Energiesparen noch aktuell ? Vier Wege zur rationelleren Energienutzung. In : Energiewirtschaftliche Tagesfragen 4, S. 328 ff. 1986

Scharf, B. W./Hamm. A./Steinberg. C. : Seenrestaurierung. In : Besch, W.-K./Hamm., A./Lenhart, B./Melzer, A./Scharf, B./Steinberg, C. : Limnologie für die Praxis, Landsberg 1985

Vogtmann, H./Boehncke, E./Fricke, I. ed. : Ökolandbau - eine weltweite Notwendigkeit. Karlruhe 1986

Problématiques générales

ApSimon, H.M./Gudiksen, P./Khitrov, L./Rodhe, H./Yoshikawa, T. : Lessons from Chernobyl : Modeling the Dispersal and Deposition of Radionuclides. In : Environment 30, S. 17 ff. 1988

Bähr, J. : Bevölkerungswachstum in den Industrie- und Entwicklungsländern. In : Geogr. Rundschau, H. 11, S. 544 ff. Braunschweig 1984

Crutzen, P.J./Hahn, J. : Atmosphär. Auswirkungen eines Atomkrieges. In : Physik in unserer Zeit 16, S. 3 ff. 1985

Crutzen, P.J./Hann, J. : Schwarzer Himmel. Frankfurt 1986

Crutzen, P.J./Müller, M. : Das Ende des blauen Planeten ? München 1989

Gibbons, J.H./Blair, P.D./Gwin, H.L. : Strategien für die Energienutzung. In : Spektrum der Wissenschaft 11, S. 116 ff. Heidelberg 1989

Hohenemser, C./Renn, O./Chernobyl's other legacy. In : Environment 30, S. 4 ff., 40 ff., 1988

Keyfitz, N. : Probleme des Bevölkerungswachstums. In : Spektrum der Wiss. 11, S. 98 ff. Heidelberg 1989

MacNeill, J. : Strategien für die Wirtschaftsentwicklung. In : Spektrum der Wiss. 11, S. 136 ff. Heidelberg 1989

Malone, R.C./Auer, L.H./Glatzmaier, G.A./Wood, M.C./Toon, O.B. : Influence of solar heating and precipitation scavenging on the simulated lifetime of postnuclear war smoke. In : Science 230, S. 317 ff. 1985

Malone, R.C./Auer, L.H./Glatzmaier, G.A./Wood, M.C./Toon, O.B. : Nuclear Winter. Three-dimensional simulations including

interactive transport, scavenging and solar heating of smoke. In : Journal of Geophysical Research 91, S. 1039 ff. 1986
Schneider, S. H. : Veränderungen des Klimas. In : Spektrum der Wiss. 11, S. 70 ff. Heidelberg 1989
Schönwiese, C.-D./Diekmann, B. : Der Treibhaus-effekt. Stuttgart 1989
Scientific American. September 1989, Vol. 261, Nr. 3. New York 1989
Wöhlcke, M. : Umweltzerstörung in der Dritten Welt. München 1987

Quelques ouvrages généraux français

Robert BARBAULT : *Abrégé d'écologie*, Masson, 1983.
Robert BARBAULT : *Écologie générale*, 5e édition, Dunod, 2000.
Michel BERTIN : *Les Effets biologiques des rayonnements ionisants*, EDF, 1991.
A. BOURGOIN-BAREILLES : *Guide de l'environnement*, Éditions Frison-Roche, 2000. (+ *CD ROM*)
Roger DAJOZ : *Précis d'écologie*, Dunod 1985.
Roger DAJOZ : *Précis d'écologie*, 7e édition, Dunod, 2000.
Philippe DUCHAUFOUR : *Abrégé de pédologie*, Masson, 1984.
Serge FRONTIER, Denise PICHOD-VIALE : *Écosystème*, Dunod, 1998.
M. GODRON : *Abrégé d'écologie de la végétation terrestre*, Masson, 1983.
A. HUETZ de LEMPS : *La Végétation de la Terre*, Masson, 1970.
Clément JACQUIOT : *Écologie appliquée à la sylviculture*, Gauthier-Villars, 1983.
Christian LEVÊQUE : *Écologie : de l'écosystème à la biosphère*, Dunod, 2001.
Aulay MACKENZIE, Andy S.BALL et Sonia R.VIRDEE : *L'Essentiel en écologie*, Édité en anglais 1999, traduit en français, Berti Éditions, 2000.
P. OZENDA : *Les Végétaux dans la biosphère*, Doin, 1982.
F. RAMADE : *Écologie des ressources naturelles*, Masson, 1981.

Écosystèmes

P. ARNOULD, M. HOTYAT et L. SIMON : *Les Forêts d'Europe*, Nathan, 1997.
Sous la direction d'Isabelle BOURDIAL : *La Flore et la faune*, Larousse-Bordas, 2000.
Roger DAJOZ : *Les Insectes et la forêt*, Éditions Tec et Doc, 1998.
Jean DEMANGEOT et Edmond BERNUS : *Les Milieux désertiques*, Armand Colin, 2001.
J. FAVENNEC et Pierre BARRERE : *Biodiversité et protection dunaire*, ONF Tec et Doc, 1997.
André HUFTY : *Introduction à la climatologie*, Éditions de Boeck-Université, 2001.
Sous la direction d'Olivier MANNEVILLE : *Le Monde des tourbières et des marais*, Delachaux et Niestlé, 1999.
Élisabeth NESME-RIBES et Gérard THUILLIER : *Histoire solaire et climatique*, Belin, 2000.
Jean PELMONT : *Bactéries et environnement. Adaptations physiologiques*, EDP Sciences, 2000.
Henri PUIG : *La Forêt tropicale humide*, Belin, 2002.
François RAMADE : *Dictionnaire encyclopédique des sciences de l'eau. Biogéochimie et écologie des eaux continentales et littorales*, Édiscience International, 1998.
B. SIMON et al. : *La Marée*, Coll. les guides du service hydrographique et océanique de la marine, 1997.
Yves TURQUIER, Camille LUSARDI et Maurice LOIR : *Fonds sous-marins de la Bretagne. Réseaux trophiques, préservation de l'espace maritime*, Éditions Ouest-France, 1998.

Réserves naturelles et écotourisme

Françoise BUREL et Jacques BAUDRY : *Écologie du Paysage - Concepts, méthodes, applications*, Tec et Doc, 2001.
Chantal CANS et Antoine REILLE : *Guide des 134 réserves naturelles de France*, Delachaux et Niestlé, 1997.
P. DANTON et Michel BAFFRAY : *Inventaire des plantes protégées en France*, AFSEV, Nathan, 1996.
P. JOUVENTIN, T. NICOL, Y. FRENOT et V. SARANO : *Dossier scientifique : Réserve naturelle des Terres Australes Françaises*, Comité interministériel de l'environnement polaire, 1996.

Écologie de la population

Serge ARON et Luc PASSERA : *Les Sociétés animales. Évolution de la coopération et organisation sociale*, Éditions de Boeck, 2000.
Claude HENRY : *Biologie des populations animales et végétales*, Dunod, 2001.
Marc-André SELOSSE : *La Symbiose. Structures et fonctions. Rôle écologique et évolutif*, Vuibert, 2000.

L'eau et sa gestion

Sous la direction de B. Berland et P. Lassus : *Efflorescences toxiques des eaux côtières françaises : écologie-écophysiologie, toxicologie*, Repères Océan n° 13, Éditions Ifremer, 1997.
Daniel Gerdeaux : *Gestion piscicole des grands plans d'eau*, Éditions INRA, 2001.
Gérard Grosclaude coordinateur : *Un point sur l'eau.* Tome 1 : *Milieu naturel et maîtrisé.* Tome 2 : *Usages et polluants*, Éditions INRA, 1999.
D. Lacroix et J. Fuchs : *Aquaculture insulaire et tropicale*, Actes du colloque n° 20, Tahiti-Ifremer, Éditions Ifremer/Brest, 1998.
Jean Petit coordinateur : *Environnement et aquaculture*. Tome 1 : *Aspects techniques et économiques*, 1999. Tome 2 : *Aspects juridiques et réglementaires*, 2000 Éditions INRA. http://www.inra.fr/Éditions/
Stanislas Wichereck : *L'Eau, de la cellule au paysage*, Elsevier, Unesco, 2000.
La Politique de préservation de la ressource en eau destinée à la consommation humaine, Conseil national de l'évaluation. Commissariat général au plan, La Documentation française, 2001.
Dossier d'information sur les tenants et les aboutissants de l'épandage agricole des boues d'épuration, Comité technique national, 1999.
Eaux souterraines dans le monde, Éditions du BRGM, 1999.
Eaux souterraines et désalinisation, Rapport de l'OCDE, 1997.

Les sources d'énergie

Fidel Castro et Diaz-Balart : *Énergie nucléaire*, Éditions Naturellement, Collections Témoins, 2001. (La *référence* en la matière)
Yves Cochet : *Stratégie et moyens de développement de l'efficacité énergétique et des sources d'énergie renouvelables en France*, Collection des rapports officiels, 1999. La Documentation française.
Guy Cunty : *Éoliennes et aérogénérateurs. Guide de l'énergie éolienne*, EDISUD, 2001.
J. Christian Lhomme : *Les Énergies renouvelables*, Delachaux et Niestlé, 2001.
Henri Metivier : *L'Uranium, de l'environnement à l'homme*, EDP Sciences, 2001.
Daniel Robeau : *Catastrophes et accidents nucléaires dans l'ex-Union soviétique*, EDP Sciences, 2001.
Bernard Wiesenfeld : *L'Atome écologique*, EDP Sciences, 1997.

Les pollutions – La lutte

Édouard Bonnefous : *L'Environnement en péril*, Economica, 2001.
William Dab et Isabelle Roussel : *L'Air et la ville*, Hachette Littératures, 2001.
Guillaume Faburel : *Le Bruit des avions. Évaluation du coût social,* Presses de l'école nationale des Ponts et Chaussées, 2001. (La *référence* dans le domaine)
Nathalie Fontrel et Yann Brett : *100 gestes pour la planète*, Guide France Info, Éditions Jacob-Duvernet, 2001.
J. Claude Martin et J. Claude Roux : *Pollutions accidentelles routières et autoroutières*, Manuels et Méthodes, BRGM, 2000.
A. Meinesz : *Le roman noir de l'algue « tueuse »*, Collection Débats, Belin, Paris, 1997.
Gestion des sites (potentiellement) pollués, Ministère de l'Aménagement du territoire et de l'environnement, Éditions BRGM, 2000.

Problématiques générales et problèmes cruciaux pour l'avenir et la survie de l'espèce

G. Allard, C. David et J. Henning : *L'Agriculture biologiques face à son développement. Les enjeux futurs*, INRA Éditions, 2000.
Gérard Deriot et Jean Bizet : *Rapport de la commission d'enquête du Sénat sur les conditions d'utilisation des farines animales et leurs conséquences sur la santé des consommateurs*, 2001, Éditions 1 ISBN 2-8461-2055-2 4913083.
Louis-Marie Houdebine : *O.G.M. le vrai et le faux*, Éditions Le Pommier, 2000.
Sous la direction de Robert Larue : *Grands Repères culturels pour la terre et la vie*, Hachette Éducation 2001.
Sous la direction de P. Philipon et C. Tastemain : *Plantes transgéniques : les graines de la discorde*, Elsevier, 1998.
Jules Éric Seralini : *O.G.M le vrai débat*, Flammarion, 2000.
Économie et stratégies agricoles. Nouveaux enjeux pour l'agriculture. Déméter 2002, Armand Colin, 2001.
Un point sur la lutte physique en phytoprotection, Editions INRA, 2000.
Deux ouvrages de base, essentiels pour toute approche des problèmes écologiques planétaires : *Dictionnaire de l'environnement*, 3e édition

AFNOR, 2001. Avec 1 000 termes qui définissent les *normes* retenues dans les domaines suivants : Air. Bruit. Déchets. Écotoxicologie. Eau. Emballage. O.G.M. Management de l'environnement. Produits de lutte contre la pollution des eaux et des sols. Sols.

Ressources mondiales 2000-2001. Les hommes et les écosystèmes, Éditions, ESKA, 2001. Avec et sous l'égide de : Programme des Nations Unies pour le développement (UNEP), Programme des Nations Unies pour l'environnement (UNDP), Banque mondiale, World Bank, Institut des ressources mondiales (WRI), Institut de l'énergie et de l'environnement de la francophonie (I.E.P.F.), Agence intergouvernementale de la francophonie, Comité 21.

Un ensemble de tableaux de données avec une littérature abondante.

Compléments bibliographiques

R. Barbault : *Écologie des Peuplements - Structure et dynamique de la biodiversité*, 1995, Masson, Paris, *Écologie générale - Structure et fonctionnement de la biosphère*, 3e éd., 1995, Masson, Paris.

S. Frontier, D. Pichot-Vialle : *Écosystèmes - Structure, fonctionnement, évolution*, 2e éd., 1993, Masson, Paris.

D. Hartl : *Génétique des Populations*, 1994, Médecine-Sciences, Flammarion, Paris.

J.-C. Lacaze : *La dégradation de l'environnement côtier - conséquences écologiques*, 1993, Masson, Paris.

G. Mégie : *Stratosphère et couche d'ozone*, 1992, Masson, Paris.

M. Solignac, G. Périquet, D. Anxolabéhere, C. Petit : *Génétique et évolution*, 1995, Hermann, Paris.

F. Ramade : *Écologie des ressources naturelles*, Masson, Paris 1981. *Les Catastrophes écologiques*, McGraw Hill Édiscience int., Paris 1987, *Éléments d'écologie : écologie appliquée* (4e éd.), Mc Graw Hill Édiscience int., Paris 1989, *écologie fondamentale* (2e éd.), McGraw Hill Édiscience int., Paris 1994. *Précis d'Écotoxicologie*, Masson, Paris 1992.

Ouvrages en langue anglaise

Backer, editor, 2000 : *Molecular Methods in Ecology.* ISBN : 0-632-03437-8. http://www.blackwell.com

Becker, 2001 : *Aquatic Bioenvironmental Studies : The Hanford Experience.* ISBN : 0-444-88653-2. http://www.elsevier.com/locate/isbn/0-444-88653-2

Boitani & Fuller, editors, 2000 : *Research Techniques in Animal Ecology.* ISBN : 0-231-11340-4. http://www.columbia.edu/cu/cup

Bonati, 2001 : *Trends in Ecological Physical Chemistry.* ISBN : 0-444-89646-5. http://www.elsevier.com/locate/isbn/0-444-89646-5

Bowman *et al.*, editors, 2001 : *Structure and Function of an Alpine Ecosystem.* http://www.oup-usa.org

Breymeyer, 2001 : *Managed Grasslands.* ISBN : 0-444-42998-0. http://www.elsevier.com/locate/isbn/0-444-42998-0

Brown & West, editors, 2000 : *Scaling in Biology.* ISBN : 0-19-513142-8. Oxford University Press

Chew, 2001 : *World ecological degradation : accumulation, urbanization, and deforestation, 3000 B.C.-2000 A.D.* ISBN : 0-7591-0031-4. Atamira Press

Clobert *et al.*, editors, 2001 : *Dispersal.* http://www.oup-usa.org

De Villiers, 2000 : *Water : the fate of our most precious resource.* ISBN : 0-618-12744-5. Houghton Mifflin

Desmet, 2001 : *Freshwater and Estuarine Radioecology.* ISBN : 0-444-82533-9. http://www.elsevier.com/locate/isbn/0-444-82533-9

Dodson *et al.*, 1998 : *Ecology.* ISBN : 0-19-512079-5. Oxford University Press

Dubinsky, 2001 : *Coral Reefs.* ISBN : 0-444-87392-9. http://www.elsevier.com/locate/isbn/0-444-87392-9

Dugatkin, editor : *Model Systems in Behavioral Ecology.* ISBN : 0-691-00653-9. http://www.pup.princeton.edu

Elton, 2001 : *Animal ecology.* ISBN : 0-226-20639-4. The University of Chicago Press

Fox *et al.*, editors, 2001 : *Evolutionary Ecology. Concepts and Case studies.* http://www.oup.usa. org

Grime, 2001 : *Plant strategies, vegetation processes, and ecosystem properties.* ISBN : 0-471-49601-4. Wiley and sons

Hofbauer & Sigmund, 1998 : *Evolutionary games and populations dynamies.* ISBN : 0-521-62570-X. Cambridge University Press

Johnson & Miyanishi, editors, 2001 : *Forest fires : behavior and ecological effects.* ISBN : 0-12-386660-X. http://www.academicpress.com

Klomp, 2001 : *Frontiers in Ecology : Building the Links.* ISBN : 0-08-043200-X. http://www.elsevier.com/locate/isbn/0-08-043200-X

Legendre, 2001 : *Numerical Ecology.* ISBN : 0-444-89250-8. http://www.elsevier.com/locate/isbn/0-444-89250-8

LEWIS, 2001 : *Wetlands Explained.* http://www.oup-usa.org

LUGO, 2001 : *Forested Wetlands.* ISBN : 0-444-42812-7. http://www.elsevier.com/locate/isbn/0-444-42812-7

MACARTHUR & WILSON, 2001 : *The theory of island biogeography* (originally published 1967). ISBN : 0-691-08836-5. http://www.pup.princeton.edu

MAY, 2001 : *Stability and complexity in model ecosystems* (originally published 1974). ISBN : 0-691-08861-6. http://www.pup.princeton.edu

MCGLADE, 1999 : *Advanced Ecological Theory.* ISBN : 0-86542-734-8. http://www.blackwell-science.com

MIDDLEBROOK & TOLBERT, 2000 : *Stratospheric ozone depletion.* ISBN : 1-891389-10-6. University Science Books

MITSCH, 2001 : *Global Wetlands : Old World and New.* ISBN : 0-444-81478-7. http://www.elsevier.com/locate/isbn/0-444-81478-7

MORIN, 1999 : *Community Ecology.* ISBN : 0-186542-350-4. http://www.blackwell-science.com

MUELLER *et al.*, 2000 : *Stability in model populations.* ISBN : 0-691-00733-0. http://www.pup.princeton.edu

PEARSON, 2001 : *Field Crop Ecosystems.* ISBN : 0-444-88675-3. http://www.elsevier.com/locate/isbn/0-444-88675-3

PIELOU, 2001 : *The energy of nature.* ISBN : 0-226-66806-1

RAVEN & BERG, 2001 : *Environment*, 3rd edition. ISBN : 0-03-031571-9. http://www.harcourtcollege.com

REICE : *The Silver Lining.* ISBN : 0-691-05902-0 http://www.pup.princeton.edu

SOUVOROV, 2001 : *Marine Ecologonomics.* ISBN : 0-444-82659-9. http://www.elsevier.com/locate/isbn/0-444-82659-9

SPALDING et *al.*, 2001 : *World atlas of coral reefs.* http://www.ucpress.edu

STUTCHBURY *et al.*, 2001 : *Behavioral ecology of tropical birds.* ISBN : 0-12-675556-6. http://www.academicpress.com

TOLLIAN & HARVELL, editors, 1999 : *The Ecology and Evolution of inducible defenses.* ISBN : 0-691-00494-3. http://www.pup.princeton.edu

TUXILL *et al.*, 2001 : *People, plants and protected areas : a guide to in situ management.* ISBN : 1-85383-782-2. Earthscan

VAN DER MAAREL, 2001 : *Dry Coastal Ecosystems* Vol. 2A, 2B, 2C :

ISBN : 0-444-87348-1 – Volume 2A : Polar Regions and Europe. http://www.elsevier.com/locate/isbn/0-444-87348-1

ISBN : 0-444-87349-X – Volume 2B : Africa, America, Asia and Oceania. http://www.elsevier.com/locate/isbn/0-444-87349-X

ISBN : 0-444-82367-0 – Volume 2C : General Aspects. http://www.elsevier.com/locate/isbn/0-444-82367-0

WALKER, 2001 : *Ecosystems of Disturbed Ground.* ISBN : 0-444-82420-0. http://www.elsevier.com/locate/isbn/0-444-82420-0

WIELGOLASKI, 2001 : *Polar and Alpine Tundra.* ISBN : 0-444-88265-0. http://www.elsevier.com/locate/isbn/0-444-88265-0

Index

Tous les mots en gras de l'atlas sont référencés dans cet index.

Source des illustrations
Tous les schémas de cet atlas ont été redessinés à partir des sources suivantes :

12 A : Schüler-Duden, Die Geographie (1978) ; 14 A : Gates (1965) ; 14 B : Campbell (1977) ; 14 C : Geiger (1965) ; 14 D : Tschumi (1981) ; 16 : Müller-Hohenstein (1979), Troll/Paffen (1964) ; 18 : Walter (1979), Walter/Harnickell/Mueller-Dombois (1975) : 20 A : Griffith (1976) ; 20 B : Larcher (1976) ; 20 C : Häckel (1985) ; 22 A-C : German (1981) ; 22 D, E, G : Scheffer/Schachtschabel (1984) ; 22 F : Baden/Kuntze/Niemann/Schwerdtfeger/Vollmer (1969) ; 24 A-D : Scheffer/Schachtschabel (1984) ; 24 E : Baden et al. (1969) ; 26 A-D : Scheffer/Schachtschabel (1984) ; 26 E : Strasburger et al. (1978) ; 28 : Walter/Breckle, Bd. 1 (1983) ; 30 A : Müller (1980) ; 30 B : Deevey (1970) ;
32 C : Haberer (1969) ; 32 D : Haberer (1969), Nebel (1981) ; 32 E : Nebel (1981) ; 32 F : Wetzel (1975) ; 34 D, F : Strasburger et al. (1978) ; 34 E : Walter (1983) ; 36 A : Strasburger et al. (1978) ; 36 B : Nultsch (1971) ; 36 C, E : Böhlmann (1982) ; 36 D : Scheffer/Schachtschabel (1984) ; 36 F : Larcher (1980) ; 38 A : Penzlin (1970) ; 38 B : Müller, H. J. (1984) ; 38 C : Kingsolver (1985) : 38 D-F : Larcher (1980) ; 40 A : Nultsch (1971) ; 40 B, C, E : Buschmann/Grumbach (1985) ; 40 D : Stephanson (1980) ; 42 A, C : Buschmann/Grumbach (1985) ; 42 D : Strasburger et al. (1978) ; 42 E, B : Larcher (1980) ; 44 A : Remmert (1984) ; 44 B : Buschmann/Grumbach (1985) ; 46 A, D, E : Baden/Kuntze/Niemann/Schwerdtfeger/Vollmer (1969) ; 46 C : Scheffer/Schachtschabel (1984) ; 46 F : Walter (1973) ; 48 A : Horne (1978) ; 48 B : Universität Tübingen (1982-1986) ; 48 C : Scheffer/Schachtschabel (1984) ; 48 D : Baden/Kuntze/Niemann/Schwerdtfeger/Vollmer (1969) ; 50 A, B : Mückenhausen (1985) ; 50 C : Walter (1973) ; 50 E : Hock/Bartunek (1984) ; 50 F : Nultsch (1971) ; 52 B : Dunger (1963) ; 52 C : Eisenbeis/Wichard (1985) ; 52 D : Brauns (1968), Eisenbeis/Wichard (1985) ; 54 D : Strasburger et al. (1978) ; 54 E : Tischler (1984) ; 56 A, E : Walter/Breckle (1983) ; 56 B : Strasburger (1978) ; 56 C : Larcher (1980) ; 56 D : Remmert (1984) ; 58 A : Landtag NRW (1980) ; 58 B : Koelzer (1981) ;
60 A : Klug/Lang (1983) ; 60 B : Ellenberg (1973) ; 62 A : Bolin (1970) ; 62 B : Cloud/Gibor (1970) ; 64 A : Furley/Newey (1983) ; 66 A : Kormondy (1969) ; 66 B : Likens/Borman u. a. (1977) ; 66 C : Whittaker (1975) ; 68 A : Leser (1984) ; 68 B : Mosimann (1984) ; 68 C : Klug/Lang (1983) ; 70 A, B : Müller (1981) ; 70 C : Mc Arthur (1972) ; 70 D : Freitag (1962) ; 72 D : Tivy (1982) ; 72 E : Wilma nns (1978) ; 72 F : Colinvaux (1986) ;
74 A : Schubert (1984) ; 74 C : Remmert (1984) ; 74 D : Hartmann (1982) ; 74 E : Czihak (1976) ; 74 F : Mc Arthur/Connell (1966), Müller (1984) ; 74 G : Czihak (1966) ; 76 F : Begon/Mortimer (1981) ; 78 A, B, D : Cheng (1971) ; 78 E : Schewiakoff (1926) ; 80 A : Mc Arthur (1958) ; 80 B, C, D : Brockhaus-abc (1986) ; 80 E : Anderson (1981) ;
82 A : Stäblein (1985), Walter/Breckle (1986) ; 82 B-D : Walter/Breckle (1986) ; 82 E : Wielgolaski (1975) ; 82 F : Tieszen (1978) ; 84 A : Cleve/Chapin/Flanagan/Viereck/Dyrness (1986) ; 84 B-D : Walter/Breckle (1986) ; 86 A, C, D, F : Walter/Breckle (1986) ; 86 B : Overbeck (1975) ; 86 E : Sonesson (1980) ; 86 G : Smith (1980) ; 88 A-C : Walter/Breckle (1986) ; 90 A-F : Ellenberg et al. (1986) ; 92 A_1, B, D-F : Walter/Breckle (1986) ; 92 A_2 : Smith (1980) ; 92 G : West (1983) ; 94 A : Rathiens (1982) ; 94 B-D : Ellenberg (1982) ; 96 A, C : Franz (1979) ; 96 B : Meurer (1984) ; 96 D : Ellenberg (1982) ; 98 A : Castri/Goodall/Specht (1981) ; 98 D : Lamotte/Bourlière (1978) ; 100 A-F : Walter/Breckle (1984) ; 102 A-C, E : Walter/Breckle (1984) ; 102 D : Huntley/Walker (1982) ; 104 A, D-F : Bourlière (1983) ; 104 C : Huntley/Walter (1982) ; 106 A : Golley et al. (1982) ; 106 C : Vareschi (1980) ; 108 B : Golley et al. (1982) ; 108 C : Walter/Breckle (1984) ; 110 A-C : Walter/Breckle (1984) ; 110 D : Rathiens (1982) ;
112 A : Maitland (1978), Streble/Krauter (1978), Sernow (1958) ; 112 B : Streble/Krauter (1978), Kirkpatrick/Pugh (1984) ; 112 C : Raymont (1983), Sernow (1958) ; 112 D : Streble/Krauter (1978), Wittig (1979) ; 112 E : Sernow (1958) ; 114 A, B, C : Strasburger (1967) ; 114 D : Biebl/Germ (1950) ; 114 E : Cleffmann (1979) ; 116 A : Tschumi (1981), Ruttner (1962) ; 116 B : Dyck/Preschke (1983) ; 116 C : Schubert (1984) ; 118 B : Wetzel (1975) ; 118 C : Schönborn und Brooks in Wetzel (1975), Wesenberg-Lund in Schubert (1984) ; 120 A : Binder (1979) ; 120 B : Klee (1985), Niemeyer-Lüllwitz/Zucchi (1985) ; 120 C : Rietz (1975) ; 120 D : Ellenberg (1982), Hynes (1960) ; 122 B : Butcher (1933) in Schmitz (1961) ; 122 C : Whitton (1975) ; 124 B : Valiela (1984) ; 124 C : Bullock (1955) in Friedrich (1965) ; 124 D : Hedgpeth (1951) in Odum (1983, II) ; 126 A, B : Friedrich (1965) ; 126 C : Schmidt (1925) in Friedrich (1965), Tait (1971) ; 126 D : Hardy/Bainbridge (1951) in Friedrich (1965) ; 126 E : Schlieper (1963) ; 128 A : Nienburg in Gessner (1957) ; 128 B : Spencer-Davies (1971) u. Stoddart (1971) u. Mergner (1971) in Barnes/Hughes (1982) ; 130 A, C : Dörjes (1978) ; 130 B : Reise (1978, 1985) ; 132 A : Hulburt (1962) ; 132 B : Zenkevitch (1954) ; 132 C : Zenkevitch/Birsten (1956) ; 132 D : Thorson (1972) ;
134 A : Kreeb (1979) ; 134 B-D : Buchwald/Engelhardt (1978) ; 136 A : Rostankowski (1981) ; 136 B : Larcher (1980) ; 136 C : Thannheiser/Treude (1981) ; 138 A-D : Umweltgutachten (1978) ; 140 A : Ehlers (1985) ; 140 C : Nitz (1984) ; 142 A-D : Norman/Pearson/Searle (1984) ; 142 E : Hodder (1983) ; 144 A, C : Norman/Pearson/Searle (1984) ; 144 E : Hodder (1973) ; 146 A : Richter (1986) ; 146 B-D :

Kirschgens/Wolf Heimbrock/Lins (1985) ; 146 D : Gläßer/Vossen (1985) ; 148 A : Barkowski/Günther/Hinz/Röchert (1987) ; 150 A, B : Dechent/Schönborn/Sperber (1986) ; 150 C : Hartmann (1969) in Buchwald/Engelhardt Bd. 1 (1978) ; 150 D : Marxen (1979) ; 152 A : Duvigneaud (1975) ; 152 B : Sukopp et al. (1983) ; 152 C : Haggett (1983) ; 152 D : Schulte (1985) ; 154 A, B : Dietrich/Koepff (1986) ; 154 C : Cernusca (1984) ; 154 D : Volk (1983) ; 154 E : Hinterstoisser/Mayer (1982) ; 156 A : Reichelt (1979) ; 156 B : Mader (1979) in Ellenberg u. a. (1981) ; 156 C : Mader (1988) ;
158 A, B : Buchwald/Engelhardt (1978) ; 158 C : Fleischer (1978) ; 160 A, B : Buchwald/Engelhardt (1978) ; 160 C : Ministerium für Arbeit, Gesundheit und Soziales NW (1975) ; 160 D, E : Hochgürtel (1975) ; 162 A : Verband der Chemischen Industrie (o. J.) ; 162 B : Fellenberg (1985) ; 162 C : Köhler (1986) ; 162 C : Tomany (1975) ; 164 A : Rudolf (1986) ; 164 B/C : Stroscher (1981) ; 164 D, F : Schönwiese/Diekmann (1987) ; 164 E, G : Flohn (1983) ; 166 A : Landesamt für Immissionsschutz NRW (1983) ; 166 B : Faith/Atkisson (1972) ; 166 C : Umweltbundesamt (1983) ; 166 D : Guderian (1977) ; 166 E : Oliver (1973) ; 168 A : Umweltbundesamt (1984) ; 168 B : Kuttler (1984) ; 168 C : Elstner in Bayer. Staatsforstverwaltung (1983) ; 168 D : Kenk in Lichtenthaler/Buschmann (1984) ; 168 E : Stienen/Rademacher (1983) ; 170 : Hommel (1986 ff.) ; 172 B : Hapke in Odzuck (1982) ; 172 C : Ehrlich u. a. (1977) ; 172 D : Koch/Vahrenholt (1980) ; 174 A : Purdom (1980) ; Merian (1984) ; 174 B, C : Ernst/Joosse-van Damme (1983) ; 174 D : Karcher (1978) ; 174 E : Winneke (1985) ; 176 A : Casper (1984) ; 176 B : Brock (1985) ; 176 C : Wetzel (1975) ; 176 D : Arzet/Steinberg (1984), Steinberg/Meier/Palm/Nirschl (1984) ; 176 E/F : Almer in Besch u. a. (1984) ; 178 A : Wein (1977) ; 178 B : Jungbluth (1980) ; 178 C : Brook/Baker (1972) ; 178 D : Bundesmin. des Innern (1982) ; 178 E : Noll (1987) ; 178 F : Heil (1973) ; 180 A : Hynes (1960), Schubert (1984) ; 180 B : Nehrkorn (1977) ; 180 C : Hess. Min. für Landwirtschaft und Umwelt (1978) ; 182 : Engelhardt (1962), Streble/Krauter (1978), Barndt/Bohn (1984), Ravera (1979), Liebmann (1962) ; 184 A : Reijnders (1976) in Dankeelman (1983) ; 184 B : Harada/Smith (1975) in Gerlach (1976) ; 184 C : Hagmeier (1976) in Gerlach (1976) ; 184 D : Rachor (1985) ; 184 E : Linden (1975) in Gerlach (1976) ; Mead (1978), Monnat (1978) ; 184 F : Reineking/Vauk (1982) ; 186 A : Isenbeck/Mattheß (1985) ; 186 B : Schmeing (1983) ; 186 C : Nieder (1985) ; 186 D : Amberger (1978) ; 186 E : Mekle/Rausch (1986) ; 186 F : Obermann/Bundermann (1982) ; 188 A : Landesamt für Wasser und Abfall NW, Jahresberricht (1980) ; 190 B : Beuschold (1984) ; 190 C : Gehrke u.a. (1986) ; 190 E : Beuschold (1984), Loub (1975) ; 192 A, C : Tebrügge (1986) ; 192 B : Sartorius (1986) ; 192 D : Sauerbeck (1987) ; 194 C : Sartorius (1986) ; 194 D : Litz (1985) ; 194 E, F : Heitefuß (1987) ; 200 A, C, F : Schmidt (1986) ; 200 B : Franz/Krieg (1982) ; 200 E : Fellenberg (1985) ; 202 B, C, D : Radioökologie (1979) ; 202 E : Bundesmin. für Forschung und Technologie (1979), Odzuck (1982) ; 204 C : Darwell (1973) in Odzuck (1982) ; 206 A : Kernforschungsanlage Jülich (1982) ; 206 B : Bundesmin. für Forschung und Technologie (1979) ; 206 C : Bundesmin. für Forschung und Technologie (1978) ; 208 A : Spreer (1982) ; 208 B : Odzuck (1982), v. Borries/Krause (1984) ; 208 C : Borsch/Wagner (1984) ; 208 D : Euler (1984) ; 208 E : Allhorn u. a. (1983) ; 210 A : Smith (1980) ; 210 B : Univ. Tübingen, H. 9 (1984) ; 210 C, D : Rat von Sachverständigen (1981) ; 212 A : Daten zur Umwelt (1986/87) ; 212 B : Hendricks (1987) ; 212 C : Kumpf/Maas/Straub (1988) ; 214 A, B : Koch/Seeberger/Petrik (1986) ; 214 C : Kumpf/Maas/Straub (1988) ; 214 D : Thomé-Kozmiensky (1987) ; 218 A : Daten zur Umwelt (1984) ; 218 B : Univ. Tübingen (1984) ;
220 A, B : Mosimann (1984) ; 220 C, D : Arndt/Nobel/Schweizer (1987) ; 222 A : Arndt/Nobel/-Schweizer (1987) ; 222 B : Ges. Dt. Chemiker (1987) ; 224 A : Seitz (1972) ; 224 B-F : Arndt (1987) ; 226 A, C : Erz (1983) ; 226 D : Buchwald/Engelhardt (1978) ;
230 A : Umweltgutachten (1978) ; 230 B, C : Vogtmann/Boehncke/Fricke (1986) ; 232 A, B : Nuhn (1985) ; 232 C : Bierter (1986) ; 234 A-F : Schäfer (1986) ; 234 G : Ruske/Teufel (1980), Herrmann (1978) ; 236 A : Bach (1982), Kremers/Thiele/Wahl (1982), Matthöfer (1976) ; 236 B : Kleemann/Meliß (1984) ; 238 B, F : Kremers/Thiele/Wahl (1982) ; 238 C : Cobary (1981) ; 240 A : Hennicke/Johnson/Kohler/Seifried (1985) ; 240 B : Heil (1984) ; 240 C : Koberstein (1984) ; 240 D : Informationszentrale der Elektrizitätswirtschaft (1985) ; 242 A : Hamm (1978) in Hamm (1979) ; 242 B, D : Kucklentz (1979) ; 242 C : Scharf u. a. (1985) ; 242 E : Landesamt für Wasser und Abfall NW (1980) ; 244 A, B : Albrecht u. a. Bd. 1 (1984) ; 246 A : Hendricks (1987) ; 246 B, C : Daten zur Umwelt (1986/87) ; 246 D : Koch/Seeberger/Petrik (1986) ;
248 : Scientific American (1989, 9) ; 250 A : Gibbons/Blair/Gwin (1989) ; 250 B : Wöhlcke (1987), MacNeill (1989) ; 252 B : Bähr (1984) ; 252 C : Keyfitz (1989) ; 254 A : Malone u. a. (1985, 1986) ; 254 B, C : Crutzen/Hahn (1985) ; 256 A : ApSimon/Gudiksen/Khitrov/Rodhe/Yoshikawa (1988) ; 256 B : Hohenemser/Renn (1988) ; 258 B : Schönwiese/Diekmann (1989).

Dépôt légal Éditeur : 23648-07/2002
Édition 4
ISBN 2-253-06452-1
Imprimé en Italie par « La Tipografica Varese » Varese

(H) 31/3007/7